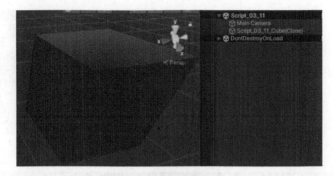

图 3-55 文本

图 3-87 实例化预设

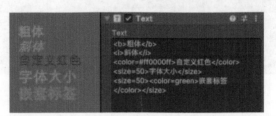

图 4-8 标签

图 4-37 颜色渐变

图 4-41 点击事件

图 5-33　Layout

图 5-34　Shrink

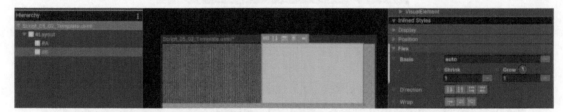

图 5-35　水平排列

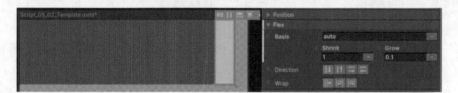

图 5-36　Grow

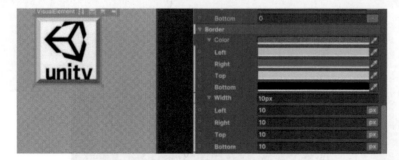

图 5-53　Border

图 5-54 弧形边框

图 7-8 粒子特效

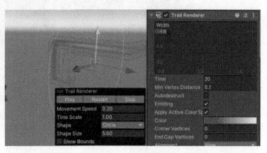

图 7-9 拖尾特效

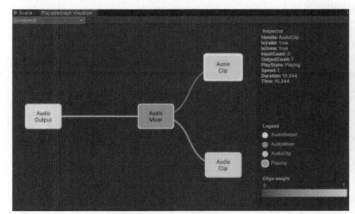

图 7-63 音频混合

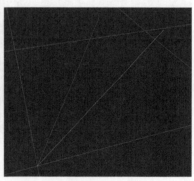

图 7-87 射线

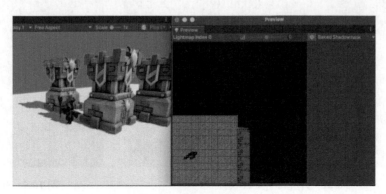

图 8-8 Shadowmask

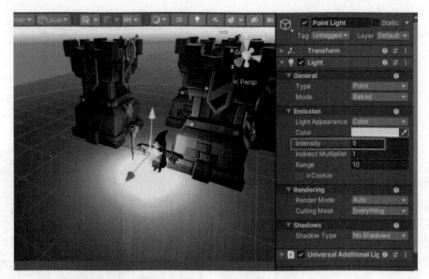

图 8-9　光照强度

图 8-16　切换烘焙图

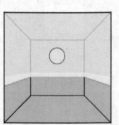

图 8-20　Cubemap

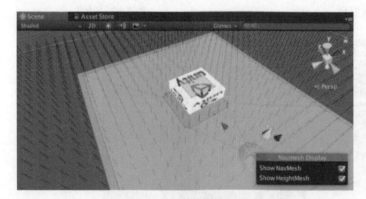

图 8-51　计算可行走区域

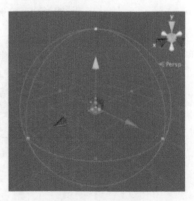

图 10-4　3D 距离

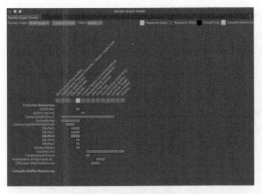

图 12-16　Render Graph Viewer

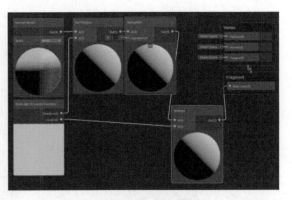

图 12-54　漫反射

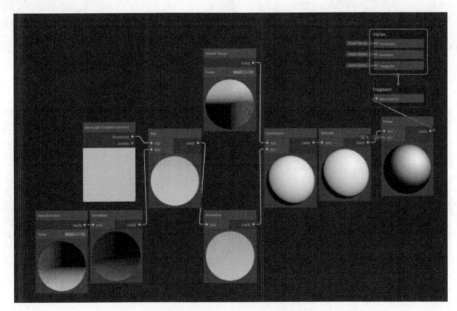

图 12-55　Blinn-Phong 光照模型

图 12-81　关闭 SSAO

图 12-82　打开 SSAO

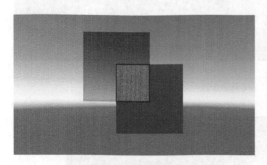

图 12-87　不透明物体重合

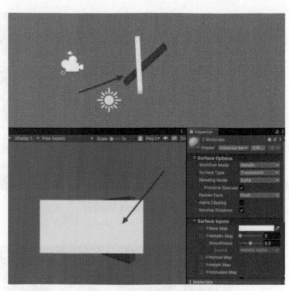

图 12-88　半透明物体重合

图 12-89　Alpha Test

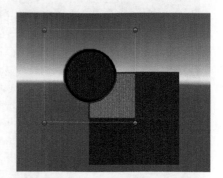

图 12-90　Alpha Test 遮挡部分

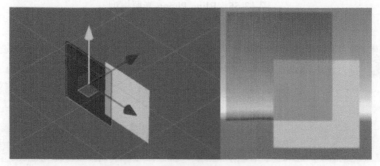

图 12-91　Alpha Blend 颜色混合

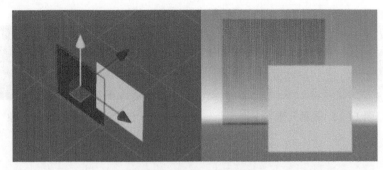

图 12-93　重新排序颜色混合

图 12-94　混合

图 12-95　重合区域

图 12-96　Set Pass Call

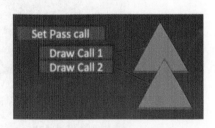

图 12-97　Draw Call

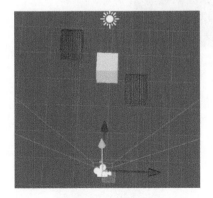

图 12-98　渲染顺序

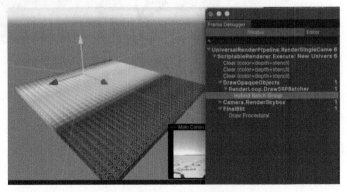

图 13-44　渲染结果

图 14-22　辅助元素

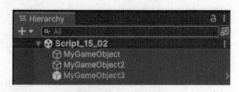

图 15-6　创建对象

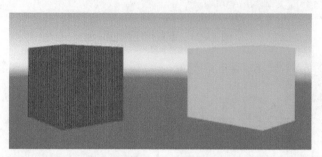

图 18-18　设置参数

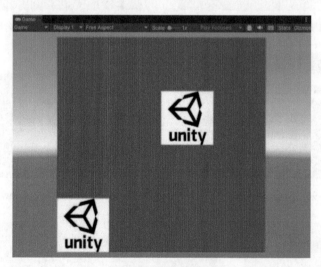

图 18-22　运行时合并

Unity 3D
游戏开发

宣雨松——著

第3版

人民邮电出版社
北　京

图书在版编目（CIP）数据

Unity 3D游戏开发 / 宣雨松著. -- 3版. -- 北京：
人民邮电出版社，2023.10（2024.4重印）
（图灵原创）
ISBN 978-7-115-62468-0

Ⅰ．①U… Ⅱ．①宣… Ⅲ．①游戏程序—程序设计
Ⅳ．①TP311.5

中国国家版本馆CIP数据核字(2023)第149110号

内 容 提 要

本书分为两大部分，其中第一部分"基础篇"包括第 1～11 章，第二部分"进阶篇"包括第 12～18 章。Unity 3D 初学者在学习第一部分后，完全可以制作出属于自己的游戏。但是能做出来不代表做得好，这里的"好"主要是指游戏性能高以及开发难度大。从商业游戏的角度来说，必须做到这两点，所以第二部分主要讲解 Unity 3D 的性能与原理。除第 1 章外，书中的每一章都包含丰富的示例和源代码，它们是非常宝贵的实战经验，可以直接应用在实际开发中。

本书主要面向 Unity 3D 初学者和有一定基础的开发者。无论你是转行还是入门学习 Unity 3D，都可以阅读本书。

- ◆ 著　　　　宣雨松
　　责任编辑　王军花
　　责任印制　胡　南
- ◆ 人民邮电出版社出版发行　　北京市丰台区成寿寺路 11 号
　　邮编　100164　　电子邮件　315@ptpress.com.cn
　　网址　https://www.ptpress.com.cn
　　固安县铭成印刷有限公司印刷
- ◆ 开本：800×1000　1/16　　　　彩插：4
　　印张：49.75　　　　　　　　2023 年 10 月第 3 版
　　字数：1301千字　　　　　　2024 年 4 月河北第 3 次印刷

定价：129.80元

读者服务热线：(010)84084456-6009　印装质量热线：(010)81055316

反盗版热线：(010)81055315

广告经营许可证：京东市监广登字 20170147 号

序

雨松是国内 Unity 开发者社区中最为活跃的开发者之一，他不仅自己深入钻研各种游戏开发技术，也热衷于传播相关的 Unity 开发技术知识，更通过组织各种开发者交流活动让众多开发者受益。毫不夸张地说，正是因为有了雨松这种热心且十年如一日专注的开发者，Unity 引擎才会有今天如此众多开发者的支持和关爱。

在当今的游戏和实时渲染互动式内容的开发领域，Unity 引擎已然成为一个标志性的存在。它为开发者提供了强大的开发工具，开发者则为玩家带来了一个又一个令人难以忘怀的游戏作品。这本书基于最新的 Unity 2023 版本编写，旨在为广大开发者提供一份全面且深入的学习资源。你既可以将这本书作为入门之用，也可以作为案头常备的开发参考。

这本书第一部分着重于 Unity 的基础内容。从 Unity 的基础知识讲起，逐步深入到编辑器的结构、游戏脚本的编写，再到 2D 游戏和 3D 游戏的开发，这部分内容可以为你打下坚实的基础。第 4 章（UGUI）和第 5 章（UI Toolkit）详细介绍了 Unity 在界面设计方面的功能。UI Toolkit 作为 Unity 的新成员，为开发者提供了更多的灵活性和创新性，使界面设计变得更加简单和高效。第 11 章（Netcode 与网络编程）展示了如何在 Unity 中实现网络功能，使得多人在线游戏的开发变得触手可及。

第二部分深入探讨了 Unity 的高级特性。第 12 章（渲染管线）揭示了 Unity 在渲染技术上的最新进展，使得游戏的画面效果可以达到前所未有的高度。第 13 章（DOTS 1.0）介绍了 Unity 最新的面向数据的编程模式，它不仅提高了游戏的性能，还为开发者提供了更大的自由度，从而为创造内容极为丰富的虚拟世界提供了可能性。此外，第 16 章（自动化与打包）展示了如何简化游戏的发布流程，使得游戏可以更快地推向市场。第 17 章（代码优化）提供了一系列实用的技巧，以帮助提高游戏的运行效率。

这本书包含丰富的示例代码，可读性和实用性都非常强。我要感谢雨松通过辛勤努力为我们带来这样一本内容丰富、实用性强的书。书中的每一章都是一个宝藏，等待着我们去发掘。

最后，作为 Unity 中国的 CEO，我的团队不仅致力于为广大 Unity 开发者带来更多更新的功能，也在持续改进引擎本身的底层能力，包括将最新的大语言模型等先进 AI 技术与 Unity 引擎进行深度集成。同时，我们也将持续通过多种渠道以及活动组织方式帮助开发者社区成长和壮大，我们将与广大开发者一起成长！

张俊波，Unity 中国 CEO

前　言

Unity 是一款市场占有率非常高的商业封闭源代码游戏引擎，目前全球一半以上的游戏是使用 Unity 开发的。Unity 目前支持开发跨平台和发布跨平台：开发支持 Windows、macOS 和 Linux 桌面平台，而发布支持近 30 个主流游戏平台。尤其是在手机游戏平台，Unity 已经处于无可撼动的霸主地位。在 App Store 和 Google Market 上，都有非常多的用 Unity 开发的游戏。另外，Unity 不仅是一款游戏引擎，而且已经渗透到了各个传统行业中。在建筑、医疗、工业，以及动画、电影等艺术行业中，你都可以看到 Unity 的身影。为了兼容各平台的特性并满足复杂的需求，Unity 的版本更新非常及时，这使得开发者能在第一时间用上最新、最酷的功能。

除了移动开发，Unity 现在还在积极拓展 PC 主机平台开发业务，推出了 SRP（可编程渲染管线），将 HDRP（高清渲染管线）和 URP（通用渲染管线）分开。开发者可以根据硬件条件决定使用哪种渲染管线，甚至可以根据 SRP 来定制渲染管线。因为底层接口进一步开放，所以开发者能够更加灵活地控制游戏引擎。近年来，硬件设备也处于高速发展中，这促使游戏开发得到进一步的发展。尤其是移动端设备的 CPU 和 GPU 每年都会有性能上的提升，这意味着手机游戏每年都可以做出更好的效果。Unity 也紧紧跟随其脚步，更新速度非常快，因此开发者只有及时地学习最新技术才能领先将其应用在自家游戏中。

Unity 底层是用 C++编写的。为了让开发者的工作更容易，它使用 Mono 跨平台的特性并使用 C# 作为游戏脚本语言。随着.NET Core 跨平台的支持，Unity 从 2024 年开始将全面抛弃 Mono、拥抱.NET Core。为了更好地与各平台的 C++接口交互并支持 64 位操作系统，Unity 开发了 IL2CPP 工具，发布游戏时会先将 C#代码转换成 C++代码，这样就可以统一进行编译打包。但是由于 C++是没有 GC 的，因此 Unity 接了贝姆垃圾收集器（Boehm GC），让 C++也具备垃圾收集的可能，不过这也导致 IL2CPP 生成的 C++代码在性能上有一定的损失。该引擎还封装了 UnityEngine.dll 和 UnityEditor.dll，它们负责与底层代码对接，上层则可以全部使用 C#完成，让开发效率得到巨大的提升。另外，Unity 还提供了完善的开发文档，连每一个 API 都有详细的解释，尤其是用户手册中还有详细的例子和功能介绍。此外，官网也提供了很多视频教程，供开发者学习。

这些年，Unity 发展迅速，还单独成立了 Unity 中国分公司，进一步为我国本土游戏开发者提供更好的服务。游戏开发仅仅是它业务的一部分，Unity 现在还支持汽车运输、制造业、电影与动画、建筑、工程与实施，并在这些方面提供了完整的解决方案。可以说，需要 3D 建模的地方都可以使用 Unity，非常方便。目前的最新版本是 Unity 2023，它主要添加与更新了 UI Toolkit（新一代 UI 系统）、Netcode（网络编程 RPC 通用解决方案）、DOTS 1.0（多线程程式数据导向型技术栈），以及 URP 15（最新版本的通用渲染管线）。这些重点更新内容，本书都有详细的介绍。不得不再次感叹：Unity 发展得真是太快了！

本书主要面向 Unity 3D 初学者和有一定基础的开发者，无论你是转行还是入门学习 Unity 3D，都可以阅读本书。本书内容分为两大部分：第 1 ~ 11 章是基础篇，第 12 ~ 18 章是进阶篇。Unity 3D 初学者通过对基础篇的学习完全可以制作出属于自己的游戏。但是能做出来不代表做得好，这里的"好"主要是指游戏性能高以及开发难度大。从商业游戏的角度来说，必须做到这两点，所以进阶篇主要讲的就是 Unity 3D 的性能与原理。除第 1 章外，书中的每一章都包含丰富的示例和源代码，这些是非常宝贵的实战经验，读者可以直接将其应用在实际开发中。总之，无论是初学者还是有一定基础的开发者，都可以通过阅读本书来学习 Unity 3D。

说明

在本书写作期间，Unity 2023 版本还没有正式发布，因此本书使用的是最新的 Alpha 版本。按照 Unity 的版本计划，该版本目前已经涵盖了所有的最新功能，即使大家未来拿到了 Unity 2023 的正式版本，也不会影响理解和使用书中的例子。书中所有例子的源代码都可以从图灵社区本书主页（ituring.cn/book/3217）免费下载。源代码按章编号，如图 0-1 所示。查看源代码前，请确保已经在本机上安装好了 Unity。按照图 0-1 所示找到章节源代码对应的游戏场景文件，双击该场景文件即可打开游戏工程，继而查看和阅读源代码。本书是在 macOS 下讲解 Unity 开发，若需在 Windows 下查看源代码，查看方式与 macOS 下几乎完全一致。

图 0-1　阅读代码

　　大家在学习的过程中也可以扫描以下二维码关注"Unity 官方开发者服务平台"公众号，我会在这里定期分享关于 Unity 的技术文章。

致谢

　　不知不觉，我已经从事游戏开发 15 年了，距离本书上一版出版已经 5 年了。从页数就可以看出，本书增加了很多内容。确实，这一版只保留了上一版中比较经典的一小部分内容，大部分知识点是全新的。在这 5 年里，我的技术水平得到了一些提升，也发现了上一版中的一些问题。此外，读者也给了我不少反馈。有鉴于此，本书基本上是完全重写的。本书的写作在我负责的一款游戏上线后正式开始，整个过程非常顺利。这些年，我身边发生了很多事，虽然我的技术学得确实越来越扎实，但是特别遗憾，截至今天依然没有特别成功的作品。我对游戏开发永远是狂热的，我不会忘记自己的初心，并将永远坚持钻研技术，励志走在研发的第一梯队中。

　　我最想感谢的人还是这些年努力的自己。出于对技术的这一份坚持与执着，我在一路上收获了很多好朋友。我愿意为一个没解决的问题埋头研究到凌晨，我在痴迷技术的同时享受解决一个复杂难题后的兴奋心情，我为百万级玩家设备上运行着我写的代码且没出现太大的问题而感到自豪。我最应该感谢的人是我的妻子，第 1 版出版时，她还是我的女朋友；第 2 版出版时，我们已经结婚；第 3 版出版时，我们已经有了一个可爱的儿子。这些年，她一直默默支持着我；在儿子出生后，她更是给予了日日夜夜的陪伴与照顾，真是一位伟大的妈妈！此外，我必须要感谢图灵公司的策划编辑王军花，是她教会了我很多写作技巧并且审阅了本书全部 3 版的书稿，保证了本书顺利出版。最后，祝图灵公司越做越好，为祖国的 IT 人才培养贡献伟大的力量。

宣雨松

2023 年 2 月 12 日

目　录

第一部分

基 础 篇

第 *1* 章

基础知识

Unity 是一款跨平台的次世代游戏引擎。"Unity"一词的意义为"团结"，寓意为集合所有人的力量一起来完成这件伟大的巨作。Unity 于 2005 年发布了第一个版本，至今已经 18 年了。起初，该公司致力于游戏引擎的研发。Unity 由于具有强大的跨平台开发能力与绚丽的 3D 渲染效果，很快被广大游戏开发厂商以及开发者所信赖，尤其是在手机游戏（简称手游）领域已经处于无可撼动的地位。Unity 支持近 30 个游戏平台，除了手游以外，目前也在积极拓展 PC 和主机游戏平台。Unity 2018 推出了 SRP（可编程渲染管线），将移动端与主机端渲染区分开，尽可能保持移动端的高性能与主机端的优秀画面效果。近年来，该公司处于飞速发展中，涉及的业务已经不仅仅局限于游戏引擎。在 AI、VR、教育、汽车、建筑、医疗、工业、动画等领域，Unity 也都大放异彩。

1.1　Unity 简介

Unity 是一款标准的商业游戏引擎，商业引擎的主要特点就是：收费、封闭源代码和功能强大。关于收费情况，Unity 目前分为 3 个版本：Unity Personal（个人版）、Unity Plus（加强版）和 Unity Pro（专业版）。目前这 3 个版本在使用上没有太大区别，差别在于：个人版适合个人用户使用，要求用户过去 12 个月内的整体财务规模未超过 10 万美元；加强版适合企业用户使用，要求用户过去 12 个月内的整体财务规模未超过 20 万美元；专业版也适合企业用户使用，不过要求用户过去 12 个月内的整体财务规模超过 20 万美元。财务规模包括公司的所有成本与收入，如公司的房租、水电费、员工工资等。

Unity 目前成立了中国分公司，而且推出了两个版本：中国版和国际版。中国版保留了国际版的所有功能，还在国际版的基础上扩展了很多具有中国本土特色的功能，如 UPR 性能测试工具、Assetbundle 加密服务等。此外，中国版在下载速度上也提供了更好的体验。针对一些高级用户，Unity 也推出了企业源代码培训、源代码定制、源代码出售等服务。

1.2　跨平台

Unity 是一个跨平台的游戏引擎，其中"跨平台"分为开发跨平台和发布跨平台。开发跨平台就是开发者可以在不同的操作系统下开发 Unity 游戏，目前支持 Windows、macOS 和 Linux 这 3 种操作系统。发布跨平台则表示使用 Unity 开发出来的游戏能在多个平台上运行。Unity 目前已经可以支持近30 个主流游戏平台，官网上展示的平台如图 1-1 所示。

无与伦比的平台支持

图 1-1　Unity 支持的主流游戏平台

Unity 的跨平台能力确实很强大，但是开发跨平台的商业游戏远没有想象中简单。例如在 PC 上开发手机游戏，不仅 PC 和手机的性能不可同日而语，而且在 Android 端和 iOS 端中进行图形渲染使用的分别是 OpenGL ES 和 Metal，在 PC 上也无法直接支持它们。PC 只能使用 OpenGL 和 DX 来模拟渲染，这样就一定会和真机效果产生差异，比如在 PC 上是对的，在手机上是错的。此外，各游戏平台还可能需要一些特殊接口，如移动平台上的陀螺仪接口或者聊天中使用的语音接口等。这些功能可能需要接入第三方 SDK，而它们都是无法在 PC 平台上预览和测试的。作为游戏引擎，Unity 很难针对这些问题给出通用的解决方案，但是它从跨平台的角度来说已经非常强大了。假如没有跨平台的功能，可能连各平台之间的编程语言都需要开发者来考虑应该如何统一，难度可想而知。

除了跨平台以外，Unity 还围绕开发者提供了更全面的服务，如盈利模式、3D 解决方案、Vivox 语音服务、Multiplay 服务器托管服务、手游反外挂解决方案、版本控制工具、云渲染服务、云构建服务，等等。对于开发者最关心的 3D 解决方案，它支持 HDRP（高清渲染管线，用于 3A 游戏开发，支持前向与延迟渲染以及 PBR 光照材质等）、URP（通用渲染管线，用于移动端等对性能比较敏感的平台，从性能出发对 HDRP 进行了一些简化）、可视化着色器编辑工具 Shader Graph、Prefab（预制体），等等。除了 3D 以外，Unity 也完整提供了 2D 解决方案，其渲染管线也支持 2D 和光照系统。

1.3　协作开发

传统的游戏引擎一般由程序员使用，而 Unity 则便于各种人员同时配合使用。Unity 提供了丰富的编辑工具，可以辅助美术人员和策划人员在引擎中进行编辑工作。以 TimeLine（时间线）工具为例，它让美术人员和策划人员可以在不编写一行代码的情况下编辑各种复杂的剧情动画，甚至制作实时的动画片。此外，Unity 还提供了扩展编辑器的接口，程序员可以开发自定义的辅助编辑工具供其他人员使用。

Unity 在新版本中开发了 Visual Scripting（可视化脚本）工具，如图 1-2 所示。使用者即使完全不会写代码，也可以通过拖曳节点的方式来轻松地制作游戏。它给非程序员提供了一种做游戏的可能。

Unity 秉承"所见即所得"的开发理念，任何人点击播放按钮后即可预览游戏，实时查看游戏的效果。此外，它还具有强大的图形渲染能力和引擎性能。无论是策划人员、美术人员，还是程序员、测试人员等，都可以很好地使用 Unity 开始创作。

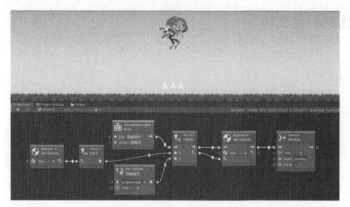

图 1-2   Visual Scripting

1.4   Unity 版本

Unity 的最新版本发布计划包括技术前瞻版本（简称为 Unity TECH 版）和稳定支持版本［简称为 Unity LTS（Long Term Support）版］。Unity TECH 版每年都会有两个大版本更新，例如 Unity 2023.1.x 和 Unity 2023.2.x，而 Unity LTS 版则从 Unity TECH 版的最后一个版本开始，持续支持两年时间，例如 Unity 2023.3.x。所以在开发实际项目时，最好使用 Unity LTS 版。目前，只有 Unity 2017 及以上版本才有 Unity LTS 版，最新版本为 LTS Release 2021.3.18f1（以 f1 结尾）。Unity 中国版的最新版本为 LTS Release 2021.3.17f1c1（以 f1c1 结尾，其中 c1 表示中国版）。理论上，Unity 中国版会和国际版同时更新，但也不排除晚于国际版的可能。

此外，Unity 还提供了测试版本，也就是 Beta 版和 Alpha 版。这些版本仅用于测试新功能，可能会有严重的 bug，所以不要在平常开发时使用。每年发布 Unity TECH 版之前，Unity 公司都会提前发布测试版本。例如，以 b1 结尾的 Unity 2023.1.0b1 就是测试版本号。目前，最新的 Beta 版本是 2023.1.0b2，Alpha 版本是 2023.1.0.a26，可以在 Unity Hub 中下载，如图 1-3 所示。

图 1-3   测试版本

1

　　另外，因为开发周期比较长，开发版本有可能已经和最新版本相差很远了，所以有时还需要快速找到 Unity 的旧版本。通过以上介绍，我们可以发现 Unity 的版本其实是很多的。在实际开发中，为了测试多个版本之间的差异，通常需要同时安装好几个版本。这样，如何管理多个版本就成了一个难题。幸好，Unity 提供了新工具 Unity Hub 来专门管理多个版本。如图 1-4 所示，打开 Unity Hub 后，可以安装与管理多个 Unity 版本，并且可以很方便地用指定版本打开不同的游戏工程。

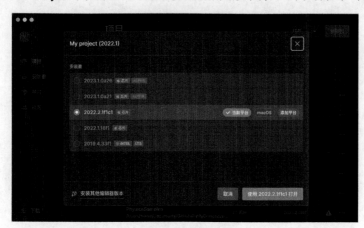

图 1-4　Unity Hub

　　注意，Unity 中国版和国际版的历史版本下载地址是不同的。

　　Unity 有很多资源内置在引擎中，开发者是无法看到的。此外，还有一部分扩展资源，需要开发者自行下载并放入工程。如图 1-5 所示，打开 Unity 历史版本的下载地址后，选择版本并点击下拉菜单，即可下载该版本对应的资源，其中包括 Unity 编辑器、内置着色器、Unity Accelerator（旧版缓存服务器）等。

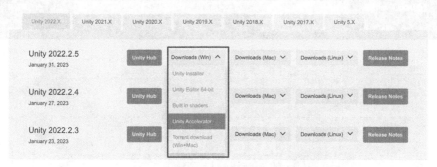

图 1-5　下载资源

1.5　Package Manager

　　打开 Unity 引擎后，在导航菜单栏中选择 Window→Package Manager 即可打开资源包管理器。如图 1-6 所示，Unity 会将一些比较重要的包放在 Package Manager 中，极大限度地为引擎"瘦身"。开发者只需要选择下载自己需要的包即可。可以看到，这里还对一些包进行了归类，如涉及 2D 的包可以一起安装。

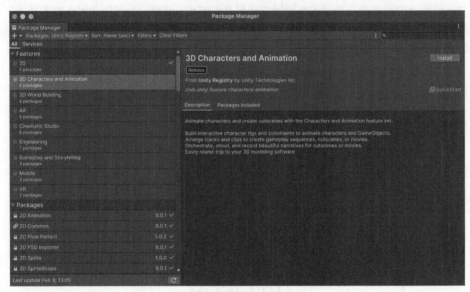

图 1-6　Package Manager

此外，Unity 还提供了资源商店（Asset Store），在网上直接搜索 Unity Asset Store 即可找到。这里面有很多好用的资源，包括代码插件。当然，下载某些资源是需要支付一定费用的。Unity 自己也提供了大量的插件等资源，并且都是免费的，非常适合新手学习。如图 1-7 所示，在搜索栏中搜索你感兴趣的内容，即可得到相关的插件。很炫酷吧！

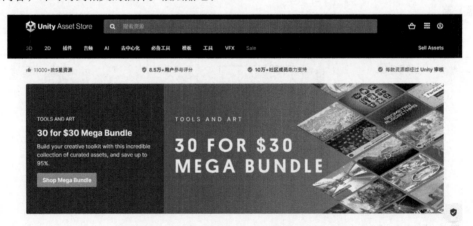

图 1-7　Asset Store

在新版本中，打开 Asset Store 网页并选择好插件后会自动打开本地的 Unity 进行安装。你购买的所有历史插件都可以在 Package Manager 的 My Asset 标签页中找到，选择后可以重新下载并安装。

1.6　示例项目与发布

这里要在 Asset Store 中下载并且导入 Unity 最经典的 angryBots 项目。首先，需要在导航菜单栏中选择 Edit→Project Settings→Player。然后，切换到 iOS 平台。默认情况下，Unity 会选择 Device SDK（表示只能导出到真机上运行）。这里选择 Simulator SDK（表示可以在模拟器上运行），如图 1-8 所示。

图 1-8　目标设备

接着，在导航菜单栏中选择 File→Build Settings，此时会弹出构建窗口。如图 1-9 所示，在 Scenes In Build 中添加待打包的场景，这只需在打开需要打包的场景后，点击 Add Open Scenes 按钮即可。这里提供一个技巧：如果不需要打包某些场景，可以在该窗口中删除或者取消勾选它们。

图 1-9　Build Settings 窗口

在图 1-9 左侧的 Platform 处，选择要发布到的游戏平台。这里列出的平台需要下载对应的支持。这里选择 iOS 平台，表示可以在 iPhone 或者 iPad 上发布。右侧是用于设置打包的参数，下面简要介绍各个参数的作用。

- ❑ Run in Xcode：选择 Xcode 的安装目录。
- ❑ Run in Xcode as：设置 Xcode 中是否以 Release 的方式运行。
- ❑ Symlink Sources：是否直接关联 Unity 安装目录下的 iOS 动态链接库。勾选后，调试打包会更快一些。在正式发布时不要勾选。

- ❑ Development Build：表示是否构建开发调试版本。勾选后，下方两个勾选框会亮起来。
- ❑ Autoconnect Profiler：表示运行游戏后是否自动连接 Profiler。Profiler 用于查看游戏的性能。
- ❑ Deep Profiling：是否启动 Deep Profiling。通过 Deep Profiling 可以看到每个方法调用的完整耗时。
- ❑ Script Debugging：表示是否支持代码调试。
- ❑ Compression Method：选择打包时的压缩方式。

参数设置完毕后，点击 Build 或者 Build And Run 按钮即可。由于 iOS 平台比较特殊，需要预先生成 Xcode 工程，因此这里点击按钮后并不会真正构建 IPA 安装文件。运行后，经典的 angryBots 项目已经在模拟器中打开了，如图 1-10 所示。

图 1-10　angryBots

1.7　Unity 服务

Unity 预制了很多服务，使用这些服务不需要接入第三方 SDK，可以直接设置它们。在导航菜单栏中选择 Window→General→Services 即可弹出服务窗口。如图 1-11 所示，Unity 的内置服务目前也以包的形式提供，包括数据分析、云构建和云打包、版本控制、广告平台、跨平台充值、Netcode 使用的大厅中继服务器等。更多服务的用法，你可以自行探索学习。

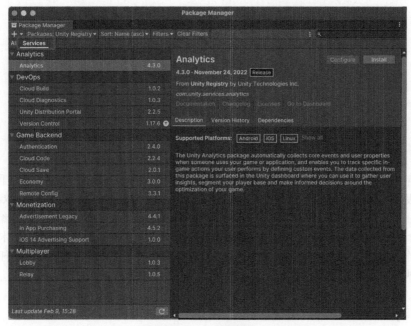

图 1-11　内置服务

1.8　小结

本章主要介绍 Unity 的基础知识，帮助你做好开发 Unity 3D 游戏之前的一切准备工作。本章首先介绍了 Unity 这款商业游戏引擎的特点，之后讲述了多版本管理工具 Unity Hub 以及内置和扩展资源的用法。在学习中，我们可以通过强大的 Asset Store 下载适合自己的游戏插件。此外，本章还介绍了 Unity 的扩展服务。对于 Unity 学习而言，本章内容是基础中的基础，希望你认真阅读，为后续章节的学习打好基础。

第 2 章

编辑器的结构

　　经过多年的发展，Unity 编辑器已经越来越完善，使用起来也相当方便快捷。Unity 秉承"所见即所得"的开发原理，将编辑器与游戏引擎融合在了一起。传统游戏引擎可能没有任何游戏界面，提供给开发者的往往是赤裸裸的源代码，以至于我们想实现任何界面功能，都需要自己编写编辑器代码。Unity 的理念则是为开发者节省时间，以及游戏引擎并非只面向程序员。策划人员、美术人员也可以很方便地操作 Unity，因为它以可视化的方式提供了大部分开发功能，开发者无须编写任何代码，只需在界面中执行一些赋值操作就可以了。

2.1　Unity Hub

　　Unity Hub 用于管理多个 Unity 版本，如图 2-1 所示，选择项目（见❶）和对应的 Unity 版本（见❷）即可打开它。在右上角的❸处可以创建新项目或者打开本地已有的项目。

图 2-1　Unity Hub

如图 2-2 所示，推荐在 Unity Hub 中下载不同的 Unity 版本，还可以在这里下载相应发布平台的模块。例如，推荐在这里下载 Android 平台可能用到的 JDK 和 NDK，因为如果手动下载 NDK，特别容易出现版本不匹配的情况。如图 2-3 所示，Unity Hub 支持下载多个 Unity 版本，并最终将其保存在 Hub/Editor 目录中。

图 2-2　下载 Unity

图 2-3　Unity 多版本管理

2.2　编辑器布局

如图 2-4 所示，Unity 的默认工程布局由导航栏（见❶）与五大布局视图组成。这五大布局视图分别是 Hierarchy（层次）视图（见❷）、Project（项目）视图（见❸）、Scene（场景）视图（见❹）、Game（游戏）视图（见❺）和 Inspector（检测面板）视图（见❻）。

游戏资源文件都放在 Project 视图中，包括所有的代码和美术资源。如图 2-5 所示，Assets 对应的所有文件都保存在本地文件夹中。项目一般需要 SVN 或者 Git 之类的工具来进行版本管理。但是，打开 Unity 项目后生成的一些中间文件不需要进行版本管理。只需要把 Assets 目录以及 Packages 和 ProjectSettings 目录上传到 SVN 或者 Git 中即可。

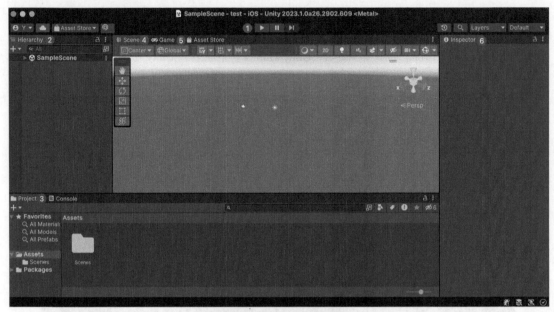

图 2-4   Unity 的默认工程布局

图 2-5   项目文件夹

Library 文件夹里就是根据 Assets 目录下的游戏资源生成的中间文件，Temp 文件夹里是 Library 生成过程中产生的临时文件。这两个目录一定不要上传到版本管理工具中。另外，Packages 中保存的是要用到的包，也需要上传到 SVN 或者 Git 中，而 UserSettings 中记录了本地工程的一些配置信息，不需要上传到 SVN 或者 Git 中。

2.3   Project 视图

如图 2-6 所示，Project 视图中记录着项目的资源文件，其中 Assets 目录包含所有的代码和资源，Packages 目录包含在 Package Manager 中下载并导入的资源包。最上面是导航栏，其中各元素从左到右依次表示：创建资源，按名称搜索资源，搜索工具窗口，按类型搜索资源，显示资源错误和警告，以及隐藏 Package 的功能。

图 2-6　Project 视图

　　自己动手点一点就能很容易地理解导航栏中各个按钮的作用。这里介绍一下显示资源错误和警告。如下列代码所示，可以在代码中监听资源导入事件，并且在满足一定条件后输出日志。

```
public class MyAsset : AssetPostprocessor
{
    void OnPostprocessTexture(Texture2D texture)
    {
        context.LogImportError("错误！");
        context.LogImportWarning("警告！");
    }
}
```

　　如图 2-7 所示，在"显示资源错误和警告"中选择 Errors 会自动出现输出日志的文件，这也算是一种便捷搜索。通常，可以在游戏中制作一些资源检查工具，对不符合规则的资源输出这样的日志，随后就可以发现项目中有哪些资源存在潜在的问题了。

图 2-7　日志

2.4　Hierarchy 视图

　　Hierarchy 视图用于保存游戏对象的排列组合。如图 2-8 所示，创建游戏对象后可以设置它们的父子关系。游戏对象可以保存在场景或者 Prefab 中，场景和 Prefab 则保存在 Project 视图中。最上面是导航栏，其中各元素从左到右依次表示：创建游戏对象，按名称搜索，搜索工具窗口。

　　如图 2-9 所示，可以选择按类型（Type）或者按名称（Name）搜索。例如，对于一个名称设置为 myLight 的光源对象，既可以按类型输入"Light"进行搜索，也可以按名称输入"myLight"进行搜索。

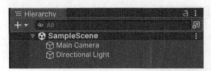

图 2-8　Hierarchy 视图

图 2-9　按名称或类型搜索

如图 2-10 所示的搜索工具窗口支持高级搜索，能提高搜索效率。它支持很多匹配搜索的方法，可以同时搜索 Project 视图（见❶）和 Hierarchy 视图（见❷），大家可以尝试一下。

图 2-10　搜索工具窗口

2.5　Inspector 视图

无论是 Hierarchy 视图中的游戏对象还是 Project 视图中的游戏资源，都有对应的 Inspector 视图。如图 2-11 所示，游戏对象的 Inspector 视图中展示了该对象及其身上绑定的所有游戏组件。每个游戏对象必须包含负责坐标变化的 Transform 组件（见❶），其他组件（见❷和❸）则可以随意组合使用以呈现不同的效果。

图 2-11　游戏对象的 Inspector 视图

如图 2-12 所示，每个资源对象也有 Inspector 视图。资源对象不同，Inspector 视图中呈现的内容也不同。这里选择的是贴图资源，Inspector 视图中有一些用于设置贴图资源的参数。

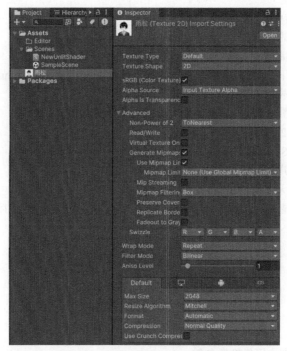

图 2-12 资源对象的 Inspector 视图

2.6 Scene 视图

Scene 视图就是游戏最终画面的自由视角。在游戏开发过程中，首先需要在 Scene 视图中合理地摆放游戏对象，然后配合摄像机将最终画面输出给玩家。如图 2-13 所示，Scene 视图一共由 4 部分组成：顶部的导航栏（见❶）、左边的侧栏（见❷）、右上角的坐标系控制器（见❸），而正中间就是游戏对象的编辑视图。

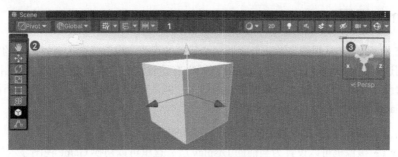

图 2-13 Scenes 视图

先看看顶部的导航栏，其中的元素从左到右依次如下。

❑ Pivot ▾：坐标中心点，同时选中多个对象时的坐标中心点。

- ❑ 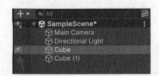（Global▾）：旋转中心点。
- ❑  ：背景网格的设置参数。
- ❑ ：设置网格捕捉（旋转中心点必须选择为 Global 才能生效）。
- ❑  ：捕捉增量下拉菜单，按下 Control 键（Windows 系统）或 Command 键（macOS 系统）设置移动旋转缩放单位 Snap 的距离。
- ❑  ：Scene 视图的渲染方式，比如查看视图中网格的 Mipmap 等。 
- ❑ 2D：是否进入 2D 模式。
- ❑ ：是否启动 Scene 灯光渲染。
- ❑  ：是否启用声音。
- ❑  ：是否启动天空盒雾效等。
- ❑ ：是否强制显示关闭的游戏对象。如图 2-14 所示，即使对象被关闭，点击该按钮后也能显示它。

图 2-14　强制显示关闭的游戏对象

- ❑ ：Scene 视图中摄像机的参数。
- ❑  ：自定义小工具，用于显示组件 Gizmos 图标。

　　然后是左边的侧栏，其中各元素从上到下依次表示：拖动、坐标、旋转、缩放、区域（常用 UI 区域）和整体（同时操作坐标、旋转和缩放），它们对应的快捷键分别是 Q、W、E、R、T 和 Y。

　　最后是位于 Scene 视图右上角的坐标系控制器。点击 x、y、z 3 个方向的标志后，会切换 Scene 视图的摄像机朝向。下面的 Persp 来切换摄像机的透视与正交。右上角有个小锁头，点击后即可锁定，此时坐标系控制器将无法操作。

2.7　Game 视图

　　如图 2-15 所示，Game 视图是游戏最终展示给玩家的视图，也就是会把通过游戏的主摄像机看到的内容显示到这里。和 Scene 视图一样，Game 视图也有导航栏，它的主要功能就是控制 Game 视图的显示。这里的设置并不能影响最终发布的游戏的效果，但是可以让开发更方便一些。下面从左到右依次介绍一下 Game 视图导航栏中的各个元素。

- ❑ Game：游戏窗口或者模拟器手机屏幕窗口的渲染。
- ❑ Display 1：摄像机可以设置为当前的 Display 层，这里可以切换 Game 视图显示的 Display 层。
- ❑ Free Aspect：设置分辨率，这个属性很重要。游戏一般要自适应屏幕，可以在这里设置目标分辨率，从而验证自适应效果是否正确。
- ❑ Scale：用于整体调节 Game 视图的大小。放大后，可以更清楚地看到开发者关注的某个部分。

- ❑ Play Focused：是否全屏运行游戏。
- ❑ ▦：打开 FrameDebugger。
- ❑ ▦：是否禁止音乐播放。
- ❑ ▦：是否禁用快捷键。
- ❑ Stats：当前游戏的性能面板，显示 Draw Call 数量、三角面数量、动画数量等。
- ❑ Gizmos：让 Scene 视图中的 Gizmos 都显示在 Game 视图中，打开后会影响性能（建议不要打开）。

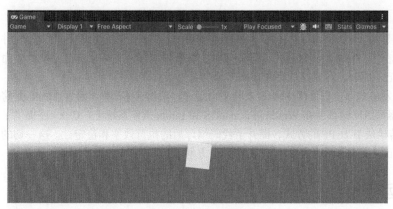

图 2-15　Game 视图

2.8　导航栏视图

如图 2-16 所示，导航栏视图一共分成左中右 3 部分。

图 2-16　导航栏视图

- ❑ 左边部分的元素从左到右依次表示：账号登录、云服务、资源商店、版本控制软件（类似 SVN）。
- ❑ 中间部分依次表示：运行/关闭游戏，暂停游戏，逐帧播放游戏。
- ❑ 右边部分依次表示：编辑器的历史操作行为，搜索工具，设置当前的 Layer（层），Layout（布局）设置。

2.9　小结

本章介绍了 Unity 编辑器常用的五大布局视图，简要说明了在各布局视图中工作的方法，以及使用 Unity 编辑器的一些小技巧。Project 视图用于保存所有的游戏资源，包括美术资源和代码资源。Hierarchy 视图用于保存游戏对象资源，包括处理游戏对象的层级，为游戏对象绑定不同的组件以产生不同的效果。Inspector 视图用于展示游戏对象和游戏资源的详细信息。Scene 视图是编辑模式视图，用于编辑游戏场景。Game 视图是游戏的最终发布视图。

第3章

游戏脚本

游戏脚本是整个游戏的核心组件，可以用来创建游戏对象，控制图形渲染，接收并处理用户输入事件，控制内存等。Unity 系统提供了很多脚本，每个脚本都拥有一套自己完整的生命周期；开发者也可以创建自己的脚本。最新版本的 Unity 已经全面使用 C#语言作为脚本的开发语言，并且提供了强大的 API。开发模式下，它使用 Mono 来跨平台编译、解析 C#脚本。因为 Mono 是跨平台的，所以 Unity 的编辑器可以同时部署在 Windows、macOS 和 Linux 操作系统上。Unity 还提供了在游戏发布后自动将 DLL 转换成 IL2CPP 的方式，提升了代码编译后的执行效率和稳定性。这一切的一切都只需开发者在设置界面上简单操作一下即可，实在是太方便了！

3.1　C#运行时

C#是 Unity 使用的脚本语言，它属于高级语言。C#虽然从开发效率的角度来说优于 C++，但从运行效率的角度来说不及 C++。Unity 开发时仅仅使用了 C#的语法，其内部原理和.NET 运行时完全不同。如图 3-1 所示，在开发脚本时，Unity 会通过编译器将 C#脚本编译成 IL 指令。

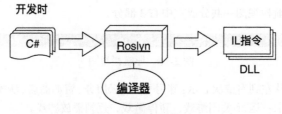

图 3-1　脚本开发时

我们以如下代码为例。暂时不要管 using UnityEngine 和 MonoBehaviour 关键字，这些代码会先在 Add()方法中把两个参数相加再返回结果，最终通过 Debug.Log()打印日志。

```
void Start()
{
    Debug.Log(Add(1, 2)); // 打印日志
}

int Add(int a , int b)
{
    return a + b;
}
```

这是一段很简单的 C#代码，而代码说到底只是一个文本文件。机器的 CPU 只认识 0 和 1 组成的机器码，面对这么复杂的代码，CPU 是既完全不认识也不知道如何执行的。此时，Unity 会通过 Roslyn 来对 C#代码进行编译，生成中间 IL 指令集。如图 3-2 所示，我们的直观感受就是，随便修改或者添加新的 C#代码文件，Unity 界面的右下角会出现短暂的"转圈"现象。这就意味着引擎在自动编译 C#代码来生成 IL 指令，"转圈"结束则表示完成编译。

图 3-2　编译代码生成指令

如图 3-3 所示，最终的 IL 指令会被编译到 Library/ScriptAssemblies/Assembly-CSharp.dll 文件中。每当代码有修改时，这个文件都会自动重新编译，开发者不需要额外操作，因此对此几乎毫无感知。

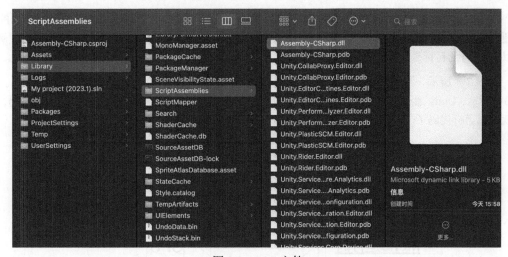

图 3-3　DLL 文件

DLL 文件的格式是透明的，很多第三方工具可以对其进行解包。在 macOS 环境下可以使用 ILSpy 进行解包，如下代码展示的就是 DLL 中对应的 IL 指令。

```
.class public auto ansi beforefieldinit NewBehaviourScript
    extends [UnityEngine.CoreModule]UnityEngine.MonoBehaviour
{
    .method private hidebysig
        instance void Start () cil managed
    {
        // Method begins at RVA 0x2050
        // Code size 21 (0x15)
        .maxstack 8

        IL_0000: nop
        IL_0001: ldarg.0
        IL_0002: ldc.i4.1
        IL_0003: ldc.i4.2
        IL_0004: call instance int32 NewBehaviourScript::Add(int32, int32)
```

```
        IL_0009: box [netstandard]System.Int32
        IL_000e: call void [UnityEngine.CoreModule]UnityEngine.Debug::Log(object)
        IL_0013: nop
        IL_0014: ret
    } // end of method NewBehaviourScript::Start

    ...

} // end of class NewBehaviourScript
```

我们可以看到很多类似这样的代码：nop、ldarg.0、ldc.i4.1、idc.i4.2、call……这样的关键字就是具体的 IL 指令，所有的 C#代码最终都会被编译成类似这样的指令。

IL 指令的具体含义已经超出了本书的范围。通过观察这些 IL 指令可以发现它们和汇编语言比较像，但其原理和汇编语言还是不同的：汇编语言对应 CPU 机器码，是 CPU 能认识并且运行的；但 CPU 不认识 IL 指令，更无法直接运行。

初学者可能会有疑问：为什么要这么复杂地搞个中间 IL 指令呢？原因是，人和机器是不同的：方便人类读写的代码，机器却无法很好地理解与执行；同理，机器能读懂的代码，人类却很难理解。所以 C#语言的目标是让人类更好地读写，而 IL 指令的目标是让机器更好地执行我们编写的代码。

如图 3-4 所示，点击 Unity 编辑器顶部导航栏中的运行按钮即可运行游戏，即执行 C#代码。如图 3-5 所示，Unity 通过 Mono 运行时解释 DLL 中的 IL 指令，最终将其翻译成 CPU 认识的机器码，这样就可以运行代码了。

图 3-4   在编辑模式下运行

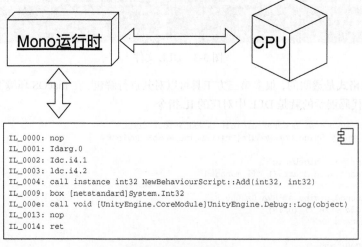

图 3-5   Mono 运行时

Mono 运行时并非 Unity 开发的，它是一个开源、跨平台的 C#运行时解决方案。C#是微软开发的语言，官方早期只支持 Windows 平台，C#无法在其他平台上运行，所以在开源社区中诞生了 Mono 这样的 C#跨平台解决方案。

随着 Unity 引擎的崛起，Mono 也得到了很好的发展。起初，Unity 不仅在编辑模式下使用 Mono 方案，而且打包后的运行采用的也是 Mono 方案，这就为跨平台带来了一个严峻的问题：如何更好地与目标平台对接？例如，PS（Play Station）游戏机平台提供了一些 API 供开发者使用，但是肯定不会单独为 Unity 提供 C#接口（各个平台提供的官方接口一般是 C++的）。开发者如果想使用这些接口，就需要等 Unity 接入。如果能直接生成可在底层执行的机器码，必然会得到更好的性能，而这是用 C#无法做到的。

后来，Unity 开发了 IL2CPP，用于在打包前将 IL 指令转换为 C++代码，并在所有代码都转换成 C++后统一打包，这就为提升性能与多平台移植带了不少便利。然而，在开发时则保留了 Mono 运行时。还以前面的 PS 接口为例，因为开发时的机器并非 PS 平台，所以即使调用了具体的 API，在编辑模式下也不需要做任何处理。这样，在编辑模式下就不需要过多考虑目标平台的特有功能了。

Mono 后来被微软并购了。虽然现在.Net Core 已经支持了跨平台功能，但 Unity 出于历史原因对 Mono 运行时做了很多特殊定制，目前还没有完全脱离 Mono。这就导致 Unity 无法在第一时间支持 C#的最新语法。Unity 博客中提到，从 2024 年开始会全面使用.Net Core 代替 Mono。这样 Mono 就彻底脱离 Unity 了。如图 3-6 所示，对于游戏打包，IL 指令会通过 IL2CPP 被编译成 C++代码，最终直接参与构建出目标可执行程序。

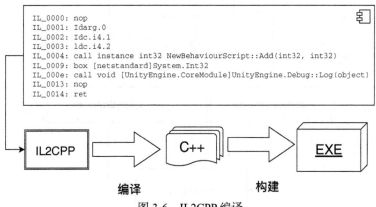

图 3-6　IL2CPP 编译

有些读者可能会有疑问：C#毕竟是一门高级语言，它是带 GC 的，经过 IL2CPP 编译后的 C++代码是如何处理垃圾收集问题的呢？其实，Unity 还接了贝姆垃圾收集器。贝姆垃圾收集器是一个非精准、不分代的垃圾收集器，内部的大致原理是在监听 new 和 delete 关键字的同时记录引用关系，在收集垃圾的时候进行扫描并卸载无用的垃圾内存。这样，C++也可以进行垃圾收集了。

由于用户的 C#代码已经变成了 C++代码，在最终构建的时候就可以很好地和发布平台进行打包了。如图 3-7 所示，安卓平台下的 APK 和 iOS 平台下的 Xcode 都可以一键生成。

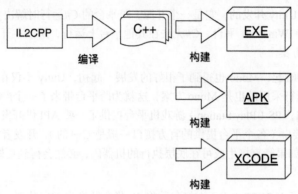

图 3-7　跨平台构建

3.2　C#与引擎交互

Unity 是一个标准的 C++游戏引擎，在运行模式下提供了 UnityEngine.dll 库，在编辑模式下提供了 UnityEditor.dll 库。如图 3-8 所示，用户的 C#代码会先调用 UnityEngine.dll 库和 UnityEditor.dll 库，随后再进一步调用 Unity 底层的 C++核心代码。

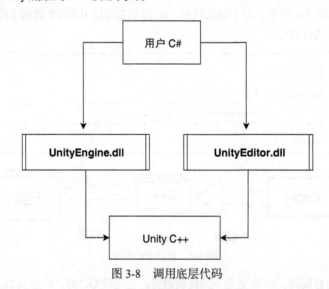

图 3-8　调用底层代码

这样，UnityEngine.dll 或 UnityEditor.dll 就需要将用户调用的 C#代码传递到引擎底层去执行。在 C#中，我们可以直接对一个 Transform 组件中的 position 属性赋值，从而修改游戏对象的坐标。

```
transform.position = Vector3.zero;
```

因为这段代码在用户这边是用 C#写成的，所以 UnityEngine.dll 需要有一个 C# 的 Transform 类对象供用户调用，此时在 position 属性中设置了坐标。我们可以看到 C# 的 Transform 类中就提

供了 `position` 的 `get` 和 `set` 方法。

```
[NativeHeader ("Configuration/UnityConfigure.h")]
[NativeHeader ("Runtime/Transform/Transform.h")]
[RequiredByNativeCode]
[NativeHeader ("Runtime/Transform/ScriptBindings/TransformScriptBindings.h")]
public class Transform : Component, IEnumerable
{
    ...
    public Vector3 position {
        get {
            get_position_Injected (out Vector3 ret);
            return ret;
        }
        set {
            set_position_Injected (ref value);
        }
    }
    ...
}
```

最终，`get` 和 `set` 坐标的方法会通过 `extern` 绑定到 C++中，此时传入的 `Vector3` 对象也会被传入引擎。

```
[MethodImpl (MethodImplOptions.InternalCall)]
private extern void get_localPosition_Injected (out Vector3 ret);
[MethodImpl (MethodImplOptions.InternalCall)]
private extern void set_position_Injected (ref Vector3 value);
```

如图 3-9 所示，只要在 C++的 Transform.cpp 中指定了新的坐标，引擎底层的渲染系统就可以将场景中的所有渲染信息提交到 GPU 中，最后通过 Shader 的计算更新角色在屏幕上的位置。由于这里并非要讲解完整的渲染流程，因此对流程图做了一定的简化。这里只需要理解为什么在 C#中修改坐标之后屏幕上的角色能动即可，详细的渲染原理以及流程将在第 12 章渲染部分讲解。

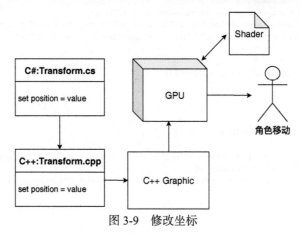

图 3-9　修改坐标

UnityEditor.dll 的工作原理与此类似。如图 3-10 所示，这是一个普通的 Transform 组件在 Unity 中的展示效果。

图 3-10   Transform 组件面板

在非运行模式下，可以直接在上述 Transform 面板中修改 Position（坐标）、Rotation（旋转）和 Scale（缩放），此时游戏中角色坐标会立刻发生变化。在编辑模式下，每个面板都会对应一个绘制类，比如 Transform.cs 面板对应的绘制类就是 TransformInspector.cs。这样就可以对每个 Component（组件）进行定制化绘制了，如下列代码所示。

```
namespace UnityEditor
{
    [CustomEditor(typeof(Transform))]
    [CanEditMultipleObjects]
    internal class TransformInspector : Editor
    {
        SerializedProperty m_Position;
        SerializedProperty m_Scale;
        TransformRotationGUI m_RotationGUI;

        ...

        public void OnEnable()
        {
            m_Position = serializedObject.FindProperty("m_LocalPosition");
            m_Scale = serializedObject.FindProperty("m_LocalScale");

            if (m_RotationGUI == null)
                m_RotationGUI = new TransformRotationGUI();
            m_RotationGUI.OnEnable(serializedObject.FindProperty("m_LocalRotation"), EditorGUIUtility.
                TrTextContent("Rotation", "The local rotation of this GameObject relative to the parent."));
        }

        public override void OnInspectorGUI()
        {
            ...
        }

        private void Inspector3D()
        {
            EditorGUILayout.PropertyField(m_Position, s_Contents.positionContent);
            m_RotationGUI.RotationField();
            EditorGUILayout.PropertyField(m_Scale, s_Contents.scaleContent);
        }
    }
}
```

首先需要根据 Transform 中真实的变量名找到序列化的结果。这里，序列化的结果就是用户在面板上设置的数值。

```
serializedObject.FindProperty("m_LocalPosition");
```

最终，通过 PropertyField() 方法就可以直接对属性进行绘制了。另外，还有一系列绘制接口在 EditorGUILayout 和 EditorGUI 中，使用者可以自由地扩展。

```
EditorGUILayout.PropertyField(m_Position, s_Contents.positionContent);
```

理论上，渲染类中的所有属性都需要严格地和 Transform 属性一一对应，此时就产生了一个问题：面板是为了让使用者更好地操作界面，因此最终呈现的面板界面结果可能有它自定义的渲染需求，面板中显示的名字甚至可能和真实属性完全不同。为了解决这个问题，点击右上角的按钮呼出菜单栏，然后选择 Debug，如图 3-11 所示。

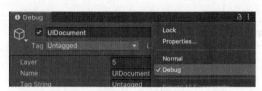

图 3-11　Debug

选择 Debug 后，就不会再使用 TransformInspector.cs 的绘制函数了——采用的是引擎默认的绘制方法，它会针对所有的 Component 进行反射，然后找到对应的属性进行统一渲染。如图 3-12 所示，Debug 后的 Transform 面板的显示结果是这样的。

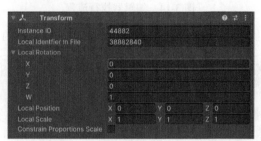

图 3-12　Debug 后的 Transform 面板

Debug 后，面板中的属性一定是参与序列化的数据，因为通用渲染接口要满足所有属性的绘制，界面就有点丑了。在进行调试的时候，通常会打开 Debug 查看具体的数值。

如图 3-13 所示，单看一条具体的属性，可以看到它是由 4 个字符串"Position"、"X"、"Y"、"Z"和 3 个具体的浮点数（float）数值组成的，其中的浮点数会根据输入结果持续画在界面中。

图 3-13　属性

引擎底层需要提供一系列绘制的接口。在如下代码中可以看到，具体的渲染接口最终还是会调用底层 C++接口，因为界面中还需要监听鼠标和键盘操作，比如修改坐标时需要调用对应的更新接口。

GUIStyle.bindings.cs

```
[FreeFunction(Name = "GUIStyle_Bindings::Internal_Draw", HasExplicitThis = true)]
private extern void Internal_Draw(Rect screenRect, GUIContent content, bool isHover, bool isActive,
    bool on, bool hasKeyboardFocus);
```

```
[FreeFunction(Name = "GUIStyle_Bindings::Internal_Draw2", HasExplicitThis = true)]
private extern void Internal_Draw2(Rect position, GUIContent content, int controlID, bool on);
```

如图 3-14 所示，用户写的 C#代码可以分成两部分：Editor 部分仅适用于编辑模式，Runtime 部分则会实际影响最终游戏的发布。它们最后都会调用底层 C++代码，再通过渲染管线、显卡、驱动，一层一层地将整个编辑 UI 渲染完毕。

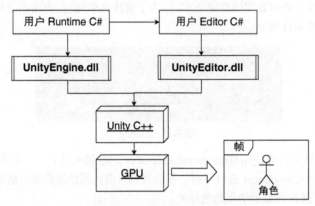

图 3-14　编辑器执行流程

如图 3-15 所示，上述操作的最终结果就是我们在平常的开发中看到的 Unity 引擎界面。

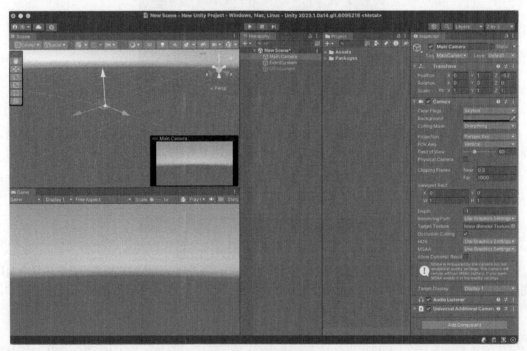

图 3-15　编辑器结果

可以发现，在这套流程中，Editor 部分的 C#代码只会影响编辑器。其实，游戏实际发布以后，会完整地剥离掉 Editor 部分的代码，以及引擎对应的 Editor 部分调用的代码。在编写 C#代码时，Runtime 部分若不调用 Editor 部分的代码，只需要在最终打包发布的时候让 Editor 下的 DLL 不参与就行。如果 Runtime 代码确实调用了 Editor 部分的代码，虽然在开发环境下不会报错，但由于 Editor 代码不参与打包，在打包的时候就会发生编译报错，因此在编写的时候还是需要注意。

Editor 部分的代码可以调用 Runtime 部分的代码。因为此时处于编辑环境下，编辑器一般需要访问运行时的游戏对象以及 API，从而执行编辑器特有的一些逻辑。目前只需要记住，代码只要放在 Editor 文件夹或者其子文件夹下，就会被编译到 Editor 对应的 DLL 中，反之则会被保存在 Runtime 对应的 DLL 中。运行时代码最终的执行结果只会影响 Games 视图，如图 3-16 所示。

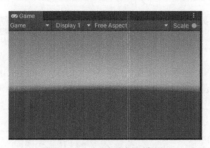

图 3-16　运行时的结果

3.3　游戏对象

Unity 的游戏对象采用标准的面向对象组合模式，在游戏对象上可以绑定任意数量的游戏组件，组件和组件组合排列在一起。如图 3-17 所示，逻辑上不同的游戏组件有各自的属性和方法。

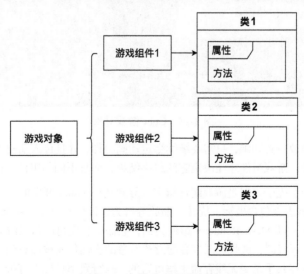

图 3-17　游戏对象及组件

如图 3-18 所示，在 Hierarchy 视图中创建 Cube（立方体）游戏对象，即可在 Scene 视图中看到一个立方体，通过变换组件、网格组件、网格渲染组件就可以渲染 3D 模型了。此时如果想换一个模型，只需要在网格组件中更换新的网格即可。每个组件都有各自具体的属性，以下是整个立方体对象与组件的可能组合关系。

立方体对象：

- ❏ Transform（变换组件）
- ❏ Mesh Filter（网格过滤器组件）
- ❏ Mesh Renderer（网格渲染组件）
- ❏ Box Collider（碰撞组件）

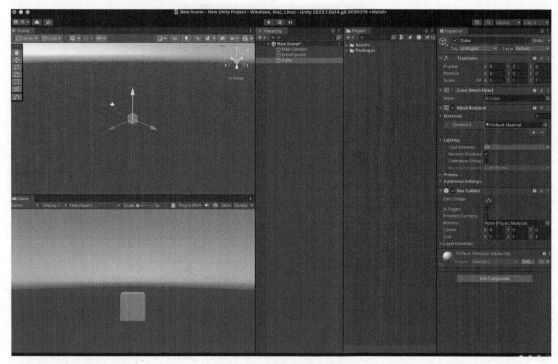

图 3-18　Cube 游戏对象

如果需要立方体播放位置动画，只需要继续绑定动画组件，并且传入动画剪辑就行了。这说明游戏对象只是一个空壳子，游戏组件才能决定它的最终结果，而且不同的组件可以配合使用。

游戏对象虽然是个空壳子，但是游戏组件繁多，导致使用 Unity 开发的游戏容易出现内存不足的情况。例如，Transform 组件包含坐标、旋转、缩放等行为，即使有时候并不会操作它的旋转和缩放，这些行为也会占用内存。以 Mesh Renderer 组件为例，它需要绑定材质球来渲染物体，材质球上又可能会关联贴图、Shader 等资源，这些资源都会随游戏对象的实例化而被加载到内存中。一个大的游戏对象以及关联的组件内存几乎是毫无缓存命中率可言的，执行效率只能大打折扣。再加上每个组件在使用端还都是以 C# 的形式存在的，需要垃圾收集才能释放这些无用的堆内存。

出于这些原因，Unity 这些年致力于发展 DOTS 技术，相关技术会在本书第 13 章详细说明。虽然基于游戏对象的开发方式有种种问题，但就目前而言，市面上的大多数游戏还是以这种方式开发的，因为它比较符合人类的阅读和理解习惯，缺点就是性能低一些。相关的工具链、第三方插件都是以基于游戏对象的方式开发的，在短时间内切到 DOTS 可以说不太现实，但我相信 DOTS 未来一定会迎来前所未有的发展。

3.4 游戏组件

通过对游戏对象的介绍可以发现，Unity 的核心应该是游戏组件。Unity 内置了一些常用的组件，用户也可以自定义游戏组件，比如游戏脚本就继承自游戏组件，通过自定义脚本就可以拓展出自定义游戏组件。下面对一些常用的游戏组件进行详细的说明。

3.4.1 Transform（变换）组件

Transform 组件是 Unity 中唯一一个无法删除的特殊组件，它会和 GameObject 直接绑定，除非把相应的 GameObject 删除才能删除。如图 3-19 所示，它可以设置 3D 物体每个轴上的坐标、旋转和缩放。

图 3-19 Transform 组件

如图 3-20 所示，Scale 属性右边的小按钮可以决定是否启动限制缩放比例，它默认是关闭的。打开以后，无论修改哪条坐标轴上的缩放都会同时影响其他轴上的缩放。它只在编辑模式下产生影响，在运行时通过代码来修改缩放则无效。这个功能主要是给制作场景的策划人员或美术人员使用的，方便他们在编辑游戏资源时进行缩放并且不容易出错。

图 3-20 限制缩放比例

坐标、旋转、缩放的具体数值会保存在当前场景中，如果将它制作成 Prefab 则会保存在 Prefab 文件中。其他组件的属性也都是按照这个原理保存的，在运行时当此场景或者 Prefab 加载时，属性会被直接复制给新加载的对象。

在 Hierarchy 视图中可以创建父子节点，这样可以让游戏对象具有相对的父子关系。修改父对象的坐标、旋转和缩放会等比例影响其子对象。如图 3-21 所示，比如修改 Parent，将其 Scale 中的 X 轴比例系数放大为 2，那么子节点 Child1、Child2 和 Child3 各自的 Scale 中的 X 轴节点坐标值都会以原有值乘 2。这样的操作行为对于编辑场景是非常便利的。

图 3-21　父子节点

如此一来，在面板中设置的坐标其实是相对于父节点的局部坐标，而并非世界坐标。这种做法对于制作场景的美术人员来说是可以接受的，但是对于程序员来说就不行了。这是因为程序有时候需要设置局部坐标，有时候需要设置世界坐标。可以像下面这样灵活地设置与修改世界或布局坐标。

```
// 世界坐标
transform.position = Vector3.zero;
// 局部坐标
transform.localPosition = Vector3.zero;

// 世界旋转
transform.rotation = Quaternion.Euler(Vector3.zero);
// 局部旋转
transform.localRotation = Quaternion.Euler(Vector3.zero);

// 局部缩放
transform.localScale = Vector3.zero;
// 世界缩放（只读）
Vector3 globalScale = transform.lossyScale;
```

观察代码可发现，旋转使用的并不是 Vector3，而是 Quaternion（四元数），可以通过一个三维角度来构建四元数。对于缩放，也只支持修改局部缩放，世界缩放是只读的，无法修改。注意代码中修改的坐标也会影响子节点，所以对象的子节点越多，修改坐标的开销也就越大。

代码中很可能需要同时修改坐标和旋转，如果按上述代码的方式执行，开销是非常大的，因为修改坐标时需要算一次子节点，修改旋转时还要再算一次子节点。如下列代码所示，如果有类似的需求，可以同时设置坐标和旋转，不要分别单独设置，这样性能就能得到极大的提升。

```
// 同时修改世界坐标和世界旋转
transform.SetPositionAndRotation(Vector3.zero, Quaternion.Euler(Vector3.zero));
// 同时修改布局坐标和局部旋转
transform.SetLocalPositionAndRotation(Vector3.zero, Quaternion.Euler(Vector3.zero));
```

3.4.2　Mesh Filter（网格过滤器）组件

Mesh Filter 是网格过滤器组件（如图 3-22 所示），它单纯保存了一个网格信息，比如 3ds Max 导出的 FBX 模型信息，将 FBX 文件拖入 Unity 以后会生成对应的 Mesh 对象，然后拖入 Mesh Filter 组件即可使用。网格组件仅保存了 Mesh 信息，并不会真正参与渲染。

图 3-22　网格过滤器组件

如图 3-23 所示，Unity 内部会预制一组简单的网格，包括 Cube（立方体）、Capsule（胶囊体）、Cylinder（圆柱体）、Plane（平面）、Sphere（球体）和 Quad（四方体）。Quad 和 Plane 的区别是，Quad

只用了两个三角形拼成一个四方体，而 Plane 用了很多三角形拼成一个大的平面，所以 Quad 的性能要高于 Plane，内存与渲染开销更小。

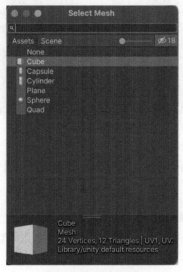

图 3-23　内置网格

3.4.3　Mesh Renderer（网格渲染）组件

Mesh Renderer 组件用于渲染 Mesh Filter 组件中的模型。此时可能有人会提出疑问：为什么要拆出两个组件呢？原因是，Mesh Filter 作为一个单独的组件可以和多个不同的 Renderer 进行组合。

这里并不打算深入讲解整个 Mesh Renderer 组件，详细内容放在第 7 章讲解，目前只需要简单知道它是干什么的就行。如图 3-24 所示，需要在 Mesh Renderer 中指定一种材质，因为材质中会绑定 Shader，它最终决定了 Mesh Filter 中的 Mesh 如何渲染。

图 3-24　网格渲染组件

在材质中绑定好贴图后，直接将模型拖入 Hierarchy 视图中就可以看见 3D 模型了。如图 3-25 所示，因为 Mesh Renderer 组件是渲染静态物体的，所以不能对这个模型播放动画。

图 3-25 显示模型

3.4.4 Skinned Mesh Renderer（蒙皮网格渲染）组件

游戏中还有很多支持播放 3D 骨骼动画的模型，一般需要美术人员在 3ds Max 或者 Maya 中创建好模型和绑定骨骼节点，还需要编辑每个骨骼对应模型顶点的权重信息，最终导出带有蒙皮信息的模型才能放入 Unity 引擎使用。和上一节一样，这里并不打算深入讲解整个 Skinned Mesh Renderer 组件，详细内容放在第 7 章讲解，目前只需要简单知道它是干什么的就行。

如图 3-26 所示，Skinned Mesh Renderer 组件比 Mesh Renderer 组件多出了一些额外的信息，其中 Mesh 表示模型的网格资源，RootBone 则表示根节点骨骼。因为美术人员在导出 FBX 的时候就会把骨骼信息制作完毕，所以这里的绑定根节点骨骼的意思就是当播放骨骼动画时从这个节点下开始找对应的骨骼节点。

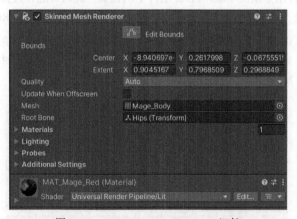

图 3-26 Skinned Mesh Renderer 组件

蒙皮绑定完毕后，还需要使用美术人员导出的 FBX 动画。如图 3-27 所示，此时还需要一个 Animator 组件，并且绑定 Animator Controller（动画控制器）。在 Create 菜单中可以创建 Animator 组件，它属于 Unity 的一个资源文件。

图 3-27　创建 Animator 组件

打开 Animator Controller，如图 3-28 所示，直接将美术人员制作的动画文件 Mage_Run 拖入即可，因为此时只有一个动画，所以它就是默认动画。

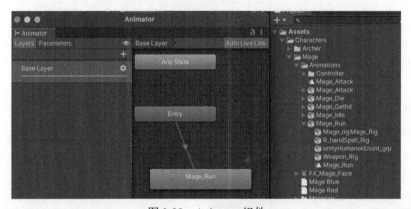

图 3-28　Animator 组件

如图 3-29 所示，Hierarchy 视图看似复杂，其实其中都是骨骼节点，这些节点都是从 3ds Max 最终导入 Unity 时会自动生成的。

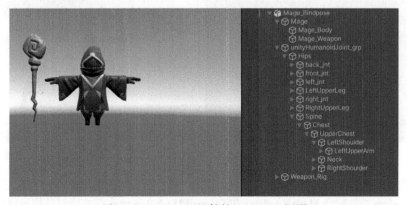

图 3-29　Animator 组件的 Hierarchy 视图

如图 3-30 所示，动画文件中都保存着关键帧信息，包括骨骼节点的路径以及变化量。播放动画就是将这些关键帧的信息传递到 GPU 中进行蒙皮动画。本质上，这些节点只有渲染才需要逻辑，这里是不需要的。但是有时候需要在特定的骨骼节点下绑定特效或者武器，这样就不得不在 CPU 中再更新一下位置，会严重影响效率。

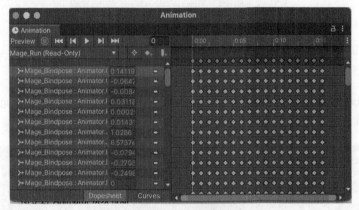

图 3-30 动画文件

从效率的角度上来说，应该尽量关闭不需要绑定的骨骼节点。如图 3-31 所示，模型导入后可以在 Rig 中勾选 Optimize Game Objects，只保留需要的节点即可。

讲解了这么多，我们的模型终于动起来了，如图 3-32 所示。可以说 Skinned Mesh Renderer 是 Unity 中比较复杂的一个组件。

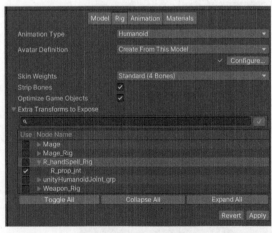

图 3-31 优化骨骼节点

图 3-32 播放动画

动画组件远远不是这么短的篇幅能讲完的，在第 7 章中会更加详细地讲解。学到这里，我们已经大概了解 Transfom 组件配合 Mesh Renderer 和 Skinned Mesh Renderer 等渲染组件应该可以制作一些非常简单的场景以及角色动画了。

3.5 游戏脚本

游戏脚本是整个游戏的核心组件，脚本继承游戏组件，属于组件的子类。脚本就是代码，它非常灵活：可以创建游戏对象，控制游戏组件，控制图形渲染，接受并处理用户输入事件，控制游戏内存等。Unity 系统提供了很多脚本，每个脚本都拥有一套自己完整的生命周期；开发者也可以创建自己的脚本。

如图 3-33 所示，Unity 在 C#层最基础的类是 Object 对象，它是无法绑定在游戏对象上的。接着是 Component 对象，前面提到的 Transform、Mesh Filter、Render 组件都继承它。它还派生了 Behaviour 对象。接着，本章的主人公 MonoBehaviour 就登场了，我们写的自定义脚本都需要继承它。

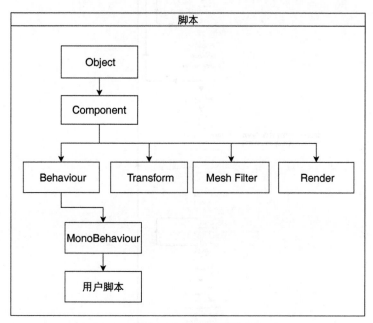

图 3-33　脚本的关系

3.6 脚本的生命周期

Unity 脚本有一套完整的生命周期。脚本需要绑定在任意游戏对象上，并且同一个游戏对象可以绑定不同的脚本，各脚本执行自己的生命周期，它们可以相互组合并且互不干预。学习脚本的生命周期之前，我们要引用官方文档中非常经典的一张图（如图 3-34 所示），它完整地描述了脚本的生命周期，其中的内容稍后会详细解释。

生命周期中的所有方法都是 Unity 系统自己回调的，不需要手动调用，主要有编辑脚本、初始化、物理、事件、更新、渲染、销毁等。这些方法比较多，我们会在后面的例子中慢慢为大家讲解。

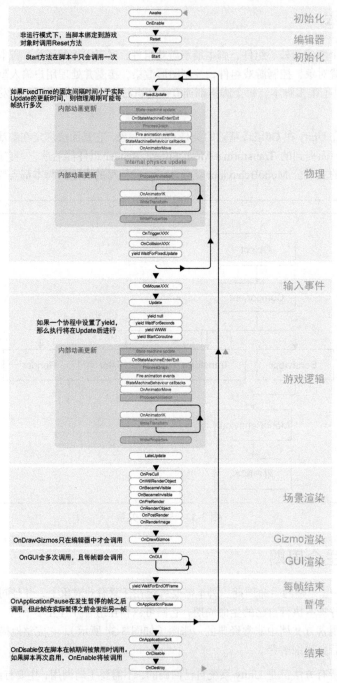

图 3-34   生命周期

这张脚本生命周期图非常经典，这里会详细介绍里面的每一步是如何执行的。

3.6.1　初始化和销毁

如图 3-35 所示，脚本的初始化和销毁可以分成 3 部分：Awake()/OnDestroy()、OnEnable()/OnDisable()和 OnApplicationQuit()。接着我们来详细介绍。

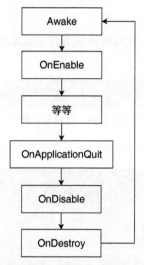

图 3-35　初始化和销毁

❑ Awake()：在脚本首次被初始化时调用，整个生命周期只会执行一次。
❑ OnEnable()：在脚本被启动时调用，整个生命周期会执行多次。
❑ OnApplicationQuit()：在程序退出时调用。
❑ OnDisable()：在脚本被关闭时调用，整个生命周期会执行多次。
❑ OnDestroy()：在脚本被销毁时调用，整个生命周期只会执行一次。

如下列代码所示，创建一个游戏脚本。

```
public class NewBehaviourScript : MonoBehaviour
{
    private void Awake() { }
    private void OnEnable() { }
    private void OnApplicationQuit () { }
    private void OnDisable() { }
    private void OnDestroy() { }
}
```

如下列代码所示，在脚本中动态创建游戏对象和绑定脚本会分别触发 Awake()和 OnEnable()方法；当脚本被销毁后会触发 OnDestroy()方法；每次启动或关闭脚本都会分别触发 OnEnable()和 OnDisable()方法。

```
// 触发 Awake()和 OnEnable()
var script = new GameObject().AddComponent<NewBehaviourScript>();

// 触发 OnDisable()
script.enabled = false;
```

```
// 触发 OnEnable()
script.enabled = true;

// 触发 OnDisable()和 OnDestroy()
GameObject.Destroy(script);

// 触发 OnApplicationQuit()
Application.Quit();
```

如图 3-36 所示，游戏运行后，在编辑模式下勾选或取消勾选也会立即触发 OnEnable()和 OnDisable()方法。

图 3-36　启动与关闭

如图 3-37 所示，游戏运行后，如果在编辑模式下直接删除游戏对象，也会触发 OnDestroy()方法。

图 3-37　删除游戏对象

如图 3-38 所示，游戏运行后，如果在编辑模式下直接停止游戏也会同时触发 OnDestroy()和 OnApplicationQuit()方法。

图 3-38　停止游戏

3.6.2　二次初始化

如图 3-39 所示，在 OnEnable()后会调用 Reset()方法，然后调用 Start()方法。

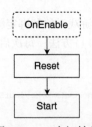

图 3-39　二次初始化

通过 `Time.frameCount` 可以输出当前执行到了第几帧，`Start()` 方法会等到 `Awake()` 执行完后的下一帧执行，并且整个生命周期只会执行一次。

```
public class NewBehaviourScript : MonoBehaviour
{
    private void Awake()
    {
        Debug.Log(Time.frameCount);
    }
    private void Start()
    {
        Debug.Log(Time.frameCount);
    }
    private void Reset() { }
}
```

可能会有人问：为什么要有 `Start()` 这个方法呢？在 `Awake()` 中不能初始化吗？原因是，当有多个脚本同时被初始化而每个脚本的 `Awake()` 方法是按顺序执行的时，如果先执行的脚本直接在 `Awake()` 中访问其他脚本中的属性，那么其他脚本有可能还没执行 `Awake()`。通常，安全的做法是在 `Awake()` 中初始化先执行的脚本自己的数据，在 `Start()` 中访问其他脚本的数据，因为这样已经等了一帧，所以再去提取数据就不会有问题了。

前面提到的 `Reset()` 方法在游戏运行中是不会执行的。它通常用来做一些编辑器下的脚本初始化工作，比如监听脚本的绑定事件。虽然运行时它不会被调用，但我们还是尽量使用 `UNITY_EDITOR` 的宏包裹一层。这里的含义就是，只在编辑模式下执行宏中的代码。

```
#if UNITY_EDITOR
    private void Reset()
    {
        Debug.Log("NewBehaviourScript 脚本被绑定了");
    }
#endif
```

如图 3-40 所示，当脚本首次被绑定到游戏对象上时就会调用 `Reset()` 方法。如果脚本已经被绑定上，右键呼出菜单后点击 Reset 按钮可以再次调用 `Reset()` 方法。

图 3-40　绑定事件

3.6.3　固定更新

如图 3-41 所示，接着就进入了固定更新这一步。固定更新可以保证每帧以一个固定的间隔执行

`FixedUpdate()`方法，所以对帧率有稳定要求的地方就需要使用它，比如动画系统的更新以及物理系统的更新。

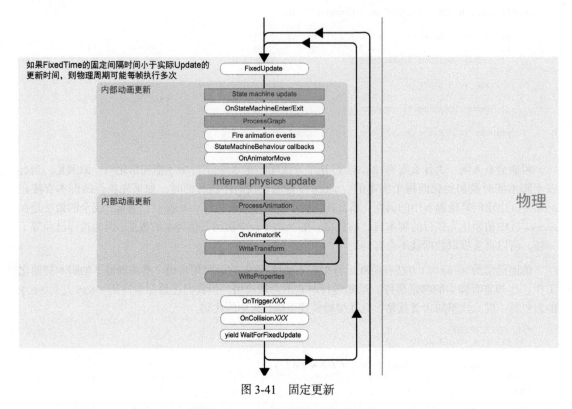

图 3-41　固定更新

固定更新默认系统每 0.02 秒调用一次，具体的间隔时间可以在 TimeManager 中配置。导航栏菜单中选择 Editor→Project Settings→Time 即可打开 TimeManager。如图 3-42 所示，Fixed Timestep 就是固定更新间隔的配置，可以手动修改它。

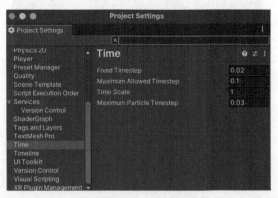

图 3-42　固定更新间隔

　　FixedUpdate()的执行在底层依赖 Update()，它会在当前帧的 Update()之前执行。如果帧率稳定，FixedUpdate()会有良好的表现，但如果帧率不稳定，FixedUpdate()则会表现得很糟糕。

　　假如将 Fixed Timestep 设置为 0.02，则 1/0.02=50，即理论上 1 秒需要执行 50 次 FixedUpdate()。如果当前 CPU 的帧率控制在 50 帧/秒以上，就可以得到不错的结果。但如果当前的帧率掉到了 25 帧/秒以下，FixedUpdate()就无法执行 50 次。为了保证逻辑层不出问题，Unity 会在 1 帧内强制执行 2 次 FixedUpdate()，以便保证 1 秒执行 50 次，最终的执行结果与次数完全取决于当前游戏的帧率。下面我们来做个试验。

```
private void FixedUpdate()
{
    Debug.Log($"frameCount={Time.frameCount} time={Time.time}");
}
```

　　如图 3-43 所示，因为当前帧率比较高，超过了 50 帧/秒，所以每帧只输出了一次固定更新，并且每次的间隔都是 0.02 秒。

图 3-43　输出固定间隔时间

　　下面强制限制当前的帧率为 25 帧/秒，并且在 Update()里输出一下时间，看看它与 FixedUpdate()有什么关系。

```
private void Awake()
{
    // 强制设置当前帧率为 25 帧/秒
    Application.targetFrameRate = 25;
}

private void FixedUpdate()
{
    Debug.Log($"frameCount={Time.frameCount} time={Time.time}");
}

private void Update()
{
    Debug.Log($"Update time={Time.time}");
}
```

如图 3-44 所示，因为当前的帧率不足以在 1 秒内执行 50 次 FixedUpdate()，所以每帧就会执行 2 次 FixedUpdate()，虽然逻辑上输出的间隔时间是 0.02 秒，但是确实在 1 帧内执行了多次。如果此时的动画和物理系统使用这个 FixedUpdate() 执行了多次，就一定有性能上的额外开销。再看 Update() 方法，因为它是在每帧的 FixedUpdate() 之后执行的，所以输出的 Time.time 就是当前帧最终的时间。

图 3-44   对比固定与每帧间隔时间

在真实的游戏中，伴随着资源的加载，可能有一段时间内的帧率非常低，那么这一定会造成额外的性能开销，导致更多卡顿。为了解决这个问题，Unity 提供了设置最大间隔时间的参数——Maximum Allowed Timestep。如图 3-45 所示，我们将它的值修改成 0.02，表示每次的最大间隔时间只能是 0.02 秒。

图 3-45   固定最大间隔时间

再次运行游戏，虽然帧率仍然无法满足在 1 秒内执行 50 次 FixedUpdate()，但是由于最大间隔时间参数的介入，已经不会出现在 1 帧内执行多次 FixedUpdate() 的情况了，如图 3-46 所示。时间面板下方的 Maximum Particle Timestep 表示粒子系统的最大间隔时间。出于性能的考虑，游戏中的 Fixed Timestep 一般会设置为大于 0.1。

FixedUpdate() 执行完，就轮到内部的动画系统以及动画状态机更新了，接着是物理的更新以及碰撞的回调事件。物理部分会在第 6 章和第 7 章展开介绍，这里不再赘述。最后就是 yield WaitForFixedUpdate()，它是协程任务的回调事件。

图 3-46 输出固定最大间隔时间

总体来说，在帧率轻微抖动的时候使用 FixedUpdate()会让效果更加丝滑，所以物理相关的更新都放在 FixedUpdate()中，但如果帧率已经抖动得完全不可控，即使使用 FixedUpdate()也没办法得到较好的结果。

3.6.4　内置协程回调

代码是按顺序执行的，如果想做一个延迟函数，在 C#中就需要使用类似代理委托这样的方案。C#默认的回调方法比较丑：如果有多个 Callback()方法，就要一层一层地嵌套下去，读写体验都很糟糕。

```
void Call()
{
    Debug.Log("call1");
    Callback(() => {
        Debug.Log("Call2");
    });
}
```

如下列代码所示，Start()方法是在 FixedUpdate()方法之前执行的，但是这里开启了一个协程任务。yield return new WaitForFixedUpdate()表示等待当前帧的 FixedUpdate()执行完毕再执行，所以"Call2"的输出会等当前帧的 FixedUpdate()执行完后才会输出。

```
void Start()
{
    StartCoroutine(Call());
}

IEnumerator Call()
{
    Debug.Log("Call1");
    yield return new WaitForFixedUpdate();
    Debug.Log("Call2");
}
```

同样的还有 `yield return new WaitForEndOfFrame()`，它表示等到当前帧的最后再执行，执行时机晚于当前帧的 `FixedUpdate()`、`Update()` 和 `LateUpdate()`。

如果想每秒执行一段代码，可以使用 `WaitForSceonds()`；如果想忽略时间缩放系数，可以使用 `WaitForSecondsRealtime()`。

```
IEnumerator Call()
{
    for (int i = 0; i < 10; i++)
    {
        yield return new WaitForSeconds(1);
        Debug.Log("Call");
    }
}
```

如果确定每次都等待 1 秒再执行，最好将 `new WaitForSeconds(1)` 对象提出来，这样可以避免额外的堆内存浪费。

```
WaitForSecondsRealtime wait = new WaitForSecondsRealtime(1);
for (int i = 0; i < 10; i++)
{
    yield return wait;
    Debug.Log("Call");
}
```

这里等待下一秒执行它，内部原理是每次都会等下一帧执行。此时会判断当前时间是否满足等待 1 秒，如果不满足则继续等待直到满足。在满足等待时间后，在当前帧的 `Update()` 方法执行完后执行它，执行时机如图 3-47 所示。

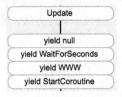

图 3-47　执行时机

❑ `yield null` 表示单纯地等待 1 帧，往后的 10 帧每帧执行一次以下代码。

```
for (int i = 0; i < 10; i++)
{
    yield return null;
    Debug.Log("Call");
}
```

❑ `yield WWW` 表示等待网络回调。

❑ `yield StartCoroutine` 表示等待执行 Coroutine。如下列代码所示，在第一个协程任务中，Coroutine 等待第二个协程任务执行完毕后再继续执行。也就是"Call2"连续执行 10 次以后才会执行"Call"。

```
IEnumerator Call()
{
    yield return StartCoroutine(Call2());
    Debug.Log("Call");
```

```
    }
    IEnumerator Call2()
    {
        for (int i = 0; i < 10; i++)
        {
            yield return null;
            Debug.Log("Call2");
        }
    }
```

3.6.5 鼠标事件

鼠标事件的执行时机处于 `yield WaitForFixedUpdate` 的后面。Unity 的鼠标事件有一定的局限性，只能在 PC 上使用，在移动端是无法使用的。使用方法也比较简单，如图 3-48 所示，先给模型绑定一个碰撞器组件，再绑定监听的脚本事件即可。

图 3-48 添加碰撞器

鼠标事件的核心就是如下代码。

```
private void OnMouseDown()
{
    Debug.Log("鼠标按下碰撞器时调用");
}
private void OnMouseUp()
{
    Debug.Log("鼠标抬起碰撞器时调用");
}
private void OnMouseUpAsButton()
{
    Debug.Log("鼠标松开碰撞器时调用，执行时机在 OnMouseUp 之前");
}
private void OnMouseEnter()
{
    Debug.Log("鼠标进入碰撞器时调用");
}
private void OnMouseDrag()
{
    Debug.Log("鼠标拖动碰撞器时调用");
}
private void OnMouseExit()
{
    Debug.Log("鼠标离开碰撞器时调用");
}
private void OnMouseOver()
{
    Debug.Log("鼠标悬浮在碰撞器上时调用");
}
```

如图 3-49 所示，把碰撞器绑定在模型上，鼠标点击后就会执行事件。

图 3-49　碰撞器事件

3.6.6　脚本逻辑更新

生命周期进入了逻辑更新，如图 3-50 所示。可以看到 Update()后就是 yield 相关的更新事件。接着是动画系统的每帧更新，其中一部分属于内部更新逻辑，关键的事件会对外抛出。最后就是 LateUpdate()了，它在每帧逻辑更新的最后执行。

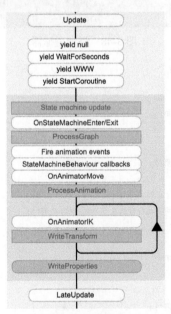

图 3-50　逻辑更新

这里需要注意，Start()方法执行完毕后并非等 1 帧再执行 Update()方法，而是在当前帧就会执行 Update()方法。如下列代码所示，我们在关键函数中输出当前执行的帧数。

```
private void Awake()
{
    Debug.Log($"Awake {Time.frameCount}");
}
```

```
private void OnEnable()
{
    Debug.Log($"OnEnable {Time.frameCount}");
}
private void Start()
{
    Debug.Log($"Start {Time.frameCount}");
}
private void Update()
{
    Debug.Log($"Update {Time.frameCount}");
}
private void LateUpdate()
{
    Debug.Log($"LateUpdate {Time.frameCount}");
}
```

如图 3-51 所示，可以看出 Awake() 和 OnEnable() 在第 0 帧执行，Start() 与首次的 Update() 和 LateUpdate() 都是在第 1 帧执行的。

图 3-51　输出帧数

3.6.7　场景渲染

逻辑更新结束后就进入场景渲染了，场景渲染的回调接口如图 3-52 所示。渲染本身都是通过 GPU 完成的，这里仅抛出渲染过程中的一些回调事件。因为 GPU 的数据也需要 CPU 来提供，所以在一些关键点上就可以抛出事件供逻辑层使用。

图 3-52　场景渲染

下面的代码整体比较好理解，只需要详细说一下 OnRenderImage 事件。它会在全部渲染完毕后调用，source 表示当前待渲染的屏幕 RT，在做后处理时会对这个 RT 进行一系列计算，最终将结果复制（Blit）到 destination 中就可以输出到屏幕上了。

```
private void OnPreCull()
{
    Debug.Log("场景被摄像机裁剪之前调用");
}
private void OnWillRenderObject()
{
    Debug.Log("当物体对当前摄像机可见时调用");
}
private void OnBecameVisible()
{
    Debug.Log("当物体对任意摄像机可见时调用");
}
private void OnBecameInvisible()
{
    Debug.Log("当物体对所有摄像机都不可见时调用");
}
private void OnPreRender()
{
    Debug.Log("摄像机开始渲染场景前调用");
}
private void OnRenderObject()
{
    Debug.Log("摄像机开始渲染场景后调用");
}
private void OnPostRender()
{
    Debug.Log("摄像机完成渲染场景后调用");
}
private void OnRenderImage(RenderTexture source, RenderTexture destination)
{
    Debug.Log("全部渲染完毕后调用");
}
```

3.6.8   编辑器 UI 更新

渲染更新结束后就进入编辑器 UI 更新了，执行顺序如图 3-53 所示。OnDrawGizmos 仅在编辑模式下生效，通常用于渲染编辑器 Scene 视图中的参照小装置。

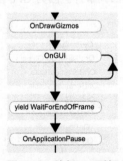

图 3-53   编辑 UI 更新

调用 Gizmos.DrawXXX 的相关 API 就可以在 Scene 视图中绘制参照小装置了，如下代码在场景中绘制了一个球形的小装置，如图 3-54 所示。

```
private void OnDrawGizmos()
{
    Gizmos.DrawSphere(Vector3.zero, 1f);
}
```

图 3-54 小装置

上述代码会始终在 Scene 视图中绘制球形小装置。如果只希望在选择游戏对象后绘制，可以使用如下代码。无论如何，OnDrawGizmos 系列方法都仅在编辑模式下生效，最终打包后是不生效的。

```
private void OnDrawGizmosSelected()
{
    // 选择游戏对象后绘制
}
```

接着就是 OnGUI 了，它是 Unity 早期用于制作游戏界面的接口，由于性能问题并没有被广泛使用。我们会在第 4 章中详解说明 OnGUI，此时只需要简单了解就行。通过以下代码就可以绘制出一句文本，如图 3-55 所示。它还支持富文本，通过标签可以控制字体的大小和颜色。

```
private void OnGUI()
{
    GUILayout.Label($"<size=30>你好<color=red>世界! </color></size>");
}
```

图 3-55 文本（另见彩插）

OnGUI()执行完就到 yield WaitForEndOfFrame()了，这部分内容已经在 3.6.4 节中详细介绍，这里不再赘述。最后是 OnApplicationPause()，相关的方法还有 OnApplicationFocus()，用于接收应用程序当前的窗口状态。

```
private void OnApplicationPause(bool pause)
{
    // 应用程序暂停或恢复
}
private void OnApplicationFocus(bool focus)
{
    // 应用程序拥有焦点或丢失焦点
}
```

脚本的整个生命周期目前已经讲完，可能有些初学者还是有些云里雾里。罗马非一日建成，这么多回调方法在短时间内也是很难全部理解的。只有理解了每一个方法的相关功能的具体含义，才能彻底搞懂如何更好地使用这些方法。请大家慢慢跟随本书的步伐，理解每一个方法的相关功能的具体含义。

3.7　脚本的管理

Unity 脚本可以灵活地绑定在多个游戏对象上，那么就产生了这样的问题：脚本多了如何管理？不同脚本执行的先后顺序如何控制？启动游戏后，Unity 会同时处理所有脚本。以执行脚本中的 `Awake()` 方法为例，Unity 会先找到此时需要初始化的所有脚本，然后同时执行这些脚本的所有 `Awake()` 方法。学过程序的朋友应该知道，计算机处理是没有"同时"这个概念的，处理都是有先后顺序的，也就是说排在前面的脚本会优先执行。

3.7.1　脚本的执行顺序

脚本既可以在运行时动态添加在游戏对象上，也可以在运行游戏前预先绑定在游戏对象上。动态添加的脚本按添加的先后顺序决定执行顺序。但是静态脚本因为提前绑定在了游戏对象上，所以初始化的顺序就不一样了。如图 3-56 所示，在 Script Execution Order 中可以设置脚本的执行顺序。点击加号（＋）按钮即可添加需要调整顺序的脚本，数值越小的越先执行。

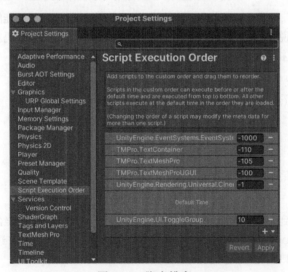

图 3-56　脚本排序

如下列代码所示，也可以在脚本中声明 `DefaultExecutionOrder` 来设置当前脚本的执行顺序。

```
[DefaultExecutionOrder(100)]
public class NewBehaviourScript : MonoBehaviour
{
}
```

　　这就说明了为什么脚本生命周期中会提供 Start() 方法。假如 A 脚本先执行，B 脚本后执行，那么 A 脚本在自己的 Awake() 方法中获取 B 脚本的数据就可能会出错，因为此时 B 脚本的初始化方法可能还没有执行。所以 Awake() 方法适合做初始化，而在 Start() 方法中才适合安全地访问别的脚本数据。

　　脚本与脚本之间有一种平行关系，到底有没有程序的入口函数呢？答案是有！如下列代码所示，使用 RuntimeInitializeOnLoadMethod 即可让对应的静态方法成为入口方法并且在所有脚本的 Awake() 之前执行。

```
[RuntimeInitializeOnLoadMethod(RuntimeInitializeLoadType.AfterAssembliesLoaded)]
static void Main()
{
    Debug.Log("Main");
}
```

3.7.2　多脚本优化

　　脚本绑定得越多，执行效率就越低，因为 Unity 在执行生命周期方法时要通过遍历把当前所有的脚本找出来，然后反射调用每个脚本的方法。看看图 3-57，一次全局的 Update 调用让 Unity 在内部干了多少事啊！

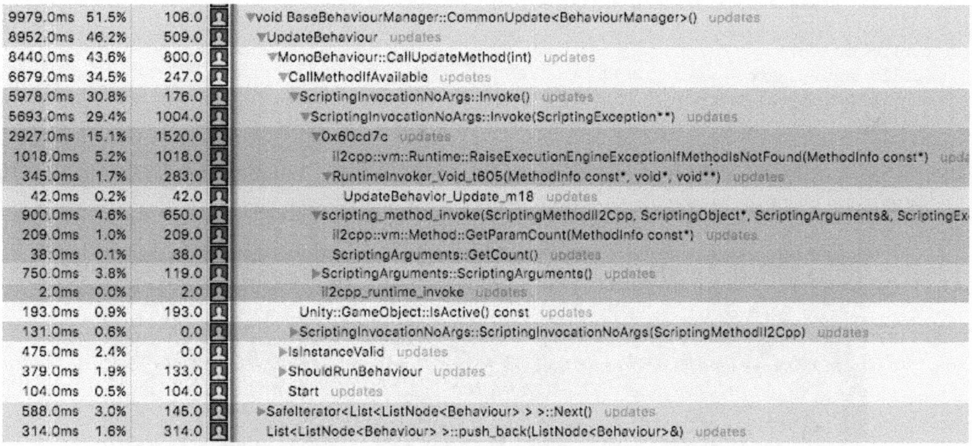

9979.0ms	51.5%	106.0	▼void BaseBehaviourManager::CommonUpdate<BehaviourManager>() updates
8952.0ms	46.2%	509.0	▼UpdateBehaviour updates
8440.0ms	43.6%	800.0	▼MonoBehaviour::CallUpdateMethod(int) updates
6679.0ms	34.5%	247.0	▼CallMethodIfAvailable updates
5978.0ms	30.8%	176.0	▼ScriptingInvocationNoArgs::Invoke() updates
5693.0ms	29.4%	1004.0	▼ScriptingInvocationNoArgs::Invoke(ScriptingException**) updates
2927.0ms	15.1%	1520.0	▼0x60cd7c updates
1018.0ms	5.2%	1018.0	il2cpp::vm::Runtime::RaiseExecutionEngineExceptionIfMethodIsNotFound(MethodInfo const*) upd...
345.0ms	1.7%	283.0	▼RuntimeInvoker_Void_t605(MethodInfo const*, void*, void**) updates
42.0ms	0.2%	42.0	UpdateBehavior_Update_m18 updates
900.0ms	4.6%	650.0	▼scripting_method_invoke(ScriptingMethodIl2Cpp, ScriptingObject*, ScriptingArguments&, ScriptingEx...
209.0ms	1.0%	209.0	il2cpp::vm::Method::GetParamCount(MethodInfo const*) updates
38.0ms	0.1%	38.0	ScriptingArguments::GetCount() updates
750.0ms	3.8%	119.0	▶ScriptingArguments::ScriptingArguments() updates
2.0ms	0.0%	2.0	il2cpp_runtime_invoke updates
193.0ms	0.9%	193.0	Unity::GameObject::IsActive() const updates
131.0ms	0.6%	0.0	▶ScriptingInvocationNoArgs::ScriptingInvocationNoArgs(ScriptingMethodIl2Cpp) updates
475.0ms	2.4%	0.0	▶IsInstanceValid updates
379.0ms	1.9%	133.0	▶ShouldRunBehaviour updates
104.0ms	0.5%	104.0	Start updates
588.0ms	3.0%	145.0	▶SafeIterator<List<ListNode<Behaviour> > >::Next() updates
314.0ms	1.6%	314.0	List<ListNode<Behaviour> >::push_back(ListNode<Behaviour>&) updates

图 3-57　脚本调用

　　所以我们能做的优化就是避免绑定太多脚本，避免在脚本中写入生命周期中的这种空的方法，如果不需要用就把它删除。

```
void Start(){ }
void Update(){ }
```

　　假设场景中有 100 个游戏对象，如果希望同时设置它们的坐标，一种做法是为每个对象绑定一个脚本来修改坐标，如下列代码所示。

```
public class Move: MonoBehaviour
{
```

```
    private void Start()
    {
        transform.position = Vector3.zero;
    }
}
```

上述做法显然效率非常低下。比较好的做法是在一个地方遍历所有的游戏对象，并且统一赋值，如下列代码所示。

```
void Start()
{
    foreach (var transform in gameObject.GetComponentsInChildren<Transform>())
    {
        transform.position = Vector3.zero;
    }
}
```

3.8　脚本序列化

脚本可以序列化或反序列化保存常用的数据。换句话来说，就是脚本自身并没有保存数据，而是将数据保存在文件中，在使用的时候不需要自己重新组织数据，而是通过语法直接访问它。如下列代码所示，直接使用普通数据类型并声明 public 属性即可启动序列化数据。

```
public class NewBehaviourScript : MonoBehaviour
{
    public int Id;
    public string Name;
    public GameObject Prefab;
}
```

如图 3-58 所示的脚本绑定在 Main Camera 上，它被保存在 SampleScene 游戏场景中，所以在 Inspector 视图中写入的数据最终将保存在 SampleScene.unity 这个文件中。

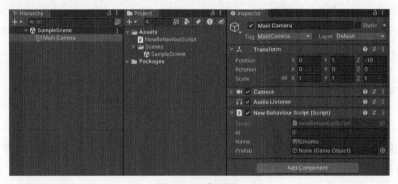

图 3-58　序列化

接着复制一个对象并将其命名为 Prefab。如图 3-59 所示，将它从 Hierarchy 视图拖入 Project 视图，这份资源将变成预制体（Prefab.prefab）。如果在 Project 视图中赋值，被序列化的数据会被保存在 Prefab.prefab 文件中；但是如果在 Hierarchy 视图中赋值 Prefab，数据还是会被保存在 SampleScene.unity 文件中。

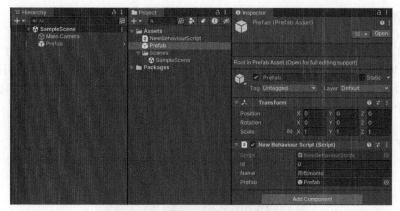

图 3-59 Prefab 序列化

Unity 2018 开始支持 Prefab 嵌套，如果 Prefab 被保存在场景中，原本在 Prefab 中序列化的数据会被保存在 Prefab 自身中，而拖入场景后再次修改的数据则会被保存在场景中。

3.8.1 查看数据

Unity 可以设置资源编辑器中的保存格式。如图 3-60 所示，Mixed 表示混合模型，Force Binary 表示二进制格式，Force Text 表示所有资源可以使用文本打开。这里推荐使用 Force Text，这个设置并不会影响最终游戏的发布效率，而且让在编辑模式下查看资源结构变得更方便。

图 3-60 序列化类型

接着把上面介绍的 Prefab.prefab 或者 SampleScene.unity 文件直接拖入文本编辑器。如图 3-61 所示，序列化的数据和面板中设置得完全一样，Name 这一栏里的中文转换成了 Unicode 编码，Prefab 这一栏保存的是对象的实例 ID，表示它的引用关系。反序列化就更方便了，从代码中获取脚本对象后就可以直接通过 "." 来直接访问类对象上的数据了。

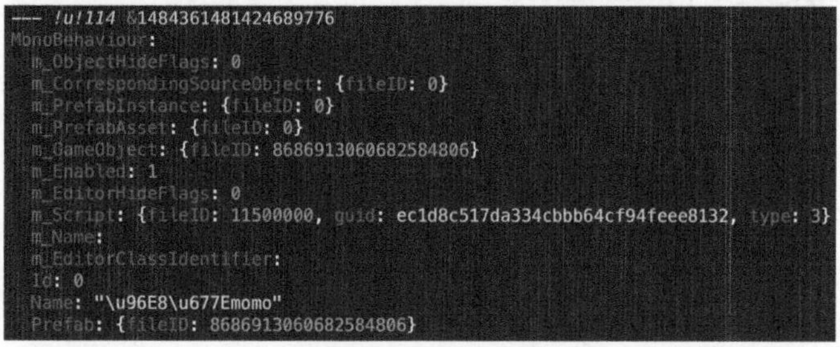

```
--- !u!114 &1484361481424689776
MonoBehaviour:
  m_ObjectHideFlags: 0
  m_CorrespondingSourceObject: {fileID: 0}
  m_PrefabInstance: {fileID: 0}
  m_PrefabAsset: {fileID: 0}
  m_GameObject: {fileID: 8686913060682584806}
  m_Enabled: 1
  m_EditorHideFlags: 0
  m_Script: {fileID: 11500000, guid: ec1d8c517da334cbbb64cf94feee8132, type: 3}
  m_Name:
  m_EditorClassIdentifier:
  Id: 0
  Name: "\u96E8\u677Emomo"
  Prefab: {fileID: 8686913060682584806}
```

图 3-61 序列化数据

3.8.2 序列化数据标签

前面讲过，只要声明 public 属性，数据就会被自动序列化。但 public 表示公有变量，有时候可能只是运行时需要使用，并不需要序列化，否则就会浪费内存。如下列代码所示，可以在 public 属性前添加[System.NonSerialized]表示以下属性不参与序列化。如图 3-62 所示，面板中已经不再出现 Id 这个序列化数据了。

```
[System.NonSerialized]
public int Id;
```

图 3-62　不进行序列化数据

如果需要参与序列化，但是单纯不希望数据显示在面板中，可以使用[HideInInspector]，如下列代码所示。

```
[HideInInspector]
public int Id;
```

在脚本中声明为 public 的对象都支持序列化格式，但是这也会让外部可以访问它，而我们希望程序中的一些数据仅供代码内部使用。这就需要支持私有化序列数据了，为此可以使用 private 声明对象，例如：

```
[SerializeField]
private int Id;
[SerializeField]
private string Name;
[SerializeField]
private GameObject Prefab;
```

这样又带来了一个新的问题，如果想使用拓展编辑器来编辑数据，会因为对象都设置了 private 而使外部无法访问数据。此时，可以使用 SerializedObject 和 SerializedProperty 来获取设置数据，如代码清单 3-1 所示。

代码清单 3-1　Script_03_01.cs 文件

```
public class Script_03_01 : MonoBehaviour
{
    [SerializeField]
    private int Id;
    [SerializeField]
    private string Name;
    [SerializeField]
    private GameObject Prefab;

#if UNITY_EDITOR
    [CustomEditor(typeof(Script_03_01))]
    public class ScriptInsector : Editor
    {
        public override void OnInspectorGUI()
```

```
        {
            // 更新最新数据
            serializedObject.Update();
            // 获取数据信息
            SerializedProperty property = serializedObject.FindProperty(nameof(Id));
            // 赋值数据
            property.intValue = EditorGUILayout.IntField("主键", property.intValue);

            property = serializedObject.FindProperty(nameof(Name));
            property.stringValue = EditorGUILayout.TextField("姓名", property.stringValue);

            property = serializedObject.FindProperty(nameof(Prefab));
            property.objectReferenceValue = EditorGUILayout.ObjectField("游戏对象",
                property.objectReferenceValue, typeof(GameObject), true);

            // 保存全部数据
            serializedObject.ApplyModifiedProperties();
        }
    }
#endif
}
```

我们来解释一下上述代码。

❑ OnInspectorGUI()方法中可以对面板进行绘制。

❑ serializedObject.Update()表示将所有参与序列化的数据更新到最新。

❑ serializedObject.FindProperty(nameof(Id))可以获取属性对象,这里使用了 nameof 关键字。虽然通过字符串"Id"也可以获取,但如果 Id 的变量被修改,程序是不会报错的,不容易发现问题。有了 nameof 关键字,就可以在修改变量的同时保证能在面板中获取正确的变量名称。

❑ serializedObject.ApplyModifiedProperties()表示在修改变量后整体修改数据并保存。

如图 3-63 所示,私有化序列化的数据以后,因为面板都是自己绘制的,所以属性名都可以使用其他字符串了。当然也可以使用中文,提高可读性。

图 3-63　私有化序列化的数据

3.8.3　SerializedObject

SerializedObject 只能在 Editor 中使用,专门用于获取设置的序列化信息。要开发复杂的编辑组件,通常需要重写 OnInspectorGUI()方法,但是如果希望有些组件使用原生渲染,同时兼容有些组件使用自定义渲染,该怎么办呢?如下所示的代码能正常地序列化整型和游戏对象数组。

```
[SerializeField]
private int Id;
[SerializeField]
private GameObject[] Targets;
```

普通的序列化面板如图 3-64 所示，如果想修改 Id 的描述，就需要扩展面板。但 Targets 数组的面板不太好扩展，增删改查的面板功能都得单独扩展。一个好的做法是，数组使用默认的绘制方式，其他的使用自定义渲染绘制。

如图 3-65 所示，"主键"这一栏才是自定义绘制的，将原本的 Id 改成了主键，而下面的 Targets 数组使用默认绘制方式，这样就实现了组合兼容绘制，如代码清单 3-2 所示。

图 3-64　普通序列化面板　　　　　　　图 3-65　混合序列化面板

代码清单 3-2　Script_03_02.cs 文件

```
public class Script_03_02 : MonoBehaviour
{
    [SerializeField]
    private int Id;
    [SerializeField]
    private GameObject[] Targets;

#if UNITY_EDITOR
    [CustomEditor(typeof(Script_03_02))]
    public class ScriptInsector : Editor
    {
        public override void OnInspectorGUI()
        {
            // 更新最新数据
            serializedObject.Update();
            // 获取数据信息
            SerializedProperty property = serializedObject.FindProperty(nameof(Id));
            // 赋值数据
            property.intValue = EditorGUILayout.IntField("主键", property.intValue);
            // 以默认样式绘制数组数据
            EditorGUILayout.PropertyField(serializedObject.FindProperty(nameof(Targets)), true);
            // 保存全部数据
            serializedObject.ApplyModifiedProperties();

        }
    }
#endif
}
```

这段代码和上节中有重合的部分，自定义绘制部分可以用 EditorGUILayout 方法，主要以默认样式绘制的方式是 EditorGUILayout.PropertyField，传入 Property（属性）即可。

3.8.4　监听修改事件

脚本在面板中是在 OnInspectorGUI() 方法中绘制的。如图 3-66 所示，我们来监听名字元素变化事件，这里在写入"hello"时，字符串在每一步都得到了一次监听输出。将需要监听的 GUI 元素写在EditorGUI.BeginChangeCheck()后面，如果中间有元素布局发生变化，就可以在if(EditorGUI. EndChangeCheck()){}方法中处理，如代码清单3-3所示。

图3-66 监听面板变化

代码清单3-3 Script_03_03.cs文件

```csharp
public class Script_03_03 : MonoBehaviour
{
    [SerializeField]
    private int Id;
    [SerializeField]
    private string Name;

#if UNITY_EDITOR
    [CustomEditor(typeof(Script_03_03))]
    public class ScriptInsector : Editor
    {
        public override void OnInspectorGUI()
        {
            // 更新最新数据
            serializedObject.Update();
            // 获取数据信息
            SerializedProperty propertyId = serializedObject.FindProperty(nameof(Id));
            SerializedProperty propertyName = serializedObject.FindProperty(nameof(Name));
            // 开始标记检查
            EditorGUI.BeginChangeCheck();
            propertyId.intValue = EditorGUILayout.IntField("主键", propertyId.intValue);
            // 标记检查发生变化
            if (EditorGUI.EndChangeCheck())
            {
                Debug.Log($"主键发生变化:{propertyId.intValue}");
            }
            // 开始标记检查
            EditorGUI.BeginChangeCheck();
            propertyName.stringValue = EditorGUILayout.TextField("名字", propertyName.stringValue);
            // 标记检查发生变化
            if (EditorGUI.EndChangeCheck())
            {
                Debug.Log($"名字发生变化：{propertyName.stringValue}");
            }
```

```
                // 判断面板中的任意元素是否有变化
                if (GUI.changed)
                {

                }

                // 保存全部数据
                serializedObject.ApplyModifiedProperties();

            }
        }
#endif
}
```

注意，如果想判断面板中是否有任意属性发生了变化，可以使用 `GUI.changed`。

3.8.5   序列化/反序列化监听

目前，序列化和反序列化都是在编辑面板中执行操作后由 Unity 自动处理的。其实，也可以对序列化和反序列化进行监听，比如在序列化数据之前或者之后做点什么。序列化目前是不支持字典的，如果想序列化字典，可以利用序列化监听接口特性。如图 3-67 所示，分别使用 key 和 value 来保存名字和精灵对象。

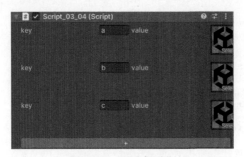

图 3-67   监听序列化

虽然序列化不支持字典，但是可以用两个 List 数组来模拟，代码中只需要实现 `ISerialization-CallbackReceiver` 接口，实现 `OnBeforeSerialize()` 和 `OnAfterDeserialize()` 方法来监听序列化和反序列化之前事件即可，如代码清单 3-4 所示。

代码清单 3-4   Script_03_04.cs 文件

```
public class Script_03_04 : MonoBehaviour, ISerializationCallbackReceiver
{
    [SerializeField]
    private List<Sprite> m_Values = new List<Sprite>();
    [SerializeField]
    private List<string> m_Keys = new List<string>();

    public Dictionary<string, Sprite> SpriteDic = new Dictionary<string, Sprite>();

    void ISerializationCallbackReceiver.OnBeforeSerialize()
    {
```

```
        // 序列化
        m_Keys.Clear();
        m_Values.Clear();
        foreach (KeyValuePair<string, Sprite> pair in SpriteDic)
        {
            m_Keys.Add(pair.Key);
            m_Values.Add(pair.Value);
        }
    }

    void ISerializationCallbackReceiver.OnAfterDeserialize()
    {
        // 反序列化
        SpriteDic.Clear();
        if (m_Keys.Count != m_Values.Count)
        {
            Debug.LogError("m_Keys and m_Values 长度不匹配!!! ");
        }
        else
        {
            for (int i = 0; i < m_Keys.Count; i++)
            {
                SpriteDic[m_Keys[i]] = m_Values[i];
            }
        }
    }

#if UNITY_EDITOR
    [CustomEditor(typeof(Script_03_04))]
    public class ScriptInsector : Editor
    {
        public override void OnInspectorGUI()
        {
            // 更新最新数据
            serializedObject.Update();
            SerializedProperty propertyKey = serializedObject.FindProperty(nameof(m_Keys));
            SerializedProperty propertyValue = serializedObject.FindProperty(nameof(m_Values));

            int size = propertyKey.arraySize;

            GUILayout.BeginVertical();
            for (int i = 0; i < size; i++)
            {
                GUILayout.BeginHorizontal();
                SerializedProperty key = propertyKey.GetArrayElementAtIndex(i);
                SerializedProperty value = propertyValue.GetArrayElementAtIndex(i);
                key.stringValue = EditorGUILayout.TextField("key", key.stringValue);
                value.objectReferenceValue = EditorGUILayout.ObjectField("value",
                    value.objectReferenceValue, typeof(Sprite), false);
                GUILayout.EndHorizontal();
            }
            GUILayout.EndVertical();

            GUILayout.BeginHorizontal();
            if (GUILayout.Button("+"))
            {
                (target as Script_03_04).SpriteDic[size.ToString()] = null;
            }
            GUILayout.EndHorizontal();
            // 保存全部数据
```

```
                  serializedObject.ApplyModifiedProperties();

              }
         }
#endif
}
```

只需要在编辑模式下设置好正确的 key 和 value，运行时直接通过 `SpriteDic` 就可以获取 Sprite 贴图了，这样就实现了字典的序列化。

3.8.6   序列化嵌套

Unity 的序列化支持的类型不仅包括基础类型，如 `int`、`float`、`double` 等值类型数据，还支持 `string`（字符串）数据和 `UnityObject` 对象。它支持数组容器，但是不支持字典，不支持 `static`（静态数据），不支持 `const`（常量数据），不支持 `readonly`（只读数据）。

如下列代码所示，普通数组是支持的，但如果出现 `List<List<T>>` 嵌套则不支持，字典数据也不支持。

```
public int a;// 支持
public List<int> a1;// 支持
public int[] a2;// 支持

public List<List<int>> a3;// 不支持
public Dictionary<int, int> a4;// 不支持
```

虽然数组嵌套不支持，但是可以通过添加新类的方式来间接支持。如下列代码所示，将嵌套的 `List<T>` 放入另一个类对象，这样就支持了。

```
[System.Serializable]
public class Data
{
    public List<int> a;
}

public List<Data> a1;// 支持
```

上面介绍的序列化对象都比较简单，但其实开发中的数据可能会比较复杂，需要把对象放在不同的类中管理，并在 `class` 上添加 `[System.Serializable]` 特性。如果不希望它序列化，可以添加 `[System.NonSerialized]`。

```
[SerializeField]
public List<PlayerInfo> m_PlayerInfo;

[System.Serializable]
public class PlayerInfo
{
    public int id;
    public string name;
}
```

C#中提供了 `get set` 属性字段，默认情况下是无法将其序列化的。如下列代码所示，使用 `[field:SerializeField]` 就可以进行序列化了。

```
[field:SerializeField]
public int value { get; private set; }

[field: SerializeField]
public int value1 { get; set; }
```

3.8.7 序列化引用

Unity 的序列化支持引用。如下列代码所示，如果按照默认的序列化方式创建了 100 条数据，那么无论它们的内容是否相同都会全部序列化。如图 3-68 所示，虽然 Value 都相同，但是序列化了多条。

```
[Serializable]
public class Data
{
    public int Value = 1;
}
public List<Data> Item;
```

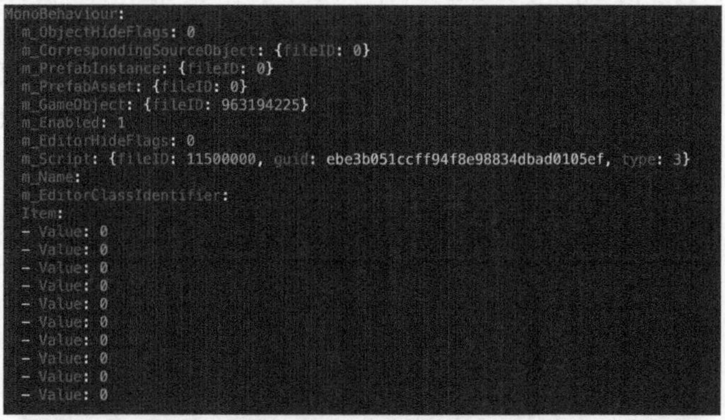

图 3-68 序列化多次

使用[SerializeReference]关键字可以序列化对象而非数据，如此一来，相同的数据不会被序列化多次，如代码清单 3-5 所示。

代码清单 3-5 Script_03_05.cs 文件

```
public class Script_03_05 : MonoBehaviour
{
    [Serializable]
    public class Data
    {
        public int Value = 1;
    }
    [SerializeReference]
    public List<Data> Item;

#if UNITY_EDITOR
    [CustomEditor(typeof(Script_03_05))]
    public class ScriptInsector : Editor
    {
        public override void OnInspectorGUI()
        {
```

```
                base.OnInspectorGUI();
                if (GUILayout.Button("添加数据"))
                {
                    // 这里创建了两种数据
                    Data data1 = new Data() { Value = 1 };
                    Data data2 = new Data() { Value = 2 };
                    // 在这里添加引用
                    // data1 和 data2 虽然被添加了多次，但是只会被序列化一次
                    (target as Script_03_05).Item = new List<Data>() {
                        data1,data1,data2,data2
                    };
                    // 强制设置场景为 dirty 状态并重新保存
                    EditorUtility.SetDirty(target);
                }
            }
        }
    #endif
    }
```

这里解释一下代码，共享引用对象无法在编辑面板中手动写入值，所以需要用脚本动态添加。在 `OnInspectorGUI()` 方法中添加了一个按钮，点击后会动态赋值给 `Item` 对象，`data1` 和 `data2` 虽然被添加了多次，但是只会被序列化一次。如图 3-69 所示，将场景以记事本的形式打开。`data1` 和 `data2` 被算出两个 `rid` 值来，在 `Item` 中引用这个 `rid` 就能最终实现引用序列化功能。

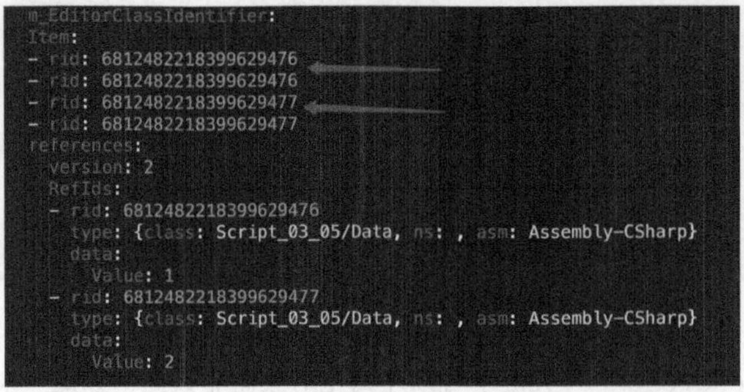

```
m_EditorClassIdentifier:
Item:
- rid: 6812482218399629476
- rid: 6812482218399629476
- rid: 6812482218399629477
- rid: 6812482218399629477
references:
  version: 2
  RefIds:
  - rid: 6812482218399629476
    type: {class: Script_03_05/Data, ns: , asm: Assembly-CSharp}
    data:
      Value: 1
  - rid: 6812482218399629477
    type: {class: Script_03_05/Data, ns: , asm: Assembly-CSharp}
    data:
      Value: 2
```

图 3-69　引用序列化次数

这里还需要解释一下 `EditorUtility.SetDirty(target)`，因为偶尔参与序列化的数据被修改后无法被保存，这里将其强制设置为 dirty 状态就可以把它们保存到场景或者 Prefab 中了。

3.8.8　序列化继承

Unity 的序列化支持继承，但是继承分为引用和非引用继承。如下代码通过 `Child1` 和 `Child2` 分别继承了 `Data`。序列化继承只会将当前类及其父类的值进行序列化。

```
[Serializable]
public class Data
{
    public int Value = 1;
}
[Serializable]
public class Child1 : Data
```

```
{
    public float FloatValue;
}
[Serializable]
public class Child2 : Data
{
    public int IntValue;
}
public List<Child1> Item1;
public List<Child2> Item2;
```

继承也可以使用[SerializeReference]关键字，从而共享引用序列化，如下列代码所示。

```
public override void OnInspectorGUI()
{
    base.OnInspectorGUI();
    if (GUILayout.Button("添加数据"))
    {
        // 这里创建了两种数据
        Data data1 = new Child1() { FloatValue = 0.01f };
        Data data2 = new Child2() { IntValue = 1000 };
        // 在这里添加引用
        // data1和data2虽然被添加了多次，但是只会被序列化一次
        (target as Script_03_06).Item = new List<Data>() {
            data1,data1,data2,data2
        };
        // 强制设置场景为 dirty 状态并重新保存
        EditorUtility.SetDirty(target);
    }
}
```

3.8.9 ScriptableObject

前面介绍了脚本的序列化。序列化只是脚本的众多功能之一，而且是有限制的，必须绑定在游戏对象上。开发中有时候需要序列化一些编辑器数据，但仅仅是数据，完全没必要依赖游戏对象使用游戏脚本，此时 ScriptableObject 就是最佳选择了。如图 3-70 所示，在代码中使用特性[CreateAssetMenu]，在 Create 菜单中就会出现它的创建栏了。

创建 ScriptableObject 其实就是只创建了序列化的资源，因为它只存储数据，所以更轻量一些。如图 3-71 所示，也可以在 Inspector 视图中对它进行编辑。如果需要扩展，那么和之前的方法一样，如代码清单 3-6 所示。

图 3-70　创建栏

图 3-71　编辑资源

代码清单 3-6   Script_03_06.cs 文件

```
[CreateAssetMenu]
public class Script_03_06 : ScriptableObject
{
    [SerializeField]
    public List<PlayerInfo> m_PlayerInfo;

    [System.Serializable]
    public class PlayerInfo
    {
        public int id;
        public string name;
    }
}
```

Script_03_06.asset 就是创建的资源，可以把它放在 Resources 目录下，这样运行期间就可以读取它了，如图 3-72 所示。接着，将如代码清单 3-7 所示的 Script_03_06_Main.cs 脚本绑定在任意对象上并运行游戏即可。

图 3-72   读取资源

代码清单 3-7   Script_03_06_Main.cs 文件

```
public class Script_03_06_Main : MonoBehaviour
{
    void Start()
    {
        Script_03_06 script = Resources.Load<Script_03_06>("Script_03_06");
        foreach (var info in script.m_PlayerInfo)
        {
            Debug.LogFormat($"name : {info.name} id : {info.id}");
        }
    }
}
```

如下列代码所示，[CreateAssetMenu]支持设置资源路径、资源名称和菜单排序。

```
[CreateAssetMenu(fileName ="MyAsset1",menuName ="游戏资源", order =0)]
[CreateAssetMenu(fileName ="MyAsset2",menuName ="游戏资源2", order = 1)]
```

需要在编辑器中点击 Create 才能创建[CreateAssetMenu]菜单，如果想批量生成就不方便了，所以也可以通过如下代码来自行创建。

```
[MenuItem("Assets/Create ScriptableObject")]
static void CreateScriptableObject()
{
```

```
    // 创建 ScriptableObject
    Script_03_06 script = ScriptableObject.CreateInstance<Script_03_06>();
    // 赋值
    script.m_PlayerInfo = new List<Script_03_06.PlayerInfo>();
    script.m_PlayerInfo.Add(new Script_03_06.PlayerInfo() { id = 100, name = "Test" });

    // 将资源保存到本地
    AssetDatabase.CreateAsset(script, "Assets/Script_03_06/Resources/Create Script_03_06.asset");
    AssetDatabase.SaveAssets();
    AssetDatabase.Refresh();
}
```

这里解释一下这段代码。

❑ [MenuItem("Assets/Create ScriptableObject")]表示添加一个菜单选项。如图 3-73 所示，添加一个菜单并点击后可执行以上创建代码。

图 3-73　菜单

❑ ScriptableObject.CreateInstance<Script_03_06>表示在内存中创建对象，并且在下面对类对象进行赋值。

❑ AssetDatabase.CreateAsset()最终将 Script_03_06 内存对象写入硬盘，完成序列化操作。

❑ AssetDatabase.SaveAssets()保存资源。

❑ AssetDatabase.Refresh()在 Project 视图中刷新资源，立即可见。

在游戏开发中，编辑配置相关的数据是海量的，强烈推荐使用 ScriptableObject。这样，设置和读取数据会非常方便，在代码中可以直接通过"."访问属性变量，所以代码写起来很舒服。

3.9　脚本属性

C#语言提供了属性（attribute），Unity 自己的 API 中也有很多使用了它。运行时，它可以让类、方法、对象、枚举执行一些别的方法。需要使用[]来声明标签。Unity 预制了很多自己的标签，可以在 API 中查询到，而 API 都在 UnityEngine.Attributes 和 UnityEditor.Attributes 命名空间下。这里列举一些常用的属性。

3.9.1　序列化属性

前面已经将序列化的原理讲解完毕，这里只列举一下序列化的所有属性标签。我们通过如下例子来掌握序列化的标签的含义。

❑ [System.Serializable]表示序列化一个类。

❑ [System.NonSerialized]表示不进行序列化。

❑ [SerializeField]表示序列化一个属性。

❏ [SerializeReference]表示序列化一个引用。

```
[System.Serializable] // 序列化类
public class Data
{
    public int a;// 序列化a
    [System.NonSerialized]// 不序列化b
    public int b;
}
// 序列化data 数据
[SerializeField]
private Data data;


// 序列化get set
[field:SerializeField]
public int value { get; private set; }
```

3.9.2　Header 属性

Header 属性可以在面板中添加醒目的标记，方便查看和归类，如图 3-74 所示。

图 3-74　Header 属性标记

如下列代码所示，使用 Header 参数即可标记名字。

```
[Header("Header1")]
public int a;
public float b;

[Header("Header2")]
public int a2;
public float b2;
```

3.9.3　编辑模式下执行脚本

之前介绍的脚本生命周期都需要运行游戏才能执行，而 Unity 其实提供了在编辑模式下执行脚本的方法。如下列代码所示，只需要在脚本类名前添加[ExecuteInEditMode]即可。这样，生命周期的方法，如 Awake()、Start()、Update()等，都会在非运行模式下执行。

```
[ExecuteInEditMode]
public class Script : MonoBehaviour
```

Unity 的新版本还提供了[ExecuteAlways]标签，未来会全面代替[ExecuteInEditMode]标签。

```
[ExecuteAlways]
public class Script : MonoBehaviour
```

自 Unity 2018 起，Prefab 支持了嵌套功能，并且对应地支持了 Prefab 预览模式。如图 3-75 所示，预览模式会在原本的 Hierarchy 视图中打开。

图 3-75　预览模式

如果使用了[ExecuteInEditMode]标签，在预览模式下点击运行游戏就会退出预览模式，并且执行生命周期的方法，从而容易造成问题。安全的做法是使用[ExecuteAlways]代替，这样即使点击运行游戏，Prefab 也是不会离开预览模式的。

一旦使用[ExecuteAlways]标签，这就意味着在编辑模式和运行模式下都会执行如下代码。可以使用 Application.IsPlaying 来判断当前是否在运行模式下，从而执行一些特殊逻辑。

```
[ExecuteAlways]
public class Script : MonoBehaviour
{
    private void Start()
    {
        if (Application.IsPlaying(gameObject))
        {
            // 运行时逻辑
        }
        else
        {
            // 编辑时逻辑
        }
    }
}
```

3.9.4　枚举序列化别名

序列化是支持枚举的，但枚举的变量都是用英文字符写的，可能会造成在 Inspector 视图上的阅览体验不好。如下列代码所示，使用 InspectorName 标签在枚举属性之前声明一个别名即可解决该问题。

```
public enum Type
{
    [InspectorName("第一")]
    One,
    [InspectorName("第二")]
    Two
}

public Type type;
```

如图 3-76 所示，最终，枚举在面板中就会显示我们声明的别名了。

图 3-76 枚举序列化别名

3.9.5 必须包含的组件

有时，代码中的两个脚本处于强绑定状态，两者都不可或缺。GetComponent<T>可以获取当前游戏对象上的组件，如果当前对象上的组件被不小心删除，那么以下代码就会报错。

```
[RequireComponent(typeof(Camera))]
public class Script_03_07 : MonoBehaviour
{
    private void Start()
    {
        GetComponent<Camera>().transform.position = Vector3.zero;
    }
}
```

[RequireComponent(typeof(Camera))]可以强制限制当前对象必须绑定 Camera 组件。如图 3-77 所示，一旦设置了必须包含的组件，即使手动也无法删除，这样就充分保护了代码的安全性。

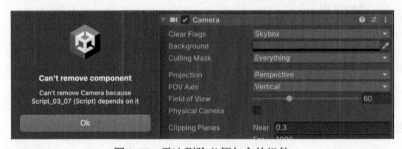

图 3-77 无法删除必须包含的组件

3.9.6 其他 UI 扩展面板

如下列代码所示，脚本属性还提供了对 UI 面板的一些扩展。系统提供的扩展面板如图 3-78 所示，包括字符串输入区域、数据限制、Tooltip 标记，以及颜色选项是否包含半透明。

```
// 设置字符串的最小和最大显示区域
[TextArea(5,10)]
public string MyStr;

// 限制在 0 和 100 之间
[Range(0, 100)]
public int a1;
// 限制在 0f 和 100f 之间
[Range(0f, 100f)]
public float a2;
```

```
// 鼠标悬浮提示
[Tooltip("标记")]
public string tips;

// 是否包含半透明
[ColorUsage(false)]
public Color color;
```

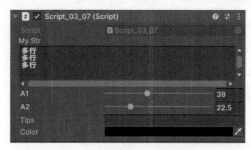

图 3-78 其他 UI 扩展面板

3.9.7 可选择属性

如图 3-79 所示，如果 Hierarchy 视图中存在父子关系或者多层级，那么在 Scene 视图中点击球体只会定位到 Sphere 上。

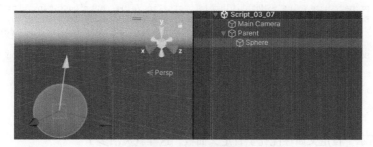

图 3-79 可选择属性

在层级比较深的结构上可以给某一个节点标记 [SelectionBase] 属性，这样在 Scene 视图中就一定会选中它。只要给 Parent 绑定以下脚本，在 Scene 视图中选择 Sphere 就会定位到 Parent 对象上了。

```
[SelectionBase]
public class Script : MonoBehaviour{}
```

3.9.8 自定义属性

目前，我们虽然已经将绝大部分属性列举出来了，但是一定有无法满足需求的情况。不过不用担心，Unity 可以让我们实现自定义的属性扩展。只要在继承 PropertyAttribute 类以后声明扩展的参数，最终在 PropertyDrawer 类中绘制它即可，如代码清单 3-8 所示。

代码清单 3-8　Script_03_07.cs 文件

```
public class Script_03_07 : MonoBehaviour
{
    [RangeInt(0, 100)]
    public int a;
}

public sealed class RangeIntAttribute : PropertyAttribute
{
    public readonly int min;

    public readonly int max;

    public RangeIntAttribute(int min, int max)
    {
        this.min = min;
        this.max = max;
    }
#if UNITY_EDITOR
    [CustomPropertyDrawer(typeof(RangeIntAttribute))]
    public sealed class RangeIntDrawer : PropertyDrawer
    {
        public override float GetPropertyHeight(SerializedProperty property, GUIContent label)
        {
            return 100; // 设置面板的高度
        }
        public override void OnGUI(Rect position, SerializedProperty property, GUIContent label)
        {
            RangeIntAttribute attribute = this.attribute as RangeIntAttribute;
            property.intValue = Mathf.Clamp(property.intValue, attribute.min, attribute.max);
            EditorGUI.HelpBox(new Rect(position.x, position.y, position.width, 30),
                string.Format("范围{0}~{1}", attribute.min, attribute.max), MessageType.Info);

            EditorGUI.PropertyField(new Rect(position.x, position.y + 35, position.width, 20),
                property, label);
        }
    }
#endif
}
```

如图 3-80 所示，自定义属性能完全自定义面板，这样就灵活多了。

图 3-80　自定义属性

3.10　协程任务

前面简单地介绍过协程任务，它可以通过 `yield return` 让同步方法等待执行，这样在代码中就不需要写太多 `Callback()` 了。协程并不是多线程，只是让延迟部分等到下一帧满足条件时执行。如下代码展示了如何启动协程任务，关闭协程任务，以及关闭所有协程任务。

```
void Start()
{
    // 启动协程任务
    StartCoroutine(MyFunction());
    // 关闭协程任务
    StopCoroutine(MyFunction());
    // 关闭所有协程任务
    StopAllCoroutines();
}

IEnumerator MyFunction()
{
    yield return null;
}
```

协程任务是 `MonoBehaviour` 类中的公开方法。如下列代码所示，如果脱离脚本，只需要拿到任意脚本对象就可以启动协程任务。

```
GetComponent<Script_03_08>().StartCoroutine(MyFunction());
```

3.10.1　异步代码流程

协程可以很好地处理异步代码流程。以异步加载资源接口为例，如下列代码所示，此时资源接口 1 和 2 都加载完成了，但是不知道哪个先结束加载。如果希望在 1 和 2 都加载完成以后再执行后续代码，这样的代码写起来就比较麻烦，因为必须监听 `Callback` 事件。

```
Resources.LoadAsync<Sprite>("icon").completed += (a) =>
{
    // 加载完成 1
};

Resources.LoadAsync<TextAsset>("text").completed += (a) =>
{
    // 加载完成 2
};
```

我们将这段代码改成协程任务，就明显可以等它们都加载完成后再继续执行后续代码。

```
IEnumerator Load()
{
    yield return Resources.LoadAsync<Sprite>("icon");// 加载完成 1
    yield return Resources.LoadAsync<TextAsset>("text");// 加载完成 2
    Debug.Log("此时 1 和 2 都加载完成了");
}
```

本节并非在讲资源管理，这里只希望通过这个异步加载接口让大家更好地理解协程任务以及回调。

3.10.2　当前帧最后执行

程序有时候会在 1 帧内反复执行很多相同的函数，但其实只需要最后一次执行就行了。然而由于无法知道最后一次调用是谁触发的，只能一次次地执行。如图 3-81 所示，在 1 帧中有很多类在调用 `UpdateValue()` 方法，最优的办法是将数值缓存起来等到这一帧的最后执行，如代码清单 3-9 所示。

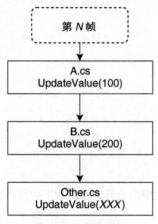

图 3-81 多次更新

代码清单 3-9 Script_03_08.cs 文件

```
public class Script_03_08 : MonoBehaviour
{
    private int m_CacheValue=-1;
    public void UpdateValue(int value)
    {
        Debug.Log($"第{Time.frameCount}帧尝试赋值{value}");
        if (m_CacheValue == -1)
        {
            StartCoroutine(Wait());
        }
        m_CacheValue = value;
    }

    IEnumerator Wait()
    {
        yield return new WaitForEndOfFrame();
        // 用最后一次的 m_CacheValue 进行耗时计算
        Debug.Log($"第{Time.frameCount}帧最终处理值{m_CacheValue}");
        m_CacheValue = -1;
    }

    private void Update()
    {
        if (Input.GetMouseButtonDown(0))
        {
            // 尝试进行多次赋值
            UpdateValue(2);
            UpdateValue(3);
        }
    }
}
```

为了书写简便，我在一个类中执行了两次 UpdateValue()，但其实应该在不同的类中执行它。第一次赋值时启动了协程任务，等到这一帧的最后，虽然 UpdateValue() 执行了多次，但只需要使用最后一次的数据。如图 3-82 所示，如果第一次赋值 2，第二次赋值 3，会等到这一帧的最后统一用 3 来处理。

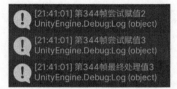

图 3-82　最终处理

3.10.3　定时器

协程任务是可以用来做定时器的，但是最大的问题就是它必须在脚本中使用。因为我们游戏的大量逻辑在 C#代码中，所以需要封装一个不依赖于脚本实现的定时器，如代码清单 3-10 所示。

代码清单 3-10　Script_03_09.cs 文件

```
public class Script_03_09 : MonoBehaviour
{

    private void Start()
    {
        Coroutine coroutine = WaitTimeManager.WaitTime(5, () => {

            Debug.Log("5 秒等待结束");
        });

        // 等待结束前是否关闭
        // WaitTimeManager.CancelWait(ref coroutine);
    }


    public class WaitTimeManager
    {
        private static TaskBehaviour s_Tasks;
        static WaitTimeManager()
        {
            // 创建一个临时对象，绑定内部类专门用于处理协程任务
            GameObject go = new GameObject("#WaitTimeManager#");
            GameObject.DontDestroyOnLoad(go);
            s_Tasks = go.AddComponent<TaskBehaviour>();
        }

        // 开始等待
        static public Coroutine WaitTime(float time, UnityAction callback)
        {
            return s_Tasks.StartCoroutine(Coroutine(time, callback));
        }
        // 取消等待
        static public void CancelWait(ref Coroutine coroutine)
        {
            if (coroutine != null)
            {
                s_Tasks.StopCoroutine(coroutine);
                coroutine = null;
            }
        }
```

```
        static IEnumerator Coroutine(float time, UnityAction callback)
        {
            yield return new WaitForSeconds(time);
            callback?.Invoke();
        }
        // 内部类
        class TaskBehaviour : MonoBehaviour { }
    }
}
```

代码中新建了一个不会被卸载的游戏对象"#WaitTimeManager#"，它绑定了内部脚本。这样，即使切换了游戏场景，定时器依然会生效。接着就是通过 new WaitForSeconds 进行延迟等待，等待结束后使用 UnityAction 回调结束事件。如下列代码所示，在任意位置上都可以开启定时器了，执行 CancelWait 可以在定时器结束前把它关闭。

```
Coroutine coroutine = WaitTimeManager.WaitTime(5, () => {

    Debug.Log("5 秒等待结束");
});


// 等待结束前是否关闭
WaitTimeManager.CancelWait(ref coroutine);
```

C#也提供了定时的功能，但是其定时原理和协程任务是不同的。它开启了一个子线程，等定时任务完成后再回到主线程中。配合 C#的语法 async/await，使用 Task.Delay 就可以开启一个延迟函数了。如下代码封装了一个 InternalDelay 内部延迟函数。

```
async void InternalDelay(int time,CancellationToken token,Action finish)
{
    try
    {
        await Task.Delay(time, token);// 开启线程，此时主线程并非卡住
        finish?.Invoke();// 定时结束后返回主线程，抛出结束事件
    }
    catch (TaskCanceledException)
    {
    }
}
```

如下列代码所示，可以很方便地在脚本中开启一个定时函数，使用 CancellationTokenSource 可以将其返回给使用层。如果定时还没结束，可以提前执行 source.Cancel()停止它。

```
private void Start()
{
    var source = Delay(1000, () => {
        Debug.Log("1 秒后回调");
    });

    // 1 秒回调之前可以提前结束它
    // source.Cancel();
}

CancellationTokenSource Delay(int time, Action finish)
{
    CancellationTokenSource source = new CancellationTokenSource();
    InternalDelay(time, source.Token, finish);
    return source;
}
```

3.10.4 CustomYieldInstruction

上一节的定时器满足了经过多少秒再回调的需求，但是游戏可能还需要一种定时回调。假如一共10秒结束，但是每过1秒回调一次，如代码清单3-11所示，图3-83所示显示了输出结果。

图 3-83　每秒回调

代码清单 3-11　Script_03_10.cs 文件

```csharp
public class Script_03_10 : MonoBehaviour
{
    IEnumerator Start()
    {
        // 10 秒后结束
        yield return new CustomWait(10f, 1f, ()=> {
            Debug.LogFormat($"每过 1 秒回调一次 : {Time.time}");

        });
        Debug.Log("10 秒结束");
    }

    public class CustomWait : CustomYieldInstruction
    {
        public override bool keepWaiting
        {
            get
            {
                // 此方法返回 false 表示协程结束
                if (Time.time - m_StartTime >= m_Time)
                {
                    return false;
                }
                else if (Time.time - m_LastTime >= m_Interval)
                {
                    // 更新上一次间隔时间
                    m_LastTime = Time.time;
                    m_IntervalCallback?.Invoke();
                }
```

```
            return true;
        }
    }

    private UnityAction m_IntervalCallback;
    private float m_StartTime;
    private float m_LastTime;
    private float m_Interval;
    private float m_Time;

    public CustomWait(float time, float interval, UnityAction callback)
    {
        // 记录开始时间
        m_StartTime = Time.time;
        // 记录上一次间隔时间
        m_LastTime = Time.time;
        // 记录间隔调用时间
        m_Interval = interval;
        // 记录总时间
        m_Time = time;
        // 间隔回调
        m_IntervalCallback = callback;
    }
}
```

代码中创建了自定义的 CustomYieldInstruction 类。override bool keepWaiting 表示协
程任务是否需要继续等待,只要超过 1 秒就返回 true,最后通过 CustomWait 就可以添加循环定时器
了。有人会想到,直接使用 WaitForSeconds 似乎也能达到相同的结果,如下列代码所示。这样也是
可以的。本节希望大家理解 bool keepWaiting 的含义,这样就可以扩展出完全自定义的协程任务了。

```
IEnumerator Start()
{
    for (int i = 0; i < 10; i++)
    {
        yield return new WaitForSeconds(1f);
        Debug.LogFormat($"每过 1 秒回调一次 : {Time.time}");
    }
    Debug.Log("10 秒结束");
}
```

注意:我们在代码中看到了 IEnumerator Start()。在 Unity 的整个生命周期中只有 Start()
方法支持这样写,对 Start() 方法添加一个协程的类回调。

3.10.5　Awaitable

Unity 2023.1 还提供了另一组内置异步接口 Awaitable,它需要配合 C#原生的 async/await 关
键字使用。如下列代码所示,在任意方法的开头使用 async Awaitable,并且在方法体内使用 await
进行返回即可。

```
private async Awaitable Start()
{
    // 等 1 帧
    await Awaitable.NextFrameAsync();
    // 等 1 秒
    await Awaitable.WaitForSecondsAsync(1f);
```

```
    // 等下一帧 FixedUpdate 之后
    await Awaitable.FixedUpdateAsync();
    // 等到当前帧最后
    await Awaitable.EndOfFrameAsync();
}
```

如下列代码所示，资源加载也可以使用 Awaitable 来完成，代码写起来更加简洁。

```
private async Awaitable Start()
{
    // 等待资源加载完毕
    var r = Resources.LoadAsync<Material>("name");
    await r;
    Material material = (Material)r.asset;

    // 等待场景加载完毕
    await SceneManager.LoadSceneAsync("SomeScene");
    // 等待 Assetbundle 加载完毕
    var a= AssetBundle.LoadFromFileAsync("path");
    await a;

    // 等待 Asset 文件加载完毕
    AssetBundle ab = a.assetBundle;
    await ab.LoadAssetAsync("name");
}
```

Awaitable 也支持在线程中使用，如下列代码所示，可以很方便地在子线程和主线程之间进行切换。使用 Thread.CurrentThread.ManagedThreadId 可以输出当前执行线程的 ID。这样，可以把一些复杂的计算放在子线程中，等回到主线程之后再通知逻辑处理它们。

```
private async Awaitable Start()
{
    // 进入子线程
    await Awaitable.BackgroundThreadAsync();
    Debug.Log($"Thread: {Thread.CurrentThread.ManagedThreadId}");

    // 回到主线程
    await Awaitable.MainThreadAsync();
    Debug.Log($"Thread: {Thread.CurrentThread.ManagedThreadId}");
}
```

异步调用还需要处理，如何在异步流程还没有结束时取消异步调用的问题。如下列代码所示，可以使用 CancellationTokenSource.Token。这样，分别调用 Cancel() 和 Dispose() 即可取消和销毁这个异步调用方法。

```
private CancellationTokenSource m_TokenSource;

private async Awaitable Start()
{
    m_TokenSource = new CancellationTokenSource();
    try
    {
        await Awaitable.WaitForSecondsAsync(1, m_TokenSource.Token);
    }
    catch (OperationCanceledException) { }
}

private void Cancel()
```

```
{
    m_TokenSource?.Cancel();
    m_TokenSource?.Dispose();
}
```

3.11   通过脚本操作对象和组件

目前，大家应该对游戏脚本有了更深刻的理解，写出来的代码也应该已经非常灵活了。本节来学习如何通过脚本操作游戏对象和游戏组件。如下代码通过纯代码来动态创建一个立方体对象。

```
GameObject go = new GameObject("Cube");
go.transform.position = Vector3.zero;
go.AddComponent<MeshFilter>().mesh= Resources.GetBuiltinResource<Mesh>("Cube.fbx");
go.AddComponent<MeshRenderer>().material = new Material(Shader.Find("Universal Render Pipeline/Lit"));
```

上述代码添加了 Mesh Filter 组件。Resources.GetBuiltinResource 表示加载一个引擎内部资源，Cube.fbx 就是内部使用的立方体 Mesh。接着继续添加 Mesh Renderer 组件，绑定材质球后设置 Universal Render Pipeline/Lit 着色器。

3.11.1   对象的创建与删除

如下列代码所示，使用 new GameObject 即可在 Hierarchy 视图中创建一个游戏对象。

```
GameObject go = new GameObject("Cube",typeof(MeshFilter),typeof(MeshRenderer));
```

如图 3-84 所示，此时它在 Hierarchy 视图中的顶层，并没有父子节点关系。

图 3-84   新建游戏对象

如果每个游戏对象都需要脚本动态添加游戏组件并赋值，那么操作起来就非常麻烦了，所以 Unity 引入了游戏资源的概念。如图 3-85 所示，可以将游戏对象预先变成游戏资源，运行时先加载资源，然后根据资源实例化多份游戏对象。

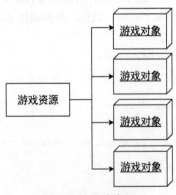

图 3-85   游戏资源

Unity 最经典的资源格式就是预设了。注意本节不会深入讲解游戏资源，大家只需要大概知道游戏资源和游戏对象的关系就行。如图 3-86 所示，Hierarchy 视图中的 Script_03_11_Cube 是游戏对象，当将它拖入 Resources 目录时，它在 Assets 下就不再是游戏对象而是游戏资源了。

图 3-86 保存预设

整个 GameObject 都可以被保存成游戏资源，任何扩展与修改都可以提前编辑完成。如下列代码所示，只要资源放在 Assets 目录下，而且只要任意子目录的名字叫 Resources，就可以使用 Resources.Load 方法。Resources 支持多目录和多层父节点目录。使用 GameObject.Instantiate<T>就可以将加载的游戏资源实例化到 Hierarchy 视图中，这里的泛型可以传入任意资源类型。下面继续加载游戏材质，然后读取 Mesh Renderer 组件，最终将新加载的材质设置给游戏对象。

```
// 读取游戏对象资源
GameObject assetGo= Resources.Load<GameObject>("Script_03_11_Cube");
// 实例化游戏资源到 Hierarchy 视图
GameObject gameObject=GameObject.Instantiate<GameObject>(assetGo);

// 读取材质资源
Material assetMat= Resources.Load<Material>("Script_03_11_Cube_Material");
// 修改材质
gameObject.GetComponent<MeshRenderer>().material = assetMat;
```

如图 3-87 所示，Script_03_11_Cube(Clone)就是新实例化的游戏对象，加载的材质球的颜色是红色，此时创建与修改材质成功。

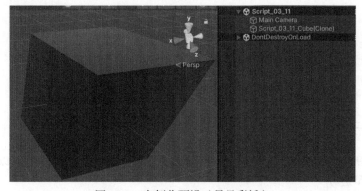

图 3-87 实例化预设（另见彩插）

Unity 提供了两种删除的方法：Destroy()会在当前帧的最后删除游戏对象，DestroyImmediate()
则立即会删除游戏对象。如下列代码所示，调用 Destroy()后还可以继续访问游戏对象中的属性，而
调用 DestroyImmediate()后再试图访问属性就会报错。

```
Destroy(gameObject);
Debug.Log(gameObject.name);// 不报错

DestroyImmediate(gameObject2);
Debug.Log(gameObject2.name);// 报错
```

3.11.2　对象层级排序

如下列代码所示，使用 SetParent()可以设置某个游戏对象的父节点，如果设置为空则表示设
置到顶层节点上。第二个参数是 bool 类型，false 表示不考虑移动前父节点的坐标。通常建议将其
设置为 false，移动节点后再设置新的坐标。

```
GameObject go = new GameObject("go");
GameObject go2 = new GameObject("go2");

// 将 go2 放在顶层节点下
go2.transform.SetParent(null, false);

// 将 go2 放在 go 的节点下
go2.transform.SetParent(go.transform, false);
```

假设有如图 3-88 所示的层级结构。Root 节点是总节点，它下面的对象按顺序排列为 A、B、C、D，
在相同的父节点下可使用 GetSiblingIndex()和 SetSiblingIndex()相关的 API 来设置子节点的
顺序。

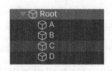

图 3-88　层次结构

```
GameObject root = GameObject.Find("Root");// 获取根接点

Transform b = root.transform.Find("B"); // 从根节点获取 B 对象

b.transform.SetAsFirstSibling(); // 设置为第一个
b.transform.SetAsLastSibling();  // 设置为最后一个

Transform a = root.transform.Find("A"); // 获取 A 对象
b.SetSiblingIndex(a.GetSiblingIndex() + 1);  // 将 B 设置到 A 的后面
```

3.11.3　对象子节点的获取

如下列代码所示，可通过名字、路径和索引方式来获取子节点和父节点，还可以提前获取所有子
父节点来进行批量遍历。

```
GameObject root = GameObject.Find("Root");// 获取根接点
root.transform.Find("A");// 获取子节点
root.transform.Find("A/Child/B");// 获取带路径的子节点

root.transform.GetChild(0);// 通过索引获取子节点

// 只遍历子节点
foreach (var child in root.transform) { }
// 遍历自身节点并且包含所有子孙节点
foreach (var item in root.transform.GetComponentsInChildren<Transform>(true)) { }
// 遍历自身节点并且包含所有父节点
foreach (var item in root.transform.GetComponentsInParent<Transform>(true)) { }
```

如图 3-89 所示，可以预先给游戏对象设置一个特殊的 Tag（标记），这样还可以通过 Tag 的名来获取对象。

图 3-89　通过 Tag 获取

如下列代码所示，既可以获取符合特殊 Tag 名的对象，也可以先获取所有子节点然后判断它们是否符合某个 Tag 名。

```
// 获取一个符合 Tag 名的对象
GameObject.FindGameObjectWithTag("Player");
// 获取所有符合 Tag 名的对象
foreach (var item in GameObject.FindGameObjectsWithTag("Player")) { }

GameObject root = GameObject.Find("Root");// 获取根接点
// 遍历自身节点并且包含所有子孙节点
foreach (var item in root.transform.GetComponentsInChildren<Transform>(true))
{
    if (item.CompareTag("Player"))
    {
        // 判断子节点是否符合 Tag 名
    }
}
```

EditorOnly 这个 Tag 需要特别注意一下，它是系统提供的 Tag 名，具有特殊的功能。一旦标记了它，以后在游戏打包时会自动剥离属于这个 Tag 的游戏对象。

3.11.4　多场景根节点

目前都是通过名字或者索引获取游戏对象的，还有一种可能是不知道游戏对象的名字，此时就需要获取整个场景的根节点。如下列代码所示，先获取当前激活的场景，再获取场景中的所有根节点。

```
// 获取当前激活的场景
Scene scene = SceneManager.GetActiveScene();
// 获取场景中的根节点游戏对象
foreach (var go in scene.GetRootGameObjects())
{
    Debug.Log(go.name);
}
```

如图3-90所示，Unity可以将多个场景放入Hierarchy视图。此时需要获取所有的场景才能遍历根节点。

图 3-90　多场景

如下列代码所示，首先获取当前加载场景的数量，再通过 GetSceneAt() 来获取场景，最终通过调用获取所有根节点游戏对象即可。

```
for (int i = 0; i < SceneManager.loadedSceneCount; i++)
{
    foreach (var root in SceneManager.GetSceneAt(i).GetRootGameObjects())
    {
        Debug.Log(root.name);
    }
}
```

如下列代码所示，还可以通过类型来获取对象，但这种方式在实际应用中用得比较少。

```
// 获取内存中的所有游戏对象
GameObject.FindObjectOfType<GameObject>();
// 获取内存中的所有 Script_03_11 脚本对象
GameObject.FindObjectOfType<Script_03_11>();
```

3.11.5　脚本的添加与删除

前面学过，游戏脚本是游戏组件的子类，所以脚本的添加和删除与组件的添加和删除完全一样。如下列代码所示，AddComponent<>用于添加脚本，GetComponent<>用于获取脚本，Destroy()和 DestroyImmediate()用于删除脚本。立即删除脚本和立即删除游戏对象的原理类似，这里不再赘述。

```
GameObject root = GameObject.Find("Root");
// 添加脚本
var script = root.AddComponent<Script_03_11>();

// 获取脚本
script = root.GetComponent<Script_03_11>();

// 获取当前对象的多条脚本
foreach (var item in root.GetComponents<Script_03_11>()) { }
// 获取所有父对象的脚本
foreach (var item in root.GetComponentsInParent<Script_03_11>(true)) { }
```

```
// 获取所有子对象的脚本
foreach (var item in root.GetComponentsInChildren<Script_03_11>(true)) { }

Destroy(script); // 删除脚本
DestroyImmediate(script); // 立即删除脚本
```

如图 3-91 所示，Hierarchy 视图中可能会隐藏某些子节点，这样在获取子节点脚本时就需要考虑是否包含隐藏的节点。如下列代码所示，bool 参数就是用来控制是否包含子节点对象的。

```
// 不包含隐藏的节点对象
root.GetComponentsInChildren<Script_03_11>())
// 包含隐藏的节点对象
root.GetComponentsInChildren<Script_03_11>(true))
```

图 3-91　隐藏的节点

3.11.6　DontDestroyOnLoad

Unity 的默认行为是，当切换场景时自动卸载场景中的所有游戏对象和脚本。使用 DontDestroy-OnLoad() 就可以标记某个游戏对象，使其不会被切场景卸载。由于脚本是绑定在游戏对象上的，它上面的所有脚本也不会被卸载。

```
GameObject root = GameObject.Find("Root");
DontDestroyOnLoad(gameObject);
```

如图 3-92 所示，Unity 会将标记的对象放在 DontDestroyOnLoad 场景中，只要保证这个场景永远不被卸载就可以了。

图 3-92　不卸载对象

3.12　调试

Unity 的新版本对调试功能做了增强。以前的方式是，每次修改完代码后需要在 Visual Studio 中重新绑定到 Unity 端口上，这样一来一回就会耽误很长时间。如图 3-93 所示，新方式是点击 Unity 引擎右下角虫子形状的图标，进入调试模式。

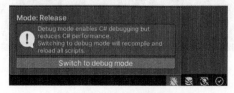

图 3-93　进入调试模式

进入调试模式以后，只要不取消，就可以随时修改代码，也不需要重新将代码绑定到 Unity 端口上。如图 3-94 所示，只需要附加到 Unity 一次即可，后面只要不关闭就可以直接在"附加到 Unity"状态下修改代码。

图 3-94　附加到 Unity

如图 3-95 所示，随时修改代码并编译成功后就可以直接设置断点了。调试的方法比较统一，以下是调试的快捷键。

❑ Command+Shift+I：单步调试。

❑ Command+Shift+O：单步跳过。

❑ Command+Shift+U：单步跳出。

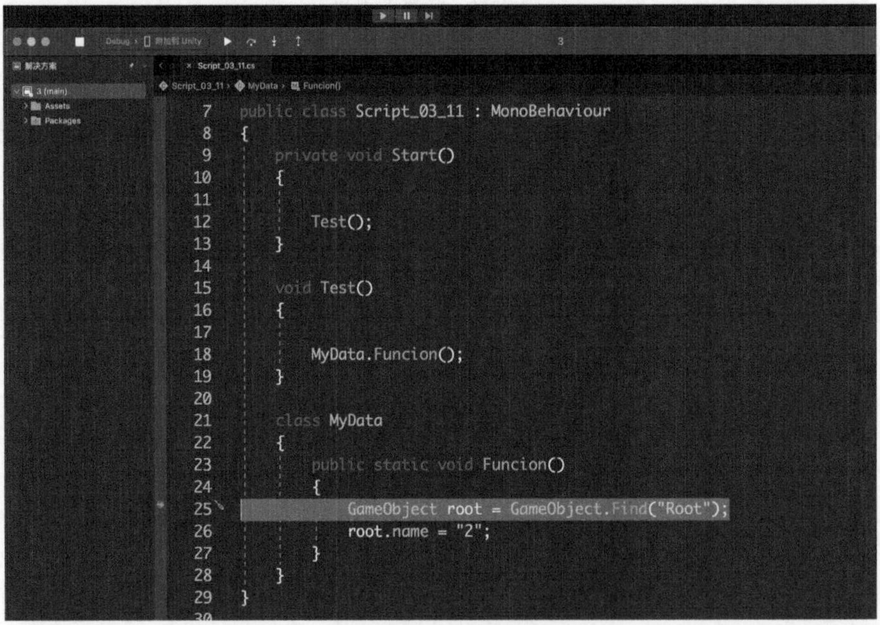

```
7    public class Script_03_11 : MonoBehaviour
8    {
9        private void Start()
10       {
11
12           Test();
13       }
14
15       void Test()
16       {
17
18           MyData.Funcion();
19       }
20
21       class MyData
22       {
23           public static void Funcion()
24           {
25               GameObject root = GameObject.Find("Root");
26               root.name = "2";
27           }
28       }
29   }
30
```

图 3-95　断点调试

在线程中查看断点的函数调用栈以及查看当前函数栈的局部变量分别如图 3-96 和图 3-97 所示。

图 3-96　调用栈

图 3-97 局部变量

3.13 小结

本章介绍了 C#语言与 Unity 脚本的关系。Unity 脚本提供了完善的生命周期，游戏可以在生命周期的各节点上做很多事情。接着列举了常用游戏组件的使用方法，解释了游戏组件和游戏对象的关系，以及如何通过游戏脚本灵活地创建游戏对象和游戏组件。游戏对象在 Hierarchy 视图中具有一定的层级结构，游戏脚本可以很方便地访问它们，有效地进行增删改查操作。为了不让大家望而却步，本章并没有引入更深入的知识点，基本上是围绕着基础展开的。希望大家打好基础，在学习后续章节时更有动力。

第 *4* 章

UGUI

游戏界面无论多么复杂，最基础的组成单元都是一个个的小图元，即使是游戏中显示的文字也是依靠小图元绘制的。将若干小图元按顺序组合排列在一起就完成了游戏界面的搭建。

UI（用户界面）是游戏开发中非常重要的一部分，所有的交互操作都需要在其中完成。界面中的元素是多元化的，例如文本、图片和按钮互相搭配，就能组合成完美的界面。Unity 为 UI 提供了 Rect Transform 组件，用来设置锚点以及对齐方式，它的参数比之前的 Transform 组件多了很多。布局方式对于所有 UI 元素而言是通用的。

4.1　游戏界面

Unity 4.6 推出了全新的 UI 系统，称为 UGUI。经过近 10 年的发展，UGUI 的功能已经十分健壮，大量的游戏开始使用它开发游戏界面了。UGUI 提供的基础元素包括文本、图片、按钮、滑动条和滚动组件等，还配合 UI 提供了强大的 EventSystem（事件系统）来管理 UI 元素。从 Unity 2017 开始还引入了图集的概念，让 UGUI 的功能更加全面，用起来更加灵活。作为跨平台游戏引擎，Unity 发布设备的分辨率是不固定的，不过 UGUI 在自适应处理上显然下了功夫，提供了锚点、布局方式、对齐方式和 Canvas，专门用来解决分辨率不同带来的自适应屏幕问题。虽然 UGUI 这几年基本上处于不再更新的状态，但是开发游戏界面的首选工具依然是 UGUI，UI Toolkit 暂时无法全面代替 UGUI。通过本章的学习，我们将揭开 UGUI 的神秘面纱。如图 4-1 所示，在 Hierarchy 视图中点击加号（+）按钮后选择 UI 下拉框，可以看到 UGUI 的所有组件都显示在这里了，选择任意一个即可创建。

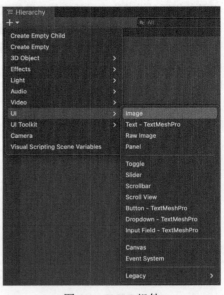

图 4-1　UGUI 组件

4.1.1　Text 组件

在导航菜单栏中选择 Create→UI→Legacy→Text 菜单项，即可创建一个 Text（文本）组件。由于

UGUI 自带的 Text 比较占内存，而且无法提供图文混排的功能，因此包含 Text 组件的所有 UI 组件都被标记为 Legacy（遗留）状态。如图 4-2 所示，创建 Text 对象后又自动创建了 Canvas 和 EventSystem 游戏对象。Canvas 是游戏画布，所有的 UI 组件要想显示出来都需要放在 Canvas 下面。EventSystem 用于监听游戏事件，比如点击按钮抛出点击事件，或者滑动列表抛出滑动事件。

图 4-2　Text 对象

在 Hierarchy 视图中点击刚刚创建的 Text 组件，可以看到右侧的 Inspector 视图包含 3 个游戏组件，第一个就是 Rect Transform 组件，它属于 UI 强制绑定组件，无法删除。如图 4-3 所示，Rect Transform 组件继承了 Transform 组件，其中的 Pos 表示 UI 坐标，Aanchors 表示锚点，Pivot 表示轴向，Rotation 表示旋转，Scale 表示缩放。可以手动修改这些值，看看文本会发生什么变化。

图 4-3　Rect Transform 组件

接着是 Canvas Renderer 组件，UGUI 中的所有 UI 图元单元都需要绑定它才能参与渲染。如图 4-4 所示，Cull Transparent Mesh 表示是否过滤透明像素。它的原理是使用 Shader 的 Alpha Test 功能，在片元着色器上判断当前是不是透明像素，如果已经是透明像素了，就直接把这个像素丢弃。

图 4-4　Canvas Renderer 组件

如下列 Shader 代码所示，勾选 Cull Transparent Mesh 就是打开了 UNITY_UI_ALPHACLIP 宏，此时会执行 clip (color.a - 0.001)。当参与渲染的像素（Alpha − 0.001）的结果小于 0 时，就会执行 discard，告诉 GPU 不再渲染这个像素。

```
fixed4 frag(v2f IN) : SV_Target
{
    #ifdef UNITY_UI_ALPHACLIP
    clip (color.a - 0.001);
    #endif

    color.rgb *= color.a;

    return color;
}
```

```
void clip(float4 x)
{
    if (any(x < 0))
        discard;
}
```

最后就是 Text 组件了，如图 4-5 所示。Text 可配置的参数还是挺多的，我们来详细说明一下。暂时将它们分为 4 部分：Text 部分、Character 部分、Paragraph 部分和 Raycast 部分。

图 4-5　Text 组件

(1) Text 部分

❏ Text：输入框中可以写入任意字符串，它表示需要显示的文本内容。

❏ Color：表示文本的颜色。

❏ Material：文本的材质，默认不需要设置。如果需要做特殊效果，可以拖入一种新材质并绑定一个特殊 Shader 来渲染。

❏ Maskable：表示当前文本是否可以被 Mask 或者 RectMask2D 裁掉。

(2) Character 部分

❏ Font：表示当前渲染文本的 TTF 字体，可选择任意字体库，拖入后即可生效。

❏ Font Style：字体样式，包括普通字体、粗体、斜体等样式。

❏ Font Size：字体大小。

❏ Line Spacing：本文的间距。

❏ Rich Text：是否支持富文本，如通过标签来设置让一段文本拥有不同的颜色和字体大小。

(3) Paragraph 部分

❏ Alignment：Rect Transform 决定文本框的大小，当文本无法填充整个框的时候，就可以通过 Alignment 来设置文本在框中的位置（上中、下左、中右等）。

❑ Align By Geometry：文本也是由若干网格组成的，所以它拥有显示范围和几何范围两个区域，分别如图 4-6 和图 4-7 所示。Align By Geometry 勾选后就表示用几何范围确认 Alignment 的对齐方式。

图 4-6　显示范围

图 4-7　几何范围

❑ Horizontal Overflow：表示当文本横向超出文本框时是否换行，如果不换行，文本内容会横向超出区域。

❑ Vertical Overflow：表示当文本纵向超出文本框时是否显示超出的文本内容。

❑ Best Fit：表示显示文本时将忽略设置的文字大小，采用 Min Size 和 Max Size 的大小，尽可能将文本装在文本框中。

(4) Raycast 部分

❑ Raycast Target：表示当前文本是否接受点击事件。不需要点击的 UI 尽量不要勾选它，否则会带来额外的性能开销。

❑ Raycast Padding：如果希望文本的显示区域和点击区域不同，可以通过它上下左右的偏移量来实现。

如下列代码所示，代码中只需要获取 Text 组件就可以动态修改前面介绍的所有文本属性，相对来说非常灵活。

```
Text text = GetComponent<Text>();
text.text = "Hello World!";
text.fontSize = 30;
text.font = Resources.Load<Font>("Font");
```

4.1.2　富文本

UGUI 是支持富文本的，但是只支持简单的标签，无法支持图文混排。标签<b>表示粗体、<i>表示斜体、<color>可设置一个颜色、<size>可设置字体大小，标签可以组合使用，如图 4-8 所示。

```
<b>粗体</b>
<i>斜体</i>
<color=#ff0000ff>自定义红色</color>
<size=50>字体大小</size>
<size=50><color=green>嵌套标签</color></size>
```

脱离 UGUI 系统，Unity 还支持 3D 文本。如图 4-9 所示，任意 3D 对象绑定 Text Mesh 组件即可创建 3D 文本。3D 文本的面板参数和 Text 类似，不再赘述，这里提到它主要是为了引出富文本的另外两个标签。

图 4-8　标签（另见彩插）　　　　　　　　　　　图 4-9　3D 文本

如图 4-10 所示，创建一种材质并命名为 2，为其 Shader 选择 GUI/Text Shader，绑定一个贴图。如图 4-11 所示，在 Text Mesh 上方的 Mesh Renderer 组件中将刚刚创建的材质拖入 Materials 数组。

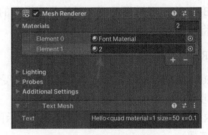

图 4-10　3D 文本材质　　　　　　　　　　　图 4-11　3D 文本多材质

如下代码中的 <quad material=1> 表示 Materials 数组中的第一个元素对应的材质。这里，第一个元素对应的就是刚刚创建的材质。接着在后面添加大小、坐标、宽度等标签。如图 4-12 所示，3D 图文混排已经实现了。虽然 Text Mesh 实现了图文混排，但是 UGUI 的 Text 组件不支持它，这一直为开发者所诟病。

```
Hello<quad material=1 size=50 x=0.1 y=0.1 width=0.8 height=0.8>World!
```

富文本还支持在日志中显示。图 4-13 展示了在日志窗口中输出格式化日志。

```
Debug.Log("标签: <size=15><color=green>嵌套标签</color></size>");
```

图 4-12　3D 图文混排　　　　　　　　　　　图 4-13　格式化日志

4.1.3　描边和阴影

在 Text 游戏对象上添加 Outline 和 Shadow，即表示支持文本的描边和阴影。如图 4-14 所示，可以设置它们的颜色和距离。

图 4-14　描边和阴影

Text 会先根据文字对应的 Unicode 码在 TTF 字体库中提取字的型号，然后将它绘制在 Font 纹理位图中。这样每个字形都能确定一个矩形区域，再配合 Text 中设置的字体大小，就能计算出文字的包围盒。根据包围盒的大小，用两个三角面就能确定一个字体渲染的 Mesh。

为了得到好的描边结果，UGUI 采用的方式是额外生成 4 个面片，在上下左右 4 个方向上各绘制 1 次，再加上原本的 1 次文字绘制，一个描边就需要画 5 次才能完成。如图 4-15 所示，原本 5 个汉字只需要 10 个三角面就够了，但是因为添加了描边，所以多画了 4 次，一共需要 50 个三角面。图中显示了 54 个三角面，这是因为主摄像机带了 4 个三角面，加起来一共 54 个三角面。

图 4-15　描边所需的三角面

如图 4-16 所示，在描边的基础上继续添加阴影后，三角面的数量（不包括主摄像机的 4 个）翻了一倍。原因是阴影需要对每个文字的面片增加一倍的开销，所以描边产生的 50 个三角面就变成了 100 个三角面。如果只增加阴影，那么 5 个汉字只需额外产生 10 个三角面，所以千万不要同时使用描边和阴影。

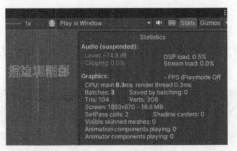

图 4-16   描边并添加阴影所需的三角面

为 Text 添加描边以后得到的文本容易不清晰，目前的解决方法是将文本的字体调大，在 Rect Transform 组件中缩小 Scale 的值就能得到比较清晰的文本了。但缺点就是文本会在位图中占用更多内存。

4.1.4   动态字体

UGUI 动态字体的原理是根据传入的文字及字体大小将其生成到纹理上，文本网格的顶点上会记录 UV 信息，然后通过 UV 信息在字体纹理上采样贴图，文字最终就会显示出来了。

Unity 自带的字体只能在编辑器模式下使用，打包发布后就可能无法现实中文了，而且在不同的运行硬件上会有不同的结果。因此，首先需要准备一个 TTF 字体，可以在网络上下载。所有动态字体显示的前提是，TTF 字体中必须包含需要显示的字符。如图 4-17 所示，将 TTF 字体直接拖入 Unity 就可以使用了，其中 Character 模式默认为 Dynamic，即动态字体。

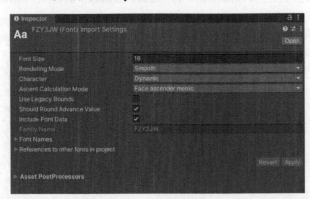

图 4-17   TTF 字体

如图 4-18 所示，Text 组件被赋值新文本后，UGUI 会通过字符串试图去字体纹理中寻找。如果字体纹理中没有，则试图去 TTF 字体库中寻找并且将其渲染到纹理中，再返回给 Text 组件进行显示。

图 4-18   文本赋值

　　如图 4-19 所示，字符串的每个字符会先被存入字体纹理。字体纹理的大小一开始是 64 像素 × 64 像素。如果文字太多装不下，它会自动扩容到 128 像素 × 128 像素、256 像素 × 256 像素、512 像素 × 512 像素……直到 4096 像素 × 4096 像素。

　　此时我们已经基本掌握了字体显示的工作原理。文本最终被保存在位图中，那么即使是完全相同的字，如果字体大小不同，也会在位图中被保存多份。如图 4-20 所示，完全相同的文本，只是字体大小设置得不同，就在位图中被保存了多份。可想而知，Text 组件的这种设计并非一个好的解决方案。

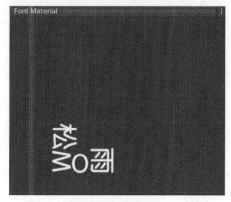

图 4-19　字体纹理

图 4-20　纹理位图

　　出于占用内存以及无法支持图文混排功能的角度考虑，官方已经不再推荐使用 Text 组件。官方推荐的解决方案是用 Text Mesh Pro 矢量图的方式来渲染字体。但目前来说，大量的商业游戏还在使用 Text 组件，所以我们也要掌握 Text 组件的用法。

4.1.5　字体花屏

　　前面提到，纹理位图会根据文字的内容动态扩容。动态扩容时，文字对应的 UV 一定会发生变化。UGUI 底层已经处理过这些了，但是在实际开发中，个别设备还是会出现花屏的问题。花屏的原因就是，虽然纹理位图已经扩容，但是文本网格顶点数据中的 UV 并没有更新，这就导致了采样错误。

　　如代码清单 4-1 所示，监听 Font.textureRebuilt 字体重建事件，记录当前待重建的字体。在下一帧更新的时候，调用 FontTextureChanged() 方法刷新所有文本。

代码清单 4-1　Script_04_01.cs 文件

```
public class Script_04_01 : MonoBehaviour
{
    // 标记某个字体发生了重建
    private Font m_NeedRebuildFont = null;

    void Start()
    {
        // 监听字体贴图重建事件
        Font.textureRebuilt += delegate (Font font)
        {
            m_NeedRebuildFont = font;
```

```
        };
    }

    void Update()
    {
        if (m_NeedRebuildFont)
        {
            // 找到当前场景中的所有 Text，刷新一下
            Text[] texts = GameObject.FindObjectsOfType<Text>();
            if (texts != null)
            {
                foreach (Text text in texts)
                {
                    if (text.font == m_NeedRebuildFont)
                    {
                        text.FontTextureChanged();
                    }
                }
            }
            m_NeedRebuildFont = null;
        }
    }
}
```

这里使用 GameObject.FindObjectsOfType<Text>() 方法获取当前 Hierarchy 视图中的所有字体，依次遍历后，调用 FontTextureChanged() 方法刷新它即可。

4.1.6　Text Mesh Pro

Text Mesh Pro 目前是官方推荐的字体库，它开始是由第三方开发者维护的，在 Asset Store 中广受好评，后来被 Unity 收购成为官方插件。Text Mesh Pro 一开始是不支持动态字体的，所有需要显示的文本必须在打包前离线生成，这样就造成了在游戏聊天框中输入的纯动态文字可能无法显示的现象。后来，Text Mesh Pro 的新版本支持了动态字体，但是有相当一部分老项目还在采用 Text 组件的方式。

Text Mesh Pro 依然是基于 TTF 字体库的，但是它需要创建一个 Font Asset 对象。如图 4-21 所示，在 Unity 导航菜单栏中选择 Window→TextMeshPro→Font Asset Creator 打开字体创建窗口。

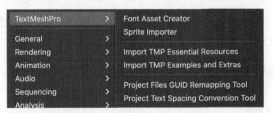

图 4-21　创建 Font Asset 对象

首次加载 Text Mesh Pro 时需要进行初始化。如图 4-22 所示，点击 Import TMP Essentials 按钮即可。它会自动将 Text Mesh Pro 必要的文件导入工程，如图 4-23 所示，包括文档、默认字体、资源、着色器、图文混排默认精灵文件。

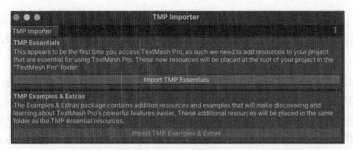

图 4-22　初始化　　　　　　　　　　　　　　　　图 4-23　Text Mesh Pro 结构

接着需要在 Project 视图中选择一个 TTF 字体文件，鼠标右键点击后选择 Create→Text Mesh Pro→Font Asst 即可创建 Text Mesh Pro 的字体资源。如图 4-24 所示，字体创建面板中可以设置的生成参数如下。

❑ Source Font File：表示源 TTF 字体文件。

❑ Sampling Point Size：采样大小。

❑ Padding：文字的间距。

❑ Packing Method：打包方法，通常在开发阶段选择 Fast、在发布阶段选择 Optimum，后者打包慢但是质量高。

❑ Atlas Resolution：SDF 字体图的分辨率。

❑ Character Set：字符格式，主要用于静态字体的预先生成。

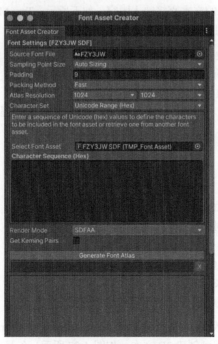

图 4-24　创建字体文件

Text Mesh Pro 使用的是 SDF 字体，并不会像 Text 一样根据字体大小将结果写入位图。它使用的是矢量图，图中保存的是文字边缘的距离场信息。这样，即使为文字设置不同的字体大小，也不会产生额外内存开销。

目前推荐使用的是动态字体，Text Mesh Pro 与 Text 动态字体有个区别：它并不会在文字数量增多时对 SDF 图集慢慢扩容。如图 4-25 所示，要预先确认 SDF 图集的大小，如 1024 像素 × 1024 像素。Multi Atlas Textures 表示开启多 SDF 图集，即当 1024 像素 × 1024 像素大小的贴图装不下文字后系统会再创建一张 1024 像素 × 1024 像素的图集。Atlas Population Mode 选择为 Dynamic 表示动态字体。Clear Dynamic Data On Build 勾选后会在打包前清空动态产生的文字信息，它一定要勾选，不然编辑模式下产生的结果也会被打进游戏包中。

图 4-25　动态字体

准备工作终于做完了，接着在 Hierarchy 视图中选择 Create→UI→Text – Text Mesh Pro 就可以创建文本了。如图 4-26 所示，清晰的文本直接映入眼帘。如下所示，Text Mesh Pro 的参数确实很多，大家最好每个都试验一下，这样有助于对获得进一步的理解。

- ❑ Text Style：用于强制设置标签，如大小、颜色、下划线等。
- ❑ Font Asset：用于拖入前面创建的 Text Mesh Pro 字体文件。
- ❑ Material Preset：可修改字体显示的材质。
- ❑ Font Style：文本样式，包括粗体、斜体、下划线、中横线、强制文本小写、强制文本大写、Smallcaps 文字样式。
- ❑ Font Size：字体大小。
- ❑ VertexColor：顶点色。
- ❑ ColorGradient：文本上下渐变效果。
- ❑ Spacing Options：文字的间距。
- ❑ Alignment：锚点以及对齐方式。
- ❑ Wrapping：是否自动换行。
- ❑ Overflow：当文本超出显示区域后的效果。
- ❑ Horizontal Mapping：水平映射，文本显示宽高比的问题。
- ❑ Vertical Mapping：垂直映射，文本显示宽高比的问题。

Text Mesh Pro 还支持 3D 模式，使用 Mesh Renderer 来渲染。在 Hierarchy 视图中，选择 Create→3D Object→Text – Text Mesh Pro 即可创建 3D 文本，如图 4-27 所示，矢量图文本显示得非常清晰。

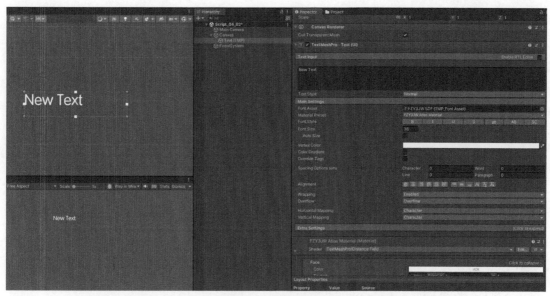

图 4-26 创建文本

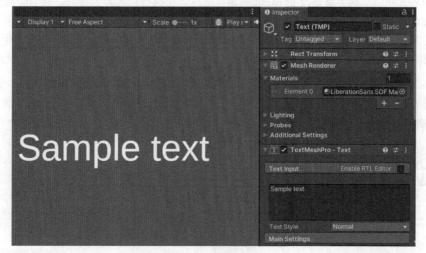

图 4-27 3D 文本

4.1.7 SDF 字体

SDF 的全称是 Signed Distance Field，意思是有向距离场。它和 Text 的位图原理不太一样，保存的是文本每个点相对于文字边缘的距离。SDF 采用 Alpha8 格式的贴图，表示每个像素由 8 位组成，取值范围为 0 ~ 255，那么 1024 像素 × 1024 像素就占用 1.0 MB 内存。如图 4-28 所示，可以看出这个"王"字的笔画的中间比较清晰，边缘有渐变的感觉。

图 4-28　SDF 文本生成

TTF 字体中先将"王"字的信息提取出来，接着并不是直接写入位图，而是将与每个像素距离字体最近的边缘到该像素的距离写入位图。为了方便理解，这里将"王"字的"一"的笔画提取出来。如下列代码所示，距离场的信息最中间是距离边缘最远的，所以它的数据趋向于 1.0，靠近边缘的信息则趋向于 0.0。

```
0.0 0.0 0.0 0.0 0.0 0.0 0.0 0.0 0.0
0.3 0.3 0.3 0.3 0.3 0.3 0.3 0.3
1.0 1.0 1.0 1.0 1.0 1.0 1.0 1.0
0.3 0.3 0.3 0.3 0.3 0.3 0.3 0.3
0.0 0.0 0.0 0.0 0.0 0.0 0.0 0.0
```

字体的放大和缩小其实就是改变 Mesh 的顶点信息，在执行片元着色器时，显卡会插值计算出每个像素到边缘的距离，在 Shader 里做个采样就能最终渲染出文本了。SDF 字体的优势很明显：它不会因为字号的大小占用额外的内存。对于描边和阴影，因为每个像素记录的已经是到边缘的距离，所以只需要检测当前渲染的像素是否处于接近 0 也就是边缘的位置，然后开始在 Shader 里对它进行描边就行。

如图 4-29 所示，在右侧的材质面板中设置描边的 Thickness 就可以控制描边的粗细了。除了原本的摄像机占用的 4 个三角面以外，整个描边只需要 6 个三角面就可以绘制结束，性能得到了极大的提升。

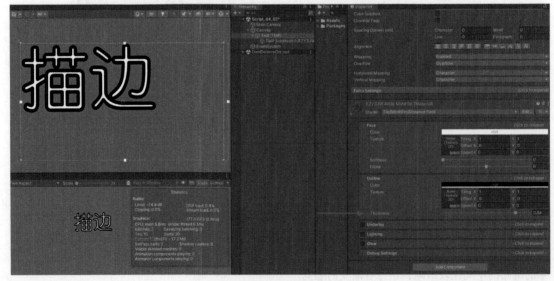

图 4-29　描边

4.1.8　图文混排

使用图文混排前需要准备精灵图集，既可以让美术人员将所有参与图文混排的贴图保存在一张大图中，也可以使用第三方工具 TexturePacker 来生成。接着将贴图拖入 Unity，如图 4-30 所示，Sprite Mode 选择为 Multiple 后点击 Sprite Editor 按钮。

图 4-30　设置精灵图

我们使用 Text Mesh Pro 自带的 Demo 贴图，如图 4-31 所示，使用自动切分功能会将所有精灵图切分出来。选择每个精灵图后可以在右下角处修改精灵图的名字，通过这个名字就可以进行图文混排了。

图 4-31　精灵图切分

接着在 Project 视图中选择前面保存的精灵图，鼠标右键点击后选择 Create→TextMeshPro→ SpriteAsset 会根据这张精灵图来创建 SpriteAsset 文件。如图 4-32 所示，此时字体文件已经生成完毕。

图 4-32 精灵文件

直接写入 sprite 标签，其中 name 表示前面精灵设置的贴图名，标签外可以直接输入中文。如图 4-33 所示，需要将 EmojiOne 精灵文件拖入 Sprite Asset（见❶），接着写入图文混排代码"图文<sprite name=EmojiOne_0> 混排"（见❷）即可立即显示文本内容。但是图片的位置好像有点奇怪，并没有 和文本整体有效对齐。

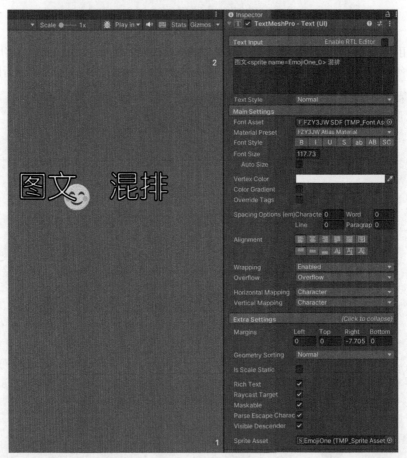

图 4-33 图文混排

原因是精灵的锚点对齐方式和文本不同。如图 4-34 所示，需要将精灵的锚点设置成 BottomLeft， 即以左下角为精灵的锚点，然后保存。

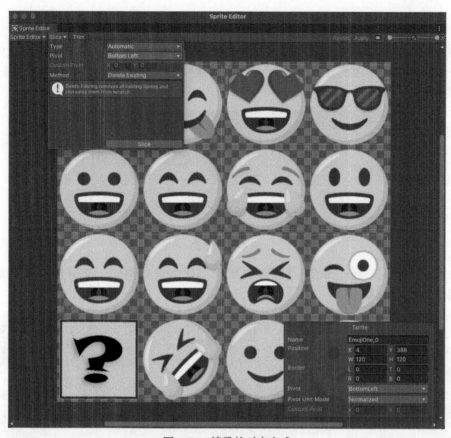

图 4-34　精灵的对齐方式

如图 4-35 所示，此时图文混排终于正确了。

图 4-35　准确的图文混排

4.1.9　样式

标签非常灵活，但是对于比较复杂的文本，可能需要写很长的标签，如果一个标签写错或者少个括号，文字就会显示错误。样式 Style Sheet 的作用就是对一个很长的标签做简化，其实就是字符串替换。如下列代码所示，原本需要一个复杂的标签，使用样式后再用 style 标签加名称就可以得到同样的结果。

```
<size=100><color=white><u>字体大小+颜色+下划线</size></color></u>
<style="#1">字体大小+颜色+下划线</style>
```

选择 Create→Text Mesh Pro→Style Sheets 即可创建样式文件。如果 4-36 所示，给样式起别名为#1（见❶），然后单独配置标签的前半部分和后半部分（见❷和❸），最终<style="#1"></style>就可以描述结果了。

图 4-36　样式

Text Mesh Pro 还支持颜色渐变。如图 4-37 所示，可单独设置字体上半部分和下半部分的颜色，从而实现渐变效果（见❶）。

图 4-37　颜色渐变（另见彩插）

目前，我们学习了制作字体文件 FontAsset、精灵文件 SpriteAsset、样式文件 StyleSheet 和颜色渐变文件 Gradient，其实它还支持字体文件变种，也就是根据原有 FontAsset 扩展出新字体。实现字体文件变种比较简单，读者可以自行设置。如果这些配置在每个 Text Mesh Pro 本文中都需要单独配置一遍，工作量就太大了，所以 Text Mesh Pro 提供了一套默认规则配置。

如图 4-38 所示，在 Project Setting 面板中选择 Text Mesh Pro 分页即可。它可以配置系统默认的字体文件、字体 Fallback 文件、精灵文件、样式文件、颜色文件、特殊字符文件。有了这些默认配置，文本制作起来就方便多了。

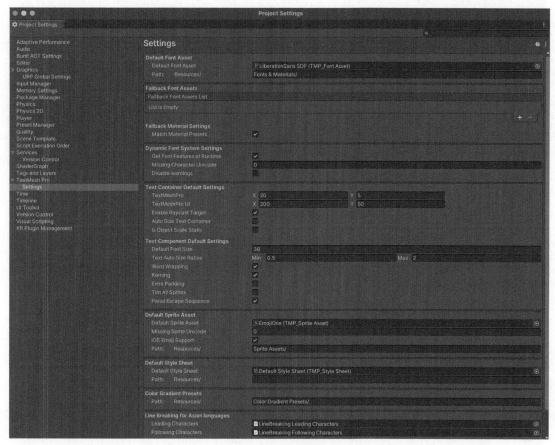

图 4-38 全局配置

4.1.10 文字 fallback

前面介绍过 Text Mesh Pro 文字是基于 TTF 字体库的，如果 TTF 字体库中没有，或者静态 SDF 字体库中没有生成，那么是无法正确显示字体的。为了安全起见，此时可以添加一个 fallback 字体，保证在特殊情况下使用这个字体来显示。如图 4-39 所示，在 Fallback Font Assets 数组中添加即可。

图 4-39 fallback 字体

TTF 原始字体也是支持 fallback 方案的。如图 4-40 所示，选中任意 TTF 字体后，在 Font Names 处添加一个新字体的名字即可。这里的含义是，如果 FZY3JW 中不存在某个字符，它会试图从内存中的 FZY3JW2 字体中查找，前提是 FZY3JW2 字体必须在内存中，否则依然无法显示出来。

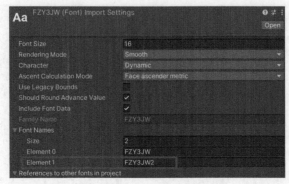

图 4-40　TTF 字体 fallback

4.1.11　点击事件

如代码清单 4-2 所示，`<u>`标签可以添加下划线，`<link="ID">`标签可以添加一个特殊的 ID，这样在点击它的时候就可以判断逻辑。

```
<sprite name=EmojiOne_0><size=100><color=white>问题+颜色+<u><link="ID_0">下划线 1</link></u>
</size></color>
<u><link="ID_1">下划线 2</link></u>
```

代码清单 4-2　Script_04_02.cs 文件

```
public class Script_04_02 : MonoBehaviour, IPointerClickHandler
{
    TextMeshProUGUI m_TextMeshProUGUI;
    private void Start()
    {
        m_TextMeshProUGUI = GetComponent<TextMeshProUGUI>();

    }
    public void OnPointerClick(PointerEventData eventData)
    {
        // 如果 UI 是用单独的摄像机看的，需要将摄像机传入第三个参数
        int linkIndex = TMP_TextUtilities.FindIntersectingLink(m_TextMeshProUGUI, eventData.position, null);
        if (linkIndex != -1)
        {
            TMP_LinkInfo linkInfo = m_TextMeshProUGUI.textInfo.linkInfo[linkIndex];
            // 输出点击的 link 标签名称
            Debug.Log($"LinkID: {linkInfo.GetLinkID()}");
        }
    }
}
```

目前还没有学到 UI 的事件系统，大家暂时只需要知道继承 `IPointerClickHandler` 接口后可以在脚本中监听整个 UI 的点击事件就可以了。

接着通过 `TMP_TextUtilities.FindIntersectingLink()`方法可以获取当前点的具体 Index（索引），最后获取 `linkInfo.GetLinkID()` 就知道具体点的 link 标签名称了。如图 4-41 所示，点击不同的下划线文本后可输出不同的结果。

图 4-41 点击事件（另见彩插）

注意：因为此时 UI 使用的是 Canvas – Overlay 模式，所以不需要传入 UI 的摄像机。由于目前还没讲到 UI 摄像机和 Canvas 的配合，在后面遇到这样的需求时，需要传入当前的 UI 摄像机。

4.1.12 Image 组件

Image（图像）组件用于显示 UI 贴图，作为基础的图元，它必须放在 Canvas 节点下。如图 4-42 所示，只需要将 Sprite 贴图拖入 Source Image 即可显示图片。Cull Transparent Mesh 组件在前面讲解 Text 组件时已经介绍过，这里不再赘述。

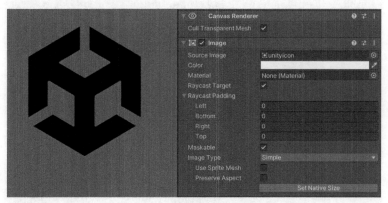

图 4-42 Image 组件

Image 组件可配置的参数如下。

- ❏ Source Image：精灵图片。
- ❏ Color：设置颜色。
- ❏ Material：渲染材质，不拖入则执行默认材质渲染。
- ❏ Raycast Target：是否接收点击事件。
- ❏ Raycast Padding：接收点击区域，实际点击区域可以和渲染区域不同。
- ❏ Preserve Aspect：该复选框表示是否强制等比例显示图片。
- ❏ Set Native Size：重新格式化图片大小。

如图 4-43 所示，Image Type 一共可设置为 4 种类型。

□ Simple：直接显示图片。

□ Sliced：通过九宫格的方式显示图片，可用 SpriteEditor 来编辑九宫格的区域。

□ Tiled：平铺图片。

□ Filled：可以旋转显示图片，像技能的 CD（冷却）效果一样。

图 4-43　Image 类型

这里需要特别介绍一下九宫格切图。当把 Image Type 设置成 Sliced 后，需要在 Sprite 原图中设置好九宫格的信息。如图 4-44 所示，首先需要设置 Border（见❶），也就是上下左右 4 个方向的偏移，这样就能将整个图片划分成 9 个格子区域了。九宫格拉伸就是只针对正中间的区域（见❷）进行拉伸，这样周围的 8 个格子区域不会因为图片大小的改变而发生拉伸。

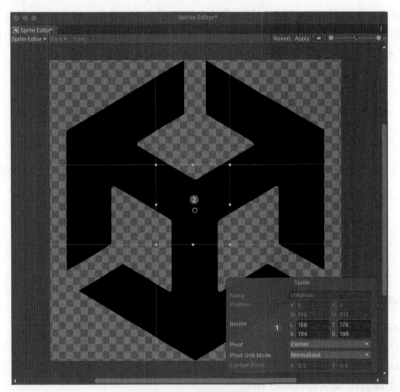

图 4-44　九宫格类型

当 Image Type 为 Simple 时，Use Sprite Mesh 复选框表示是否使用精灵网格来渲染 UI。如图 4-45 所示，默认情况下 Images 是由两个三角片拼成一个矩形片来渲染的（见❶），当启动 Use Sprite Mesh 后，将使用 Sprite 自身形状的三角片来渲染 UI（见❷）。

图 4-45　精灵网格

Use Sprite Mesh 的优势很明显。如果使用两个三角形拼成的矩形片，当 UI 大面积是透明的时，会白白地浪费渲染性能；而使用 Sprite 自身形状的三角片来渲染 UI 虽然增加了顶点的数量，但是能提升 UI 的填充效率。Image 支持 Sprite Mesh 的另一个前提就是 Sprite 必须支持 Mesh Type。如图 4-46 所示，需要设置 Mesh Type 为 Tight，而 Full Rect 表示以矩形的方式渲染。

图 4-46　设置精灵网格

4.1.13　Raw Image 组件

Image 组件只能显示 Sprite，原因是 Sprite 在 Texture 的基础上又记录了一层额外的信息，比如 Sprite 与 Atlas（图集）之间的引用关系，Mesh Type 保存为 Tight 模式等。所以 Image 组件的优势是非常明显的：它可以使用 Atlas 减少 Draw Call，配合 SpriteMesh 可以优化渲染填充率。

Raw Image（原始图像）组件只能显示 Texture，虽然 Raw Image 也可以使用 Sprite，但它其实使用的是 Sprite 对应的 Texture 文件。因此，九宫格切图、精灵图集、Sprite Mesh 等都是 Raw Image 无法支持的。虽然整个 UI 系统建议使用 Image 组件，但有些地方又不得不使用 Raw Image 组件。如图 4-47 所示，Raw Image 组件的大部分参数和 Image 组件类似，重复的部分这里不再赘述。

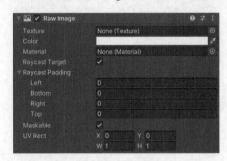

图 4-47   Raw Image 组件

这里主要说明一下 UV Rect。如图 4-48 所示，UV Rect 可以指定 UV 的矩形区域，这样可以只显示图片的一部分或者平铺图片。如果图片比较大又需要裁剪，使用 UV Rect 从性能的角度来说要比使用 Mask 高效很多，但 UV Rect 只能设置单独的一张图，而 Mask 可以将整个节点下的所有贴图都裁掉。

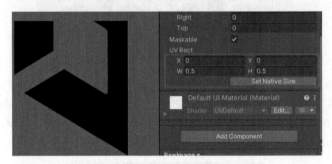

图 4-48   UV Rect

Raw Image 还有个重要的功能，就是显示 Render Texture。如代码清单 4-3 所示，可以将某个摄像机的渲染结果输出到一张 Render Texture 中，再将它显示在 Raw Image 中。

代码清单 4-3   Script_04_03.cs 文件

```
public class Script_04_03 : MonoBehaviour
{
    void Start()
    {
        // 创建一个和屏幕大小一样的 Render Texture
        RenderTexture renderTexture = RenderTexture.GetTemporary(Screen.width, Screen.height);
        // 设置主摄像机，将渲染结果输出到这张 Render Texture 中
        Camera.main.targetTexture = renderTexture;
        // 将摄像机的渲染结果显示在 Raw Image 中
        RawImage rawImage = GetComponent<RawImage>();
        rawImage.texture = renderTexture;
        rawImage.enabled = true;
    }
}
```

如图 4-49 所示，将摄像机渲染到 Render Texture 中，再赋值给 Raw Image 的 Texture 对象即可。

图 4-49 渲染到 Render Texture

4.1.14 Button 组件

Button（按钮）组件可由 Image 和 Text 两个组件合在一起形成，之后介绍的其他 UI 组件都是以 Image 和 Text 组合为主形成的，可见在 UI 系统中，无论多么复杂的界面都是由若干图元组成的。如图 4-50 所示，Button 组件能与 Canvas Renderer 组件和 Image 组件组合使用，Button 游戏对象下面还创建了一个 Text Mesh Pro 对象，用于显示按钮的文字。

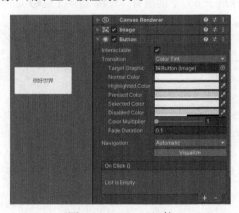

图 4-50 Button 组件

Button 组件可配置的参数如下。

- ❑ Interactable：按钮是否支持点击行为。
- ❑ Transition：按钮操作时的显示状态。按钮有普通、点击、抬起和悬浮这 4 种状态，切换状态时可以改变按钮的颜色。既可以通过更换 Sprite 图片样式，也可以使用 Animation 动画系统来控制各个状态。
- ❑ Navigation：决定控件顺序的属性。当界面复杂时，可预览当前 UI 的控制焦点。
- ❑ OnClick：按钮点击事件。

按钮的点击事件也可以在面板中指定，前提是按钮绑定了脚本，可以指定点击后执行脚本中的某个方法。但在实际开发中，按钮的点击要尽可能地交给代码来处理。如下列代码所示，获取 Button 后使用 onClick() 方法即可添加或移除按钮的监听事件。

```
void Start()
{
    Button button = GetComponent<Button>();
    button.onClick.AddListener(() => {
        Debug.Log("按钮点击!");
    });

    // 移除按钮监听事件
    // button.onClick.RemoveListener()
    // 移除所有按钮监听事件
    button.onClick.RemoveAllListeners();
}
```

4.1.15　Toggle 组件

Toggle（开关）组件一共只有两个状态：打开和关闭。如图 4-51 所示，它由 Background（背景）和 Checkmark（打钩符号）两张图组成（见❶和❷），当取消勾选 Toggle 组件时会隐藏 Checkmark。Toggle 还添加了 Text 组件用于显示文字。Toggle 组件上的参数大部分和 Button 组件类似，这里不再赘述。如果多个 Toggle 需要组成一组，选中组中的一个会让其他 Toggle 自动取消选中，可将 ToggleRoot 与 Toggle Group 组件绑定来控制子节点下的所有 Toggle 组件（见❸）。

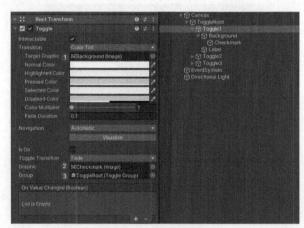

图 4-51　Toggle 组件

如图 4-52 所示，如果选中 Toggle Group 组件中的一个子 Toggle，另外的会自动取消选中。Allow Switch Off 表示再次点击选中后的 Toggle 是否支持取消选中。

监听 Toggle 的点击事件如代码清单 4-4 所示。

代码清单 4-4　Script_04_04.cs 文件

```
public class Script_04_04 : MonoBehaviour
{
    public Toggle[] toggles;

    void Start()
    {
        foreach (var toggle in toggles)
        {
            toggle.onValueChanged.AddListener((selected)=> {
                Debug.LogFormat("toggle = {0} selected = {1}", toggle.name, selected);
            });
        }
    }
}
```

如图 4-53 所示，每次点击都会监听到两个点击事件：第一个是之前 Toggle 的取消事件，第二个是新 Toggle 的点击事件。

图 4-52　Toggle Group 组件

图 4-53　Toggle 点击事件

注意：如果并非手动点击，需要在代码中动态控制开关某个 Toggle，可以使用 isOn 属性。

```
GetComponent<Toggle>().isOn = true;
```

4.1.16　Scroll View 组件

Scroll Rect（滚动矩形）组件由 Scrollbar（滚动条）组件和 Scroll View（滚动区域）组件组成。它的原理就是使用 Scroll Rect 组件设置一个滚动区域，然后绑定 Scrollbar 组件来监听滚动事件。这和 4.1.17 节要介绍的 Slider 组件类似。

如图 4-54 所示，Scroll View 对象下有两个区域：❶是显示区域，❷是内容区域。显示区域比较小，超过显示区域的内容会被裁掉。内容区域则比较大，可滚动的也是内容区域的大小。

如图 4-55 所示，可在 Scroll View 属性中配置显示区域和内容区域的游戏对象节点，包括滚动的速度和吸附的方式、水平滚动或者垂直滚动、滚动条的样式等信息。

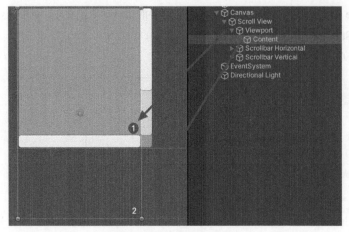 

图 4-54　Scroll View 对象　　　　　　　　　图 4-55　Scroll View 属性

　　此时将需要参加滚动的对象拖入 Content（内容）节点。我们运行游戏后发现没办法开始有效滚动，原因是 Content 节点没有获取子节点的内容进行展开。如图 4-56 所示，给 Content 节点绑定 Vertical Layout Group 节点（见❶）表示所有子节点纵向排开，继续绑定 Content Size Fitter 组件（见❷）根据子节点自动计算 Rect Tranform 的高度（见❸），这样 Scroll View 就可以丝滑地滚动了。

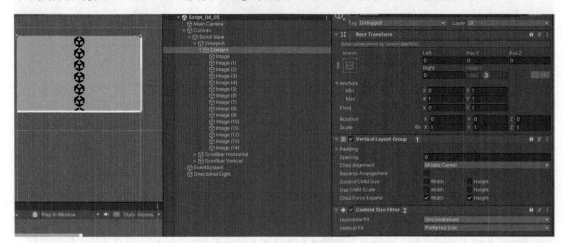

图 4-56　Content 节点展开

　　如代码清单 4-5 所示，通过 onValueChanged()方法来监听滚动条的滚动事件。

代码清单 4-5　Script_04_05.cs 文件

```
GetComponent<ScrollRect>().onValueChanged.AddListener((progress) =>
{
    // 取值范围为 0~1
    Debug.Log($"当前滚动进度{progress}");
});
```

4.1.17 其他组件

前面已经把最核心的 UI 组件讲完了。UGUI 还提供了几个组件，不过它们都是使用最基础的 Image 和 Text 组件组成的，即使不使用系统自带的，我们也可以通过现有知识制作出来。如图 4-57 所示，它们包括 Slider（滑动条）组件、Scrollbar（滚动条）组件、Dropdown（下拉选单）组件和 InputField（输入字段）组件。

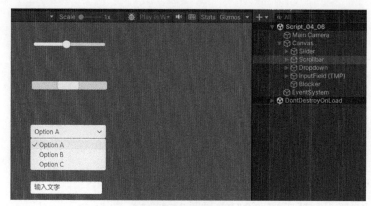

图 4-57 其他组件

如代码清单 4-6 所示，分别监听这些 UI 组件以及特殊事件。

代码清单 4-6 Script_04_06.cs 文件

```csharp
public class Script_04_06 : MonoBehaviour
{
    public Slider Slider;
    public Scrollbar Scrollbar;
    public TMP_Dropdown TMP_Dropdown;
    public TMP_InputField TMP_InputField;


    void Start()
    {
        /*
        1. Slider
        设置 Slider 取值范围的最小值/最大值
        */
        Slider.minValue = 0;
        Slider.maxValue = 100;

        Slider.onValueChanged.AddListener((value)=>{
            Debug.Log($"Slider 滑动变化值 = {value}");
        });

        /*
         2. Scrollbar
         */
        Scrollbar.onValueChanged.AddListener((value) => {
            Debug.Log($"Scrollbar 滚动变化值 = {value}");
        });
```

```
/*
 3. TMP_Dropdown
 */
TMP_Dropdown.options = new List<TMP_Dropdown.OptionData>();
TMP_Dropdown.options.Add(new TMP_Dropdown.OptionData() { text = "下拉选单1" });
TMP_Dropdown.options.Add(new TMP_Dropdown.OptionData() { text = "下拉选单2" });
TMP_Dropdown.options.Add(new TMP_Dropdown.OptionData() { text = "下拉选单3" });
TMP_Dropdown.onValueChanged.AddListener((index) =>
{
    Debug.Log($"TMP_Dropdown 下拉选择索引 = {index}");
});


/*
 4. TMP_InputField

 */

TMP_InputField.onValueChanged.AddListener((str) =>
{
    Debug.Log($"TMP_InputField 输入字符串中 = {str}");
});
TMP_InputField.onEndEdit.AddListener((str) =>
{
    Debug.Log($"TMP_InputField 输入字符串结束 = {str}");
});
TMP_InputField.onEndTextSelection.AddListener((str, i, k) =>
{
    Debug.Log($"TMP_InputField 鼠标框选字符串 = {str} 起始位置 = {i} 结束位置 = {k}" );
});
TMP_InputField.onDeselect.AddListener((str) =>
{
    Debug.Log($"TMP_InputField 取消选字符串 = {str}");
});
    }
}
```

4.2　界面布局

前面的 UI 组件都是以最小单元介绍的，实际的界面需求则会将多个 UI 组件组合排列在一起，这就需要用到界面布局的功能了。UGUI 提供了强大的界面布局工具，配合 Canvas 组件和 Layout 组件可以灵活地布局整个游戏界面。因为游戏最终可能运行在不同分辨率的设备上，所以必须考虑游戏界面的自适应，本节就开始学习。

4.2.1　Rect Transform 组件

Rect Transform 组件继承了 Transform 组件，包含元素在界面中的坐标、宽高、锚点、偏移、旋转和缩放信息。如图 4-58 所示，暂时不需要考虑 Canvas，首先在 Canvas 下面创建一个 Rect Transform 组件。❶处的 Pos X、Pos Y 和 Pos Z 是相对于父节点的 UI 坐标。❷处的 Width 和 Height 指出了相对于父节点的矩形区域。❸表示 Scene 视图中已经圈出的 Rect 区域。

图 4-58　Rect Transform 组件

Rect Transform 区域可以在 Scene 视图中灵活地调节，如图 4-59 所示。❶处是 Image 父节点 Rect 的位置点。❷处是 Image 的位置点相对于 Rect 的偏移，Pos(105, 86, 0) 表示 X 轴偏移 105 像素，Y 轴偏移 86 像素。

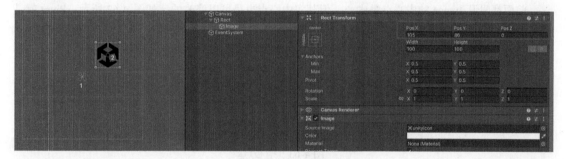

图 4-59　相对位置

如图 4-60 所示，❶处表示在 Image 中修改为左上角对齐。❷处表示此时参照父节点的坐标已经在左上角了。从❸可以看到，此时 Image 的 Pos(371, −153, 0) 就是相对于左上角的偏移量。

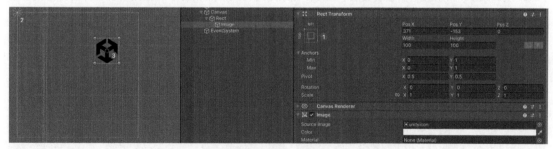

图 4-60　修改锚点

如图 4-61 所示，锚点一共有 20 种常用的对齐方式，其中由左中右和上中下组合的 9 种比较好理解。stretch 表示拉伸模式，即在某个方向上单独适应拉伸。

如图 4-62 所示，前面介绍的 20 种锚点对齐方式最终会分别产出两个具体的数值，即 Anchors 中的 Min 和 Max，它们的取值范围均为 0 ~ 1，可以任意修改。

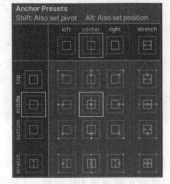

图 4-61　锚点的对齐方式

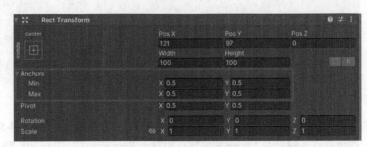

图 4-62　锚点的数值

前面都假设 Image 的中心点是中心，但其实中心点也是可以修改的。如图 4-63 所示，Pivot 就是中心点（见❶），如果改成(0, 0)它就在左下角，如果改成(1, 1)它就在右上角。最终通过 Image 的 Pivot 和 Anchors 来确定它在父矩形区域中的位置，标记偏移的变量就是 Pos X、Pos Y 和 Pos Z 了。

图 4-63　中心点

如图 4-64 所示，按照 Rect Transform 的锚点对齐方式，Pivot 设置为(1, 1)表示中心点在右上角，Anchors 设置锚点为右上角对齐，Pos(–25, –25, –0)表示中心点与父节点区域锚点之间的偏移量。这样，当父对象的 Rect 区域发生任意改变后，Image 对象始终与父节点相对于右上角对齐，并且保证偏移是(–25, –25, –0)。

如图 4-65 所示，按照这套锚点的设定，可以制作 4 个角，使 UI 无论在屏幕的尺寸如何变化时都会按照锚点来对齐。

图 4-64　对齐

图 4-65　四角对齐

4.2.2 拉伸

　　Rect Transform 的区域都是相对于父对象的，而最顶层的对象则是 Canvas 的区域。Canvas 的区域可能会变化，而且一定会影响子节点界面中的元素。如图 4-66 所示，把 Anchors 设置成横向和纵向自动拉伸。如果 Game 窗口的尺寸发生变化，对应的顶层 Canvas 的区域就会变化。由于 Rect 是 Canvas 的子节点并且设置了横向和纵向的自动拉伸，它就会跟着 Canvas 变化，始终保持全屏显示。

图 4-66　全屏布局

　　接着给 Rect 绑定 Image 组件，并且添加一张稍大的精灵图。如图 4-67 和图 4-68 所示，因为 Rect 会始终跟着 Game 视图保持全屏拉伸，所以当屏幕的宽高失去比例时，图片就被拉伸得完全变形了。

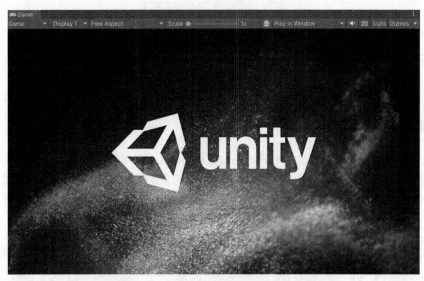

图 4-67　拉伸前

图 4-68　拉伸后

如果允许适当地裁剪图片，保证它不会变形，那么可以给 Image 添加 Aspect Ratio Fitter 组件，并且将 Aspect Mode 选择为 Envelope Parent。如图 4-69 所示，它会通过裁剪让图片始终保持不变形。

图 4-69　保持图片不变形的拉伸

如图 4-70 所示，Aspect Ratio Fitter 可选择为下列拉伸方式之一。

❑ Width Controls Height：通过宽度来控制高度。

❑ Height Controls Width：通过高度来控制宽度。

❑ Fit In Parent：始终保持在屏幕上。它会在宽高失去比例后缩小贴图，始终保持贴图全部出现在屏幕上，代价就是两侧可能会漏出黑边。

❑ Envelope Parent：通过裁剪的方式保证两侧不漏出黑边，但是会裁掉额外的贴图信息。

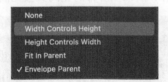

图 4-70　Aspect Ratio Fitter

4.2.3　自动布局

GUI 提供了一组 Layout 组件，其中 Horizontal Layout Group（水平布局组）、Vertical Layout Group（垂直布局组）和 Grid Layout Group（网格布局组）的用法非常简单。这里举个例子，如图 4-71 所示，给 Layout 对象绑定 Horizontal Layout Group 组件，然后在 Layout 节点下放置 3 个 Image 对象，此时 3 个 Image 已经水平排列开了。

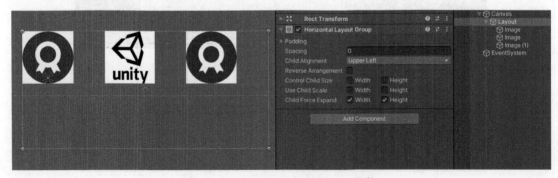

图 4-71　Horizontal Layout Group 组件

❑ Padding：设置具体上下左右的填充区域。

❑ Child Alignment：子节点整体的对齐方式。

❑ Reverse Arrangement：反转子节点的绘制顺序。

❑ Control Child Size：控制子节点的宽度和高度。由于此时父节点的区域大于3个子节点宽度的总和，如果勾选 Control Child Size，会自动设置子节点 Image 的宽高来保证整体填充。

❑ Use Child Scale：是否使用子节点的缩放来控制排列。

❑ Child Force Expand：控制子节点的排列是前后贴合还是保持固定的间隔。如图 4-72 所示，取消勾选 Child Force Expand 后，3个 Image 会自动并排贴合在一起。

图 4-72　子节点扩展

由于子节点的 Image 数量不定，可能需要它们自适应父节点的 Rect 区域。如图 4-73 所示，添加 Content Size Fitter 组件，其中 Horizontal Fit 和 Vertical Fit 分别表示获取所有子对象的宽度和高度来适应父对象的 Rect Transform 区域。

图 4-73　自适应区域

目前做到了完美的自适应，这是因为子对象的宽高是固定的，其实子对象的宽高有可能并不能固定。如图 4-74 所示，有可能子节点是由 Image 和 Text 组成的，文本变化后会自动拉伸宽高。这就需要给 Text (TMP) 绑定 Content Size Fitter 组件并且支持换行，先为 Child1 对象绑定 Horizontal Layout Group 对象让 Image 和 Text 横向排列，再绑定 Content Size Fitter 算出 Child1 的矩形区域。

图 4-74　子节点自适应区域

如图 4-75 所示，将 Layout 绑定到 Vertical Layout Group 组件，可以垂直排列所有的子对象。

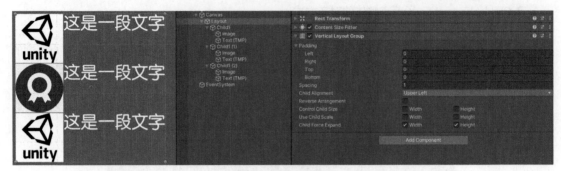

图 4-75 整体自适应

4.2.4 文本自适应

文本组件可能会和其他 Image 组合排列，这样才能配合水平布局与垂直布局。如图 4-76 所示，文本的内容可能是不定长度的，提前无法确定文本的最终显示区域，这就需要文本框根据文本动态适应。

首先给文本组件绑定 Content Size Fitter 组件，并且将 Horizontal Fit 和 Vertical Fit 设置成 Preferred Size 即可。如图 4-77 所示，此时虽然文本框已经自适应了，但是它并不会自动换行。

图 4-76 文本框 　　　　　　　　　　　图 4-77 文本框适应

如图 4-78 所示，然后需要给文本绑定 Layout Element（布局元素）组件，其中 Preferred Width 就用于设置文本的节点宽度。这样配合 Content Size Fitter 组件，当文本的宽度超过 300 像素后即可自动换行，并且计算出正确的 Rect Transform 区域。

图 4-78 布局元素

4.2.5　Layout Element 组件

无论是 Image 还是 Text，都通过自身的 Rect Transform 组件来确定包围盒矩形区域。矩形区域和 UI 的显示区域不同，而 Layout Element 组件用于强制设置 UI 的包围盒矩形区域。它必须配合 Layout Group 组件使用，当 Layout Group 控制子节点区域的大小时，Layout Element 才会生效。

如图 4-79 所示，Layout Group 组件可以通过 Control Child Size 来控制子节点的大小（见❶）。接着给子节点 Text 绑定 Layout Element 组件，如图 4-80 所示，将 Min Width 和 Min Height 均设置为 200 表示限制当前 Text 对象的最小宽高均为 200 像素。这样，Layout Group 组件就无法将 Text 组件的宽高控制在小于 200 像素了。

图 4-79　控制子节点

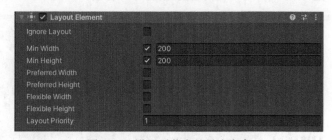

图 4-80　设置子节点的最小宽高

Layout Element（布局元素）的属性如下。

- ❑ Ignore Layout：忽略当前的 Layout Element。
- ❑ Min Width：最小宽度。
- ❑ Min Height：最小高度。
- ❑ Preferred Width：首选宽度。
- ❑ Preferred Height：首选高度。
- ❑ Flexible Width：弹性宽度。
- ❑ Flexible Height：弹性高度。
- ❑ Layout Priority：布局优先级。如果游戏对象下有多个 Layout Element 的节点，使用优先级最高的。

Preferred Width 和 Preferred Height 分别是首选宽度和首选高度，大多数情况下会使用它们配合 Content Size Fitter 组件来适应 Rect Transform 的区域。Flexible Width 和 Flexible Height 分别是弹性宽度和弹性高度。如图 4-81 所示，在垂直布局下添加两个 Image 对象。

图 4-81　控制 Image 对象

如图 4-82 所示，给第一个 Image 添加 Layout Element 组件。

- ❶处的 Preferred Height 设置为 200 表示 Image 在被 Vertical Layout Group 控制时强制使用的高度为 200 像素。
- ❷处的 Flexible Height 设置为 100 表示当 Vertical Layout Group 的区域还有富余时再填充 100 像素的高度。这样第一个 Image 的高度就变成了 300 像素。

图 4-82　设置 Flexible Height

实际的界面需求是非常复杂的，可能要在节点下套用很多子 Layout Group 对象，这样再配合 Layout Element 就可以做出各式各样的布局了。

4.2.6　Layout Group 组件

UGUI 一共提供了 3 个 Layout Group（布局组）组件，就是 4.2.3 节介绍的 Vertical Layout Group、

Horizontal Layout Group 和 Grid Layout Group。前面的例子已经说明了 Vertical Layout Group 和 Horizontal Layout Group 的用法，本节来看看如何使用 Grid Layout Group。如图 4-83 所示，Grid Layout Group 就是将多个子对象按照从上到下、从左到右的顺序排列。

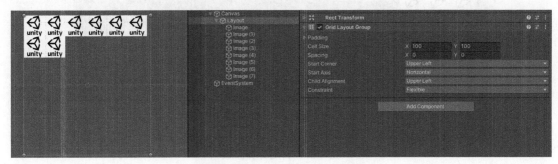

图 4-83　Grid Layout Group 组件

❑ Padding：设置具体上下左右的填充区域。
❑ Cell Size：每个子节点的大小。
❑ Spacing：节点的间距。
❑ Start Corner：子节点的排序方式，如从左到右、从上到下或者从右到左、从下到上等。
❑ Start Axis：按水平方向或垂直方向排列。
❑ Child Alignment：整体相对于父区域的对齐方式。
❑ Constraint：设置排列方式，如自动排列或者按几乘几的数量进行排列。

4.2.7　Content Size Fitter 组件

Layout Group 只能控制布局子节点的排列，使用 Content Size Fitter 则可根据所有子节点的宽高来控制父节点的矩形区域，即 Rect Transform 的宽高。如图 4-84 所示，Horizontal Fit 表示横向的适应、Vertical Fit 表示纵向的适应。

❑ Unconstrained：不进行子节点的宽高适应。
❑ Min Size：适应子节点的最小区域。
❑ Preferred Size：适应子节点的首选区域。

图 4-84　Content Size Fitter 组件

如图 4-85 所示，在 Grid Layout Group（见❶）下面创建了 9 个 Image 对象，此时可以通过 Content Size Fitter 自动计算 Rect Transform 的区域。

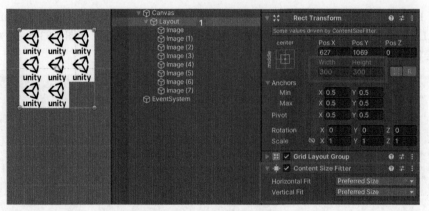

图 4-85 自动计算区域

接下来看看在代码中动态创建多个 Image 对象后能否立即获取区域的宽高。如代码清单 4-7 所示，创建对象后分别在 Awake、Start、Update 中查看 RectTransform.sizeDelta 的区域，看看能否获取到。

代码清单 4-7 Script_04_07.cs 文件

```
public class Script_04_07 : MonoBehaviour
{
    public Image image;
    private void Awake()
    {
        for (int i = 0; i < 9; i++)
        {
            Instantiate<GameObject>(image.gameObject, transform);
        }
        Debug.Log($"Awake frameCount = {Time.frameCount} Rect = {(transform as RectTransform).sizeDelta}");
    }
    private void Start()
    {
        Debug.Log($"Start frameCount = {Time.frameCount} Rect = {(transform as RectTransform).sizeDelta}");

    }
    private void Update()
    {
        Debug.Log($"Update frameCount = {Time.frameCount} Rect = {(transform as RectTransform).sizeDelta}");
    }
}
```

如图 4-86 所示，在第 0 帧创建了 9 个 Image 对象，直到第 2 帧才能获取正确的 Rect 区域。

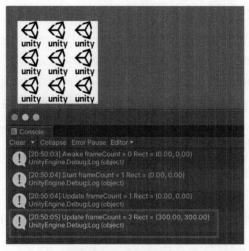

图 4-86　获取区域

　　其实 Content Size Fitter 并非要等 2 帧才能计算出正确的区域，而是会等到执行 Start()方法的这一帧最后再统一进行子节点的计算。我们只要等到执行 Start()方法后，在这一帧的最后就可以获取正确的区域了。如代码清单 4-8 所示，在 Start()方法中输出它的区域。

代码清单 4-8　Script_04_08.cs 文件

```
public class Script_04_08 : MonoBehaviour
{
    public Image image;

    IEnumerator Start()
    {
        for (int i = 0; i < 9; i++)
        {
            Instantiate<GameObject>(image.gameObject, transform);
        }
        Debug.Log($"Awake frameCount = {Time.frameCount} Rect = {(transform as RectTransform).sizeDelta}");
        yield return new WaitForEndOfFrame();
        Debug.Log($"Start frameCount = {Time.frameCount} Rect = {(transform as RectTransform).sizeDelta}");
    }
}
```

　　如图 4-87 所示，代码通过协程任务调用 WaitForEndOfFrame()，等到这一帧的最后再次输出它的宽高就正确了。

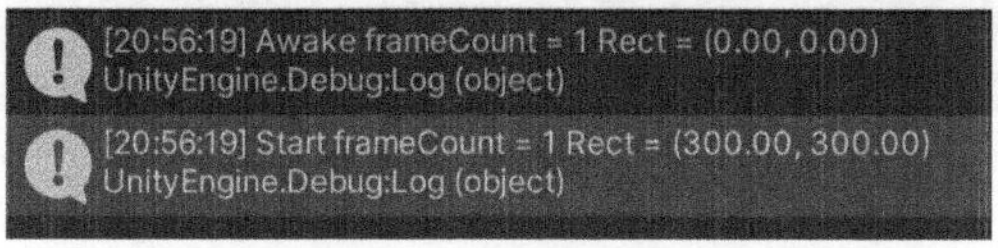

[20:56:19] Awake frameCount = 1 Rect = (0.00, 0.00)
UnityEngine.Debug:Log (object)

[20:56:19] Start frameCount = 1 Rect = (300.00, 300.00)
UnityEngine.Debug:Log (object)

图 4-87　再次获取区域

　　前面的代码毕竟用了协程任务，如果想在这一帧内立即拿到宽高，那么只能使用强制刷新接口 LayoutRebuilder.ForceRebuildLayoutImmediate。这样做的代价就是性能非常低，因为在这里强制刷新了一次，等到这一帧的最后系统还会再刷新一次。

```
for (int i = 0; i < 9; i++)
{
    Instantiate<GameObject>(image.gameObject, transform);
}
LayoutRebuilder.ForceRebuildLayoutImmediate(transform as RectTransform);
```

　　Content Size Fitter 之所以要等到这一帧的最后来刷新区域，是因为在一帧内可能会增删多个子节点对象，如果每次都计算一下区域，那么性能就会非常糟糕了。等到这一帧的最后再进行刷新，则无论增删多少个游戏对象，刷新算法都只需要计算一次。

4.3　Canvas 组件

　　Canvas 组件是 UI 的基础画布，所有 UI 元素都必须放在 Canvas 对象下面，并且支持嵌套。Canvas 支持 3 种绘制方式：Overlay（最上层）、Camera 和 World Space（3D 布局），其中用得最多的是 Camera，它可以把正交摄像机投影出来的 UI 元素绘制在 Canvas 面板上。现在，很多游戏也支持了 3D 界面，使用透视摄像机来让界面上的 UI 达到更好的交互效果。

4.3.1　UI 摄像机

　　新版本的渲染管线已经全面使用 SRP，这里我们使用继承它的 URP，需要对 UI 进行一些特殊设置。如图 4-88 所示，在 Hierarchy 视图中创建 UICamera 对象，Culling Mask 选择 UI 表示这个摄像机只看 UI 层（见❶），Render Type 选择为 Overlay 表示它需要叠在一个 Base（基础）摄像机之上（见❷）。

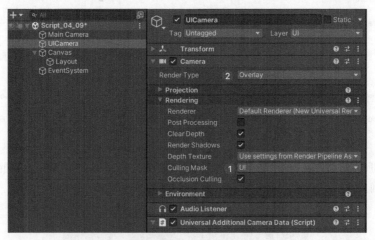

图 4-88　UI 摄像机

　　如图 4-89 所示，Main Camera 就是主摄像机，Render Type 设置它为 Base 摄像机（见❶）。将刚刚创建的 UI 摄像机拖入 Stack，表示 UI 摄像机会叠加在这个 Base 摄像机之上（见❷）。在 Culling Mask 中设置此摄像机看除了 UI 以外的所有层（见❸）。

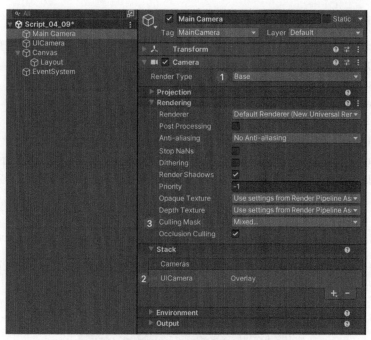

图 4-89　Base 摄像机

如图 4-90 所示，将 Render Mode 设置为 Screen Space – Camera 表示使用屏幕空间的摄像机，在 Render Camera 中拖入刚刚创建的 UI 摄像机，此时 UI 已经通过摄像机来渲染了。

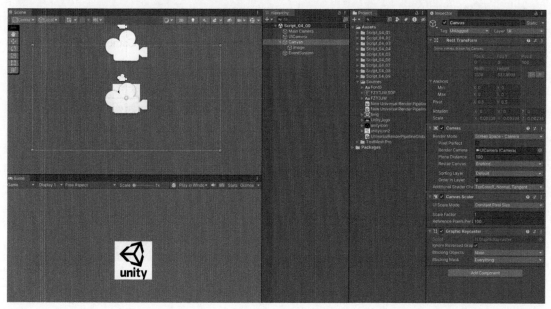

图 4-90　绘制 UI

如图 4-91 所示，Canvas 的属性如下。

- ❑ Pixel Perfect：完美像素，它会让 UI 与屏幕像素保持严格一致，使 UI 看起来更清晰。如果 UI 有位移动画则需要关闭它，不然移动起来不太平滑。
- ❑ Plane Distance：UI 摄像机与画布之间的距离。
- ❑ Resize Canvas：手动调用 `Camera.Render()` 时重新计算 Canvas 的大小。
- ❑ Sorting Layer：调整 Canvas 中各层的渲染顺序，越靠前的层越先渲染。
- ❑ Order in Layer：排序相同的层级下具体的数值，数值越小的层越先渲染。
- ❑ Additional Shader Channel：UI 会动态生成顶点 Mesh，这里表示是否需要为每个顶点添加额外的信息 TexCoord1（第二套 UV）、Normal（法线）、Tangent（切线）供自定义材质 Shader 使用。

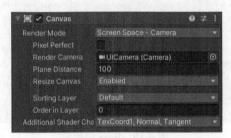

图 4-91　Canvas 组件

4.3.2　3D 界面

Screen Space – Camera 虽然是基于屏幕空间的摄像机，但是也可以实现 3D 界面。如图 4-92 所示，我们可以直接将 UI 摄像机改成透视摄像机，Canvas 依然使用 Screen Space – Camera 的模式。

图 4-92　透视摄像机

如图 4-93 所示，此时可以在 Image 中直接修改它的旋转属性，界面会呈现出 3D 透视效果。

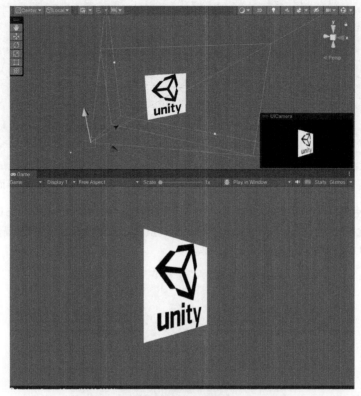

图 4-93　UI 透视

如图 4-94 所示，还有一种制作 3D 界面的方式，就是将 Canvas 中的 Render Mode 改成 World Space（世界空间），这样也能实现 3D 界面的效果。

图 4-94　World Space

第一种制作 3D 界面的方式称为屏幕空间模拟 3D 界面，第二种称为真 3D 界面，二者之间是有本质区别的。屏幕空间模拟 3D 界面是基于 Canvas 的缩放技术实现的，当屏幕自适应后，这种 3D 界面也会进行自适应。而真 3D 界面并不会根据屏幕分辨率进行自适应，如图 4-95 和图 4-96 所示，当屏幕分辨率发生变化以后，文本并不会自适应屏幕，而是跟着立方体一起超出屏幕范围。

图 4-95　真 3D 界面无法自适应（前）

图 4-96　真 3D 界面自适应（后）

　　如果此时想使用屏幕空间模拟 3D 界面的方式，可以将 Canvas 中的 Render Mode 改成 Screen Space – Camera。因为此模式会自适应屏幕，如图 4-97 所示，虽然立方体已经因为屏幕分辨率的变化而离开显示区域，但是 UI 界面被自适应显示在了屏幕上。

图 4-97　修改后的真 3D 界面自适应

　　如果单纯希望在普通的 UI 界面中增加一些 3D 旋转的效果，因为它本身就需要自适应界面，那么这种模拟 3D 界面的方式就比较适合了。3D 界面要根据实际需求来灵活地考虑使用 Screen Space – Camera 或者 Word Space Camera。

4.3.3　自适应 UI

　　自适应 UI 需要配合 Canvas Scaler 组件使用，当创建一个顶层 Canvas 时，就会自动创建 Canvas Scaler 组件。如图 4-98 所示，Canvas Scaler 一共包含 3 种缩放模式。

　　❑ Constant Pixel Size：固定像素尺寸模式，将 UI 元素与固定的像素尺寸保持一致。
　　❑ Scale With Screen Size：跟随屏幕尺寸缩放模式，游戏中应该使用这种模式。

❑ Constant Physical Size：固定物理尺寸模式，将 UI 元素与设备的物理尺寸保持一致。它依赖设备返回正确的 DPI，也可以手动设置。

图 4-98　布局缩放模式

接着要设置屏幕拉伸模式，即 Screen Match Mode，如图 4-99 所示。

❑ Match Width Or Height：使用宽度来控制高度或者使用高度来控制宽度的模式。当使用高度来控制宽度时，UI 的高度会始终与当前屏幕的高度保持一致，因此宽度就可能无法占满屏幕，屏幕左右两边有显示不全的可能。

❑ Expand：扩张模式，它会自动缩放界面以保持 UI 全部出现在屏幕上，代价是 UI 会被缩小，但不会超出屏幕，不会出现界面看不全的问题。因此，自适应界面应该使用 Expand 模式。

❑ Shrink：收缩模式，它会自动放大界面以保持 UI 不会被缩小。虽然 UI 没有被缩小，但是会导致一部分 UI 超过屏幕，出现界面看不全的问题。

接着，需要确认开发时的分辨率，也就是说，UI 美术人员必须按照这个屏幕尺寸来制作对应的图片和布局。以移动平台为例，现在主流手机的分辨率比例大多是 16∶9，而且不能把分辨率设置得太高，因为要考虑兼容低配的手机。如图 4-100 所示，这里设置的分辨率是 1920 像素 × 1080 像素，目标分辨率等比例缩放即可，Reference Pixels Per Unit 表示单位参考像素，它和 Sprite 文件中设置的 Pixels Per Unit 单位相同。

图 4-99　布局拉伸模式

图 4-100　自适应布局

如图 4-101 所示，在 1920 像素 × 1080 像素的分辨率下制作一个简单的 UI。如图 4-102 所示，当将设备的分辨率比例改成 4∶3（iPad 的分辨率比例）时，整个界面会被等比例拉伸，上下漏出空白。这样的自适应是正确的，因为整个界面的元素都展示在屏幕上。

图 4-101　自适应 UI

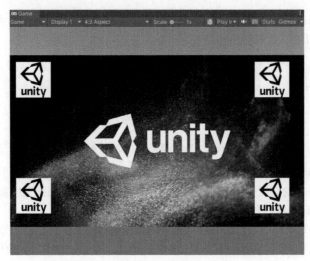

图 4-102　UI 拉伸

这样做的缺点是，背景图可以自适应拉伸。为了不让图片变形，可以添加 Aspect Ratio Fitter 组件，设置 Envelope Parent 模式。这样，背景图就会被裁掉边缘来保证贴图的宽高比不变，界面中的 4 个 Image 都会始终保持与背景图的相对距离，如图 4-103 所示。

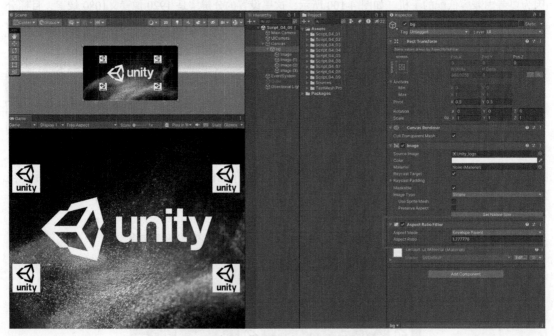

图 4-103　最终的自适应 UI

4.3.4　Canvas 与 3D 排序

Canvas 下的 Image 和 Text 组件会按照从上到下的渲染顺序，即靠前的优先渲染，而且表现上靠后的 UI 元素会挡住靠前的 UI 元素。如果 Canvas 下的层级结构如下所示：

```
Canvas
|-A
        |-B
|-C
```

那么渲染顺序为 A→B→C，可见它不仅会优先绘制靠前的 UI 元素，还会将该元素的所有子节点绘制完再继续。

正常情况下，只需要按照以上的结构制作 UI 即可，但是从性能的角度考虑，在同一个 Canvas 节点下只要有一个元素发生变化，整个 Canvas 的 Mesh 就都需要重构。重构的过程就是引擎底层在 C++ 中对当前 Canvas 下的所有 Mesh 进行重新合并，出于减少 Mesh 合并成本的需要，要将频繁变化和不频繁变化的 UI 放在不同的 Canvas 子节点下。如图 4-104 所示，在父 Canvas 下创建了一个子 Canvas（见❶），其中的属性如下。

❑ Pixel Perfect：完美像素，继承父 Canvas 的设置，可以开启或关闭。

❑ Override Sorting：是否支持覆盖原有的排序规则。

❑ Sorting Layer：添加排序的层。Default 是默认层，优先按层的顺序排列。

❑ Order in Layer：同层下参与排序的值，越小的值越先渲染，较大值会挡住较小值的 UI 元素。

❑ Additional Shader Channel：额外需要的 Shader 通道信息，包括第二套 UV、法线、切线，供自定义材质 Shader 使用。

由此可见，子 Canvas 在面板中的数据少于顶层 Canvas 中的数据。如果界面都是 UI 还好说，但有可能需要在两个 UI 中间显示 3D 模型。如图 4-105 所示，新建一种材质，这里使用了 URP 自带的 Lit 材质。将 Surface Type 设置成 Transparent 表示当前材质属于半透明材质。要想和 UI 进行排序，必须使用半透明材质，因为半透明是不写深度的，而不透明材质前后的遮挡关系是由深度决定的。

图 4-104　子 Canvas

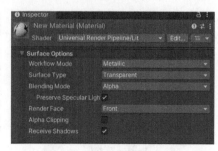

图 4-105　创建材质

如图 4-106 所示，我们希望的渲染顺序是 Image1→Cube→Image2，这在默认情况下是不行的。因为 Image1 和 Image2 属于相同的 Canvas，而 Cube 在默认情况下的 Sorting Order 也是 0，所以默认排序取决于 Canvas 自身的 Sorting Order 的值。

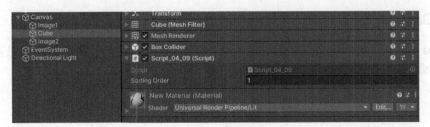

图 4-106　渲染顺序

因为顶层的 Canvas 自身的 Sorting Order 是 0，所以如果给 Cube 绑定刚刚创建的材质，并且绑定脚本，设置它的 Sorting Order 为 1，那么 Cube 就会挡住 Image1 对象。如代码清单 4-9 所示，可以在脚本中指定 Renderer 的 Sorting Order 值。

代码清单 4-9　Script_04_09.cs 文件

```
public class Script_04_09 : MonoBehaviour
{
    public int SortingOrder;
    private void Awake()
    {
        var renderer = GetComponent<Renderer>();
        if (renderer)
        {
            renderer.sortingOrder = SortingOrder;
        }
    }
}
```

这里需要强调一下，Cube 和 UI 都是用 UI 摄像机看的。为了让 Image2 挡住 Cube，就需要给它绑定 Canvas 组件，并且设置 Sorting Order 为 2。如图 4-107 所示，渲染顺序已经变成了 Image1→Cube→Image2。

除了 3D 模型以外，粒子特效 Particle System 也有类似的需求。创建粒子特效对象，并且设置它的层级为 UI 层。如图 4-108 所示，Order in Layer 中可设置具体的值（见❶）。

图 4-107　最终排序

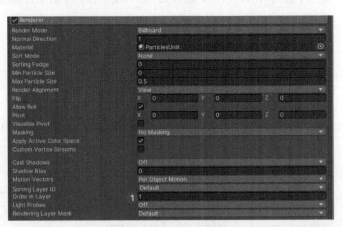

图 4-108　粒子特效属性

如图 4-109 所示，粒子特效、3D 模型最终都可以夹在两个 Image 对象之间。Skinned Mesh Renderer（蒙皮网格渲染）、Trail Renderer（拖尾渲染）和 Line Renderer（画线渲染）也可以使用这种方法来和 UI 进行排序。

图 4-109　粒子特效排序

Unity 会优先使用 Sorting Order 来对半透明物体排序，在 Sorting Order 相同的情况下可以通过 Shader 中的 Render Queue 来指定渲染顺序，默认半透明的层级是 3000。

4.3.5　裁剪

UGUI 提供了两种裁剪方式。第一种是 Mask 裁剪，底层使用的是 Shader 模板测试。如图 4-110 所示，首先创建一个 Mask 对象并且确定裁剪区域（见❶），接着绑定 Mask 组件和 Image 组件，此时 Image 中绑定的贴图就是参与模板测试的模板图（见❷）。这里设置的是一张圆形图，所以最终裁剪的结果也是圆形。最后将需要裁剪的 UI 放在 Mask 节点之下即可（见❸）。Mask 组件中的 Show Mask Graphic 表示是否显示裁剪的模板图。

图 4-110　Mask 裁剪

这种裁剪方式的优点是可以裁剪出任意形状的 UI，而缺点就是 Mask 需要额外占用一个 Draw Call，不利于性能优化。

第二种裁剪方式是矩形裁剪。如图 4-111 所示，使用 Rect Mask 2D 来代替原本的 Mask 组件，它的底层原理是通过修改 Alpha 值来实现裁剪效果。将矩形区域传入 Shader，如果有像素超出裁剪区域，则直接设置其 Alpha 为 0，从而实现裁剪效果。Rect Mask 2D 并不会额外占用一个 Draw Call，在项目中应该尽可能使用这种方式来裁剪。Rect Mask 2D 中的属性包括 Padding（裁剪上下左右的偏移）和 Softness（裁剪虚边的宽高参数）。

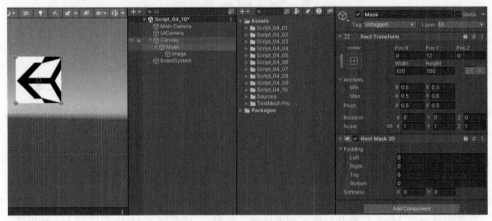

图 4-111　矩形裁剪

4.3.6　裁剪粒子

通常需要同时裁剪 UI 和粒子特效，我们可以利用 Sprite Mask 来裁剪粒子。如图 4-112 所示，粒子特效 Masking 选择为 Visible Inside Mask 表示当前粒子可被裁掉（见❶）。

图 4-112　裁剪粒子

如图 4-113 所示，Mask 使用 Rect Mask 2D 来裁剪 UI，接着在它的节点下创建一个 Sprite Mask 对象。因为 Mask 和 Sprite Mask 的区域是一致的，所以可以同时裁剪节点下的贴图和粒子特效。

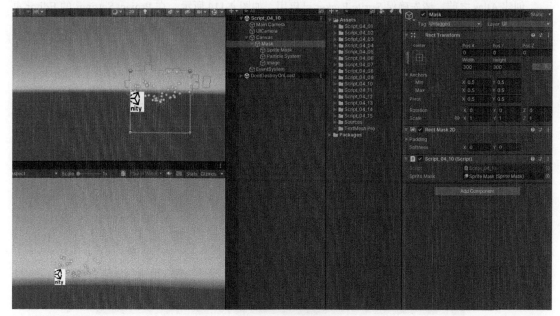

图 4-113　同时裁剪

如代码清单 4-10 所示，需要动态地将 Mask 的区域设置到 Sprite Mask 的区域中，动态创建 Sprite 贴图以及设置矩形区域。

代码清单 4-10　Script_04_10.cs 文件

```
public class Script_04_10 : MonoBehaviour
{
    public SpriteMask spriteMask;
    private void Awake()
    {
        spriteMask.sprite = Sprite.Create(Texture2D.whiteTexture, new Rect(0.0f, 0.0f, 1, 1),
            Vector2.one*0.5f);
        RectTransform rectTransform = (transform as RectTransform);
        spriteMask.transform.localScale = rectTransform.rect.size * 100f;
    }
}
```

4.4　Atlas

前面讲过，每个 Canvas 会自动把自己下面的所有元素合并到一个 Mesh 里。Mesh 虽然可以合并在一起，但如果贴图是分开的，那么每个贴图依然会多占用一个 Draw Call。为了减少 Draw Call，我们可以把多张图片合并在一个图片中，这称为 Atlas（图集）。

4.4.1　创建 Atlas

创建 Atlas 之前，请先确保 Sprite Packer 已启用。如图 4-114 所示，在 Project Settings 的 Editor 页面中，设置 Sprite Packer 中的 Mode 为 Sprite Atlas V2 – Enable，其中 V1 是旧版本，V2 是新版本。

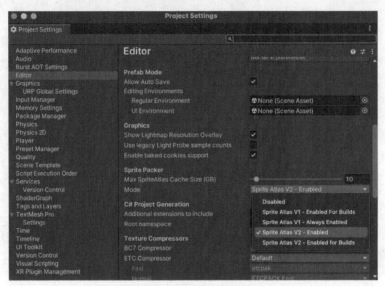

图 4-114　启动 Sprite Packer

接着，在 Project 视图中选择 Create→2D→Sprite Atlas 命令创建图集。如图 4-115 所示，可以用单张 Sprite 或者整个 Sprite 文件夹下的所有图片生成图集，其中将图片类型设置成 Sprite(2D and UI)。然后，将 Sprite 拖入 Objects for Packing。接着，在 Override for PC, Mac & Linux Standalone 处设置图集的大小和贴图压缩格式。最后，点击 Pack Preview 按钮，即可生成图集。

SpriteAtlas（见❶）的属性如下。

❑ Type：图集类型，主图集或者变种图集。

❑ Include in Build：运行时是否自动将图集加载到内存，不勾选则需要手动加载。

❑ Allow Rotation：生成图集时是否允许旋转。

❑ Tight Packing：图集中是否包含网格信息。

❑ Alpha Dilation：是否保留原图边缘的透明区域大小，它会影响图集的生成结果。

❑ Padding：图片的间距。

❑ Read/Write：图集是否支持运行时读写。

❑ Generate Mip Maps：图集是否带 mipmap 贴图。

❑ sRGB：是否启动 sRGB。

❑ Filter mode：贴图线性过滤模式。

❑ Show Platform Settings For：设置主贴图或者副贴图。

图 4-115　创建图集

4.4.2　读取 Atlas

正常情况下，我们在制作界面时对 Atlas 是无感的，因为它并不会对界面的效果产生影响，而是仅对性能产生影响。Atlas 可以把很多 Sprite 合并在一起。假如有一个 Image 元素，运行期间需要更换它的图片。首先需要在代码中加载这个图集，然后通过名字读取 Sprite，这里的名字就是 Sprite 在 Project 视图中的文件名。

有了图集的概念，当需要更换 Sprite 时，就需要先读取图集了。如下列代码所示，我们首先使用 `Resources.Load()` 方法读取 Atlas，接着使用 `m_SpriteAtlas.GetSprite()` 方法读取该图集上的某张 Sprite，最终将其赋值给 Image 组件即可。也可以调用 `spriteAtlas.GetSprites()` 方法获取图集中的所有 Sprite。

```
SpriteAtlas spriteAtlas = Resources.Load<SpriteAtlas>("SpriteAtlas");

// 从图集中获取名称为 unity 的 Sprite
Sprite sprite = spriteAtlas.GetSprite("unity");
GetComponent<Image>().sprite = sprite;
```

```
// 获取图集中的所有 Sprite 并保存在数组中
Sprite[] sprites=new Sprite[spriteAtlas.spriteCount];
spriteAtlas.GetSprites(sprites);
```

4.4.3 Variant

此外，Atlas 还可以设置 Variant（变种），也就是可以引用另外一个 Atlas 的信息。如图 4-116 所示，新建一个 Sprite Atlas（见❶），其中 Type 选择为 Variant，Master Atlas 选择为之前的 Sprite Atlas 即可（见❷）。这样在代码中可以只对这个变种图集进行操作，如果后期需要改动，直接将它引用的 Master Atlas 换掉即可，不需要调整代码也能切换图集内容。

图 4-116   图集变种

4.4.4 监听加载事件

前面介绍过，Sprite 对象保存了一部分自己的数据，贴图还是在 Texture 中。在用 Sprite 生成图集后，当 Image 需要加载贴图时，它身上的 Sprite 对象会去寻找对应图集的 Texture 对象，此时可以进行监听，手动加载图集。如图 4-117 所示，对于 Atlas，首先取消勾选 Include in Build。

图 4-117   手动加载图集

如代码清单 4-11 所示，将图集绑定在任意 Image 对象中，Image 需要设置为这个图集中具体的某个 Sprite 对象。运行游戏后，Image 将试图显示这个 Sprite 对象，此时就会触发 `SpriteAtlasManager.atlasRequested` 事件。在代码中，需要先加载这个 Sprite 对应的图集，再通过它的回调事件抛出结果。

代码清单 4-11   Script_04_11.cs 文件

```
public class Script_04_11 : MonoBehaviour
{
    void OnEnable()
    {
        SpriteAtlasManager.atlasRequested += AtlasRequested;
        SpriteAtlasManager.atlasRegistered += AtlasRegistered;
    }

    void OnDisable()
    {
```

```
        SpriteAtlasManager.atlasRequested -= AtlasRequested;
        SpriteAtlasManager.atlasRegistered += AtlasRegistered;
    }

    void AtlasRequested(string atlas, Action<SpriteAtlas> action)
    {
        Debug.Log($"{atlas}开始加载");
        // 通过 Action 将加载后的图集对象回调出去
        action(Resources.Load<SpriteAtlas>(atlas));
    }
    void AtlasRegistered(SpriteAtlas atlas)
    {
        Debug.Log($"{atlas}加载完成");
    }
}
```

通过这个接口，我们就可以很好地将界面上的 UI 和图集分离。如果图集需要下载更新，这样可以不影响原本的界面，甚至可以做到图集的异步加载，等图集加载完再回调它最终的 Action 加载事件。

4.4.5 多图集管理

使用图集就是为了提高效率，避免过多的 Draw Call，但是图集也有大小限制。以移动平台为例，图集里的图片大小尽量不要超过 2048×2048。如果图片太多，就要考虑把它们放在多个图集中。如果不同图集中的图片发生叠层的现象，那么 Draw Call 的数量必然又会上升。因此，图集管理是很重要的。

尽可能地把复用性很强的图片都放在一个公共图集中，每个 UI 系统可以有一个自己的私有图集。由于游戏中的战斗部分是最容易发生卡顿的地方，因此要把战斗下的 UI 尽量合并在一个图集中。一定要将 UI 动静分离，要给频繁发生改变的 UI 元素套上 Canvas。

这里需要说明的是，并不是所有图片都适合使用图集。游戏中的图标资源就是一个例子，如果几千个图标都放在一个图集中，即使游戏中只需要同时显示少量图标，那么整个图集也会被载入内存。因为图标的出现率非常高，所以内存几乎就没机会释放这么大的图集了。因此，像图标一类的图片不太合适使用图集。

4.5 事件系统

UGUI 的所有事件系统都是依赖 EventSystem 组件完成的，而且 Unity 的新版事件系统已经全面取代了之前的 SendMessage 系统。操作的事件是非常庞大的。鼠标、键盘和手势能产生的事件太多了，而且不同的 UI 操作事件还不太一样。以按钮为例，点击事件、按下事件和抬起事件各不相同。可想而知，所有的 UI 系统加在一起能产生的事件将有多少。如图 4-118 所示，需要在全局添加一个 EventSystem 对象，运行起来后，还可以在面板中查看操作的一些详细信息，便于日后调试。

事件系统不仅会抛出点击之类的事件，还可以获取最基本的操作信息，例如鼠标在屏幕上的坐标、滚动开始的坐标以及滚动结束的坐标等。新版的 EventSystem 不仅供 UI 使用，也可以供 3D 游戏对象使用，并且使用方法比较接近，后面介绍 3D 游戏开发时会详细介绍。

在调试游戏时，如果发现点了某个按钮没反应，就可以在这个窗口中查看。原因可能是按钮没加点击事件，或者被其他 UI 组件挡住了。总之，通过事件窗口确实能很方便地调试。

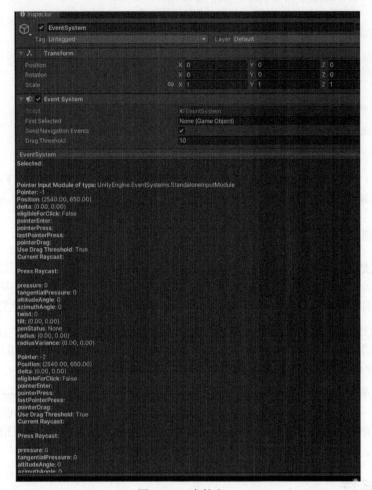

图 4-118　事件窗口

4.5.1　Graphic Raycaster 组件

UGUI 的事件依赖于 Graphic Raycaster 组件，而且必须添加 EventSystem 对象。如果 Canvas 下的 UI 元素需要添加点击事件，就必须绑定 Graphic Raycaster 组件。如果 Canvas 下有子 Canvas 对象，也需要绑定 Graphic Raycaster 组件，除非这个子 Canvas 节点下的所有 UI 都不需要添加点击事件。

如图 4-119 所示，Graphic Raycaster 组件的属性如下。

❑ Ignore Reversed Graphics：忽略 UI 反转后的事件，它需要和 Canvas 的 Word Space 配合使用。UI 元素被旋转 180 度以后将无法被点击到，而取消勾选 Ignore Reversed Graphics 后即可点击到。它算是一个优化性能的开关。

❏ Blocking Objects：是否过滤事件。默认所有事件都可以点击，也可以通过选择 2D 和 3D 来过滤它们对应的事件。

❏ Blocking Mask：过滤层，让某些层不可接受点击事件。

图 4-119　Graphic Raycaster 组件

4.5.2　UI 事件

UGUI 的事件非常全面，前面提到的 Button、Toggle 和 Slider 组件都是通过接入特定的事件进行扩展的。只要我们掌握底层 UI 事件，就可以扩展出各种事件的结果了。首先来看看 UI 事件有哪些。

❏ IPointerEnterHandler - OnPointerEnter：进入该区域时调用。

❏ IPointerExitHandler - OnPointerExit：离开该区域时调用。

❏ IPointerDownHandler - OnPointerDown：按下时调用。

❏ IPointerUpHandler - OnPointerUp：抬起时调用。

❏ IPointerClickHandler - OnPointerClick：按下并抬起时调用，比如按钮的点击。

❏ InitializePotentialDragHandler - OnInitializePotentialDrag：拖动初始化。

❏ IBeginDragHandler - OnBeginDrag：拖动开始时调用，并且可以取到拖动的方向，而 OnInitializePotentialDrag 只表示拖动初始化，无法取到方向。

❏ IDragHandler - OnDrag：持续拖动时调用。

❏ IEndDragHandler - OnEndDrag：拖动结束时调用。

❏ IDropHandler - OnDrop：落下时调用。

❏ IScrollHandler - OnScroll：鼠标持续滚轮时调用。

❏ IUpdateSelectedHandler - OnUpdateSelected：选择时续调用，只针对 Selectable 起作用。

❏ ISelectHandler - OnSelect：选择后调用，只针对 Selectable 起作用。

❏ IDeselectHandler - OnDeselect：取消选择，由于只能选择一个 Selectable，当选择新的之后，之前选择的就会回调取消选择事件。

❏ IMoveHandler - OnMove：选择后，可监听上下左右和 WSAD 等方向键。如果访问 eventData.moveDir，可以取到具体的移动方向。

❏ ISubmitHandler - OnSubmit：按钮按下事件。

❏ ICancelHandler - OnCancel：按钮取消事件，按下时按 Esc 键可取消。

我们以监听 Image 组件的按下和抬起事件为例，如代码清单 4-12 所示，需要实现 IpointerDown-Handler 和 IPointerUpHandler 这两个接口。

代码清单 4-12　Script_04_12.cs 文件

```
public class Script_04_12 : MonoBehaviour,IPointerDownHandler, IPointerUpHandler
{
    public void OnPointerDown(PointerEventData eventData)
    {
        Debug.Log("按下事件");
    }

    public void OnPointerUp(PointerEventData eventData)
    {
        Debug.Log("抬起事件");
    }
}
```

接着将脚本绑定到 Image 对象上，如图 4-120 所示，这样就可以监听按下与抬起事件了。其他事件的处理方法类似，只需要监听对应的事件即可。

图 4-120　监听事件

4.5.3　UI 事件管理

上一节讲了如何给一个普通的 UI 元素添加点击事件，可是 UI 中需要响应的事件太多了，总不能给每个元素都添加一个脚本来处理点击按钮后的逻辑吧。因此，每个 UI 界面都应该有一个类来统一处理事件。这里，我们用 OnClick() 方法统一处理按钮、文本和图片元素的点击事件，然后将点击的结果抛出事件，在主代码类中监听并进一步处理逻辑。如代码清单 4-13 所示，在统一的位置给所有的 UI 组件添加监听事件，然后调用 UGUIEventListener.Get() 方法传入需要监听的对象（文本或者图片）。

代码清单 4-13　Script_04_13.cs 文件

```
public class Script_04_13 : MonoBehaviour
{
    public Button Button1;
    public Image Image;

    void Awake()
    {
        Button1.onClick.AddListener(delegate () {
            OnClick(Button1.gameObject);
```

```
        });

        // 对图片进行监听
        UGUIEventListener.Get(Image.gameObject).onClick = OnClick;
    }

    void OnClick(GameObject go)
    {
        if (go == Button1.gameObject)
        {
            Debug.Log("点击按钮1");
        }
        else if (go == Image.gameObject)
        {
            Debug.Log("点击图片");
        }
    }

}

public class UGUIEventListener : EventTrigger
{

    public UnityAction<GameObject> onClick;


    public override void OnPointerClick(UnityEngine.EventSystems.PointerEventData
        eventData)
    {
        base.OnPointerClick(eventData);

        if (onClick != null)
        {
            onClick(gameObject);
        }

    }

    // /<summary>
    // /获取或者添加 UGUIEventListener 脚本来实现对游戏对象的监听
    // /</summary>
    static public UGUIEventListener Get(GameObject go)
    {
        UGUIEventListener listener = go.GetComponent<UGUIEventListener>();
        if (listener == null)
            listener = go.AddComponent<UGUIEventListener>();
        return listener;
    }
}
```

点击按钮后，能干的事太多了，比如打开一个新界面，刷新当前界面中的某个元素，或者发送网络请求等。我们总不能把逻辑都写在 OnClick() 这个监听方法中吧，所以需要在控制层接收事件，再将事件传递给模块层，等模块层处理完毕后再通知 UI 刷新显示层，这就是经典的 MVC 设计思路了。UGUI 并没有对文本和图片元素提供点击事件，不过我们可以继承 EventSystems.EventTrigger来实现 OnPointerClick() 点击方法。当然，还可以实现拖动、按下、抬起等事件。如图 4-121 所示，这样即可统一监听所有的 UI 事件。

图 4-121   统一监听 UI 事件

4.5.4   `UnityAction` 和 `UnityEvent`

`UnityAction` 是 Unity 自己实现的事件传递系统，就像 C#里的委托和事件一样，它属于函数指针，可以把方法传递到另一个类中去执行。`UnityEvent` 则负责管理 `UnityAction`，它提供了 `AddListener()`、`RemoveListener()` 和 `RemoveAllListeners()` 方法。`UnityAction` 只能调用自己，但是 `UnityEvent` 可以同时调用多个 `UnityAction`，而且 `UnityEvent` 还提供面板上的赋值操作，可以设置接收事件的游戏对象，以及脚本中的方法名。

使用事件是非常好的做法，因为这可以大量减少代码中的耦合，避免类与类相互直接调用，也避免后期修改带来的维护成本。假如希望在同一个类中处理游戏中的网络请求、发送请求和处理请求的结果，就可以把处理结果用的函数指针传入网络模块，等网络消息处理结束后，再执行当初传入的函数指针。因为发送消息和处理消息完全不依赖网络模块，所以未来就算将发送和处理消息的代码删掉，网络模块的代码也不会受到影响。如代码清单 4-14 所示，如果事件需要带参数，就得继承 `UnityEvent` 并且声明参数的数量以及数据类型。

代码清单 4-14   Script_04_14.cs 文件

```
public class MyEvent : UnityEvent<int, string> { }

public class Script_04_14 : MonoBehaviour
{
    public UnityAction<int, string> action1;
    public MyEvent myEvent = new MyEvent();

    public void RunMyEvent1(int a, string b)
    {
        Debug.Log(string.Format("RunMyEvent1 ,{0} , {1}", a, b));
    }

    void Start()
    {
        // 也可以使用+=，但是+=操作执行多次后，如果没有对应的-=，就会有隐患
        action1 = RunMyEvent1;

        myEvent.AddListener(action1);

        // 如果需要删除，就执行Remove
        // myEvent.RemoveListener(action1);
```

```
        // myEvent.RemoveAllListeners();
    }

    void Update()
    {
        if (Input.GetKeyDown(KeyCode.A))
        {
            Debug.Log("按下 A 键");
            action1.Invoke(0, "a");
        }

        if (Input.GetKeyDown(KeyCode.B))
        {
            Debug.Log("按下 B 键");
            myEvent.Invoke(100, "a & b");
        }

    }
}
```

注意：UnityAction 可添加泛型以便带参数，但是如果 UnityEvent 要带参数，需要再写一个继承类。

4.5.5 C#事件系统

前面介绍的 UnityAction 和 UnityEvent 都是基于 C#的事件系统，其底层原理就是函数指针，也就是将一个函数作为参数传递出去，而函数执行的时机由外部来调用。如下列代码所示，使用关键字 delegate 就可以创建一个委托。

```
// 无返回值
public delegate void MyDelegate(int x, int y);
public MyDelegate Delegate;
public Action<int, int> Action;

// 有返回值
public delegate int MyDelegate2(int x, int y);
public MyDelegate2 Delegate2;
public Func<int, int, int> Func;

private void Awake()
{
    Delegate += (x, y) => { };
    Action += (x, y) => { };

    Delegate2 += (x, y) =>
    {
        return x + y;
    };
    Func += (x, y) =>
    {
        return x + y;
    };

    // 执行
    Delegate?.Invoke(1, 1);
    Action?.Invoke(1, 1);
```

```
// 返回值
int a = Delegate2.Invoke(1, 1);
int b = Func.Invoke(1, 1);
}
```

为了方便使用，C#系统提供了一组默认的委托，Action 不带返回值，Func 可带返回值，函数
参数可使用<T1,T2...>。如下列代码所示，Action 还可以使用等号（=），如果使用+=就容易出现
加了多次的情况。

```
Action = (x, y) => { };
```

如下列代码所示，C#还提供了 event 关键字，它强制使用+=这个委托，因为如果内部代码也在
使用这个函数指针，一旦外部使用=则内部的代码将无法被调用。

```
public event MyDelegate2 Delegate2;
```

4.5.6　3D 事件

由于 UGUI 本身就支持 3D 界面，因此它必须支持 3D 界面的事件。3D 界面其实和 3D 模型类似，
通过 UGUI 的事件系统可以很容易地扩展到 3D 模型上。由于 3D 模型是用主摄像机看的，因此需要给
Main Camera 绑定 Physics Raycaster 组件，如图 4-122 所示。Event Mask 表示是否需要响应的层，Max
Ray Intersections 表示最大射线的数量。

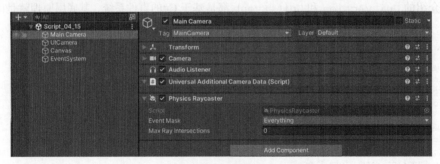

图 4-122　3D 事件

接着在场景中创建立方体对象，并且保证它身上有 Box Collider 组件。如图 4-123 所示，点击模
型后输出点击事件。

图 4-123　3D 点击事件

如代码清单 4-15 所示，UGUIEventListener 类是我们封装的 UI 事件类，在这里监听了点击事件的
回调。如果需要其他事件，按照 UGUI 的事件类型将它们统一封装在 UGUIEventListener 类中即可。

代码清单 4-15　Script_04_15.cs 文件

```
public class Script_04_15 : MonoBehaviour
{
    public GameObject Cube;
    private void Awake()
    {

        UGUIEventListener.Get(Cube).onClick += (go) => { Debug.Log("模型点击事件"); };
    }
}
```

4.5.7　K 帧动画

UGUI 可以配合 Animation 组件来制作 K 帧动画。如图 4-124 所示，给任意 UI 绑定 Animation 组件，接着按 Command+6（Windows 环境下是 Ctrl+6）即可呼出 Animation 制作面板。

图 4-124　K 帧动画

如图 4-125 所示，点击 Add Property 即可添加一个属性，属性是按 Hierarchy 视图中的路径排列的，所以动画文件制作好后不能修改游戏对象子节点的路径。点击❶处的圆点即可进入编辑模式，点击 Animation 窗口上方时间区域中的任意位置可添加一条帧信息，在 Inspector 面板中即可写入新的数值。退出编辑模式后，每帧的修改信息将保存在动画文件中。K 帧包括游戏组件中的所有公开属性，比如旋转、缩放、平移、Image 中的精灵类型、资源、渲染模式，以及材质中的颜色等信息。

图 4-125　编辑帧动画

动画文件一般是由美术人员制作的，程序员只需要找个合适的时机播放它即可。默认情况下，Animation 会勾选表示自动播放的 Play Automatically。如果取消勾选，就需要通过代码播放了。如代码清单 4-16 所示，获取 Animation 对象后调用 Play() 方法即可播放。

代码清单 4-16   Script_04_16.cs 文件

```
public class Script_04_16 : MonoBehaviour
{
    public GameObject Root;
    private void Awake()
    {
        Animation animation = Root.GetComponent<Animation>();
        animation.Play();
    }
}
```

本章并没有过多讲解 Animation 组件，它的详细功能会在第 7 章中详细讲解，此时只需要会用它制作 UI 动画即可。

4.5.8   使用 Scroll Rect 组件制作游戏摇杆

Scroll Rect 是 UGUI 提供的基础拖动组件，给它的 Content 绑定一个滑块就能用了。利用这个特性来制作游戏摇杆再合适不过了，如图 4-126 所示。

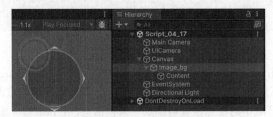

图 4-126   游戏摇杆

如代码清单 4-17 所示，继承 Scroll Rect 后，重写 OnDrag() 方法来监听摇动摇杆事件。我们需要让摇杆保持在一个圆形区域内，而 contentPostion.magnitude 用来计算滑动摇杆的最大半径。

代码清单 4-17   Script_04_17.cs 文件

```
public class Script_04_17 : ScrollRect
{
    protected float m_Radius = 0f;

    protected override void Start()
    {
        base.Start();
        // 计算摇动摇杆所形成圆形区域的半径
        m_Radius = (transform as RectTransform).sizeDelta.x * 0.5f;
    }

    public override void OnDrag(UnityEngine.EventSystems.PointerEventData eventData)
    {
        base.OnDrag(eventData);
        var contentPostion = this.content.anchoredPosition;
```

```
            if (contentPostion.magnitude > m_Radius)
            {
                contentPostion = contentPostion.normalized * m_Radius;
                SetContentAnchoredPosition(contentPostion);
            }
        }
    }
```

在上述代码中，`m_Radius` 表示摇杆摇动所形成圆形区域的半径，`contentPostion.normalized` 则表示摇杆的单位向量，两者相乘即可得出摇杆的最终位置。

4.5.9　点击区域优化

UGUI 的点击区域依赖 UI 组件，如果只需要监听点击区域，需要将 UI 的颜色设置成透明的。不过，这样其实还是会进行着色，造成性能浪费。如下代码可以代替原有的 Image 组件，因为这里清空了顶点信息，所以 UI 只用于单独监听点击事件，而不会进行着色。

```
public class EmptyImage : MaskableGraphic
{
    protected EmptyImage()
    {
        useLegacyMeshGeneration = true;
    }

    protected override void OnPopulateMesh(VertexHelper vh)
    {
        vh.Clear();
    }
}
```

目前的点击区域都是按照矩形设置的，但是还有可能存在不规则的点击区域。如图 4-127 所示，如果希望不响应箭头所示透明区域中的点击事件，需要同时勾选图片的 Read/Write 复选框（见❶）。

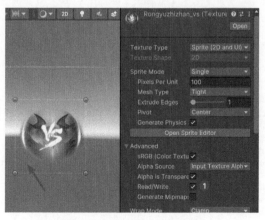

图 4-127　不规则点击区域

如代码清单 4-18 所示，通过 `alphaHitTestMinimumThreshold` 来设置接受点击的最小透明度。这里将其设置为 0.1 表示，只有在透明度超过 0.1 的地方才可以响应点击事件。

代码清单 4-18　Script_04_18.cs 文件

```
public class Script_04_18 : MonoBehaviour,IPointerClickHandler
{
    void Start()
    {
        // 当透明度小于 0.1 时不响应
        GetComponent<Image>().alphaHitTestMinimumThreshold = 0.1f;
    }

    public void OnPointerClick(PointerEventData eventData) { Debug.Log("click"); }
}
```

4.5.10　显示帧率

帧率的含义是游戏内每秒渲染的图像数量（画面刷新次数）。帧率越高，我们的直观感受是画面越流畅。GPU 渲染数据是靠 CPU 提供的，这意味着 Update 的次数将决定帧率。如下列代码所示，Time.smoothDeltaTime 表示平滑的上一帧间隔时间，用 1 除以它即可算出当前的帧率。

```
m_TextMeshProUGUI.text = (1f / Time.smoothDeltaTime).ToString();
```

因为每帧的执行时间是不固定的，所以这样算出来的帧率抖动非常明显。一个比较好的做法是在一段时间内计算相对平滑的帧率。如代码清单 4-19 所示，采样的间隔为 0.5 秒。用这段时间内 Update 的总执行次数除以这段时间的总时长，就能得出相对平均的帧率。

代码清单 4-19　Script_04_19.cs 文件

```
public class Script_04_19 : MonoBehaviour
{
    public TextMeshProUGUI m_TextMeshProUGUI;

    // 采样间隔时间
    public float m_UpdateInterval = 0.5f;
    // 采样的总时间
    float m_DeltaTimes = 0.0f;
    // 采样的总帧率
    int m_FrameCount = 0;
    // 显示帧率
    string m_FpsStr;

    void Update()
    {
        m_DeltaTimes += Time.unscaledDeltaTime;
        m_FrameCount++;

        // 计算这段时间内的平均帧率
        if (m_DeltaTimes >= m_UpdateInterval)
        {
            m_FpsStr = (m_FrameCount/ m_DeltaTimes).ToString("F2");
            m_DeltaTimes = 0.0f;
            m_FrameCount = 0;
        }
        m_TextMeshProUGUI.text = m_FpsStr;
    }
}
```

4.5.11　查看 UGUI 源代码

除了 `Canvas` 和 `RectTransform` 这两个非常核心的类以外，UGUI 的源代码都是开源的（在编辑模式和运行模式下的代码都由 C#编写而成），托管在 Bitbucket 上。多阅读 UGUI 的代码，对我们了解其内部工作原理有非常大的帮助。

还可以在项目中查看 UGUI 的源代码，这样可以更方便地调试。如图 4-128 所示，在 External Tools 中点击 Built-in packages 即可为内置的 C#类生成项目文件，这样打开工程后即可直接访问它们的 C# 代码并调试。

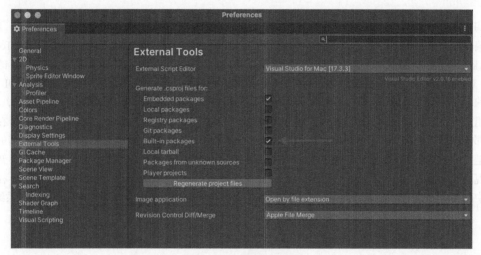

图 4-128　查看源代码

4.6　小结

本章中，我们重点学习了 UGUI，包括所有 UI 基础元素的创建以及用法。UGUI 提供了强大的事件系统，可以很方便地监听点击、滚动、按下和抬起等事件。多事件的管理和分发可以使用 Unity 提供的 `UnityAction` 和 `UnityEvent` 来实现。在优化方面，要尽可能地从 Text 和 Image 中去掉 Raycast Target 组件。我们还学习了自适应分辨率的方法，强大的 Canvas 组件和 UI 的布局，UI 的排序和多 Canvas 的嵌套，以及图集的优化和管理，等等。美术人员可以通过 K 帧动画制作出各种带动画的 UI，程序员只需要播放即可实现各种动画效果。

第 5 章

UI Toolkit

UI Toolkit 的前身是 UIElements 系统。UIElements 发布于 Unity 2018，起初仅用于在 Editor 环境下开发编辑器面板中的 UI 系统。自 Unity 2019 起，UIElements 正式支持运行时 UI 并且更名为 UI Toolkit，以 Package（包）的形式存在。自 Unity 2021.2 起，UI Toolkit 被官方内置在 Unity 中，和 UGUI 的地位相当。UI Toolkit 作为下一代 UI 系统，在设计之初就有很明确的目标，那就是替代现有的 UGUI 系统。现有的 UGUI 系统从 2014 年的 Unity 4.6 开始至今已经服务于非常多的项目，从我的角度来看，UGUI 在使用上并没有太多问题，最大的问题就是效率低。我用 UGUI 开发过好几款项目，每个项目在开发阶段都被吐槽 UI 打开慢、卡顿，等等，导致我们不得不花很多时间去优化 UI 系统。虽然当前的版本已经是 Unity 2023，但是这并不意味着能彻底放弃 UGUI 系统，因为还有很多东西是 UI Toolkit 暂时无法实现的。UI Toolkit 不仅能制作运行时的 UI 系统，还可以制作编辑界面中的 UI 系统。Unity 在官方博客中已经明确表示，编辑界面中的代码以后必须使用 UI Toolkit 制作，不能再使用 IMGUI 系统了。

5.1 UI Toolkit 简介

Unity 在 2018 年发布 UIElements 时，UIElements 只支持开发 Editor 面板的 UI。2019 年，UIElements 改名为 UI Toolkit 并且开始支持运行时 UI 系统，它基于 XMAL 和 CSS 的制作方法。直到 Unity 2021.2，引擎正式内置 UI Toolkit，使其和 UGUI 具有同等的地位。不过，时至今日，UGUI 依然有很多功能是无法实现的，如 UI 和粒子特效叠层、UI 和 3D 模型叠层、UI 裁剪粒子特效、3D 界面、多 UI 摄像机叠层、UI 特殊着色器、K 帧动画，等等。毕竟 UGUI 已经好几年没更新了，而好引擎必然要跟上时代，替用户解决普遍的痛点问题。看了 UI Toolkit 最新的 Roadmap（版本计划）以后，我更加坚信 UI Toolkit 会取代 UGUI。对于 UI Toolkit 目前无法满足需求的地方，官方正在积极地开发。例如，UI Toolkit 已经支持与 UGUI 混合使用、Text Mesh Pro 图文混排，以及无限可循环滑动列表，未来还会支持 Shader Graph、3D 粒子和 UI 的叠层，并解决深度问题。

5.2 UI Builder 编辑器

XMAL 和 CSS 文件在 UI Toolkit 中名为 UXML 和 USS 文件。UI Builder 是 UXML 和 USS 文件的可视化编辑器，让使用者不需要手写布局代码，就可以在编辑器中方便地做出各式各样的 UI 界面。如图 5-1 所示，在 Project 视图中，点击 Create→UI Document 即可创建 UXML 文件，双击创建好的 UXML 文件将自动打开 UI Builder 编辑器界面。菜单中其他选项的含义如下：

❑ Style Sheet：USS 文件，样式的选择器记录在它身上，它需要在 UI Document 界面中导入。

❑ TSS Theme File：自定义皮肤文件，用于设置 UI Builder 编辑器预览 UI 时的皮肤属性。

❑ Default Runtime Theme File：UI Builder 编辑器预览 UI 时默认的运行时皮肤文件。

❑ Panel Settings Asset：布局设置文件，配置皮肤、字体配置、渲染到 RT、自适应屏幕缩放、动态图集、清理缓冲、Buffer 管理等。

❑ Editor Window：当创建一个编辑界面时，可以自动生成 UI Document 界面文件并且自动生成必要的代码。

❑ Text Settings：Text Mesh Pro 文本的配置文件。

图 5-1　创建 UI Document

UI Builder 编辑器打开后如图 5-2 所示，我们按顺序介绍各个视图的具体含义。

图 5-2　UI Builder 编辑器

❑ StyleSheets（见❶）：创建 USS 文件和选择器，UI 元素的通用样式和特殊样式都可以在这里配置。
❑ Hierarchy（见❷）：层级视图，展示布局界面的父子层级结构以及渲染顺序。
❑ Library（见❸）：组件库，包括所有内置的 UI 组件以及 Editor 内置组件，也可以自由扩展。
❑ Viewport（见❹）：视图预览窗口，预览游戏界面的结果。
❑ UXML USS Preview（见❺）：查看 UXML 和 USS 文件的具体代码内容。
❑ Inspector（见❻）：检查面板视图，用于显示每个 UI 组件的具体信息。

5.2.1   StyleSheets 视图

在 StyleSheets 视图中可以创建或者添加已有的 USS 文件。如图 5-3 所示，在 USS 文件中可以继续创建选择器，每个 USS 文件可以包含多个选择器。

图 5-3   创建或添加 USS 文件

如图 5-4 所示，在 USS 中创建选择器。这里给选择器起名为.red，注意一定要以点号（.）开头。接着点击 Create New USS Selector 按钮。

如图 5-5 所示，首先选择.red 选择器（见❶），接着在右边的 Inspector 视图中调整 Text 的颜色（见❷），最后就能在 USS Preview 中看到选择器中的颜色代码了。

图 5-4   创建选择器

图 5-5   设置选择器

选择器的属性设置完毕后，就要将选择器设置给具体的 UI 了。如图 5-6 所示，首先在 Hierarchy 视图中选择刚刚创建的 Label 文件（见❶），接着在右侧的 Inspector 视图的 Style Class List 中输入 red（见❷），注意这里不需要添加 "."。点击 Add Style Class to List 即表示 .red 选择器被添加到了 Label 组件中，表现上就是 Label 的文本颜色变成了红色。

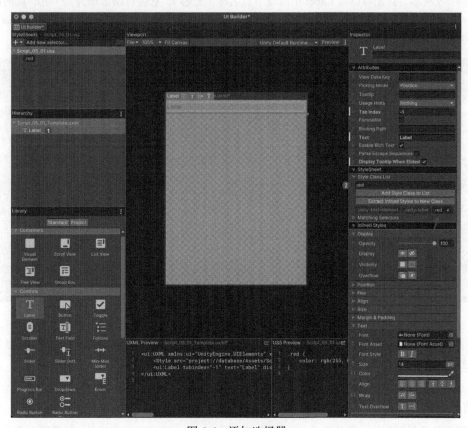

图 5-6　添加选择器

通过选择器可以批量设置多个 UI 批量的样式。如果想批量还原 UI 的样式，只需要在 Style Class List 中删除对应的选择器即可。默认情况下，选择器会修改所有子节点的元素。如图 5-7 所示，因为顶层的 Label 绑定了 .red 选择器，所以其所有子节点都变成了红色。

可以通过修改选择器的名称来控制子节点的状态。如图 5-8 所示，.red Label 表示当前选择器对所有满足类型为 Label 的子节点生效，注意中间有一个空格。

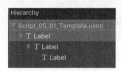

图 5-7　用选择器统一修改多层结构的子节点

图 5-8　修改选择器的名称

如果希望选择器只对某个节点生效,可以写入完整的路径,如.red > Label > Label 表示当前选择器会对 Label 下的 Label 节点生效。注意它们用右尖括号(>)隔开,表示查找当前第一层的子节点 UI。目前是使用组件类型进行的选择,其实也可以通过节点名称来创建选择器。

如图 5-9 所示,首先可以在 Label 中修改节点名称(见❷),它会自动添加井号(#),此时的层次结构是#A→#B→#C(见❶)。因为我们现在要通过名称路径来匹配选择器,所以在 Style Class List 中不需要再添加任何选择器(见❸)。

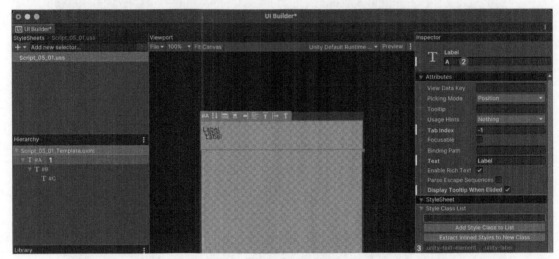

图 5-9 修改节点名称

接着通过名称来创建选择器。如图 5-10 所示,所创建的选择器的名称为#A #B,它会从根节点#A 开始查找它的所有子节点,只要名为#B 即可匹配上。

如果希望选择器对某个节点生效,可以写入完整的路径,如#A>#B>#C 表示会从#A 开始查找名为#B 的子节点,找到的子节点名为#C 即可匹配到。

还可以给选择器添加一些特殊状态。如图 5-11 所示,比如要实现悬停效果,只需要在选择器最后加上:hover 即可。如下列代码所示,只需要在最后添加:hover 就可以在任何匹配规则上添加悬停状态,非常灵活。

```
.red:hover
.red > Label > Label:hover
#A #B:hover
#A > #B > #C:hover
```

图 5-10 通过名称创建选择器

图 5-11 添加特殊状态

除了悬停以外,还可以在写入代码后一点儿一点儿地测试其他的特殊状态,这样就能很容易地掌握它们的具体含义了。

- ❑ :hover：光标位于元素上方。
- ❑ :active：与元素进行交互。
- ❑ :inactive：停止与元素交互。
- ❑ :focus：元素具有焦点。
- ❑ :selected：不支持，需要使用:checked。
- ❑ :disabled：当元素的 enabled 设置为 false 时。
- ❑ :enabled：当元素的 enabled 设置为 true 时。
- ❑ :checked：当前的 Toggle 元素处于打开状态。
- ❑ :root：根元素，层级中最高级别的元素。

系统自带的 UI 会自带一些特殊样式。如图 5-12 所示的是 Button 组件，其中.unity-text-element 和.unity-button 就是系统自带的样式，它们默认属于只读样式、不可修改，但是鼠标双击它会自动添加一个相同的样式并且保存在当前布局中，这样就可以进行二次修改了。

图 5-12　系统样式

5.2.2　Hierarchy 视图

Hierarchy 视图中可以添加 UI 元素，如图 5-13 所示，直接将 Library 视图中的 UI 元素拖入即可，拖动元素可以修改父子层级节点。它和 UGUI 的层级有些区别，是通过 Visual Element 来划分布局的，子节点中的元素属于父节点布局，同布局下的元素默认并非绝对坐标，而且是相对从上到下排列的。

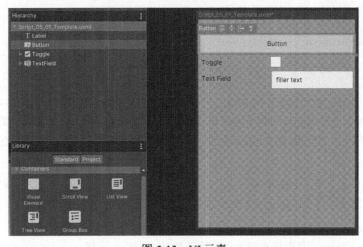

图 5-13　UI 元素

　　布局文件可以使用记事本打开。如下列代码所示，虽然界面中的元素很简单，但是 XML 中只会对关键信息进行保存，并非像 UGUI 那样保存所有信息。

```
<ui:UXML xmlns:ui="UnityEngine.UIElements" xmlns:uie="UnityEditor.UIElements" xsi="http://
www.w3.org/2001/XMLSchema-instance" engine="UnityEngine.UIElements" editor="UnityEditor.UIElements"
noNamespaceSchemaLocation="../../UIElementsSchema/UIElements.xsd" editor-extension-mode="False">
    <Style src="project://
database/Assets/Script_05_01/Script_05_01.uss?fileID=7433441132597879392&amp;guid=7aeabb1f620304a37
b487f0e0992b9a4&amp;type=3#Script_05_01" />
    <ui:Button text="Button" display-tooltip-when-elided="true" class="red" />
</ui:UXML>
```

　　如图 5-14 所示，在 UGUI 中创建一个 Button，接着将它保存成 Prefab 文件。使用记事本打开它可以看到，如下列代码所示，一个小小的 Button 就需要 205 行来描述，这还不包括对 Canvas 对象的描述。

图 5-14　UGUI 元素

```
%YAML 1.1
%TAG !u! tag:unity3d.com,2011:
--- !u!1 &6628395153343356766
GameObject:
  m_ObjectHideFlags: 0
  m_CorrespondingSourceObject: {fileID: 0}
  m_PrefabInstance: {fileID: 0}
  m_PrefabAsset: {fileID: 0}
  serializedVersion: 6
  m_Component:
  - component: {fileID: 639794167257327630}
  - component: {fileID: 8731982966991504682}
  - component: {fileID: 1450305303180632943}
  - component: {fileID: 3725998493338175402}
  m_Layer: 5
  m_Name: Button
  m_TagString: Untagged
  m_Icon: {fileID: 0}
  m_NavMeshLayer: 0
  m_StaticEditorFlags: 0
  m_IsActive: 1
```

　　UGUI 是基于 Unity 游戏对象模式开发的界面系统，UI 的所有数据都需要进行序列化和反序列化。拿 Image 对象来说，虽然可能只用到了贴图和一个坐标，但是没用到的其他数据也需要进行序列化，这会造成性能和内存上的浪费。UI Toolkit 则给所有属性都提供了默认值，如果不修改就不会增加 XML 的内容。

　　Hierarchy 视图中还有一个编辑布局背景的功能，即在编辑模式下添加背景的参照物。如图 5-15 所示，首先点击 Script_05_01_Template.uxml 文件（见❶），右侧的 Inspector 视图中将出现编辑窗口。

　　❑ Canvas Size：布局大小。
　　❑ Match Game View：是否将布局大小拉伸到和 Game View 一样。

❏ Canvas Background：布局背景，可以用纯色、背景图或场景中某个摄像机来填充。

❏ Opacity：背景不透明度。

❏ Editor Extension Authoring：是否启动编辑器 UI 组件，适用于制作编辑器下的 UI 界面，即非运行时 UI 界面。

图 5-15　编辑布局背景

5.2.3　Library 视图

Library 视图中保存着所有的 UI 组件。如图 5-16 所示，Standard 中包含所有的标准组件。Containers 表示 UI 容器，其中 Visual Element 是基础容器，还有 Scroll View（滚动列表）、List View（数据列表）、Tree View（树状结构列表）和 Group Box（组容器），可以配合 Radio Button 单项选择这些容器。Controls 包含所有的基础 UI 组件，如 Label、Button、Toggle、Scroller（滚动条）、Text Field（输入框）等 UI 元素，将它们直接拖入 Hierarchy 视图即可使用。直接上手拖一拖就能很容易地理解这些基础 UI 元素的使用。

UI Builder 不仅能制作运行时 UI，还可以制作编辑界面中的 UI 系统。如图 5-17 所示，在 Library 视图中点击 Editor Extension Authoring 后，下面将出现更多的 UI 组件，标记为 Editor Only 的就是编辑界面中的 UI 组件。

图 5-16 UI 组件

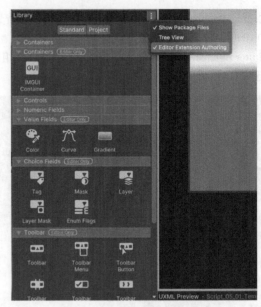

图 5-17 编辑模式下的 UI 组件

如图 5-18 所示，切换到 Project 标签页，UI Documents (UXML) 下列出了当前项目使用的所有 UXML 布局文件。也可以将布局文件拖到另一个布局文件中形成引用关系，就像 Prefab 嵌套的功能一样。Custom Controls (C#) 下列出了所有的自定义 UI 组件，我们也可以自己扩展一些项目专属的 UI 组件。

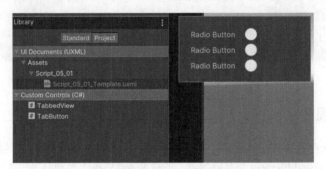

图 5-18 项目 UI 布局文件

5.2.4 Viewport 视图

Viewport 视图用于展示最终界面的效果，如图 5-19 所示。在编辑游戏界面时，Viewport 视图会实时刷新。可以通过鼠标拖动来修改视图的位置，还可以等比例缩放视图。Fit Canvas 表示重置视图窗口，Active Editor Theme 表示以当前编辑模式下的样式来渲染。因为 UI Toolkit 同时支持运行时 UI 和编辑时 UI，所以 Viewport 要同时支持两种编辑界面 UI 的预览。

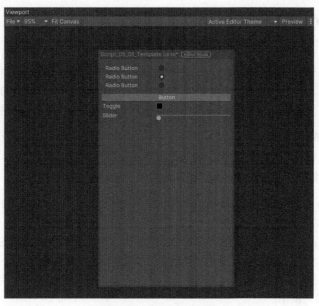

图 5-19　Viewport 视图

如图 5-20 所示，选择 Unity Default Runtime 样式（见❶）后，预览窗口就会切换到运行时 UI 的效果。点击 Preview（见❷）即可在当前界面中启动 UI，此时就可以直接点击 UI 按钮来操作界面了，省去频繁切换到 Game View 中查看最终效果的麻烦。

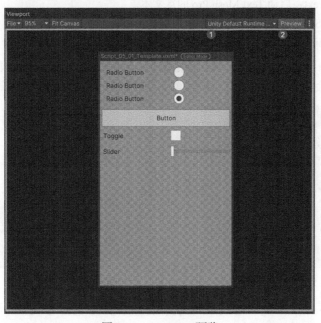

图 5-20　Viewport 预览

5.2.5   Inspector 视图

Inspector 视图主要呈现每个 UI 元素的详细属性。我们在第 4 章中提到，UI 最基础的元素就是小图元，文本组件最终也以图的形式呈现。UGUI 会将 Image 和 Text 分成多个组件，再加上相关的所有布局文件，UI 需要非常多的组件用来组合使用。UI Toolkit 则使用了一个大的描述文件，在 XML 中将图片、文字、布局、坐标全部涵盖，它并不需要像 UGUI 那样将多个脚本组合在一起使用。

1. Attributes 面板

如图 5-21 所示，Inspector 视图中首先是我们选择的 UI 元素，这里选择了一个按钮（见❶），下方可以修改按钮的名称，用于在代码中获取它。接着就是 Attributes 面板（见❷）了，其中的属性信息如下。

- ❑ View Data Key：表示组件的唯一性，可以单独设置唯一的标识。设置后，如 ScrollView、ListView、Foldout 这样的组件在关闭或打开的时候会使用它的具体滚动位置或选择位置。
- ❑ Picking Mode：表示是否接受点击，如果将按钮组件设置为 Ignore 就无法点击它了。
- ❑ Tooltip：表示如果组件具有悬停功能则会在悬停时显示一段提示信息。
- ❑ Tab Index：对于勾选 Focusable 的焦点进行排序，比如在输入框中输入完毕后点击 Tab 键会切换到下一个输入框中。
- ❑ Focusable：拥有焦点（比如输入框拥有焦点才能输入）或者具有选择状态的 UI 需要勾选它。
- ❑ Binding Path：用于和 MonoBehaviour 序列化的属性进行绑定，只用于脚本自定义面板与数据的绑定。
- ❑ Text：按钮文本的内容。
- ❑ Enable Rich Text：启动 Text Mesh Pro 的富文本。
- ❑ Parse Escape Sequences：是否在文本中显示转义符，比如 "\t" 和 "\n"。
- ❑ Display Tooltip When Elided：删除时是否显示 Tooltip 的提示信息。

因为 Usage Hints 比较重要，所以以单独拿出来讲解，如图 5-22 所示。这些属性主要用于内部的优化，正确选择 Hint 会让界面的性能得到提升，可以组合使用不同的属性来达到最优的效果。

图 5-21   Attributes 面板

图 5-22   使用 Hint

- ❑ Dynamic Transfom 和 Dynamic Color：表示位置变化或颜色变化不会发生在当前元素之上，顶点和颜色都直接在 GPU 上进行转换，如果没有设置才会在 CPU 上进行同步。可提高运行效率。

❑ Group Transform：标记一个组，它会新加一个 Draw Call。跟 UGUI 的 Canvas 一样，它能避免在相同的 Canvas 下合并较大的 Mesh 带来的开销，可以将动态 UI 和静态 UI 进行有效的分离。

❑ Mask Container：对嵌套裁剪进行优化。设置后将优化 Draw Call，否则每次裁剪都会增加一个 Draw Call。

2. StyleSheet 面板

前面在介绍 StyleSheets 视图时介绍过 Style Sheet 的创建和使用方法，其实还可以使用两个快捷按钮来添加选择器。如图 5-23 所示，在 Style Class List 中输入选择器的名称，这里我们输入 a，然后可以点击如下两个按钮。

❑ Add Style Class to List：直接创建选择器并且将其添加到当前 UI 元素中，此时新选择器是空的。

❑ Extract Inlined Styles to New Class：创建选择器并且将其添加到当前 UI 元素中，它会将当前 UI 元素中已经修改的部分添加到新选择器中。

3. Inlined Styles 面板

UI 的基础属性都保存在 Inlined Styles 面板中，如图 5-24 所示，可以看到它的内容是非常全的。这里详细列举了所有样式的设置参数，便于大家理解。

图 5-23　StyleSheet 面板

图 5-24　Inlined Styles 面板

● **Display**（显示）

如图 5-25 所示，各个选项的含义如下。

图 5-25　Display

❑ Opacity：UI 的不透明度。

❑ Display：显示或者隐藏。

❑ Visibility：显示或者隐藏。和 Display 的区别是，它即使被隐藏也会占用位置区域，Display 则不会。

❑ Overflow：是否对子节点进行裁剪。如图 5-26 所示，首先创建 Visual Element 节点（见❶），接着把按钮拖入它的节点并且设置它的 Position Mode 为 Absolute，即绝对坐标（见❷），最后在 Viewport 中拉伸 Visual Element 的区域就可以看到裁剪效果了。

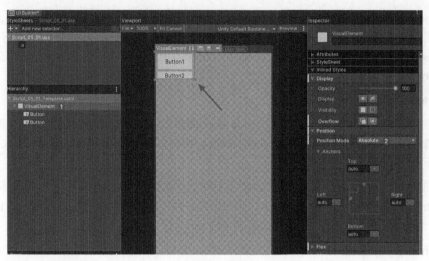

图 5-26 裁剪

● **Position**（位置）

如图 5-27 所示，位置可选择相对坐标模式和绝对坐标模式。相对坐标模式（见❶）下，Visual Element 布局会尽可能填充全屏，即使填充不了全屏也无法修改宽度或者高度。目前，将 Canvas 的显示区域设置为 300 像素 × 500 像素，默认的布局排列是从上到下，两个 Visual Element 的高度应该各占 250 像素，并且无法单独修改某一个 Visual Element 的高度，因为它们必须要尽可能地填充到 500 像素。如果想修改高度，就需要两个都修改，比如将第一个 Visual Element 的高度修改成 100 像素（见❷），将第二个 Visual Element 的高度修改为 400 像素，这样它们的高度加在一起才能达到 500 像素。

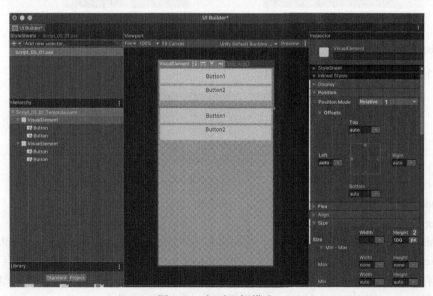

图 5-27 相对坐标模式

如图 5-28 所示，修改成绝对坐标模式后，每个 Visual Element 节点的宽高坐标就可以随意拉伸了。Anchors 表示锚点相对于上下左右 4 个方向的偏移量。

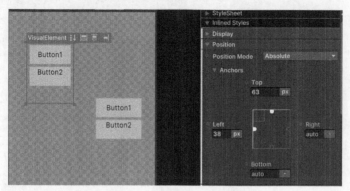

图 5-28　绝对坐标模式

比如要做一个在 4 个角处对齐的自适应 UI，如图 5-29 所示，首先选择一个 Visual Element 布局节点（见❶），在右侧的 Inspector 视图中点击白色的圆点（锚点），表示当前需要对哪两个方向进行对齐。这里点击下边和右边的白色圆点，这个 UI 会右下角对齐，其他 3 个方向的对齐方式类似。

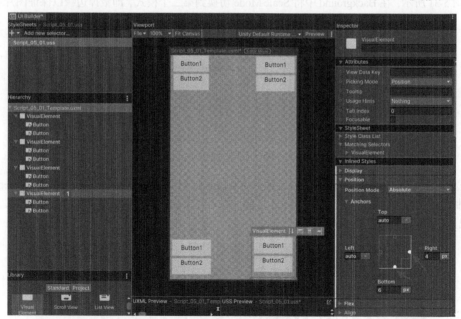

图 5-29　自适应锚点

如图 5-30 所示，接着创建一个 Visual Element 节点并修改它的名称为 BG（见❶），然后设置相对坐标模式（见❷）。因为它会尽可能填充全屏，所以整个 UI 图已经自适应了，肉眼可见 UI 图已经被拉伸了。

图 5-30　UI图自适应后被拉伸

如图 5-31 所示，在 Background 中将 Scale Mode 切换到第二个模式，即裁掉边缘以保证图片不变形。

图 5-31　切换 Scale Mode

如图 5-32 所示，在 Hierarchy 视图中创建 UIDocument 对象（见❶），并且绑定 UIDocument 脚本，然后将制作好的 UXML 拖入 Source Asset（见❷）即可在 Game 视图中预览结果。可以看到，此时整个 UI 已经完成了自适应。

图 5-32　UI 完成自适应

本例详见随书代码工程 Script_05_01。

● **Flex**（伸缩性）

Flex 中的 Shrink 和 Grow 是比较难理解的，我们来逐一介绍。如图 5-33 所示，先创建一个 Layout 元素并强制设置其高度为 100 像素，接着添加 A 和 B 两个元素并分别强制设置其高度为 100 像素。虽然 A 和 B 的高度都是 100 像素，但是由于 Layout 的高度也是 100 像素且不能超出，因此布局会强制将 A 和 B 的高度分别设置成 50 像素以保证能把它们塞进 Layout 元素布局中。

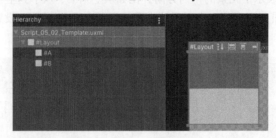

图 5-33　Layout（另见彩插）

如图 5-34 所示，选择 B 元素（见❶），在 Flex 中将 Basis 设置为 100% 表示它的缩放基础是父元素的尺寸（见❷）。Basis 还可以设置成像素大小。接着将 Shrink 的值设置成 0（见❸），表示完整收缩，此时 B 元素会强制将 Layout 覆盖。如果将 Shrink 设置成 1 则表示占用 Layout 的一半，可见 Shrink 影响的是超过父布局元素的拉伸结果。

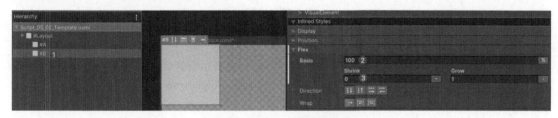

图 5-34　Shrink（另见彩插）

在 Layout 中将布局排列的方向改成从左到右，如图 5-35 所示，UI 元素就变成水平排列了。如图 5-35 所示，将 B 元素的 Grow 设置成 1（见❶），表示它只占用父对象给它分配的大小。

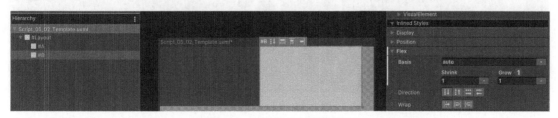

图 5-35　水平排列（另见彩插）

如图 5-36 所示，将 B 元素的 Grow 设置成 0.1，表示它将占用父对象给它分配的大小的十分之一（0.1）。如果将 Grow 设置成 0，B 元素的宽度将变成 0，即红色区域会全部填充 Layout。

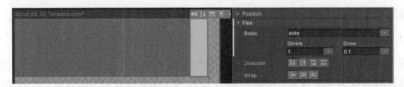

图 5-36　Grow（另见彩插）

父元素的 Direction 表示子元素的排列方向，比如从上到下、从下到上、从左到右、从右到左。Wrap 表示换行模式，如图 5-37 所示，由于无法水平放置所有的 UI 元素，设置自动换行后会在第二行中显示剩余的元素。

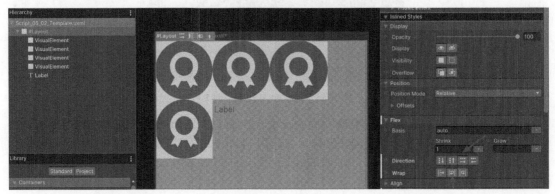

图 5-37　换行

● **Align**（对齐）

如图 5-38 所示，选择父 Layout 元素，右侧的 Align Items 表示控制子元素的对齐规则。因为 Label 无法像其他图片一样自动拉伸，所以就存在如何对齐的问题。Align Items 选择居中后，可以看到 Label 垂直居中了。

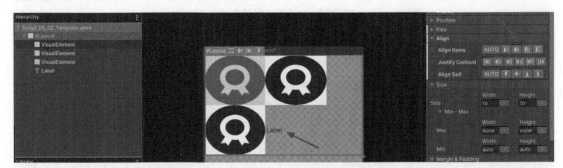

图 5-38　Align Items

如图 5-39 所示，选择父 Layout 元素，右侧的 Justify Content 表示控制所有子元素整体的对齐规则，选择居中对齐后，可以看到整体子节点元素都居中对齐了。因为 Label 已经在 Align Items 中设置了居中，所以结果是两个属性组合的结果。

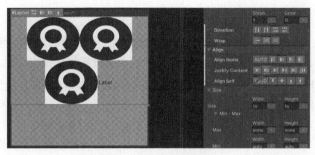

图 5-39 Justify Content

如图 5-40 所示，选择子 UI 元素 Label（见❶），右侧的 Align Self 表示子元素自身的对齐方式，修改成下对齐后，这个文本就会相对于父布局下对齐。

图 5-40 Align Self

上面介绍的属性都支持快捷按钮切换。如图 5-41 所示，可以点击快捷按钮切换布局属性，点击后即可立即生效，非常方便。

- ❶表示 Flex 中的 Direction（排列方向）。
- ❷表示 Align 中的 Align Items。
- ❸表示 Align 中的 Justify Content。
- ❹表示 Align 中的 Align Self。

图 5-41 快捷按钮

● **Size**（大小）

通过前面的学习，我们知道，即使设置了子元素的宽高，子元素的尺寸也可能会被父对象拉伸或压缩。如图 5-42 所示，在布局或者子布局元素中也可以单独设置其自身的宽高。

- ❑ Size：固定尺寸，子元素会尽可能地在父元素中按设置的宽高来显示。如果父布局太大或太小，都可能拉伸或压缩子布局。
- ❑ Max：表示当父布局尺寸太大而被动拉伸子布局时，显示的最大尺寸。
- ❑ Min：表示当父布局尺寸太小而不够显示子布局时，子布局显示的最小尺寸。

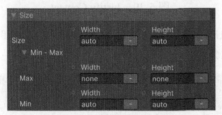

图 5-42　单独设置宽高

我们举个例子，如图 5-43 所示。给第一个子元素设置了最大尺寸后，即使父对象继续拉伸它，它也不会超过最大设置的 100 像素。最小尺寸的原理与之类似，这里不再赘述。大家做个简单的界面调一调，就能很容易地理解它们的含义。

图 5-43　最大尺寸

● **Margin & Padding**（外边距与填充）

如图 5-44 所示，如果没有设置 Margin，两个 Label 组件应该处于直接对齐的状态，设置第一个 Label 的 Margin（见❶）后会给它添加一个外边距。上下左右的 Margin 都可以单独设置。

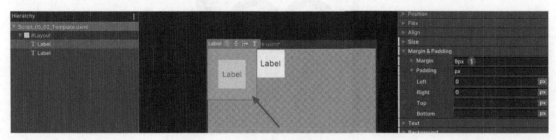

图 5-44　Margin

如图 5-45 所示，设置第二个 Label 的 Padding 后，它自身的背景区域会被填充，表现上是整体放大。上下左右的 Padding 都可以单独设置。

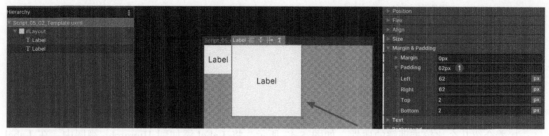

图 5-45 Padding

● **Text**（文本）

UI Toolkit 的 Text 组件就是将 Text Mesh Pro 内置了，所有的文字属性都和 Text Mesh Pro 对应，如图 5-46 所示。

图 5-46 Text

- ❑ Font：TTF 字体文件。
- ❑ Font Asset：Text Mesh Pro 字体文件。
- ❑ Font Style：粗体、斜体。
- ❑ Size：文字大小。
- ❑ Color：文字颜色。
- ❑ Align：布局区域可能大于文字显示区域，这里可以设置文字相对于布局的对齐方式，包括左中右、上中下对齐。
- ❑ Wrap：当文字水平超过布局宽度时是否换行。
- ❑ Text Overflow：当文字超出显示区域时是直接裁掉还是显示"…"。
- ❑ Outline Width：文字描边的宽度。

   ❑ Outline Color：文字描边的颜色。

   ❑ Text Shadow：文字阴影。

      ■ Color：阴影的颜色。

      ■ Offset：阴影相对于文件的偏移。

      ■ Blur Radius：阴影模糊的半径。

   ❑ Letter Spacing：字符的间距。

   ❑ Word Spacing：英文单词的间距。

   ❑ Paragraph Spacing：文字的垂直间距。

接着介绍几个比较难理解的属性。如图 5-47 所示，将 Label 添加到 Hierarchy 视图中，在 Label 的 Attribute 区域的 Text 输入框中输入文字即可显示字符串。此时虽然会将文本的 Layout 区域缩小，但因为启动了自动换行，文字全都显示出来了。

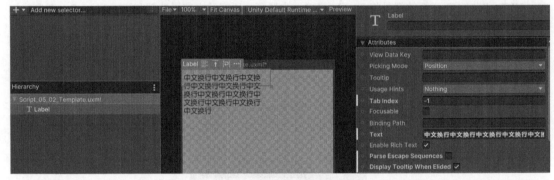

图 5-47　添加文本

如图 5-48 所示，先在 Overflow 中选择超过区域裁剪（见❶），再在 Text Overflow 中选择超出区域以 "…" 显示（见❷），如果选择左边的按钮则会将超出区域的文字直接裁掉。

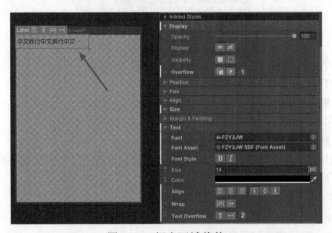

图 5-48　超出区域裁剪

如图 5-49 所示，接着就是 Word Spacing 了（见❶）。英文单词都是通过空格连接的，这个属性就是增加空格的间距。

图 5-49 空格间距

如图 5-50 所示，最后就是 Paragraph Spacing 了（见❶）。它表示文字的垂直间距，但是不支持自动换行，需要手动按下回车键产生换行文字才会出现这个间距。

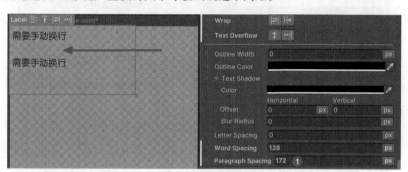

图 5-50 垂直间距

- **Background**（背景）

前面介绍过 UI Toolkit 将 Text 和 Image 合并在一起，所以按钮这类需要背景图加文字的元素就可以很方便地实现了，如图 5-51 所示。

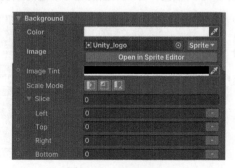

图 5-51 Background

□ Color：背景颜色，如果是文本则可以设置文本的背景色。

□ Image：背景贴图，支持 Texture、Sprite、RenderTexture 和 Vector（矢量图），其中 Sprite 支持 Atlas。

□ Image Tint：贴图的颜色。

□ Scale Mode：从左到右依次是拉伸填充、裁剪填充、按宽高比例缩放填充。

□ Slice：Sprite 对象的九宫格切图。

前面介绍过 Scale Mode 的前两种模式，这里详细说明一下第三种，即按宽高比例缩放填充。如图 5-52 所示，屏幕的尺寸不是固定的，但贴图的尺寸是固定的，为了保持贴图的比例不变，可以将它等比例缩小后显示到屏幕上。这样做的缺点就是上下左右可能会漏空，但优点是图片会全部显示出来而且保持比例不变。其实整个 UI 的自适应也遵循这个效果，毕竟要在保证比例不变的同时将 UI 中的所有元素显示出来才行。

图 5-52　Scale Mode

● **Border**（边框）

如图 5-53 所示，既可以在 Width 中设置边框的宽度，也可以在 Left、Right、Top、Bottom 中单独设置每条边的宽度。Color 表示边框的颜色，可以单独设置每条边的颜色。

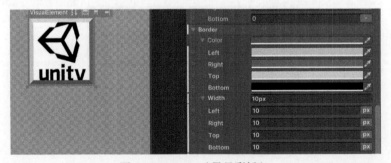

图 5-53　Border（另见彩插）

如图 5-54 所示，添加 Radius 可以实现弧形边框，同样可以修改每条边的弧度。

图 5-54　弧形边框（另见彩插）

● **Transform**（变换）

Transform 非常好理解，即处理 UI 坐标的组件，如图 5-55 所示。

❑ Origin：UI 的中心点的位置，即图 5-55 中箭头指向的左上角的白色小圆点。这里一共有 9 个灰色小圆点，分别代表不同的锚点。

❑ Translate：Layout 可能会限制子 UI 的坐标和区域大小，它可以在原有基础上添加一个 X 轴和 Y 轴方向上的偏移。

❑ Scale：缩放比例。

❑ Rotate：旋转角度。

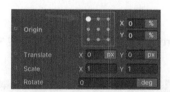

图 5-55　Transform

● **Cursor**（鼠标指针）

添加一个鼠标指针，如图 5-56 所示，它的意思是当鼠标悬停在当前 UI 元素上时显示这个鼠标指针。它只支持 Texture2D 资源。

图 5-56　Cursor

● **Transition Animations**（过渡动画）

UI Toolkit 中的过渡动画需要配合选择器使用，从当前状态过渡到选择器设置的状态。如图 5-57 所示，添加一个选择器.move:hover（见❶）并且绑定到 MyButton 对象上。接着修改.move:hover 中的 Scale 让它在悬停时放大到 1.5 倍（见❷）。在 Transition Animations 中选择 Property 为 scale（见❸）并且设置 Duration（持续时间）和 Delay（延迟时间）。因为这里设置了 1 秒的持续时间，所以整个悬停动画会在 1 秒后播放完。可以在 Add Transition 处继续添加动画属性，只要是 Inlined Styles 中的所有属性都可以这样添加。

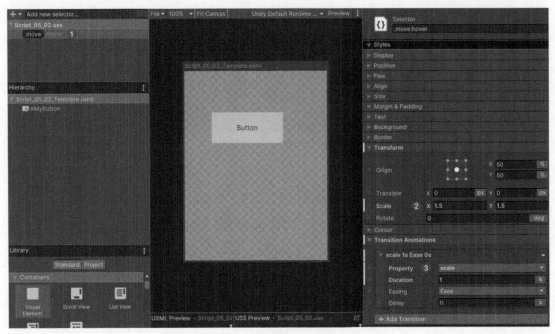

图 5-57　设置悬停动画

如图 5-58 所示，可以在 Property 下拉框中选择其他属性，也可以在下方搜索。如果选择 all 则表示所有属性中的动画都会被播放。

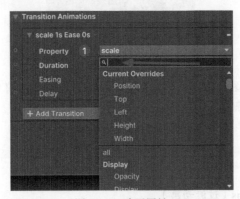

图 5-58　动画属性

游戏中有很多动画并非这种被动触发的，比如点击某个按钮后让另一个 UI 移动一段距离，这就需要通过代码来控制了。如图 5-59 所示，首先创建一个.animation 过渡动画选择器（见❶），接着设置动画中的 Translate 坐标（见❷）并且设置过渡动画的属性，并且设置持续时间（见❸）。因为需要在点击按钮后添加动画，所以不能一开始就将.animation 绑定到 MyImage 上，而是需要通过脚本动态添加。

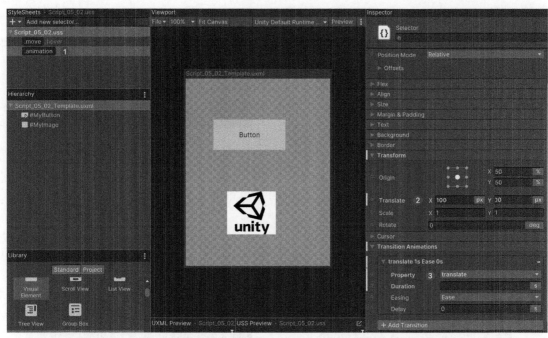

图 5-59 创建动画

我们还没讲到如何用代码控制 UI 元素，此时只需明白，通过 root.Q<T>配合组件名称就能获取界面中的元素。最终调用 image.AddToClassList 将刚刚创建的.animation 选择器绑定到 Image 组件上，这样就能在点击按钮后动态播放 Image 组件的 UI 动画了，如代码清单 5-1 所示。

代码清单 5-1   Script_05_02.cs 文件

```
public class Script_05_02 : MonoBehaviour
{
    void Start()
    {
        UIDocument document = GetComponent<UIDocument>();
        var root = document.rootVisualElement;
        var button = root.Q<Button>("MyButton");
        var image = root.Q<VisualElement>("MyImage");
        button.clicked += () =>
        {
            image.schedule.Execute(() => image.AddToClassList("animation"));
        };
    }
}
```

目前，我们终于将 Inspector 视图中的所有属性都介绍完了。这么庞大的属性群很容易导致我们忘记自己改了什么。如图 5-60 所示，当属性或者子属性被修改后，会在属性的标题栏左边出现一条竖白线（见❶~❻），让我们很明确地知道这些属性已被修改。如图 5-61 所示，继续展开，如果某个子属性也被修改了，同样会出现一条竖白线标记它。

如图 5-62 所示，展开任意属性后用鼠标右键点击 Unset 即可将它还原到初始属性，如果点击 Unset

all 则表示将整个 UI 属性全部还原。

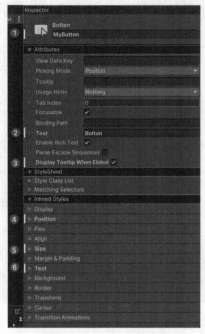

图 5-60 属性变化标记

图 5-61 子属性变化标记

图 5-62 还原属性

所以说，没有修改的属性是不会在 UXML 中额外记录的。如下代码是一个按钮的描述信息，它仅仅保存了我们修改的属性。因为有默认值的存在，这样将大量减少内存占用，不必对不需要的信息进行额外的序列化和反序列化。

```
<ui:Button text="Button" display-tooltip-when-elided="true" name="MyButton" class="move"
    style="position: absolute; top: 82px; left: 53px; height: 101px; width: 209px; font-size:
    85px; min-width: 111px; min-height: auto;" />
```

5.3 UI 组件

虽然 UI Toolkit 能将 Image 和 Text 合并在一个元素中，但是有些 UI 组件是需要将多个 UI 元素组合在一起的，比如 Scroll View（滚动列表）、Text Field（输入框）、Progress Bar（进度条）等。如图 5-63 所示，Toggle 组件由文本和复选框组成，取消勾选后会将子节点置灰，既不可进行操作，也禁止修改元素的任何属性。

图 5-63 Toggle 组件

5.3.1 Text 组件

前面介绍过 Text 组件在 UI Builder 中的使用。Text 组件底层使用的就是 Text Mesh Pro，大部分制作方法在第 4 章中已经介绍过，这里只介绍不一样的地方。UI Toolkit 中的字体文件和 UGUI 中的并不互通，如图 5-64 所示，UGUI 中需要使用 TextMeshPro 菜单来创建字体文件（见❶），而 UI Toolkit 则需要使用 Text 菜单中来创建字体文件（见❷），创建步骤和 UGUI 中完全一样。

图 5-64 字体文件

如图 5-65 所示，在 UI Document 中会默认指定 Panel Settings 文件，用于描述界面的一些特殊设置。UI Toolkit 在首次创建时会自动导入一个，也可以在后面手动创建。

图 5-65 界面设置文件

接着需要创建字体设置文件，如图 5-66 所示，在 Projects 视图中点击 Create→UI Toolkit→Text Settings 创建文件后将其拖入 Text Settings。面板下面还有几个参数，它们的含义如下。

- ❑ Theme Style Sheet：UI Builder 中预览界面的皮肤。UI Toolkit 提供了默认的，也可以自定义创建新的。
- ❑ Target Texture：将整个 UI 渲染到 RT 中。
- ❑ Target Display：渲染到选定的 Display 中。
- ❑ Sort Order：排序层级。
- ❑ Scale Mode：缩放模式，可用于自适应屏幕。

图 5-66 字体设置文件

如图 5-67 所示，这就是我们熟悉的面板了，在 UGUI 中已经详细介绍过。这里只需要将 UI Toolkit 创建的默认字体、Sprite 文件、样式等信息拖入即可使用。

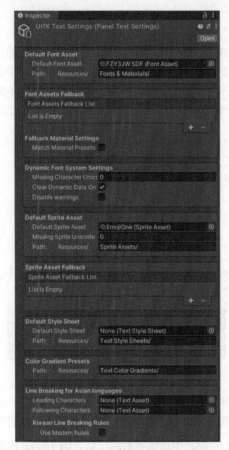

图 5-67   字体设置面板

如代码清单 5-2 所示，动态获取文本组件，既可以通过 RegisterCallback 来监听文本的点击事件，也可以监听 Link 的下划线事件。focusable 可以标记是否接收点击选择事件，图文混排的标签和 UGUI 中的一致，这里就不再赘述了。

代码清单 5-2   Script_05_03.cs 文件

```
public class Script_05_03 : MonoBehaviour
{
    void Start()
    {
        UIDocument document = GetComponent<UIDocument>();
        var root = document.rootVisualElement;
        var label = root.Q<Label>("MyLabel");
        // 标记文本可以接受点击
        label.focusable = true;
        label.enableRichText = true;
        label.style.fontSize = 50;
        label.text = "<sprite name=EmojiOne_1>图文混排 <u><link=\"ID_1\">我是下划线</link></u>";
        // 整个文本监听点击事件
        label.RegisterCallback<ClickEvent>((evt) => { Debug.Log($"clike"); });
```

```
// 按下事件获取 link 的名称
label.RegisterCallback<PointerDownLinkTagEvent>((evt) =>
{
    Debug.Log($"LinkID: {evt.linkID}");
});
}
}
```

Link 事件可以直接获取名称，这样就可以处理后续逻辑了。相关的 Link 事件类一共包含以下 5 种。

❑ PointerDownLinkTagEvent
❑ PointerUpLinkTagEvent
❑ PointerMoveLinkTagEvent
❑ PointerOutLinkTagEvent
❑ PointerOverLinkTagEvent

如图 5-68 所示，当点击文本后，明显发现文本的颜色改变了。这是因为 UI Toolkit 会自动给文本增加一个样式，我们只需要给文本指定一个颜色即可，这样在点击后就不会使用默认颜色，而是会改变颜色。

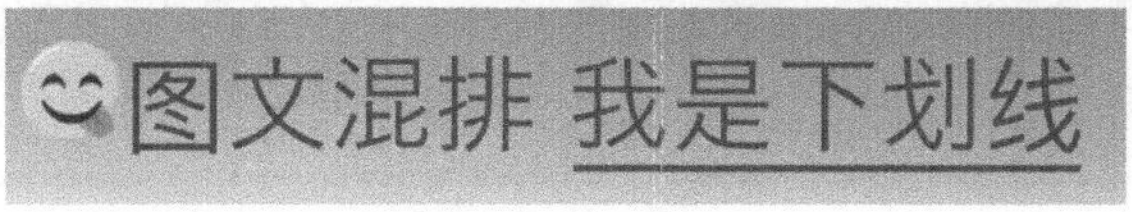

图 5-68　点击文本

5.3.2　Visual Element 组件

UI Toolkit 中最基础的元素就是 Visual Element 组件。它既可以显示图片，也可以显示文字，还可以充当布局文件，因此可以被理解为一个容器。既然是容器，它就可能被父容器影响，也可以影响子容器。默认整个布局就是一个全屏容器，如果采用相对坐标，那么父容器会影响子容器的尺寸；也可以给子容器设置绝对坐标，这样就可以在父容器中任意修改子容器的坐标区域了。如果需要显示一张图片或者约束子对象的布局，则可以使用 Visual Element。

如代码清单 5-3 所示，我们举一个动态更换 Visual Element 的图片的例子。因为 Visual Element 支持 Texture、Sprite、RenderTexture、Vector 等多种图片类型，所以它需要构造 StyleBackground 对象，传入需要更换的图片对象即可。

代码清单 5-3　Script_05_04.cs 文件

```
public class Script_05_04 : MonoBehaviour
{
    public Sprite sprite;
    void Start()
    {
        UIDocument document = GetComponent<UIDocument>();
        var root = document.rootVisualElement;
        var visualElement = root.Q<VisualElement>("image");
        visualElement.style.backgroundImage = new StyleBackground(sprite);
    }
}
```

5.3.3   其他 UI 组件

其他 UI 组件都是用 Image 和 Text 组合而成的。如图 5-69 所示,将 UI 组件直接拖入 Hierarchy 视图,这些元素将自动完成布局。这里给 Slider 和 MinMaxSlider 起了别名,是因为它们和 Scroller 继承了同一个对象,所以需要通过别名来获取各自的对象。

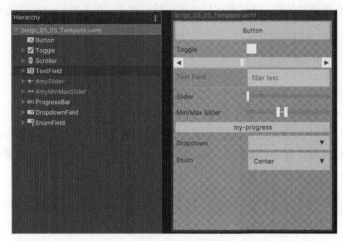

图 5-69   其他 UI 组件

如代码清单 5-4 所示,可以在代码中控制所有 UI 组件,并且对它们进行事件监听,比如 Slider 组件监听左右滑动的进度。如图 5-70 所示,通过代码中的赋值,Dropdown 和 Enum 组件都被动态添加了选择的内容。

代码清单 5-4   Script_05_05.cs 文件

```
public class Script_05_05 : MonoBehaviour
{
    void Start()
    {
        UIDocument document = GetComponent<UIDocument>();
        var root = document.rootVisualElement;

        // 处理 Button 组件
        var button = root.Q<Button>();
        button.clicked += () => { Debug.Log("Button Click!"); };

        // 处理 Scroller 组件
        var scroller = root.Q<Scroller>();
        scroller.lowValue = 0; // 最小值
        scroller.highValue = 100; // 最大值
        scroller.valueChanged += (value) =>
        {
            Debug.Log($"scroller valueChanged : {value}");
        };

        var textField = root.Q<TextField>();
        textField.isDelayed = true;// 输入完毕后统一回调
        textField.RegisterValueChangedCallback((value) => {
```

```
            Debug.Log($"textField valueChanged : {value.newValue}");
        });

        // 处理 Slider 组件
        var slider = root.Q<Slider>("mySlider");
        slider.lowValue = 0;
        slider.highValue = 100;
        slider.RegisterValueChangedCallback((value) => {
            Debug.Log($"slider valueChanged : {value}");

        });

        // 动态设置枚举和监听
        MyEnmu myEnmu = MyEnmu.B;
        // 处理 EnumField 组件
        var enumField = root.Q<EnumField>();
        enumField.Init(myEnmu);
        enumField.RegisterValueChangedCallback((value) => {

            Debug.Log($"enumField valueChanged : {value.newValue}");
        });
    }
    // 添加一个自定义枚举
    public enum MyEnmu
    {
        A,B,C
    }
}
```

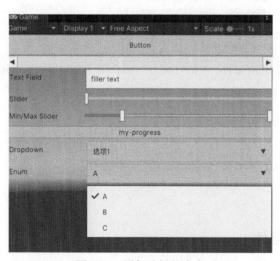

图 5-70　添加选择的内容

5.3.4　基础容器

前面已经介绍了基础的 UI 组件，有些组件是需要和容器配合使用的。如图 5-71 所示，先拖入 RadioButtonGroup 组件。虽然它自身是无法编辑的，但是将 Radio Button 组件拖到它的 Container 下面就可以单独编辑 Radio Button 了。Foldout 组件的原理也类似，将需要展开并缩进的组件直接拖入即可。

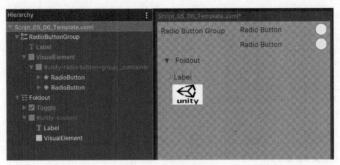

图 5-71 基础容器

如代码清单 5-5 所示，可以在代码中获取 `RadioButtonGroup` 对象，在监听它的变化时可以通过 `newValue` 获取当前的新值，通过 `previousValue` 则可以获取切换之前选中的值。`Foldout` 的用法与之类似，可以设置默认展开或者收缩，以及监听切换事件。

代码清单 5-5　Script_05_06.cs 文件

```
public class Script_05_06 : MonoBehaviour
{
    void Start()
    {
        UIDocument document = GetComponent<UIDocument>();
        var root = document.rootVisualElement;
        var groupBox = root.Q<RadioButtonGroup>();
        // 设置默认选中第 1 个
        groupBox.value = 1;
        // 监听 RadioButton 切换事件
        groupBox.RegisterValueChangedCallback((value) => {
            Debug.Log($"groupBox  新值：{value.newValue} 旧值：{value.previousValue}");
        });

        var foldout = root.Q<Foldout>();
        // 设置默认收缩
        foldout.value = false;
        // 监听变化
        foldout.RegisterValueChangedCallback((value) => {
            Debug.Log($"foldout  valueChanged : {value}");
        });
    }
}
```

5.3.5　ScrollView 组件

ScrollView 组件用于在屏幕上对一个区域进行滚动。UI Toolkit 的 ScrollView 确实比 UGUI 的好用一些，因为它封装了一些底层方法。但 UI Toolkit 不支持运行时克隆 Visual Element，这就导致必须把 Item 做成一个单独的 UXML 文件。

游戏界面通常的自适应方式是整体自适应，局部自适应会比较困难。比如 ScrollView 并不会因为屏幕变宽变高而显示更多的元素，而是整体将所有界面拉伸。所以这里的讲解以局部自适应为主。如图 5-72 所示，添加 ScrollView 后，设置它的绝对坐标区域大小为 500 像素 × 800 像素。

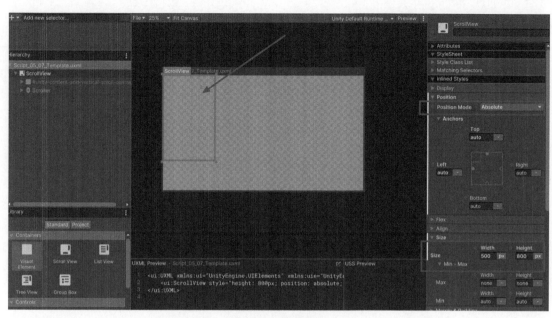

图 5-72　ScrollView

接着设置 Item 的区域。如图 5-73 所示，同样使用绝对坐标区域，并且设置每个 Item 的大小为 500 像素×100 像素。Item 中的两个子 UI 也是绝对坐标区域，手动调整到最佳位置即可。

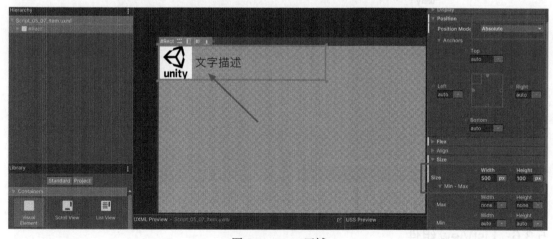

图 5-73　Item 区域

如代码清单 5-6 所示，将 Item 布局拖入脚本序列化的 ItemAsset 对象，调用 ItemAsset. CloneTree()方法就可以克隆新对象，最后添加到 ScrollView 中即可。

代码清单 5-6　Script_05_07.cs 文件

```
public class Script_05_07 : MonoBehaviour
{
```

```
public VisualTreeAsset ItemAsset;
void Start()
{
    UIDocument document = GetComponent<UIDocument>();
    var root = document.rootVisualElement;

    ScrollView scrollview = root.Q<ScrollView>();
    for (int i = 0; i < 100; i++)
    {
        TemplateContainer templateContainer = ItemAsset.CloneTree();
        // 设置每个高度
        templateContainer.style.height = 100;
        templateContainer.Q<Label>().text = $"我是第{i}个<sprite=3>";
        scrollview.Add(templateContainer);
    }
}
```

如图 5-74 所示，滚动条已经出现在屏幕上了。通过拖动横向和纵向的滚动条即可滚动显示区域。注意，在 PC 上只能通过拖动滚动条来滚动 Item，在手机上才支持用手指拖动滚动区域。

如下列代码所示，如果需要转跳到 ScrollView 中的某个元素，使用 ScrollTo() 方法即可。

```
scrollview.ScrollTo(scrollview.ElementAt(5)); // 转跳到第 5 个元素
```

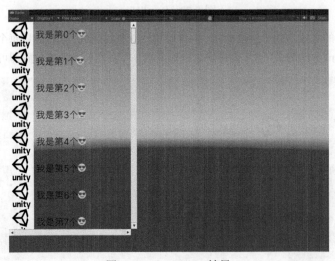

图 5-74　ScrollView 结果

5.3.6　ListView 组件

ListView 在表现上和 ScrollView 类似，但内部还是有点区别的。对于上面的代码，如果我们一开始添加 10 000 条数据，那么在循环里就需要对 10 000 条数据的所有子对象进行赋值。ListView 的效率则更高，因为它通过回调的形式进行赋值，虽然加了 10 000 条数据，但它只会给当前需要显示的数据的子对象进行赋值，也就是可循环滑动列表。如图 5-75 所示，首先需要将 ScrollView 组件替换成 ListView 组件。

图 5-75 ListView

如代码清单 5-7 所示，我们准备了 10 000 条数据，`itemsSource` 表示每个 Item 的原始数据，`makeItem` 表示 Item 的显示对象如何构造，`bindItem` 表示如何将原始数据和显示对象进行关联。使用元素较多的列表可以大幅优化界面性能，如图 5-76 所示，无论如何滚动，ListView 渲染占用的三角面都非常少，数量几乎是恒定的。

代码清单 5-7 Script_05_08.cs 文件

```csharp
public class Script_05_08 : MonoBehaviour
{
    public VisualTreeAsset ItemAsset;
    void Start()
    {
        UIDocument document = GetComponent<UIDocument>();
        var root = document.rootVisualElement;

        // 准备数据阶段
        const int itemCount = 10000;
        List<string> items = new List<string>(itemCount);
        for (int i = 0; i <= itemCount; i++)
            items.Add($"我是第{i}个<sprite=3>");

        ListView listview = root.Q<ListView>();

        Func<VisualElement> makeItem = () =>
        {
            // 当出现在屏幕上时开始克隆对象
            return ItemAsset.CloneTree();
        };

        Action<VisualElement, int> bindItem = (e, i) =>
        {
            // 屏幕上的对象已经准备好开始刷新数据
            e.Q<Label>().text = listview.itemsSource[i].ToString();
        };

        listview.selectedIndicesChanged += (indexes) => {
            // 选择某个元素调用
            foreach (var index in indexes)
            {
                Debug.Log($"第{index}个被选择了！");
            }
        };
        // 设置每个 Item 的固定高度
        listview.fixedItemHeight = 100;
        // 设置原始数据
        listview.itemsSource = items;
        listview.makeItem = makeItem;
        listview.bindItem = bindItem;
    }
}
```

图 5-76 循环滑动

目前，ListView 并不支持不规则循环列表，比如游戏中常见的聊天框，因为其中文字的数量不固定，所以对应的高度也就不同。目前官方的意见是，聊天这类特殊的需求只能使用 ScrollView，代价就是代码的执行效率降低。具体如何选择需要开发者自己权衡。如果 ListView 需要转跳到某个 Item 上，可以使用如下代码。

```
listview.ScrollToItem(500);// 转跳到第 500 个元素
```

5.3.7 ListView 事件

上一节介绍了 ListView 的选择事件，但其实 ListView 中还可能会有其他元素，比如点击按钮和文字。如代码清单 5-8 所示，在 bindItem 中就可以对 UI 进行事件监听了。因为是循环列表，所以每次添加监听时都要把之前的删除。

代码清单 5-8 Script_05_09.cs 文件

```
// 关掉 ListView 的选择事件
listview.selectionType = SelectionType.None;
Action<VisualElement, int> bindItem = (e, i) =>
{
    // 屏幕上的对象已经准备好开始刷新数据
    var label = e.Q<Label>();
    var button = e.Q<Button>("button");
    label.text = listview.itemsSource[i].ToString();
    // 因为 Button 对象是循环使用的，所以每次都要清空之前的监听
    button.clickable = null;
    button.clicked += () => { Debug.Log($"点击了第{i}个按钮对象"); };
};
```

如图 5-77 所示，点击 ListView 中的某个子按钮元素后打印点击事件。

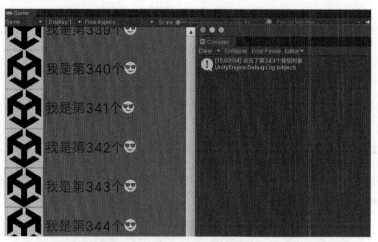

图 5-77　监听子元素

5.3.8　TreeView 组件

TreeView 即树型结构视图。常用的 Hierarchy 视图就是典型的 TreeView，可以展开子节点和孙节点。TreeView 和 ListView 的制作方法类似，而且在原理上也都是可循环的结构。如代码清单 5-9 所示，使用 treeView.SetRootItems 将原始数据添加进去，接着载入的代码和 ListView 基本一样。

代码清单 5-9　Script_05_10.cs 文件

```
public class Script_05_10 : MonoBehaviour
{
    void Start()
    {
        UIDocument document = GetComponent<UIDocument>();
        var root = document.rootVisualElement;

        var treeView = root.Q<TreeView>();
        treeView.selectionType = SelectionType.Multiple;
        // 添加子孙节点
        List<TreeViewItemData<string>> datas = new List<TreeViewItemData<string>>();
        List<TreeViewItemData<string>> child = new List<TreeViewItemData<string>>();
        datas.Add(new TreeViewItemData<string>(0,"A", child));
        child.Add(new TreeViewItemData<string>(1,"B"));
        child.Add(new TreeViewItemData<string>(2,"C"));
        child.Add(new TreeViewItemData<string>(3,"D"));

        treeView.SetRootItems(datas);

        treeView.makeItem = () => new Label() { focusable=true};
        treeView.bindItem = (VisualElement element, int index) =>
            (element as Label).text = treeView.GetItemDataForIndex<string>(index);
        treeView.selectionChanged += (o) => { };
    }
}
```

如图 5-78 所示，TreeView 已经显示出来了，并且支持展开与收缩。

图 5-78 TreeView

5.3.9 GroupBox 组件

GroupBox 是单项选择最基础的容器，默认支持的是 RadioButton，也可以动态扩展。如图 5-79 所示，将 RadioButton 拖入 GroupBox 即可。

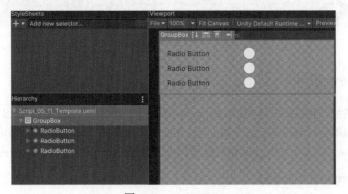

图 5-79 GroupBox

5.3.10 控制组件

如图 5-80 所示，可以在 Hierarchy 视图中拖入 UI 元素，默认是按类型排序的。也可以修改它们的别名，所以要在代码中获取组件，既可以通过类型也可以通过别名。

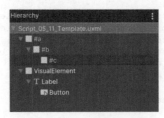

图 5-80 获取对象

1. 获取组件

如下列代码所示，首先需要获取 root 节点的 VisualElement，接着就可以通过 Q 来获取子对象了。

```
UIDocument document = GetComponent<UIDocument>();
var root = document.rootVisualElement
```

如下列代码所示，UI Toolkit 并不支持用"XX/XX/XX"这样通过斜杠标记的路径来读取对象。

```
var element = root.Q<VisualElement>("a/b/c");
```

UI Toolkit 默认支持模糊查找，如下代码即从上到下找到第一个匹配别名是"c"的 UI 对象。

```
var element = root.Q<VisualElement>("c");
```

模糊查找也支持直接按类型查找，如下代码会匹配到第一个满足 Button 对象的组件。

```
var element = root.Q<Button>();
```

如图 5-81 所示，模糊查找的匹配规则和渲染顺序是完全一致的，即从上到下查找。无论是按类型还是按别名匹配，都可能出现同类型、同别名的情况，所以要尽量使用别名，而且别名尽量不要重复。如果别名真的必须重复，那么就需要多层嵌套 Q<T> 了。

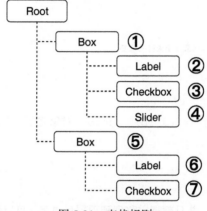

图 5-81　查找规则

如下列代码所示，如果两个别名重复，可以通过嵌套 Q<T> 的方式匹配到对象。

```
var element = root.Q<VisualElement>("c").Q<VisualElement>("c");
```

如果存在多个重复的别名，还能通过 Query 的方式查找遍历，既可以通过别名查找，也可以通过类型查找。

如下代码会返回第一个匹配到的按钮。

```
var element = root.Query<Button>().First();
```

当出现重名情况时，如下代码会返回第一个匹配别名是"a"的按钮。

```
var element = root.Query<Button>("a").First();
```

如下列代码所示，Query 也可以使用 ForEach 的方式遍历所有匹配的节点。

```
root.Query<Label>("label").ForEach((label) => {
    label.text = "xx";// 遍历所有
});
```

如下代码会获取子节点的所有对象。

```
var button = root.Q<Button>();
for (int i = 0; i < button.childCount; i++)
{
    var child = button[i];
}
```

2. 添加移动组件

如下列代码所示，通过 Element 对象就可以给子对象添加 UI 元素了：通过 new 创建对应的 UI 组件并调用 Element.Add() 方法。

```
UIDocument document = GetComponent<UIDocument>();
var root = document.rootVisualElement;
// 给布局添加一个贴图
Image image = new Image();
image.sprite = Resources.Load<Sprite>("icon");
image.style.width = 100;
image.style.height = 200;
root.Add(image);

// 在贴图节点下添加文字，并且插入到第 0 个索引的位置
Label label2 = new Label();
label2.style.fontSize = 40;
label2.text = "添加文本 2";
image.hierarchy.Insert(0, label2);
```

如下代码会设置父节点，将 label 挪到 Button 对象之下，相当于 UGUI 的 Transform 设置 SetParent。

```
var button = root.Q<Button>();
var label = root.Q<Label>();
button.Add(label);
```

如果 label 目前是父节点，并且想把它移到到顶层目录下，可以使用 rootVisualElement，它相当于 Transform 中的 SetParent(null)。

```
document.rootVisualElement.Add(label);
```

设置当前层级 Index 的方法和 UGUI 类似。

```
transform.SetAsFirstSibling();
transform.SetAsLastSibling();
transform.SetSiblingIndex(newIndex);

myVisualElement.SendToBack();
myVisualElement.BringToFront();
myVisualElement.PlaceBehind(sibling);
myVisualElement.PlaceInFront(sibling);
```

3. 删除组件

调用 Remove() 方法即可删除一个组件，如下代码会删除 Button 节点下的 Label 组件。

```
var button = root.Q<Button>();
var label = button.Q<Label>();
button.Remove(label);
```

如下代码会删除 Button 子节点中的第 0 个元素。

```
var button = root.Q<Button>();
button.RemoveAt(0);
```

如下代码会删除自身对象，删除父节点会一起删除所有子节点。

```
var label = button.Q<Label>();
label.RemoveFromHierarchy();
```

4. 隐藏与显示对象

使用 display 隐藏对象会同时隐藏它的显示与布局区域。

```
var button = root.Q<Button>();
// 并不会隐藏，只是不能控制
button.SetEnabled(false);
// 隐藏对象
button.style.display = DisplayStyle.None;
// 显示对象
button.style.display = DisplayStyle.Flex;
```

使用 visibility 隐藏对象时会保留元素的布局区域，只是单纯不显示，布局区域可以用于计算位置与自动布局。

```
button.style.visibility = Visibility.Hidden;
button.style.visibility = Visibility.Visible;
```

5.3.11 加载与嵌套

在 UGUI 中，通常会将重复使用的 UI 制作成 Prefab 供所有的界面嵌套使用，如果简单的 UI 也能以创建游戏对象并动态绑定 UI 组件的方式实现就好了。如图 5-82 所示，可以提前做一个样式（见❶），接着把它拖入界面的布局文件。这样，被嵌套的 UI 不可在新布局中编辑，呈现只读的状态。

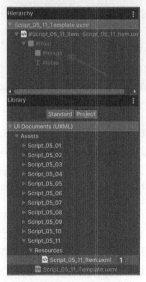

图 5-82　嵌套

如代码清单 5-10 所示，运行时加载更容易了，可以通过 Resources.Load 的方式加载，然后克隆到 Hierarchy 视图中。

代码清单 5-10   Script_05_11.cs 文件

```
public class Script_05_11 : MonoBehaviour
{
    void Start()
    {
        UIDocument document = GetComponent<UIDocument>();
        var root = document.rootVisualElement;
        var visualTreeAsset = Resources.Load<VisualTreeAsset>("Script_05_11_Item");
        var template = visualTreeAsset.CloneTree();
        root.Add(template);// 克隆到 Hierarchy 视图中
        template.Q<Label>().text = "更换文字";
    }
}
```

5.3.12   自适应 UI

UI Toolkit 的屏幕自适应几乎和 UGUI 一样。如图 5-83 所示，既可以修改原有界面的 Panel Settings，也可以创建一个新的，只要将它绑定到 UIDocument（见❶）上即可。

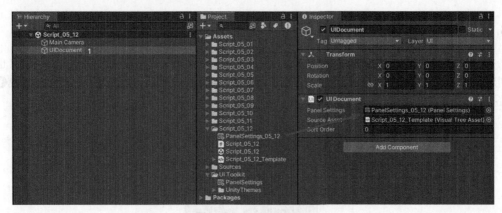

图 5-83   Panel Settings

如图 5-84 所示，屏幕自适应和 UGUI 的设置完全一样：将 Scale Mode 改成 Scale With Screen Size，在 Screen Match Mode 中选择 Expand，在 Reference Resolution 中设置制作界面时的分辨率。运行时会根据当前的屏幕尺寸来动态拉伸界面，从而实现界面自适应。前面介绍过，一部分 UI 可以设置在屏幕的 4 个角上，比如常见手游中左下角的摇杆、右下角的技能图标、左上角的角色头像和右上角的小地图等，它们也是自适应的一部分。

设置在屏幕左上角、左下角、右上角、右下角的方法之前已经介绍过，这里不再赘述。这里主要讲正常的 UI 界面的自适应，比如打开背包界面后出现的背包格子等。背包界面通常会居中显示在屏幕上，而且背包格子在横向和纵向的显示数量是固定的，并不会根据屏幕尺寸的变化而变化，所以游戏通常需要按整个界面来做自适应。

图 5-84　自适应布局

　　如图 5-85 所示,首先需要将整个界面设置为居中对齐。我们将开发分辨率设定为 1920 像素 × 1080 像素,所以界面居中的区域是绝对坐标,并且宽高被强制设置为 800 像素 × 800 像素。也就是说,虽然屏幕的尺寸可能发生变化,但是界面相于整个屏幕永远都是居中并且保持相对比例的。

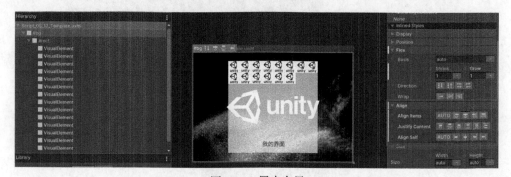

图 5-85　居中布局

　　1920 像素 × 1080 像素的屏幕的宽高比是 16∶9,如果游戏运行窗口的宽高比与 16∶9 差别不大,肯定能得到良好的自适应结果。如图 5-86 所示,我们来设置一个极端的屏幕比例。在这种情况下,虽然整个界面被缩小,但是界面中的所有元素都显示出来了。所以说,屏幕自适应的原则就是接受整体界面的拉伸和压缩,但是不接受界面元素超出屏幕。本例详见随书代码工程 Script_05_12。

图 5-86　自适应界面

5.3.13　动态图集

UI Toolkit 是支持 Sprite 图集的，使用方法和 UGUI 完全一样，而且图集格式也完全一样。这里主要想介绍它对动态图集的支持，即将运行期间显示的图片打包在一张动态图集中。一个游戏中的技能图标可能有好几千个，如果打包在静态图集中，势必会得到一张很大的贴图，而且只要游戏中用了其中的一个图标，那就意味着要将整张贴图载入内存。如图 5-87 所示，打开 Frame Debugger。这里使用了两张图片，此时它们被打包到了一张动态图集中，这样只需要一次 Draw Call 就完成了绘制，而且当动态图集中的图片不再使用时，系统会自动移除它。

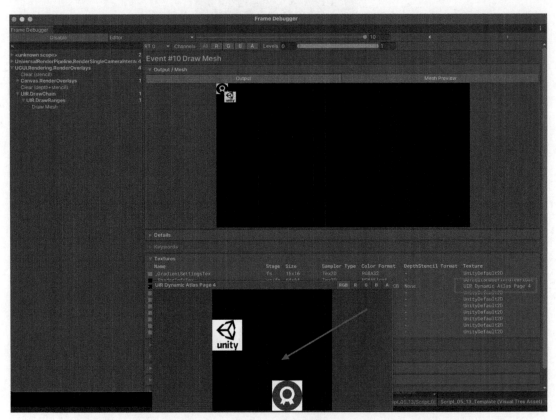

图 5-87　动态图集

因为合并动态图集是需要时间的，所以并不是所有图片都能进行动态的合并。如图 5-88 所示，可以在 Dynamic Atlas_Settings 中配置动态图集的合并规则，也可以在代码中为 `PanelSettings.dynamicAtlasSettings` 动态设置以下参数。

❑ Min Atlas Size：最小图集大小，根据图片的数量慢慢动态扩容。

❑ Max Atlas Size：最大图集大小，数值超过 4096 后不再进行合并，而是会再分配一个新的动态图集。

❑ Max Sub Texture Size：参与合并图集的大小，这设置为 128 表示当图片小于或等于 128 像素时就会进行动态图集合并。

❑ Active Filters：过滤器，让一部分满足条件的图片不进行合并。

图 5-88　动态图集设置

5.3.14　自定义 UI 组件

本节几乎介绍了 UI Toolkit 自带的所有 UI 组件，但是在实际的项目中，肯定会有自定义 UI 组件的需求。如代码清单 5-11 所示，`CustomElement` 继承 `TextElement` 对象，在文本初始化时可以给它强制设置一些自定义信息，比如文本的内容、字体大小、颜色等。

代码清单 5-11　CustomElement.cs 文件

```
public class CustomElement : TextElement
{
    public new class UxmlFactory : UxmlFactory<CustomElement, UxmlTraits> { }

    public new class UxmlTraits : VisualElement.UxmlTraits
    {
        // 文本的初始化内容
        UxmlStringAttributeDescription m_String =
            new UxmlStringAttributeDescription { name = "string-attr", defaultValue =
                "hello<sprite=0>world" };

        public override IEnumerable<UxmlChildElementDescription> uxmlChildElementsDescription
        {
            get { yield break; }
        }

        public override void Init(VisualElement ve, IUxmlAttributes bag, CreationContext cc)
        {
            base.Init(ve, bag, cc);
            var ate = ve as CustomElement;
            ate.stringAttr = m_String.GetValueFromBag(bag, cc);
            var textElement = (TextElement)ve;
            // 在这里设置文本初始化内容
            textElement.text = ate.stringAttr;
            textElement.style.fontSize = 50;
            textElement.style.color = Color.red;
            textElement.enableRichText = true;
            textElement.displayTooltipWhenElided = true;
        }
    }
    public string stringAttr { get; set; }
}
```

如图 5-89 所示，自定义节点会保存在 Library 视图的 Project 标签页中，直接将它拖入 Hierarchy 视图即可预览结果。

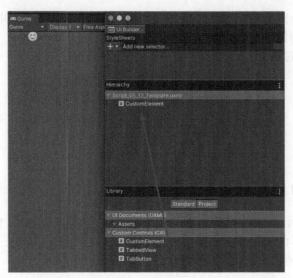

图 5-89 自定义文本

5.4 事件系统

事件系统大致可分为两类。第一类用于响应 UI 的操作事件，事件的种类有很多，如点击事件、拖动事件、键盘事件、鼠标事件等。第二类用于监听 UI 组件的变化事件，比如监听 Slider 组件的变化事件，或者监听输入框组件中的输入内容等。

5.4.1 点击事件

点击事件是添加在 UI 组件中的，比如点击 UI 后让逻辑层捕获到这个事件。首先需要设置 UI 是否支持点击，如图 5-90 所示，在 Picking Mode 中选择 Position 表示按矩形拾取（见❶），Ignore 则表示不支持点击。

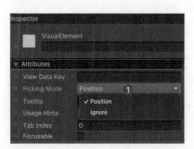

图 5-90 拾取模式

如下列代码所示，可以在自定义组件中重写 ContainsPoint() 方法来判断是否发生了点击事件，通常用于不规则点击区域。

```
public override bool ContainsPoint(Vector2 localPoint)
{
    return base.ContainsPoint(localPoint);
}
```

如下列代码所示，使用 RegisterCallback 可以给任意 UI 添加一个点击事件。

```
var label = root.Q<Label>();
label.RegisterCallback<ClickEvent>((evt)=> {
    Debug.Log("click");
});
```

在 UI 系统中，除了 ClickEvent 事件以外，还有其他事件，监听方法和监听 ClickEvent 一样。

- ❑ PointerDownEvent：按下事件。
- ❑ PointerUpEvent：抬起事件。
- ❑ PointerMoveEvent：移动事件。
- ❑ PointerEnterEvent：进入可视区域（包括子节点）事件。
- ❑ PointerLeaveEvent：离开可视区域（包括子节点）事件。
- ❑ PointerOverEvent：悬停在可视区域事件上。
- ❑ PointerOutEvent：离开可视区域事件。
- ❑ PointerStationaryEvent：停留事件，当鼠标或手指在系统确定的设定时间内没有动作时发送。
- ❑ PointerCancelEvent：取消事件。

5.4.2 焦点事件

焦点事件和点击事件是不同的，点击行为可以影响任何 UI，而焦点事件属于一种控制行为，比如对 UI 的选择行为，或者输入框只有拥有焦点才能进行输入。如图 5-91 所示，Focusable 表示是否启动焦点（见❶）。

图 5-91　支持焦点

如下列代码所示，监听焦点事件和监听点击事件类似，只是要传入不同类型的泛型参数。

```
var textField = root.Q<TextField>();
textField.RegisterCallback<FocusOutEvent>((evt)=> {
    Debug.Log("失去焦点之前发送");
});
textField.RegisterCallback<FocusInEvent>((evt) => {
```

```
        Debug.Log("获得焦点之前发送");
    });
    textField.RegisterCallback<BlurEvent>((evt) => {
        Debug.Log("失去焦点之后发送");
    });
    textField.RegisterCallback<FocusEvent>((evt) => {
        Debug.Log("获取焦点之后发送");
    });
```

5.4.3 键盘事件

键盘事件需要作用在一个布局之上，如果想做一个全局事件，可以将它添加在顶层布局上，但需要让顶层布局获取焦点。如下列代码所示，Focus 让顶层布局获取焦点，然后就是监听按下与抬起事件了。

- ❑ ev.keyCode：表示按下的枚举，如 KeyCode.A。
- ❑ ev.character：表示按键的字符，如 a。
- ❑ ev.modifiers：表示功能键，比如 Command+A，这里就会输出 Command。

```
void Start()
{
    UIDocument document = GetComponent<UIDocument>();
    var root = document.rootVisualElement;
    // 强制让顶层布局获得焦点
    root.focusable = true;
    root.Focus();
    // 监听按下抬起事件
    root.RegisterCallback<KeyDownEvent>(OnKeyDown, TrickleDown.TrickleDown);
    root.RegisterCallback<KeyUpEvent>(OnKeyUp, TrickleDown.TrickleDown);
}
void OnKeyDown(KeyDownEvent ev) { }

void OnKeyUp(KeyUpEvent ev) { }
```

5.4.4 拖动事件

拖动就是选中一个 UI 元素并让它跟着鼠标移动。虽然使用 Input.mousePosition 可以取到当前鼠标的位置，但是它的单位和 UI Toolkit 的 UI 单位不匹配，如代码清单 5-12 所示，需要使用 RuntimePanelUtils.ScreenToPanel 进行转换。

代码清单 5-12　Script_05_14.cs 文件

```
public class Script_05_14 : MonoBehaviour
{
    VisualElement m_Image;
    void Start()
    {
        UIDocument document = GetComponent<UIDocument>();
        var root = document.rootVisualElement;
        m_Image = root.Q<VisualElement>();
        m_Image.RegisterCallback<PointerDownEvent>(OnPointerDown);
        m_Image.RegisterCallback<PointerMoveEvent>(OnPointerMove);
        m_Image.RegisterCallback<PointerUpEvent>(OnPointerUp);
    }
```

```
bool m_Moving = false;
private void OnPointerDown(PointerDownEvent evt)
{
    m_Moving = true;
}
private void OnPointerMove(PointerMoveEvent evt)
{
    if (m_Moving)
    {
        var pos = new Vector2(Input.mousePosition.x, Screen.height - Input.mousePosition.y);
        // 转换自适应后的UI坐标
        pos = RuntimePanelUtils.ScreenToPanel(m_Image.panel, pos);
        // 图片的宽高均为200像素，这里需要取中心点
        pos.x -= 200f/ 2f;
        pos.y -= 200f/ 2f;
        // 设置坐标
        m_Image.transform.position = pos;
    }
}

private void OnPointerUp(PointerUpEvent evt)
{
    m_Moving = false;
}
}
```

如图 5-92 所示，可以在任意分辨率下自由地拖动图片。

图 5-92　拖动图标

5.5　进阶技巧

我们前面对 UI Builder 和 UI Toolkit 进行了系统的学习，本节则列举一些实战练习来巩固我们所学的知识。

5.5.1　3D 与 2D 坐标转换

3D 与 2D 坐标转换，最典型的例子就是角色头顶的血条，在 3D 角色的位置发生变化的同时，2D 血条也要跟着移动。如图 5-93 所示，我们制作了一个简单的血条，并且保证子 UI 处于居中状态，它会跟着摄像机或 3D 物体移动。

图 5-93　制作 UI

如代码清单 5-13 所示，通过 `RuntimePanelUtils.CameraTransformWorldToPanel` 将立方体上方的 3D 坐标换算成 2D 坐标。

代码清单 5-13　Script_05_15.cs 文件

```
public class Script_05_15 : MonoBehaviour
{
    public Transform Cube3D;
    private VisualElement UI;

    void Start()
    {
        UIDocument document = GetComponent<UIDocument>();
        var root = document.rootVisualElement;
        UI = root.Q<VisualElement>("image");
    }

    void Update()
    {
        UI.transform.position =
            RuntimePanelUtils.CameraTransformWorldToPanel(UI.panel, Cube3D.position, Camera.main);
    }
}
```

如图 5-94 所示，移动立方体 3D 对象后，会实时计算 UI 的位置来刷新血条的坐标。

图 5-94　血条

5.5.2　覆盖样式

系统自带的 UI 组件会被添加一些默认样式，如图 5-95 所示，按钮被拖入后默认是这样的结果。如果希望改变按钮的默认样式，就需要使用覆盖样式的功能了。

图 5-95　按钮

　　每个 UI 组件都自带默认样式，按钮的默认样式是.unity-text-element（按钮中的文本样式）和.unity-button（按钮样式）。如图 5-96 所示，在 Style Class List 下方双击样式后会在右上角创建相应的默认样式，接着就可以修改默认样式了。这样就实现了覆盖按钮原本的样式。

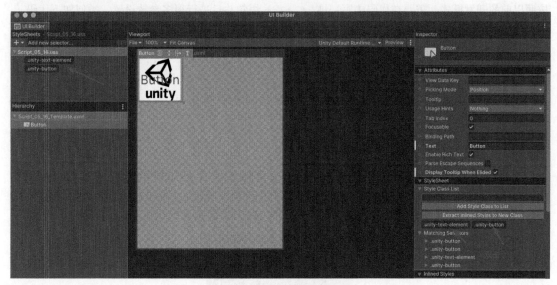

图 5-96　添加样式

　　如图 5-97 所示，我们将.unity-text-element 中的文本颜色改成红色，在.unity-button 中添加按钮的背景图。修改完毕后再拖入 Button 组件就会按这个新的样式来绘制了。

图 5-97　覆盖样式

　　假如创建了一个样式.style。如下列代码所示，如果想动态添加或者删除样式，可以通过 AddTo-ClassList 或者 RemoveFromClassList 实现。

```
root.Q<Button>().AddToClassList("style");
root.Q<Button>().RemoveFromClassList("style");
```

5.5.3　多样式管理

在特定逻辑下，需要切换界面中多个元素的数据，例如修改坐标、修改颜色、控制隐藏或显示。按照以前的开发模式，需要在代码中写一堆 if else 语句并且进行很多参数设置，类似如下代码。

```
if(条件1)
{
  button.color=xx;
  image.position=xx;
  gameobject.active=false;
}else if(条件2)
{
  button.color=xx;
  image.position=xx;
  gameobject.active=true;
}
```

如图 5-98 所示，创建两个样式，分别设置 image 的贴图和 text 的文本颜色。虽然也可以在代码中动态设置它们，但是如果界面很复杂，就需要在代码中改动很多变量。通过样式的配置可以将这部分工作转交给 UI 策划（组合界面的人员），这样只需要为程序设置对应的状态就可以得到切换的效果。

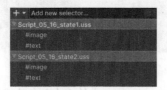

图 5-98　创建样式

如代码清单 5-14 所示，在代码中设置不同的状态即可，不需要写一堆具体设置属性的代码。这样，无论界面多么复杂，修改程序的代码都是一样的。

代码清单 5-14　Script_05_16.cs 文件

```
public class Script_05_16 : MonoBehaviour
{
    public StyleSheet StyleSheet1;
    public StyleSheet StyleSheet2;

    private VisualElement m_Root;
    void Start()
    {
        UIDocument document = GetComponent<UIDocument>();
        m_Root = document.rootVisualElement;

        // 清空默认样式
        m_Root.styleSheets.Clear();

        m_Root.Q<Button>("style1").clicked += () => {
            SetState(StyleSheet1);
        };
        m_Root.Q<Button>("style2").clicked += () => {
            SetState(StyleSheet2);
        };
    }
```

```
// 切换状态
void SetState(StyleSheet style)
{
    m_Root.styleSheets.Clear();
    m_Root.styleSheets.Add(style);
}
}
```

如图 5-99 所示，点击样式切换按钮即可切换样式。

图 5-99　切换样式

5.5.4　调试

UI Toolkit 有很多内置的样式，虽然可以用样式覆盖的功能来调整默认样式，但前提是必须知道样式的名称。其实，还可以配合调试工具来查看，在导航菜单栏中选择 Windows→UIToolkit→Debugger 即可打开调试窗口。

如图 5-100 所示，如果 ListView 打开了选择事件，当选择一个 Item 时会有一个默认的选中颜色（见❶），如果想更改它的颜色就需要找到对应的选择样式。在调试窗口中可以找到它的样式是 .unity-collection-view__item--selected，那么只需要创建一个同名的样式直接修改它的内容即可。对于其他 UI 组件的类似修改需求，也可以通过调试窗口定位。

图 5-100　调试

5.5.5　编辑器窗口面板

　　UI Toolkit 同时支持编辑模式与运行模式下的 UI，两者基本上相互兼容，只是 Edtior 中会有一些额外的布局组件。如图 5-101 所示，只需要将预览皮肤改成 Dark Editor Theme，就可以直接将 UI 切换到编辑器模式下。UI Toolkit 默认提供了编辑和运行模式的皮肤，也可以通过 UI Toolkit→TTS Theme File 来创建新的。

图 5-101　编辑器窗口面板

　　整个布局的制作几乎完全一样，因为是在 Editor 模式下，所以需要创建一个编辑窗口并且将布局文件载入。如代码清单 5-15 所示，代码继承 EditorWindow 并且放到了 Editor 文件夹下，然后通过 GetWindow 方法将窗口打开，接着就和正常 UI 系统中的操作完全一样了。

代码清单 5-15　Script_05_17.cs 文件

```
public class Script_05_17: EditorWindow
{
    [MenuItem("UIToolkit/Script_05_17")]
    public static void ShowExample17()
    {
        EditorWindow wnd = GetWindow<Script_05_17>();
        wnd.titleContent = new GUIContent("ShowExample17");
    }
    public void CreateGUI()
    {
        // 加载布局文件，并且实例化到窗口中
        var visualTree = AssetDatabase.LoadAssetAtPath<VisualTreeAsset>("Assets/Script_05_17/
            Script_05_17_Template.uxml");
        rootVisualElement.Add(visualTree.Instantiate());

        // 监听事件
        rootVisualElement.Q<Button>().clicked += () => { Debug.Log("click"); };
        rootVisualElement.Q<Toggle>().RegisterValueChangedCallback((change) => {
            Debug.Log(change.newValue);
        });
    }
}
```

　　如下列代码所示，如果还有一部分旧的 IMGUI 代码，可以通过 IMGUIContainer 来绘制，以便对旧代码进行一定程度的兼容。

```
IMGUIContainer iMGUIContainer = rootVisualElement.Q<IMGUIContainer>();
iMGUIContainer.onGUIHandler = () =>
{
    GUILayout.Button("我是IMGUI");
};
```

接着在导航菜单栏中选择 UIToolkit→Script_05_17。如图 5-102 所示，编辑窗口已经打开。编辑模式下的 UI 和运行时的 UI 在显示上有些不同，但逻辑上是完全一样的。

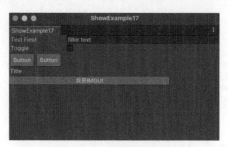

图 5-102　编辑器面板

5.5.6　编辑器脚本面板

脚本的面板是支持 UI 扩展的，传统的方式是自己写 GUI 面板，使用 UI Toolkit 则更加方便。如图 5-103 所示，面板扩展需要将 UI 与脚本中的元素绑定。如图 5-104 所示，做完编辑面板以后需要将脚本变量名输入 UI 来实现两者的绑定。

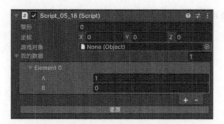

图 5-103　编辑器脚本面板

图 5-104　绑定变量

如代码清单 5-16 所示，在 `CreateInspectorGUI()` 方法中加载布局文件。布局文件中有一个自定义按钮，也可以通过 `Q<Button>` 的方式加载它并且监听它的点击事件。

代码清单 5-16　Script_05_18.cs 文件

```
public class Script_05_18 : MonoBehaviour
{
    [System.Serializable]
    public class Data
    {
        public float a;
        public int b;
    }
    public int MyValue;
    public Vector2 MyPosition;
    public GameObject MyGameObject;
    public List<Data> MyData;
}

#if UNITY_EDITOR
[CustomEditor(typeof(Script_05_18))]
public class Script_05_18Editor : Editor
{
    public override VisualElement CreateInspectorGUI()
    {
        VisualElement inspector = new VisualElement();
        VisualTreeAsset visualTree = AssetDatabase.LoadAssetAtPath<VisualTreeAsset>("Assets/
            Script_05_18/Script_05_18_Template.uxml");
        visualTree.CloneTree(inspector);

        inspector.Q<Button>().clicked += () =>
        {
            Debug.Log("点击按钮");
        };

        return inspector;
    }
}
#endif
```

5.5.7　编辑器组合面板

上一节介绍了如何将脚本与编辑面板绑定，但实际中可能需要某些 UI 是自定义渲染的，而且自定义渲染还要和一部分绑定面板的属性混合使用。如图 5-105 所示，在面板中只绑定一个整型变量。

图 5-105　整型变量

如代码清单 5-17 所示，通过变量名可以创建 `PropertyField` 对象，然后将其添加到 `VisualElement` 父对象中，这样变量就会按系统默认的方式渲染。还可以使用 `IMGUIContainer` 对象，这样更加灵活，变量会完全由代码来绘制。如图 5-106 所示，自定义绘制变量的结果如下。

代码清单 5-17　Script_05_19.cs 文件

```csharp
public class Script_05_19 : MonoBehaviour
{
    public int MyValue;
    public float MyCustomFloat;
    public List<int> MyIntArray;
}

#if UNITY_EDITOR
[CustomEditor(typeof(Script_05_19))]
public class Script_05_19Editor : Editor
{
    public override VisualElement CreateInspectorGUI()
    {
        // 通过在面板中绑定数据
        VisualElement inspector = new VisualElement();
        VisualTreeAsset visualTree = AssetDatabase.LoadAssetAtPath<VisualTreeAsset>("Assets/
            Script_05_19/Script_05_19_Template.uxml");
        visualTree.CloneTree(inspector);

        // 绘制默认属性
        PropertyField element = new PropertyField(serializedObject.FindProperty("MyIntArray"),"我的数组");
        inspector.Add(element);

        // 通过 IMGUI 的方式绘制
        IMGUIContainer iMGUIContainer = new IMGUIContainer();
        iMGUIContainer.onGUIHandler = () =>
        {
            serializedObject.Update();
            SerializedProperty property = serializedObject.FindProperty("MyCustomFloat");
            property.floatValue = EditorGUILayout.FloatField(new GUIContent("我的浮点"),
                property.floatValue);
            serializedObject.ApplyModifiedProperties();
        };
        inspector.Add(iMGUIContainer);
        return inspector;
    }
}
#endif
```

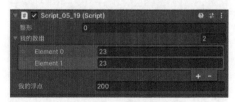

图 5-106　自定义绘制

5.5.8　布局与裁剪

UI Toolkit 的默认布局支持水平布局、垂直布局和表格布局。如图 5-107 所示，在顶层创建 Horizontal（Visual Element）节点（见❶），并且设置绝对坐标区域，就可以在屏幕上拉伸一个需要裁剪的区域了。

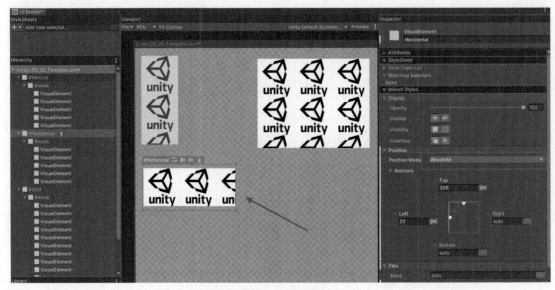

图 5-107　布局

如图 5-108 所示，接着为下方的 Mask 节点设置相对坐标区域，并且设置垂直排列。最后在 Overflow 处选择裁剪模式，就可以裁剪 UI 元素了。

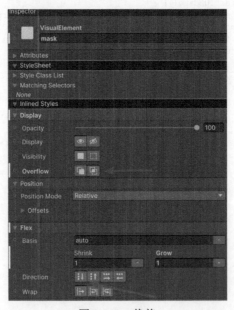

图 5-108　裁剪

无论是水平、垂直还是表格的方式，都可以这样裁剪 UI。默认的 ScrollView、ListView 也是按照这种方式来裁剪 UI 的。本例详见代码工程 Script_05_20。

5.5.9 与 UGUI 混合使用

目前，UI Toolkit 并不支持通过摄像机渲染，如果 UGUI 采用的是摄像机渲染，那么 UI Toolkit 始终渲染在最后。只有 Canvas 使用的是 Screen Space - Overlay 模式，才会根据 Sort Order 的顺序渲染。如图 5-109 所示，Sort Order 中可单独设置每个 UI Toolkit 界面的排序。

如图 5-110 所示，此时因为 UI Toolkit 中的 Sort Order 设置的是 0，所以只需要将 UGUI 的 Canvas 设置成 1 就可以挡住 UI Toolkit 的按钮。

图 5-109 Sort Order

图 5-110 排序

5.5.10 UI 动画

5.2 节介绍了通过 USS 配置界面动画，除此之外，使用 UI Toolkit 还能以代码的方式操作动画。这就是常用的 Tween 动画。我们之前的项目都在使用 DoTween 这样的第三方插件，而 Tween 现在被引擎内置了。无论哪种动画，都只需要提供初始值、最终值、持续时间和轨迹就可以播放了。如代码清单 5-18 所示，UI Toolkit 为坐标、旋转、缩放、大小都提供了快捷设置方式。对于颜色和字体大小等，UI Toolkit 还提供了 Callback 的动画监听方式。

代码清单 5-18　Script_05_21.cs 文件

```
public class Script_05_21 : MonoBehaviour
{
    void Start()
    {
        UIDocument document = GetComponent<UIDocument>();
        var root = document.rootVisualElement;

        var button = root.Q<Button>();

        button.clicked += () =>
        {
            // 设置坐标
            button.experimental.animation.TopLeft(new Vector2(500, 300), 1000).Ease(Easing.Linear);
            // 设置缩放
            button.experimental.animation.Scale(2f, 1000).Ease(Easing.Linear);
            // 设置颜色
            button.experimental.animation.Start(button.style.backgroundColor.value, Color.red, 1000,
                (a, b) =>
            {
                a.style.backgroundColor = b;
            }).Ease(Easing.Linear);
        };
    }
}
```

通过命名空间可以看出，experimental 表示 API 暂时是实验性的，Tween 动画的 API 未来可能会被修改。

5.6　UI Toolkit 渲染

UI Toolkit 是站在 UGUI 和 IMGUI 的肩膀上开发出来的 UI 系统，从设计上吸取了它们的经验和教训。它同时支持运行和编辑模式下的 UI 系统，提供了 UI Builder 编辑器，并且对性能进行了足够多的优化，在运行时比 UGUI 和 IMGUI 的性能要高很多。

5.6.1　IMGUI

IMGUI 是 Unity 早期推出的 UI 系统，并没有考虑 Draw Call 的优化：每一个图元都需要单独设置渲染状态，这就会产生新的 Draw Call，导致运行时效率非常低下。由于编辑模式下的 UI 通常比较简单，而且不太在意效率，因此目前 IMGUI 被广泛应用在编辑器 UI 中。通过 UI Toolkit，官方已经放弃了这种方式，但是可能还有一些旧代码需要使用它。如下列代码所示，GUILayout 和 EditorLayout 的相关 API 绘制出来的 UI 都属于 IMGUI。

```
void OnGUI()
{
    GUILayout.Label("文本");
}
```

5.6.2　UGUI

因为 IMGUI 的性能比较低，所以早期在 Asset Store 中诞生了类似 NGUI 的 UI 插件，它会在每帧渲染前将所有有变化的界面 UI 合并在一个 Mesh 中，每个顶点会记录图集中的 UV 信息。这样，在渲染的时候只需要设置一次渲染状态，使用同一个图集的 UI 就可以通过一次 Draw Call 绘制完毕，极大地提升性能。

界面中的 UI 元素是非常复杂的，只要 UI 发生变化就需要重新合并一次 Mesh，所以 NGUI 的性能瓶颈在合并 Mesh 的效率上。后来，Unity 官方提供了 UGUI，它的工作原理与 NGUI 类似，区别是官方可以将存在性能瓶颈的地方写在 C++ 底层中。但是 UGUI 毕竟还是采用了基于游戏对象的工作方式，整体来说性能还是比较差，尤其是要搭配 Layout 组件使用，UI 元素多了特别容易造成界面卡顿。

5.6.3　图集

UGUI 的图集和 UI Toolkit 的图集是互通的，准确地说它们因为支持 Sprite 格式贴图，所以就支持了图集功能。但是 UGUI 必须使用同一张图集才能合并成一个 Draw Call，而 UI Toolkit 不是，它在底层实现了一个大的 Uber Shader（超级着色器）。如图 5-111 所示，UI Toolkit 一共支持 8 张贴图的合并，文字也属于图片的一种。只要界面的渲染顺序中有不超过 8 张贴图，就能合并成一个 Draw Call。

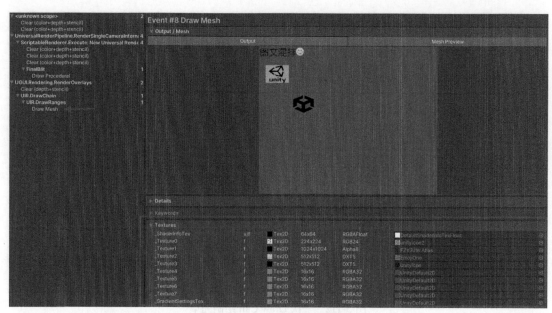

图 5-111   UI Toolkit 图集绘制

它还支持 GPU 信息的读取与写入，比如位置和裁剪信息会写入_ShaderInfoTex 贴图，这样就不需要每帧从 CPU 传入了，理论上只在变化的时候修改贴图即可。它还支持矢量图的使用，将矢量图保存在_GradientSettingsTex 中。

如下列代码所示，如果不使用 GPU 记录，位置与裁剪信息将通过 CBUFFER 由 CPU 每帧传入。

```
// GPU 信息
sampler2D _ShaderInfoTex;
float4 _ShaderInfoTex_TexelSize;


#if !UIE_SHADER_INFO_IN_VS

// CPU 信息
CBUFFER_START(UITransforms)
float4 _Transforms[UIE_SKIN_ELEMS_COUNT_MAX_CONSTANTS * 3];
CBUFFER_END

CBUFFER_START(UIClipRects)
float4 _ClipRects[UIE_SKIN_ELEMS_COUNT_MAX_CONSTANTS];
CBUFFER_END

#endif
```

按照 UI Toolkit 的原理，几乎所有界面都可以用一次 Draw Call 绘制完毕。一个比较典型的例子是，游戏中角色的头顶名字和血条。如图 5-112 所示，无论有多少角色，所有 UI 都可以用一次 Draw Call 绘制完毕，性能突飞猛进。

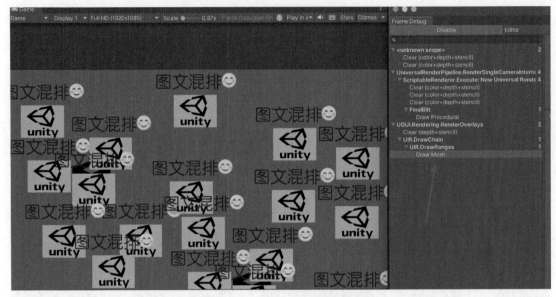

图 5-112　一次 Draw Call 绘制完毕

5.6.4　UI Toolkit 与 UGUI 的比较

1. 性能上

❑ UGUI 虽然将 Mesh 合并在一起，但因为图集是分开的，所以需要单独提交不同的纹理给 GPU，导致 Draw Call 可能依然很多。

❑ 在 UGUI 中，图片和文字无法合并在一起，最终由于界面叠层，依然会产生较多 Draw Call。

❑ UI Toolkit 在 GPU 中分配了一块 Buffer（缓冲区）来保存 VB/IB（顶点缓存/索引缓存）。当界面发生变化时，只需要将变化的 VB/IB 传入 GPU；当界面元素发生变化时，只需要将内存偏移传入。这样只需要较小的代价就能绘制出游戏界面。

2. 使用上

❑ UI Toolkit 支持运行时动态图集，大部分零散的小图可以被动态合并在一张图中，减少了 Draw Call 的数量。UGUI 则只支持静态图集。

❑ UI Toolkit 支持 UI 抗锯齿。UGUI 则不支持。

❑ UI Toolkit 支持全局样式修改。UGUI 如果一开始没有使用 Prefab 嵌套，则后期很难批量修改。

❑ UI Toolkit 支持矢量图、程序边框、圆角等。

❑ UI Toolkit 支持 CSS 过渡动画。UGUI 则需要接入第三方插件。

❑ UI Toolkit 是全新的 UI 渲染引擎，性能更好。

3. UI Toolkit 目前的不足

❑ 不支持自定义材质和 Shader。

□ 不支持 Camera 模式，无法实现 UI 与 3D 或者粒子之间的叠层。

□ 不支持 Mask 裁剪，只支持矩形裁剪。

□ 不支持 Timeline 和 Animation 中的 K 帧动画。

UI Toolkit 的 Roadmap 中提到以上特性会在未来陆续支持，请耐心等待。

4. UI Toolkit 的推荐使用场景

□ 大量角色的头顶名字和血条。

□ 大量掉血数字图文混排。

□ 对性能有要求的界面：

- 战斗界面优化，配合动态图集让战斗界面用一个 Draw Call 绘制完毕；
- MMO、SLG 游戏全屏下的头顶文字图文混排用一个 Draw Call 绘制完毕；
- 打怪时频繁跳动的掉血数字，低成本提交 VB/IB 方案，用一个 Draw Call 绘制完毕。

5.7 UI Toolkit 学习资料

推荐学习官方 Demo。Unity 在 Asset Store 上开源了一个完成度较高的界面，全部是使用 UI Toolkit 制作的。如图 5-113 所示，大家可以免费下载。

图 5-113 官方 Demo

如图 5-114 所示，这个复杂的界面不仅带粒子特效，还包含裁剪效果等。它一共只需要 9 个 Draw Call 就能绘制完毕，这在 UGUI 中几乎是不可能做到的。

图 5-114　角色界面

5.8　小结

我们首先学习了 UI Builder 编辑器，它可以方便开发者布局复杂的界面，而不需要手写 UXML 和 USS 文件。接着，我们学习了如何在 UI Toolkit 中使用所有的 UI 组件，以及如何在脚本中控制它们。最后学习了 UI Toolkit 的工作原理，它到底是如何做到只用一个 Draw Call 完成所有界面的绘制的，以及为什么 IMGUI 和 UGUI 无法做到这一点。

从表面上看，UI Toolkit 参考了 Web 技术采用 XML 和 CSS 的方案，但从原理的角度来说，它确实要比 UGUI 的设计理念更加先进，其实更适用于游戏界面的开发。虽然目前 UI Toolkit 也有一些不足，但通过官方的 Roadmap 来看，一些特性很快就会得到支持。

第6章

2D 游戏开发

在第 4 章和第 5 章中，我们了解了 Unity 的 UGUI 系统和 UI Toolkit 系统，可能会有人问，能否直接用 UI 来开发 2D 游戏。这在原则上是可以的，不过最好不要这么做。UGUI 的最大特点是利用 Canvas 动态合并 Mesh，来保证 UI 的渲染效率。对于 2D 游戏，如果角色本身是 UGUI 元素，那么一旦控制角色进行移动，每一帧都会触发 Canvas 合并 Mesh，这势必会带来额外的性能开销。在 2D 游戏中，Unity 提供了 Sprite Renderer 组件，它可以配合 Animator 组件来控制播放 2D 精灵动画。2D 系统目前已经支持 2D 骨骼动画，以进一步减少内存占用。此外，Unity 还具有强大的物理引擎和碰撞事件等特性。在 Unity 2023 中，首先需要安装 2D 环境。如图 6-1 所示，在 Package Manager 里中选择 2D（见❶），接着点击 Install 即可开始安装 2D 环境。它一共包含如下 7 个 2D 开发包。

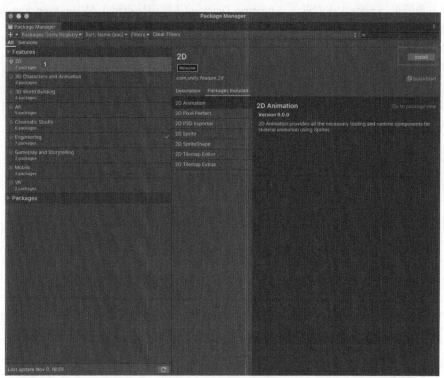

图 6-1　安装 2D 环境

❑ 2D Animation：2D 骨骼动画。与帧动画的形式相比，使用 2D 绑定骨骼制作出的动画效果更好，连飘带一类的动画也可以得到很好的支持，而且可以减少内存占用。帧动画只能实现角色自身的变形，而飘带和手臂旋转一类的动画则无法满足。

❑ 2D Pixel Perfect：2D 像素风游戏包，保持像素风格类型的游戏在任何分辨率的显示设备上都能有较好的清晰度。

❑ 2D PSD Importer：将在 Adobe Photoshop 中制作的精灵导入 Unity 并且生成精灵的 Prefab。

❑ 2D Sprite：2D 精灵的编辑器和图集功能。

❑ 2D SpriteShape：2D 精灵形状，可用于制作开放或者闭合的精灵形状。

❑ 2D Tilemap Edtior：2D Tile 地图编辑器，支持侧视角、俯视角、斜视角的 2D 地图搭建。

❑ 2D Tilemap Extras：Tile 地图扩展包，支持自定义地图笔刷和地图瓦片。

6.1　Sprite Renderer 组件

Sprite 是精灵，Sprite Renderer 就是 Sprite 的渲染器，用于将 Sprite 绘制出来。前面讲过的 UGUI 和 UI Toolkit 都有自己的精灵渲染器，而且仅用于 UI 的渲染。无论是 UI 系统还是精灵系统，它们使用的原文件都是完全相同的。如图 6-2 所示，在 Hierarchy 视图中可以创建 Sprite 的基础形状，包括 Circle（圆形）、9-Sliced（9 切片）、Capsule（胶囊形）、Hexagon Pointed-Top（六角形尖顶朝上）、Triangle（三角形）、Square（正方形）、Isometric Diamond（等距钻石形）和 Hexagon Flat-Top（六角形平顶朝向）。

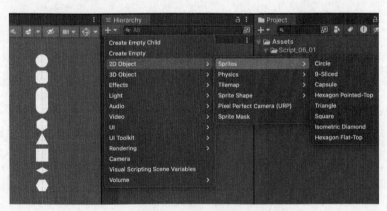

图 6-2　Sprite 形状

上面创建的是精灵的形状，但开发者在大多数情况下会使用精灵贴图。如图 6-3 所示，在 Scene 视图中选择显示网格，可以看出 Sprite Renderer 默认以网格的形式来渲染。第 4 章提到过，采用这样的方式可以用更多的顶点三角面来优化填充率，减少对透明像素的额外计算。现在，UI 系统和 Sprite Renderer 都支持这种渲染方式。接着介绍 Sprite Renderer 的属性。

❑ Sprite：精灵贴图文件。

❑ Color：颜色。

- ❑ Flip：*X*轴或*Y*轴上精灵的镜像。
- ❑ Draw Mode：还支持九宫格切图、平铺贴图等方式，这种方式的效果在 4.1.12 节中讲过，这里不再赘述。
- ❑ Mask Interaction：遮罩，可用于配合裁剪。
- ❑ Sprite Sort Point：精灵的排序锚点，它决定多个 Sprite 渲染的前后遮挡顺序，可选择中心点或者自己设置的 Pivot 点。
- ❑ Material：默认的渲染材质，也可以编写自定义材质效果。
- ❑ Additional Settings：附加设置项。

  - ■ Sorting Layer：渲染的排序层。
  - ■ Order In Layer：同渲染层的排序值。
  - ■ Rendering Layer Mask：在 SRP 中决定需要参与渲染的层，在第 12 章会详细介绍。

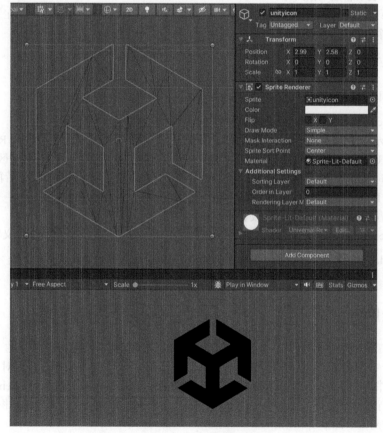

图 6-3　Sprite 贴图

如图 6-4 所示，在 Texture Type 处选择 Sprite (2D and UI)表示它是精灵贴图，同时支持 UI 渲染和精灵渲染。

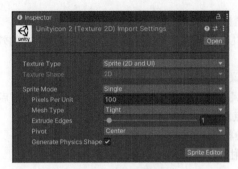

图 6-4　贴图设置

Sprite Mode 一共有 3 个模式可以选择。

☐ Single：表示它是单张图片。

☐ Multiple：可以把一张图片拆分成多个 Sprite。既可以自动拆分，也可以手动在 Sprite Editor 中编辑每个 Sprite 的区域。

☐ Polygon：自定义 Sprite 的多边形形状。例如，在不需要美术人员修改的情况下，可以让它变成圆形。

模式中的具体元素如下。

☐ Pixels Per Unit：精灵像素的单位，100 表示放大到 100 倍。

☐ Mesh Type：网格类型，默认是 Tight（用网格方式渲染 UI），还可设置为 Full Rect（用矩形方式渲染 UI）。Sprite 中可能有一部分是透明的，如果按矩形渲染，会造成透明区域填充率的浪费。这时可以设置 Mesh Type 为 Tight，这样 Unity 会自动为这张图生成网格后再渲染。

☐ Extrude Edges：控制生成的网格周围留出的面积，调节网格的数量。

☐ Pivot：位置轴中心点，可以修改它的偏移。

☐ Generate Physics Shape：生成精灵的物理形状，在 Sprite Editor 界面也可以自定义物理形状区域。

Sprite Renderer 也支持使用图集，制作图集的方法与在 UGUI 和 UI Toolkit 中完全一样，这里就不再赘述了。

6.1.1　渲染原理

通过对 UGUI 的学习，我们明白同一个图集中的 Sprite 在渲染时不会增加额外的 Draw Call。在 Sprite Renderer 中也是这样的，但是原理和在 UGUI 中不同。UGUI 会在每帧渲染前对当前的所有 UI 进行网格的合并，相同网格、相同材质的贴图就能合并成一个 Draw Call。但 Sprite Renderer 并不会在每帧渲染前进行网格的合并，因此不同贴图的网格就是不同的，即使使用了相同的贴图也应该无法合并 Draw Call 才对。

下面在非 SRP 环境下，并且在关闭 SRP Batch 选项的情况下进行演示。如图 6-5 所示，使用 Frame Debugger 打开后，Sprite Renderer 底层使用一种动态合并技术将 Mesh 合并了（见❶）。这样，网格相同的贴图就能合并成一个 Draw Call 了。如果这些图片每帧的位置和大小本身就会发生改变，那么就非常适合动态合并了。但是如果图片都是静止不动的，那么每帧进行动态合并就会影响性能。所以 Sprite Renderer 适合频繁变化的元素，比如常见的掉血数字、头顶血条等。

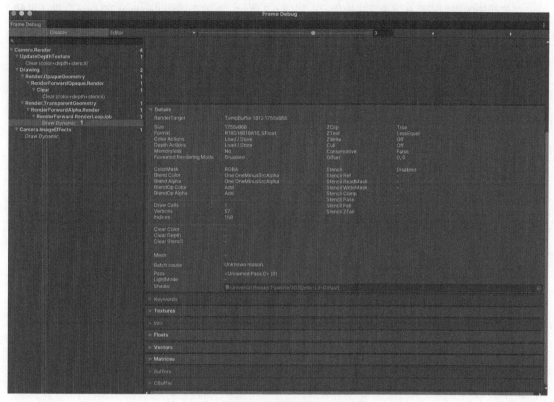

图 6-5   渲染原理

如图 6-6 所示，打开 SRP Batch（见❶）后将不再进行动态合并，即使精灵被打包在相同图集中也无法合并成一个 Draw Call，每增加一个 Sprite Renderer 都会增加 Batch 的数量。这就需要对 SRP Batch 的原理有一定的理解了。它虽然增加了 Draw Call，但是代价是非常小的：GPU 内部会开辟一块 Buffer 来保存渲染的材质信息，只要材质不发生变化，就不需要每帧重新提交给 GPU，而 CPU 只需要在每帧处理位置信息即可。这样将大量降低增加 Draw Call 的代价。

图 6-6   SRP Batch

6.1.2　渲染排序

渲染排序的类型需要在渲染管线中指定。如图6-7所示,在渲染管线Renderer 2D Data文件(见❶)中设置Transparency Sort Mode。

- ❑ Default:同时应用于正交摄像机与透视摄像机。在透视摄像机下,它会实时检测摄像机到Sprite中心点的距离来决定渲染顺序,距离越长的越先渲染,距离短的会挡住距离长的。在正交摄像机下,因为不存在透视关系,摄像机到中心点的距离不会随着物体的左右移动而发生改变,所以它将沿着观察方向的距离进行排序。
- ❑ Perspective:仅应用于透视摄像机,原理同上。
- ❑ Orthographic:仅应用于正交摄像机,原理同上。
- ❑ Custom Axis:自定义轴向(0, 1, 0)表示通过中心点来比较Y轴,较大的先渲染,较小的后渲染且会挡住较大的。

图6-7　渲染排序

2D横版卷轴类型游戏角色是可以上下移动的。比如屏幕中心有一棵树,角色在树上面,那么树应该挡住他;如果角色在树下面,他就应该挡住树。因此,需要动态调整人或树的Order in Layer。Unity提供了一套自动计算深度的方案。如图6-8所示,在Transparency Sort Mode中设置Custom Axis并且将Transparency Sort Axis设置成(0, 1, 0),表示按Y轴来排序。因为2D游戏还支持纵向和斜向渲染,所以还可能会修改X轴和Z轴的排序。

图6-8　按Y轴排序

如图6-9所示,Unity图的Y轴坐标值是0,当把植物图的Y轴坐标值设置为−0.15后,由于它小于Unity图的Y轴坐标值,因此植物图就会挡住Unity图。如果植物图的Y轴坐标值大于0,它就会被Unity图挡住。

前面介绍的排序方式建立在Sprite Renderer拥有相同的Sorting Layer和Order in Layer的基础之上,否则会按照Sorting Layer和Order in Layer来优先进行渲染排序:数值越小的越先渲染,数值大的会挡住数值小的。

单张图片可以使用Order in Layer来排序,但是游戏角色可能不一定只由一张图片组成,而是可能由头、胳膊、腿、粒子特效等好几部分组成,此时就需要使用Sorting Group组件了。它可以同时对游戏对象节点下的所有图片生效，并且保持它们的 Sorting Order 相同。

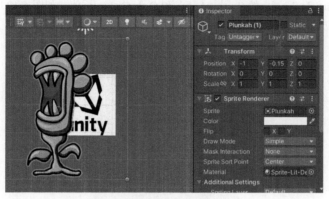

图 6-9　图片排序

如图 6-10 所示，给顶层对象绑定 Sorting Group 对象即可生效。Sorting Layer 和 Order in Layer 用于单独设置 Sorting Group 的层级。

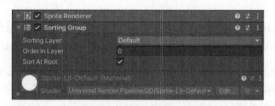

图 6-10　Sorting Group

如图 6-11 所示，Sorting Group 是可以在子节点上嵌套使用的。如果子节点 A 和子节点 B 的 Sorting Group 需要排序，就要勾选 Sort At Root 了。

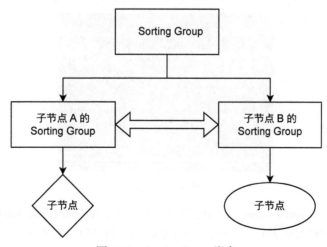

图 6-11　Sorting Group 嵌套

　　Sorting Group 的所有子节点对外的排序是一致的，但是内部的排序可以单独设置，也就是设置 Sprite Renderer 和 Particle System 的 Sorting Layer 和 Order in Layer 值。如图 6-12 所示，这样就可以整体对所有子节点和粒子特效进行渲染排序了。

图 6-12　整体排序

6.1.3　裁剪

　　Sprite Renderer 和 Particle System 都可以使用 Sprite Mask 进行裁剪。裁剪的原理是使用 Shader 的模板测试，需要提供一张贴图来决定裁剪区域的形状。如图 6-13 所示，Sprite Mask 的参数如下。

- ❑ Mask Source：选择 Sprite 表示使用 Sprite 类型的资源做模板测试，也可以使用自定义 Renderer。
- ❑ Sprite：模板测试的贴图，默认是一个圆形。如果在这里设置一个矩形，就会以矩形的方式裁剪。
- ❑ Sprite Sort Point：模板测试的锚点的排序，与 Sprite Renderer 的类似。
- ❑ Alpha Cutoff：模板测试通过后，如果透明度小于这里的值则直接裁剪掉。
- ❑ Custom Range：标记一个裁剪区间，只有在这个区间内才会被裁掉。
- ❑ Rendering Layer Mask：设置渲染管线中的渲染层。

图 6-13　裁剪

　　如图 6-14 所示，在 Sprite Renderer 中选择裁剪类型，其中 Visible Inside Mask 表示只在裁剪区域内显示，Visible Outside Mask 表示只在裁剪区域外显示。如图 6-15 所示，粒子特效中也有类似的选项。这里，我们都选择 Visible Inside Mask 模式。

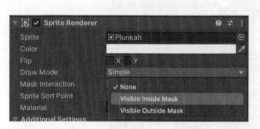

图 6-14 在 Sprite Renderer 中选择裁剪类型

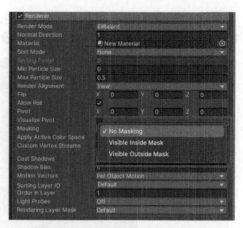

图 6-15 为粒子特效选择裁剪类型

如图 6-16 所示，只需要拉伸 Sprite Mask 的区域即可调整整体的裁剪区域。

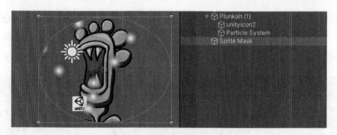

图 6-16 调整裁剪区域

6.1.4 2D 帧动画

帧动画是最经典的动画播放方法，它是一种利用固定的时间切换贴图，让人眼觉得图片动起来的技术。这需要美术人员在一张大图中绘制出动画每帧的效果，然后将贴图拖入 Unity 并设置成 Multiple 模式。如图 6-17 所示，在 Sprite Editor 窗口中将贴图切分成多个 Sprite 文件。

图 6-17 切分图片

如图 6-18 所示，首先选中所有的精灵贴图，接着直接拖入 Hierarchy 视图，即可创建 Animation 文件（见❶）和 AnimationController 文件（见❷）。

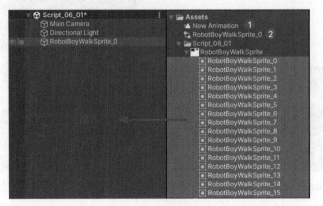

图 6-18　生成动画

默认生成的动画帧率较低，可以手动修改帧率。如图 6-19 所示，双击打开 Animation 文件后，点击动画菜单（见❶）并选择 Set Sample Rate→30（见❷）即可修改动画帧率为 30 帧/秒。动画帧率表示帧动画贴图在 1 秒间隔时间内切换的帧数，帧率越高，动画各帧的间隔时间就越短，播放起来越流畅。

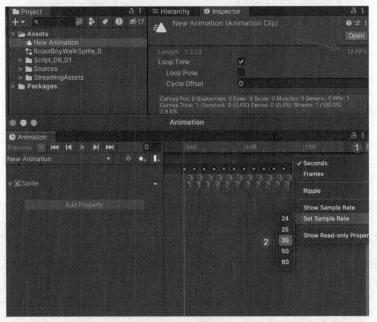

图 6-19　动画帧率

AnimationController 文件即动画控制器文件（见❶），其中默认指定了要播放的动画。如图 6-20 所示，运行游戏后帧动画就会直接播放。

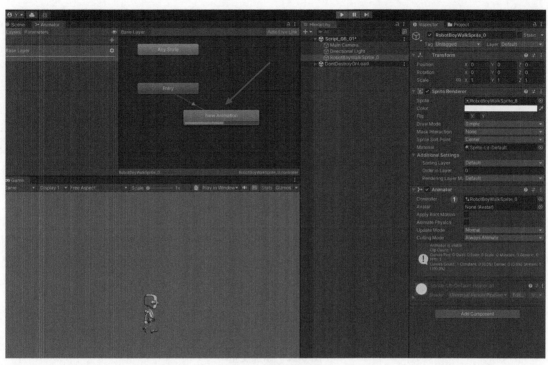

图 6-20　动画控制器

　　下面按照上述方法制作动画，包括 Jump（跳跃动画）、Idle（待机动画）和 Run（奔跑动画）。因为可以将多个动画拖入动画控制器文件，所以此时需要指定一个默认动画。如图 6-21 所示，现在控制器里一共有 3 个动画文件，右键点击 Idle 动画并选择 Set as Layer Default State 就表示将 Idle 设置为默认动画。

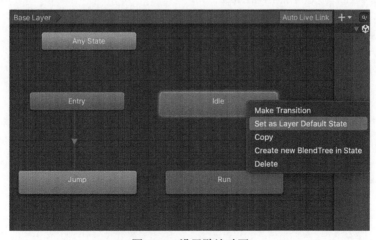

图 6-21　设置默认动画

此时就会默认播放 Idle 动画了，接着我们添加变量来控制动画的切换。如图 6-22 所示，首先添加一个名为 state 的整型变量（见❶），然后选择 Idle 动画到 Run 动画的箭头（见❷），并设置切换条件为 state Equals 2（见❸）。这表示，当 state 变量的值等于 2 的时候即达成条件，开始播放 Run 动画。最后的 Has Exit Time（见❹）表示是否立即切换新的动画，因为有时需要先播完前面的动画再播放新动画，取消勾选则表示满足条件后立即播放新动画。

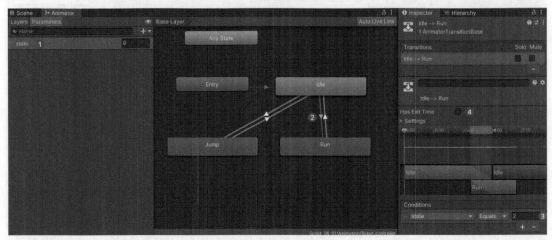

图 6-22   添加变量

假设我们定义在 state 的值等于 0 时播放 Idle 动画，在 state 的值等于 1 时播放 Jump 动画，在 state 的值等于 2 时播放 Run 动画，那么在各动画之间的连线上都需要设置 state 的条件。如代码清单 6-1 所示，通过 m_Animator.SetInteger() 方法就可以控制变量的值，从而切换不同的动画。

代码清单 6-1   Script_06_01.cs 文件

```
public class Script_06_01 : MonoBehaviour
{
    private Animator m_Animator;
    void Start()
    {
        m_Animator = GetComponent<Animator>();

    }
    private void Update()
    {
        // 按下鼠标左键
        if (Input.GetMouseButtonDown(0))
        {
            m_Animator.SetInteger("state", 2);
        }
        // 抬起鼠标左键
        if (Input.GetMouseButtonUp(0))
        {
            m_Animator.SetInteger("state", 0);
        }
    }
}
```

6.1.5　脚本播放动画

动画控制器使用起来比较麻烦。试想一下，如果一个卡牌游戏有 100 多个角色，难道每个角色之间都要手动连一次线吗？这显然不现实，所以通过脚本播放动画才是更适合在程序中使用的方法。如图 6-23 所示，删除 Animator 中的 Animator Controller 文件（见❶），并将动画剪辑拖入脚本，以便通过脚本动态地播放不同的动画。

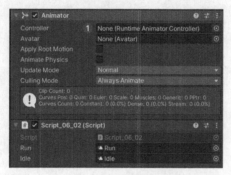

图 6-23　删除动画控制器

如代码清单 6-2 所示，代码中直接通过 `AnimationPlayableUtilities.PlayClip` 来播放动画，传入动画文件即可。

代码清单 6-2　Script_06_02.cs 文件

```
public class Script_06_02 : MonoBehaviour
{
    public AnimationClip Run;
    public AnimationClip Idle;
    private Animator m_Animator;
    void Start()
    {
        m_Animator = GetComponent<Animator>();
    }

    private void Update()
    {
        if (Input.GetMouseButtonDown(0))
        {
            // 播放 Run 动画
            AnimationPlayableUtilities.PlayClip(m_Animator,Run, out var __);
        }

    }
}
```

目前，新版本中的 Animator Controller 内部也使用了 Playable 脚本的方式播放动画。在动画控制器中进行连线虽然不适用于程序，但是比较适合非程序人员使用，再配合强大的 Timeline 工具甚至可以创作出一个动画片。播放动画只是 Animator Controller 最基础的功能，动画融合、混合、分层以及权重等信息都可以通过 Playable 脚本的方式实现。所以本书后续将不再介绍 Animator Controller，而是会介绍如何通过 Playable 脚本的方式来驱动动画。

6.1.6　2D 骨骼动画

帧动画虽然方便，但是也带来了一个问题，那就是太占空间。如图 6-24 所示，创建角色的任何动画都需要完整地提供每帧的贴图信息，而其中的大部分内容都是重复的。而且，每增加一组新动画就需要再提供一组帧动画，动画越多越占空间。

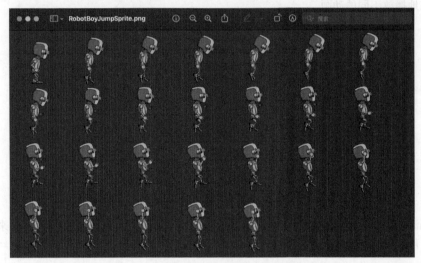

图 6-24　帧动画贴图

引入 2D 骨骼动画就能很好地解决这个问题。之前的很多商业游戏使用了 Spine 的骨骼动画解决方案，不过现在 Unity 自己已经支持了 2D 骨骼动画的功能，下面就来介绍。如图 6-25 所示，需要让美术人员在 Photoshop 中对贴图进行分层，把每个部件单独放在一个图层中并命名。部件分得越细，灵活度也就越高，不同的部件配合 2D 骨骼就能实现任意的动画效果了。

图 6-25　在 Photoshop 中分层

接着把它导出成 PSB 文件，因为 PSD Importer 仅支持 PSB 文件。PSB 文件能比 PSD 文件保留图片的更多原始信息，任何尺寸的贴图都可拥有 30 万像素。如图 6-26 所示，将 PSB 文件直接导入 Unity，会自动生成游戏对象文件（见❶）并且设置 Sprite Renderer 组件（见❷），还会为每个组件添加对应的 Sprite 文件。此外，Unity 还会为每个部件生成对应的节点，并且以 PSB 文件中设置的名称命名。

图 6-26　导入 Unity

此时 2D 角色虽然已经出现，但它是不会动的，因为还没有绑定骨骼。如图 6-27 所示，点击 Open Sprite Editor 打开 Sprite 编辑器，接着在下拉菜单中选择 Skinning Editor 打开骨骼编辑器。下面依次介绍图 6-27 中的❶ ~ ❺。

1. Pose（编辑姿势工具）

❑ Preview Pose：预览当前姿势。

❑ Restore Pose：在修改后还原之前的姿势。

❑ Set Pivot：设置中心锚点的偏移。

2. Bones（骨骼编辑工具）

❑ Edit Bone：编辑骨骼，修改骨骼位置等信息。

❑ Create Bone：创建骨骼，通过鼠标拖曳直接在面板中修改骨骼的位置，以及添加子骨骼节点。

❑ Split Bone：分割骨骼，在两个骨骼节点之间创建一个新骨骼节点。

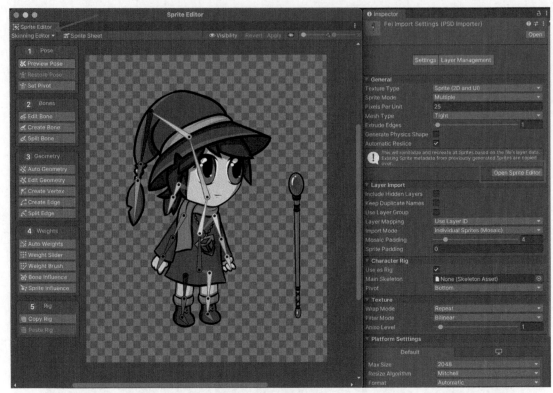

图 6-27   骨骼编辑器

由于骨骼在旋转时控制的图片可能会遮挡其他图片，因此可以单独设置骨骼的深度。如图 6-28 所示，这里将箭头指向的骨骼的深度设置成–1（见❶），因为其他骨骼的深度是 0，所以该骨骼控制的贴图会被其他贴图挡住。

3. Geometry（几何部分）

❑ Auto Geometry：自动生成网格信息。

❑ Edit Geometry：编辑网格信息。

❑ Create Vertex：创建顶点。

❑ Create Edge：创建边缘。

❑ Split Edge：分割边缘。

如图 6-29 所示，可根据 Outline Detail（轮廓细节）、Alpha Tolerance（透明阈值）、Subdivide（细分）和 Weights（权重）信息来重新生成网格。

图 6-28　骨骼深度　　　　　　　　　图 6-29　自动生成网格信息

4. Weights（权重工具）

❑ Auto Weights：自动权重。

❑ Weight Slider：使用滑块来调整权重。

❑ Weight Brush：使用画笔来编辑权重。

❑ Bone Influence：选择影响 Sprite 的骨骼。

❑ Sprite Influence：选择受骨骼影响的 Sprite。

要想把骨骼动画调好，很大一部分工作就是编辑权重。因为多个骨骼可能在同时操作一张贴图，此时就需要对每个部件单独设置被各个骨骼影响的权重，从而实现比较好的动画效果。

5. Rig 工具

用于复制和粘贴骨骼信息，可用于将相同的骨骼信息绑定到其他角色身上进行复用。

程序员只需要简单地知道骨骼是如何制作的，以及骨骼的作用是驱动部件进行位置变化的就行，因为在团队中需要专业的美术人员来制作骨骼动画。当骨骼的编辑工作完成后，直接将对象拖入 Hierarchy 视图中就会生成有对应配置的骨骼节点。如图 6-30 所示，骨骼可以配置父子节点关系，其中 bone_1 属于顶层骨骼，下面有对应的子骨骼 bone_2、bone_3、bone_4、bone_5、bone_6 和 bone_7。bone_1 和 bone_2 控制躯干部分，bone_3 控制头部，bone_4、bone_5、bone_6 和 bone_7 控制帽子和帽子的羽毛装饰。

图 6-30　骨骼节点

接着找到躯干部分。如图 6-31 所示，body 对象被绑定了 Sprite Skin 组件，它表示精灵蒙皮信息，可以看到下面关联了 bone_1 和 bone_2 两个骨骼。

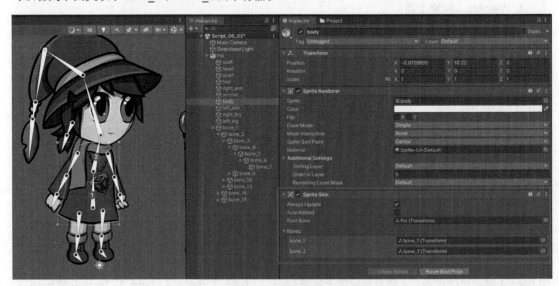

图 6-31　骨骼绑定

其他骨骼与 Sprite 的关系都是通过 Sprite Skin 绑定的，所以只要修改 bone_x 节点的变换信息就可以控制精灵了。如图 6-32 所示，美术人员只需要通过 Animation 系统来用 K 帧设置角色每个骨骼的位置，也就是 bone_x 的节点，就可以制作出各式各样的动画了。

图 6-32　制作动画

如图 6-33 所示，2D 美术资源是恒定的。通过 2D 骨骼，我们可以制作出无数种动画，而且和帧动画相比无须占用额外的内存空间。本例详见随书代码工程 Script_06_03。

图 6-33　2D 美术资源源文件

6.1.7　IK 反向运动

通过对 2D 骨骼动画的学习，我们已经知道改变骨骼的父节点会带动子节点变化，但是改动子节点会如何影响父节点呢？如图 6-34 所示，控制脚部的 3 个骨骼分别是 bone_19、bone_20 和 bone_21。直接改变 bone_21 的位置后会明显发现整个贴图处于拉伸状态，因为它影响不到 bone_19 和 bone_20。

IK 反向运动学就是用于解决这个问题的。如图 6-35 所示，在 Hierarchy 视图中选择对象的根节点，绑定 IK Manager 2D 组件。点击创建 Limb 后即可自动添加 New LimbSolver2D 对象。Limb、Chain (FABRIK) 和 Chain (CCD) 表示不同 IK 反向运动的算法，其中 Limb 比较适合手臂和腿部的反向运行，所以这里使用它。

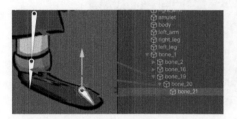

图 6-34　改变子节点　　　　　　　　　　　　图 6-35　创建 IK 节点

如图 6-36 所示，在 Effector 中关联需要影响的子节点。这里拖入 bone_21 表示控制脚部的节点，接着点击 Create Target 创建影响它的节点，创建完毕后新节点会被自动添加到 New LimbSolver2D 节点下，最终只需要控制 Target 节点就可以自动影响父节点的变换了。

如图 6-37 所示，此时只要改变 Target 节点就会反向影响 bone_20 和 bone_19 父节点，脚部将不会再出现拉伸的现象。如果配合 Animation，只需要让美术人员对这个 Target 节点设置 K 帧即可。本例详见随书代码工程 Script_06_04。

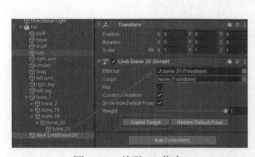

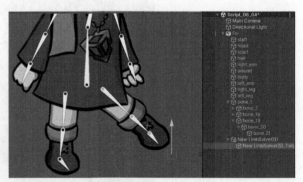

图 6-36　关联 IK 节点　　　　　　　　　　　　图 6-37　IK 反向运动

6.1.8   精灵资源库

如果使用 2D 骨骼动画，在处理角色换装时只需要更换精灵即可。Unity 提供了精灵资源库的概念，用于灵活地更换精灵信息。如图 6-38 所示，在 Project 视图中选择 2D→Sprite Library Asset 创建精灵资源库文件。

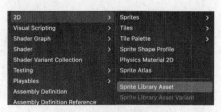

图 6-38   精灵资源库

如图 6-39 所示，双击精灵资源库文件后即可打开编辑窗口。可在 Categories 下添加分类，这里添加一个名为 Head 的分类以及两个头像，分别起名为 head1 和 head2。

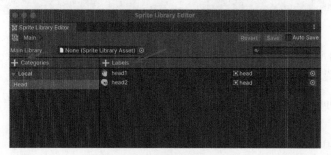

图 6-39   编辑精灵资源库

接着需要将精灵资源库绑定给角色。如图 6-40 所示，给角色的根节点绑定 Sprite Library 脚本并且拖入刚刚创建的精灵资源库文件，此时可以看到 Head 分类和两个不同的头像。

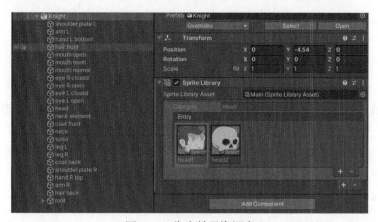

图 6-40   绑定精灵资源库

如图 6-41 所示，找到对应的 head 节点（见❶），即显示头部的 Sprite Renderer。然后给它绑定 Sprite Resolver 组件（见❷），设置 Head 分类后直接切换 Label，角色就可以更换头像了。

图 6-41　切换精灵

如代码清单 6-3 所示，按 A 键和 D 键切换精灵。调用 SpriteResolver.SetCategoryAndLabel 方法就可以动态设置 Category 和 Label 的具体值了。

代码清单 6-3　Script_06_05.cs 文件

```
public class Script_06_05 : MonoBehaviour
{
    public SpriteResolver SpriteResolver;
    void Update()
    {
        if (Input.GetKeyDown(KeyCode.A))
        {
            SpriteResolver.SetCategoryAndLabel("Head", "head1");
        }

        if (Input.GetKeyDown(KeyCode.D))
        {
            SpriteResolver.SetCategoryAndLabel("Head", "head2");
        }
    }
}
```

除了切换精灵以外，还可以切换整个精灵资源库。如代码清单 6-4 所示，动态切换 sprite-LibraryAsset 即可切换精灵资源库。

代码清单 6-4　Script_06_05.cs 文件

```
public class Script_06_06 : MonoBehaviour
{
    // 拖入资源库文件
    public SpriteLibraryAsset Main;
    public SpriteLibraryAsset Change;
```

```
private SpriteLibrary m_SpriteLibrary;
private void Start()
{
    m_SpriteLibrary = GetComponent<SpriteLibrary>();
}
void Update()
{
    if (Input.GetKeyDown(KeyCode.A))
    {
        // 切换资源库
        m_SpriteLibrary.spriteLibraryAsset = Main;
    }

    if (Input.GetKeyDown(KeyCode.D))
    {
        // 切换资源库
        m_SpriteLibrary.spriteLibraryAsset = Change;
    }
}
```

如图 6-42 所示，预先制作多个精灵资源库文件，将其拖入脚本后再进行修改。

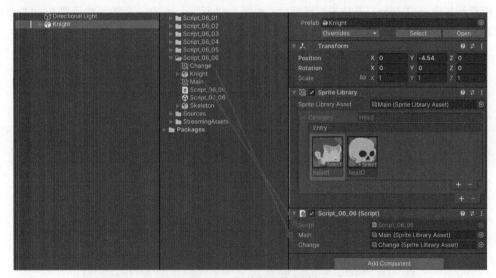

图 6-42　更换精灵资源库

　　总体来说，单独切换精灵适用于普通的角色换装，而更换整个精灵资源库则适用于更换整个角色。二者在使用上非常灵活，开发者可以自己把握。

6.2　Tile 地图

　　Unity 提供全套的 Tile 工具来编辑 2D 地图。使用 Tile（瓦片）编辑地图，可以极大地减少内存占用。美术人员只需要提供地图的方形小元素，并且保证它们可以相互拼接，策划人员最终就可以将这些元素拼接在一起。通过灵活的拼接可以生成不同的 2D 地图。

6.2.1 创建 Tile

创建 Tile 之前，需要和美术人员确认每个 Tile 的大小，一般是 32 或 64 像素。如图 6-43 所示，因为资源的大小是 32 像素，所以这里的 Pixels Per Unit 需要设置成 32。还是建议美术人员为每个 Tile 生成单张的散图，方便以后单独修改，而且可以在 Unity 中将它们重新合并成一个图集。

图 6-43　Tile 资源

接着点击 Sprite Editor 打开精灵编辑窗口，如图 6-44 所示。在 Slice 标签页中设置 Pixel Size 的宽高均为 32 后点击 Slice 按钮并且保存。

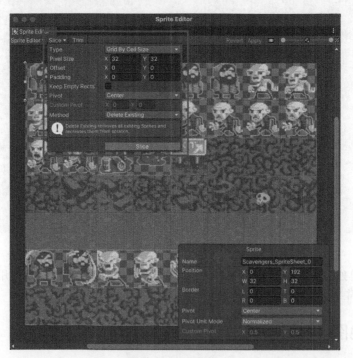

图 6-44　Tile 切分

原始精灵图保存完毕之后就可以直接使用 Tile 资源了，方法是在 Unity 导航菜单中选择 Window→2D→Tile Palette 打开 Tile 调色板窗口。如图 6-45 所示，首先创建调色板文件，然后将刚刚制作的 Tile

资源（这里是 Sprite 文件）直接拖入它即可自动生成每个 Tile 文件。但是我们发现，图片的周围有一些奇怪的贴图，这种效果肯定是不对的。如图 6-46 所示，需要将贴图的 Mesh Type 改成 Full Rect 来解决这个问题。

图 6-45　创建调色板文件

图 6-46　修改 Mesh Type

6.2.2　创建地图

在 Hierarchy 视图中选择 Create→2D Object→Tilemap 就可以创建地图文件了。目前，Unity 一共支持 5 种 2D 地图类型，如图 6-47 所示。

- Isometric Z as Y：等距 Tile，用于制作倾斜 45°、看起来像 3D 的 2D 场景，并且将 Z 轴的值添加给 Y 轴。
- Hexagonal - Pointed-Top：（六边形）蜂窝 Tile，顶部是点，可以连接其他蜂窝瓦片。
- Hexagonal - Flat-Top：（六边形）蜂窝 Tile，顶部是横线，可以连接其他蜂窝瓦片。
- Rectangular：2D 平面矩形 Tile。
- Isometric：等距 Tile。

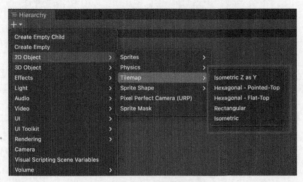

图 6-47　创建地图

这里使用 Rectangular 地图。如图 6-48 所示，首先选择已创建的 Grid 游戏对象（见❶），然后在 Tile Palette 窗口中选一个需要编辑的 Tile，最后直接在场景中编辑 Tile 就可以制作 2D 地图了。

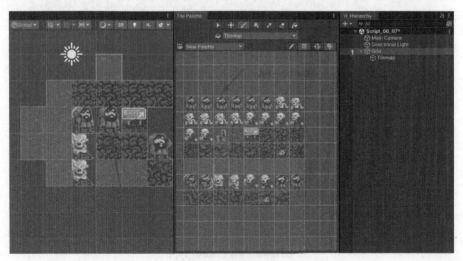

图 6-48　制作地图

Grid 就是 Tile 的画布。如图 6-49 所示，它可以设置画布每个单元的大小。由于前面已经把 Pixels Per Unit 设置成了 32，因此 Cell Size 的 X 值和 Y 值默认填 1 就可以了。Cell Gap 可以设置单元的间距，一般把 3 个值都设置成 0 就好。Cell Layout 表示单元格的类型，也可以在这里切换前面介绍过的蜂窝 Tile、等距 Tile、矩形 Tile。最后的 Cell Swizzle 用于设置 Grid 布局的朝向，XYZ 表示倾斜 45° 的 2D 游戏。

Grid 对象下面就是 Tilemap 了。如图 6-50 所示，它可以设置 Tile 总动画帧率、锚点和朝向等信息。下面的 Tilemap Renderer 组件和 Sprite Renderer 很像，可以设置排序和遮罩等。在讲解 Sprite Renderer 时已经介绍过的选项不再赘述，这里主要说一下 Mode 和 Detect Chunk Culling 这两个选项。

❑ Mode：Tile 的渲染模式，可以设置统一渲染相同的 Tile 或者单独渲染每个 Tile。这里设置的是 SRP Batch，将使用 SRP 渲染，必须满足 URP 的版本号在 15 以上。

❑ Detect Chunk Culling：设置渲染 Tile 地图时剔除边界的方式，可选择自动或者手动剔除。

图 6-49　Grid　　　　　　　　　图 6-50　Tilemap

6.2.3　编辑 Tile

我们需要将可编辑的 Sprite 汇总在 Tile Palette 面板中，此时在导航菜单栏中选择 Window→Tile Palette 即可。如图 6-51 所示，Create New Tile Palette 可以创建多个调色板。游戏中的场景可能风格各不相同，多 Tile Palette 面板就可以分别把相同风格的 Tile 汇总在一起，最后将需要编辑的 Sprite 资源直接拖入这个面板就可以自动生成 Tile 了。同一个场景中可能会有多个 Tilemap，例如背景层和前景层，可以在 Active Tilemap 下拉框中选择在当前场景下创建的所有 Tilemap，方便切换和编辑。调色板的元素也是可以编辑的，点击右上角的 Edit 按钮即可。如果想删除一些不想要的 Tile，可以使用上方的橡皮工具，最后按 Command+S 键保存即可。

图 6-51　创建调色板

准备工作已经就绪，下面开始编辑 Tile。善用 Tile Palette 工具栏，可以更快捷地编辑 Tile。如图 6-52 所示，Tile Palette 工具栏中的工具从左到右依次如下。

- □ 点选工具：可以选择某一个 Tile。
- □ 移动工具：当使用点击工具选择一个 Tile 时，可使用移动工具移动它的位置。
- □ 画笔工具：选择一个 Tile，即可在 Scene 视图中编辑它的区域了。
- □ 区域工具：按下鼠标左键可同时编辑多个区域。
- □ 吸图工具：吸取 Scene 中某个 Tile 的图，方便下次使用新吸取的图来编辑。
- □ 橡皮工具：可以在 Scene 中擦除不需要的 Tile。
- □ 批量填充工具：可以大规模填充 Tile。
- □ 左旋工具：将 Tile 块向左旋转。
- □ 右旋工具：将 Tile 块向右旋转。
- □ 左右镜像工具：将 Tile 变换为其左右镜像。
- □ 上下镜像工具：将 Tile 变换为其上下镜像。

在右下方还有一个工具栏，尝试点击一下就能很容易地理解它们的含义。如图 6-53 所示，这些工具从左到右依次如下。

- □ 吸附工具：将调色板固定在 Scene 视图右下角。
- □ 保存工具：快捷保存和提取画笔，方便在 Scene 中使用。
- □ 编辑工具：配合画笔工具和区域工具可以编辑 Tile 调色板。
- □ 网格工具：调色板中是否显示网格。
- □ 显示工具：用于显示调色板中的 Gizmos。

图 6-52　Tile Palette 工具栏（一）

图 6-53　Tile Palette 工具栏（二）

通过橡皮工具可以将整个调色板的 Tile 擦除，如果需要还原就需要重新导入了。如图 6-54 所示，选中前面生成的多个 Sprite Sheet 并直接拖入 Tile 调色板就可以重新导入了。

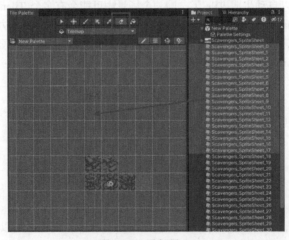

图 6-54　重新导入

6.2.4 Tile 排序

在普通的 2D 游戏场景中，至少需要 2 个 Tile 层，分别称为前景层和背景层。比如一棵树的上半部分是树叶（前景层）、下半部分是树干（背景层），这样人物在这棵树附近上下移动的时候，走到树下面应该会挡住树干，走到树上面应该会被树叶挡住。

如图 6-55 所示，在 Hierarchy 视图中可以创建多个 Tilemap，然后可以在 Tile Palette 面板中切换当前编辑的 Tilemap。在 Scene 视图下面可以选择 Focus On Tilemap，这样就可以突出显示正在编辑的 Tilemap 了。

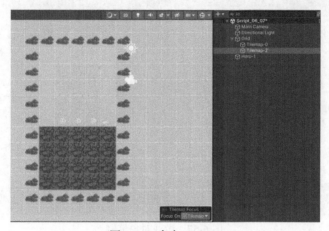

图 6-55　多个 Tilemap

要排序的话，可以设置 Order in Layer，将背景层设置成 0、角色设置成 1、前景层设置成 2，如图 6-56 所示。这样当控制角色在屏幕上移动时，该角色就会渲染在前景层和背景层之间了。本例详见随书代码工程 Script_06_07。

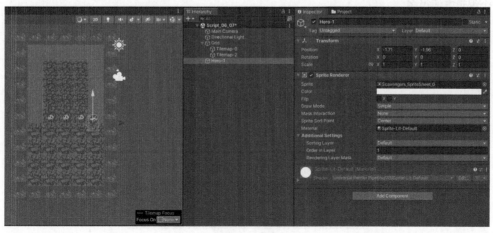

图 6-56　排序

6.2.5　扩展笔刷

由于我们一开始在 Package Manager 中安装了整个 2D 包, 2D Tilemap Extras 就是笔刷的扩展包。

1. GameObject Brush（游戏对象笔刷）

如图 6-57 所示, 首先需要准备好游戏对象笔刷使用的 GameObject, 它由 Sprite Renderer 组件构成, 并且保证 GameObject 必须放在 Grid 节点之下。然后就可以在场景中编辑地面了, 编辑的结果会以游戏对象的形式保存, 同样保存在 Grid 节点之下。

图 6-57　游戏对象笔刷

2. Group Brush（组笔刷）

可以同时使用多个地块来编辑地面。如图 6-58 所示, 选择一个地块后（见❶）, 通过配置 Gap 和 Limit 来决定笔刷的区域。这样可以预先在调色板中组成一个大的标准地块, 用它统一刷比用小地块一个个编辑方便很多。

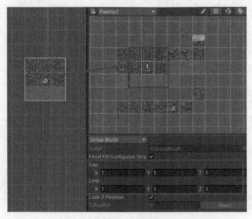

图 6-58　组笔刷

3. Random Brush（随机笔刷）

如图 6-59 所示，框选一个区域后，编辑地面的时候会在该区域的 Sprite 中随机选取并排列，以产生随机地图的效果。

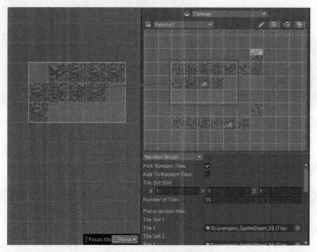

图 6-59 随机笔刷

4. Line Brush（线笔刷）

如图 6-60 所示，线笔刷可用于在场景中快速填充任意两个点之间的区域，比较适合用于实现地面的平铺效果。

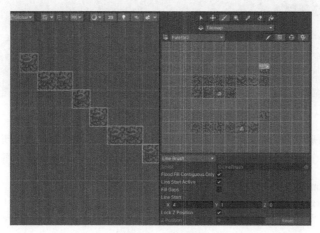

图 6-60 线笔刷

总体来说，扩展笔刷的目的是让使用者操作更加方便。Unity 提供了 Tile Palette 的扩展编辑功能，让我们可以自己重写画笔的任意行为。如图 6-61 所示，可以添加画笔类型，新的画笔要继承 GridBrush。如果画笔需要复用，还支持配置参数。

如图 6-62 所示，Editor 目录下的 CustomBrush 就是重写的画笔类。如果需要配置多个参数，可以创建 CustomBrush1 和 CustomBrush2，它们就是自定义的画笔类，最后将不同的信息保存进去即可。

图 6-61　自定义笔刷

图 6-62　配置画笔参数

如图 6-63 所示，我们重写画笔的绘制方法，在用鼠标在 Scene 视图中拖动 Tile 的同时，将 Tile 所在地块的坐标信息绘制出来。

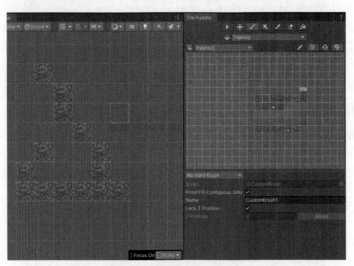

图 6-63　重写画笔配置方法

如代码清单 6-5 所示，在自定义的画笔类中重写 Paint() 方法，就可以监听笔刷的事件了。可以在 OnPaintSceneGUI() 方法中重写绘制方法，这里将地块的坐标信息显示在屏幕上。

代码清单 6-5　CustomBrush.cs 文件

```
[CustomGridBrush(false, true, false, "Custom Brush")]
public class CustomBrush : UnityEditor.Tilemaps.GridBrush
{
    // 序列化数据
    public string name;
    public override void Paint(GridLayout grid, GameObject brushTarget, Vector3Int
        position)
    {
        if (EditorUtility.DisplayDialog("重要提示", string.Format("确认笔刷: {0} {1}",
            grid.name, position), "ok"))
```

```
            {
                base.Paint(grid, brushTarget, position);
            }
        }

        // 创建画笔配置
        [MenuItem("Assets/Create/CustomBrush")]
        public static void CreateCustomBrush()
        {
            string path = EditorUtility.SaveFilePanelInProject("Save CustomBrush",
                "New CustomBrush", "Asset", "Save CustomBrush", "Assets");
            if (path == "")
                return;
            AssetDatabase.CreateAsset(ScriptableObject.CreateInstance<CustomBrush>(),
                path);
        }
    }
    [CustomEditor(typeof(CustomBrush))]
    public class CustomBrushEditor : UnityEditor.Tilemaps.GridBrushEditor
    {
        protected override void OnEnable()
        {
            base.OnEnable();
            // 获取序列化的信息
            Debug.Log((target as CustomBrush).name);
        }
        public override void OnPaintSceneGUI(GridLayout gridLayout, GameObject brushTarget,
            BoundsInt position, GridBrushBase.Tool tool, bool executing)
        {
            base.OnPaintSceneGUI(gridLayout, brushTarget, position, tool, executing);
            // 自定义绘制画笔坐标
            Handles.color = Color.red;
            GUIStyle style = new GUIStyle();
            style.normal.textColor = Color.red;
            style.fontSize = 20;
            Handles.Label(gridLayout.CellToWorld(new Vector3Int(position.x, position.y,
                0)), position.center.ToString(), style);
        }
    }
```

Handles 类是 Unity 提供的渲染辅助类，Handles.Label() 表示在场景中渲染一些文本信息。

6.2.6　扩展 Tile

Tile 实际上就是一个序列化的资源文件（assets 文件），默认记录着它引用的 Sprite、颜色和碰撞类型等。如果 Tile 不满足需求，我们还可以继承它并且重写 Tile 基类的一些重要回调方法。

如代码清单 6-6 所示，继承 Tile 类后，就可以重写 RefreshTile()、GetTileData()、GetTileAnimationData() 和 StartUp() 父类方法，来刷新 Tile、获取 Tile、获取 Tile 的动画数据，以及在启动时调用。

代码清单 6-6　CustomTile.cs 文件

```
public class CustomTile : Tile
{
    // 需要刷新某个 Tile 时调用
    public override void RefreshTile(Vector3Int location, ITilemap tilemap)
```

```
    {
        base.RefreshTile(location, tilemap);
    }
    // 需要获取某个 TileData 时调用
    public override void GetTileData(Vector3Int location, ITilemap tilemap,
        ref TileData tileData)
    {
        base.GetTileData(location, tilemap, ref tileData);
    }
    // 获取 Tile 动画数据时调用
    public override bool GetTileAnimationData(Vector3Int position, ITilemap tilemap,
        ref TileAnimationData tileAnimationData)
    {
        return base.GetTileAnimationData(position, tilemap, ref tileAnimationData);
    }
    // 启动时首次调用
    public override bool StartUp(Vector3Int position, ITilemap tilemap, GameObject go)
    {
        return base.StartUp(position, tilemap, go);
    }
#if UNITY_EDITOR
    [MenuItem("Assets/Create/CustomTile")]
    public static void CreateRoadTile()
    {
        string path = EditorUtility.SaveFilePanelInProject("Save Custom Tile",
            "New Custom Tile", "Asset", "Save Custom Tile", "Assets");
        if (path == "")
            return;
        AssetDatabase.CreateAsset(ScriptableObject.CreateInstance<CustomTile>(),
            path);
    }
#endif
}
```

Tile 属于资源文件，所以需要使用 `AssetDatabase.CreateAsset()` 来创建它。另外，`ScriptableObject.CreateInstance<CustomTile>()` 用于创建泛型中的数据对象。

6.2.7　更新 Tile

Tilemap 编辑完后就是对应的地块，只要获取地块的索引就可以对它进行更新了。一个小例子如图 6-64 所示，我们要在鼠标在屏幕上移动的同时更新 Tile 的内容，首先需要使用正交摄像机，其次 Tilemap 需要绑定 Tilemap Collider 2D 组件。

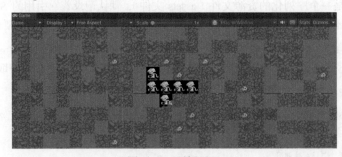

图 6-64　更新 Tile

如代码清单 6-7 所示，可以通过发送射线来获取鼠标在 Tile 中的世界坐标点，然后将它换算成索引，最后就可以调用 SetTile() 来更新 Tile 了。

代码清单 6-7　Script_06_08.cs 文件

```csharp
public class Script_06_08 : MonoBehaviour
{
    public Tilemap tilemap;
    public TileBase tile1;
    void Update()
    {
        // 通过发送射线获取鼠标在 Tile 中的世界坐标点
        RaycastHit2D raycast = Physics2D.Raycast(Camera.main.ScreenToWorldPoint(Input.mousePosition),
            Vector2.zero);
        if (raycast.collider)
        {
            // 获取索引并刷新 Tile
            Vector3Int i = tilemap.WorldToCell(raycast.point);
            tilemap.SetTile(i, tile1);
        }
    }
}
```

6.2.8　Tile 动画

创建 Animated Tile 资源后即可添加精灵图片。图 6-65 中的这一组精灵动画需要 6 张图片，保存完毕后，将 Tile 动画画笔拖入画笔调色板中就可以使用了。

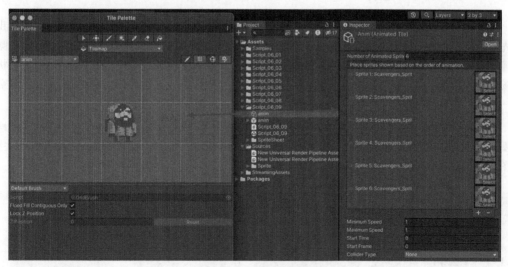

图 6-65　Tile 动画画笔

如图 6-66 所示，使用笔刷绘制 Tile 后再运行就会播放 Tile 动画。在 Tilemap 中可以调整 Animation Frame Rate（动画帧率）。本例详见随书代码工程 Script_06_09。

图 6-66　Tile 动画帧率

6.3　2D 物理系统

Unity 2D 和 3D 项目的物理引擎都是基于 PhysX 的，内置的碰撞检测也是基于 PhysX 的。PhysX 物理引擎非常强大，可以模拟很真实的物理效果。但是太过真实的物理效果反而会让游戏显得很假，游戏需要的是可配置的"物理效果"，例如按帧或者按时间线编辑来产生类似的效果，所以目前的大量游戏是不使用物理引擎的。可以在 Unity 中关闭物理效果，只用碰撞功能，或者自己编写代码来实现整体的碰撞功能。

6.3.1　Collider 2D 组件

任何碰撞现象都涉及两个物体：一个是发起碰撞的物体，另一个是受到碰撞的物体。因此，我们首先要明确哪些物体是可以受到碰撞的。如图 6-67 所示，普通的 Collider 2D 包括盒型碰撞体、圆形碰撞体、边界碰撞体、多边形碰撞体和胶囊碰撞体等。胶囊形碰撞体一般用于游戏主角，其他形状用于场景或者动态阻挡等。Collider 2D（2D 碰撞体）可以单独使用，它并不依赖 Sprite 组件，就像空气墙一样。

Tilemap Collider 2D 是专门用于 Tile 的碰撞体。如图 6-68 所示，它把中间不需要使用碰撞的地方也圈起来了。在它的基础上再添加一组 Composite Collider 2D 组件，就会自动将多余的碰撞区域去掉，像图 6-68 右边的 Tile 一样。

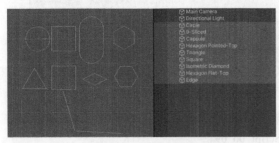

图 6-67　Collider 2D

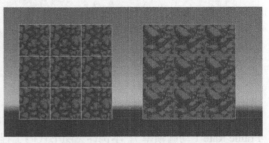

图 6-68　Tilemap Collider 2D

如图 6-69 所示，需要勾选 Used By Composite，让 Composite Collider 2D 组件来合成碰撞区域，这样就能减少多余的碰撞区域了。

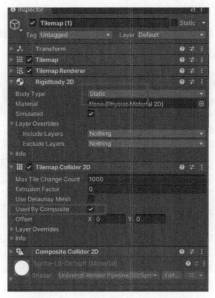

图 6-69　Composite Collider 2D

6.3.2　Rigidbody 2D 组件

Rigidbody 2D 即 2D 刚体，表示当前物体启动了物理引擎。如果需要控制游戏主角移动，并且主角会被上面介绍的 Collider 2D 组件阻挡，就必须给它绑定 Rigidbody 2D 组件，从而让它受到重力和作用力（碰撞）的影响。如图 6-70 所示，Body Type 一共有下面 3 个。

❑ Dynamic：表示动态刚体，完全模拟物理效果。动态刚体碰到 Collider 2D 会被挡住，碰到任意 Rigidbody 2D 都会产生物理效果，而在空中会根据重力自动下落。它的效率是最低的，仅适合主角使用。

❑ Kinematic：运动刚体，只能和 Dynamic Rigidbody 产生碰撞效果。如果 Kinematic Rigidbody 与 Kinematic Rigidbody 碰撞，那么两者中必须有一个选中 Use Full Kinematic Contacts 复选框，否则不会有碰撞事件（比如 `OnCollisionEnter2D()`）。如果 Kinematic Rigidbody 与 Static Rigidbody 碰撞，那么前者必须选中 Use Full Kinematic Contacts 复选框，否则也不会有碰撞事件。Kinematic Rigidbody 适合用来做主角被攻击时的碰撞检测。例如，要让主角被某个物体击飞的话，则该物体可以被设置为 Kinematic。因为主角已经是 Dynamic Rigidbody 了，所以可以正常触发碰撞效果。使用 Kinematic 比使用 Dynamic 的效率更高。

❑ Static：静态刚体，只能和 Dynamic Rigidbody 产生碰撞效果，和 Kinematic Rigidbody 只能产生碰撞事件（需要保证 Kinematic Rigidbody 勾选 Use Full Kinematic Contact 复选框）。它的效率是最高的。

还需要注意的是，如果需要移动或者旋转带 Rigidbody 2D 组件的对象，不能直接修改它的 `transform.position`，而是要使用 `Rigidbody2D.position` 或者 `Rigidbody2D.rotation`，因为需要用物理引擎来驱动它的行为。

如图 6-71 所示，虽然角色本身受重力的影响，但因为它下方有碰撞体的支撑，所以可以使用方向键来控制角色移动，保证它不会掉下去。

图 6-70　Rigidbody 2D 组件

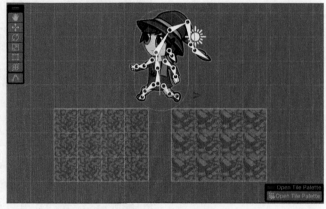

图 6-71　碰撞检测

由于刚体组件的碰撞会发生在任意方向上，如果只希望角色在 X 方向和 Y 方向上有物理效果，可以将 Z 方向冻结，如图 6-72 所示。

图 6-72　冻结方向

如代码清单 6-8 所示，移动角色时不能使用 `transform.position` 赋值，而要采用 `heroRigidbody2D.position`。这样在移动时就会有碰撞效果了。由于左右移动角色时需要翻转图片，因此可以设置角色绕 Y 轴旋转。

代码清单 6-8　Script_06_10.cs 文件

```
public class Script_06_10 : MonoBehaviour
{
    public Rigidbody2D heroRigidbody2D;

    void Update()
    {
        // 处理方向键
        if (Input.GetKey(KeyCode.W))
        {
            Run(Vector2.up);
        }
        else if (Input.GetKey(KeyCode.A))
        {
            Run(Vector2.left, true);
```

```
        }
    }
    void Run(Vector2 position, bool flipx = false)
    {
        // 绑定 Rigidbody 以后, 不能再使用 transform.position 赋值
        heroRigidbody2D.position += (position * 0.1f);
        // 按左右方向键切换朝向
        heroRigidbody2D.transform.rotation = flipx ? Quaternion.Euler(0f, -180f, 0f) :
            Quaternion.Euler(Vector3.zero);
    }
}
```

6.3.3 碰撞事件

上一节讲到, 给主角绑定 Rigidbody 2D 组件并且选择 Dynamic 后, 它就可以和 Collider 2D 产生碰撞效果了。请注意, 碰撞事件和碰撞效果是两个不同的概念: 碰撞事件表示 Collider 2D 被 Rigidbody 2D 碰撞后发生的事件, 它会被碰撞者和被碰撞者同时接收到; 而假如主角是 Rigidbody 2D、空气墙是 Collider 2D, 那么碰撞效果就是主角碰到墙以后会被墙挡住, 无法继续行走。

如果主角碰到墙, 那么任意给主角或者墙绑定如下脚本都可以收到事件。如果想监听主角碰到了什么东西, 可以把脚本绑定在主角上。同样, 如果想监听墙被什么东西碰到, 把脚本绑定在墙上就可以了。

```
void OnCollisionEnter2D(Collision2D coll)
{
    Debug.LogFormat("主角开始碰到 {0} ",coll.collider.name);
}
void OnCollisionStay2D(Collision2D coll)
{
    Debug.LogFormat("主角持续碰到{0} ", coll.collider.name);
}
void OnCollisionExit2D(Collision2D coll)
{
    Debug.LogFormat("主角停止碰到 {0} ", coll.collider.name);
}
```

游戏中需要监听的碰撞事件可能比较多, 并非一定要将它们都写在用于监听的脚本中, 而是可以将碰撞事件抛出去, 这样就可以在与它们有关的地方统一处理了。例如, 将代码清单 6-9 所示的脚本绑定在主角上, 在需要监听主角碰撞事件的地方监听即可, 事件中将抛出碰撞和被碰撞的两个游戏对象。

代码清单 6-9 CollisionListener.cs 文件

```
public class CollisionEvent : UnityEvent<GameObject, GameObject> { }

public class CollisionListener : MonoBehaviour
{
    static public CollisionListener Get(GameObject go)
    {
        CollisionListener listener = go.GetComponent<CollisionListener>();
        if (listener == null)
            listener = go.AddComponent<CollisionListener>();
        return listener;
    }
```

```
public CollisionEvent onCollisionEnter2D = new CollisionEvent();
public CollisionEvent onCollisionStay2D = new CollisionEvent();
public CollisionEvent onCollisionExit2D = new CollisionEvent();

// 抛出事件
void OnCollisionEnter2D(Collision2D coll)
{
    onCollisionEnter2D.Invoke(gameObject, coll.collider.gameObject);
}
void OnCollisionStay2D(Collision2D coll)
{
    onCollisionStay2D.Invoke(gameObject, coll.collider.gameObject);
}
void OnCollisionExit2D(Collision2D coll)
{
    onCollisionExit2D.Invoke(gameObject, coll.collider.gameObject);
}
}
```

游戏中的大量空气墙是不需要监听事件的，因为它们仅仅起到阻挡的作用。可以考虑添加不同的 tag 来标记碰撞物体。如图 6-73 所示，在角色的左右两边各添加一堵空气墙，从而控制角色的移动并且监听它的碰撞事件。

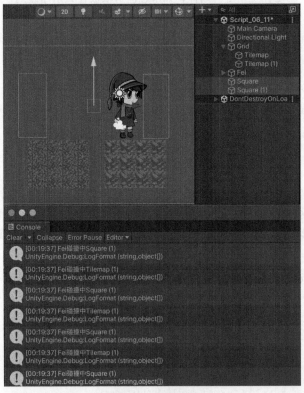

图 6-73　碰撞监听

代码清单 6-10 用到了之前讲过的事件系统。因为需要监听碰撞的元素可能很多，不能把逻辑都写在监听这里，所以需要把碰撞事件抛出去，在外部统一处理。代码清单 6-10 中的 `CollisionListener` 类用来对事件进行监听，这样就可以在外部统一处理所有的碰撞事件了。

代码清单 6-10　Script_06_11.cs 文件

```
public class Script_06_11 : MonoBehaviour
{
    public Rigidbody2D heroRigidbody2D;
    private void Start()
    {
        // 监听碰撞
        var collision = CollisionListener.Get(heroRigidbody2D.gameObject);
        collision.onCollisionEnter2D.AddListener((g1,g2)=> {
            Debug.LogFormat("{0}开始碰撞{1}", g1.name, g2.name);
        });
        collision.onCollisionStay2D.AddListener((g1, g2) => {
            Debug.LogFormat("{0}碰撞中{1}", g1.name, g2.name);
        });
        collision.onCollisionExit2D.AddListener((g1, g2) => {
            Debug.LogFormat("{0}结束碰撞{1}", g1.name, g2.name);
        });
    }


    void Update()
    {
        // 处理方向键
        if (Input.GetKey(KeyCode.W))
        {
            Run(Vector2.up);
        }
        else if (Input.GetKey(KeyCode.A))
        {
            Run(Vector2.left, true);
        }
    }
    void Run(Vector2 position, bool flipx = false)
    {
        // 绑定 Rigidbody 以后，不能再使用 transform.position 赋值
        heroRigidbody2D.position += (position * 0.1f);
        // 按左右方向键切换朝向
        heroRigidbody2D.transform.rotation = flipx ? Quaternion.Euler(0f, -180f, 0f) :
            Quaternion.Euler(Vector3.zero);
    }

}
```

6.3.4　碰撞方向

碰撞通常有上下左右 4 个方向。Unity 2D 目前并没有提供方法来判断方向，但是提供了碰撞发生的坐标点，这样就可以计算碰撞方向了。如图 6-74 所示，当下面和左边同时发生碰撞时，我们在碰撞点和原点之间绘制线段。

图 6-74　碰撞方向

如下列代码所示，使用 `InverseTransformPoint()` 方法可以计算两点之间连线的方向，这样就能计算出碰撞的方向了。只是由于可能在多个点处同时发生了碰撞，还需要判断到底在哪几个方向上发生了碰撞。

```
void OnCollisionStay2D(Collision2D coll)
{
    foreach (ContactPoint2D contact in coll.contacts)
    {
        // 绘制线段
        Debug.DrawLine(contact.point, transform.position, Color.red);
        var direction = transform.InverseTransformPoint(contact.point);
        if (direction.x > 0f)
        {
            print("右碰撞");
        }
        if (direction.x < 0f)
        {
            print("左碰撞");
        }
        if (direction.y > 0f)
        {
            print("上碰撞");
        }
        if (direction.y < 0f)
        {
            print("下碰撞");
        }
    }
}
```

为了直观地看到到底哪里发生了碰撞，我们可以使用 `Debug.DrawLine()` 来绘制辅助线。当控制角色移动发生碰撞时，会发生抖动，可能出现穿模的情况。如图 6-75 所示，将 Collision Detection 改成 Continuous 即可进行连续监测，但是这会占用更多 CPU 时间。

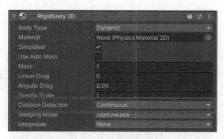

图 6-75　碰撞检测

6.3.5　触发器监听

游戏中的一些碰撞事件是不需要有碰撞效果的。例如，角色走到一个传送点，只需要监听到触发事件就可以了，角色并不会被传送点挡住。如图 6-76 所示，在 Box Collider 2D 组件中勾选 Is Trigger 复选框就表示启动触发器。触发器只监听碰撞的触发事件，不处理碰撞效果。

图 6-76　触发事件

如代码清单 6-11 所示，监听方法和 CollisionListener 类类似，这里不再赘述。

代码清单 6-11　TriggerListener.cs 文件

```
public class TriggerEvent : UnityEvent<GameObject> { }

public class TriggerListener : MonoBehaviour
{
    static public TriggerListener Get(GameObject go)
    {
        TriggerListener listener = go.GetComponent<TriggerListener>();
        if (listener == null)
            listener = go.AddComponent<TriggerListener>();
        return listener;
    }

    public TriggerEvent onTriggerEnter2D = new TriggerEvent();
    public TriggerEvent onTriggerStay2D = new TriggerEvent();
    public TriggerEvent onTriggerExit2D = new TriggerEvent();

    void OnTriggerEnter2D(Collider2D other)
    {
        onTriggerEnter2D.Invoke(gameObject);
    }
    void OnTriggerStay2D(Collider2D other)
    {
        onTriggerStay2D.Invoke(gameObject);
    }
    void OnTriggerExit2D(Collider2D other)
    {
        onTriggerExit2D.Invoke(gameObject);
    }
}
```

6.3.6　复合碰撞体

它可以将多个子碰撞体 Box Collider 2D 和 Polygon Collider 2D 合并在一起，前面讲的 Tile 合并就使用的它。如图 6-77 所示，Composite 节点下面放了 Box Collider 2D 和 Polygon Collider 2D 两个碰撞体。

接着给 Composite 节点绑定 Composite Collider 2D 组件，因为它强制要求组件绑定 Rigidbody 2D 组件，我们并不需要它被物理引擎控制，只需要用它影响其他刚体即可，所以设置 Body Type 为 Static，如图 6-78 所示。

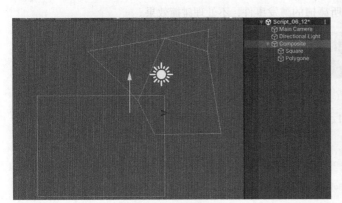

图 6-77　子碰撞体　　　　　　　　　　　　　　图 6-78　Composite 碰撞体

然后在子节点中勾选 Box Collider 2D 和 Polygon Collider 2D 的 Used By Composite 表示支持合并。如图 6-79 所示，此时 Square 和 Polygone 两个节点中的 Collider 已经合并在一起了。

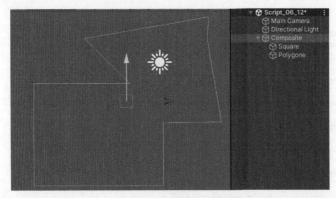

图 6-79　碰撞体合并

6.3.7　自定义碰撞体

前面提到的圆形碰撞体、盒型碰撞体、多边形碰撞体、边界碰撞体、胶囊碰撞体、复合碰撞体都需要在编辑模式下提前确定好区域,而自定义碰撞体则是通过脚本来动态添加区域的,比如添加一个圆形区域和一个多边形区域,然后将它们组合在一起。如图 6-80 所示,通过脚本将盒型和圆形碰撞体添加到 Custom Collider 2D 中。

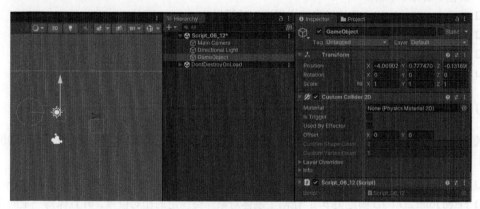

图 6-80　自定义碰撞体

如代码清单 6-12 所示,首先创建 PhysicsShapeGroup2D 组对象,然后动态将盒型和圆形区域添加到组中,最后将整个组添加到 Custom Collider 2D 中。

代码清单 6-12　Script_06_12.cs 文件

```
public class Script_06_12 : MonoBehaviour
{
    private void Start()
    {
        var shapeGroup = new PhysicsShapeGroup2D();
        // 添加一个盒型区域
        shapeGroup.AddBox
        (
            center: new Vector2(3f, 2f),
            size: new Vector2(1f, 1f),
            angle: 0f,
            edgeRadius: 0f
        );

        // 添加一个圆形区域
        shapeGroup.AddCircle
        (
            center: new Vector2(-2f, 3f),
            radius: 1f
        );

        // 添加到 CustomCollider2D 中
        var collider = GetComponent<CustomCollider2D>();
        collider.SetCustomShapes(shapeGroup);
    }
}
```

6.3.8　Effectors 2D 组件

Effectors 2D 即 2D 物理效应器。当 Rigidbody 2D 控制 Collider 2D 与 Effectors 2D 接触时会产生一些物理效果，将以下组件绑定到对象上即可实现相应的效果。

- ❑ Platform Effector 2D：一种特殊的地面，例如一些 2D 游戏中的台子，从下面能跳上去，但是站在上面掉不下去。
- ❑ Surface Effector 2D：像传送带一样带摩擦地缓慢移动。
- ❑ Point Effector 2D：像炸弹一样，爆炸后可以把周围的东西推向四周。
- ❑ Buoyancy Effector 2D：模拟水中的浮力效果。
- ❑ Area Effector 2D：区域力，例如物体从空中掉下来，进入某个区域后不停弹跳的效果。

6.3.9　关节

关节可以将 Rigidbody 2D 控制的两个物体以一种特殊的关节行为约束在一起，将以下组件绑定到对象上即可实现相应的效果。

- ❑ Distance Joint 2D（2D 距离关节）：将两个刚体对象连接在一起并保持它们的相对距离不变。
- ❑ Fixed Joint 2D（2D 固定关节）：让两个刚体对象保持一定的相对位置，并且保持一定的相对的角度偏移。
- ❑ Friction Joint 2D（2D 摩擦关节）：减慢两个刚体对象的线速度和角速度直到停止。
- ❑ Hinge Joint 2D（2D 铰链关节）：将两个刚体对象连接到空间中一个可以旋转的点。
- ❑ Relative Joint 2D（2D 相对关节）：让两个刚体对象保持一定的相对位置偏移。
- ❑ Slider Joint 2D（2D 滑块关节）：让两个刚体对象沿着一条线滑动。
- ❑ Spring Joint 2D（2D 弹簧关节）：将两个刚体对象像弹簧一样连接在一起。
- ❑ Target Joint 2D（2D 目标关节）：将刚体对象连接到一个指定的目标。
- ❑ Wheel Joint 2D（2D 车轮关节）：让刚体对象模拟车轮的行为。

6.3.10　物理材质和恒定力

在 Project 视图中使用 Assets→Create→2D Object→Physics Material 2D 即可创建物理材质。如图 6-81 所示，可以配置 Friction（摩擦系数）和 Bounciness（弹性系数），最终将它绑定到 Rigidbody 2D 组件上的 Material 即可生效。

Constant Force 2D 组件是恒定力组件，它可以随着时间的推移而控制刚体组件加速，像火箭发射一样。如图 6-82 所示，它可以修改 Force（力量）、相对力量（Relative Force）、力矩（Torque）等参数。

图 6-81　物理材质

图 6-82　恒定力

6.3.11　计算区域

如果必须通过物理引擎实现碰撞效果，那么必须在 Rigidbody 2D 中选择 Dynamic 了。这样做虽然功能最全面，但是效率也是最低的。

另外一种做法是不完全依赖物理引擎。换句话说，碰撞后不产生任何效果（例如角色行走时被墙挡住）。这样要选择 Kinematic，那么只能监听到 `OnCollisionEnter2D()` 和 `OnTriggerEnter2D()` 一类的碰撞事件，无法自动处理这种被挡住的效果。

最后，还有一种做法，就是前面提到的完全放弃物理引擎，不使用 Rigidbody 2D 组件，碰撞效果和碰撞事件完全靠自己来计算。这么做有个好处，那就是更加灵活：完全不依赖物理引擎，可以极大地提高效率。而缺点就是相对而言更麻烦，所有算法都得靠自己来编写。如图 6-83 所示，获取 Sprite Renderer 中 4 个点的世界绝对坐标，就可以判断相交、重合并且计算距离等。

如下列代码所示，获取角色包围盒（连接 Sprite Renderer 中的 4 个点后形成）的最小点（左下角）和最大点（右上角）后，通过 `Debug.DrawLine()` 将它们画出来。

```
public SpriteRenderer heroRenderer;
private void Update()
{
    Vector3 min = heroRenderer.bounds.min;
    Vector3 max = heroRenderer.bounds.max;
    // 绘制 4 个点的连线
    Debug.DrawLine(min, new Vector3(max.x,min.y,0f),Color.red);
    Debug.DrawLine(new Vector3(max.x, min.y, 0f), max, Color.red);
    Debug.DrawLine(max, new Vector3(min.x, max.y, 0f), Color.red);
    Debug.DrawLine(new Vector3(min.x, max.y, 0f),min, Color.red);
}
```

另外，原点默认在中心点，也就是 `transform.position` 在整个图片中的坐标。如图 6-84 所示，它也可以在 Sprite Editor 面板中编辑，很多游戏会将原点放在角色的正下方。若放在角色正中心，当角色较高时，脚就很可能会"踩进地里"。

图 6-83　获取区域

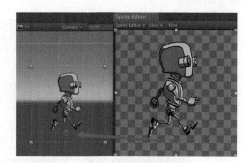

图 6-84　原点

6.4　像素风

像素风指的是早期红白机上的像素画风格，当时的游戏因为受硬件的限制无法实现高清的效果。

现在的一些复古的游戏则刻意使用像素画风格的效果，2D 系统也提供了专门的插件来制作它。如图 6-85 所示，首先需要创建一个像素摄像机 Pixel Perfect Camera，并且设置 Assets Pixels Per Unit（单位像素）、Reference Resolution（参考分辨率，即像素风制作的原始分辨率）。运行时再根据屏幕分辨率动态调整，保持像素清晰。

由于像素风游戏的原始分辨率都比较低，而现在游戏设备显示器的分辨率又比较高，因此需要在角色移动的时候保持显示稳定。如图 6-86 所示，使用普通摄像机时，像素风游戏超出屏幕的区域会被裁剪而无法自适应屏幕。

图 6-85   创建像素摄像机

图 6-86   普通摄像机

如图 6-87 所示，选择像素摄像机，它有两个绿色区域：一个是实线绿色区域，另一个是虚线绿色区域。实线绿色区域就是普通摄像机的显示区域，当显示区域变化时它也会跟着变。虚线绿色区域是参考分辨率，在 Pixel Perfect Camera 组件中可以手动设置。自适应的规则就是，保证参考分辨率中的所有精灵图完整地显示在屏幕上。制作像素风游戏时，首先要确定参考分辨率，因为所有贴图都是按照参考分辨率制作的。

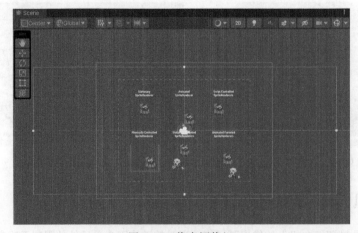

图 6-87   像素摄像机

由于 Sprite 贴图默认会进行多线性过滤,为了避免显示失真,需要关闭它。如图 6-88 所示,首先设置 Pixels Per Unit(见❶),接着设置 Point 不进行多线性过滤(见❷),最后关闭贴图压缩(见❸),保证贴图足够清晰。

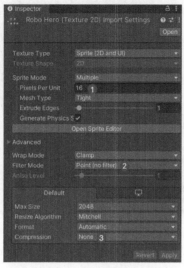

图 6-88　贴图设置

6.5　精灵形状

使用精灵形状时,可以手动编辑一个显示形状,再用美术人员提供的精灵文件按照一定的角度和方向填充。这样将大规模减少资源量,而且能实现不完全一样的精灵效果。如图 6-89 所示,可创建闭合(见❶)或开放(见❷)的两种精灵形状。

图 6-89　创建精灵形状

可以创建一个新的精灵形状配置文件并且绑定到 Sprite Shape 中。如图 6-90 所示,可以在 Texture 中填充精灵形状的背景图(见❶),接着在 Angle Range(角度区间)中设置一个填充的角度(见❷),用一张新图(见❸)来填充周围的一圈。这里使用草坪来包围石块。

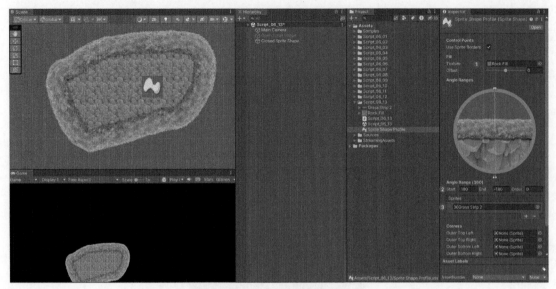

图 6-90　精灵形状文件

　　如图 6-91 所示，在 Sprite Shape Controller 中点击 Edit Spline 后即可开始编辑，可以在 Scene 视图中添加新节点或者编辑已有节点的位置来拉伸形状。本例详见随书代码工程 Script_06_13。

图 6-91　编辑精灵形状

6.6　精灵编辑器

　　精灵编辑器一共有 5 种编辑模式，如图 6-92 所示，下面逐一介绍。

1. Sprite Editor（精灵编辑器）

编辑单张精灵图的区域、锚点、九宫格切图等信息，也可以将单张图切分成多张散图，具体操作在前面已经介绍过，这里不再赘述。

2. Custom Outline（自定义轮廓）

前面介绍过，Sprite 的网格模式选择为 Tight，精灵将使用网格的方式渲染，此时整个网格的轮廓是自动生成的。如图 6-93 所示，在 Custom Outline 中可以根据自动生成的轮廓结果做出进一步的调整。

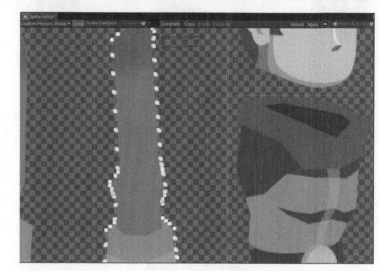

图 6-92　精灵编辑器

图 6-93　自定义轮廓

3. Custom Physics Shape（自定义物理区域）

自定义物理区域主要配合 Polygon Collider 2D 组件使用，它可以自动生成 Sprite 的网格形状。通过自定义调整物理区域，可以更灵活地定制它生成的物理区域，操作方式和 Custom Outline 类似。

4. Secondary Textures（次要纹理）

次要纹理的含义是可以在 Sprite 文件中添加多张纹理图。次要纹理通常用于法线贴图，将法线贴图与精灵贴图关联在一起。如图 6-94 所示，在右下角可以添加多张纹理图，只需要起一个名字即可。

修改完毕后需要配合 Shader 来用，目前还没有讲到 Shader，所以只需要大家简单了解即可。首先在 URP 的包中复制一份新的 Sprite-Lit-Default.shade 文件，创建纹理后绑定给 Sprite Renderer 组件，接着在 Shader 文件中添加以下代码，声明_SecondTex 变量。

```
TEXTURE2D(_SecondTex);
SAMPLER(sampler_SecondTex);
CBUFFER_START(UnityPerMaterial)
    half4 _MainTex_ST;
    half4 _SecondTex_ST;
    half4 _NormalMap_ST;
    half4 _Color;
CBUFFER_END
```

如下列代码所示，在片元着色器中继续对_SecondTex 采样，然后直接乘上颜色。计算后的图片
如图 6-95 所示。

```
half4 main = i.color * SAMPLE_TEXTURE2D(_MainTex, sampler_MainTex, i.uv);
main.rgb *= SAMPLE_TEXTURE2D(_SecondTex, sampler_SecondTex, i.uv);
```

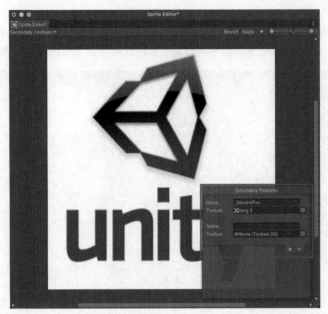

图 6-94   次要纹理

图 6-95   计算后的图片

5. Skinning Editor（蒙皮编辑器）

蒙皮编辑器在 6.1.6 节已经介绍过，这里不再赘述。

6.7   小结

本章首先讲解了 Unity 2D 系统，以及 UGUI 与 2D 系统的区别，重点介绍了 Sprite Renderer 组件，
精灵和粒子之间的排序、裁剪等。接着介绍了 2D 帧动画、2D 骨骼动画等。然后介绍了 Tile 地图，它
可以使用 Tile 组件灵活地编辑地图。此外，我们还学习了可编程扩展的 Tile 组件。最后，本章介绍了
物理引擎，Sprite 之间的碰撞效果以及碰撞事件。通过本章的学习，大家应该对 2D 游戏开发有了清晰
的认识。赶快开始自己的 2D 游戏之旅吧。

第 7 章

3D 游戏开发

3D 游戏开发的内容要比 2D 游戏开发更复杂，因为后者的核心就是 Sprite（精灵图），在它之上扩展出来了骨骼动画、瓦片地图等。而 3D 游戏开发增加了 Z 轴的维度后，模型的顶点位置从 2D 变成 3D，还需要考虑摄像机的朝向以及 3D 模型近大远小的效果。场景制作上的复杂度也提高了，因为用一个 2D 平面是无法制作出凹凸不平的地面的。Unity 为此提供了更强大的地形系统。

3D 游戏的效果更好，因为 2D 游戏无法从任意角度来观察场景，比如无法实现模型自身的旋转效果——总不能要求美术人员为每个角度都单独画一张图吧！但 2D 游戏也有自身的优势：美术人员的控制权更高，可以将很多信息直接画在贴图上。3D 游戏则必须依赖光栅化的结果，通过视线方向、光线方向、模型顶点法线方向来还原最终效果，而通过数学公式很难还原 2D 原画的效果，所以很多游戏玩家觉得 3D 模型没有原画好看。

7.1 Renderer

3D 游戏开发中最基础的渲染器就是 Renderer，它负责将 Mesh（网格）最终渲染出来。网格的顶点信息都是 3D 的，而人眼看到的是一个平面，所以会通过显卡将顶点信息投影到平面中，再配合 Shader 的着色最终将 3D 物体渲染出来。Render 包括 Mesh Renderer（网格渲染器）、Skinned Mesh Renderer（蒙皮网格渲染器）、Particle System（粒子系统）、Trail Renderer（拖尾渲染器）、Line Renderer（线渲染器）、Terrain（地形），整个 3D 世界都是由以上渲染器渲染而成的。

7.1.1 Mesh Renderer（网格渲染器）

在 Hierarchy 视图中选择 Create→3D Object 即可创建 3D 物体。如图 7-1 所示，3D 物体包括 Cube（立方体）、Sphere（球体）、Capsule（胶囊体）、Cylinder（圆柱体）、Plane（平面）和 Quad（四边形片）。Mesh Renderer 是静态模型的渲染器，需要配合 Mesh Filter 组件使用。Mesh Filter 组件中需要拖入 FBX 模型的原始网格信息，Mesh Renderer 中需要添加材质球，由于材质球中绑定了 Shader，因此就可以把模型渲染出来了。

图 7-1　Mesh Renderer

游戏中通常会使用美术人员制作的 FBX 模型文件，从 3ds Max 或者 Maya 软件中导出模型和动画即可在 Unity 中直接使用。如图 7-2 所示，材质文件中需要指定贴图和着色器，模型文件包含模型节点和模型网格信息。

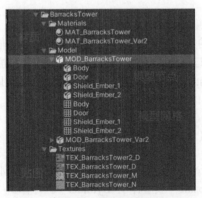

图 7-2　模型文件

如图 7-3 所示，接着将 FBX 模型拖入 Hierarchy 视图中即可直接渲染出来，它由 Mesh Filter 和 Mesh Renderer 两个组件组成，下面详细介绍。

❶ Mesh Filter：绑定网格信息。

❷ Mesh Renderer：设置渲染信息，需要在此指定材质球。Unity 支持多维子材质，需要在 3ds Max 或者 Maya 中指定。

❸ Lighting：光照，启动自身投射阴影，以及设置烘焙贴图来计算自身的全局光照。

❹ Probes：探针，接受 Light Probes 的系统光照和反射光照。

❺ Additonal Settings：附加设置，包括 Motion Vectors（运动矢量信息，记录两帧像素在屏幕空间的运动），以及 Dynamic Occlusion（动态遮挡剔除，当它被静态物遮挡住时会被剔除），而 Renderer Layer Mask 会记录一个特殊的层，用于在渲染管线中决定是否渲染。

图 7-3　渲染模型

7.1.2　Skinned Mesh Renderer（蒙皮网格渲染器）

蒙皮网格渲染器需要配合蒙皮动画使用，动画文件也需要美术人员在 3ds Max 或者 Maya 中导出成 FBX 文件。动画文件和模型文件的命名并没有强制要求，但为了便于区分，通常会在动画文件中添加 @XXX 的字样。如图 7-4 所示，Mage.fbx 是模型文件，Mage@Idle.fbx 就是动画文件，其中 Idle 是动画名，代表待机动画。

模型文件要想播放动画，就必须保证动画文件中的骨骼和节点与模型文件中一致，所以模型文件需要包含骨骼节点和网格信息，而动画文件要包含骨骼节点和动画信息。美术人员导出的动画文件有时会包含网格信息，导致动画文件过大。图 7-4 中模型文件 Mage 下的 Mage_Body 和 Mage_Weapon 就是网格信息，Mage@Idle 下的 Idle 就是动画文件，其中的 unityHumanoidJoint_grp 是骨骼节点信息。这些名称都由美术人员在 3d Max 或者 Maya 中指定。

如图 7-5 所示，将模型拖入 Hierarchy 视图会给网格部分自动添加 Skinned Mesh Renderer 组件。Bounds 是模型的包围盒信息，Quality 表示动画顶点支持的权重（顶点会被多少个骨骼影响），Update When Offscreen 表示是否每帧计算包围盒信息（即使摄像机看不到也会计算），Mesh 记录网格信息，Root Bone 则记录根骨骼节点。

图 7-4　动画文件

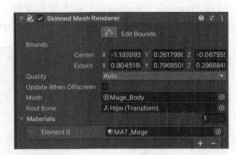

图 7-5　Skinned Mesh Renderer

接着给模型绑定 Animator 组件，如图 7-6 所示，Controller 表示 Animator Controller 的资源文件，用于配置动画信息，Avatar 表示模型的骨架文件，Apply Root Motion 表示模型是否支持被动画影响坐标。Update Mode 表示动画更新模式，支持固定间隔和不受时间缩放影响的更新，而 Culling Mode 可设置为始终更新动画，摄像机不可见、只更新坐标信息，以及摄像机不可见、完全不更新这 3 种裁剪模式。

图 7-6　Animator 组件

Avatar 参数在 2D 动画开发中没有出现过。如图 7-7 所示，选择模型文件后，在 Rig 面板中选择 Avatar Definition 下的 Create From This Model 表示根据当前模型创建骨架。Animation Type 支持人形动画和非人形动画，Root node 表示配置骨架的根节点，Skin Weights 用于设置骨架的最大权重（每个顶点最多被多少骨骼影响），勾选 Strip Bones 会过滤无用的骨骼节点，而勾选 Optimize Game Objects 可优化掉不需要同步在 CPU 中的骨骼节点。

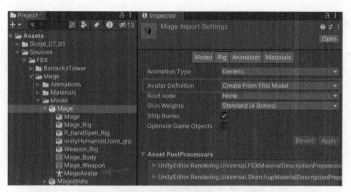

图 7-7　创建骨架

大家可以看到，这里使用的 Animation Type 是 Generic，表示非人形通用骨骼类型。虽然 Unity 支持人形骨骼类型，而且人形骨骼类型支持重定向功能（同一套骨架可以在多个模型中使用），但是人形骨骼在实际使用中有很多问题，因为美术人员制作的模型动画有时并非标准人形，比如战士会拿武器，怪物可能有尾巴，等等。这些在标准人形节点以外的动画也都需要美术人员绑定骨架，但是无法和其他模型一起复用，所以使用人形骨骼节点就不适合了。

实际项目中大多采用非人形骨骼节点，即 Generic 类型，因为它可以播放任意模型动画。在制作上，美术人员会针对每个模型单独制作的骨架，以便达到最好的动画效果。后续章节只会重点介绍非人形骨骼动画。

7.1.3　Particle System（粒子系统）

程序员虽然并不需要会制作粒子特效，但是必须知道它的工作原理。粒子在底层就一个脚本，运行时会根据美术人员设置的一系列参数动态展开。程序需要动态创建 Mesh 并且通过数学算法来计算它的运动轨迹。

对于粒子特效而言，单个 Mesh 的顶点数比较少，但是 Mesh 的总量比较多，因此在内部用到了动态合批技术。如图 7-8 所示，所有粒子会被合并在一个 Draw Call 中，决定粒子特效效率的就是同屏产生的 Mesh 数量和渲染面积，通常的优化手段是降低粒子发射器数量和粒子数量。

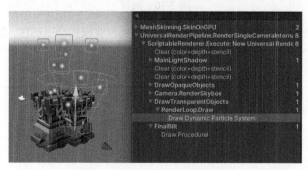

图 7-8　粒子特效（另见彩插）

7.1.4 Trail Renderer（拖尾渲染器）

Trail Renderer 会在物体移动的时候在其移动的反方向上添加一个拖尾特效，如图 7-9 所示，可以配置拖尾特效的总消失时间、宽度、颜色等信息。

图 7-9　拖尾特效（另见彩插）

7.1.5 Line Renderer（线渲染器）

Line Renderer 可以在 3D 世界中画线。如图 7-10 所示，用鼠标可以在场景中很方便地编辑 3D 世界中的点，将点连在一起就能画出线了。

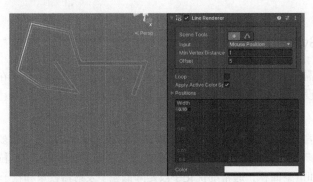

图 7-10　画线

Line Renderer 是个很重要的组件，因为游戏中的一些连线操作会用到它。如下列代码所示，只需要提供点的数量和每个点的 3D 坐标就可以画线了。

```
var lineRenderer = GetComponent<LineRenderer>();
// 设置点的数量和每个点的 3D 坐标
lineRenderer.positionCount = 3;
lineRenderer.SetPositions(new Vector3[]
{
    Vector3.one,
    Vector3.one*2,
    Vector3.one*3,
});
```

7.1.6 Terrain（地形）

Unity 的地形系统是个非常全面的地表编辑工具，可以编辑地形高度、地表贴图的混合以及植物或其他地表信息。它的原理是通过一张高度图中的每个像素来记录地表的高度，因此在同一个地形内没办法制作出类似空中楼阁或者浮空小岛的场景。此外，它也不支持导出 FBX 模型文件，无法二次编辑。随着版本的更新，地形系统加入了很多新功能，比如大世界需要的地形拼接功能等。

创建地形后会自动添加 Terrain 组件，菜单栏中的第一项就是地形拼接。如图 7-11 所示，只需在周围点击一下即可在该区域添加新的地形并和已有的地形拼接在一起。拼接后的地形可以用笔刷在边界处同时编辑，而且 Lightmap 烘焙贴图也不会出现无法拼接的问题。

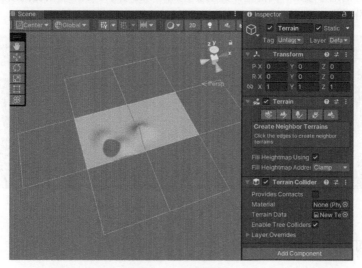

图 7-11　地形拼接

地形拼接工具的旁边就是地形绘制工具了，下面逐一介绍。如图 7-12 所示，绘制时可以选择一个笔刷形状，直接在地表上拖动就能看到效果了。

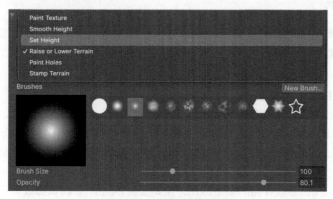

图 7-12　地形绘制工具

❑ Paint Texture（绘制纹理）：使用多层纹理图来混合编辑地表。

❑ Smooth Height（平滑高度）：让地形高度的边缘更加圆润。

❑ Set Height（设置高度）：填入一个固定高度，编辑出固定高度的地表。

❑ Raise or Lower Terrain（升降地形高度）：刷地表时按下 Command 可提升地表高度，按下 Shift 可降低地表高度。

❑ Paint Holes（绘制洞口）：在地表挖一个洞，露出下面的可视元素。

❑ Stamp Terrain（附加高度）：在当前地形之上编辑出一个固定笔刷形状的高度。

我们通过上述工具操作的都是高度图，地形会根据高度图来生成 Mesh 信息。使用高分辨率的高度图可以得到很好的地形效果，代价是面数太多。如图 7-13 所示，如果需要提高绘制地形的效率，可以降低高度图的分辨率。

图 7-13 高度图分辨率

7.2 游戏对象和资源

第 3 章简单介绍过游戏对象，它将各种游戏组件组合在一起就可以实现各式各样的效果。7.1 节介绍的 Render 就是游戏组件，把它绑定在游戏对象上就产生了渲染器的效果。

7.2.1 静态对象

通常有一些对象在整个游戏过程中都不会发生位置或者效果的改变，此时可以通过静态对象对其进行一些特殊的优化。如图 7-14 所示，勾选 Static 即可标记游戏对象为静态对象，各参数的具体含义如下。

❑ Contribute GI：支持烘焙 Lightmap。

❑ Occluder Static：参与遮挡剔除的遮挡者。

❑ Batching Static：参与静态合批物体。假如场景中有很多小物体，每个都会单独占用一个 Draw Call，而勾选 Batching Static 后会在打包前将这些小物体合并成一个大的 Mesh，从而优化运行效率。

❑ Navigation Static：导航寻路的烘焙标记，需要安装寻路的包（Package）。

❑ Occludee Static：参与遮挡剔除的被遮挡者。

❏ Off Mesh Link Generation：导航寻路的传送点标记。

❏ Reflection Probe Static：表示反射探头，用于生成 Cubemap 反射图。

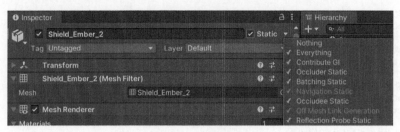

图 7-14　勾选 Static

勾选 Static 就表示对当前游戏对象标记以上素有含义，也可以对许多游戏对象进行组合标记。除了手动标记以外，也可以在代码中动态勾选。如下列代码所示，isStatic 表示所有的静态总开关，也可以调用 GameObjectUtility.SetStaticEditorFlags 单独打开静态的某个子开关。

```
[MenuItem("Examples/Set Static Editor Flags")]
static void SetEditorFlags()
{
    var go = Selection.activeGameObject;
    // 设置静态总开关
    go.isStatic = true;

    // 单独设置某几个静态子开关
    var flags = StaticEditorFlags.BatchingStatic | StaticEditorFlags.ReflectionProbeStatic;
    GameObjectUtility.SetStaticEditorFlags(go, flags);
}
```

7.2.2　标记

可以为游戏对象设置标记（Tag），每个游戏对象只能设置一个独有的标记。默认的标记如图 7-15 所示，其中 EditorOnly 和 MainCamera 是有特殊含义的。游戏对象标记为 Editor Only 表示它只在编辑器模式中存在，打包后将被自动删除。MainCamera 需要绑定在摄像机上，这样调用变量 Camera.main 就可以快速获取场景中的主摄像机。尽量只在整个场景中标记一个 MainCamera，即使场景中有多个摄像机都被标记了 MainCamera，调用变量 Camera.main 后也只能获取一个。其余都是遗留的标记，没有实际的意义。点击 Add Tag...可以动态添加和删除标记。

图 7-15　Tag

如下列代码所示，在编辑模式和运行模式下都可以动态设置标记的名称，也可以获取场景中所有带有某个标记的游戏对象。

```
// 设置标记
this.gameObject.tag = "Player";

// 判断游戏对象是否带有某个标记
if (this.gameObject.CompareTag("Player")) { }

// 获取场景中带有某个标记的所有对象
List<GameObject> list = new List<GameObject>();
GameObject.FindGameObjectsWithTag("Player", list);

// 获取场景中带有某个标记的单个对象
GameObject.FindGameObjectWithTag("Player");
```

7.2.3　层

在标记的旁边可以设置层（Layer），每个游戏对象只能标记一个层。默认的层如图 7-16 所示，其中 TransparentFX 层需要配合 Flares（光晕）使用，当光晕被透明物体挡住时，只标记 TransparentFX 层也可以产生光晕的效果。Ignore Raycast 表示忽略射线检测，使用射线检测的物体将失效。Water 层在 Standard Assets 中使用，UI 层是 UGUI 系统默认使用的层。

图 7-16　Layer

点击 Add Layer...可以继续添加或者删除层，如下代码会直接给设置层级。

```
this.gameObject.layer = LayerMask.NameToLayer("UI");
```

层通常需要和 LayerMask 配合使用，典型的场景就是摄像机上设置过滤的层不进行渲染。每个层使用一个 int 来保存 32 位掩码，最多支持 32 个层。如下列代码所示，可以通过按位或运算符（|）将多个层并列在一起，也可以单独删除某一个层。

```
// 让摄像机只看 UI 和 Water 层
Camera.main.cullingMask = 1<<LayerMask.NameToLayer("UI") | 1<<LayerMask.NameToLayer("Water");

// 让摄像机删除 Water 层，此时只看 UI 层
Camera.main.cullingMask &= ~(1 << LayerMask.NameToLayer("Water"));
```

7.2.4　Prefab

前面介绍过，游戏对象需要配置不同的游戏组件，每个游戏组件还可以再配置不同的参数。要想在不同的场景中使用同样的配置参数，就需要使用 Prefab（预制体）了，不然在每个场景中都必须单独编辑一次。

　　如图 7-17 所示，Prefab 中可以保存完整的 GameObject 父子节点信息，同时包含所有的组件。组件上的基础数据类型会被序列化在 Prefab 文件中，而引用的资源（如贴图的 FBX 模型文件）将以 GUID 的形式保存。

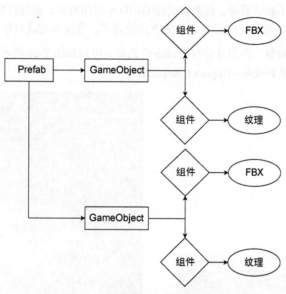

图 7-17　Prefab

　　Unity 引擎默认不使用原始资源，而是会在 Library 中根据原始文件生成一份供引擎使用的文件（用 MD5 码命名并保存），一些额外的配置项（比如贴图尺寸压缩格式和 FBX 模型动画类型）都会保存在 META 文件中。如图 7-18 所示，META 文件由 Unity 自动生成并保存在原始文件旁边，名称是原文件名加上.meta 后缀。

图 7-18　META 文件

META 文件可以使用记事本一类的软件打开，它不仅保存了额外的配置项，还保存了一个更重要的信息，那就是 GUID。GUID 用于标记文件在整个工程中的唯一性，Library 文件夹中的资源名就是根据它生成的，Prefab 中引用的资源文件也是它。

虽然 Prefab 本身并不包含资源，但是它通过 GUID 来引用资源，最终打包时会通过 GUID 关联实际使用的文件。如图 7-19 所示，保存 Prefab 的方式很简单，直接将游戏对象拖入 Project 视图即可。

如果需要还原游戏对象，即断开它与 Prefab 的关系，可以如图 7-20 所示，在 Hierarchy 视图中右键点击 Prefab，然后选择 Prefab→Unpack Completely。

图 7-19 保存 Prefab   图 7-20 断开关系

Prefab 支持嵌套行为，即把一个 Prefab 嵌套在另一个 Prefab 中。Unpack Completely 表示断开与整个 Prefab 的关系。Unpack 则表示只断开与当前 Prefab 自身的关系，而子节点中嵌套的 Prefab 会继续保持依赖。

7.2.5 Prefab 嵌套

Prefab 现在已经支持了嵌套功能。如图 7-21 所示，Root1 和 Root2 是两个单独的 Prefab 文件，Child 是另一个 Prefab 文件，它被分别嵌套在 Root1 和 Root2 中。如果将来单独修改了 Child，变化将被自动同步到 Root1 和 Root2 中。

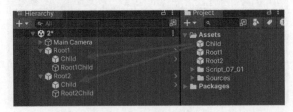

图 7-21 Prefab 嵌套

虽然很早就有开发者在论坛里提到希望支持 Prefab 嵌套，但是该功能直到 Unity 2018 才正式得到支持。虽然从引擎的角度看，嵌套实现的确实很好，但是从使用的角度看它存在很大的问题。如图 7-22 所示，我们直接在场景中修改 Child 节点下的位置信息 Position，然后保存场景。

图 7-22　修改数据

此时，我们修改的信息既没有保存在 Child Prefab 中，也没有保存在 Root1 Prefab 中，但是它居然保存在场景中了。如图 7-23 所示，使用文本工具打开场景文件后，修改的信息记录在 `PrefabInstance` 中的 `m_Modification` 节点中，以数组的形式保存。因为我们修改的是 Child Prefab 中 Transform 组件的信息，所以这里只会额外保存 Transform 组件中被修改的所有数据。

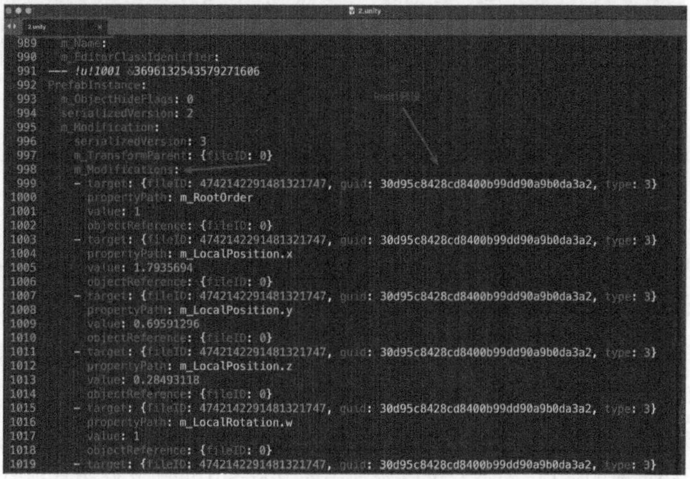

图 7-23　场景数据

如图 7-24 所示，选中 Root1 后，在下拉框中选择 Overrides。这里显示 Root1 节点下引用的 Prefab 的数据被改变了，可以看出 Child 的 Transform 组件被修改了。点击 Revert All 将还原对 Child 的修改，点击 Apply All 后场景文件就会被修改，因为将把 Child 的修改信息重新保存在 Root1 这个 Prefab 中。

图 7-24　预设数据

如图 7-25 所示，将 Root1 预设数据拖入记事本中打开，可以看到刚刚在场景文件中保存的信息原封不动地移动到了 Root1 Prefab 中。大家是不是感觉很困惑呢？明明修改的是 Child Prefab 的信息，改动却被保存在引用它的场景或者引用它的 Prefab 中了。

```
  m_Center: {x: 0, y: 0, z: 0}
--- !u!1001 &2516623284464469133
PrefabInstance:
  m_ObjectHideFlags: 0
  serializedVersion: 2
  m_Modification:
    serializedVersion: 3
    m_TransformParent: {fileID: 4742142291481321747}
    m_Modifications:
    - target: {fileID: 7771375059856304876, guid: 493e07021335b48418e73fbc6f8fc7af, type: 3}
      propertyPath: m_Name
      value: Child
      objectReference: {fileID: 0}
    - target: {fileID: 9046118624999986361, guid: 493e07021335b48418e73fbc6f8fc7af, type: 3}
      propertyPath: m_RootOrder
      value: 3
      objectReference: {fileID: 0}
    - target: {fileID: 9046118624999986361, guid: 493e07021335b48418e73fbc6f8fc7af, type: 3}
      propertyPath: m_LocalPosition.x
      value: -1.65
      objectReference: {fileID: 0}
    - target: {fileID: 9046118624999986361, guid: 493e07021335b48418e73fbc6f8fc7af, type: 3}
      propertyPath: m_LocalPosition.y
      value: 0.69591296
      objectReference: {fileID: 0}
    - target: {fileID: 9046118624999986361, guid: 493e07021335b48418e73fbc6f8fc7af, type: 3}
      propertyPath: m_LocalPosition.z
      value: 0.28493118
      objectReference: {fileID: 0}
    - target: {fileID: 9046118624999986361, guid: 493e07021335b48418e73fbc6f8fc7af, type: 3}
      propertyPath: m_LocalRotation.w
```


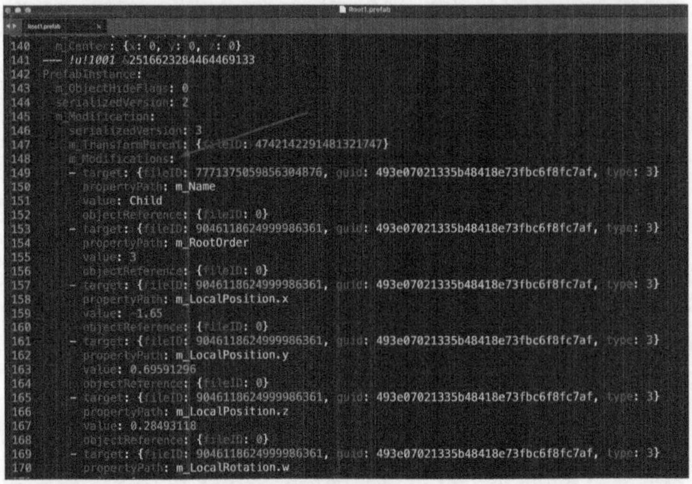

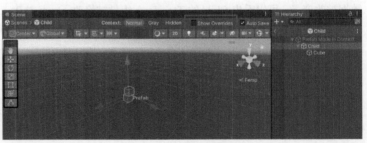

图 7-25　保存预设数据

这就是 Prefab 嵌套的规则，它的设计思路是完整兼容任何修改。目前看来，Child 的修改数据确实很奇怪，但是我们可以换个角度来思考一下这个问题。如果就是希望在嵌套的地方修改 Prefab 的一些属性，比如希望在嵌套的不同地方把颜色属性修改成不同的值，而其他属性保持原有的值，那么这样的 Prefab 嵌套规则就很适用了，因为此时并没有修改被嵌套的 Prefab 文件，而是将变化的地方保存在引用它的场景或者引用它的 Prefab 文件中。

如果需要将修改真正地保存在嵌套的 Prefab 中，需要进入 Prefab 编辑模式中修改。如图 7-26 所示，选择需要修改的子 Prefab，然后点击右侧的箭头。

如图 7-27 所示，进入子 Prefab 编辑模式后修改的内容才会真正被保存在 Child.prefab 文件中。Show Overrides 是一个比较重要的选项，勾选它可以看到当前 Prefab 中的哪些修改是被引用它的 Prefab 或者场景修改的。旁边的 Context 表示预览模式，会在场景中突出显示当前 Prefab，Auto Save 表示是否自动保存。

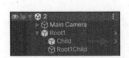

图 7-26　进入编辑模式

图 7-27　预设编辑模式

如图 7-28 所示，在 Project 视图中选择 Prefab，然后在 Inspector 面板中点击 Open 按钮也能进入编辑模式。它和前一种打开方式是有区别的，这里仅打开当前 Prefab，而前一种方式会包含父 Prefab 引用的关系，所以面板中展示的信息会更多。例如，以这种方式打开是没有 Show Overrides 选项的。

图 7-28　点击 Open 按钮进入编辑模式

总结一下，在编辑 Prefab 的时候要首先明确修改的结果，一共有 3 种结果。

(1) 在场景中修改，意味着换个场景后使用 Prefab 将使用默认参数。

(2) 在被嵌套的 Prefab 中修改，父 Prefab 在任何地方加载时都会影响当前的子 Prefab。

(3) 在 Prefab 中修改，任何嵌套或引用它的 Prefab 或者场景都会立即修改。

7.2.6　Prefab 和游戏对象

Prefab 是游戏资源，可以保存在硬盘中，而游戏对象是内存中的数据，无法保存在硬盘中。如图 7-29 所示，在场景中，Prefab 和普通游戏对象都可以被序列化在脚本中，在脚本中就可以把它们都当成游戏对象来处理了。

图 7-29　脚本中的 Prefab 和游戏对象

如下列代码所示，脚本中并没有区分 Prefab 和游戏对象，统一使用 GameObject 来接收参数。在这种情况下，Prefab 和游戏对象虽然相似，但其实它们的内部原理是完全不同的。游戏对象的完整信息保存在当前场景中，而 Prefab 的信息则通过 GUID 引用的关系保存在场景中。

```
public class Scprit : MonoBehaviour
{
    public GameObject Go1;
    public GameObject Go2;
}
```

当运行游戏场景被加载到内存中时，又会将 Prefab 自动实例化成游戏对象，此时脚本中使用 GameObject 参数接收到的已经是场景中的游戏对象了，并非 Prefab 资源。如下列代码所示，此时既可以控制游戏对象的属性，也可以继续通过实例化克隆它。

```
// 修改游戏对象属性
Go1.transform.position = Vector3.one;
Go2.transform.rotation = Quaternion.identity;
```

```
// 继续克隆新对象
GameObject clone1 = Instantiate<GameObject>(Go1);
GameObject clone2 = Instantiate<GameObject>(Go2);
```

如图 7-30 所示，将原本场景中的 Prefab 对象删除，将 Project 视图中 Prefab 的原始资源对象拖入 Script 中。

图 7-30   重新绑定

在同样的代码环境下，代码如下所示。在脚本中操作 Go 2 会报错，原因是此时的 Go 2 并非游戏对象而是游戏资源，必须实例化以后才能操作它。而在上面的例子中，场景被创建的时候本身就会自动实例化它引用的所有 Prefab，Go 2 就已经不是游戏资源了，而是指向场景中 Prefab 的游戏对象。因此，上面的例子不会报错，而这里的例子就会报错。

```
Go1.transform.position = Vector3.one;
Go2.transform.rotation = Quaternion.identity; // 报错
GameObject clone1 = Instantiate<GameObject>(Go1);
GameObject clone2 = Instantiate<GameObject>(Go2);
```

7.2.7   实例化

`Instantiate()` 是脚本中的标志性方法，以前的例子中也提到过。`Instantiate()` 可以对一个游戏资源或者游戏对象进行克隆。如下列代码所示，一个典型的使用场景就是，将 Prefab 放在 Resources 目录下，然后使用 `Instantiate()` 对资源进行实例化。

```
GameObject prefab = Resources.Load<GameObject>("Prefab");
GameObject clone = Instantiate(prefab);
```

实例化就是克隆一份 Prefab 并且放在当前场景中，让它变成游戏对象。如下列代码所示，在游戏对象的基础上可以继续实例化，克隆一份新的游戏对象。

```
GameObject clone = Instantiate(prefab);
clone.AddComponent<BoxCollider>();// 修改对象
GameObject clone2 = Instantiate(clone);
```

它还支持实例化组件的行为。如下列代码所示，`Instantiate<T>` 使用泛型传入对应的组件类型就可以实例化游戏对象中的组件了。因为组件必须依赖游戏对象，所以这段代码会先实例化整个游戏对象，并且返回实例化后的对象上绑定的新 BoxCollider 组件。这算是一种快捷的实例化方法。

```
GameObject clone = Instantiate(prefab);
// 获取组件
BoxCollider boxCollider= clone.GetComponent<BoxCollider>();
```

```
// 实例化组件
BoxCollider clone2 = Instantiate<BoxCollider>(boxCollider);
```

Prefab 是一种特殊资源，因为它可以被实例化到场景中。还有很多资源是无法实例化的，比如 Texture 贴图资源。如下列代码所示，在 Mesh Renderer 组件中获取贴图对象，通过 Instantiate<Texture> 的方式克隆一份新的贴图对象，其他资源的克隆方法也类似，只需要将对应资源的泛型类型传入即可。

```
Texture texture = GetComponent<MeshRenderer>().material.mainTexture;
Texture texture2 = Instantiate<Texture>(texture);
```

7.2.8　游戏资源

Unity 使用的资源可分为两种：外部资源和内部资源。内部资源比较好理解，就是在 Unity 中创建的资源，比如 Prefab、场景、材质球、动画剪辑、RenderTexture 等。外部资源即通过第三方工具产生的资源，如贴图、模型、声音、视频等。Unity 并不会直接使用外部资源，而是将它们生成为另一份资源来使用，这样做的好处是引擎可以通过一些配置对原始资源进行加工。如图 7-31 所示，引擎真正使用的资源被保存在 Library/Artifacts/中，文件名是生成的资源的 MD5 名称，它们所在的文件夹以对应 MD5 名称的前 2 位字符命名。

图 7-31　新资源

以贴图文件为例，常见的贴图格式（如 JPG、PNG 甚至 PSD）都可以直接导入 Unity。如图 7-32 所示，在资源的 Inspector 视图中还可以继续配置一些参数，如贴图格式、类型、尺寸、压缩格式等信息。这些信息并不会影响到原始贴图文件，而是会通过这些配置与原始贴图生成一份新的贴图文件。

参数修改完毕后，在原始贴图文件的旁边会再生成一个 META 文件，如图 7-33 所示，它的第 2 行就记录着这个文件最终的 GUID 值，这个值在整个工程中是唯一的。

Artifacts 目录中生成的文件名并非通过这里的 GUID 来命名的。如图 7-34 所示，在 Library 目录下还会生成一个名为 ArtifactDB 的资源数据库文件，里面会完整记录每个 GUID 和实际生成资源的映射关系。

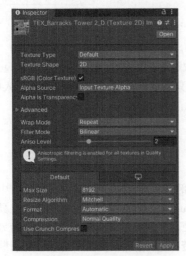

图 7-32　贴图资源

图 7-33　文件最终的 GUID 值

图 7-34　ArtifactDB

无论是外部资源还是内部资源，最终都会在引擎中为其分配使用对象。接着，我们列举一下 Unity 中常用的游戏资源类型。

1. 模型文件

文件后缀为.fbx，引擎中的对应类型是 Mesh 和 AnimationClip。如下列代码所示，直接加载 FBX 文件，通过泛型约束其类型即可。当使用 Resources.Load 加载时不需要输入文件后缀。

```
// 以游戏对象方式加载资源
GameObject fbx = Resources.Load<GameObject>("Fbx");

// 加载 FBX 中所有的 Mesh 对象
Mesh[] meshs= Resources.LoadAll<Mesh>("Fbx");

// 加载 FBX 中的动画剪辑文件
AnimationClip clip = Resources.Load<AnimationClip>("Fbx@Attack");
```

2. 贴图文件

文件后缀为.bmp、.tif、.tga、.jpg、.png 或.psd，引擎中的对应类型是 Texture、Texture2D、Sprite。如下列代码所示，通过泛型约束其类型即可。

```
// 纹理
Texture texture = Resources.Load<Texture>("texture");
Texture2D texture2d = Resources.Load<Texture2D>("texture2d");
// 精灵
Sprite sprite = Resources.Load<Sprite>("sprite");
```

3. 音频文件

文件后缀为.mp3、.ogg、.wav、.aiff / .aif、.mod、.it、.s3m 或.xm，引擎中的对应类型是 AudioClip。如下列代码所示，直接加载即可。

```
AudioClip audioClip = Resources.Load<AudioClip>("audioClip");
```

4. 文本文件

文件后缀为.txt、.html、.htm、.xml、.bytes、.json、.csv、.yaml 或.fnt，引擎中的对应类型是 TextAsset。如下列代码所示，直接加载即可。

```
string textAsset = Resources.Load<TextAsset>("textAsset").text;
```

7.2.9　场景

游戏对象除了能保存在 Prefab 中，还能保存在场景（scene）中。游戏对象自身的组件及组件上的参数都被序列化在场景文件中，而场景依赖的外部资源文件都是通过 GUID 引用的。所以，场景中游戏对象和游戏组件的数量决定了场景序列化的大小，引用的资源对象会影响加载场景的时间。如图 7-35 所示，Hierarchy 视图中支持同时编辑多场景，操作很简单：只需要事先将场景直接拖入即可。

如图 7-36 所示，在 Build Settings 中添加需要的场景，这样就可以在代码中动态打开场景了。

　　图 7-35　多场景　　　　　　　　　　图 7-36　添加场景

如下列代码所示，使用 SceneManager.LoadScene 方法可以同步加载场景，第二个参数用于设置单独加载新场景或者在当前场景的基础上加载新场景（多场景的概念）。

```
// 卸载当前场景，同步加载新场景
SceneManager.LoadScene("Script_07_01", LoadSceneMode.Single);

// 不卸载当前场景，同步加载新场景
SceneManager.LoadScene("Script_07_01", LoadSceneMode.Additive);
```

如下列代码所示，除了同步加载以外还可以异步加载场景。如果场景比较大，加载的过程需要播放加载动画，就必须进行异步加载了。在 Update() 中可以获取加载进度，completed 可以监听加载完成事件。

```csharp
private AsyncOperation m_Async;
private void Start()
{
    // 异步加载场景
    m_Async = SceneManager.LoadSceneAsync("Script_07_01", LoadSceneMode.Single);
    m_Async.completed += (async) =>
    {
        Debug.Log($"加载完成:{m_Async.progress}");
    };
}
private void Update()
{
    if(!m_Async.isDone)
    {
        Debug.Log($"加载进度:{m_Async.progress}");
    }
}
```

如下列代码所示，异步加载场景还支持协程任务的加载方式。如果选择使用 LoadSceneMode.Single 切换场景，会删除原本场景的内容，所以需要使用 DontDestroyOnLoad 设置当前脚本和游戏对象不被删除。

```csharp
private void Start()
{
    // 避免当前脚本在切换场景时被删除，通过 DontDestroyOnLoad 设置
    DontDestroyOnLoad(this);
    StartCoroutine(LoadScene("Script_07_01", () =>
    {
        Debug.Log($"场景加载完成");
    }));
}

IEnumerator LoadScene(string sceneName,System.Action finish)
{
    AsyncOperation async = SceneManager.LoadSceneAsync(sceneName, LoadSceneMode.Single);
    yield return async;
    finish?.Invoke();
}
```

在加载场景时，建议单独封装一个加载类，用于处理一些特殊情况。例如，新场景和当前场景一样则不加载。加载新场景时，由于当前场景还没有被完整卸载，容易出现内存高峰。一个小技巧是先加载一个空场景，这样可以保证当前场景已经被卸载，再加载新场景就不容易出现内存高峰了。如代码清单 7-1 所示，我们封装了 SceneMod 类专门用于加载场景，只需要将加载完成的回调事件抛出，由外部逻辑处理即可。

代码清单 7-1　Script_07_01.cs 文件

```csharp
public class Script_07_01 : MonoBehaviour
{
    void Start()
    {
        DontDestroyOnLoad(this);
```

```
            SceneMod.LoadScene("Scene_New", () => {
                Debug.Log("加载场景完毕");
            });
        }
    }

public class SceneMod
{
    public static void LoadScene(string name, Action finish)
    {
        // 新场景和当前场景一致时，直接返回加载成功事件
        if(SceneManager.GetActiveScene().name == name)
        {
            finish?.Invoke();
            return;
        }
        // 加载一个空场景
        SceneManager.LoadScene("Empty");
        // 异步加载场景
        var async = SceneManager.LoadSceneAsync(name, LoadSceneMode.Single);
        async.completed += (async) =>
        {
            finish?.Invoke();
        };
    }
}
```

7.2.10　场景模板

新版本的 Unity 推出了场景模板和场景模板管线的概念，在 Project 视图中选择 Create→Scene Template 即可创建场景模板文件。如图 7-37 所示，场景模板中需要关联源场景文件，还可以设置模板的描述信息和缩略图。在下方的 Scene Template Pipeline 中，可以创建场景模板管线脚本。

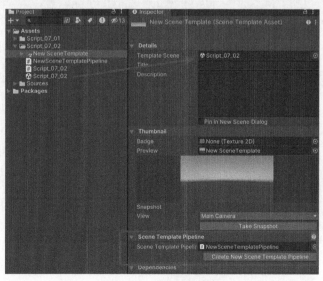

图 7-37　创建场景模板

如代码清单 7-2 所示，在场景模板管线中可以监听场景模板被创建的事件。

代码清单 7-2　NewSceneTemplatePipeline.cs 文件

```
public class NewSceneTemplatePipeline : ISceneTemplatePipeline
{
    public virtual bool IsValidTemplateForInstantiation(SceneTemplateAsset sceneTemplateAsset)
    {
        // 是否允许创建该模板
        return true;
    }

    public virtual void BeforeTemplateInstantiation(SceneTemplateAsset sceneTemplateAsset,
        bool isAdditive, string sceneName)
    {
        // 在通过模板创建新场景之前执行
    }

    public virtual void AfterTemplateInstantiation(SceneTemplateAsset sceneTemplateAsset, Scene scene,
        bool isAdditive, string sceneName)
    {
        // 在通过模板创建新场景之后执行
    }
}
```

如图 7-38 所示，在 Unity 导航菜单栏中选择 File→New Scene 即可打开模板窗口。在这里选择刚刚创建的模板，新场景就会以这个模板创建，而在上述模板管线中即可监听事件。

图 7-38　通过模板创建

7.3 动画系统

Unity 的动画系统既支持引擎内编辑动画，也支持从外部导入 FBX 动画。因为引擎内置的动画编辑器没有提供骨骼动画的概念，所以只能编辑模型在每一帧的 Transform 信息，包括整体的旋转、缩放和平移。假设模型是飘带一类的东西，自身需要做一些复杂的动作，那么引擎内置的编辑器就无法实现了。此时可以用 3ds Max 来制作带骨骼信息的动画，然后将其导出为 FBX 文件，最终放入 Unity 来使用。此外，Unity 还支持 FBX 网格文件的优化、动画重定向等功能。每个模型可能有很多动画，它们的切换管理会比较复杂。Unity 提供了 Animator 组件，它是可视化的状态机编辑工具，可以用它方便地预览动画之间的切换关系和动画混合方式。游戏中还可能同时有很多模型，所以 Unity 又提供了 TimeLine 编辑工具，用时间线来管理模型的进度关系，像游戏中常用的过场动画、技能编辑器或者 3D 动画片等。

7.3.1 动画文件

Unity 支持 Animation 和 Animator 两种动画，它们使用的动画文件不完全相同。Animation 只能播放动画，无法处理动画之间的前后播放关系和动画混合等。Animator 则需要配合 Animator Controller 文件，可在文件中配置动画之间的关系以及动画混合的状态。从效率的角度来说，我们目前的测试 Animation 并不比 Animator 差，因为大部分游戏播放动画比较简单，对动画混合、动画融合也没有那么复杂的需求。但 Animator 的设计并非只是针对普通游戏的，只要细致地编辑，甚至可以配合 TimeLine 做一个动画片。

在 Project 视图中选择 Create→Animation 即可创建动画文件。动画文件默认只支持 Animator，即 Animation 无法播放。如图 7-39 所示，使用记事本将.anim 文件打开，其中的 m_Legacy 就是用于标记新版动画和老版动画的变量。（为了方便表述，后面统一将 Animator 称为新版动画，将 Animation 称为老版动画。）如果直接将 m_Legacy 的值 0 改成 1 并且保存文件，就可以直接将新版动画转换成老版动画。

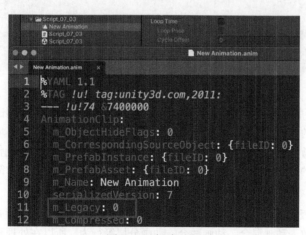

图 7-39　创建动画

图 7-40 的左边和右边分别是老版动画和新版动画的 Inspector 面板，其中有些不同。新版动画几乎能被老版动画完美兼容，目前只有在 Sprite 帧动画切换时必须使用新版动画，其他时间都可以使用老版动画。

图 7-40　动画文件

如图 7-41 所示，老版动画只能使用 Animation 组件，只需要将动画文件拖入即可播放。新版动画则需要使用 Animation Controller 文件，在文件内配置默认动画后才能播放。老版动画的优势在于程序控制比较灵活，由代码来控制动画播放的切换以及动画混合、动画融合的状态。新版动画就比较麻烦了，必须绑定 Animation Controller 文件。试想一下，如果一个卡牌游戏有很多角色，要为每个角色配置一个 Animation Controller 文件，这是多麻烦的事啊，而且还要承担配置错误的风险。而老版动画都是程序驱动的，只要动画资源命名规范，就一定不会存在问题。

图 7-41　动画组件

Unity 官方号称新版动画比老版动画提升了 30% 左右的性能，但是通过测试，我发现并不是这样的。只有在特别复杂的动画环境下，比如动画融合、动画混合、多动画层的环境下，新版动画的效率才会更高。有些使用场合根本用不到这些动画功能，比如美术人员运用 K 帧制作的一些特效动画，就是单纯地修改了模型的 Transform 信息或者 K 帧材质属性。这些动画本身非常简单，完全没必要用新版动画。

即使需要使用新版动画，也不一定必须创建 Animation Controller 文件，通过 Playable 的方式也可以用代码处理动画播放、动画混合、动画融合、动画分层等行为。所以在处理普通特效动画时建议使用老版动画，在处理角色动画行为时推荐使用新版动画配合 Playable 的方式，从而在游戏中避免使用 Animation Controller 文件。美术人员在制作 K 帧动画时通常喜欢使用快捷键 Command+6（Windows 环境下是 Ctrl+6），这会检查当前游戏对象身上是否存在 Animation 组件，如果不存在就会自动添加 Animation Controller 文件并且创建新版动画与它关联。因此推荐的做法是，先给游戏对象绑定 Animation 组件，再按快捷键 Command+6，这样就只会创建老版动画了。

如图 7-42 所示，对于老版动画，只需要拖入动画文件即可播放。如果存在多个动画文件，可以直接拖入 Element 节点中，而且可以动态添加或删除。Play Automatically 表示是否启动自动播放默认动画。

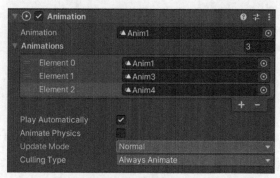

图 7-42 播放动画

如下列代码所示，获取当前动画组件后调用 Play() 传入动画名称即可播放动画，因为动画系统并不提供动画结束回调事件，所以可以配合协程任务等待动画结束后再抛出事件。如果需要切换动画，也可以在代码中直接操作，非常灵活。

```
Animation m_Animation;
void Start()
{
    m_Animation = GetComponent<Animation>();
    StartCoroutine(Play("Anim1", () => {
        Debug.Log("动画播放完毕");
    }));
}

IEnumerator Play(string name, Action finish)
{
    m_Animation.Play(name);
    // 等待播放的动画时长后返回
    yield return new WaitForSeconds(m_Animation[name].length);
    finish?.Invoke();
}

void Stop()
{   // 停止播放的动画
    m_Animation.Stop();
}
```

7.3.2　制作动画

选中需要制作动画的游戏对象后按快捷键 Command+6，如果有动画组件，即可进入编辑模式。如图 7-43 所示，首先点击 Preview 按钮旁边的录制按钮，接着在动画窗口中拖动时间线，修改模型在某帧中的属性。这里修改了 Transform 属性和渲染器开关，最终通过时间线和 K 帧即可制作出各式各样的动画文件。

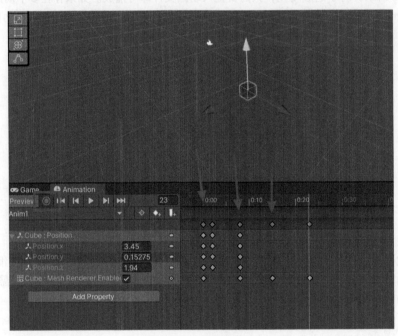

图 7-43　制作动画

动画文件记录的是关键帧（K 帧）信息，两个关键帧之间会由程序自动插值。例如，第 0 秒（0：00）添加关键帧 X 坐标为 0，第 1 秒（1：00）添加关键帧 X 坐标为 10。程序在第 0 和 1 秒之间可能会执行 60 帧，动画系统则会根据时间插值算出每帧 X 坐标的实际数值。插值的方式能有效减少内存的占用，而动画文件的大小取决于关键帧的数量以及关键帧影响的属性内容。

除了在 Unity 中制作动画以外，还可以导入在 3ds Max 或 Maya 中制作的外部动画。如图 7-44 所示，导入动画的关键帧不支持在 Unity 中二次编辑，只能在 Animation 窗口中预览。拖动关键帧时间条可以看到，它也在不同的时间点修改了节点的 Transform 信息。这些节点在骨骼节点导入后就会变成普通的子游戏对象，只是因为美术人员在第三方工具中将这些骨骼节点与每个三角面的顶点进行了关联，所以在修改骨骼节点的同时模型就会动起来（3D 骨骼动画）。外部动画的原理也是使用关键帧。骨骼节点的数量决定了动画的效率，尤其是在改变顶层骨骼的位置时，它会带动所有子骨骼一起运动，带来更大的开销。

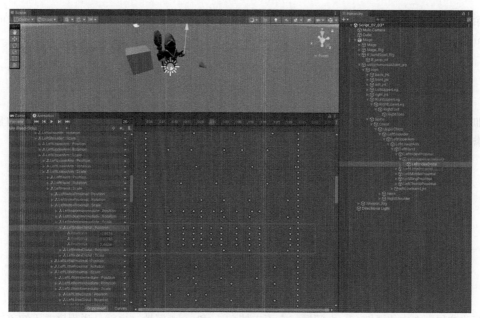

图 7-44　导入动画的关键帧

7.3.3　动画事件

动画中可以添加关键帧事件，前提是给游戏对象绑定一个脚本并且提供一个接收关键帧事件的方法。如图 7-45 所示，可以在时间线上点击添加动画事件，然后点击事件并配置接收事件的方法和参数即可。如下列代码所示，在脚本中写入 public 方法即可。

```
public class Script: MonoBehaviour
{
    public void KeyEvent(int k) { Debug.Log($"关键帧事件：参数{k}"); }
}
```

图 7-45　动画事件

除了关键帧事件以外，还可以直接添加修改属性。如下代码在脚本中添加一个整型变量，可以在 Animation 中修改它。

```
public class Script : MonoBehaviour
{
    public int MyInt = 100;
}
```

如图 7-46 所示，点击 Add Property 按钮后将列出当前对象身上的所有属性。这里将刚创建的 MyInt 变量添加进去，此时就可以对它设置 K 帧了。

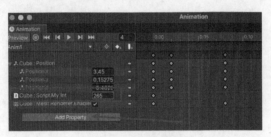

图 7-46　添加属性

修改这种脚本中的属性有一个问题：它不支持 get 和 set 属性，也就是说程序并不知道这个变量什么时候被改变了。如下列代码所示，通常的做法是添加一个 Update() 方法，始终检测当前的变量是否有变化，但是这样就会多一个 Update() 的耗时。

```
public int MyInt = 100;

private void Update()
{
    // MyInt
}
```

如图 7-47 所示，还有一种做法是在关键帧中同时设置脚本的启动和关闭属性。当禁用后，脚本身上的 Update() 将不再执行，这样就不用担心额外的耗时了。

图 7-47　启用和禁用

7.3.4　骨骼动画优化

前面已经简单介绍过 3D 骨骼动画。在 Unity 中，GPU 蒙皮中变化的骨骼不需要同步到 CPU 中，但是因为游戏有挂点（绑定节点）的需求（比如 3D 角色手拿一把武器，武器会跟随手部运动），所以需要把游戏对象（手部）每帧动画的节点在游戏对象子节点（武器）中暴露出来。如图 7-48 所示，选择模型后在 Extra Transform to Expose 中勾选需要暴露的节点，这样整个骨骼在运动的时候只会将这个节点同步到 CPU 中，大量减少内存的消耗。

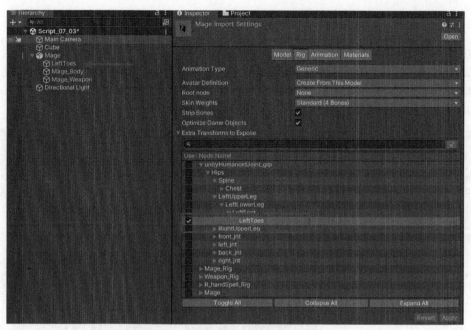

图 7-48 暴露节点

导入的动画虽然无法再次编辑，但是可以添加动画事件。如图 7-49 所示，在 FBX 动画中间中选择 Events 下拉框，添加一个关键帧事件，可以在下面配置参数。

图 7-49 动画事件

因为动画文件是由模型文件播放的，所以接收脚本要绑定在模型文件上，当 Idle 动画播放到大概 0∶17 的时候就会回调这个事件。如下列代码所示，方法名要和图 7-49 中 Function 配置的一致，然后写入需要接收的具体参数即可。

```
public class Script : MonoBehaviour
{
    private void NewEvent(int a)
    {
        Debug.Log(a);
    }
}
```

7.3.5　播放动画

前面介绍过，使用 Animator Controller 不利于批量制作模型，重定向动画无法支持手持武器、身带尾巴之类的非人形骨骼的复用，所以我们将使用纯脚本和非人形动画来讲解整个动画系统，这也是目前商业游戏中普遍使用的方案。如图 7-50 所示，通过纯脚本播放新版动画可以不需要 Animator Controller 文件和 Avatar 骨架，接着将需要播放的动画绑定到脚本中。

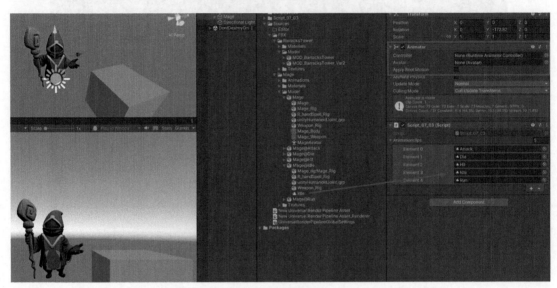

图 7-50　播放动画

如代码清单 7-3 所示，调用 `AnimationPlayableUtilities.PlayClip()` 方法就可以播放普通新版动画。注意，需要在 `OnDestroy()` 方法中卸载 `PlayableGraph` 对象，不然会提示警告。

代码清单 7-3　Script_07_03.cs 文件

```
public class Script_07_03 : MonoBehaviour
{
    // 提前序列化所有动画
    public List<AnimationClip> Animationclips = new List<AnimationClip>();
    private Animator m_Animator;
    private PlayableGraph m_PlayableGraph;
    private Dictionary<string, AnimationClip> m_Dict = new Dictionary<string, AnimationClip>();
    private void Start()
    {
        m_Animator = GetComponent<Animator>();
        // 将动画保存在字典中
        foreach (var clip in Animationclips)
        {
            m_Dict[clip.name] = clip;
        }

        // 播放动画等回调
        StartCoroutine(Play("Attack", () => {
            Debug.Log("动画播放完毕");
```

```
        }));
    }

    IEnumerator Play(string name, Action finish)
    {
        var clip = m_Dict[name];
        // 使用 Playable 播放动画
        AnimationPlayableUtilities.PlayClip(m_Animator, clip, out m_PlayableGraph);
        // 等待播放的动画时长后返回
        yield return new WaitForSeconds(clip.length);
        finish?.Invoke();
    }

    private void OnDestroy()
    {
        m_PlayableGraph.Destroy();
    }
}
```

如图 7-51 所示，如果希望动画循环播放，需要在文件中勾选 Loop Time。一般而言，普通攻击（Attack）是一次性动画，跑（Run）、待机（Idle）等动画需要设置成循环播放。

图 7-51　循环播放动画

7.3.6　切换动画

通常需要根据逻辑对动画进行切换。如代码清单 7-4 所示，由于一部分代码与代码清单 7-3 重叠，这里只贴出变化的部分。按下 A 键播放 Attack 动画，按下 D 键播放 Die 动画，当 Die 动画播放完再循环播放 Idle 动画。

代码清单 7-4　Script_07_04.cs 文件

```
private void Update()
{
    if (Input.GetKeyDown(KeyCode.A))
    {
        StartCoroutine(Play("Attack", () =>
        {
            Play("Idle");
        }));
    }
```

```
    if (Input.GetKeyDown(KeyCode.D))
    {
    // Play Die
    }
}

void Play(string name)
{
    var clip = m_Dict[name];
    // 使用 Playable 播放动画
    AnimationPlayableUtilities.PlayClip(m_Animator, clip, out m_PlayableGraph);
}

IEnumerator Play(string name, Action finish)
{
    Play(name);
    // 等待播放的动画时长后返回
    yield return new WaitForSeconds(m_Dict[name].length);
    finish?.Invoke();
}
```

7.3.7　动画混合

动画混合的意思就是多个动画同时播放。动画播放的原理是通过骨骼影响蒙皮的顶点，如果有多个动画同时播放，只需要提供一个权重值来按比例影响骨骼的节点，就能使动画有混合播放的效果。如图 7-52 所示，Run 和 Idle 动画在同时播放，可以在 UI 中拖动滑动条来决定它们的播放权重。

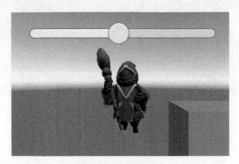

图 7-52　动画混合

如代码清单 7-5 所示，将两个动画关联到混合 Playable 中，然后统一交给主 Playable 播放，只需要在 Update() 中调用 SetInputWeight 就可以设置每个动画混合的权重。最终，两个动画可以混合播放了。

代码清单 7-5　Script_07_05.cs 文件

```
public class Script_07_05 : MonoBehaviour
{
    public Slider Slider;
    public AnimationClip Run;
    public AnimationClip Idle;

    private Animator m_Animator;
    private PlayableGraph m_PlayableGraph;
```

```
private   AnimationMixerPlayable m_AnimationMixerPlayable;

private void Start()
{

    m_Animator = GetComponent<Animator>();
    // 创建 Playable
    m_PlayableGraph = PlayableGraph.Create();
    var playableOutput = AnimationPlayableOutput.Create(m_PlayableGraph, "MyName", m_Animator);

    // 准备需要混合的动画
    List<AnimationClipPlayable> list = new List<AnimationClipPlayable>()
    {
        AnimationClipPlayable.Create(m_PlayableGraph, Run),
        AnimationClipPlayable.Create(m_PlayableGraph, Idle)
    };
    // 创建混合 Playable
    m_AnimationMixerPlayable = AnimationMixerPlayable.Create(m_PlayableGraph, list.Count);
    playableOutput.SetSourcePlayable(m_AnimationMixerPlayable);
    // 将所有混合的 Playable 关联到主 Playable 中
    for (int i = 0; i < list.Count; i++)
    {
        m_PlayableGraph.Connect(list[i], 0, m_AnimationMixerPlayable, i);
    }
    m_PlayableGraph.Play();
}


void Update()
{
    // 通过权重来决定播放比例
    float weight = Mathf.Clamp01(Slider.value);
    m_AnimationMixerPlayable.SetInputWeight(0, 1.0f - weight);
    m_AnimationMixerPlayable.SetInputWeight(1, weight);
}

}
```

如图 7-53 所示，可以在 Animator Controller 文件中通过配置来设置两个动画切换时的混合状态。通过上述代码也可以实现这种需求。这样可以在一段时间内同时播放两个动画，然后慢慢地修改它们的权重。

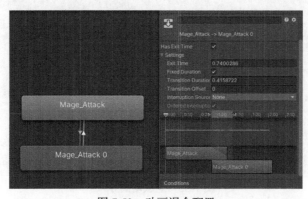

图 7-53　动画混合配置

如图 7-54 所示，也可以使用 Animator Controller 中的 Blend Tree（混合树）功能，它们的原理都是通过权重来混合动画。

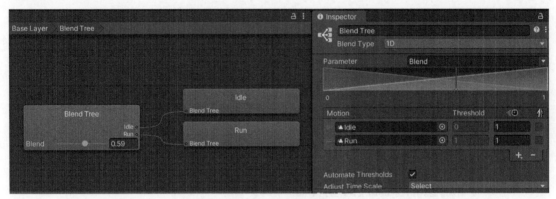

图 7-54   动画混合树

7.3.8   老版动画

Unity 的老版动画也支持 FBX 动画系统。如图 7-55 所示，当导入 FBX 模型的时候将 Animation Types 设置成 Legacy，它表示老版动画。老版动画存在的一个问题是，它没有 Optimize Game Objects（优化动画节点）的功能，所以在导入类 FBX 骨骼动画时一定要使用新版动画，配合前面介绍的脚本播放就非常灵活好用了。

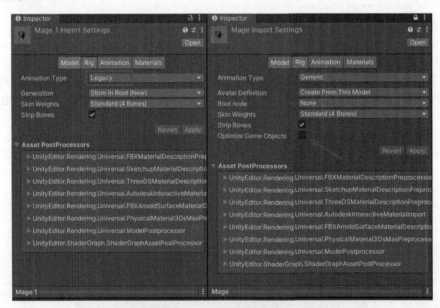

图 7-55   老版动画导入

如图 7-56 所示，老版 FBX 动画可以直接绑定到 Animation 组件上。常用的动画播放方法如下。

```
// 播放动画
Animation animation = GetComponent<Animation>();
animation.Play("Idle");

// 队列动画，播放完 Idle 再播放 Run
animation.PlayQueued("Idle");
animation.PlayQueued("Run");

// 动画融合
animation.CrossFade("Run", 0.3f);

// 停止动画
animation.Stop();
```

图 7-56 播放老版动画

7.3.9 Simple Animation 组件

Unity 官方开发了 Simple Animation 动画系统来配合 Playable 播放新版动画，毕竟 Playable 的接口比较底层，操作起来不太方便。Simple Anmiation 组件被 Unity 官方托管在 GitHub 上。如图 7-57 所示，下载后将它直接拖入 Unity 中即可使用。

图 7-57 Simple Animation 组件

如图 7-58 所示，直接将 Simple Animation 组件绑定给模型对象，并且将模型的动画文件拖入它的 Animations 数组中。通过面板能看出它和 Animation 组件几乎完全一样，代码中调用的方法也几乎一致。

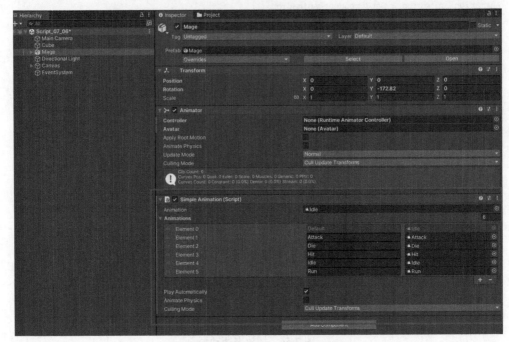

图 7-58   绑定 Simple Animation 组件

常用的动画播放方法如下所示，它们使用起来非常方便，几乎和 Animation 中的一样，这里不再赘述。

```
SimpleAnimation animation = GetComponent<SimpleAnimation>();

// 播放动画
animation.Play("Run");
// 把动画添加到队列中
animation.PlayQueued("Run", QueueMode.CompleteOthers);

// 播放混合动画
animation.CrossFade("Run",0.1f);
// 把混合动画添加到队列中
animation.CrossFadeQueued("Run", 0.1f,QueueMode.CompleteOthers);

// 停止动画
animation.Stop();

// 采样动画
animation.Sample();

// 让动画从头开始播放
animation.Rewind("Attack");

// 添加和删除动画剪辑
```

```
animation.AddClip(clip, "NewName");
animation.RemoveClip(clip);

// Run 动画是否正在播放
animation.IsPlaying("Run");
// 是否有动画正在播放
Debug.Log(animation.isPlaying);
```

7.3.10 控制动画进度

动画往往有一些特殊需求，比如先将动画定格在某一个时间点，然后播放。如图 7-59 所示，通过滑动条来动态控制角色的动画播放的位置。

图 7-59 拖动滑动条来控制动画进度

如代码清单 7-6 所示，使用 m_SimpleAnimation["Attack"].time 就可以控制 Attack 动画当前的播放进度了，拖动滑动条后即可更新动画的进度。

代码清单 7-6 Script_07_06.cs 文件

```
public class Script_07_06 : MonoBehaviour
{
    public Slider Slider;
    SimpleAnimation m_SimpleAnimation;
    private void Start()
    {
        m_SimpleAnimation = GetComponent<SimpleAnimation>();

        // 设置滑动条的最大值是动画的总时间
        Slider.minValue = 0;
        Slider.maxValue = m_SimpleAnimation["Attack"].length;
        // 播放动画并且设置从静止开始
        m_SimpleAnimation.Play("Attack");
        m_SimpleAnimation["Attack"].time = 0;
    }

    private void Update()
    {
        // 拖动滑动条来更新动画播放的进度
        m_SimpleAnimation["Attack"].time = Slider.value;
    }
}
```

7.3.11　特殊动画行为

前面也介绍过一些特殊动画行为，比如动画过渡、动画混合、动画时间、速度等，本节将具体列举 Simple Animation 中常用的一些功能。

1. 动画过渡

如下列代码所示，使用 Play() 方法切换两个动画会比较生硬，因为它是立即切换的。

```
private void Update()
{
    if (Input.GetKeyDown(KeyCode.A))
    {
        m_SimpleAnimation.Play("Attack");
    }
}
```

动画过渡的意思则是慢慢播放到下一个动画。在如下代码中，我们使用 CrossFade() 来播放过渡动画，第二个参数表示过渡的时间，这里表示等待 0.5 秒后才完全过渡到新动画，在此期间两个动画混合播放。

```
if (Input.GetKeyDown(KeyCode.A))
{
    m_SimpleAnimation.CrossFade("Attack",0.5f);
}
```

2. 动画混合

如下代码通过 Blend() 方法来同时播放两个动画，第一个参数是动画名称，第二个参数是播放权重值，第三个参数是过渡时间。这里通过滑动条来实时控制两个动画的权重值。

```
private void Update()
{
    float value = Slider.value;
    m_SimpleAnimation.Blend("Attack", 1- value, 0.1f);
    m_SimpleAnimation.Blend("Run", value, 0.1f);
}
```

如下列代码所示，也可以通过 GetState() 方法单独设置每个动画的权重信息。

```
float value = Slider.value;
m_SimpleAnimation.GetState("Attack").weight = 1.0f - value;
m_SimpleAnimation.GetState("Run").weight = value;
```

3. 重新播放

无论使用 Play() 还是 CrossFade() 方法播放动画，在动画播放过程中再次调用它都将失效，因为这两个方法不支持重新播放动画。如下列代码所示，如果希望一个动画可以在任意时刻重新播放，需要调用 Rewind() 方法。

```
void RePlay(string name)
{
    if (m_SimpleAnimation.IsPlaying(name))
    {   // 如果当前动画正在播放，重新开始播放动画
        m_SimpleAnimation.Rewind();
    }
```

```
    else
    {
        m_SimpleAnimation.Play(name);
    }
}
```

4. 倒播动画

动画的默认起始播放时间是 0，默认播放速度是 1，而倒播其实就是将起始时间设置成动画的长度，将播放速度设置成−1。如下列代码所示，按下 A 键会正播动画，按下 B 键会倒播动画。

```
if (Input.GetKeyDown(KeyCode.A))
{

    RePlay("Attack",true);
}
if (Input.GetKeyDown(KeyCode.B))
{

    RePlay("Attack", false);
}

void RePlay(string name,bool isFront)
{
    // 倒播动画需要将动画起始时间设置成动画的长度，将播放速度设置成-1
    m_SimpleAnimation[name].time = isFront?0:m_SimpleAnimation[name].length;
    m_SimpleAnimation[name].speed = isFront?1: -1;
    m_SimpleAnimation.Play(name);
}
```

5. 播放动画的区间

如下列代码所示，只需要设置正确的起始时间就可以让动画从中间的某个时间开始播放，这里是从动画的一半的位置开始播放。

```
m_SimpleAnimation[name].time = m_SimpleAnimation[name].length/2f;
m_SimpleAnimation.Play(name);
```

6. 动画暂停与恢复

如下列代码所示，通过设置 speed 就可以控制动画播放速度，0 表示动画暂停，1 表示动画恢复。还可以通过它调整整个动画的播放速度。

```
if (Input.GetKeyDown(KeyCode.W))
{
    m_SimpleAnimation["Attack"].speed = 0;
}
if (Input.GetKeyDown(KeyCode.S))
{
    m_SimpleAnimation["Attack"].speed = 1;
}
```

7.3.12　Playable 组件

前面的骨骼动画中大量使用了 Playable 组件，然而它并不是针对动画系统开发的。Playable 其实就是通过 PlayableGraph 树形结构处理数据的创作工具，支持混合修改多个数据源，最终将其输出。

除了动画以外，它还支持音频、脚本，属于一个通用的 API。

　　Playable 支持预览工具，即将属性结构展示出来。目前该工具属于实验性版本，并非正式版。如图 7-60 所示，在 Unity 2023 中打开 PackageManager，点击 Install package from git URL，输入 com.unity. playablegraph-visualizer 即可安装它。

图 7-60　Playable

　　接着在 Unity 导航菜单栏中选择 Windows→Analysis→PlayableGraph Visualizer 即可打开预览窗口。如图 7-61 所示，当场景中出现 Playable 动画播放时即可在窗口中显示预览效果。这里仍然采用了上一节介绍的拖动滑动条控制动画进度的例子，点击当前输出的 Animation Clip 还可以看到当前播放的动画名称和动画的所有参数。

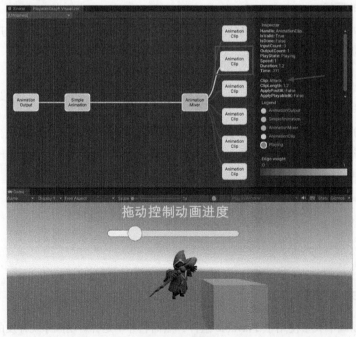

图 7-61　预览

除了动画以外，Playable 还支持音频混合，音频文件需要使用 AudioSource 来播放。如果要混合音频，需要创建 Audio Mixer 文件。使用 Playable 组件时，可以不创建 Mixer 文件，通过脚本就可以灵活地控制混合。如图 7-62 所示，在脚本中绑定两个音频文件，然后通过调整权重（Weight）来控制它们的混合。相关代码如代码清单 7-7 所示。

图 7-62　调整混合权重

代码清单 7-7　Script_07_07.cs 文件

```
public class Script_07_07 : MonoBehaviour
{
    // 音频
    public AudioClip clip1;
    public AudioClip clip2;
    // 权重
    public float weight;
    PlayableGraph m_PlayableGraph;
    AudioMixerPlayable m_AudioMixerPlayable;

    private void Start()
    {
        m_PlayableGraph = PlayableGraph.Create();
        m_AudioMixerPlayable = AudioMixerPlayable.Create(m_PlayableGraph, 2);
        // 连接音频到 PlayableGraph
        var audioClipPlayable1 = AudioClipPlayable.Create(m_PlayableGraph,
            clip1, true);
        var audioClipPlayable2 = AudioClipPlayable.Create(m_PlayableGraph,
            clip2, true);
        m_PlayableGraph.Connect(audioClipPlayable1, 0, m_AudioMixerPlayable, 0);
        m_PlayableGraph.Connect(audioClipPlayable2, 0, m_AudioMixerPlayable, 1);

        // 混合音频输出
        var audioPlayableOutput = AudioPlayableOutput.Create(m_PlayableGraph,
            "Audio", GetComponent<AudioSource>());
        audioPlayableOutput.SetSourcePlayable(m_AudioMixerPlayable);

        m_PlayableGraph.Play();
    }

    void Update()
    {
        // 设置混合权重，保持在 0 和 1 之间
        weight = Mathf.Clamp01(weight);
        m_AudioMixerPlayable.SetInputWeight(0, 1.0f - weight);
        m_AudioMixerPlayable.SetInputWeight(1, weight);
    }

}
```

如图 7-63 所示，在 PlayableGraph Visualizer 中可以看到此时使用了 Audio Mixer，和上面的动画

混合器不同。Playable 是对数据源进行混合的工具，通过权重值决定那个音频播放的权重更高。

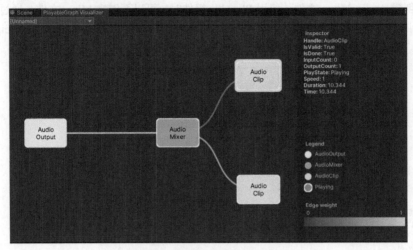

图 7-63 音频混合（另见彩插）

7.3.13 使用 Playable 自定义脚本

使用 Playable 组件，既可以控制动画和音频，也可以创建自定义脚本。Playable 像时间线一样，让我们可以在代码中更精准地控制每一帧的状态。和前面介绍的动画、音频一样，自定义的 Playable 脚本组件也需要使用 Output 组件输出。

如代码清单 7-8 所示，首先使用 ScriptPlayable<T>.Create()创建自定义的 Playable-Behaviour，接着使用 SetSourcePlayable()进行关联即可。

代码清单 7-8　Script_07_08.cs 文件

```
public class Script_07_08 : MonoBehaviour
{
    private PlayableGraph m_PlayableGraph;

    private void Start()
    {
        m_PlayableGraph = PlayableGraph.Create();
        // 创建自定义 Playable 组件
        var customPlayable = ScriptPlayable<CustomPlayableBehaviour>.Create
            (m_PlayableGraph);
        // 创建自定义 Output 组件
        var customOutput = ScriptPlayableOutput.Create(m_PlayableGraph, "customOutput");
        // 关联
        customOutput.SetSourcePlayable(customPlayable);
        // 播放
        m_PlayableGraph.Play();
    }

}
public class CustomPlayableBehaviour : PlayableBehaviour
{
```

```
public override void OnGraphStart(Playable playable)
{
    Debug.Log("PlayableGraph 开始时触发");
}
public override void OnGraphStop(Playable playable)
{
    Debug.Log("PlayableGraph 结束时触发");

}
public override void OnBehaviourPlay(Playable playable, FrameData info)
{
    Debug.Log("脚本开始时触发");

}
public override void OnBehaviourPause(Playable playable, FrameData info)
{
    Debug.Log("脚本暂停时触发");
}

public override void PrepareFrame(Playable playable, FrameData info)
{
    // 每一帧循环触发
}
}
```

自定义脚本也可以像动画和音频那样混合，这样就可以在每一帧中灵活地控制各种状态了。此外，它也可以监听开始或结束的触发事件。Playable 是对数据源进行混合的工具，如果需要修改混合方式，也可以继续扩展它。如下列代码所示，可以创建一个单独的混合脚本来处理混合方法，这样就更灵活了。

```
public class BlenderPlayableBehaviour : PlayableBehaviour
{
    public AnimationMixerPlayable mixerPlayable;

    public override void PrepareFrame(Playable playable, FrameData info)
    {
        float blend = Mathf.PingPong((float)playable.GetTime(), 1.0f);

        mixerPlayable.SetInputWeight(0, blend);
        mixerPlayable.SetInputWeight(1, 1.0f - blend);

        base.PrepareFrame(playable, info);
    }
}
```

7.3.14 模型换装

模型换装通常有 3 种方法，具体如下。

(1) 更换材质

运行时动态更换角色的材质，但是可更换的内容只有贴图、颜色、着色器，模型自身不会有任何形变。

(2) 更换模型

更换不带蒙皮信息的 Mesh，用于一些挂点的位置（如戴手表、眼镜等），它们自身没有骨骼动画，完全是靠其他骨骼驱动的，所以直接更换 Mesh 就可以。

(3) 更换蒙皮模型

这种方法相对来说麻烦一些。骨骼动画影响的是节点，每个节点控制模型中的哪些顶点是美术人员预先确定的。如果想换装，那么必须保证 Skinned Mesh 可以被相同的骨架控制，而骨架就是如图 7-64 所示的这一堆节点信息。

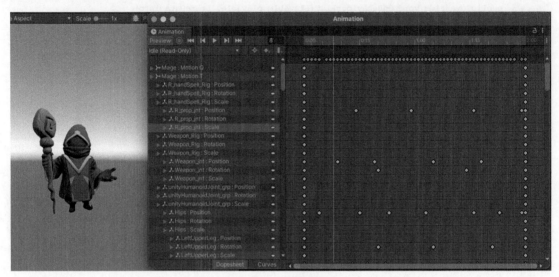

图 7-64   动画播放

如图 7-65 所示，直接更换武器的 Mesh 后 Unity 报错，原因是这个 Mesh 和原有骨骼对应不上，所以美术人员必须在一个标准骨骼下制作换装部件，保证新部件的骨骼和原有骨骼对应。

图 7-65   更换模型

如图 7-66 所示，美术人员在制作带蒙皮的网格时会添加蒙皮（Skinned Mesh）信息。如果新网格无法和原模型对应，就需要检查它的蒙皮需要的骨骼和顶层骨骼是否正确。

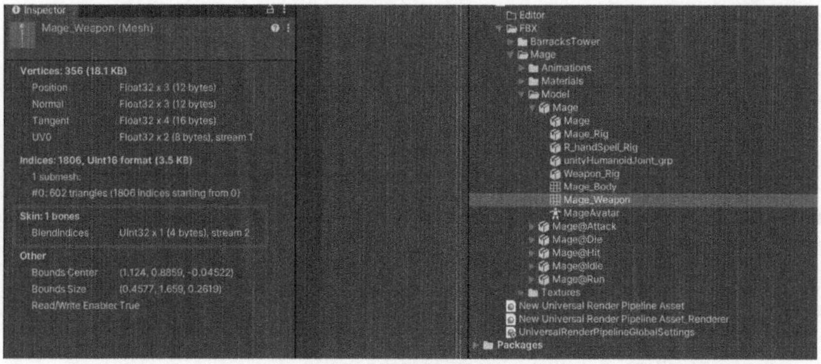

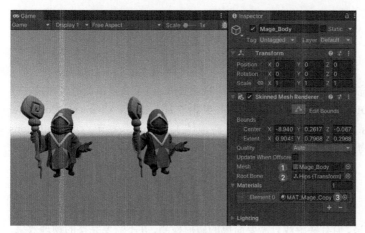

图 7-66 蒙皮信息

如图 7-67 所示，换装时需要更换 Mesh（网格）（见❶）、Root Bone（根骨骼）（见❷）、Material（材质）（见❸）和 Bone（骨骼节点）。前 3 项在面板中可以直接看到，而 Bone 需要在代码中设置。

如图 7-68 所示，需要更换的部件就是美术人员制作的 FBX 文件，并且带有网格、蒙皮、骨骼、材质等信息。运行时要将它加载出来，并且通过代码更换 Mesh、Root Bone、Material 和 Bone 信息。

图 7-67 换装

图 7-68 换装资源

美术人员需要保证新加载的模型骨骼必须和原模型一致（也可以比原模型少，但是不能新增；骨骼的顺序也可以自由调整）。如代码清单 7-9 所示，因为骨骼的顺序可能被美术人员更改，所以需要将当前模型的骨骼排序更换成加载资源的骨骼排序。只要保证所有骨骼都在现有骨架中，并且名称不能有修改和新增，就可以更换。

代码清单 7-9　Script_07_09.cs 文件

```
public class Script_07_09 : MonoBehaviour
{

    private void Start()
    {
        SkinnedMeshRenderer smr= GetComponentInChildren<SkinnedMeshRenderer>();
```

```
// 将当前模型中的骨骼与名称记录在字典中
Dictionary<string, Transform> dict = new Dictionary<string, Transform>();
foreach (var trans in smr.rootBone.transform.GetComponentsInChildren<Transform>(true))
{
    dict[trans.name] = trans;
} ;

// 从资源中加载新骨骼
SkinnedMeshRenderer sources = Resources.Load<GameObject>("NewMage").GetComponentInChildren
    <SkinnedMeshRenderer>();
// 按照新骨骼的排序填充当前模型的骨骼节点
Transform[] bones = new Transform[sources.bones.Length];
for (int i = 0; i < sources.bones.Length; i++)
{
    string boneName = sources.bones[i].name;
    bones[i] = dict[boneName];
}

// 给网格、骨骼、根骨骼和材质赋值
smr.sharedMesh = sources.sharedMesh;
smr.bones = bones;
smr.rootBone = dict[sources.rootBone.name];
smr.material = sources.sharedMaterial;

    }
}
```

7.4　3D 物理系统

第 6 章详细介绍了 2D 物理系统，3D 物理系统其实有很多相似之处，甚至有很多资源名称是一样的。Unity 内置的物理引擎是 NVIDIA PhysX，在 Unity 中它一共由 7 部分组成：Character Controller（角色控制器）、Rigidbody Physics（刚体物理）、Collider（碰撞体）、Joints（关节）、Articulations（衔接）、Ragdoll Physics（布娃娃物理）、Cloth（布料）。这里的很多关键词我们并不陌生，接着就来开始学习。

7.4.1　角色控制器

刚体组件可以用于模拟物理效果，但有些游戏只需要简单的碰撞检测，并不需要完整的物理效果。此外，物理效果的计算也比较影响性能，因此推荐使用角色控制器。如图 7-69 所示，给角色绑定 Character Controller 组件即可，它会为角色添加胶囊体。解释一下该组件中各项的含义。

- ❏ Slop Limit（坡度限制）：通过设置它可以控制坡度，一般比较缓的坡是允许走行的，但比较陡的坡会挡住角色。
- ❏ Step Offset（步长偏移）：角色在地面行走时只有接近步长偏移才会爬坡，如果这个数值过大，角色可能会直接走上墙，所以通常要设置为小于角色的身高。
- ❏ Skin Width（皮肤宽度）：多个碰撞体碰撞以后可相互穿透的宽度，较大的宽度可以减少抖动，较小的宽度容易让碰撞体卡住。
- ❏ Min Move Distance（最小移动距离）：如果角色被挡住，它再次移动时将试图按这个值来移动。为了避免抖动，应该尽量将其设置为 0。

❏ Center（中心）：胶囊体的中心点。
❏ Radius（半径）：胶囊体的半径。
❏ Height（高度）：胶囊体的高度。

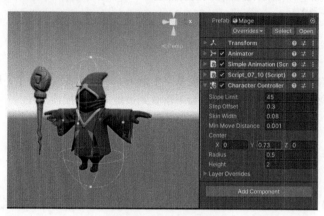

图 7-69　角色控制器

　　如果角色高于地面，它不会像刚体一样掉下来，不会对任何力做出反应，也不会将刚体对象推开。如果需要角色具备物理特性，就得使用刚体组件了。如代码清单 7-10 所示，通过方向键来控制角色移动，Input.GetAxis() 可以获取方向，调用 Move() 方法可以移动角色的坐标，transform.forward 用于设置角色的朝向。

代码清单 7-10　Script_07_10.cs 文件

```
public class Script_07_10 : MonoBehaviour
{
    private CharacterController m_CharacterController;
    private float m_Speed = 2.0f;

    private void Start()
    {
        m_CharacterController = GetComponent<CharacterController>();
    }

    void Update()
    {
        Vector3 move = new Vector3(Input.GetAxis("Horizontal"), 0, Input.GetAxis("Vertical"));
        m_CharacterController.Move(move * Time.deltaTime * m_Speed);
        // 控制角色的朝向
        if (move != Vector3.zero)
        {
            transform.forward = move;
        }
    }
}
```

　　角色控制器和刚体一样，不能使用 Transform 来变换坐标，必须使用角色控制器提供的 Move() 和 SimpleMove() 方法。Move() 方法可以接收一个具体坐标，SimpleMove() 只能接收一个移动的方向距离值。如果改用 SimpleMove() 方法，代码可以像下面这样写。

```
void Update()
{
    // SimpMove
    // 左右方向键控制旋转
    transform.Rotate(0, Input.GetAxis("Horizontal") * m_Speed, 0);
    // 上下方向键控制移动
    Vector3 forward = transform.TransformDirection(Vector3.forward);
    float moveSpeed = m_Speed * Input.GetAxis("Vertical");
    m_CharacterController.SimpleMove(forward * moveSpeed);
}
```

接着需要考虑重力的问题,因为角色可能从空中落下、跳跃或者跌入坑里,所以可以始终给它模拟向下的重力。如下列代码所示,这样角色会下落直到被地面的碰撞器接住。

```
private Vector3 m_Velocity;
void Update()
{
    m_Velocity.y += -9.81f * Time.deltaTime;
    m_CharacterController.Move(m_Velocity * Time.deltaTime);
}
```

如代码清单 7-11 所示,跳跃和掉落的原理类似,都是修改 Y 轴上的速度。因为每帧之间是有间隔的,所以要算出这一段间隔里的速度,然后乘以当前帧和上一帧的间隔 Time.deltaTime,最后调用 Move() 方法就可以了。

代码清单 7-11　Script_07_11.cs 文件

```
public class Script_07_11 : MonoBehaviour
{
    private CharacterController m_CharacterController;
    private float m_JumpHeight = 3.0f;
    private float m_Gravity = -9.81f;
    private Vector3 m_Velocity;

    private void Start()
    {
        m_CharacterController = GetComponent<CharacterController>();
    }

    void Update()
    {
        bool isGround = m_CharacterController.isGrounded;
        if (isGround)
        {
            if (Input.GetKeyDown(KeyCode.Space))
            {
                // 接触地面后才能跳起来
                m_Velocity.y += Mathf.Sqrt(-(m_JumpHeight * m_Gravity));
            }
            else
            {
                // 接触地面后限制向下的速度
                m_Velocity.y = 0f;
            }
        }
        m_Velocity.y += m_Gravity * Time.deltaTime;
        m_CharacterController.Move(m_Velocity * Time.deltaTime);
    }
}
```

如图 7-70 所示，角色会从空中自动落下，待其接触地面后按下空格键即可实现跳跃。

图 7-70 落下

7.4.2 碰撞体

3D 碰撞体基本上和 2D 碰撞体一样，只是 3D 物体有深度的概念。如图 7-71 所示，3D 碰撞体包括 Box Collider（盒型碰撞体）、Sphere Collider（球形碰撞体）、Capsule Collider（胶囊碰撞体）（胶囊体，圆柱体和角色控制器都使用它）、Mesh Collider（网格碰撞体）（它根据物体的 3D 网格自动生成碰撞）、Wheel Collider（车轮碰撞体）（可以像汽车的轮胎一样在地面上跑）和 Terrain Collider（地形碰撞体）（可以在编辑地形时减少网格的数量，以提高效率）。

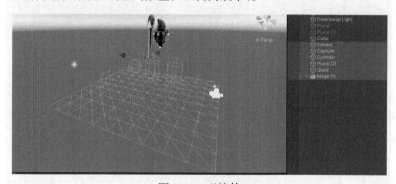

图 7-71 碰撞体

由于碰撞体基本上和第 6 章介绍的一样，没必要重讲一遍，这里只讲不太一样的部分。图 7-72 所示的是 Box Collider 组件，其中的 Provides Contacts 表示是否抛出物理碰撞的事件。如下列代码所示，勾选 Provides Contacts 后可以使用 Physics.ContactEvent 来监听物理模拟步骤中发生的全部碰撞。

```
private void Start()
{
    Physics.ContactEvent += Physics_ContactEvent;
}
```

```
private void Physics_ContactEvent(PhysicsScene scene, NativeArray<ContactPairHeader>.ReadOnly pairHeaders)
{
}
```

每个碰撞体都可以添加层（Layer）。如图 7-73 所示，Include Layers 表示强制让某几个层之间的物体发生碰撞，而 Exclude Layers 表示强制禁止某几个层之间的物体发生碰撞，因为禁止的优先级高于允许，所以此时 Default 层和 UI 层是不能发生碰撞的。

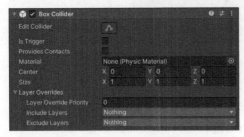

图 7-72　Box Collider 组件

图 7-73　层

层是对原有设置添加的一种特殊行为。如图 7-74 所示，打开 Project Settings，在 Physics 中可以设置层与层之间是否发生碰撞。这里取消勾选了 UI 层和 Default 层，表示这两个层永远都不会发生碰撞。但是可以通过图 7-73 所示的 Layer Overrides 来强制开启或关闭某几个层的碰撞，仅其自身生效。Physics 2D 也有这样的功能和配置面板。

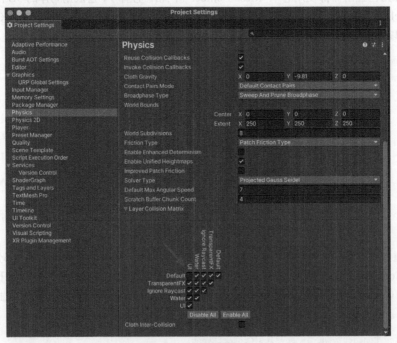

图 7-74　设置碰撞层

7.4.3   Rigidbody 组件

Rigidbody 是 3D 刚体组件，它的面板和 Rigidbody 2D 几乎一样，如图 7-75 所示。它的功能也和 Rigidbody 2D 类似——给 3D 物体添加物理引擎的计算。有了它，就可以添加碰撞体和触发器了，当然也可以添加角色控制器，任选其一即可。

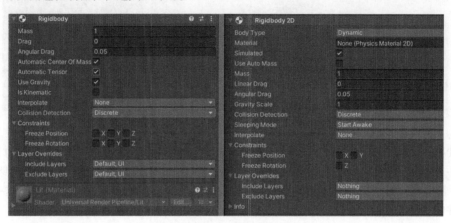

图 7-75   Rigidbody

7.4.4   碰撞事件

碰撞事件也分为碰撞和触发两种，和 2D 物理系统里完全一样。如下脚本绑定在碰撞物体和被碰撞物体上都可以监听。

```
// 碰撞时
private void OnCollisionEnter(Collision collision) { }

// 碰撞中
private void OnCollisionStay(Collision collision) { }

// 碰撞结束
private void OnCollisionExit(Collision collision) { }

// 触发时
private void OnTriggerEnter(Collider other) { }

// 触发中
private void OnTriggerStay(Collider other) { }

// 触发结束
private void OnTriggerExit(Collider other) { }
```

前面介绍过，游戏中其实更合适使用角色控制器。角色控制器虽然监听不了 OnCollision 事件，但是可以监听 OnTrigger 事件，而且角色控制器有单独的碰撞事件。如图 7-76 所示，我们将前面的例子综合起来，用方向键控制角色移动，用空格键让角色跳起来。角色控制器的 OnController-ColliderHit 用于监听角色与其他对象碰撞的事件，OnTrigger 事件用于监听普通的触发事件。

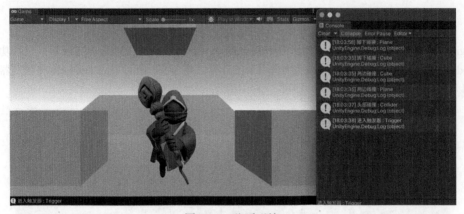

图 7-76　监听碰撞

如代码清单 7-12 所示，角色在移动的同时也可能跳起来，需要先将移动的坐标和跳起的 Y 轴坐标合并在一起，再调用 Move() 方法移动。使用 CollisionFlags 可以获取碰撞的方向，包括身体两侧、头顶部、脚底部。Collider 会挡住角色控制器的移动，Trigger 则只单纯地触发事件，这一点和在刚体组件中一致。

代码清单 7-12　Script_07_12.cs 文件

```
public class Script_07_12 : MonoBehaviour
{
    private CharacterController m_CharacterController;
    private float m_Speed = 2.0f;
    private float m_JumpHeight = 3.0f;
    private float m_Gravity = -9.81f;
    private float m_Velocity;
    private void Start()
    {
        m_CharacterController = GetComponent<CharacterController>();
    }

    void Update()
    {
        bool isGround = m_CharacterController.isGrounded;
        if (isGround)
        {
            if (Input.GetKeyUp(KeyCode.Space))
            {
                // 接触地面后才能跳起来
                m_Velocity = 0f;
                m_Velocity += Mathf.Sqrt(-(m_JumpHeight * m_Gravity));
            }
        }

        Vector3 move = new Vector3(Input.GetAxis("Horizontal"), 0, Input.GetAxis("Vertical"))*m_Speed;
        // 控制角色的朝向
        if (move != Vector3.zero)
        {
```

```
            transform.forward = move;
        }

        m_Velocity += m_Gravity * Time.deltaTime;
        // 将移动的坐标和 Y 轴的坐标统一交给角色控制器移动
        move.y = m_Velocity;
        m_CharacterController.Move(move * Time.deltaTime);
    }


    void OnControllerColliderHit(ControllerColliderHit hit)
    {

        if ((hit.controller.collisionFlags & CollisionFlags.Sides) != 0)
        {
            Debug.Log($"两侧碰撞 : {hit.gameObject.name}");
        }

        if ((hit.controller.collisionFlags & CollisionFlags.Below) != 0)
        {
            Debug.Log($"脚底部碰撞 : {hit.gameObject.name}");
        }

        if ((hit.controller.collisionFlags & CollisionFlags.Above) != 0)
        {
            Debug.Log($"头顶部碰撞 : {hit.gameObject.name}");
        }
    }

    private void OnTriggerEnter(Collider other)
    {
        Debug.Log($"进入触发器 : {other.name}");
    }

    private void OnTriggerStay(Collider other) { }

    private void OnTriggerExit(Collider other) { }
}
```

7.4.5　布娃娃系统

Unity 提供了布娃娃系统，它的原理就是通过多个碰撞体将刚体连接在一起，再通过角色关节实现布娃娃效果。如图 7-77 所示，选择 Create→3D→Ragdoll 打开布娃娃系统，接着将骨骼中的每个节点拖入 Ragdoll 窗口中并点击以生成布娃娃节点，然后对拖入的每个节点绑定 Capsule Collider（胶囊碰撞体）、Rigidbody（刚体）和 Character Joint（角色关节）来实现布娃娃效果。

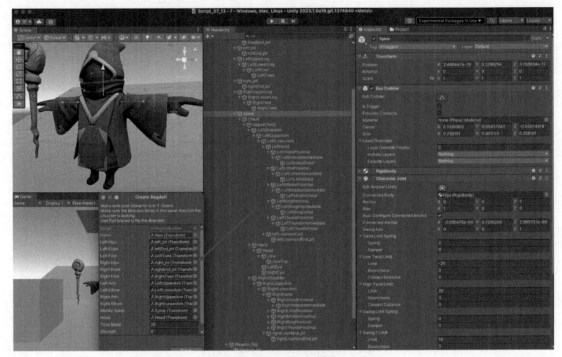

图 7-77   布娃娃系统

如图 7-78 所示，由于布娃娃系统受刚体的影响，模型会瘫倒在地上。

图 7-78   布娃娃效果

7.4.6   布料系统

布料系统仅适用于 Skinned Mesh Renderer 组件，普通的 MeshRenderer 组件绑定布料组件后会自动添加 Skinned Mesh Renderer 组件，从而也支持布料系统。如图 7-79 所示，给 Plane 绑定 Cloth 后自动添加了 Skinned Mesh Renderer 组件。点击编辑按钮就可以开始编辑布料的顶点信息了，主要就是设置每个顶点的 Max Distance（最大距离数值，即布料自身从顶点移动的最大距离值）和 Suface Penetration

（表面穿透值，即布料顶点可穿透的网格深度）。旁边还可以设置布料的碰撞信息，即自身碰撞和相互碰撞的信息。

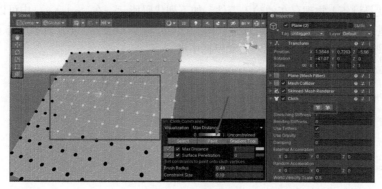

图 7-79　布料系统

7.4.7　其他

除了上述物理系统以外，Unity 还提供了 Joints（关节）和 Articulations（衔接）。Joints 比较好理解，在第 6 章已经简单介绍过。Articulations 是用于模拟机械臂和运动链条的组件，可以为工业等非游戏领域中的相关物体进行逼真的建模。

在游戏领域中，除了一些需要用到物理功能的特定游戏以外，其实几乎是使用不到物理系统的。我本人参与开发过多款商业 MMO 游戏和卡牌游戏，准确来说只用到过布料系统，而且用的还是一个第三方插件，因为 Unity 自带的系统有一定的性能问题。

为什么游戏一般不用物理系统呢？原因是大部分游戏是不需要检测碰撞的。比如卡牌游戏，只需要知道目标点的位置就可以直接把角色移动过去。MMO 游戏中角色的行动路线可以相互穿插，检测碰撞时只需要依赖寻路系统，而寻路插件已经标记出了静态阻挡和动态阻挡。在 MMO 游戏中，如果点击屏幕上的一个目标点，角色就必须通过寻路走过去。因为中间可能有阻挡角色的物体，所以寻路系统需要帮助角色绕过阻挡物体，而这一切并不需要物理系统。寻路插件也有很多，比如基于 A^* 算法的寻路或者基于导航网格的寻路，开发人员一般不会使用 Unity 自带的，因为服务器也需要寻路。例如，在怪物追击人的这种行为中，怪物也需要寻路，在服务器上计算出寻路路径后才能将怪物的坐标同步到客户端中。

7.5　输入系统

Unity 支持的输入设备有键盘、鼠标、摇杆、触摸屏、（手机中的）陀螺仪和（VR 和 AR 游戏的）控制器。我们在第 4 章介绍过 UI 事件系统，大部分输入事件其实也是在 UI 中操作的。2D 和 3D 游戏的输入事件基本上是一样的。UI 因为有焦点的概念，所以可以只监听焦点事件；而输入事件是没有焦点的，或者只能依靠逻辑层来维护一个焦点区间，因此只能监听全局的键盘和鼠标事件，在移动端则是监听触摸屏事件。

7.5.1　实体输入事件

实体输入就是设备上物理存在的输入事件。如下列代码所示，在 Update() 中可以对键盘、鼠标和触摸屏事件进行监听。代码也比较好理解，Input.GetMouseButton(0) 表示点击了鼠标左键，传入参数 1 和 2 则分别代表点击了鼠标右键和鼠标中键。

```
void Update()
{
    if (Input.GetKeyDown(KeyCode.A))
    {
        Debug.Log("按下A键事件");
    }
    if (Input.GetKey(KeyCode.A))
    {
        Debug.Log("保持按下A键事件");
    }
    if (Input.GetKeyUp(KeyCode.A))
    {
        Debug.Log("释放A键事件");
    }
    if (Input.GetMouseButtonDown(0))
    {
        Debug.Log("按下鼠标左键");
    }
    if (Input.GetMouseButton(0))
    {
        Debug.Log("保持按下鼠标左键");
    }
    if (Input.GetMouseButtonUp(0))
    {
        Debug.Log("释放鼠标左键");
    }

    if(Input.touchCount > 0)
    {
        // 多点触摸
        for (int i = 0; i < Input.touchCount; i++)
        {
            if(Input.GetTouch(i).phase == TouchPhase.Began)
            {
                Debug.Log($"第{i}根手指触摸开始");
            }else if (Input.GetTouch(i).phase == TouchPhase.Moved)
            {
                Debug.Log($"第{i}根手指触摸发生移动");
            }
            else if (Input.GetTouch(i).phase == TouchPhase.Ended)
            {
                Debug.Log($"第{i}根手指触摸结束");
            }
            else if (Input.GetTouch(i).phase == TouchPhase.Canceled)
            {
                Debug.Log($"第{i}根手指触摸被取消");
            }
            else if (Input.GetTouch(i).phase == TouchPhase.Stationary)
            {
                Debug.Log($"第{i}根手指触摸但没有移动");
            }
            else if(Input.touchPressureSupported)
```

```
        {
            Debug.LogFormat("3DTouch 的力度:{0}", Input.GetTouch(i).pressure);
        }
    }
  }
}
```

7.5.2　虚拟输入事件

虚拟输入即模拟的输入事件。有些情况下，多个按键具有相同的逻辑行为。比如控制角色移动时，方向键上下左右和 WSAD 键的功能类似，手柄的摇杆也有对应的功能。如果将它们都虚拟化成统一的按键事件，会更加方便。

如图 7-80 所示，在 Input Manager 中就可以配置虚拟按键了。这里将左右方向键、A 键和 D 键，以及摇杆的 X 轴都配置到 Horizontal 中。也就是说，只要在代码中监听虚拟按键配置的名称 Horizontal，就可以获得方向键的具体数值了。下面的 Vertical 则配置了上下方向键、W 键和 S 键，以及摇杆的 Y 轴。再往下还有 Fire1 虚拟键，会在按下左 Ctrl 或者点击鼠标左键时触发事件。Unity 内置了 30 个虚拟按键，如果觉得虚拟按键数量不足，也可以自行扩展。

图 7-80　虚拟按键配置

如下列代码所示，通过 GetAxis() 和 GetButtonDown() 就可以单独处理虚拟按键的行为，也可以自由扩展，操作起来很灵活。

```
void Update()
{
    Vector3 move = new Vector3(Input.GetAxis("Horizontal"), 0, Input.GetAxis("Vertical"));

    if(move != Vector3.zero)
    {
        Debug.Log($"方向键{move}");
    }

    if (Input.GetButtonDown("Fire1"))
    {
        Debug.Log($"攻击键");
    }
}
```

7.5.3　鼠标位置

鼠标位置是基于屏幕的。如图 7-81 所示，屏幕左下角的坐标(0, 0)，右上角的坐标是(Width, Height)，即屏幕的最大宽高。因此，对于不同分辨率的显示设备，鼠标的位置区域是不同的。

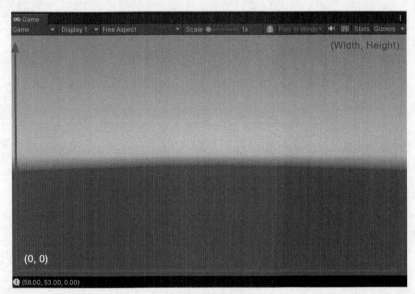

图 7-81　鼠标位置

如下列代码所示，通过 Input.mousePosition 即可获得当前鼠标在屏幕上的坐标。

```
void Update()
{
    if (Input.GetMouseButtonUp(0))
    {
        // 输出鼠标在屏幕上的坐标
        Debug.Log(Input.mousePosition);
```

```
        }
    }
```

如果需要用鼠标来控制 3D 物体，则无法通过屏幕位置实现，因为它们的坐标系不同，需要将 2D 坐标转换成 3D 坐标。但 2D 坐标缺少 Z 轴信息，是无法转换成 3D 的。因此需要补上 Z 轴坐标，如代码清单 7-13 所示，最后调用 Camera.main.ScreenToWorldPoint()将 2D 坐标转换成 3D 坐标，这样物体就可以跟随鼠标移动了。

代码清单 7-13　Script_07_13.cs 文件

```csharp
public class Script_07_13 : MonoBehaviour
{
    // 控制物体跟随鼠标移动
    public Transform Target;
    void Update()
    {
        // 获取鼠标的位置
        var pos = Input.mousePosition;
        // 获取摄像机与物体的距离
        pos.z = Mathf.Abs(Target.position.z - Camera.main.transform.position.z);
        // 将 2D 坐标转换成 3D 坐标
        Target.position = Camera.main.ScreenToWorldPoint(pos);
    }
}
```

正交摄像机与透视摄像机的原理虽然不同，但是转换的代码是相同的。如图 7-82 所示，鼠标在屏幕上任意移动，3D 物体也会跟随它移动。

图 7-82　坐标转换的结果

如图 7-83 所示，如果需要通过鼠标来控制 UGUI 中的元素，那么方法将不完全一样，因为 UI 提供了专门的坐标转换方法。

图 7-83   控制 UI

如代码清单 7-14 所示，通过 RectTransformUtility.ScreenPointToWorldPointInRectangle()
将屏幕坐标换算为 UI 的 3D 坐标。虽然 UI 是 2D 的，但是它有自己的摄像机和属于自己的 3D 坐标系，
换算完毕后给 Image 赋值即可。

代码清单 7-14   Script_07_14.cs 文件

```
public class Script_07_14 : MonoBehaviour
{
    public Image Image;
    public Canvas Canvas;
    void Update()
    {
        if(RectTransformUtility.ScreenPointToWorldPointInRectangle(Canvas.transform as RectTransform,
            Input.mousePosition,Canvas.worldCamera,out var point))
        {
            Image.transform.position = point;
        }
    }
}
```

7.5.4   点选模型

鼠标可点选的模型分为 3D 和 2D 两种，最方便的点选方法就是利用 UGUI 的事件。如图 7-84 所
示，在主摄像机中绑定 Physics Raycaster 和 Physics 2D Raycaster 组件，对应的分别是 3D 和 2D 的 Collider
组件的事件。

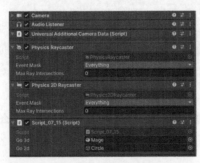

图 7-84   添加事件

UGUI 的事件有很多，在第 3 章中有详细的介绍，这里只举一个简单的示例。如代码清单 7-15 所示，分别对 Box Collider 和 Box Collider2D 对应的 3D 和 2D 模型进行点击与拖动事件的监听。

代码清单 7-15　Script_07_15.cs 文件

```
public class Script_07_15 : MonoBehaviour
{
    public GameObject Go3d;
    public GameObject Go2d;
    void Update()
    {
        Click3D.Get(Go3d).onClick = (e) => {
            Debug.Log("3D点击事件");
        };

        Click3D.Get(Go3d).onDrag = (e) => {
            Debug.Log("3D 拖动事件");
        };

        Click3D.Get(Go2d).onClick = (e) => {
            Debug.Log("2D点击事件");
        };

        Click3D.Get(Go2d).onDrag = (e) => {
            Debug.Log("2D 拖动事件");
        };
    }
}

public class Click3D : MonoBehaviour, IPointerClickHandler, IDragHandler
{
    public Action<PointerEventData> onClick;
    public Action<PointerEventData> onDrag;
    public static Click3D Get(GameObject go)
    {
        Click3D listener = go.GetComponent<Click3D>();
        if (listener == null)
            listener = go.AddComponent<Click3D>();
        return listener;
    }

    public void OnDrag(PointerEventData eventData)
    {
        onDrag?.Invoke(eventData);
    }
    public void OnPointerClick(PointerEventData eventData)
    {
        onClick?.Invoke(eventData);
    }
}
```

如图 7-85 所示，点击 3D 模型和 2D Sprite Renderer 即可收到对应的点击事件。用鼠标拖动模型也可以收到对应的拖动事件。

图 7-85　监听事件

7.5.5　通过点击控制移动

点击事件是发生在屏幕上的，需要通过发送射线来确定点击到的 3D 模型，并且需要首先点击地面上的模型，然后获取点击到的具体 3D 坐标，才能控制角色移动过去。上节介绍了模型点击内部使用的也是射线，只是 UGUI 帮我们封装好了，本节通过射线来实现用鼠标点击来控制角色移动。如图 7-86 所示，通过在地面上点击鼠标来控制角色向目标点移动。

图 7-86　控制移动

如代码清单 7-16 所示，将模型的坐标与鼠标点击到的屏幕坐标的连线转换成射线，通过 Physics.Raycast() 方法获取与这条射线相交的碰撞体，hit.point 就是获取到的具体的 3D 目标坐标点。由于移动是一个过程，可以使用 Vector3.MoveTowards() 根据步长来移动模型。

代码清单 7-16　Script_07_16.cs 文件

```
public class Script_07_16 : MonoBehaviour
{
    // 模型
    public Transform Model;
    // 3dtextMesh
    public TextMesh TextMesh;
    // 移动到目的地
    private Vector3 m_MoveToPosition = Vector3.zero;

    void Update()
    {
```

```
        if (Input.GetMouseButtonDown(0))
        {
            Ray ray = Camera.main.ScreenPointToRay(Input.mousePosition);
            RaycastHit hit;
            if (Physics.Raycast(ray, out hit))
            {
                // 面朝点击的点
                m_MoveToPosition = new Vector3(hit.point.x, Model.position.y, hit.point.z);
                Model.LookAt(m_MoveToPosition);

                TextMesh.text = string.Format("点击位置{0}", hit.point);
                TextMesh.transform.position = hit.point;
            }
        }
        if (Model.position != m_MoveToPosition)
        {
            // 步长
            float step = 5f * Time.deltaTime;
            Model.position = Vector3.MoveTowards(Model.position, m_MoveToPosition, step);
        }
    }
}
```

7.5.6   射线

UI 点击事件和点选模型在底层都是通过射线实现的。射线就是从一点向一个方向发射一条指定长度的线段或者无限长的直线。检测点击事件就是检测点击的这条射线是否会与物体发生碰撞。一条射线可能和多个物体发生碰撞，通常只需要处理第一个也就是最先碰到的物体。如下列代码所示，提供一个初始点和一个目标点就可以发射射线了，除了 3D 以外也支持 2D 射线。使用 Debug.DrawRay() 可以在 Scene 视图中绘制射线，如图 7-87 所示，这些射线通常用于调试。

```
void Update()
{
    Ray ray = new Ray(Vector3.zero, Vector3.one * 10f);
    Ray2D ray2D = new Ray2D(Vector2.zero, Vector2.one * 10);

    Debug.DrawRay(ray.origin, ray.direction, Color.red);
    Debug.DrawRay(ray2D.origin, ray2D.direction, Color.yellow);
}
```

图 7-87   射线（另见彩插）

射线可能会碰到多个碰撞体，可以将其全部找出来。如代码清单7-17所示，可以通过发射射线来找到鼠标点击的位置。

代码清单7-17　Script_07_17.cs文件

```csharp
public class Script_07_17 : MonoBehaviour
{
    void Update()
    {
        if (Input.GetMouseButtonDown(0))
        {
            Ray ray = Camera.main.ScreenPointToRay(Input.mousePosition);

            RaycastHit hit;
            if (Physics.Raycast(ray, out hit))
            {
                Debug.LogFormat("Raycast: {0} 3D 坐标:{1}", hit.collider.name,
                    hit.point);
            }

            RaycastHit[] hits = Physics.RaycastAll(ray);
            foreach (var h in hits)
            {
                Debug.LogFormat("RaycastAll: {0} 3D 坐标:{1}", h.collider.name,
                    hit.point);
            }
        }
    }
}
```

在上述代码中，`Physics.Raycast()`表示只检测射线的第一个碰撞点，`Physics.RaycastAll()`表示检测射线的所有碰撞点。

另外，Unity还提供了一个可以忽略射线的层。如图7-88所示，如果将一个游戏对象设置成Ignore Raycast，该游戏对象将不再接受射线的碰撞。

图7-88　射线忽略层

7.6　Transform 组件

前面简要介绍过坐标、旋转、缩放等操作，但是没有系统地讲过。单纯地修改 Transform 组件非常简单，但是在游戏中恐怕还需要考虑一些特殊需求。我们也介绍过，商业游戏中大量使用 Transform 来移动角色，本节会详细介绍移动的细节。

7.6.1　控制角色移动

前面介绍过使用角色控制器控制角色的方式，这里则只使用 Transform 组件来移动角色。如图 7-89 所示，可以用方向键控制角色移动，还需要考虑角色距离地面的高度，这个高度可以使用发射线的方式计算。从移动目标点的正上方向正下方发送一条射线，碰撞处的 3D 坐标就位于地面上，只需要取它的 Y 轴坐标即可。

图 7-89　计算角色距离地面的高度

如代码清单 7-18 所示，只需要给地面添加 Collider 组件，就可以使用 `Physics.Raycast()` 发射射线了，检测到高度以后直接给目标点的移动坐标赋值即可。在这个例子中，使用的完全是最基础的移动坐标方法 `transform.position`。

代码清单 7-18　Script_07_18.cs 文件

```csharp
public class Script_07_18 : MonoBehaviour
{
    private float m_Speed = 2.0f;
    void Update()
    {
        Vector3 move = new Vector3(Input.GetAxis("Horizontal"), 0, Input.GetAxis("Vertical")) * m_Speed
            * Time.deltaTime;
        // 控制角色的朝向
        if (move != Vector3.zero)
        {
            transform.forward = move;
        }
        // 移动的目标点
        Vector3 moveTo = transform.position + move;

        // 从目标点上方一米的位置向下发送射线
        Vector3 rayTop = moveTo;
        rayTop.y+= 1f;
        Ray ray = new Ray(rayTop, Vector3.down);
        RaycastHit hit;
        if (Physics.Raycast(ray, out hit))
        {   // 计算出角色距离地面的高度
            moveTo.y = hit.point.y;
        }
```

```
        // 画射线
        Debug.DrawRay(ray.origin,ray.direction,Color.red);
        // 最终赋值给角色
        transform.position = moveTo;
    }
}
```

7.6.2　摄像机跟随

摄像机跟随就是保持摄像机始终在角色身后并朝向角色，此时左右方向键就变成了旋转角度，上下方向键才是移动。如图 7-90 所示，按左右方向键移动后，能看到摄像机将始终在角色身后并朝向它，按上下方向键可以控制角色向前和向后移动。

图 7-90　旋转摄像机

如代码清单 7-19 所示，首先记录一下摄像机与角色的朝向，因为角色旋转后要使用这个角度来还原摄像机。左右方向键用于修改角色的旋转角度，上下方向键用于控制值 transform.position 的位移信息。

代码清单 7-19　Script_07_19.cs 文件

```
public class Script_07_19 : MonoBehaviour
{
    private float m_Speed = 2.0f;
    private Vector3 m_Dir;
    private void Start()
    {
        // 记录初始摄像机与角色的朝向
        m_Dir = Camera.main.transform.position - transform.position;
    }

    void Update()
    {
        // 获取垂直和水平方向轴的值
        float pos = Input.GetAxis("Vertical") * m_Speed * Time.deltaTime;
        float ros = Input.GetAxis("Horizontal") * m_Speed;
```

```
            // 左右方向键控制旋转
            if (ros != 0)
            {
                var angle = transform.eulerAngles;
                angle.y += ros;
                transform.eulerAngles = angle;
            }
            // 上下方向键控制移动
            Vector3 moveTo = transform.position + (transform.forward  * pos);

            // 从目标点上方一米的位置向下发送射线
            Vector3 rayTop = moveTo;
            rayTop.y+= 1f;
            Ray ray = new Ray(rayTop, Vector3.down);
            RaycastHit hit;
            if (Physics.Raycast(ray, out hit))
            {   // 计算出地面的高度
                moveTo.y = hit.point.y;
            }
            // 画射线
            Debug.DrawRay(ray.origin,ray.direction,Color.red);
            // 最终赋值给角色
            transform.position = moveTo;

            // 计算摄像机的位置，始终朝向角色
            Camera.main.transform.position = transform.position + (transform.rotation * m_Dir);
            Camera.main.transform.LookAt(transform.transform, Vector3.up);
        }
    }
```

7.6.3　插值移动

　　插值移动的意思就是提供一个目标点和一个时间，以便游戏对象慢慢移动过去。旋转和缩放其实也有类似的需求，然而 Unity 并没有提供这样的功能。现在，有很多第三方 Tween 插件实现了类似的功能，其实在 Unity 中也可以通过协程任务的方式来实现。

　　如代码清单 7-20 所示，核心方法就是 `Vector3.Lerp()`，需要提供初始值、结束值、进度（0～1）。它需要在 `Update()` 中调用，所以需要启动一个协程任务，每帧执行一次，并根据持续时间来算它的进度，最终将结束事件抛出去。本例详见随书代码工程 Script_07_20。

代码清单 7-20　Script_07_20.cs 文件

```
public class Script_07_20 : MonoBehaviour
{
    public Transform Cube;

    void Start()
    {
        // 目标位置、等待时间、结束回调
        StartCoroutine(MoveTo(Cube, Vector3.one * 2, 2f, () => {
            Debug.Log("移动坐标完毕");
        }));

        StartCoroutine(RotationTo(Cube, Vector3.one * 180, 2f, () =>
        {
```

```
        Debug.Log("旋转完毕");
    }));

    StartCoroutine(ScaleTo(Cube, Vector3.one * 3f, 2f, () =>
    {
        Debug.Log("缩放完毕");
    }));
}

public IEnumerator MoveTo(Transform transform, Vector3 end, float seconds, Action finish)
{
    float time = 0;
    Vector3 start = transform.position;
    var wait = new WaitForEndOfFrame();
    // 每帧的移动距离
    while (time < seconds)
    {
        transform.position = Vector3.Lerp(start, end, (time / seconds));
        time += Time.deltaTime;
        yield return wait;
    }
    transform.position = end;
    finish?.Invoke();
}

public IEnumerator RotationTo(Transform transform, Vector3 end, float seconds, Action finish)
{
    float time = 0;
    Vector3 start = transform.eulerAngles;
    var wait = new WaitForEndOfFrame();
    while (time < seconds)
    {
        transform.eulerAngles = Vector3.Lerp(start, end, (time / seconds));
        time += Time.deltaTime;
        yield return wait;
    }
    transform.eulerAngles = end;
    finish?.Invoke();
}

public IEnumerator ScaleTo(Transform transform, Vector3 end, float seconds, Action finish)
{
    float time = 0;
    Vector3 start = transform.localScale;
    var wait = new WaitForEndOfFrame();
    while (time < seconds)
    {
        transform.localScale = Vector3.Lerp(start, end, (time / seconds));
        time += Time.deltaTime;
        yield return wait;
    }
    transform.localScale = end;
    finish?.Invoke();
}
```

7.6.4　约束条件

　　正常情况下，层级节点中父对象的移动、旋转和缩放会影响子对象，而使用约束组件，可以让没有父子关系的游戏对象也产生类似的效果。目前，Unity 支持的约束条件有：Aim（瞄准）、Look At（朝向）、Parent（模拟父节点）、Position（位置）、Rotation（旋转）和 Scale（缩放）。

如图 7-91 所示，给 Hero 对象绑定 Aim Constraint（瞄准约束）组件，并把约束它的对象（可以是多个物体）拖入 Sources。当移动 A 或者 B 的位置时，Hero 会始终朝向刚拖入的对象。Weight 用于设置瞄准的权重。下面还可以设置偏移的角度、坐标，以及冻结的轴向。运行起来后，可以看到 Hero 会始终朝向 A 和 B 的中间。

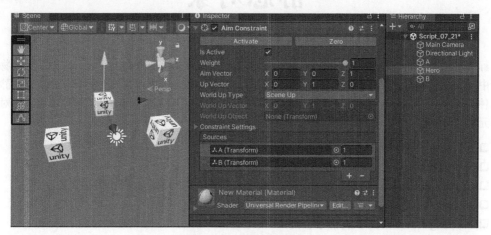

图 7-91　Aim Constraint

如图 7-92 所示，除了 Aim Constraint 以外，还有 Look At Constraint（朝向约束）、Parent Constraint（模拟父节点约束）、Position Constraint（位置约束）、Rotation Constraint（旋转约束）和 Scale Constraint（缩放约束），它们的使用方法基本与 Aim Constraint 类似，上手试试就很容易掌握。

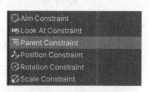

图 7-92　约束组件

7.7　小结

本章介绍了 3D 渲染器，包括蒙皮网格渲染器等，以及游戏资源，包括 Prefab 和场景的使用。我们重点学习了动画系统，其中 Animator 组件用来编辑单个动画，Animator Controller 组件可将多个动画关联起来。可以通过纯脚本的方式来播放动画，放弃使用 Animation Controller 文件。接着学习了切换动画、动画混合、Simple Animation 组件等。还学习了 3D 物理系统以及输入系统，包括鼠标和键盘事件、射线检测等。最后学习了 Transform 组件在游戏中的使用，控制角色移动，以及控制摄像机跟随。

第 **8** 章

静态对象

静态对象是 Unity 提供的一个属性，可以附加在游戏对象或者 Prefab 上。它的原理是限制物体在运行中发生位移变化，需要预先生成一些辅助数据，从而实现一种用内存换时间的优化方式。静态元素的种类很多。如图 8-1 所示，选择任意游戏对象后，点击右上角的 Static 下拉框即可设置该对象的静态元素，具体如下。

- ❑ Nothing：不包含以下任意静态属性。
- ❑ Everything：包含以下所有静态属性。
- ❑ Contribute GI：表示接受实时全局光照或烘焙全局光照，可烘焙出光照贴图。
- ❑ Occluder Static：表示是否可以遮挡其他元素。
- ❑ Batching Static：表示支持静态合批。
- ❑ Navigation Static：表示可烘焙导航网格。
- ❑ Occludee Static：表示可以被遮挡剔除。
- ❑ Off Mesh Link Generation：在寻路过程中连接不同区域中的点，比如角色从山顶寻路到地面，此时这两点并非连续，通过设置 Off Mesh Link Generation 才可以继续寻路。
- ❑ Reflection Probe Static：反射探头，可以实现镜面反射效果。支持实时反射或烘焙反射。

Navigation Static 和 Off Mesh Link Generation 默认是灰色的，目前处于弃用状态。原因是 Unity 已经将寻路功能从引擎中剥离并插件化了。如图 8-2 所示，在 Package Manager 中安装寻路插件 AI Navigation。

图 8-1　静态元素　　　　　　　　　　　　　图 8-2　寻路插件

8.1 光照贴图

光照贴图（Lightmap）技术的原理是将场景中的光源与物体的光照和阴影信息烘焙在一张或者多张光照贴图中，这些物体将不再参与实时光照计算，从而大大降低性能开销。它的缺点是，参与烘焙计算的对象在游戏过程中不能移动。所以游戏中的物体通常分成两类：一类是可发生位移变化的，它们使用实时光照计算；另一类是不可发生位移变化的，它们需要预先烘焙光照贴图。

如图 8-3 所示，参与烘焙的模型需要启动第二套 UV，用于在光照烘焙贴图中对颜色采样。这样，物体就不需要计算实时光了，直接将采样到的颜色乘以物体表面的漫反射项能得到光照结果。

图 8-3　第二套 UV

8.1.1 光源

Unity 中支持的光源一共有 4 类：Directional Light（方向光）、Spot Light（聚光灯）、Point Light（点光源）和 Area Light（面光源），如图 8-4 所示。方向光就像太阳光一样，只有方向而没有衰减。聚光灯就像手电筒的光一样，朝着某个方向扩散且强度慢慢衰减。点光源比较好理解，就像路灯光一样，朝着周围扩散且强度慢慢衰减。面光源可设置一个矩形或圆形区域，并将这块区域都照亮，仅用于光照烘焙。接着介绍一下光源面板中各个参数的具体含义。

- Type：光源类型。
- Mode：可设置实时光、烘焙光，以及实时与烘焙的混合光。
- Light Appearance：设置光照的外观，可选择设置光的颜色值或者温度，这样可以方便地调整不同颜色下的冷暖色调。
- Color：设置光照具体的颜色值。
- Intensity：光照强度，数值越大光越强。
- Indirect Multiplier：间接光照强度，即光照在一个物体上反射后的强度。
- Cookie：提供一张图片来设置光的剪影。
- Render Mode：设置光照重要或不重要，标记为重要的光会使用片元着色器计算光照，否则将使用顶点着色器计算光照。Auto 表示会根据物体与摄像机的距离灵活地进行设置。
- Culling Mask：设置光源对哪些层有影响。
- Shadow Type：设置阴影类型，包括软阴影、硬阴影、关闭阴影。

其他光源类型的参数与方向光类似，主要区别就是点光源和聚光灯的强度需要衰减。这里简单介绍了光源的使用，主要是为了引出光照烘焙，第 12 章还会更详细地介绍光照的原理。

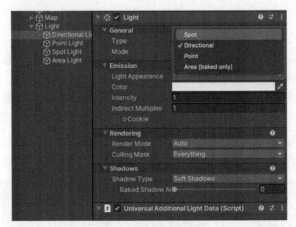

图 8-4　创建光源

8.1.2　开始烘焙

参与烘焙的模型必须包含 Mesh Renderer 组件，如图 8-5 所示，勾选 Static（静态）或者下拉框中的 Contribute GI，并且勾选 Mesh Renderer 组件中的 Contribute Global Illumination 表示它会被光照烘焙。

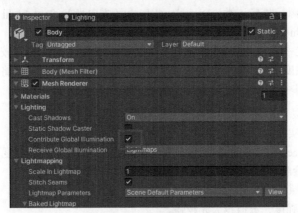

图 8-5　设置烘焙

当烘焙对象设置完毕后，在导航菜单栏中选择 Window→Rendering→Lighting 即可打开烘焙面板，如图 8-6 所示。打开面板后会出现很多参数，它们看似复杂但其实不然，下面就来介绍其含义。

❶ Lighting Settings（光照设置）

旧版本的 Unity 是没有它的，所以同样的烘焙参数在每个场景中都需要单独设置。现在则需要创建一个光照设置文件，对于参数相同的场景，共同设置一次即可。

❷ Realtime Lighting（实时全局光照）

❑ Realtime Global Illumination：启动实时全局光照，实时部分使用的是 Enlighten 全局光照系统。

- ❑ Realtime Environment Lighting：启动实时环境光照。
- ❑ Indirect Resolution：实时间接光照烘焙分辨率。

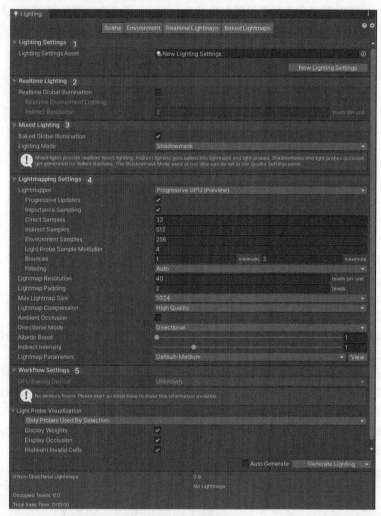

图 8-6　烘焙参数

烘焙会将直接光照与间接光照的结果保存在光照烘焙贴图中，因为是离线计算的，所以可以计算光的多次反弹，最终也可以得到很好的光影效果。它最大的问题就是光源的位置不能移动，如果光源可以移动，那就是实时光了。出于性能的考虑，不会计算实时光在物体表面的反弹，所以实时光只计算直接光照而不计算间接光照，单纯从效果上来看是不如纯烘焙光的。

但是，即使烘焙了间接光照，如果直接光照的位置发生变化，那么产生的间接光照的效果也会不正确。作为全局实时光照系统，Enlighten 就是专门用来解决这个难题的。如图 8-7 所示，在 Realtime Lightmaps 中烘焙的是物体可见性信息，并非间接光照结果。这样，如果光源的位置在运行时发生变化，会根据这些可见性信息来重新计算光源反弹的间接光照结果，并且将结果保存在一张光照贴图中。因为更新光照贴图的计算量很大，所以 Enlighten 的效率并不高，通常应用于移动较慢的光源（比如缓慢移动的太阳）。官方也建议只在高端机器上使用 Enlighten，不要在一般的移动平台上使用。

图 8-7　实时光照烘焙

❸ Mixed Lighting（混合光照）

❑ Baked Global Illumination：启动烘焙全局光照。

❑ Lighting Mode：参与烘焙的光照模式。

❑ Baked Indirect：烘焙间接光照。这里烘焙的是间接光照的结果，直接光照则会采用实时光，当光源的位置发生变化后，间接光照的结果可能就不正确了。

❑ Subtractive：烘焙直接光照和间接光照。它是游戏中普遍使用的一个参数，如果主光源在运行时没有改变位置的需求，就非常适合使用它了。

❑ Shadowmask：Shadowmask 和 Baked Indirect 的原理类似但并不一样，用它烘焙场景后，光照产生的阴影也就固定在贴图中了。如果光源的位置在运行时发生变化，那么阴影的方向是无法改变的。如图 8-8 所示，Shadowmask 模式下会将阴影的几何信息单独烘焙在一张贴图中，运行时会根据光照的方向重新计算阴影的位置。Shadowmask 还可以解决动态物体被烘焙物体投射阴影的问题，让效果更加逼真。

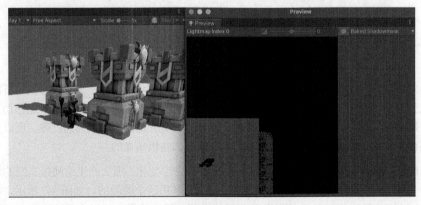

图 8-8　Shadowmask（另见彩插）

❹ Lightmapping Settings（光照烘焙设置）

Unity 使用 Progressive Lightmapper 系统烘焙全局光照，这是一个渐进式烘焙系统，支持 CPU 和 GPU 双端烘焙。

- Lightmapper：是 GPU 还是 CPU 烘焙，GPU 烘焙的速度更快。

  - Progressive Updates：是否启用渐进式烘焙。
  - Importance Sampling：是否启用重要性采样。如果启用，在大部分情况下可以减少烘焙时间，但在某些低频环境下会产生噪声。
  - Direct Samples：直接光照烘焙的采样次数，增加数量有利于提高光照贴图的质量，但会增加烘焙时间。
  - Indirect Samples：间接光照烘焙的采样次数，增加数量有利于提高光照贴图的质量，但会增加烘焙时间。
  - Environment Samples：环境光的采样次数，增加数量有利于提高光照贴图的质量，但会增加烘焙时间。
  - Light Probe Sample Multiplier：光照探针的采样次数，增加数量有利于提高光照贴图的质量，但会增加烘焙时间。
  - Max Bounces：最大光线反弹次数。
  - Filtering：过滤器，配置光照贴图处理噪点的方式。

- Lightmap Resolution：烘焙贴图的分辨率，特别影响烘焙贴图的生成时间，建议不要设置得太大。
- Lightmap Padding：烘焙贴图中物体的间隔。
- Max Lightmap Size：烘焙贴图的尺寸。
- Lightmap Compression：烘焙贴图的压缩等级。
- Ambient Occlusion：是否启用烘焙环境光遮蔽。如果启用，会模拟当光线反射到物体上时，物体间隙中出现的柔和阴影。
- Directional Mode：方向模式，可以烘焙带方向的烘焙贴图。当使用 Directional（方向）模式时，Unity 会生成两张光照贴图，一张储存光照颜色，另一张则保存主光方向，以及描述接收到的光有多少来自主光源。
- Albedo Boost：控制光线在物体表面反弹的强度。
- Indirect Intensity：控制间接光照强度。
- Lightmap Parameters：Lightmap 配置文件的等级，也可以自行配置，来修改上述参数的具体数值。

❺ Workflow Settings（工作流设置）

- GPU Baking Device：当前烘焙时使用的 GPU 型号。
- Light Probe Visualization：光照探针可视化，控制那些光照探针在 Scene 中可以看到。

  - Display Weights：显示权重。
  - Display Occlusion：显示遮挡。

- Highlight Invalid Cells：突出显示无效的光照探针。

烘焙面板中的所有参数已经介绍完了，你可能需要进行很多尝试才能掌握它们的真正含义。大多数参数是美术人员配置的，程序人员需要解决的问题则是如何限制烘焙贴图的数量来达到更好的效果，帮助美术人员更好地理解这些参数的含义。

目前，我们已经学习了实时全局光照和烘焙全局光照这两种模式，它们需要配合光源的光照模式使用，可以在光照组件中选择 Baked（烘焙模式）、Realtime（实时模式）或 Mixed（混合模式）。烘焙模式和实时模式比较好理解，这里解释一下混合模式。混合模式既可以参与烘焙光也可以参与实时光，但前提是必须开启全局烘焙光照。如果项目中只开启了实时全局光照并且关闭了烘焙全局光照，那么烘焙模式和混合模式下的光照行为将和实时模式下一样。

8.1.3　烘焙结果在不同平台上的差异

如果你制作过商业游戏，肯定被美术人员问过：为什么计算机上的烘焙效果和手机中的不一样？原因是，烘焙贴图纹理的编码在 PC 平台和移动平台上是不同的。PC 平台上使用的是 RGBM 编码，移动平台下使用的则是 dlDR 编码（Double Low Dynamic Range encoding）。

RGBM 在 RGB 3 个通道中存储的是颜色，在 A 通道中存储的是乘数。移动平台上的 dlDR 编码与它差别很大：超过 2 的光照强度将被强制限制在 2 以内，然后再映射到 0 和 1 之间。这样，移动平台上光照强度较大的物体表面就会与 PC 平台上不一致。如图 8-9 所示，我们创建了一个烘焙的点光源，它的光照强度被设置为 5，但这并不意味着这个光源烘焙出来的光照贴图会受到 dlDR 编码的限制。这是因为点光源的强度是有衰减的，只要保证衰减后的光在物体表面的强度在 2 以内就不会有问题。

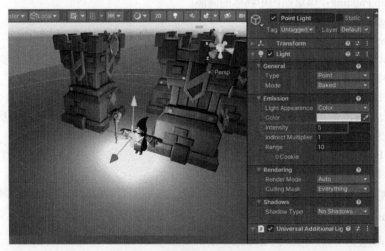

图 8-9　光照强度（另见彩插）

如图 8-10 所示，打开 Project Settings 面板，可以在 Player 标签页中的 Other Settings 下找到 Lightmap Encoding 下拉框并在其中选择 Lightmap 的编码格式：High Quality 表示使用 HDR 光照贴图，它不受任何编码的限制，取值范围更大但是占用的内存也非常多；Normal Quality 表示使用 RGBM 编码格式的贴图；Low Quality 则表示使用 dlDR 编码格式的贴图。需要注意的是，在移动端中，Normal Quality 和 Low Quality 都会强制使用 dlDR 编码格式。虽然移动端目前支持 HDR，但出于性能的考虑一般不会使用它。

图 8-10　设置编码格式

我清楚地记得在项目中遇到过类似的问题：PC 包和手机包的光照贴图效果完全不一样。最后发现，原来是美术人员将光照强度强制设置为一个非常大的数值。后来，我们修改了光的位置和强度，问题就随之解决了。

8.1.4　烘焙贴图 UV

烘焙贴图的颜色需要利用第二套 UV 采样，第二套 UV（UV2）是在导入 FBX 模型的时候自动生成的。场景中物体的摆放顺序是不固定的，两个完全相同的物体可能有不同的光照信息，然而它们的 UV2 是相同的，那么它们会如何对颜色采样呢？如图 8-11 所示，场景中有 4 个物体（❶❷❸和❹），它们的光照信息都会被烘焙到光照贴图中。相同的 UV2 肯定是无法分别采样的，如果渲染时对每个物体的 UV2 添加一个偏移值，就可以对光照信息进行正确的采样了。

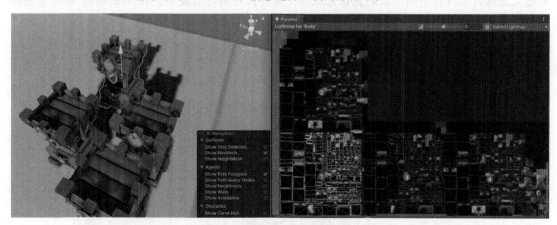

图 8-11　采样 UV2

如图 8-12 所示，烘焙后每个物体的偏移都记录在它的光照贴图中。因为可能烘焙出多张贴图，还需要记录使用的光照贴图的索引，Tiling X 和 Tiling Y 表示贴图的宽高，Offset X 和 Offset Y 表示其 UV 偏移，Lightmap Resolution 和 Lightmap Object Scale 分别记录分辨率和缩放信息（烘焙前可以指定烘焙的缩放信息）。有了这些数值，再配合导入 FBX 模型生成的 UV2，就可以很方便地去烘焙贴图中对颜色采样了。

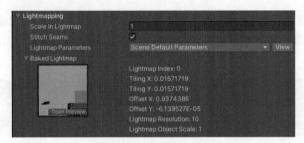

图 8-12 UV 尺寸信息

如下列代码所示，运行时也可以动态修改这些数值。这也是在运行时更换烘焙贴图的一种手段。

```
MeshRenderer meshRenderer = GetComponent<MeshRenderer>();
meshRenderer.lightmapIndex = 0;
meshRenderer.lightmapScaleOffset = Vector4.zero;
meshRenderer.scaleInLightmap = 1f;
meshRenderer.realtimeLightmapIndex = 0;
meshRenderer.realtimeLightmapScaleOffset = Vector4.zero;
```

8.1.5 光照探针

配合场景烘焙动态物体的阴影时可以使用 Shadowmask，而烘焙动态物体表面的颜色就需要使用光照探针了。因为光影信息已经预先烘焙在贴图中了，所以移动场景的烘焙光是无法影响主角的，而通过光照探针可以将不同区域的光预先保存下来并且在运行时还原。在 Hierarchy 视图中选择 Create→Light→Light Probe Group 创建光照探针后，就可以将它摆放在屏幕中了。

如图 8-13 所示，如果没有光照探针，当角色中走到烘焙后的场景中时，它不会被周围的光所影响。如果烘焙光是红色的，主角走到它附近时应该会被照上红色，在没有光照探针的情况下则并不会有这样的效果。可以这样理解光照探针：它可以将周围的环境光预先烘焙。

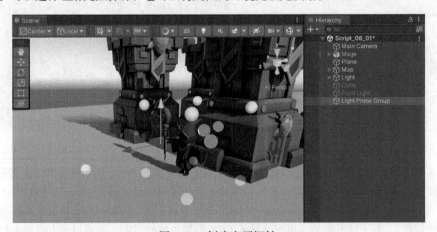

图 8-13 创建光照探针

光照探针的烘焙结果会被编码成三阶球谐函数，保存在 Lighting Data Asset 文件中，如图 8-14 所示。

图 8-14 光照探针的烘焙结果

8.1.6 运行时更换烘焙贴图

如图 8-15 所示，先烘焙一份偏黄的烘焙贴图（见❶）然后将它复制出来，再烘焙一份偏红的烘焙贴图（见❷）。什么时候会有这种需求呢？如果游戏中有一个白天的场景和一个夜晚的场景，那么就需要烘焙出多张烘焙贴图了。在程序中，可以动态更换白天和夜晚的烘焙贴图。

如图 8-16 所示，点击 lightmap1 和 lightmap2 按钮来切换烘焙贴图。

图 8-15 复制烘焙图　　　　　图 8-16 切换烘焙图（另见彩插）

如代码清单 8-1 所示，首先创建 LightmapData 对象，最终将需要更换的烘焙贴图放入 Lightmap-Settings.lightmaps 中即可。

代码清单 8-1　Script_08_01.cs 文件

```csharp
public class Script_08_01 : MonoBehaviour
{
    // 烘焙贴图 1
    public Texture2D lightmap1;
    // 烘焙贴图 2
    public Texture2D lightmap2;

    void OnGUI()
    {
        if (GUILayout.Button("<size=50>lightmap1</size>"))
        {
            LightmapData data = new LightmapData();
            data.lightmapColor = lightmap1;
            LightmapSettings.lightmaps = new LightmapData[1] { data };
        }

    }
}
```

8.1.7   复制烘焙信息

前面学到，烘焙贴图的采样结果是通过模型的第二套 UV 和偏移值确定的，这就会带来一个新问题。如图 8-17 所示，在烘焙后的场景中复制一个模型后，这个模型的颜色变黑了，它很明显没有烘焙信息。解决这个问题正确的办法是重新烘焙一次，但是有些场景中的物体有动态创建的需求，如果需要动态创建带烘焙信息的物体就会出问题。

图 8-17   动态创建

如图 8-18 所示，复制新对象后，还需要将 Mesh Renderer 中记录的烘焙信息也复制到新模型中。如代码清单 8-2 所示，将 Body、Door、Shield_Ember_1、Shield_Ember_2 这 4 个节点下的烘焙信息全部复制到新模型中，这样至少看起来不会有大问题。

图 8-18   复制烘焙信息（一）

代码清单 8-2   Script_08_02.cs 文件

```
public class Script_08_02 : MonoBehaviour
{
    public MeshRenderer CopyRenderer;
    void Awake()
    {
        MeshRenderer meshRenderer = GetComponent<MeshRenderer>();
        // 复制烘焙信息
        meshRenderer.lightmapIndex = CopyRenderer.lightmapIndex;
        meshRenderer.lightmapScaleOffset = CopyRenderer.lightmapScaleOffset;
    }
}
```

但是这样复制出来的烘焙信息是没有阴影的，因为阴影信息是被预先烘焙出来的，动态创建的物体则不会烘焙阴影信息。

8.1.8 复制工具

场景的光照和阴影信息烘焙完毕后，如果直接按快捷键 Command+D 复制游戏对象，烘焙信息是不对的，必须重新烘焙才行。如果不想重新烘焙，可以自己扩展一个菜单，定义新的快捷键 Command+Shift+D 来执行复制游戏对象的操作，并且为游戏对象动态设置烘焙信息。如图 8-19 所示，这样复制出来的对象就不会变黑了，但它只是原有物体的一个副本，因为位置发生了变化，所以它的光照结果与实际的光照结果之间会有偏差，只是看起来没什么问题而已。需要注意的是，只能复制物体本身的光照烘焙信息，物体产生的阴影是无法复制的。

图 8-19　复制烘焙信息（二）

如代码清单 8-3 所示，在复制游戏对象的同时，将 lightmapIndex 和 lightmapScaleOffset 信息赋值给新对象即可。

代码清单 8-3　Script_08_03.cs 文件

```
public class Script_08_03
{
    [MenuItem("Tool/DuplicateGameObject %#d")]
    static void DuplicateGameObject()
    {
        if (Selection.activeTransform)
        {
            Dictionary<string, Renderer> save = new Dictionary<string, Renderer>();

            // 根据相对路径保存 Renderer 信息
            foreach (var renderer in Selection.activeTransform.GetComponentsInChildren
                <Renderer>())
            {
                string path = AnimationUtility.CalculateTransformPath(renderer.
                    transform, Selection.activeTransform);
```

```
            save[path] = renderer;
        }
        // 执行复制
        EditorApplication.ExecuteMenuItem("Edit/Duplicate");
        // 还原烘焙信息
        foreach (var renderer in Selection.activeTransform.GetComponentsInChildren
            <Renderer>())
        {
            string path = AnimationUtility.CalculateTransformPath(renderer.
                transform, Selection.activeTransform);
            if (save.ContainsKey(path))
            {
                renderer.lightmapIndex = save[path].lightmapIndex;
                renderer.lightmapScaleOffset = save[path].lightmapScaleOffset;
            }
        }
    }
}
```

这里需要介绍一下快捷键。[MenuItem("Tool/DuplicateGameObject %#d")] 中的 %代表 Command 键，#代表 Shift 键，而 %#d 合在一起就代表 Commnad+Shift+D。

8.2　反射探针

反射探针（Reflection Probe）技术用于实现物体对周围环境的反射，比如主角的武器或者盔甲就会有反射效果，因为金属度和光滑度较高的物体表面在现实中可以反射出周围的环境信息。如图 8-20 所示，反射探针的工作原理就是在探针周围烘焙出一张立方体贴图（Cubemap）来记录探针周围的环境信息。在绘制武器和盔甲时，通过视线与法线方向可以求得物体表面的反射方向，接着在立方体贴图中对颜色采样并贡献给物体表面，最终就能看到反射的内容了。

如果周围环境不变，就可以预先生成反射图；如果周围环境在实时变化，那么就得实时生成反射图了，显然效率很低。场景通常使用静态烘焙，如图 8-21 所示，首先对需要参与烘焙反射的物体勾选 Reflection Probe Static。

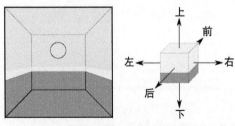

图 8-20　Cubemap（另见彩插）

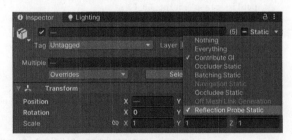

图 8-21　Reflection Probe Static

如图 8-22 所示，在场景中创建反射探针后，可以设置烘焙模式、编辑它的区间，然后设置分辨率、阴影距离、裁剪参数等信息。最后点击 Bake 按钮就可以烘焙了，烘焙结果可以在下方预览。

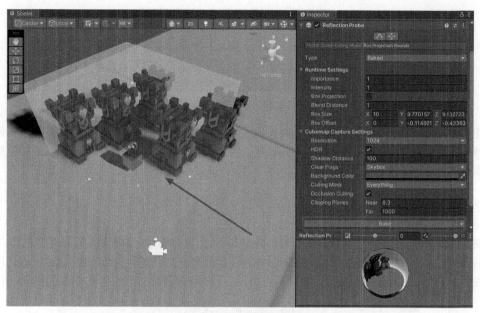

图 8-22　创建反射探针

　　此时，反射探针的结果已经烘焙完毕，但是动态物体要想接收到这个反射效果还需要材质的支持。如图 8-23 所示，创建一个动态物体，绑定 URP 中的 Lit 材质并且将金属度和光滑度设置为较大的值。此时已经能看到物体表面开始反射周围的环境了。

图 8-23　添加材质

　　Metallic Map（金属度）用来控制物体从金属到电解质的过渡，1 表示绝对的金属，0 表示绝对的电解质。Smoothness（光滑度）用来控制物体表面从光滑到粗糙的过渡。在 PBR 光照模型中处理环境光反射的 Image Based Lighting 会通过物体表面的粗糙度来对 Cubemap 的 mipmap 层级采样，越光滑的表面应该有越清晰的采样结果，越粗糙的表面则应该有越模糊的采样结果。

　　如图 8-24 所示，反射探针还支持动态烘焙，包括 Awake 烘焙一次、每帧烘焙和脚本调用烘焙。总之，它就是在运行时生成 Cubemap，效率有多低可想而知。

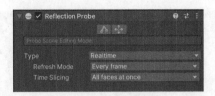

图 8-24　动态烘焙模式

很多游戏有动态反射的功能，现在的普遍做法是在摄像机与地面的纵向轴镜像的位置上再创建一个摄像机，优先将参与反射的物体绘制一遍，接着在正式摄像机渲染时将前一个摄像机绘制的反射结果叠加上去就可以了。这种方法的代价要远小于使用 Cubemap。

8.3　遮挡剔除

游戏中的元素非常多，但是摄像机能看到的是有限的，并且有些元素会被另一些元素挡住。例如，城墙后面的元素会被城墙挡住。如果不处理，被挡住的元素也会带来一定的开销，因此可以使用遮挡剔除技术来剔除这些被挡住的元素。如图 8-25 所示，只有摄像机能看到的元素才会被动态保留下来。

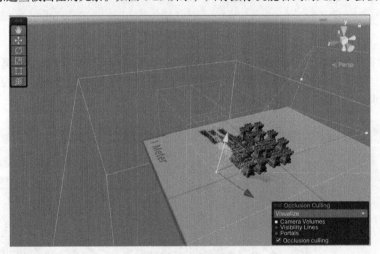

图 8-25　遮挡剔除

8.3.1　遮挡关系

遮挡关系是由遮挡物与被遮挡物构成的。例如，一面墙后面放了很多元素，那么墙属于遮挡物，元素属于被遮挡物。按照遮挡剔除的原理，墙后面的元素会被剔除。这样就会有一个新问题：如果墙是透明的，显示时就挡不住后面的元素了。因此，我们需要设置元素的遮挡关系。

首先，在场景中对需要参与遮挡的游戏对象选中 Occluder Static 和 Occludee Static 标记，接着在导航菜单栏中选择 Window→Occlusion Culling 打开烘焙面板，如图 8-26 所示。可以在烘焙面板中设置 Smallest Occluder（最小遮挡距离）、Smallest Hole（最小遮挡空隙）和 Backface Threshold（背面的阈值）。最后，点击 Bake 按钮即可烘焙当前场景。烘焙结束后，Unity 会自动在场景所在的位置创建一个同名的文件夹，并且在其中放入 OcclusionCullingData.asset 文件。

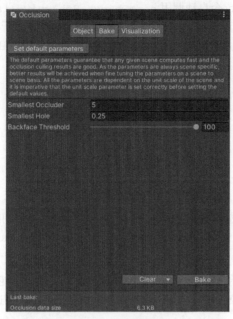

图 8-26　遮挡烘焙

　　运行游戏后，移动摄像机的位置。当墙完全挡住背景中的元素后，将自动剔除这些元素，如图 8-27 所示。

　　如果这面墙是透明的，那么当背景中的元素被剔除时，显示就有问题了。此时，可以对墙后面的元素取消选中 Occludee Static 标记。如图 8-28 所示，这样无论如何移动摄像机，墙后面的元素都不会被剔除。如果透明墙后面的元素也是一面墙（不透明），并且需要剔除不透明墙后面的元素，只需要对不透明的墙自身选中 Occluder Static 标记即可。

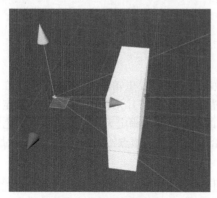

图 8-27　遮挡元素（一）

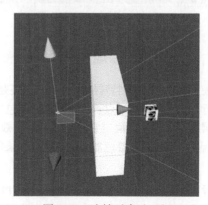

图 8-28　遮挡元素（二）

8.3.2 遮挡与被遮挡事件

当发生遮挡剔除时，Unity 会自动调用 `gameObject.SetActive(false)` 方法。这样，整个对象的渲染就会被暂停，直到它重新启动。如下列代码所示，在需要监听遮挡剔除的游戏对象上监听 `OnBecameInvisible()` 和 `OnBecameVisible()` 方法来处理即将隐藏和显示的逻辑。

```
public class Script : MonoBehaviour
{
    // 隐藏状态
    void OnBecameInvisible() { }
    // 显示状态
    void OnBecameVisible(){ }
}
```

8.3.3 动态剔除

在游戏对象中，一旦勾选 Occluder Static 或 Occludee Static，运行期间就无法修改 Transform 信息了。如图 8-29 所示，可以在 Mesh Renderer 组件中勾选 Dynamic Occlusion 复选框，表示它将被动态剔除。

运行游戏后，在视图中将 Mesh Renderer 移出摄像机的显示区域，它就会立刻被剔除，如图 8-30 所示。注意，它只会剔除渲染效果，不影响更新。默认情况下，建议勾选 Dynamic Occlusion 复选框。

图 8-29 动态遮挡剔除设置

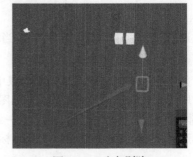

图 8-30 动态剔除

8.3.4 遮挡剔除的原理

即使 CPU 不做任何特殊操作，GPU 也还是会做裁剪。GPU 要想知道渲染的像素是否在屏幕中，必须执行每个三角形的顶点着色器。顶点中包含位置信息，在执行片元着色器之前就能确定这个像素是否在屏幕中，或者说确定它是不是一个有效渲染的像素。可以确定无效渲染的片元着色器是一定不会执行的，但是顶点着色器必须执行，如果每帧给 GPU 提交的顶点特别多，就一定会增加 GPU 的压力。

在没有遮挡剔除的情况下，Unity 会在 CPU 上过滤掉摄像机看不见的物体。在摄像机能看见的区域中，当前后遮挡比较多时，使用遮挡剔除可以过滤掉被挡住的物体。而且遮挡剔除肯定比默认的剔除方法更精准。遮挡剔除的目的就是降低 GPU 的开销，在渲染元素被提交到 GPU 之前先在 CPU 上做一次剔除，就能有效减少提交 GPU 的信息。CPU 是没办法做到精准剔除的，因为计算物体是否在屏幕内是一个耗时操作，而有些物体可能一半在屏幕内、一半在屏幕外。CPU 的遮挡剔除也没必要特别精细，只要做个大概就能为 GPU 减少很大的压力。

遮挡剔除烘焙就是将场景分成很多个小格子，然后计算出几何物体所占小格子的区域以及相邻格子之间的可见性数据。只要物体的位置在运行时不发生改变，那么它们的相对遮挡关系就是固定的，运行时再根据这些数据和当前的摄像机来决定是否剔除。这就是遮挡剔除的原理了。

8.3.5 裁剪组

遮挡剔除其实就是预先烘焙一组数据，然后在运行中实时使用。如果我们在运行时直接把数据准备好，就可以自己实现遮挡剔除了，此时要使用裁剪组（Culling Group）。如图 8-31 所示，关闭静态烘焙以后使用裁剪组来实现动态裁剪的效果，移动摄像机时看不到的物体将自动在代码中隐藏。

图 8-31　裁剪组

如代码清单 8-4 所示，获取参与剔除的游戏对象的世界坐标。创建剔除组后，给每个物体分配一个逻辑计算的包围盒，最终使用 m_CullingGroup.onStateChanged 来监听每个物体能否被摄像机看到。手动调用 SetActive() 方法决定是否显示它们。

代码清单 8-4　Script_08_04.cs 文件

```
public class Script_08_04 : MonoBehaviour
{
    // 参与剔除的游戏对象数组
    public List<GameObject> ListGo;

    private CullingGroup m_CullingGroup;
    void Start()
    {
        m_CullingGroup = new CullingGroup();
        m_CullingGroup.targetCamera = Camera.main;
```

```
// 根据对象的坐标生成包围盒
BoundingSphere[] spheres = new BoundingSphere[ListGo.Count];
for (int i = 0; i < ListGo.Count; i++)
{
    spheres[i] = new BoundingSphere(ListGo[i].transform.position, 1f);
}
m_CullingGroup.SetBoundingSpheres(spheres);
m_CullingGroup.SetBoundingSphereCount(ListGo.Count);

m_CullingGroup.onStateChanged = (evt) =>
{
    // 监听裁剪状态，动态隐藏或显示游戏对象
    if (evt.hasBecomeVisible)
    {
        ListGo[evt.index].SetActive(true);
    }
    else if (evt.hasBecomeInvisible)
    {
        ListGo[evt.index].SetActive(false);
    }
};
}

private void OnDestroy()
{
    m_CullingGroup?.Dispose();
    m_CullingGroup = null;
}
}
```

8.4   静态合批

美术人员制作的模型都是独立的。虽然它们的材质和贴图很可能完全一样，但是由于模型不同，放入 Unity 时就会多占很多 Draw Call。因此，Unity 提供了一个属性来做静态合批，可以将模型合并在一个网格里。这样就可以一次提交给 GPU，减少 Draw Call 的数量，从而提高性能。

8.4.1   设置静态合批

为了做静态合批，首先需要在 Project Settings 面板的 Player 标签页中勾选 Static Batching 复选框（表示启动静态合并批次），如图 8-32 所示。

接着，在游戏场景中选择需要合批的游戏对象，并选中 Batching Static 标记，然后运行游戏。如图 8-33 所示，Mesh Filter 会自动生成一个新的网格，如果它与原有网格的材质、Shader 相同并且参数一致，就会合并 Draw Call。

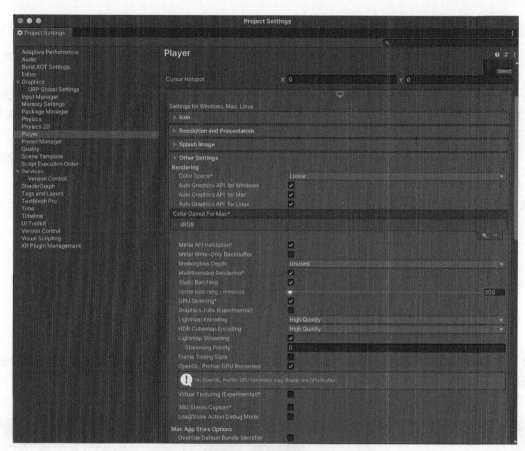

图 8-32 启动静态合批

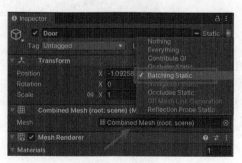

图 8-33 合并批次

这里还有一个暗"坑"：参与合并的网格有单独使用的顶点色、UV2、法线、切线等数据，即使大部分参与合并的网格不需要这些属性，它们也会被添加到合并后的网格里，大大增加网格的内存占用。静态合批在编辑器模式下会以 Combined Mesh 的形式存在，发布打包时才会离线生成合并后的网格。

8.4.2　脚本静态合批

自动静态合批用起来很方便，但是也有隐患：假如场景非常庞大，那么合并成的网格就会非常大。运行游戏后，只要网格有一小部分出现在摄像机的视野内，那么整个网格都需要参与渲染。另外，静态合批的最大顶点数是 65 535，如果顶点数超过了它，Unity 就会将其自动合并成多个网格。我们可以利用脚本来动态设置需要合并在一起的游戏对象。注意，如果使用脚本来做静态合批，游戏对象不需要选中 Static 标记。

如代码清单 8-5 所示，只需要调用 StaticBatchingUtility.Combine() 方法即可动态设置合批，参数 1 表示参与合批的所有游戏对象，参数 2 则表示其他根节点。

代码清单 8-5　Script_08_05.cs 文件

```csharp
public class Script_08_05 : MonoBehaviour
{
    public GameObject[] Datas;
    public GameObject Root;
    void Start()
    {
        StaticBatchingUtility.Combine(Datas, gameObject);
    }
}
```

如图 8-34 所示，脚本合批的结果会保存在 Combined Mesh 中，看起来好像和上面静态合批的结果类似。它们其实是完全不一样的，只是在编辑模式下看起来像而已。静态合批在打包发布时会过滤掉合批前的网格信息，而脚本合批必须保留合批前的网格信息，这样才能在运行时生成合并后的结果。

图 8-34　脚本合批

8.4.3　动态合批

目前不太建议使用动态合批，但是它在特殊环境下它还有一定的作用。如图 8-35 所示，首先在首选项 Core Render Pipeline 中选择 All Visible，接着在 URP 中就可以看到 Dynamic Batching（动态合批）的勾选框了。

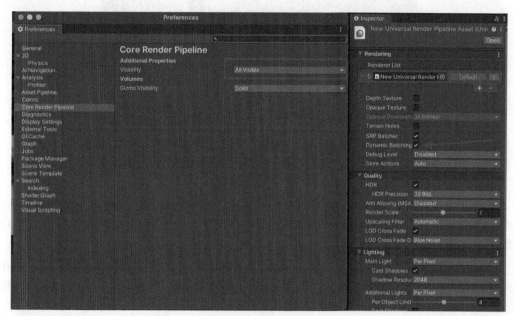

图 8-35　动态合批

动态合批是全自动的，不需要我们做任何事情。但它也是有要求的：Mesh 的顶点数量必须小于 300。如果 Shader 中使用了顶点位置、法线、UV0、UV1 和切线，那么 Mesh 的顶点数必须小于 180。可能有人会问：有这么严格限制的动态合批适用于哪里呢？其实，它在粒子特效中发挥了很大的优势。由于每个粒子特效喷射出来以后都是 Mesh，如果不开启动态合批，Draw Call 就会非常多。那么，为什么又不建议使用动态合批了呢？原因是，现在推荐使用 SRP 中的 SRP Batch 功能，它才更适合 URP，第 12 章中会详细介绍。

8.5　导航网格

寻路就是提供一个目标点，让引擎根据障碍物自动计算出一条最优路径。Unity 寻路使用的是导航网格和 A* 寻路算法。寻路可分为动态寻路和静态寻路两种。动态寻路就是可以动态修改障碍物的位置，而静态寻路表示障碍物的位置永远不会发生改变。由此可见，静态寻路的效率更高。

导航网格算法比算格子的传统算法（比如 A*）有更大的优势。假如地面上有一片很大的空地，完全是无遮挡的。要在这片空地上寻路，传统的方式是创建很多小格子，因为格子大小是固定的，所以会占用更多内存。如图 8-36 所示，内存中保存的是可行走区域的网格，而网格是由顶点组成的，只要预先烘焙出可行走区域，那么内存中保存的就只有这些顶点组成的三角面。比起传统寻路方式保存的二维数组，这些三角面的数据量要小得多。

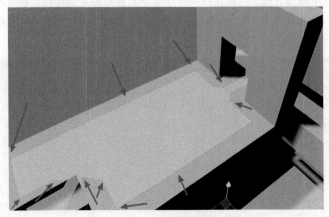

图 8-36　导航网格

导航网格虽然能确定可行走区域，但还是没办法寻路，因为网格上能走的地方太多，而寻路是要找到最短路径。注意，图 8-36 所示的寻路要精准地穿过门洞才行，所以 Unity 在网格的基础上配合了 A*算法。

寻路时想要找到两个点最短路径，首先要将起始点和目标点的位置转换到它们所在的多边形中，然后开始 A*搜索访问周边的多边形直到以最短的路径访问到。而传统的 A*算法是配合二维数组里的索引距离，算法虽然是类似的，但是导航网格内存占用较低。

8.5.1　设置寻路

Unity 的新版本对寻路做了调整。如图 8-37 所示，现在已经不需要在静态对象中勾选 Navigation Static（见❶）和 Off Mesh Link Generation（见❷）标记了，它们目前处于无法勾选的状态，原因是 Unity 新版本要对旧版本进行一定程度的兼容。

图 8-37　静态设置

如图 8-38 所示，给场景模型的根节点绑定 NavMeshSurface 组件，然后点击 Bake 按钮就可以烘焙当前场景的导航网格了。烘焙结束后，就能在场景中看到导航网格了。

如图 8-39 所示，接着给需要寻路的角色绑定 Nav Mesh Agent 组件，它可以设置包围盒的大小、半径、高度、类型等参数。

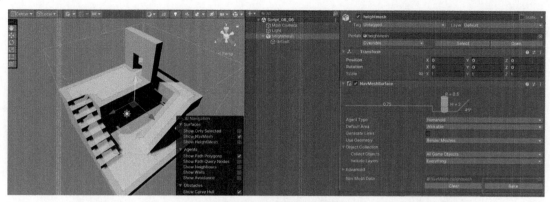

图 8-38   烘焙导航网格

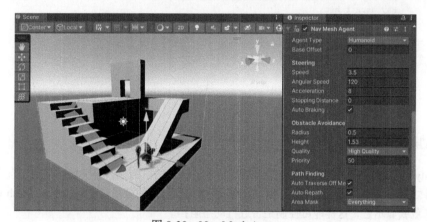

图 8-39   Nav Mesh Agent

如图 8-40 所示，我们通过鼠标点击在地面上设置一个目标点，再结合射线，通过寻路移动角色到目标点。

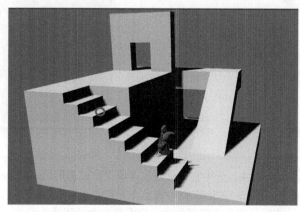

图 8-40   通过寻路移动角色

如代码清单 8-6 所示，首先获取角色身上绑定的 Nav Mesh Agent 组件，然后设置 destination，角色将自动朝目标点移动。

代码清单 8-6　Script_08_06.cs 文件

```csharp
public class Script_08_06 : MonoBehaviour
{
    private NavMeshAgent m_NavMeshAgent;
    private void Awake()
    {
        m_NavMeshAgent = GetComponent<NavMeshAgent>();
    }
    private void Update()
    {
        if (Input.GetMouseButtonDown(0))
        {
            Ray ray = Camera.main.ScreenPointToRay(Input.mousePosition);
            RaycastHit hit;
            if (Physics.Raycast(ray, out hit))
            {
                // 发送射线后角色将自动寻路到目标点
                m_NavMeshAgent.destination = hit.point;
            }
        }
    }
}
```

8.5.2　动态阻挡

在 Unity 的寻路系统中，很多元素是需要支持动态阻挡的。例如，有一堵空气墙，玩家在经历某种特殊事件之后才能走过去。如图 8-41 所示，给需要动态阻挡的游戏对象添加 Nav Mesh Obstacle 组件来设置隐藏或显示它，这样即可控制是否进行动态阻挡。

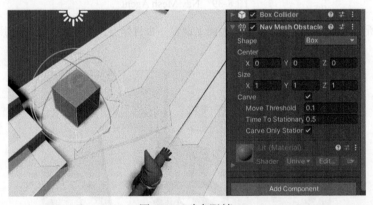

图 8-41　动态阻挡

这里需要介绍一下 Carve 属性，选中它表示游戏对象支持动态烘焙。Move Threshold 表示在移动多长距离之后启动动态烘焙，Time To Stationary 表示在元素停止运动多长时间之后将其标记为静止状态，Carve Only Stationary 表示元素是否需要移动，只有开启和关闭两个状态。

8.5.3　连接两点

寻路时必须保证角色能够从起始点走到目标点，但有时候角色在设计上不一定能走过去，例如可以跳过去、掉下去或从空中飞过去等。Unity 专门为寻路提供了一个 Off Mesh Link 组件来处理两点之间的连接。如图 8-42 所示，首先添加 Off Mesh Link 组件，然后在 Start 和 End 中添加连接的游戏对象。在寻路的过程中，如果发现这两个点之间的连线是最短路径，会优先选择这条路径。

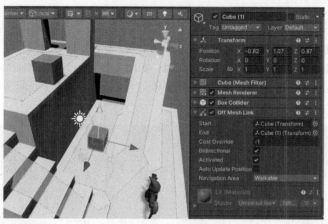

图 8-42　连接两点

如图 8-43 所示，游戏中可以添加多个 NavMeshSufrace 组件，这样就可以创建多个寻路区域了。可以在 Collect Objects 中选择只收集当前对象以及子节点对应，默认对整个场景中的对象进行烘焙。还可以通过 Default Area 设置不同的层，只有在相同的层上才是可以寻路的，不同的层需要使用 Off Mesh Link 组件来连接。

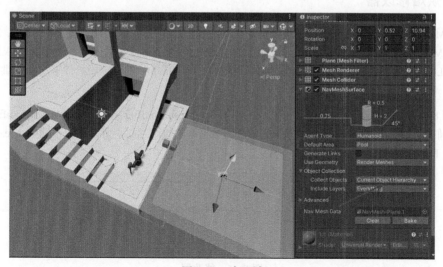

图 8-43　多区域

如图 8-44 所示，可以用代码动态启动不同的层，这样就可以灵活地控制能否在不同的地面上寻路了。

图 8-44　设置层

8.5.4　连接两个区域

Off Mesh Link 组件最大的问题是，它只能连接两个点。在两个区域之间寻路，必须让角色走到二者中间并设置 Off Mesh Link 的 Cube 的位置才可以。如图 8-45 所示，使用 NavMeshLink 可以将两个区域整体连接在一起，这样在寻路的时候就不需要从一个点到另一个点了，而是可以直接通过一个面上的任意位置寻路。

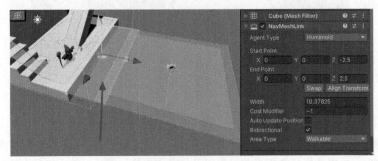

图 8-45　连接区域

8.5.5　烘焙修改器

NavMeshSurface 在烘焙前就必须决定要烘焙的层。前面介绍过，如果想使用不同的层，需要创建多个 NavMeshSurface 组件进行烘焙，但是两个 NavMeshSurface 组件必须通过 Off Mesh Link 组件或者 NavMeshLink 组件连接。通过烘焙修改器则可以将同一个 NavMeshSurface 组件下的元素烘焙到不同的层中。

如图 8-46 和图 8-47 所示，在场景子节点中添加 NavMeshModifier 组件和 NavMeshModifierVolume 组件，它们可添加一个面或者一个立方体区域来影响最终的烘焙结果。可以设置不同的 Area Type 层，最后点击 Bake 按钮即可。

图 8-46　修改层

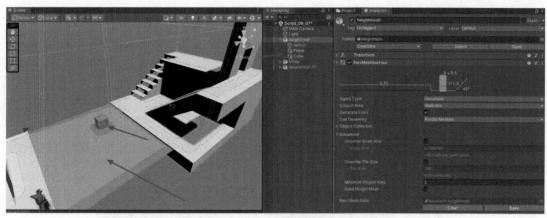

图 8-47　烘焙修改器

8.5.6　运行时烘焙

导航网格如果需要在运行时烘焙，那么需要提前打开 FBX 模型文件的读写权限，如图 8-48 所示。这样做的代价是内存占用翻倍。

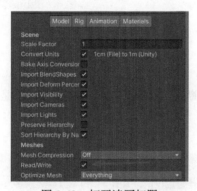

图 8-48　打开读写权限

如代码清单 8-7 所示，调用 BuildNavMesh() 方法可以在运行时烘焙。如果烘焙后场景中有物体发生变化，点击鼠标左键后可以继续调用 UpdateNavMesh() 方法重新烘焙导航网格。

代码清单 8-7　Script_08_07.cs 文件

```
public class Script_08_07 : MonoBehaviour
{
    NavMeshSurface m_Surface;

    void Start()
    {
        m_Surface = GetComponent<NavMeshSurface>();
        // 开始烘焙
        m_Surface.BuildNavMesh();
    }
```

```
void Update()
{
    if (Input.GetMouseButtonUp(0))
    {
        // 当场景有新增或删除的游戏对象时更新网格
        m_Surface.UpdateNavMesh(m_Surface.navMeshData);
    }
}
```

　　如图 8-49 所示，动态创建 Cube 对象并将其放在原模型节点下，然后点击鼠标左键即可刷新导航网格。

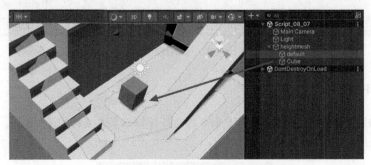

图 8-49　动态烘焙

8.5.7　获取寻路路径

　　有时候，需要在寻路之前判断一下目标点是否合法，或者路径是否合法，此时就要提前获取寻路的完整路径了，如图 8-50 所示。我们可以在代码中使用 NavMesh.CalculatePath() 方法来提前计算前往目标点的路径。

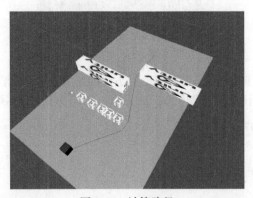

图 8-50　计算路径

　　如代码清单 8-8 所示，调用 NavMesh.CalculatePath() 方法提前计算寻路路径，完整的路径结果将被保存在 m_Path.corners 数组中，接着通过 Debug.DrawLine() 方法将路径绘制在视图中查看。

代码清单 8-8　Script_08_08.cs 文件

```
public class Script_08_08 : MonoBehaviour
{
    private NavMeshPath m_Path = null;

    private void Awake()
    {
        m_Path = new NavMeshPath();
    }
    private void Update()
    {
        if (Input.GetMouseButtonDown(0))
        {
            Ray ray = Camera.main.ScreenPointToRay(Input.mousePosition);
            RaycastHit hit;
            if (Physics.Raycast(ray, out hit))
            {
                // 计算路径
                NavMesh.CalculatePath(transform.position, hit.point,
                    NavMesh.AllAreas, m_Path);
            }
        }
        // 绘制路径
        for (int i = 0; i < m_Path.corners.Length - 1; i++)
            Debug.DrawLine(m_Path.corners[i], m_Path.corners[i + 1], Color.red);
    }
}
```

8.5.8　导出导航网格信息

　　Unity 的寻路系统能满足客户端的需求，但是在网络游戏中，服务器需要控制怪物寻找主角，此时就需要将寻路的网格信息导出来。如图 8-51 所示，可以利用发射射线的方式来检测当前地面是否可以行走。接着导出一个二维数组，其中 0 表示不可行走，1 表示可行走，分别对应图 8-51 中红色和蓝色的射线区域。

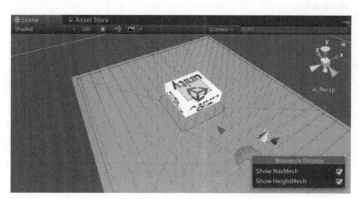

图 8-51　计算可行走区域（另见彩插）

　　如图 8-52 所示，首先需要设置 X 轴坐标格子的数量、Y 轴坐标格子的数量以及每个格子的大小，接着利用 Gizmos 绘制射线来查看效果。

图 8-52　设置格子

　　如代码清单 8-9 所示，绑定脚本后，在视图中点击该对象即可渲染射线区域并自动生成网格信息文本。

代码清单 8-9　Script_08_09.cs 文件

```
public class Script_08_09 : MonoBehaviour
{
    // X 轴坐标格子的数量
    public int width;
    // Y 轴坐标格子的数量
    public int height;
    // 每个格子的大小
    public int size;


    void OnDrawGizmosSelected()
    {
        // 确保当前场景被烘焙过
        if (NavMesh.CalculateTriangulation().indices.Length > 0)
        {
            // 获取场景名
            string scenePath = UnityEditor.SceneManagement.EditorSceneManager.
                GetSceneAt(0).path;
            string sceneName = System.IO.Path.GetFileName(scenePath);
            string filePath = Path.ChangeExtension(Path.Combine(Application.
                dataPath, sceneName), "txt");
            if (File.Exists(filePath))
            {
                File.Delete(filePath);
            }
            // 准备写入数据
            StringBuilder sb = new StringBuilder();
            sb.AppendFormat("scene={0}", sceneName).AppendLine();
            sb.AppendFormat("width={0}", width).AppendLine();
            sb.AppendFormat("height={0}", height).AppendLine();
            sb.AppendFormat("size={0}", size).AppendLine();
            sb.Append("data={").AppendLine();

            Gizmos.color = Color.yellow;
            Gizmos.DrawSphere(transform.position, 1);

            float widthHalf = (float)width / 2f;
            float heightHalf = (float)height / 2f;
            float sizeHalf = (float)size / 2f;
            // 从左到右、从下到上一次性写入每个格子的数据
            for (int i = 0; i < height; i++)
            {
                sb.Append("\t{");
                Vector3 startPos = new Vector3(-widthHalf + sizeHalf, 0,
                    -heightHalf + (i * size) + sizeHalf);
                for (int j = 0; j < width; j++)
                {
```

```
        Vector3 source = startPos + Vector3.right * size * j;
        NavMeshHit hit;
        Color color = Color.red;
        int a = 0;
        // 检测当前格子是否可以行走
        if (NavMesh.SamplePosition(source, out hit, 0.2f, NavMesh.AllAreas))
        {
            color = Color.blue;
            a = 1;
        }
        sb.AppendFormat(j > 0 ? ",{0}" : "{0}", a);
        Debug.DrawRay(source, Vector3.up, color);
    }
    sb.Append("}").AppendLine();
}
sb.Append("}").AppendLine();
// 绘制格子的总区域
Gizmos.DrawLine(new Vector3(-widthHalf, 0, -heightHalf),
    new Vector3(widthHalf, 0, -heightHalf));
Gizmos.DrawLine(new Vector3(widthHalf, 0, -heightHalf),
    new Vector3(widthHalf, 0, heightHalf));
Gizmos.DrawLine(new Vector3(widthHalf, 0, heightHalf),
    new Vector3(-widthHalf, 0, heightHalf));
Gizmos.DrawLine(new Vector3(-widthHalf, 0, heightHalf),
    new Vector3(-widthHalf, 0, -heightHalf));

// 写入文件
File.WriteAllText(filePath, sb.ToString());
    }
  }
}
```

如图 8-53 所示，行走区域的二维数组已生成完毕，数据的排序是从左到右、从下到上。服务端获取这些数据后，就能按照此格式来解析了。

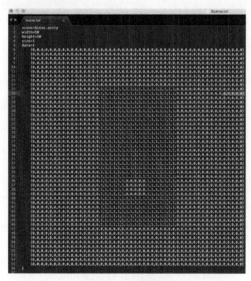

图 8-53　寻路信息

8.6   小结

本章介绍了 Unity 的所有静态元素，包括烘焙贴图、反射探针、遮挡剔除、静态合批和导航网格。总体来说，静态元素就是利用物体不能发生位置变化的一种优化方式。例如，烘焙贴图将元素的光照信息烘焙在一张图上，这样就避免了实时光带来的开销；遮挡剔除也是对场景中的元素进行烘焙，动态计算遮挡者和被遮挡者并剔除不需要的元素；合并批次可将多个 Mesh 文件合并在一起从而减少 Draw Call；导航网格可以烘焙出静态遮挡信息，从而使用 A^* 算法来寻路。

第 9 章

持久化数据

游戏中的持久化数据一般可分为两种：第一种是静态数据，例如 Excel 数据表中由策划人员编辑的数据，其特点是在程序运行期间只需要读取、不需要修改；第二种是游戏存档数据，用于记录玩家在游戏过程中的进度，其特点是在运行期间既需要读取也需要修改，并且在游戏版本升级的时候需要考虑是否需要删除或者重置旧数据。

9.1 Excel

策划人员通常会在 Excel 中配置静态数据，例如道具表，它由主键、道具名称、描述、功能和参数等一系列数据组成。前后端使用主键来进行数据的通信，最终，前端将主键包含的整体数据信息展示在游戏中。主键是就是约定的唯一 Key（键），可以通过 Key 来快速找到整行数据。

商业游戏的表格通常由表头和数据组成，如图 9-1 所示。表头包含数据的范围，比如客户端用或者服务器用，图 9-1 里的 cs 表示客户端和服务器都可以使用，也可以自定义其他描述类型。下一行是数据类型（如 int、float、string、array 等），通常用于生成代码的标记。然后是数据的英文名称字段，也用于生成代码。最后就是每一列数据的具体含义了，完全由策划人员填写。

	A	B	C	D	E
1	cs	cs	cs	cs	c
2	int	string	int	float	string
3	id	name	level	hp	desc
4	0	张三	100	1000	张三的描述
5	1	李四	200	2000	李四的描述
6	2	王五	300	300	王五的描述
7					
8					
9					
10					

图 9-1　数据表

然后要根据每张表格生成对应的代码。如下列代码所示，对外暴露一个 Get() 方法，这样只需要传入主键 Id 就可以获取整行数据了。

```
public class Hero
{
    public class Data
    {
        public int id;
```

```
    public string name;
    public int level;
    public float hp;
    public string desc;
}

static Dictionary<int, Data> value = new Dictionary<int, Data>();
static public Data Get(int id)
{
    ...
    return value[id];
}
}
```

如下列代码所示，在使用的时候只需要传入主键就可以很方便地获取数据了。

```
void Start()
{
    Debug.Log(Hero.Get(0).name);
}
```

有些商业游戏会使用 Lua 语言，因为 Lua 语言是解释型语言，天然具备热更新的功能；也有一些商业游戏使用 SQLite 数据库保存数据。无论使用那种语言生成代码，规则都是类似的，就是让使用者方便地获取数据。

9.1.1 EPPlus

无论使用什么方式，都需要首先解析 Excel 文件的内容。在 Windows 系统下，有很多解析 Excel 文件的方法。但 Unity 是一个跨平台引擎，可能需要在多个平台上解析 Excel 文件，所以我们需要引用第三方 DLL 库 EPPlus 来处理跨平台解析 Excel 文件。首先从 EPPlus 的网站上将其下载下来，接着将其 DLL 文件拖入 Unity 即可使用。

9.1.2 读取 Excel 文件

要读取 Excel 文件，首先需要创建它。如图 9-2 和图 9-3 所示，可以分别在不同的工作表（worksheet）中添加数据，接着在代码中读取这两个工作表中的所有数据。

图 9-2 工作表 1

图 9-3 工作表 2

如代码清单 9-1 所示，根据 Excel 文件的路径得到 FileStream（文件流），并且创建 ExcelPackage 对象，接着就可以用它读取 Excel 文件了。

代码清单 9-1 Script_09_01.cs 文件

```
public class Script_09_01 {

    [MenuItem("Excel/Load Excel")]
    static void LoadExcel ()
    {
        string path = Application.dataPath+ "/Script_09_01Excel/test.xlsx";
        // 读取 Excel 文件
        using (FileStream fs = new FileStream (path, FileMode.Open, FileAccess.Read,
            FileShare.ReadWrite)) {
            using (ExcelPackage excel = new ExcelPackage (fs)) {
                ExcelWorksheets workSheets = excel.Workbook.Worksheets;
                // 遍历所有工作表
                for (int i = 1; i <= workSheets.Count; i++) {
                    ExcelWorksheet workSheet = workSheets [i];
                    int colCount = workSheet.Dimension.End.Column;
                    // 获取当前的表名
                    Debug.LogFormat ("Sheet {0}", workSheet.Name);
                    for (int row = 1, count = workSheet.Dimension.End.Row; row <= count; row++) {
                        for (int col = 1; col <= colCount; col++) {
                            // 读取每个格子中的数据
                            var text = workSheet.Cells [row, col].Text ?? "";
                            Debug.LogFormat ("下标:{0},{1} 内容:{2}", row, col, text);
                        }
                    }
                }
            }
        }
    }
}
```

将 EPPlus.dll 放到 Editor 目录下，然后在导航菜单栏中选择 Excel→Load Excel，可以看到数据已经被全部读取出来了，如图 9-4 所示。

图 9-4　读取数据

9.1.3   写入 Excel 文件

首先需要使用 `FileInfo` 来创建一个 Excel 文件，接着使用 `ExcelPackage` 来向 Excel 文件写入数据，如图 9-5 所示。

图 9-5   写入数据

如代码清单 9-2 所示，在 `ExcelPackage` 对象中添加工作表后，即可调用 `worksheet.Cells` 对每个单元格的行和列赋值，最终保存单元格即可。

代码清单 9-2   Script_09_02.cs 文件

```
public class Script_09_02
{

    [MenuItem("Excel/Write Excel")]
    static void LoadExcel()
    {
        // 创建 Excel 文件
        string path = Application.dataPath + "/Script_09_02/Excel/" + DateTime.Now.ToString
            ("yyyy-MM-dd--hh-mm-ss") + ".xlsx";
        var file = new FileInfo(path);
        using (ExcelPackage excel = new ExcelPackage(file))
        {
            // 向表格中写入数据
            ExcelWorksheet worksheet = excel.Workbook.Worksheets.Add("sheet1");
            worksheet.Cells[1, 1].Value = "Company name1";
            worksheet.Cells[1, 2].Value = "Address1";

            worksheet = excel.Workbook.Worksheets.Add("sheet2");
            worksheet.Cells[1, 1].Value = "Company name2";
            worksheet.Cells[1, 2].Value = "Address2";
            // 保存
            excel.Save();
        }
        AssetDatabase.Refresh();
    }
}
```

保存单元格后，为了在 Unity 中立刻看到效果，需要调用 `AssetDatabase.Refresh()` 方法进行刷新。

9.2　SQLite

SQLite 是一个开源的 C 语言数据库引擎，它有轻量、快速、功能全面的特点，被全世界广泛使用，尤其在移动原生应用程序开发中被经常使用。因为 Unity 是使用 C#语言开发的，所以无法直接使用它。好在微软官方推荐了第三方库 SQLite.NET（如图 9-6 所示）来接入数据库，我们在这里也使用它。

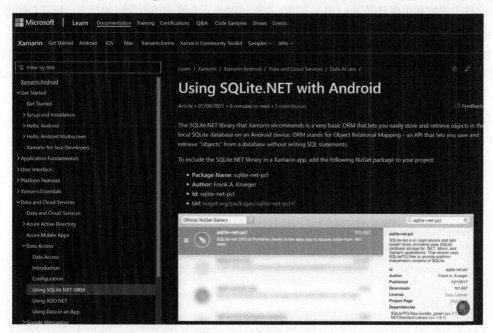

图 9-6　SQLite.NET

根据其作者介绍，SQLite.NET 最初是用于 Xamarin.iOS 开发的。Xamarin 是一个 C#语言跨平台解决方案，现在已经支持所有平台。如图 9-7 所示，首先将 sqlite-net-master 下载到本地并解压，然后将 src 目录下的 SQLite.cs 和 SQLiteAsync.cs 复制到 Unity 项目中即可使用。

图 9-7　导入库文件

9.2.1 创建数据库

实际上，游戏客户端在本地基本上是不需要数据库的，因为大量游戏数据会被记录在服务器上。只有策划人员写入表格的一些数据需要保存在本地。我们可以将 Excel 文件中的数据写入 SQLite 数据库，使用数据库的好处是可以大幅减少内存占用以及提高读取速度。整个流程是在离线的情况下用 Excel 文件中的数据生成数据库（DB）文件，在运行时并不会修改和删除它的行为，只需要使用 SQL 语句读取就可以，非常方便。

如代码清单 9-3 所示，async 和 await 是 C#的全新语法支持的关键字，可以将异步方法写得像同步一样。使用 SQLiteAsyncConnection() 创建数据库文件，这里将文件保存在本地目录 StreamingAssets 中，然后自定义数据类型调用 InsertAsync 将数据写入数据库即可。

代码清单 9-3　Script_09_03.cs 文件

```
public class Script_09_03
{
    public class Data
    {
        public int Id { get; set; }
        public string Name { get; set; }
    }

    [MenuItem("SQLite/Create")]
    static void Test()
    {
        Create();
    }

    async static void Create()
    {
        var databasePath = Path.Combine(Application.streamingAssetsPath, "MyData.db");
        // 创建数据库
        var db = new SQLiteAsyncConnection(databasePath);
        await db.CreateTableAsync<Data>();

        for (int i = 0; i < 100; i++)
        {
            var data = new Data()
            {
                Id = i,
                Name = "Myname " + i.ToString()
            };
            // 写入数据
            await db.InsertAsync(data);
        }
    }
}
```

数据库已经写完并且保存在 StreamingAssets 目录中了，接着可以使用第三方数据库 SQLite 的查看工具打开它。如图 9-8 所示，目前数据已经完整写入数据库中了。

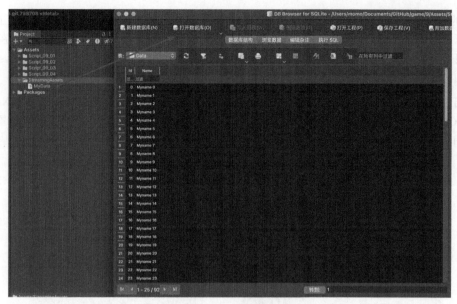

图 9-8　查看数据库

如下列代码所示，也可以使用原生 SQL 语句进行增删改查操作。

```
db.Execute ("create table Stock(Symbol varchar(100) not null)");
db.Execute ("insert into Stock(Symbol) values (?)", "MSFT");
var stocks = db.Query<Stock> ("select * from Stock");
```

9.2.2　跨平台读取数据库

SQLite 数据库引擎是用 C 语言写的，显然无法用 C#直接调用它。如图 9-9 所示，原生方法需要使用 extern 关键字并且配合 DLLImport，这样就可以操作数据库了。

```
const string LibraryPath = "sqlite3";

_CSHARP_SQLITE && !USE_WP8_NATIVE_SQLITE && !USE_SQLITEPCL_RAW
[DllImport(LibraryPath, EntryPoint = "sqlite3_threadsafe", CallingConvention=CallingConvention.Cdecl)]
public static extern int Threadsafe ();

[DllImport(LibraryPath, EntryPoint = "sqlite3_open", CallingConvention=CallingConvention.Cdecl)]
public static extern Result Open ([MarshalAs(UnmanagedType.LPStr)] string filename, out IntPtr db);

[DllImport(LibraryPath, EntryPoint = "sqlite3_open_v2", CallingConvention=CallingConvention.Cdecl)]
public static extern Result Open ([MarshalAs(UnmanagedType.LPStr)] string filename, out IntPtr db, int flags

[DllImport(LibraryPath, EntryPoint = "sqlite3_open_v2", CallingConvention = CallingConvention.Cdecl)]
public static extern Result Open (byte[] filename, out IntPtr db, int flags, [MarshalAs (UnmanagedType.LPStr)

[DllImport(LibraryPath, EntryPoint = "sqlite3_open16", CallingConvention = CallingConvention.Cdecl)]
public static extern Result Open16([MarshalAs(UnmanagedType.LPWStr)] string filename, out IntPtr db);

[DllImport(LibraryPath, EntryPoint = "sqlite3_enable_load_extension", CallingConvention=CallingConvention.Cd
public static extern Result EnableLoadExtension (IntPtr db, int onoff);

[DllImport(LibraryPath, EntryPoint = "sqlite3_close", CallingConvention=CallingConvention.Cdecl)]
public static extern Result Close (IntPtr db);

[DllImport(LibraryPath, EntryPoint = "sqlite3_close_v2", CallingConvention = CallingConvention.Cdecl)]
public static extern Result Close2(IntPtr db);
```

图 9-9　原生接口

我的本地编辑器之所以能直接操作 SQLite 数据，是因为 macOS 平台和 iOS 平台都内置了 sqlite3 模块，而 Windows 平台和 Android 平台没有内置它，调用时就会报错了。如果需要支持，可以在 SQLite 网站上下载对应平台的库文件。如图 9-10 所示，Android 平台是 libsqlite3.so 文件，Windows 平台是 sqlite3.dll 文件，将它们放到 Plugins 目录下即可。

由于 Android 有 ARM32 位、ARM64 位、X86 架构的 CPU，Windows 也有 X86 架构和 X86-64 位架构的 CPU，因此它们的库文件是分开的。如图 9-11 所示，对于每个库文件，都要单独设置它支持的平台和 CPU 型号。

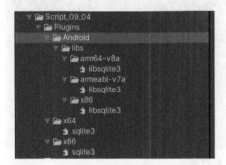

图 9-10　库文件

图 9-11　设置库文件

如代码清单 9-4 所示，通过 SQLiteConnection() 来加载 StreamingAssets 目录下的数据库文件，然后读取 Data 表中 ID 为 18 的数据。

代码清单 9-4　Script_09_04.cs 文件

```
public class Script_09_04 : MonoBehaviour
{

    public class Data
    {
        public int Id { get; set; }
        public string Name { get; set; }
    }

    public Text text;

    void Start()
    {

        var databasePath = Path.Combine(Application.streamingAssetsPath, "MyData.db");

#if UNITY_ANDROID && !UNITY_EDITOR
        UnityEngine.Networking.UnityWebRequest www = UnityEngine.Networking.UnityWebRequest.
            Get(databasePath);
        www.SendWebRequest();
        while (!www.isDone) { }
        databasePath = Path.Combine(Application.persistentDataPath, "MyData.db");
        File.WriteAllBytes(databasePath, www.downloadHandler.data);
#endif

        // 读取数据库
        var db = new SQLiteConnection(databasePath);
```

```
// 读取 Data 表中 ID 为 18 的数据
var query = db.Table<Data>().Where(s => s.Id == 18);
// 将结果保存在数组中
var result = query.ToList();
// 最终显示出来
foreach (var s in result)
{
    text.text = $"id = {s.Id} name = {s.Name}";
}
}
}
```

如下列代码所示，也可以通过底层 SQL 语句来获取数据。

```
result = db.Query<Data>("select * from Data where Id = ?", 18);
```

常用方法还包括增删改查等，如下所示。

❑ Insert：插入一条新数据。

❑ Get<T>：通过唯一 Key 获取数据。

❑ Table<T>：获取表中的所有数据。

❑ Delete：通过唯一 Key 删除数据。

❑ Query<T>：获取满足条件的所有数据。

❑ Execute：执行一条 SQL 语句。

这里需要注意 Android 平台，因为只有在该平台下 StreamingAssets 并不是一个有效目录，而保存在安装包中的数据库文件也就无法通过路径来加载了，所以需要将数据库文件复制到另一个有效目录中才能使用。通过 UnityWebRequest 异步读取数据库文件并将其重新写入可读写目录 Application.persistentDataPath，最后就可以顺利读取它了。如图 9-12 所示，在 Unity 编辑器和 iOS 设备上都正常输出了读取结果，在 Android 平台和 Windows 平台上也可以正常读取数据。

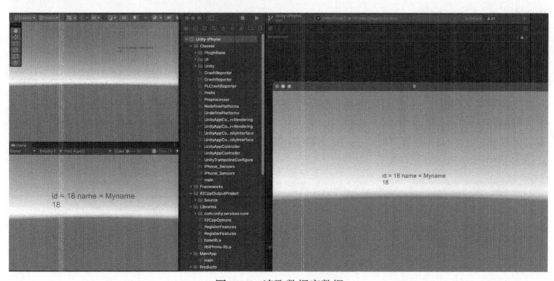

图 9-12　读取数据库数据

9.3　JSON

JSON 是一种轻量的数据保存格式，内部是由属性和值组成的，保存为字符串。Unity 内置了 `JsonUtility` 工具类来处理 JSON 数据。Unity 目前也支持使用.NET 的 JSON 库，如图 9-13 所示，需要在 Package Manager 中安装 Newtonsoft Json。

图 9-13　Newtonsoft Json

9.3.1　**JsonUtility**

游戏运行时，我们是无法通过 EPPlus 读取 Excel 文件的，不过可以将 Excel 文件保存成自定义格式，例如 CSV、JSON 和 ScriptableObject 等，这样在使用的时候将它读取进来就可以了。Unity 支持 JSON 的序列化和反序列化。需要注意的是，参与序列化的类必须在上方声明[Serializable]属性，并且支持类对象的嵌套。我们可以使用 `JsonUtility.ToJson()` 和 `JsonUtility.FromJson<T>()` 来进行序列化和反序列化。比较遗憾的是，它们并不支持字典类型的序列化。如图 9-14 所示，先将数据对象转换成 JSON 字符串，再从 JSON 字符串还原为数据对象，并且将数据输出。相关代码如代码清单 9-5 所示。

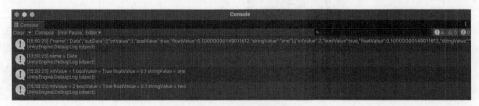

图 9-14　输出数据

代码清单 9-5 Script_09_05.cs 文件

```csharp
public class Script_09_05 : MonoBehaviour
{
    void Start()
    {
        // 先将数据填充到类对象中
        Data data = new Data();
        data.name = "Data";
        data.subData.Add(new SubData()
        {
            intValue = 1,
            boolValue = true,
            floatValue =
            0.1f,
            stringValue = "one"
        });
        data.subData.Add(new SubData()
        {
            intValue = 2,
            boolValue = true,
            floatValue =
            0.1f,
            stringValue = "two"
        });

        // 将类对象转换成字符串
        string json = JsonUtility.ToJson(data);
        Debug.Log(json);

        // 将字符串还原成类对象
        data = JsonUtility.FromJson<Data>(json);
        Debug.Log($"name = {data.name}");
        foreach (var item in data.subData)
        {
            Debug.Log($"intValue = {item.intValue} boolValue = {item.boolValue} floatValue =
                {item.floatValue} stringValue = { item.stringValue}");
        }
    }

    [Serializable]
    public class Data
    {
        public string name;
        public List<SubData> subData = new List<SubData>();
    }

    [Serializable]
    public class SubData
    {
        public int intValue;
        public bool boolValue;
        public float floatValue;
        public string stringValue;
    }
}
```

9.3.2　JSON 支持字典

　　Unity 的 JSON 是不支持字典的，不过可以继承 ISerializationCallbackReceiver 接口，间接地实现字典序列化。首先序列化两个 List 元素来保存键和值，接着将 C#的泛型传入，这样键和值就更加灵活了。然后使用 OnBeforeSerialize() 和 OnAfterDeserialize() 执行序列化和反序列化赋值操作。相关代码如代码清单 9-6 所示。

代码清单 9-6　Script_09_06.cs 文件

```
public class Script_09_06 : MonoBehaviour
{
    public class SerializableDictionary<K, V> : ISerializationCallbackReceiver
    {
        [SerializeField]
        private List<K> m_keys;
        [SerializeField]
        private List<V> m_values;

        private Dictionary<K, V> m_Dictionary = new Dictionary<K, V>();

        public V this[K key]
        {
            get
            {
                if (!m_Dictionary.ContainsKey(key))
                    return default(V);
                return m_Dictionary[key];
            }
            set
            {
                m_Dictionary[key] = value;
            }
        }

        public void OnAfterDeserialize()
        {
            int length = m_keys.Count;
            m_Dictionary = new Dictionary<K, V>();
            for (int i = 0; i < length; i++)
            {
                m_Dictionary[m_keys[i]] = m_values[i];
            }
            m_keys = null;
            m_values = null;
        }

        public void OnBeforeSerialize()
        {
            m_keys = new List<K>();
            m_values = new List<V>();

            foreach (var item in m_Dictionary)
            {
                m_keys.Add(item.Key);
                m_values.Add(item.Value);
            }
        }
    }
```

```
    }

    void Start()
    {
        SerializableDictionary<int, string> serializableDictionary =
            new SerializableDictionary<int, string>();
        serializableDictionary[100] = "雨松momo";
        serializableDictionary[200] = "好好学习";
        serializableDictionary[300] = "天天向上";
        string json = JsonUtility.ToJson(serializableDictionary);
        Debug.Log(json);

        serializableDictionary = JsonUtility.FromJson<SerializableDictionary<int,
            string>>(json);
        Debug.Log(serializableDictionary[100]);
    }
}
```

序列化字典输出的结果如图 9-15 所示。

图 9-15 输出字典 JSON

9.3.3 Newtonsoft Json

Unity 自带的 `JsonUtility` 在使用上有个非常大的问题，那就是必须提前将 JSON 序列化的类声明出来。例如，服务器需要动态地给客户端发送一个 JSON 串，由于其内容可能会反复改变，客户端无法提前声明对应的类文件，也就无法使用 Unity 自带的 JSON 了。相比之下，Newtonsoft Json 支持的功能比较全面，包括序列化和反序列化，以及不需要在类头中标记 `[Serializable]` 字段，如下列代码所示。

```
void Start()
{
    // 先将数据填充到类对象中
    Data data = new Data();
    data.name = "Data";
    data.list = new List<string>() { "1", "2" };
    // 将类对象转换成字符串
    string json = JsonConvert.SerializeObject(data);
    Debug.Log(json);
    // 将字符串还原成类对象
    data = JsonConvert.DeserializeObject<Data>(json);
    Debug.Log(data.name);
}
```

接着就是动态解析 JSON 了，如代码清单 9-7 和图 9-16 所示。此时只通过 JSON 字符串来动态解析内容并且输出结果。

代码清单 9-7　Script_09_07.cs 文件

```
public class Script_09_07 : MonoBehaviour
{
    void Start()
    {
        string json = "{\"name\":\"Data\",\"list\":[\"1\",\"2\"]}";
        JObject o = JObject.Parse(json);
        string name = (string)o["name"];

        List<string> list = o["list"].Select(t => (string)t).ToList();

        Debug.Log(name);
        foreach (var item in list)
        {
            Debug.Log(item);
        }
    }
}
```

图 9-16　动态输出 JSON

9.4　文件的读取与写入

游戏中有很多数据需要在运行期间读取或者写入，最典型的就是游戏存档数据。Unity 自己提供了一套用于存档的 API，但是功能比较单一，只支持保存 int、float 和 string 这 3 种类型。C#也支持文件的读写，我们可以灵活地扩展它。

9.4.1　PlayerPrefs

PlayerPrefs 是 Unity 自带的存档方法，它的优点是使用起来非常方便。Unity 引擎已经封装好了 GetKey() 和 SetKey() 的方法，并且在保存数据方面做了优化。因为保存数据可能是个耗时操作，频繁保存可能会带来卡顿，所以 Unity 默认会在应用程序即将切入后台时统一保存文件，开发者也可以强制调用 PlayerPrefs.Save() 来保存文件。

然而它的缺点就是，在编辑模式下查看存档非常不方便。macOS 平台的存档在~/Library/Preferences 目录下，Windows 平台的存档在 HKCU\Software\[company name]\[product name]注册表中。如代码清单 9-8 所示，我们使用 PlayerPrefs 对数据执行保存和读取操作。

代码清单 9-8　Script_09_08.cs 文件

```
public class Script_09_08 : MonoBehaviour
{
```

```
    void Start()
    {
        PlayerPrefs.SetInt("MyInt", 100);
        PlayerPrefs.SetFloat("MyFloat", 200f);
        PlayerPrefs.SetString("MyString", "雨松MOMO");

        Debug.Log(PlayerPrefs.GetInt("MyInt", 0));
        Debug.Log(PlayerPrefs.GetFloat("MyFloat", 0f));
        Debug.Log(PlayerPrefs.GetString("MyString", "没有返回默认值"));


        // 判断是否有某个键
        if (PlayerPrefs.HasKey("MyInt"))
        {

        }
        // 删除某个键
        PlayerPrefs.DeleteKey("MyInt");

        // 删除所有键
        PlayerPrefs.DeleteAll();

        // 强制保存数据
        PlayerPrefs.Save();
    }
}
```

　　PlayerPrefs 并非是在设置 Key 后立即写入文件，它可能只是临时保存在内存中，当应用程序进入后台或者回到前台时才会真正写入文件，从而避免频繁写文件带来的卡顿。如果需要强制将其保存到文件中，需要调用 PlayerPrefs.Save() 方法。

9.4.2　EditorPrefs

　　在编辑器模式下，Unity 也提供了一组存档功能 EditorPrefs，它不需要考虑运行时的效率，所有没有采用 PlayerPrefs 优化的方式，而是会立即保存。它的使用方法和 PlayerPrefs 类似，这里就不再赘述了。相关代码如代码清单 9-9 所示。

代码清单 9-9　Script_09_09.cs 文件

```
public class Script_09_09
{
    [MenuItem("Tools/Save")]
    static void Save()
    {
        EditorPrefs.SetInt("MyInt", 100);
        EditorPrefs.SetFloat("MyFloat", 200f);
        EditorPrefs.SetString("MyString", "雨松MOMO");

        Debug.Log(EditorPrefs.GetInt("MyInt", 0));
        Debug.Log(EditorPrefs.GetFloat("MyFloat", 0f));
        Debug.Log(EditorPrefs.GetString("MyString", "没有返回默认值"));

        // 判断是否有某个键
        if (EditorPrefs.HasKey("MyInt"))
        {
```

```
        }
        // 删除某个键
        EditorPrefs.DeleteKey("MyInt");

        // 删除所有键
        EditorPrefs.DeleteAll();
    }
}
```

9.4.3　用 PlayerPrefs 保存复杂的数据结构

PlayerPrefs 可以保存字符串，再结合 JSON 的序列化和反序列化功能，它就可以保存各种复杂的数据结构了。另外，保存存档的结果取决于硬件当时的条件，完全有保存不上的情况，所以可以通过 try...catch 来捕获保存时的错误和异常。

如代码清单 9-10 所示，先使用 JsonUtility.ToJson()方法将对象保存成 JSON 字符串，读取的时候再使用 JsonUtility.FromJson 将 JSON 字符串还原为类对象。

代码清单 9-10　Script_09_10.cs 文件

```
public class Script_09_10 : MonoBehaviour
{
    void Start()
    {
        // 保存游戏存档
        Record record = new Record();
        record.stringValue = "雨松MOMO";
        record.intValue = 200;
        record.names = new List<string>() { "test1", "test2" };
        string json = JsonUtility.ToJson(record);
        // 可以使用try...catch来捕获异常
        try
        {
            PlayerPrefs.SetString("record", json);
        }
        catch (System.Exception err)
        {
            Debug.Log("Got: " + err);
        }
        // 读取存档
        record = JsonUtility.FromJson<Record>(PlayerPrefs.GetString("record"));
        Debug.LogFormat("stringValue = {0} intValue={1}", record.stringValue,
            record.intValue);
    }

    // 存档对象
    [System.Serializable]
    public class Record
    {
        public string stringValue;
        public int intValue;
        public List<string> names;
    }

}
```

9.4.4 **PlayerPrefs** 版本升级

PlayerPrefs 用起来固然方便，但是版本升级的时候可能会存在问题，因为新版本有时候需要修改 Key 的名称。我就遇到过一个实际案例。游戏在玩家每次登录的时候会通过 PlayerPrefs 保存登录的服务器列表 ID，而线上有过的一个小问题是，当玩家切换账号以后，因为本地记录的是上一次登录的服务器 ID，所以也会默认给新账号选择它。需要在版本更新的时候将原本的 ServerKey 改成 Account_ServerKey，才能避免新设备出现这个问题，但旧设备需要再正确登录一次才行。

如下列代码所示，每个账号的 accountId 是不同的，所以用它作为每个服务器选择的唯一 Key。但是由于之前可能保存过代码，需要兼容旧版本，因此会优先获取新 Key，如果找不到再获取旧 Key，后续在登录的时候将旧 Key 统一删除，并将代码保存在新 Key 中。

```
int accountId = 8888;

string newKey = $"{accountId}_Serverkey";
string oldKey = "ServerKey";

int serverId = PlayerPrefs.GetInt(newKey, PlayerPrefs.GetInt(oldKey,-1));
if (serverId > 0)
{

    // 说明之前保存过服务器 ID
    if (PlayerPrefs.HasKey(oldKey))
    {
        // 删除旧 Key 对应的数据
        PlayerPrefs.DeleteKey(oldKey);
    }
}else
{
    // 说明没有保存过，这里默认选择一个固定的
    serverId = 5;
}

// 开始登录
// 只保存新 Key
PlayerPrefs.SetInt(newKey, serverId);
```

再说一个我遇到过的线上问题。一款卡牌游戏的客户端通过 PlayerPrefs 将游戏产生的战报保存在本地，玩家可以根据战报回放整场战斗。问题是有些设备经常无法保存战报，而且游戏在后续版本中进行了调整，之前保存的战报是无论如何也无法还原战斗的。总体来说，网络游戏客户端尽量不要在本地保存重要数据。首先，如果把数据保存在本地，更换设备后肯定就没有存档了。其次，客户端保存数据是要写文件的，而写文件就有一定的可能失败或者报错，如果这些数据又很重要，就容易出问题。

9.4.5 文件读写

Unity 可以利用 C#的 File 类来读写文本，此时只需要提供一个目录即可。File 类还提供了静态方法，使用 File.ReadAllText() 和 File.WriteAllText() 可以很方便地读写文件。如代码清单9-11 所示，可以通过 Directory 判断目录是否存在，如果存在，可以删除它并且重新创建目录。

代码清单 9-11　Script_09_11.cs 文件

```
public class Script_09_11 : MonoBehaviour
{
    void Start()
    {
        string dir = Application.dataPath + "/Script_09_11/Dir/";
        // 如果目录存在，就删除它并且重新创建
        if (Directory.Exists(dir))
            Directory.Delete(dir,true);
        Directory.CreateDirectory(dir);

        List<string> lines = new List<string>()
        {
            "第一行文本",
            "第二行文本"
        };
        // 按行写入文本
        string filePath = Path.Combine(dir, "line.txt");
        File.WriteAllLines(filePath, lines);
        // 按行读取文本
        foreach (var line in File.ReadAllLines(filePath))
            Debug.Log(line);


        StringBuilder sb = new StringBuilder();
        sb.AppendLine("第一行");
        sb.AppendLine("第二行");
        // 按内容写入文本
        filePath = Path.Combine(dir, "txt.txt");
        File.WriteAllText(filePath, sb.ToString());
        // 按内容读取文本
        Debug.Log(File.ReadAllText(filePath));
    }
}
```

File 类也支持写入二进制文件，比如下面将一张贴图转换成 Byte[] 数组，从而可以一次性写入。

```
File.WriteAllBytes(filePath, Resources.Load<Texture2D>("txt").EncodeToPNG());
```

9.4.6　文件流

文件读写确实方便，但是比较占内存：写入之前需要把数据全部保存在内存中，读取时也需要同时把数据读取到内存中。这虽然看似合理，但是有些需求是要在文件中读取一部分内容的。以文件下载为例，并不需要把文件全部下载到内存后再统一写入硬盘，完全可以只在内存中分配一个固定大小的 buffer（缓冲区）来一点一点地写入，然而这些需求都需要通过文件流来实现。

如代码清单 9-12 所示，通过 File.Create() 创建一个文件流，接着就可以按照设置的数据大小写文件了。使用 File.Open() 可以打开一个已有的文件，并且继续在文件中写入新数据。File.OpenRead() 用于打开需要读取的文件，通过 While 循环按照一个给定的 buffer 大小来一点一点地读取。

代码清单 9-12 Script_09_12.cs 文件

```csharp
public class Script_09_12 : MonoBehaviour
{
    void Start()
    {
        string dir = Application.dataPath + "/Script_09_12/Dir/";
        // 如果目录存在，就删除它并且重新创建
        if (Directory.Exists(dir))
            Directory.Delete(dir,true);
        Directory.CreateDirectory(dir);

        string filePath = Path.Combine(dir, "txt.txt");
        // 创建文件
        using (FileStream fs = File.Create(filePath))
        {
            for (int i = 0; i < 10; i++)
            {
                string content = $"number {i}" + Environment.NewLine;
                byte[] info = Encoding.UTF8.GetBytes(content);
                fs.Write(info, 0, info.Length);
            }
            fs.Flush();
        }

        // 如果文件存在，就在原有文件基础上继续写入
        // 如果文件不存在，就创建文件
        using (FileStream fs = File.Open(filePath,FileMode.OpenOrCreate))
        {
            // 将流的起始点放到文件最后
            fs.Seek(0, SeekOrigin.End);
            // 继续写文件
            for (int i = 10; i < 20; i++)
            {
                string content = $"number {i}"+Environment.NewLine;
                byte[] info = Encoding.UTF8.GetBytes(content);
                fs.Write(info, 0, info.Length);
            }
        }

        // 读文件
        using (FileStream fs = File.OpenRead(filePath))
        {
            // 一次读取 buffer 数组的 10 字节
            byte[] buffer = new byte[10];
            int readLen;
            while ((readLen = fs.Read(buffer, 0, buffer.Length)) > 0)
            {
                Debug.Log(Encoding.UTF8.GetString(buffer, 0, readLen));
            }
        }
    }
}
```

如图 9-17 所示，通过文件流读文件后将结果打印出来。

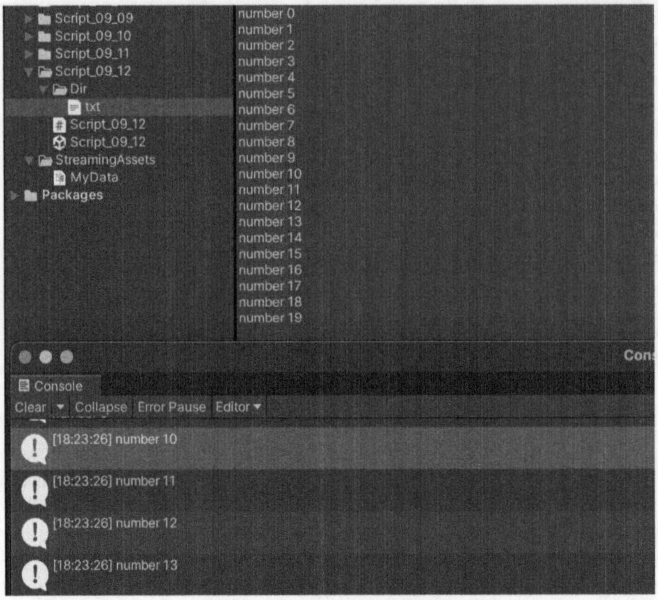

图 9-17 通过文件流读文件

在代码中，我们使用 using (){}将 FileStream 包裹起来，这是因为括号内的代码执行完毕后会自动销毁流数据。如果需要将 FileStream 用作成员变量或者在其他方法中继续使用，需要手动调用销毁接口。

9.4.7 打包后读写文本

在编辑模式下可以将文件保存在任意位置，但打包发布后就不行了，因为有些目录是无法访问的，而有些目录只能读不能写。在游戏运行期间，只有 Resources 和 StreamingAssets 目录具有读取权限，其中 Resources 用来读取游戏资源，而 StreamingAssets 可使用 File 类来读文件（个别平台除外，如 Android 平台），它们都是只读的，并不能写。只有 Application.persistentDataPath 目录既是可读又是可写的。我们分别来读写这 3 个目录，最终需要打包一个游戏包来运行测试，如代码清单 9-13 所示。

代码清单 9-13　Script_09_13.cs 文件

```
public class Script_09_13 : MonoBehaviour
{
    void Start()
    {
        // 可读写目录
        string writePath = Path.Combine(Application.persistentDataPath, "test.txt");
        File.WriteAllText(writePath, "写入内容");
        Debug.Log(writePath);

        // resources 只读目录
        string resourcesTxt = Resources.Load<TextAsset>("test").text;
        // streamingAssets 只读目录
        string streamingAssetsTxt = File.ReadAllText(Path.Combine(Application.
```

```
                streamingAssetsPath, "test.txt"));
        string writeTxt = File.ReadAllText(writePath);
        // 输出内容
        Debug.Log($"{resourcesTxt} {streamingAssetsTxt} {writeTxt}");
    }
}
```

Resources 和 StreamingAssets 虽然都是只读目录，但还是有一定区别的。Resources 下只能放 Unity 认识的资源，比如 Prefab、FBX、音频、文本等，打包后会变成 Unity 的 Object，即可加载资源；而 StreamingAssets 目录打包后不会改变资源格式，以原始文件的形式保存。因此，在这两个目录下读取文本文件需要用不同的方法。

9.4.8 PersistentDataPath 目录

PersistentDataPath 目录在运行时可以动态读写，游戏中处理的下载资源通常会放在这个目录下。它本身并没有什么问题，但是平常开发时也在这个目录下进行读写操作会比较麻烦，因为它在 Windows 和 macOS 平台上很难找。例如，当在开发过程中需要验证保存的文件是否正确时，我们随时需要很快地找到它。可以像下面这样快速打开它。

```
[MenuItem("Assets/Open PersistentDataPath")]
static void Open()
{
    EditorUtility.RevealInFinder(Application.persistentDataPath);
}
```

9.5 XML

XML 的全称是 extensible markup language，即可扩展标记语言，在开发中使用得很频繁。要以标签的形式来组织数据结构。C#提供了创建、解析、修改和查询等方法，可以很方便地操作它。

9.5.1 创建 XML 字符串

在操作 XML 时，需要用到 System.Xml 命名空间。如图 9-18 所示，我们可以在运行时动态创建 XML 字符串，并且在节点下添加数据。

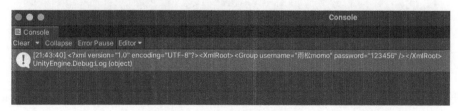

图 9-18 创建 XML 字符串

如代码清单 9-14 所示，首先需要引用 System.Xml 命名空间，接着创建 XmlDocument 对象，然后就可以给 XML 节点添加数据了。

代码清单 9-14   Script_09_14.cs 文件

```
public class Script_09_14 : MonoBehaviour
{
    void Start()
    {
        // 创建 XmlDocument
        XmlDocument xmlDoc = new XmlDocument();
        XmlDeclaration xmlDeclaration = xmlDoc.CreateXmlDeclaration("1.0",
            "UTF-8", null);
        xmlDoc.AppendChild(xmlDeclaration);

        // 在节点中写入数据
        XmlElement root = xmlDoc.CreateElement("XmlRoot");
        xmlDoc.AppendChild(root);
        XmlElement group = xmlDoc.CreateElement("Group");
        group.SetAttribute("username", "雨松momo");
        group.SetAttribute("password", "123456");
        root.AppendChild(group);

        // 读取节点并输出 XML 字符串
        using (StringWriter stringwriter = new StringWriter())
        {
            using (XmlTextWriter xmlTextWriter = new XmlTextWriter(stringwriter))
            {
                xmlDoc.WriteTo(xmlTextWriter);
                xmlTextWriter.Flush();
                Debug.Log(stringwriter.ToString());
            }
        }
    }
}
```

9.5.2   读取与修改

XML 可作为字符串来传递。如图 9-19 所示，可以动态读取 XML 字符串的内容并且进行修改，以生成新的 XML 字符串。

图 9-19   读取 XML 字符串

如代码清单 9-15 所示，创建 XmlDocument 对象后，需要读取 XML 文件。通过循环，可以遍历所有子节点并对它们进行修改。

代码清单 9-15   Script_09_15.cs 文件

```
public class Script_09_15 : MonoBehaviour
{
    void Start()
```

```
{
    // XML 字符串
    string xml = "<?xml version=\"1.0\" encoding=\"UTF-8\"?><XmlRoot><Group username =\"雨松 momo\"
        password=\"123456\" /></XmlRoot>";

    // 读取 XML 字符串
    XmlDocument xmlDoc = new XmlDocument();
    xmlDoc.LoadXml(xml);
    // 遍历节点
    XmlNode nodes = xmlDoc.SelectSingleNode("XmlRoot");
    foreach (XmlNode node in nodes.ChildNodes)
    {
        string username = node.Attributes["username"].Value;
        string password = node.Attributes["password"].Value;
        Debug.LogFormat("username={0} password={1}", username, password);
        // 修改其中一条数据
        node.Attributes["password"].Value = "88888888";
    }

    // 读取节点并输出 XML 字符串
    using (StringWriter stringwriter = new StringWriter())
    {
        using (XmlTextWriter xmlTextWriter = new XmlTextWriter(stringwriter))
        {
            xmlDoc.WriteTo(xmlTextWriter);
            xmlTextWriter.Flush();
            Debug.Log(stringwriter.ToString());
        }
    }
}
}
```

9.5.3　XML 文件

XmlDocument 类也提供了从文件中读取 XML 代码或者将 XML 代码写入本地路径的方法。如图 9-20 所示，将 XML 代码写入本地文件，读取后再输出节点中的内容。

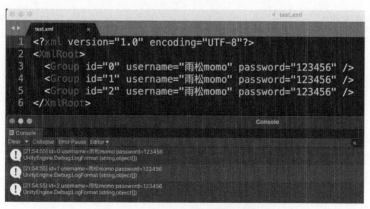

图 9-20　XML 文件的读取与写入

如代码清单 9-16 所示，我们对 XML 文件进行读取与写入。

代码清单 9-16   Script_09_16.cs 文件

```csharp
public class Script_09_16
{
    [MenuItem("XML/WriteXml")]
    static void WriteXml()
    {
        string xmlPath = Path.Combine(Application.streamingAssetsPath, "test.xml");
        // 如果 XML 文件已经存在, 就删除它
        if (File.Exists(xmlPath))
        {
            File.Delete(xmlPath);
        }
        // 创建 XmlDocument
        XmlDocument xmlDoc = new XmlDocument();
        XmlDeclaration xmlDeclaration = xmlDoc.CreateXmlDeclaration("1.0", "UTF-8",
            null);
        xmlDoc.AppendChild(xmlDeclaration);

        // 在节点中写入数据
        XmlElement root = xmlDoc.CreateElement("XmlRoot");
        xmlDoc.AppendChild(root);

        // 循环写入 3 条数据
        for (int i = 0; i < 3; i++)
        {
            XmlElement group = xmlDoc.CreateElement("Group");
            group.SetAttribute("id", i.ToString());
            group.SetAttribute("username", "雨松 momo");
            group.SetAttribute("password", "123456");
            root.AppendChild(group);
        }
        // 写文件
        xmlDoc.Save(xmlPath);
        AssetDatabase.Refresh();
    }

    [MenuItem("XML/LoadXml")]
    static void LoadXml()
    {
        string xmlPath = Path.Combine(Application.streamingAssetsPath, "test.xml");
        // 只有 XML 文件存在, 才能读取
        if (File.Exists(xmlPath))
        {
            XmlDocument xmlDoc = new XmlDocument();
            xmlDoc.Load(xmlPath);
            // 遍历节点
            XmlNode nodes = xmlDoc.SelectSingleNode("XmlRoot");
            foreach (XmlNode node in nodes.ChildNodes)
            {
                string id = node.Attributes["id"].Value;
                string username = node.Attributes["username"].Value;
                string password = node.Attributes["password"].Value;
                Debug.LogFormat("id={0} username={1} password={2}", id, username,
                    password);
            }
        }
    }
}
```

9.5.4　XML 与 JSON 的转换

如图 9-21 所示，使用 Newtonsoft Json 就可以对 XML 和 JSON 进行相互转换。如代码清单 9-17 所示，通过 JsonConvert.SerializeXmlNode() 和 JsonConvert.DeserializeXNode() 就可以对 XML 和 JSON 进行转换了。

图 9-21　XML 和 JSON 的相互转换

代码清单 9-17　Script_09_17.cs 文件

```
public class Script_09_17
{
    [MenuItem("XML/ToJson")]
    static void XmlToJson()
    {
        string xmlPath = Path.Combine(Application.streamingAssetsPath, "test.xml");

        XmlDocument doc = new XmlDocument();
        doc.LoadXml(File.ReadAllText(xmlPath));

        // XML 转 JSON
        string json = JsonConvert.SerializeXmlNode(doc);
        Debug.Log(json);

        // JSON 转 XML
        string xml = JsonConvert.DeserializeXNode(json).ToString();
        Debug.Log(xml);
    }
}
```

9.6　YAML

前面介绍的 JSON 和 XML 已经得到了大量使用。当数据多了以后，JSON 最大的问题就是可读性很差。XML 比 JSON 的可读性好一些。无论是 JSON 还是 XML，编辑起来都很麻烦，因为它们对数据格式的要求很严格，少写一个括号或者逗号都不行。

Unity 没有使用 JSON 或者 XML 来描述结构，它采取的是 YAML 格式。如图 9-22 所示，YAML

的预览性和编辑性都非常好，其中的数据与变量通过冒号来连接。游戏中一些服务器列表的配置或者调试的开关等不太方便配置在表格中的数据，以及修改比较频繁的数据都可以使用 YAML 来配置，随用随改。

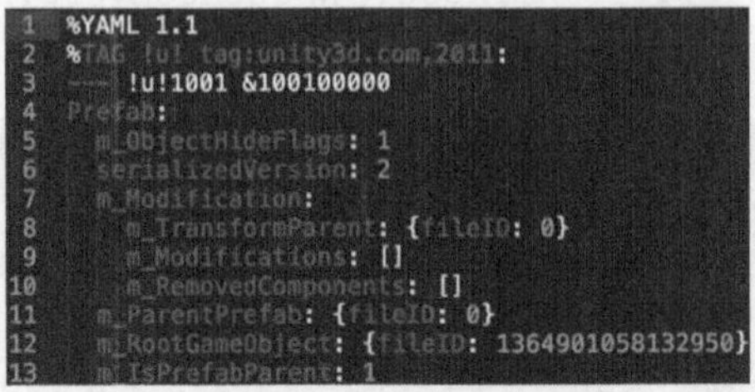

```
1   %YAML 1.1
2   %TAG !u! tag:unity3d.com,2011:
3   --- !u!1001 &100100000
4   Prefab:
5     m_ObjectHideFlags: 1
6     serializedVersion: 2
7     m_Modification:
8       m_TransformParent: {fileID: 0}
9       m_Modifications: []
10      m_RemovedComponents: []
11    m_ParentPrefab: {fileID: 0}
12    m_RootGameObject: {fileID: 1364901058132950}
13    m_IsPrefabParent: 1
```

图 9-22   YAML 格式

9.6.1   YamlDotNet

YAML 提供了.NET 的类库，即 YamlDotNet。Unity 中直接提供了 YamlDotNet 的插件，它既可以在 Asset Store 中免费下载，也可以在 GitHub 中下载。如图 9-23 所示，YamlDotNet 支持 PC 端和移动端，下载后导入工程就可以使用了。

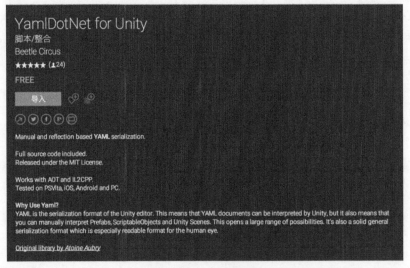

图 9-23   YamlDotNet

9.6.2   序列化和反序列化

YamlDotNet 提供了运行时序列化和反序列化的接口。需要注意的是，对于参与序列化的类中的变量，其属性必须设置成 get 或者 set，不然无法序列化。如图 9-24 所示，在程序运行时，可以序列化和反序列化数据。

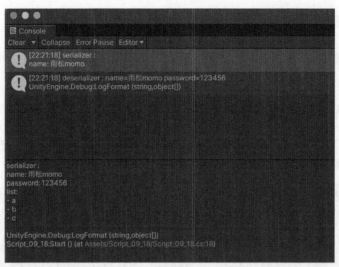

图 9-24 序列化和反序列化

如代码清单 9-18 所示，使用 Serialize() 和 Deserialize() 方法就可以执行序列化和反序列化操作了。

代码清单 9-18　Script_09_18.cs 文件

```csharp
public class Script_09_18 : MonoBehaviour
{
    private void Start()
    {
        // 创建对象
        Data data = new Data();
        data.name = "雨松momo";
        data.password = "123456";
        data.list = new List<string>() { "a", "b", "c" };

        // 序列化YAML字符串
        Serializer serializer = new Serializer();
        string yaml = serializer.Serialize(data);
        Debug.LogFormat("serializer : \n{0}", yaml);

        // 反序列化成类对象
        Deserializer deserializer = new Deserializer();
        Data data1 = deserializer.Deserialize<Data>(yaml);
        Debug.LogFormat("deserializer : name={0} password={1}",
            data1.name, data1.password);
    }

    class Data
    {
        public string name { get; set; }
        public string password { get; set; }
        public List<string> list { get; set; }
    }
}
```

9.7 生成代码

目前，我们已经掌握了在 Unity 中保存和读取数据的所有方式，接着通过几个实际案例来强化学习成果。

9.7.1 把数据从 Excel 表导出到数据库

通过 EPPlus 可以读取 Excel 文件中的数据。如图 9-25 所示，将数据类型提前配置在 Excel 文件中，读取数据后再将数据类型和英文字段统一写到 SQLite 数据库中。

int
string
float
ID
Name
Value
1
张三
100
2
李四
200
3
王五
300
DB Browser for SQLite
Hero

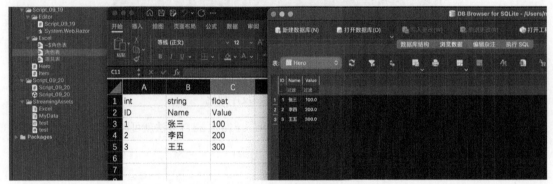

图 9-25　导出数据表

如图 9-26 所示，还需要根据表的内容来动态生成 C#代码，这样运行时就可以很方便地读取某一列字段了。

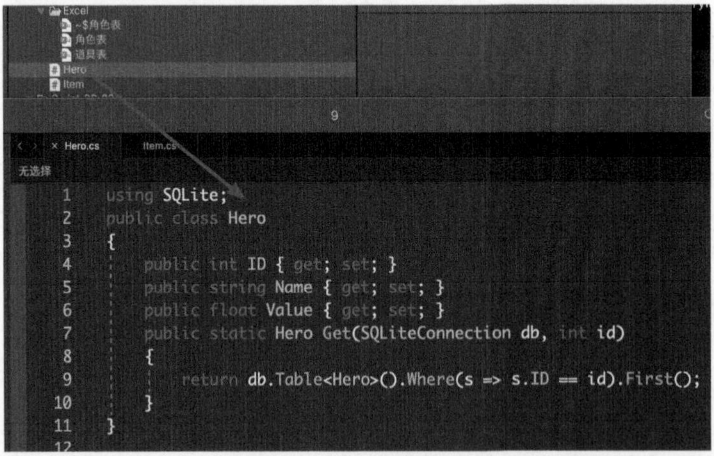

Hero.cs
Item.cs
using SQLite;
public class Hero
{
public int ID { get; set; }
public string Name { get; set; }
public float Value { get; set; }
public static Hero Get(SQLiteConnection db, int id)
{
return db.Table<Hero>().Where(s => s.ID == id).First();
}
}

图 9-26　生成代码

如代码清单 9-19 所示，代码确实比较多。读取 Excel 文件数据并写入数据库的方法在前面几节已经介绍过，和生成数据库不同的是，此时并没有生成后的代码类，所以需要通过 SQL 语句来动态创建表和插入数据。核心的 SQL 语句是 `create table` 和 `insert into`，接着就是生成代码了。代码所做的是文本写入，比较简单的方法就是通过 `StringBuilder` 一行一行地写入字符串，最后统一写文件即可。

代码清单 9-19　Script_09_19.cs 文件

```csharp
public class Script_09_19
{
    [MenuItem("Generate/ExcelToSQLite")]
    async static void GenerateCode()
    {
        string dir = Application.dataPath + "/Script_09_19/Excel";
        var databasePath = Path.Combine(Application.streamingAssetsPath, "Excel.db");

        if (File.Exists(databasePath))
            File.Delete(databasePath);
        // 创建数据库
        var db = new SQLiteAsyncConnection(databasePath);

        foreach (var path in Directory.GetFiles(dir, "*.xlsx"))
        {
            using (FileStream fs = new FileStream(path, FileMode.Open, FileAccess.Read, FileShare.ReadWrite))
            {
                using (ExcelPackage excel = new ExcelPackage(fs))
                {
                    ExcelWorksheets workSheets = excel.Workbook.Worksheets;
                    // 遍历所有工作表
                    for (int i = 1; i <= workSheets.Count; i++)
                    {
                        ExcelWorksheet workSheet = workSheets[i];
                        int colCount = workSheet.Dimension.End.Column;
                        string tableName = workSheet.Name;
                        // 生成C#代码
                        StringBuilder sb = new StringBuilder();
                        sb.AppendLine($"using SQLite;");
                        sb.AppendLine($"public class {tableName}");
                        sb.AppendLine("{");
                        string[] value = new string[colCount];

                        for (int col = 1; col <= colCount; col++)
                        {
                            // 读取每个格子中的数据
                            var valueType = workSheet.Cells[1, col].Text ?? "";
                            var property = workSheet.Cells[2, col].Text ?? "";
                            value[col-1] = $"{property} {valueType}";
                            sb.AppendLine($"\tpublic {valueType} {property} {{ get; set; }}");
                        }
                        sb.AppendLine($"\tpublic static {tableName} Get(SQLiteConnection db, int id)");
                        sb.AppendLine("\t{");
                        sb.AppendLine($"\t\treturn db.Table<{tableName}>().Where(s => s.ID ==
                            id).First();");
                        sb.AppendLine("\t}");
                        sb.AppendLine("}");
                        // 生成数据库
                        await db.ExecuteAsync($"create table {tableName}({string.Join(',', value)})");
                        // 生成代码
                        File.WriteAllText($"{Application.dataPath}/Script_09_19/{tableName}.cs",
                            sb.ToString());
                        for (int row = 3, count = workSheet.Dimension.End.Row; row < count; row++)
```

```
                                   {
                                       value = new string[colCount];
                                       for (int col = 1; col <= colCount; col++)
                                       {
                                           var valueType = workSheet.Cells[1, col].Text ?? "";
                                           // 读取每个格子中的数据
                                           var text = workSheet.Cells[row, col].Text ?? "";
                                           value[col - 1] = valueType == "string"? ("\"" +text + "\""):text;
                                       }
                                       await db.ExecuteAsync($"insert into {tableName} values ({string.Join(',',
                                       value)})");
                                   }
                               }
                           }
                       }
                   }
               await db.CloseAsync();
               AssetDatabase.Refresh();
           }
       }
```

9.7.2 运行时读取数据

数据库和代码已经准备完毕，接着就可以很方便地读取数据了。如代码清单 9-20 所示，因为类已经提前生成，所以直接通过 `Hero.Get(db, 1)` 就可以读取数据库中的一行数据了。

代码清单 9-20　Script_09_20.cs 文件

```
public class Script_09_20 : MonoBehaviour
{
    public Text HeroText;
    public Text ItemText;
    void Start()
    {

        var databasePath = Path.Combine(Application.streamingAssetsPath, "Excel.db");

#if UNITY_ANDROID && !UNITY_EDITOR
        UnityEngine.Networking.UnityWebRequest www = UnityEngine.Networking.UnityWebRequest.
            Get(databasePath);
        www.SendWebRequest();
        while (!www.isDone) { }
        databasePath = Path.Combine(Application.persistentDataPath, "MyData.db");
        File.WriteAllBytes(databasePath, www.downloadHandler.data);
#endif

        // 读取数据库
        var db = new SQLiteConnection(databasePath);
        // 通过生成的类直接读取数据
        var hero = Hero.Get(db, 1);
        var item = Item.Get(db, 2);
        HeroText.text = $"id = {hero.ID} name={hero.Name} value ={hero.Value}";
        ItemText.text = $"id = {item.ID} name={item.Name} value ={item.Value}";
    }
}
```

如图 9-27 所示，Hero 和 Item 的数据最终被展示出来。

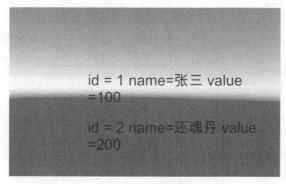

id = 1 name=张三 value
=100
id = 2 name=还魂丹 value
=200

图 9-27 展示数据

商业游戏中读取数据的原理也是这样的，但是更加复杂一些。可能还有一些特殊需求，如联合主键，就是通过多个主键定位一行或者多行数据；又如避免频繁查询数据库，这需要使用 C#对数据进行缓存，只有第一次获取数据时才需要查询数据库。这些特殊需求都是可以继续扩展的。

9.7.3 RazorEngine

简单的代码生成可以通过字符串拼接的方式来完成，而如果需要生成的代码量比较大，就会比较麻烦。如下列代码所示，对于每个类，都需要单独准备要写入代码的数据。

```
string Hero =
"public class Hero\n" +
"{\n" +
"\tpublic int a=100;\n" +
"\tpublic int b=100;\n" +
"}\n";

string Item =
"public class Item\n" +
"{\n" +
"\tpublic int c=100;\n" +
"\tpublic int d=100;\n" +
"}\n";
```

通过 RazorEngine 可以很方便地替换模板中的字符串。如图 9-28 所示，下载 RazorEngine 后将其 DLL 文件导入 Unity 中即可使用。

Script_09_21
Editor
RazorEngine
Script_09_21

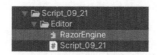

图 9-28 导入 RazorEngine

如下列代码所示，首先要引入它的命名空间。

```
using RazorEngine;
using RazorEngine.Templating;
```

如下列代码所示，可以在模板中声明名为@Model.XXX 的属性变量，通过动态替换变量的方式生成不同的结果。调用 Engine.Razor.RunCompile() 方法就可以动态替换变量了。

```
[MenuItem("Generate/Normal")]
static void GenerateNormal()
{

    string template =
        "public class @Model.Name\n" +
        "{\n" +
        "\tpublic int @Model.Name1=@Model.Value1\n" +
        "\tpublic int @Model.Name2=@Model.Value2;\n" +
        "}\n";

    var Hero = Engine.Razor.RunCompile(template, "templateKey", null, new { Name = "Hero", Name1 = "a",
        Name2 = "b", Value1 = 1, Value2 = 2 });
    var Item = Engine.Razor.RunCompile(template, "templateKey", null, new { Name = "Item", Name1 = "c",
        Name2 = "d", Value1 = 3, Value2 = 4 });
    Debug.Log(Hero);
    Debug.Log(Item);
}
```

9.7.4　生成代码的条件

模板中是可以附带条件的，在@{ }中间可以直接写 foreach 和 if else 这样的逻辑条件。当条件达成后，从以@:开头的某一行开始生成代码。如下列代码所示，在模板中遍历 List<object>并且只在判断 Type 为 int 时才开始生成代码。

```
[MenuItem("Generate/Foreach")]
static void GenerateForeach()
{
    string template =
    "public class @Model.Name\n" +
    "{\n" +
        "@foreach (var data in Model.list)\n" +
        "{\n" +
            "if (data.Type==\"int\")\n" +
            "{" +
                "@:\t\t public @(data.Type) @(data.Name) = @(data.Value);\n" +
            "}" +
        "}" +
    "}\n";

    List<object> Herolist = new List<object>()
    {
        new { Type="int", Name="a",Value="100"},
        new { Type="float", Name="b",Value="2.0f"},
        new { Type="int", Name="c",Value="2000"},
    };

    var Hero = Engine.Razor.RunCompile(template, "templateKey",null, new {Name="Hero",list = Herolist });
    Debug.Log(Hero);
}
```

如图 9-29 所示，通过模板和条件只生成 int 类型的变量。

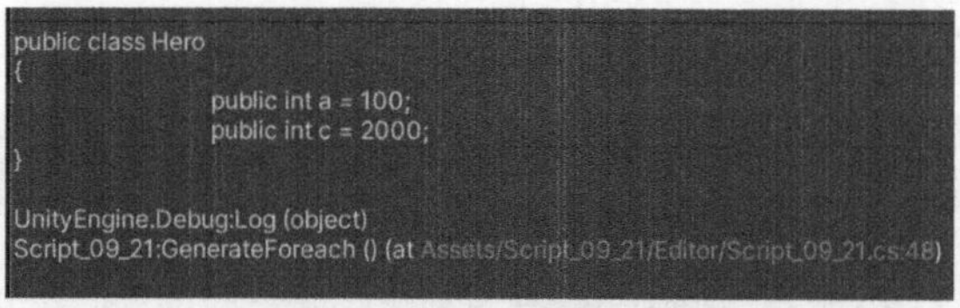

图 9-29　生成代码的条件

9.7.5　模板文件

前面是通过字符串来模拟模板的，我们也可以将模板预先保存在文件中，这样写起来相对容易一些。如图 9-30 所示，这里添加了命名空间并且将模板保存在了 Temp.txt 中。

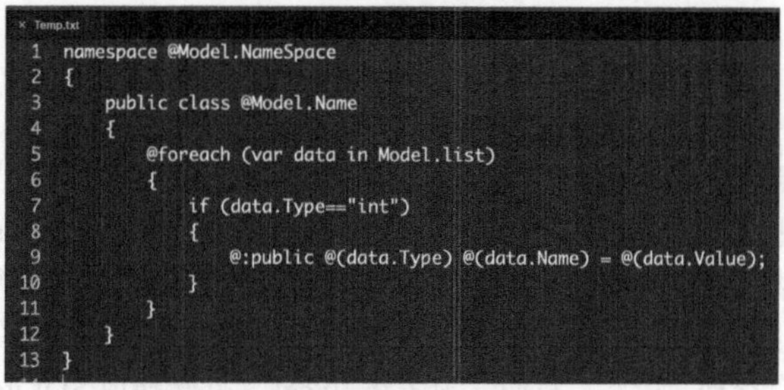

图 9-30　模板文件

如代码清单 9-21 所示，通过 File.ReadAllText() 将模板文件读取出来，然后用模板生成代码。最后通过 File.WriteAllText() 将结果写在具体的 CS 类文件中。

代码清单 9-21　Script_09_21.cs 文件

```
public class Script_09_21
{

    [MenuItem("Generate/File")]
    static void GenerateFile()
    {

        List<object> Herolist = new List<object>()
        {
            new { Type="int", Name="a",Value="100"},
            new { Type="float", Name="b",Value="2.0f"},
            new { Type="int", Name="c",Value="2000"},
        };
        // 读取模板
        string templateFile = $"{Application.dataPath}/Script_09_21/Temp.txt";
        var HeroFile = Engine.Razor.RunCompile(File.ReadAllText(templateFile), "templateKey", null,
            new { NameSpace="My" ,Name = "Hero", list = Herolist });

        // 写入类文件
        string HeroFilePath = $"{Application.dataPath}/Script_09_21/Hero.cs";
        File.WriteAllText(HeroFilePath, HeroFile);
    }
}
```

如图 9-31 所示，最终生成了 Hero.cs 代码文件。

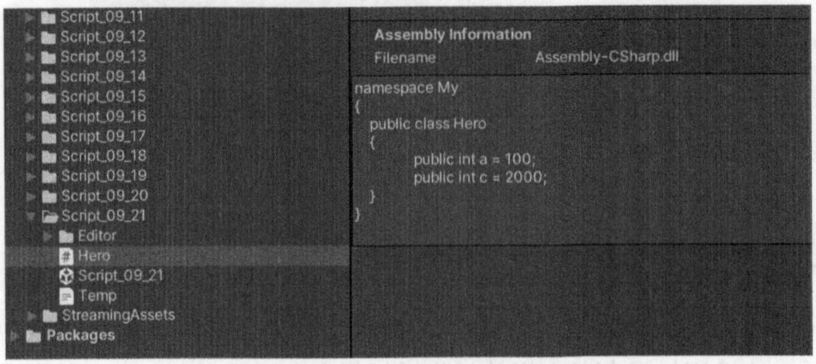

图 9-31　生成代码

9.8　小结

本章介绍了持久化数据，包括静态数据和游戏存档数据。静态数据的特点是，在游戏运行过程中只能读取、不能写入。比如 Excel 表格数据，它可以在编辑模式下利用 EPPlus 转换成程序可读的文件类型。还学习了 SQLite 数据库如何跨平台使用。动态存档应用得就更多了，可以在玩游戏的过程中记录玩家的进度或者一些设置选项。Unity 提供了 PlayerPrefs 类来处理存档的读写，我们也可以利用 C#的 File 类来自行保存存档。最后，我们学习了将 Excel 文件转换成 SQLite 数据库并且生成对应读取的代码类，比较复杂的生成代码类可以使用 RazorEngine，它能通过配置逻辑条件生成代码，更加方便。

第*10*章

多 媒 体

游戏中一般需要播放音频和视频，其中音频又可以分为音乐和音效。和背景音乐一样，游戏中的音乐会一直循环播放；而音效用得就更多了，例如释放技能、受到攻击等的声音，而且很可能需要同时播放好几组音效。为了实现更加逼真的效果，Unity 提供了强大的混音模式和 3D 音频模式，假如远处和近处都有怪物在发出攻击，就能听起来有 3D 的层次感。Unity 还提供了 Audio Mixer 组件，它可以很方便地在编辑模式下组合播放各种声音以及混合播放多音频。另外，新版的视频功能用起来非常方便，我们既可以将视频输出在摄像机的前面或后面，也可以很容易地将视频放在 UI 以及场景中间，还可以将视频材质输出并自定义渲染在贴图上。

10.1　音频

音频由多个 Audio Source 组件和一个 Audio Listener 组件组成，其中 Audio Listener 负责监听所有的 Audio Source，最终通过设备的扬声器播放出来。对于 3D 音效，Unity 会自动判断 Audio Listener 与音频的距离，从而增大或者减小音量。同一个场景只能启用一个 Audio Listener 组件，它默认被添加在主摄像机上，如图 10-1 所示。

图 10-1　Audio Listener

10.1.1　音频文件

Unity 支持的音频文件非常丰富，包括.mp3、.ogg、.wav、.aiff、.aif、.mod、.it、.s3m 和.xm 等格式，其中最常用的是.mp3 和.ogg 音频文件。在 Unity 中导入音频文件的方法如下。首先，将一个音频文件拖入 Project 视图。然后，可以单独设置音频文件是否在后台加载以及音频文件的压缩格式。这些设置并不会修改音频文件本身，而是会在导入 Unity 时自动生成一个新的音频文件。该文件与原始文件只是简单的引用关系，将来打包发布后，其实使用的是新的音频，而使用者对此是毫无感知的。

如图 10-2 所示，导入音频面板上有很多参数，下面来解释一下它们的含义。

❏ Force To Mono：强制使用单声道播放声音。

- □ Load In Background：后台加载音频。它是异步加载声音，加载时不会卡住主线程。播放时需要等异步加载完成后才能播放。通过 AudioClip.loadState 可以查询加载状态是否完成。
- □ Ambisonic：是否启动立体音频，它可以提供环绕声。
- □ Load Type：加载类型。
- □ Decompress On Load：表示加载后立即解压缩。解压较小的音频文件时可以使用它，但如果解压比较大的音频文件，则会耗时较长。
- □ Compressed In Memory：表示将音频压缩到内存中，在播放时解压。它适用于较大的音频文件。
- □ Streaming：它会在单独的线程中通过流慢慢加载声音并播放，仅使用少量的临时 buffer 来播放声音。
- □ Preload Audio Data：预加载音频数据。当切换场景时预加载音频，如果是通过代码动态播放的声音，则会在第一次播放时加载。
- □ Compression Format：音频压缩格式。默认选择 Vorbis 压缩后的文件较小，但比 PCM 音频的音质差一些。
- □ Quality：配合音频质量的滑块来动态调整音频的品质。
- □ Sample Rate Setting：音频采样率，可手动将高频或低频的音频丢弃。

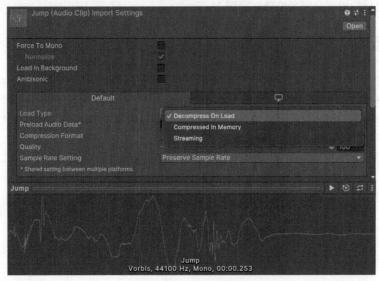

图 10-2   导入音频

在右下角所示的方框中，可以预览播放当前选择的音频文件，还可以设置是否循环播放以及选择是否自动播放当前声音。

10.1.2   Audio Source

给任意游戏对象绑定 Audio Source 组件，即可播放声音。如图 10-3 所示，先将音频文件绑定在 AudioClip 处，再勾选 Play On Awake 和 Loop 复选框，直接运行游戏，就可以循环播放声音了。

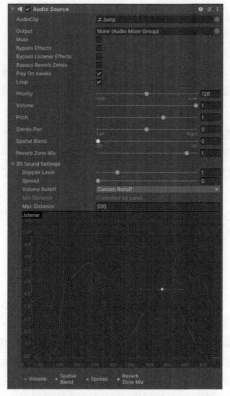

图 10-3　Audio Source

在游戏中，我们可以创建多个 Audio Source 对象，这样多个声音就可以同时播放了。除此之外，这要涉及音频播放的优先级和音频混合的效果，以及对 3D 音效的支持。所以 Audio Source 面板上的参数非常多，下面来详细介绍。

❑ AudioClip：播放的音频文件。

❑ Output：用于将当前声音输出到混音组中以进一步处理声音结果。

❑ Mute：是否静音，勾选后即使播放也没有效果。

❑ Bypass Effects：是否过滤所有 Audio Effect 对当前声音的影响。

❑ Bypass Listener Effects：是否过滤所有 Audio Effect 对当前声音的监听。

❑ Bypass Reverb Zones：是否过滤所有 Reverb Zone 对当前声音的影响。

❑ Play On Awake：是否启动时播放声音。

❑ Loop：是否设置循环播放。

接下来是 3D 音频的设置。3D 音频是根据声源与主角的距离自动增大和减小音量的音频。由于 Audio Listener 绑定在主摄像机上，因此控制摄像机的远近即可满足 3D 音频的条件。不过，默认情况下，Audio Source 是 2D 音频。以下参数同样位于 Audio Source 面板上。

❑ Priority：多音频同时播放时设置它的优先级，默认值是 128，0 表示最重要，256 表示最不重要。

- ❑ Volume：表示距离为 1 米时声音的音量。
- ❑ Pitch：音频减速或加速时音量的变化值，1 表示正常速度。
- ❑ Stereo Pan：设置左声道或者右声道的占比。
- ❑ Spatial Blend：0 表示 2D 音频，1 表示 3D 音频，0 和 1 之间表示 2D 和 3D 之间的插值音频。
- ❑ Reverb Zone Mix：设置混音区输出的信号量；设置近距离或远距离的信号量的结果。
- ❑ 3D Sound Settings：3D 音频设置项。
  - ■ Doppler Level：设置多普勒效应对音频的影响量，0 表示不开启。
  - ■ Spread：设置传播角度到 3D 立体声或多声道中。
  - ■ Volume Rolloff：设置声音滚动的模式，比如离音源近时放大声音或者离音源远时减小声音的相关模式。
- ❑ Min Distance & Max Distance：设置距离声音的最小距离和最大距离。当超过最小距离时声音开始减小，当超过最大距离时声音停止播放。

10.1.3　3D 音频

上一节简单介绍了 Audio Source 面板上的参数设置，Unity 还支持 3D 音频的多普勒效应。当波源和观察者有相对运动时，观察者接收到的波的频率与波源发出的频率并不完全相同，即为多普勒效应。也就是说，如果观察者和波源都没有发生移动，那么观察者接收到的波的频率与波源发出的频率是相同的。但是，如果一辆鸣笛的汽车快速地驶来，那么此时声音发生了移动，波在空气中会叠加。这样我们接收到的波的频率会变高，声音会变得尖锐。当鸣笛的汽车离我们远去时，我们接收到的波的频率会变低，声音就变得低沉了。在 3D 音频设置中，可以通过设置 Doppler Level 参数来控制多普勒效应，设置为 0 表示不开启。

如图 10-4 所示，这两个球形区域表示 3D 声音的最大区域和最小区域，点击周围的蓝色小方块，拖动鼠标即可调节它的区域。如果角色在最小区域内听到的音量最大，在最小区域与最大区域之间听到的音量递减，则当角色超出最大区域时，会保持递减后最小的音量。最后，在播放游戏后，直接移动场景中的摄像机，即可听到效果。

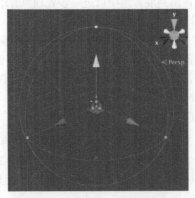

图 10-4　3D 距离（另见彩插）

10.1.4 代码控制播放

在代码中获取 Audio Source 组件，可以动态控制音频。如图 10-5 所示，可以切换播放两个音频。由于音频组件没有提供播放音频结束的回调，因此可以先获取音频的播放时间，接下来通过添加定时器来等待音频播放结束，然后再处理结束后的事件。

图 10-5　用代码控制音频播放

如代码清单 10-1 所示，clip.length 用于获取音频的长度，yield return new WaitForSeconds() 会在音频播放完毕后抛出事件。

代码清单 10-1　Script_10_01.cs 文件

```
public class Script_10_01 : MonoBehaviour
{
    public AudioClip clip1;
    public AudioClip clip2;
    public AudioSource source;
    void OnGUI()
    {

        if (GUILayout.Button("<size=50>播放音频 1</size>"))
        {
            PlayAudioClip(clip1, delegate (AudioClip clip) {
                Debug.LogFormat("音频：{0}播放结束", clip.name);
            });

        }
    }

    private Coroutine m_Coroutine = null;
    void PlayAudioClip(AudioClip clip, Action<AudioClip> callback)
    {
        StopAudioClip();
        source.clip = clip;
        source.Play();
        m_Coroutine = StartCoroutine(AudioClipCallback(clip, callback));
    }

    void StopAudioClip()
    {
        if (m_Coroutine != null)
        {
            StopCoroutine(m_Coroutine);
            m_Coroutine = null;
        }
        source.Stop();
    }
```

```
    private IEnumerator AudioClipCallback(AudioClip clip, Action<AudioClip>
        callback)
    {
        yield return new WaitForSeconds(clip.length);
        callback(clip);
    }
}
```

10.1.5　AudioMixer

大家可以想象一下，如果当前场景中有很多音频，并且它们在用同等的音量播放，那么此时声音是非常混乱的。如图 10-6 所示，通过 AudioMixer 可以对多个 AudioSource 进行混合，而且多个 AudioMixer 之间也可以相互混合，最终将混合结果交给 AudioListener 进行播放即可。

图 10-6　声音混合

如图 10-7 所示，创建 AudioMixer 的步骤如下：将 4 个音频同时放入 Hierarchy 视图中，再将 A、B 和 C、D 分成两组，分别绑到 Music1 和 Music2 这两个组中。

图 10-7　创建 AudioMixer

由于将 C、D 放入了 Music2 组中，因此在 AudioMixer 中可以单独处理这个组。如图 10-8 所示，将 Lowpass 添加到这个组中，这样当 4 个音频同时播放时，可以单独压低 Music2 组的声音。左边的

Snapshots 表示快照，可以将所有参数的设置保存在快照中以便在游戏中进行切换，Views 表示可添加不同的视图。

图 10-8　设置混合

如图 10-9 所示，在运行时可以单独打开 Music2 组，然后点击 Edit in Playmode 就可以调整参数了。这里调低 Cutoff freq 可以进一步降低 Music2 组中音频的声音。

如图 10-10 所示，除了 Lowpass，还可以给音频组添加很多音频效果。专业的音频师对这些音效了如指掌，但作为程序员，简单了解一下它们的含义即可。

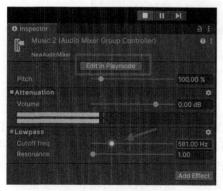

图 10-9　压低频率

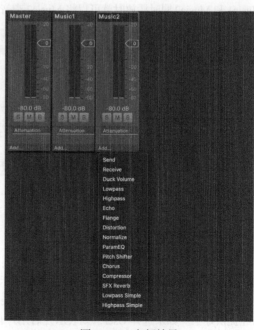

图 10-10　音频效果

10

如果音频师希望某个组播放声音的时候突出自身并且压低其他组的声音，那么可以使用 Send 和 Receive。如图 10-11 所示，先给 Music2 绑定 Duck Volume 组件。

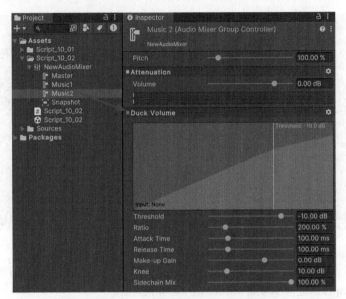

图 10-11　绑定 Duck Volume 组件

接下来，如图 10-12 所示，在 Music1 中绑定 Send 组件来控制 Music2 中的 Duck Volume 组件，这样当 Music1 和 Music2 同时播放时就可以将 Music2 声音压低了。本例详见随书代码工程 Script_10_02。

图 10-12　控制 Duck Volume

10.1.6　混音区

真实的游戏场景可能很复杂，比如热闹的市场、黑暗的山洞或安静的卧室，所以声音需要结合实际场景来混音，这样才会更加逼真。如图 10-13 所示，可以创建一个 Audio Reverb Zone 组件，其中混音区同样提供了最大区域和最小区域。在 ReverbPreset 中，可以选择混音的场景，常见的场景混音参数已经提供好了。如果选择 User，则表示开启用户自定义模式，这样可以灵活调节每项参数。

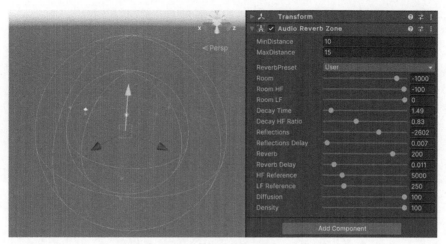

图 10-13　混音区域

10.1.7　麦克风

Microphone 可以在 PC 或者移动设备中获取硬件的麦克风录音。如图 10-14 所示，只要硬件支持，点击"开始录音"按钮，就可以说话了；点击"结束录音"按钮，将声音保存到 AudioClip 上，最终播放它即可。

图 10-14　录音

上述示例的完整代码详见代码清单 10-2。调用 Microphone.Start 可以开始录音，调用 Microphone.End 可以结束录音。录音时要选择麦克风设备，Microphone.devices[0]可以获取当前硬件中的第 0 号录音设备。录音后可以将结果保存到文件中，Unity 并没有提供相关的方法，本例使用的是 GitHub 上的一个第三方开源库，调用 SavWav.Save 即可。

代码清单 10-2　Script_10_03.cs 文件

```
public class Script_10_03 : MonoBehaviour
{
    public AudioSource source;
    private AudioClip m_Clip;
```

```
void Start()
{
    if(Microphone.devices==null || Microphone.devices.Length == 0)
    {
        Debug.LogError("当前设备没有获取到麦克风");
    }
}

void OnGUI()
{
    if (GUILayout.Button("<size=50>开始录音</size>"))
    {
        m_Clip = Microphone.Start(Microphone.devices[0], true, 10, 44100);
    }
    if (GUILayout.Button("<size=50>结束录音</size>"))
    {
        if (m_Clip)
        {
            Microphone.End(Microphone.devices[0]);
        }
    }
    if (GUILayout.Button("<size=50>播放录音</size>"))
    {
        if (m_Clip)
        {
            source.clip = m_Clip;
            source.Play();
        }
    }
    if (GUILayout.Button("<size=50>录音保存到文件</size>"))
    {
        if (m_Clip)
        {
            string path = $"{Application.persistentDataPath}/1.wav";
            SavWav.Save(path, m_Clip);
        }
    }
}
```

10.1.8　声音进度

如图 10-15 所示，拖动 Slider（滑块）即可调节音乐的进度，就像一些音频播放器可以由用户手动调节播放进度一样。在代码中监听 Slider 拖动的值，可以动态更新音乐开始播放的位置。

图 10-15　进度

上述示例的完整代码详见代码清单 10-3。

代码清单 10-3 Script_10_04.cs 文件

```
public class Script_10_04 : MonoBehaviour
{
    public AudioSource source;

    public Slider slider;

    void Start()
    {
        slider.minValue = 0;
        slider.maxValue = source.clip.length;

        slider.onValueChanged.AddListener((value)=> {
            source.Stop();
            source.time = value;
            source.Play();
        });

        source.Play();
    }
}
```

10.2 视频

视频在游戏中应用广泛，例如开场动画。Unity 提供了 Video Player 组件来专门处理视频，使用者只需要将视频文件直接拖入 Hierarchy 视图即可。就是这么简单！视频提供了多种渲染模式以及与分辨率自适应相关的参数，利用这些模式和参数可以非常灵活地控制视频。

10.2.1 视频文件

Unity 支持的视频文件包括.mp4、.mov、.webm 和.wmv 等格式。视频文件还支持从网址播放。如图 10-16 所示，将视频文件拖入后，可以直接进行预览，其中各项参数的含义如下。

- ❑ Transcode：勾选后，会将源代码转换成目标平台兼容格式。如果不勾选，那么将使用原始视频文件格式。
- ❑ Dimensions：设置视频隔行扫描的类型。
- ❑ Codec：视频解码器，默认值为 Auto。
- ❑ Bitrate Mode：设置 Codec 解码器低、中、高配置。
- ❑ Spatial Quality：设置视频的显示质量，优化视频空间占用大小。
- ❑ Keep Alpha：是否保留视频中原有的 Alpha 值。
- ❑ Deinterlace：控制视频文件的分辨率显示尺寸。
- ❑ Flip Horizontally & Flip Vertically：控制视频水平翻转或垂直翻转。
- ❑ Import Audio：是否导入视频中的声音。

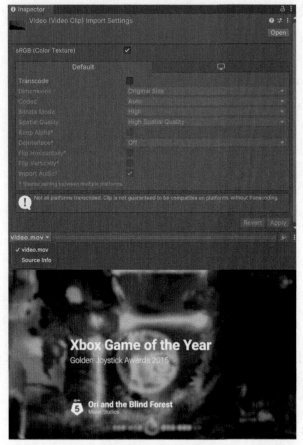

图 10-16　视频文件

如图 10-17 所示，Video Clip 表示播放工程内的一个视频文件。如果选择 URL，则表示播放工程外的视频，或者从网上边下载视频边播放。将视频文件拖入 Video Clip 并将 Camera 拖入就可以立即播放视频了。图 10-17 所示其他参数的含义如下。

- □ Update Mode：设置视频更新模式，比如 DSP 视频源时钟、游戏时钟或不带时间缩放的游戏时钟的更新。
- □ Play On Awake：是否启动播放视频。
- □ Wait For First Frame：是否等第一帧游戏数据都准备好再显示视频。
- □ Loop：是否设置视频循环播放。
- □ Skip On Drop：当游戏帧率和视频帧率不同时是否强制刷新同步。
- □ Playback Speed：视频播放速度。默认速度是 1，增大表示加速，减小表示减速。
- □ Render Mode：视频渲染模式。下一节会单独介绍。
- □ Alpha：设置视频半透明值。
- □ 3D Layout：设置 3D 视频布局，可以设置成靠两边或者靠下。

❑ Aspect Ratio：视频自适应方式。

❑ Audio Output Mode：视频中音频的输出模式，可以进行音频混合。

❑ Track 0[eng,2 ch]：是否启动视频音轨，可以静音或者调节音量。

以上参数都可以通过代码来动态控制。

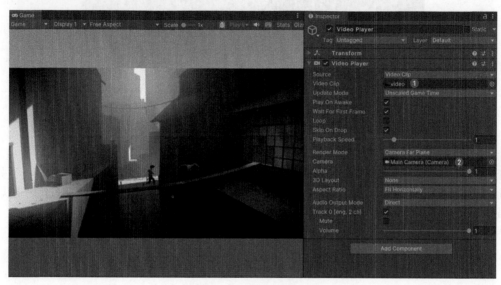

图 10-17　Video Player

10.2.2　视频渲染模式

设置视频渲染模式时，需要给视频指定一个摄像机组件。如图 10-18 所示，可以在 Render Mode 中选择一种渲染模式，其中各个选项的含义如下。

❑ Camera Far Plane：表示将视频渲染在摄像机的远平面上，这样前景的 3D 对象就会挡住视频。

❑ Camera Near Plane：表示将视频渲染在摄像机的近平面上，这样视频就会挡住所有的 3D 对象。

❑ Render Texture：表示将视频渲染在纹理上。

❑ Material Override：表示将视频覆盖渲染在指定材质上。

❑ API Only：表示需要使用脚本来动态设置视频渲染的目标。

图 10-18　视频渲染模式

这里设置的渲染模式是 Camera Far Plane，所以摄像机内前景的 3D 元素就会挡住视频，如图 10-19 所示。

图 10-19　Camera Far Plane 渲染模式

图 10-18 中最不好理解的一个选项是 API Only，因为前 4 个选项都会设置视频的输出目标。如果设置的渲染模式是 API Only，那么视频不会有输出目标，只会将纹理保存在内存中并通过代码来获取。代码如下所示，视频会被保存在 Video Player 的 Texture 中，每帧都会变化。

```
public VideoPlayer VideoPlayer;
public RawImage RawImage;

private void Update()
{
    RawImage.texture = VideoPlayer.texture;
}
```

10.2.3　视频自适应

和 UGUI 的自适应方法一样，Aspect Ratio 用于设置视频缩放的参数，如图 10-20 所示，各个选项的含义如下。

- ❑ No Scaling：表示视频为原始大小，不会被拉伸。
- ❑ Fit Vertically：表示锁定纵向，横向会无法自适应。
- ❑ Fit Horizontally：表示锁定横向，纵向会无法自适应。
- ❑ Fit Inside：表示整体锁定在最小区域。
- ❑ Fit Outside：表示整体锁定在最大区域。
- ❑ Stretch：表示视频自适应，不过可能会被拉伸变形。

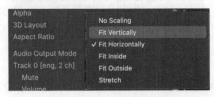

图 10-20　自适应区域

在游戏中，还是尽可能使用 Stretch。如图 10-21 所示，无论如何修改屏幕分辨率，视频永远都会完整显示在屏幕中。

图 10-21　视频自适应

10.2.4　UI 覆盖在视频之上

在游戏中，播放视频的时候通常需要有一个按钮，比如跳过当前视频。由于 3D 摄像机和 UI 摄像机是分开的，因此需要在 Video Player 中指定将视频渲染在 UI 摄像机上。接下来在渲染模式中选择 Camera Far Plane 模式，这样视频就会显示在 UI 与 3D 元素之间，UI 会默认覆盖在视频之上，如图 10-22 所示。

图 10-22　UI 覆盖在视频之上

如代码清单 10-4 所示，点击"跳过视频"按钮后，会调用 VideoPlayer.Stop() 方法来结束视频的播放。

代码清单 10-4　Script_10_05.cs 文件

```
public class Script_10_05 : MonoBehaviour
{
    public VideoPlayer VideoPlayer;
    public Button Button;

    void Start()
    {

        Button.onClick.AddListener(()=> { VideoPlayer.Stop(); });
    }
}
```

10.2.5　视频渲染在材质上

如图 10-23 所示，在场景中创建一个 Cube（立方体），然后给它绑定一种新材质，再将 Mesh Renderer 组件拖入 Renderer 中，此时视频就被渲染在这个 Cube 面板上了。视频渲染的结果是 Texture（纹理），它会将渲染的结果直接赋给材质的 BaseMap，这样材质还能根据视频结果来单独执行 Shader 代码。

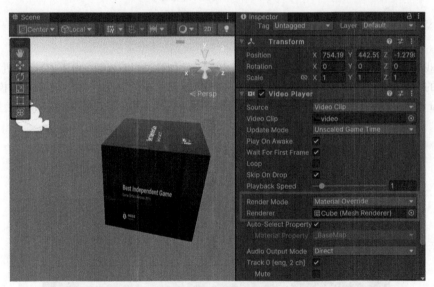

图 10-23　渲染材质

10.2.6　视频渲染在纹理上

如果想把视频渲染在纹理上，那么首先需要创建一个 Render Texture 文件。接下来，将 Render Texture 文件绑定到 Target Texture 上即可，如图 10-24 所示。然后，在场景中创建 UI 的 Raw Image 组件，并将其关联至 Render Texture，这样视频就可以直接显示在 UI 上了。

图 10-24 视频渲染在纹理上

10.2.7 播放网络视频

前面讲过，可以通过 URL 来播放网络视频，其实也可以通过它来播放工程外部的本地视频。如图 10-25 所示，使用 http://可以直接播放网络视频，使用 file://则可以播放本地目录下的视频。

图 10-25 通过 URL 播放视频

如代码清单 10-5 所示，由于网络视频是有加载延迟的，因此可以通过 VideoPlayer.prepare-Completed 来监听视频是否加载完成。在 Update 中可以通过 VideoPlayer.isPrepared 来判断每帧视频是否已经加载完成。

代码清单 10-5 Script_10_06.cs 文件

```
public class Script_10_06 : MonoBehaviour
{
    public VideoPlayer VideoPlayer;
    public RenderTexture RenderTexture;
    void Start()
    {
        // 设置播放视频的 URL 和输出的 Render Texture
        VideoPlayer.source = VideoSource.Url;
        VideoPlayer.url = $"file:// {Application.streamingAssetsPath}/video.mov";
        VideoPlayer.renderMode = VideoRenderMode.RenderTexture;
        VideoPlayer.targetTexture = RenderTexture;

        // 等待视频加载完毕后播放
        VideoPlayer.prepareCompleted += (videoPlayer) =>
        {
            // 视频准备完毕
            VideoPlayer.Play();

        };
        VideoPlayer.Prepare();
    }
```

```
void Update()
{
    if (VideoPlayer.isPrepared)
    {
        // 判断视频是否准备完毕
    }
}
```

10.2.8　自定义视频显示

如前所述，视频的渲染模式可以选择 API Only，即不依赖 Unity，自动将视频渲染出来，然后拿到视频底层输出的 Texture 贴图，再自行将它渲染出来。如果有多个视频文件需要融合播放，那么我们就可以自己做一个 Shader，将多个 `videoPlayer.texture` 传进去，最后再将它们融合并渲染出来。如代码清单 10-6 所示，将 VideoPlayer 的结果按帧传递到 Material 的主贴图中。

代码清单 10-6　Script_10_07.cs 文件

```
public class Script_10_07 : MonoBehaviour
{
    public VideoPlayer VideoPlayer;
    public Material Material;
    private void Update()
    {
        Material.mainTexture = VideoPlayer.texture;
    }
}
```

如下代码演示了如何在 Shader 中添加一个简单的正弦曲线来修改顶点的位置，最终使视频呈现波浪形，如图 10-26 所示。

```
v2f vert (appdata v)
{
    v2f o;
    o.vertex = UnityObjectToClipPos(v.vertex);
    // 添加正弦曲线修改 Mesh 的顶点，使视频呈现波浪形
    o.vertex.y +=sin(_Time.y + o.vertex.x + o.vertex.y);
    o.uv = TRANSFORM_TEX(v.uv, _MainTex);
    return o;
}
```

图 10-26　自定义视频显示

10.2.9 视频进度

在视频播放器中，拖动 Slider 即可调节视频的进度，如图 10-27 所示。

图 10-27 视频进度

在代码中，可以监听 Slider 拖动的值来动态更新视频开始播放的位置。本示例的完整代码详见代码清单 10-7。

代码清单 10-7 Script_10_08.cs 文件

```
public class Script_10_08 : MonoBehaviour
{
    public VideoPlayer VideoPlayer;
    public Slider Slider;

    void Start()
    {
        Slider.minValue = 0;
        Slider.maxValue = (float)VideoPlayer.clip.length;

        Slider.onValueChanged.AddListener((value)=> {
            VideoPlayer.time = value;
        });
        VideoPlayer.Play();
    }
}
```

10.2.10 下载视频

通过 URL 可以将视频下载到本地，这样视频播放就能比较流畅了。如代码清单 10-8 所示，通过 UnityWebRequest 可以建立下载链接，然后使用 DownloadHandlerFile 指定文件下载目录。下载完毕后，就可以根据下载后的地址开始播放视频了。

代码清单 10-8 Script_10_09.cs 文件

```
public class Script_10_09 : MonoBehaviour
{
    public VideoPlayer VideoPlayer;
    public RenderTexture RenderTexture;
    IEnumerator Start()
```

```
    {
        // 视频远端的路径
        string url = "https:// xxx.mp4"; ;
        // 下载并保存本地的路径
        string download = $"{Application.persistentDataPath}/video.mov";
        var request = UnityWebRequest.Get(url);
        request.downloadHandler = new DownloadHandlerFile(download);
        yield return request.SendWebRequest();

        // 播放本地视频
        VideoPlayer.source = VideoSource.Url;
        VideoPlayer.url = download;
        VideoPlayer.targetTexture = RenderTexture;
        VideoPlayer.renderMode = VideoRenderMode.RenderTexture;
        VideoPlayer.Play();
    }
}
```

10.2.11　全景视频

全景视频功能可以在 Unity 中显示真实世界的 360°全景视频。如图 10-28 所示，创建材质并绑定 Skybox/Panoramic 着色器，然后将视频渲染到纹理的 Render Texture 文件并拖入 Spherical (HDR)。

如图 10-29 所示，将 skybox 材质绑定到当前场景的天空盒中，这样整个视频就会在场景的天空盒中播放，从而实现全景视频。

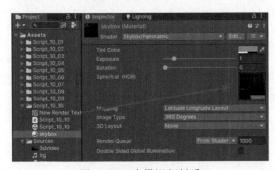

图 10-28　全景视频材质

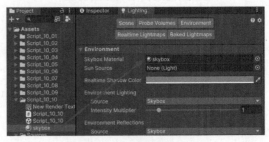

图 10-29　绑定全景天空盒

10.3　小结

本章介绍了如何使用音频和视频。如果音频文件比较多，就有可能要同时播放多个音频。然而，同时播放的音频的数量是有限制的，所以要尽可能地将背景音乐的优先级设置成 0，保证它永远都不会被剔除。另外，Unity 还提供了音频混合功能，可以模拟山洞、闹市、房间等特殊场景中的声音混合效果。通过 AudioMixer，我们还可以让音频师来主动混合音效，将声音添加到不同组中。当播放某组音效时，还可以压低其他组的声音。为了达到逼真的效果，也可以自定义声音混合的参数。本章还介绍了视频播放，Unity 提供了好几种渲染模式，可以很好地将视频显示在两台摄像机之间。最后，本章提供了多种自适应的方式以在屏幕中填充视频，并介绍了如何下载视频再播放它。

第11章

Netcode 与网络编程

使用 Unity 开发游戏时,开发者所用的语言是 C#,而 C#本身就提供了 HTTP 请求和 TCP/UDP 请求,只是 Unity 对 HTTP 又做了一层封装,将 HTTP 中的 GET、POST 和 PUT 这些常用请求都封装在了统一的接口中。Unity 对下载和上传提供了全面的支持,可以将文件下载到某个目录中,同时,下载也支持 Unity 的游戏资源,比如音频、视频、贴图、AssetBundle 等。除了 HTTP 短连接,长连接 Socket(套接字)需要使用 C#自带的 Socket 类,这样就可以与服务器建立持续连接了。Unity 在基础网络连接之上还扩展了更高级的 Netcode,它可以通过前后端 RPC 的方式方便地进行网络交互,而且可以直接设置网络游戏对象的属性。网络游戏对象修改后的属性将自动同步到所有第三方客户端中,非常方便。

11.1 UnityWebRequest

Unity 中使用 UnityWebRequest 来代替所有的 HTTP 请求,它一共提供了 3 种方法,即 UnityWebRequest.Get、UnityWebRequest.Post 和 UnityWebRequest.Put,分别用于处理 GET 请求、POST 请求和 PUT 请求。UnityWebRequest 需要配合协程任务,所有 HTTP 请求都是异步的,可以很方便地监听请求的结果。默认情况下,UnityWebRequest 支持 HTTPS,如果要支持 HTTP,则需要单独开启。如图 11-1 所示,在 Player Settings 中需要启动 Allow downloads over HTTP。

图 11-1　启动 HTTP

如代码清单 11-1 所示,配合协程任务可以很方便地启动 GET 请求、POST 请求和 PUT 请求,调用 webRequest.SendWebRequest()可以等待请求结束,调用 downloadHandler.text 可以获取请求的结果。

代码清单 11-1　Script_11_01.cs 文件

```
public class Script_11_01 : MonoBehaviour
{
    IEnumerator Start()
    {
        // GET 请求
        UnityWebRequest webRequestGet = UnityWebRequest.Get("http:// www.baidu.com/");
        yield return webRequestGet.SendWebRequest();
```

```
Debug.Log(webRequestGet.downloadHandler.text);


// POST 请求
WWWForm form = new WWWForm();
// form.AddField("myField", "myData"); // 添加 POST 请求参数
UnityWebRequest webRequestPost = UnityWebRequest.Post("https:// google.com/", form);
yield return webRequestPost.SendWebRequest();
Debug.Log(webRequestPost.downloadHandler.text);

// PUT 请求
byte[] myData = System.Text.Encoding.UTF8.GetBytes("test");
UnityWebRequest webRequestPut = UnityWebRequest.Put("https:// www.unity.com/upload", myData);
yield return webRequestPut.SendWebRequest();
Debug.Log(webRequestPut.downloadHandler.text);
    }
}
```

请求结果可以通过 `Debug.Log` 打印出来，如图 11-2 所示。

图 11-2　HTTP 请求结果

11.1.1　下载文件和上传文件

`UnityWebRequest` 配合 `DownloadHandler` 可以处理下载文件，配合 `UploadHandler` 可以处理上传文件，但下载文件的类型比较多，因此 Unity 又进一步进行了封装。如代码清单 11-2 所示，`UnityWebRequest` 封装的下载接口和上传接口是非常全面的。

代码清单 11-2　Script_11_02.cs 文件

```
public class Script_11_02 : MonoBehaviour
{
    IEnumerator Start()
    {
        // 下载二进制文件
        UnityWebRequest UnityWebRequestFile = UnityWebRequest.Get("https:// xxx.ab");
        UnityWebRequestFile.downloadHandler = new DownloadHandlerFile($"{Application.
            persistentDataPath}/xxx.ab");
        yield return UnityWebRequestFile.SendWebRequest();
        // 下载二进制文件的结果
        byte[] data = UnityWebRequestFile.downloadHandler.data;

        // 下载 AssetBundle
        UnityWebRequest UnityWebRequestAb = UnityWebRequest.Get("https:// xxx.unity3d");
```

```
UnityWebRequestAb.downloadHandler = new DownloadHandlerAssetBundle($"{Application.
    persistentDataPath}/xxx.unity3d",0);
yield return UnityWebRequestAb.SendWebRequest();
// 下载 AssetBundle 的结果
AssetBundle assetBundle = ((DownloadHandlerAssetBundle)UnityWebRequestAb.downloadHandler).
    assetBundle;

// 下载音频
UnityWebRequest UnityWebRequestwav = UnityWebRequest.Get("https:// xxx.wav");
UnityWebRequestwav.downloadHandler = new DownloadHandlerAudioClip($"{Application.
    persistentDataPath}/xxx.wav",AudioType.WAV);
yield return UnityWebRequestwav.SendWebRequest();
// 下载音频的结果
AudioClip audioClip = ((DownloadHandlerAudioClip)UnityWebRequestAb.downloadHandler).audioClip;

// 下载音频到内存
UnityWebRequest unityWebRequestMultimedia = UnityWebRequestMultimedia.GetAudioClip
    ("https:// xxx.wav", AudioType.WAV);
yield return unityWebRequestMultimedia.SendWebRequest();
// 下载音频的结果
AudioClip audioClip2 = DownloadHandlerAudioClip.GetContent(unityWebRequestMultimedia);

// 下载贴图
UnityWebRequest UnityWebRequestTex = UnityWebRequest.Get("https:// xxx.png");
UnityWebRequestTex.downloadHandler = new DownloadHandlerTexture(true);
yield return UnityWebRequestTex.SendWebRequest();
// 下载贴图的结果
Texture2D texture2D = ((DownloadHandlerTexture)UnityWebRequestTex.downloadHandler).texture;

// 下载贴图到内存
UnityWebRequest unityWebRequestTexture = UnityWebRequestTexture.GetTexture("https:// xxx.png");
yield return unityWebRequestTexture.SendWebRequest();
// 下载贴图的结果
Texture2D texture2 = DownloadHandlerTexture.GetContent(unityWebRequestTexture);


// 上传本地文件
var unityWebRequestupLoad = new UnityWebRequest("https:// xxx.com/upload",
    UnityWebRequest.kHttpVerbPUT);
unityWebRequestupLoad.uploadHandler = new UploadHandlerFile("/localpath/to/file");
yield return unityWebRequestupLoad.SendWebRequest();

// 上传二进制文件
var unityWebRequestupRaw = new UnityWebRequest("https:// xxx.com/upload",
    UnityWebRequest.kHttpVerbPUT);
unityWebRequestupRaw.uploadHandler = new UploadHandlerRaw(new byte[] { });
yield return unityWebRequestupRaw.SendWebRequest();

    }
}
```

11.1.2　下载进度与异常

上一节演示了 UnityWebRequest 下载文件和上传文件的所有方法，但如果下载一个大文件，则还需要处理下载异常并显示下载进度，如图 11-3 所示。

图 11-3 下载进度

如代码清单 11-3 所示，在 Update 中主动获取下载进度和已下载字节数，即可同时刷新 UI 显示。
下载过程中如果出现异常，则可以通过 UnityWebRequest.Result 来获取。

代码清单 11-3　Script_11_03.cs 文件

```
public class Script_11_03 : MonoBehaviour
{
    UnityWebRequest m_UnityWebRequestFile;
    IEnumerator Start()
    {
        // 下载二进制文件
        m_UnityWebRequestFile = UnityWebRequest.Get("https:// sss.net/android/
            29000eddd0305ac507a98a9578832bd2.bundle");
        m_UnityWebRequestFile.downloadHandler = new DownloadHandlerFile($"{Application.
            persistentDataPath}/29000eddd0305ac507a98a9578832bd2.bundle");
        yield return m_UnityWebRequestFile.SendWebRequest();
        if (m_UnityWebRequestFile.result== UnityWebRequest.Result.Success)
        {
            Debug.Log("下载成功");
        }
        else
        {
            Debug.LogError("下载失败 HTTP Error: " + m_UnityWebRequestFile.error);
        }
        Close();
    }

    private void Update()
    {
        if (m_UnityWebRequestFile != null)
        {
            Debug.Log($"下载进度:{m_UnityWebRequestFile.downloadProgress} 已下载大小:
                {m_UnityWebRequestFile.downloadedBytes}");
        }
    }

    void Close()
    {
        m_UnityWebRequestFile?.Dispose();
        m_UnityWebRequestFile = null;
    }

    private void OnDestroy()
    {
        Close();
    }
}
```

11.1.3 验证文件

商业游戏中通常需要提供一个文件下载列表，由于 CDN 不好处理同名文件，因此主流的做法是将文件名改成和它自身的 MD5 一样的名称。只要文件内容有变化，它自身的 MD5 就会改变，此时需要将文件名修改成和新的 MD5 一样的名称，这样能保证 CDN 上传的文件不存在重名的问题。

文件下载也需要考虑很多问题，比如下载的文件不全，或者文件被用户手动破坏。通常的做法是在上传前将文件 MD5 和文件大小保存起来。用户下载完成后，需要检查当前下载的文件大小和 MD5 是否与 CDN 上的一致。由于在设备中获取 MD5 比较慢，因此通常只会比较文件大小。如果下载前后出现不一致，那么程序需要将本地的文件删除，然后再重新下载，如代码清单 11-4 所示。

代码清单 11-4 Script_11_04.cs 文件

```
public class Script_11_04 : MonoBehaviour
{
    void Start()
    {
        string path = $"{Application.persistentDataPath}/29000eddd0305ac507a98a9578832bd2.bundle";
        string name = Path.GetFileNameWithoutExtension(path);
        string md5 = GetMD5(path);
        long fileSize = GetSize(path);
        Debug.Log($"{name} {md5} {fileSize}");
    }

    // 获取 MD5
    public string GetMD5(string filename)
    {
        using (var md5 = MD5.Create())
        {
            using (var stream = File.OpenRead(filename))
            {
                var hash = md5.ComputeHash(stream);
                return BitConverter.ToString(hash).Replace("-", "").ToLowerInvariant();
            }
        }
    }

    // 获取文件大小
    public long GetSize(string filename)
    {
        return new FileInfo(filename).Length;
    }
}
```

11.1.4 DownloadHandlerScript

前面使用的 DownloadHandlerFile 虽然好用，但是它将核心的下载步骤以及文件写入隐藏起来了。如果需要更灵活地控制，那么可以使用 DownloadHandlerScript 来全面接管下载的状态。

如代码清单 11-5 所示，创建一个类继承 DownloadHandlerScript，然后手动创建 FileStream 流来写入下载文件并设置下载 Buffer 的大小，在 ReceiveData 中根据下载的内容一点儿一点儿地写入到下载文件中，直到 CompleteContent 标记下载完成。

代码清单 11-5　CustomDownloadHandler.cs 文件

```
public class CustomDownloadHandler : DownloadHandlerScript
{
    private FileStream m_fileStream;
    private int m_receiveLength = 0;
    private ulong m_ContentLength;
    public CustomDownloadHandler(string path,byte[] preallocatedBuffer) : base(preallocatedBuffer)
    {
        int size = preallocatedBuffer.Length;
        m_fileStream = new FileStream(path, FileMode.OpenOrCreate, FileAccess.Write,
            FileShare.ReadWrite, size);
    }
    protected override bool ReceiveData(byte[] data, int dataLength)
    {
        if (data == null || data.Length < 1)
        {
            return false;
        }
        m_receiveLength += dataLength;
        m_fileStream.Write(data, 0, dataLength);
        return true;
    }

    protected override float GetProgress()
    {
        return (float)m_receiveLength / (float)m_ContentLength;
    }
    protected override void ReceiveContentLengthHeader(ulong contentLength)
    {
        m_ContentLength = Math.Max(0, contentLength);
    }

    protected override void CompleteContent()
    {
        Dispose();
    }

    new public void Dispose()
    {
        if (m_fileStream != null)
        {
            m_fileStream.Dispose();
            m_fileStream = null;
        }
        base.Dispose();
    }
}
```

　　如代码清单 11-6 所示，只需将原本下载用的 `DownloadHandlerFile` 替换成新的 `CustomDownloadHandler` 即可，这样下载的完成步骤都是通过我们自己的代码实现的，而且还能设置并行下载的 Buffer 字节大小，非常灵活。

代码清单 11-6　Script_11_05.cs 文件

```
public class Script_11_05 : MonoBehaviour
{
    UnityWebRequest m_UnityWebRequestFile;
    IEnumerator Start()
    {
```

```
// 下载二进制文件
m_UnityWebRequestFile = UnityWebRequest.Get("https:// sss.net/android/
    29000eddd0305ac507a98a9578832bd2.bundle");
m_UnityWebRequestFile.downloadHandler = new CustomDownloadHandler($"{Application.
    persistentDataPath}/29000eddd0305ac507a98a9578832bd2.bundle",new byte[1024]);
yield return m_UnityWebRequestFile.SendWebRequest();
if (m_UnityWebRequestFile.result== UnityWebRequest.Result.Success)
{
    Debug.Log("下载成功");
}
else
{
    Debug.LogError("下载失败 HTTP Error: " + m_UnityWebRequestFile.error);
}
Close();
}

private void Update()
{
    if (m_UnityWebRequestFile != null)
    {
        Debug.Log($"下载进度:{m_UnityWebRequestFile.downloadProgress} 已下载大小:
            {m_UnityWebRequestFile.downloadedBytes}");
    }
}

void Close()
{
    m_UnityWebRequestFile?.Dispose();
    m_UnityWebRequestFile = null;
}

private void OnDestroy()
{
    Close();
}
}
```

11.1.5　控制下载速度

前面提到的方法都无法控制下载速度。如下列代码所示，在I/O空闲的时候，可以同时增加Unity-WebRequest的数量全速启动下载。

```
IEnumerator Start()
{
    for (int i = 0; i < 20; i++)
    {
    using (var request = UnityWebRequest.Get("https:// sss.net/android/{i}.bundle"))
    {
        request.downloadHandler = new DownloadHandlerFile($"{Application.persistentDataPath}/
            29000eddd0305ac507a98a9578832bd2.bundle");
        yield return request.SendWebRequest();
    }
    }
}
```

在玩游戏时，我们可能还有边玩边下载的需求，但这样全速下载容易造成I/O卡顿，影响游戏体验，所以有时候还需要限制下载速度。然而，Unity 并没有提供限制下载速度的方法，所以我们只能自己通过 C#底层方法来实现。

如代码清单 11-7 所示，原理就是开启一个多线程，在子线程中进行下载，限制每帧写入的字节数，并且让线程休眠达到限制下载速度的目的。下载完毕后再返回到主线程中，最终将下载结果返回给主线程。由于下载过程中可能存在取消的行为，因此需要接入 CancellationTokenSource，用来停止线程中的下载。

代码清单 11-7　DownloadHandler.cs 文件

```csharp
public class DownloadHandler
{
    public struct Result
    {
        public string error;
        public bool isHttpError => !string.IsNullOrEmpty(error);
    }

    // 默认线程睡眠时间
    static int DEFAULT_SLEEP_TIME = 33;
    // 默认下载速度
    static int DEFAULT_DOWNLOAD_SPEED = 1024;
    // 假设每秒 30 帧，计算出每帧需要分配的 Buffer 字节
    static byte[] DEFAULT_BUFFER = new byte[DEFAULT_DOWNLOAD_SPEED / 30 * 1024];
    static int DEFAULT_DOWNLOAD_TIMEOUT = 5; // 下载超时时间


    public event Action<Result> completed;
    public float Progress;
    public ulong DownloadedBytes;
    public bool IsDone;

    private string m_File;
    private string m_Url;
    private int m_SleepTime;
    private Result m_Result;
    private Stream m_Stream;
    private FileStream m_FileStream;
    private HttpWebRequest m_Request;
    private HttpWebResponse m_Response;
    private CancellationTokenSource m_Cts;

    // / <summary>
    // / 创建下载对象
    // / </summary>
    // / <param name="url">下载路径</param>
    // / <param name="file">保存路径</param>
    // / <param name="speed">每秒最大速度，以 KB 为单位</param>
    public DownloadHandler(string url, string file, int speed)
    {
        m_File = file;
        m_Url = url;
        m_SleepTime = (int)(DEFAULT_SLEEP_TIME * Mathf.Max(1, (float)DEFAULT_DOWNLOAD_SPEED / speed));
    }

    // 开始下载
    public void StartDownload()
    {
```

```
        Download();
    }
    // 停止正在下载的文件
    public void Dispose()
    {
        m_Cts?.Cancel();
        Close();
    }


    async void Download()
    {
        m_Cts = new CancellationTokenSource();
        CancellationToken token = m_Cts.Token;
        m_Result = default(Result);
        DownloadedBytes = 0;
        IsDone = false;
        await Task.Run(() =>
        {
            try
            {
                m_Request = (HttpWebRequest)WebRequest.Create(m_Url);
                m_Response = (HttpWebResponse)m_Request.GetResponse();
                long content = m_Response.ContentLength;
                m_Stream = m_Response.GetResponseStream();
                m_Stream.ReadTimeout = DEFAULT_DOWNLOAD_TIMEOUT * 1000;
                m_FileStream = new FileStream(m_File, FileMode.Create, FileAccess.Write,
                    FileShare.ReadWrite, DEFAULT_BUFFER.Length);
                int read = 0;
                while (!token.IsCancellationRequested &&
                    (read = m_Stream.Read(DEFAULT_BUFFER, 0, DEFAULT_BUFFER.Length)) > 0)
                {
                    DownloadedBytes += (ulong)read;
                    m_FileStream.Write(DEFAULT_BUFFER, 0, read);
                    Thread.Sleep(m_SleepTime);
                }
            }
            catch (WebException ex)
            {
                m_Result.error = ex.ToString();
            }
            finally
            {
                Close();
            }

        }, token);

        try
        {
            if (!token.IsCancellationRequested)
            {
                IsDone = true;
                completed?.Invoke(m_Result);
            }
        }
        catch (Exception ex)
        {
            Debug.LogError(ex.ToString());
        }
    }
```

11

```csharp
void Close()
{
    m_FileStream?.Dispose();
    m_Stream?.Dispose();
    m_Response?.Dispose();
    m_Cts?.Dispose();
    m_Cts = null;
    m_FileStream = null;
    m_Stream = null;
    m_Response = null;
    m_Request = null;
}
}
```

接下来就是使用的代码了。如代码清单 11-8 所示，调用 `StartDownload` 开始下载，监听 `completed` 下载完成事件，在下载过程中调用 `Dispose` 可以停止下载。

代码清单 11-8　Script_11_06.cs 文件

```csharp
public class Script_11_06 : MonoBehaviour
{
    DownloadHandler m_DownloadHandler;
    private void OnGUI()
    {
        if (GUILayout.Button("下载"))
        {
            string url = "https:// xxxxxxx.bundle";
            string file = Application.persistentDataPath + "/1.bundle";
            // 1024 表示每秒下载 1MB, 还可以传值 512 或者 256 让下载速度继续下降
            m_DownloadHandler = new DownloadHandler(url, file, 1024);
            m_DownloadHandler.StartDownload();
            m_DownloadHandler.completed += (info) =>
            {
                if (info.isHttpError)
                {
                    Debug.LogError(info.error);
                }
                else
                {
                    Debug.LogError("下载完成");
                }
            };
        }
        if (GUILayout.Button("取消下载"))
        {
            m_DownloadHandler?.Dispose();
        }
    }
}
```

11.2　Socket

Unity 并没有对 TCP 和 UDP 进行封装，如果需要建立长连接，那么需要使用 C#的 Socket。为了方便学习前后端的连接，需要在客户端本地模拟一个服务器。如代码清单 11-9 所示，通过 IP 和端口创建一个 `TcpListener` 对象，然后启动线程来接收客户端消息。`TcpListener.AcceptSocket()`

可以获取当前连接服务器的客户端，本例在收到客户端消息后会将消息返回给当前的客户端。

代码清单 11-9 TcpServer.cs 文件

```csharp
public class TcpServer
{
    private byte[] m_Buffer = new byte[1024 * 1024];
    private TcpListener m_TcpListener;
    private Socket m_Client;
    // 启动服务器
    public void Run(string address, int port)
    {
        m_TcpListener = new TcpListener(IPAddress.Parse(address), port);
        m_TcpListener.Start();
        // 启动线程来接收客户端消息
        ThreadPool.QueueUserWorkItem(Receive, null);
    }

    void Receive(object state)
    {
        m_Client = m_TcpListener.AcceptSocket();
        while (true)
        {
            int received = m_Client.Receive(m_Buffer);
            if (received > 0)
            {
                // 收到客户端消息后，再将消息返回给客户端
                string msg = Encoding.UTF8.GetString(m_Buffer, 0, received);
                Debug.Log($"服务端收到 {msg}");
                SendBackClient(msg);
            }
        }
    }

    void SendBackClient(string text)
    {
        Debug.Log($"服务端发送 {text}");
        m_Client.Send(Encoding.UTF8.GetBytes(text));
    }
}
```

如代码清单 11-10 所示，客户端的代码和服务器类似，首先需要通过 IP 和端口来连接服务器，连接成功后即可启动线程 ThreadPool.QueueUserWorkItem 来接收服务器发来的消息，连接建立后，调用 Socket.Send 就可以发送消息了。

代码清单 11-10 TcpClient.cs 文件

```csharp
public class TcpClient
{
    public Action OnConnected;
    private Socket m_Socket;
    private byte[] m_Buffer = new byte[1024 * 1024];
    public void Connect(string ip, int port)
    {
        IPAddress ipaddress = IPAddress.Parse(ip);
        m_Socket = new Socket(AddressFamily.InterNetwork, SocketType.Stream, ProtocolType.Tcp);
        m_Socket.BeginConnect(ipaddress, port, new AsyncCallback(Connected), m_Socket);
    }
```

```
void Connected(IAsyncResult iar)
{
    Socket client = (Socket)iar.AsyncState;
    client.EndConnect(iar);
    OnConnected?.Invoke();
    ThreadPool.QueueUserWorkItem(Receive, null);
}


void Receive(object state)
{
    while (true)
    {
        int received = m_Socket.Receive(m_Buffer);
        if (received > 0)
        {
            string msg = Encoding.UTF8.GetString(m_Buffer, 0, received);
            UnityEngine.Debug.Log($"客户端收到 {msg}");
        }
    }
}

public void Send(string text)
{
    UnityEngine.Debug.Log($"客户端发送 {text}");
    m_Socket.Send(Encoding.UTF8.GetBytes(text));
}
}
```

此时客户端和服务器的代码都已准备完毕,接下来就是调用它们的地方了。如代码清单 11-11 所示,本地启动模拟服务器,然后启动客户端来连接它,当连接成功后向服务器发送一条消息。

代码清单 11-11   Script_11_07.cs 文件

```
public class Script_11_07 : MonoBehaviour
{
    private void Start()
    {
        // 启动本地模拟服务器
        TcpServer tcpServer = new TcpServer();
        tcpServer.Run("127.0.0.1", 7756);

        // 启动本地客户端
        TcpClient tcpClient = new TcpClient();
        tcpClient.Connect("127.0.0.1", 7756);
        tcpClient.OnConnected = () =>
        {
            // 连接成功后发送消息
            tcpClient.Send("你好世界");
        };
    }
}
```

如图 11-4 所示,客户端发送消息后,服务器会在线程中获取,然后再将消息打包发送给客户端,客户端在自己的线程中又接收到了服务器发来的消息。

图 11-4　消息顺序

为了简单起见，上述代码只展示了连接、发送消息和接收消息，并没有处理如超时、断开、重连等异常情况，相关 API 可以查看 Socket.cs 类。

11.2.1　拼接包

上一节介绍了简单的字符串消息发送，但这样是有隐患的。虽然 TCP 可以保证包的顺序，但是不保证接收到的每个包的完整性，这就需要客户端进行拼接包了。出现这个问题的原因是发送的数据包过大或者过小。如果数据包过大，那么就无法一次发送，而要拆成多个包发出去；如果数据包过小，就要频繁地发送，浪费网络带宽，因此要等下一个包拼接到一起再统一发出去。图 11-5 所示的流程是为了验证消息包的完整性，需要在包头添加 4 字节来表示整个包的长度。收到消息后优先将头 4 字节取出来，再往后读取固定字节大小，如果长度不够，就从下一个包中继续读取。

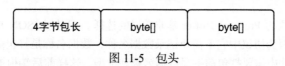

图 11-5　包头

如代码清单 11-12 所示，先将字符串数据转成字节数组，然后再获取字节数组长度，并通过 MemoryStream 将两个字节流合并，这样新字节流的前 4 字节就记录了整个包的长度。接下来在解包的时候通过 BinaryReader 先读 4 字节获取后续字节长度后，再读出来还原成原本的字符串信息。因为 TCP 会保证顺序，所以可以根据每次读的长度以及包的总长度来处理拼接。

代码清单 11-12　Script_11_08.cs 文件

```csharp
public class Script_11_08 : MonoBehaviour
{
    void Start()
    {
        byte [] array= Encode("你好世界! 你好世界2! 你好世界3");
        Debug.Log(Decode(array));
    }

    byte[] Encode(string text)
    {
        // 将字符串转成字节数组
        byte[] data = Encoding.UTF8.GetBytes(text);
        // 将字节长度转成字节数组
        byte[] head = BitConverter.GetBytes(data.Length);
        // 将包头长度和内容写入
        MemoryStream ms = new MemoryStream();
```

```
            ms.Write(head, 0, head.Length);
            ms.Write(data, 0, data.Length);
            return ms.ToArray();
    }

    string Decode(byte[] bytes)
    {
        MemoryStream outms = new MemoryStream();
        outms.Write(bytes, 0, bytes.Length);
        outms.Position = 0;
        BinaryReader binaryReader = new BinaryReader(outms);
        // 解包时先解开 4 字节长度
        int length = binaryReader.ReadInt32();
        // 再将后续字节解包
        byte[] less = binaryReader.ReadBytes(length);
        string msg = Encoding.UTF8.GetString(less, 0, less.Length);
        return msg;
    }
}
```

11.2.2　Protocol Buffer

发送网络消息时，使用的就是字节数组，早期游戏通常会使用 XML 和 JSON 来处理前后端请求。但还是不够方便，如果能把协议序列化/反序列化到具体的代码类中就方便了。这里大家可能会想到 Unity 自带的 JSON 序列化功能，但是不能手动写 C#来序列化类，而且服务器也不一定是使用 C#语言开发的。

目前来说，谷歌开源的 Protocol Buffer 是非常好的选择。相对于 JSON 和 XML，Protocol Buffer 占用的内容空间更小，因为协议中它不需要记录数据名称，数据名称是打包前根据 Protocol 文件提前生成的，而 Protocol 文件中需要打包前手写数据名称和类型，这样前后端根据相同的 Protocol 文件就可以确定字节流的排布，进而按照字节流的顺序反序列化成使用的类。

如图 11-6 所示，首先需要定义 Protocol 协议文件，Person 和 Child 就是声明的协议类，协议支持嵌套。每个字段前可以声明 required（必须存在的字段）、optional（可有可无的字段）和 repeated（可循环字段）。

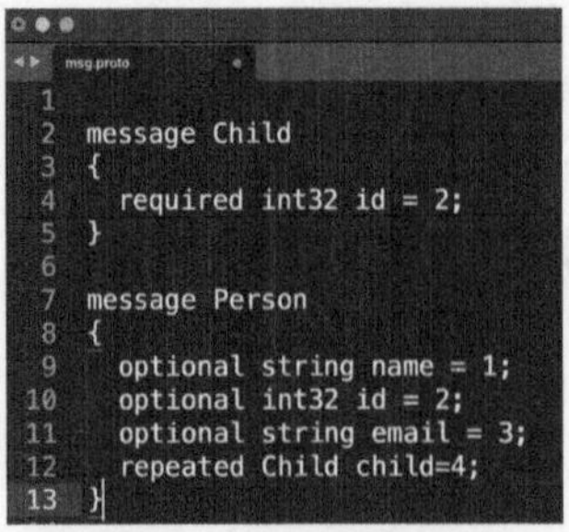

图 11-6　协议文件

接下来下载.protos 生成类的工具和运行时序列化和反序列化的工具，目前的最新版本是 Protocol Buffers v21.10。

如图 11-7 所示，下载当前开发计算机系统的对应版本。由于我的计算机使用的是 macOS 系统，因此下载的是 protoc-21.10-osx-universal_binary.zip。如果是 Windows 系统，则首先下载 protoc-21.10-win64.zip 文件，然后下载 Source code.zip 文件。

如图 11-8 所示，解压 protoc-21.10-osx-universal_binary.zip 后，将刚刚写的 msg.proto 文件复制到 bin 目录中。打开终端命令行窗口执行命令，先执行 cd 命令进入文件目录，然后执行 protoc 命令将 bin 目录下的所有 .proto 文件生成到 bin 目录下对应的 cs 代码中。bin 目录中的 Msg.cs 就是最终生成的代码，将它复制到 Unity 中就可以使用了。

```
cd protoc-21.10-osx-universal_binary
bin/protoc --csharp_out=./bin/ ./bin/*.proto
```

图 11-7　下载工具　　　　　　　　　　　　　　　　图 11-8　执行工具

如图 11-9 所示，继续解压 protobuf-21.10.zip，然后将 csharp/src/Google.Protobuf 目录下的所有代码复制到 Unity 中的 Plugins 目录下。最后在 Unity 安装目录中将 Unity.app/Contents/MonoBleedingEdge/lib/mono/msbuild/Current/bin/Roslyn/System.Runtime.CompilerServices.Unsafe.dll 也复制到 Plugins 目录中。

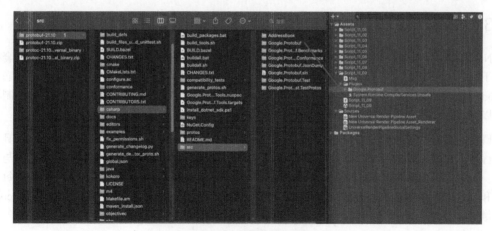

图 11-9　复制库文件

如图 11-10 所示，在 PlayerSetting 中勾选 Allow 'unsafe' Code 表示启动不安全代码。

图 11-10　启动不安全代码

如代码清单 11-13 所示，类对象构造完毕后调用 person.ToByteArray();就可以转成字节数组，然后通过 Socket 发送给对方。对方收到字节数组后，Person.Parser.ParseFrom(datas)就可以还原成使用的类了。

代码清单 11-13 Script_11_09.cs 文件

```csharp
public class Script_11_09 : MonoBehaviour
{
    void Start()
    {
        Person person = new Person();
        person.Name = "雨松momo";
        person.Id = 2;
        person.Email = "xxxx@gmail.com";
        person.Chile.Add(new Child() { Id = 2 });
        person.Chile.Add(new Child() { Id = 3 });

        // 将类对象序列化成字节数组
        byte[] datas = person.ToByteArray();


        // 将字节数组反序列化成类对象
        Person person2 = Person.Parser.ParseFrom(datas);
        Debug.Log(person2.Name);
        Debug.Log(person2.Id);
        Debug.Log(person2.Email);
        Debug.Log(person2.Chile[1].Id);
    }
}
```

11.3 Netcode

Netcode 的前身是 UNET 和 MLAPI，它是 Unity 提供的高级网络库，前面介绍过的 Socket 套接字是基于底层的网络协议。前后端传递的是基础的字节流，获取字节流后才能还原游戏对象的状态。而 Netcode 可以将 Unity 项目部署在服务器中，而且支持前后端 RPC 调用，这样通过代码直接控制状态就可以进行前后两端的同步。

既然在服务器中部署了 Unity，那么处理前后端同步角色动画以及物理产生的位置变化就具有天然的优势。它的原理是一台机器是主机+客户端，其他的机器通过连接主机进行网络交互就能与状态同步。主机的压力显然非常大。Netcode 支持将主机部署在专业服务器（如云主机）上，这样每台客户端和专业服务器的连接就流畅多了。所以开房间类的游戏和局域网游戏都非常适合使用 Netcode，但是像大世界 MMO 这种游戏就不适合了。

传统的商业游戏网络一般是基于 C/S 架构的，前后端的开发是完全分开的，分为客户端团队和服务器团队，前后端通过网络消息进行交互。服务器还会根据存储功能和网络连接功能进一步拆分为登录服务器、聊天服务器、场景服务器、跨服服务器、分线服务器等。

但是，鉴于一些小团队不具备服务器开发的能力，又或者游戏以单机为主，联网只是辅助功能，那么 Netcode 目前必然是最佳选择。如图 11-11 所示，打包的时候服务端选择 Dedicated Server（专用服务器），对应平台可以选择 Linux、Windows 和 macOS，这样很容易就能构建出一个服务端程序，最后上传到云主机就可以使用了。

图 11-11　服务器打包

服务器构建完毕后，如果对应平台是 Windows，那么将构建的 EXE 文件上传到云厂商中，并运行这个 EXE 文件即可。游戏内可以配置端口，云主机会提供 IP，这样通过"IP+端口"的形式就可以让每台客户端连接它了。前后端交互采用 RPC 或者网络变量同步的方式，Netcode 还提供了位置组件、动画组件和寻路组件，比如在服务器上修改角色的坐标、动画，几乎可以无感地同步到每台客户端上。

每台云主机可以根据机器性能同时开启多个服务器，可设置成 IP 相同但端口不同。这就存在另一个问题了：客户端如何找到对应的房间号（IP 端口）？所以必然还需要一个匹配服务器以及用户数据库。用户通过匹配服务器找到最适合的 IP 端口进入房间开始游戏，游戏结束以后还需要将用户的名称、等级、分数等信息再写入数据库中。

当然，前后端使用一套工程代码资源还存在一些优化上的问题，服务端程序不需要客户端的资源，提交到云主机上容易造成资源的浪费。而且前后端在使用一套代码编译客户端后，通过反编译的手段可以查看到服务器对应程序的后门，容易造成外挂漏洞，以及服务器客户端同时进行资源代码热更的问题。请大家暂时先对网络库有一个简单的认识，后面我会循序渐进地分享这方面的知识。

11.3.1　托管服务器

如图 11-12 所示，客户端 Host 表示这既是客户端也是主机，互联网上的其他客户端需要根据它的"IP+端口"进行连接。它的优点是成本低，完全不需要服务器的托管费用；缺点也显而易见，那就是主机网络不稳定的话就会影响到每台客户端，容易出现外挂。客户端托管服务器同样适用于局域网。

如果采用客户端托管服务器，就存在一个问题：其他客户端如何找到主机的 IP 和端口？主机所在的路由器可能有防火墙的功能，这样其他客户端是无法连接的。此时就衍生出了另一种方案：中继服务器（Relay server）。如图 11-13 所示，主机同样是连接客户端和服务器，只是消息需要通过中继服务器进行转发，其他客户端也只与中继服务器交互。这种方案与云主机服务器方案的区别是，服务器只做数据的转发，并没有实际的计算，总的成本远低于独立云服务器的方案。

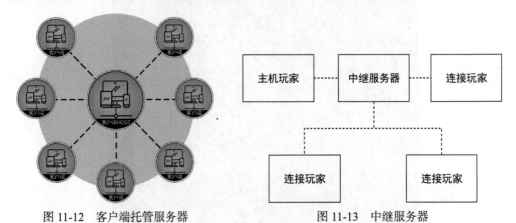

图 11-12 客户端托管服务器   图 11-13 中继服务器

使用中继服务器后，无须担心 IP 问题和防火墙问题。由于中继服务器网络比较稳定，因此每台客户端的网络体验也比使用主机的方式好。中继服务器也是要放在独立服务器中的，Unity 为这一步提供了免费的解决方案，只需接入 Realy Server SDK 即可实现。目前，中继服务器在全球有 4 个区域可以选择：东南亚（新加坡）、西欧（伦敦）、美国东部（北弗吉尼亚）和美国中部（艾奥瓦州）。如果国内的小伙伴觉得网络不好，就得自己实现转发服务器了。上传国内的云服务器负责转发，原理其实都是类似的。MLAPI 的作者也开源了一套中继服务器的方案，有兴趣的小伙伴可以自行查阅。

如图 11-14 所示，将专用游戏服务器放在云主机上，其他客户端通过"IP+端口"进行连接，这样服务器的网络是相对稳定的，每台客户端也有比较好的游戏体验。专用服务器同样适用于局域网。

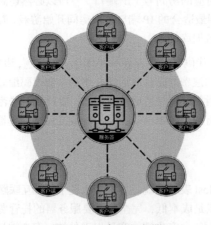

图 11-14 专用服务器

除了中继服务器，Unity 还提供了免费的大厅服务器（Lobby server）。大厅服务器可以和中继服务器搭配使用，大厅服务器负责创建房间之间的一些共享数据。如图 11-15 所示，进入游戏后可以创建房间或者加入房间，当前房间列表、房间名称、房间 IP、玩家数量等信息都是保存在大厅服务器中的。

如图 11-16 所示，当玩家进入房间后，就已经和中继服务器进行连接了。每台客户端会将自己的信息发给主机，主机再通过中继服务器转发给每台客户端，这样每台客户端就能看到房间玩家的进入、退出等一切变化信息了。最后每台客户端点击准备按钮，主机开始进入游戏。

图 11-15　大厅服务器

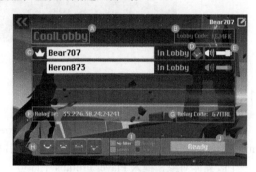

图 11-16　房间加入

大厅服务器和中继服务器目前都是免费提供的，开发者只需要接入 SDK 就可以使用，详细内容请查阅相关文档。

11.3.2　UNet 与 Netcode 的区别

Netcode 的前身是 MLAPI，使用上 UNet 与 MLAPI 的功能是一样的，但是从性能易用性的角度来说，Netcode 是 UNet 的替代者。UNet 又分成两部分，即 Low-Level API（LLAPI）和 High-Level API（HLAPI）。

LLAPI 表示最底层的传输，它使用 UDP 协议，基于 UDP 开发了一套可靠的消息机制。使用 UDP 的好处是，开发者可以指定哪些消息需要是可靠消息，哪些消息可以不可靠，比如玩家的坐标，即使中间丢了一两个包也没什么影响。

在 LLAPI 上需要一套游戏对象同步方案，比如玩家加入房间以后，会在服务器中创建玩家，再将游戏对象同步给每台客户端，这样其他客户端就能看到这个玩家了。之前 UNet 采用的是 HLAPI，现在则是由 Netcode 来代替它。

Netcode 支持的平台包括 Windows、macOS、Linux、iOS 和 Android。图 11-17 展示了如何在 Package Manager 中安装 Netcode for GameObjects。

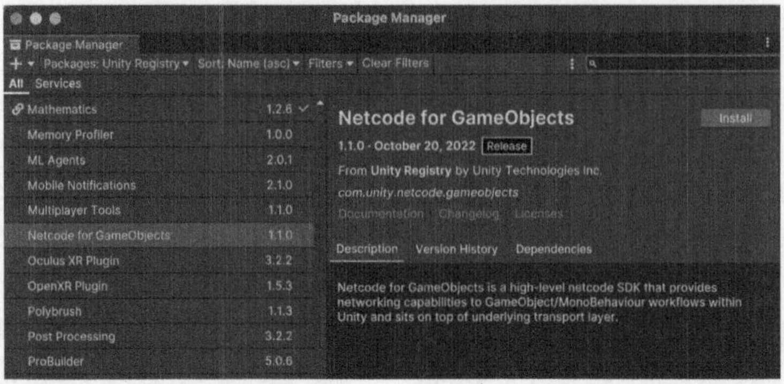

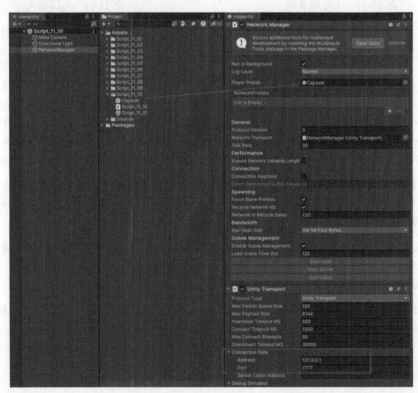

图 11-17　安装 Netcode

11.3.3　前后端同步

如图 11-18 所示，首先创建 `NetWorkManager` 游戏对象并绑定 `NetWorkManager` 脚本，在 UnityTransport 中可以配置连接服务器的 IP 和端口。接着创建任意 Prefab 标记控制的角色。这里创建了一个胶囊体对象，拖入 Player Prefabs 中即可。

图 11-18　连接

如图 11-19 所示，给胶囊体对象绑定 Network Object，标记它是网络对象。它会根据输入的 Prefab 来计算哈希值。哈希值是前后端进行数据同步的基础，比如服务器可以使用一个空的游戏对象（服务器并不需要显示），客户端可以使用一个资源丰富的显示对象，只要它们的哈希值一样就可以进行同步。

图 11-19　网络对象

如代码清单 11-14 所示，创建脚本用于启动服务器和客户端，其中 StartHost 表示自身既是服务器也是客户端。

代码清单 11-14　Script_11_10.cs 文件

```
public class Script_11_10 : MonoBehaviour
{
    private void OnGUI()
    {
        if (!NetworkManager.Singleton.IsClient && !NetworkManager.Singleton.IsServer)
        {
            // Host 表示当前运行服务器+客户端
            if (GUILayout.Button("<size=50>Host</size>")) NetworkManager.Singleton.StartHost();
            // Client 表示当前只运行客户端
            if (GUILayout.Button("<size=50>Client</size>")) NetworkManager.Singleton.StartClient();
            // Server 表示当前只运行服务器
            if (GUILayout.Button("<size=50>Server</size>")) NetworkManager.Singleton.StartServer();
        }
        else if (NetworkManager.Singleton.IsClient)
        {
            GUILayout.Label("<size=50>I am Client!</size>");
        }
        else if (NetworkManager.Singleton.IsServer)
        {
            GUILayout.Label("<size=50>I am Server!</size>");
        }
    }
}
```

为了测试，需要将当前工程打包，这里是打包成 Mac 程序。运行后，一个启动服务器，一个启动客户端，因为它们设置的 IP 和端口一致，所以客户端可以直接连上服务器。服务器并不会自动创建 Player Prefab 对象，因为客户端连上客户端会创建 Player Prefab 对象，只是在服务器这边能看到它而已，如图 11-20 所示。

11

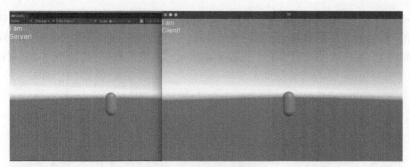

图 11-20 网络对象同步

11.3.4 软连接

通过上一个例子可以发现,每次测试都需要构建一个 App 包,非常麻烦。好在,只要添加软连接双开 Unity 并且打开相同的项目,就能方便调试了。如下列代码所示,假设项目工程是 11,接着创建一个名为 11_1 的空文件夹,在终端中使用 ln -s [源路径] [目标路径]。

```
ln -s 11/Assets 11_1/Assets
ln -s 11/packages 11_1/packages
ln -s 11/ProjectSettings 11_1/ProjectSettings
```

不能将顶层文件夹进行软连接。如图 11-21 所示,因为每个项目的 Library 目录都是自动生成的,所以必须单独外连 Assets、packages 和 ProjectSettings 这 3 个目录。

图 11-21 软连接

如图 11-22 所示,软连接创建完毕后就可以双开 Unity 了。因为两个工程指向的文件地址是相同的,所以修改其中一个,另外一个也会跟着变,测试起来就方便多了。

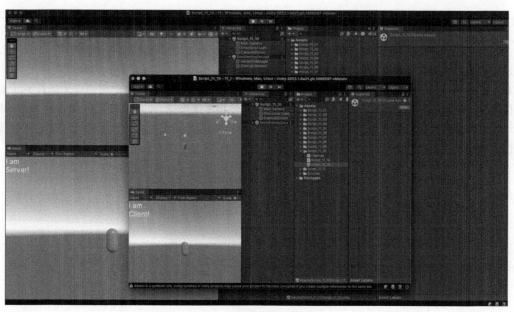

图 11-22 双开 Unity

如图 11-23 所示，双开 Unity 后在各自的工程中选择 NetworkManager，在 Inspector 面板上就可以启动服务器或者客户端了。

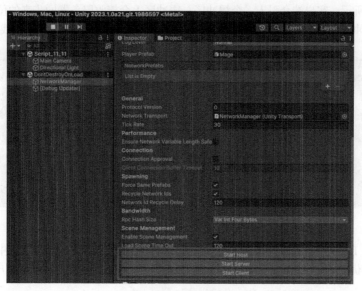

图 11-23 启动服务

注意，在 Windows 中可以使用 mklink 来制作软连接，操作方法类似 mklink [目标路径] [源路径]，可以看到 Windows 中参数的顺序和 macOS 中是相反的。

11.3.5 同步坐标

同步坐标的行为必须发生在服务端，如果移动的行为发生在客户端，则会产生外挂。如图 11-24 所示，需要给网络对象绑定 Network Transform 脚本，其中 Syncing（见❶）表示需要同步的坐标、旋转和缩放的轴。Thresholds（见❷）表示阈值，当移动、旋转和缩放超过一定阈值后才能真正同步位置信息。Configurations（见❸）下的 In Local Space 表示使用本地坐标，也就是 Local Position。Interpolate 表示修改位置后其他客户端并非直接同步最终位置，而是插值移动最终位置，这样可以避免网络抖动时位置移动不流畅。

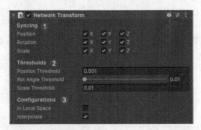

图 11-24　同步坐标

移动的行为发生在服务器中。虽然服务器中可能是每帧平滑地设置坐标，但是到客户端就不一定是平滑的了。很可能一帧收到了服务器中好几帧的结果，如果客户端使用最终的值，那么角色移动肯定就会抖动。

如图 11-25 所示，客户端会引入一个缓冲区，缓冲区上会接收服务器同步来的位置并且排好序。客户端每帧从缓冲区上取 1 帧的结果，然后同步。这样即使网络有短时间的抖动，游戏体验也会很流畅。

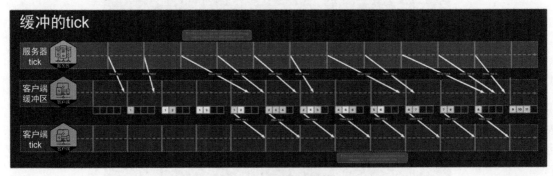

图 11-25　客户端插值

如代码清单 11-15 所示，因为修改坐标的行为必须发生在服务器中，所以让其中一个工程连接主机。点击空格键获取当前连接的所有客户端，然后随机修改它们的坐标并且同步客户端。

代码清单 11-15 Script_11_11.cs 文件

```
public class Script_11_11 : MonoBehaviour
{
    private void Update()
    {
```

```
    // 当前如果是主机
    if (NetworkManager.Singleton.IsHost)
    {
        if (Input.GetKeyUp(KeyCode.Space))
        {
            // 遍历服务器中连上的所有客户端
            foreach (var clientiD in NetworkManager.Singleton.ConnectedClientsIds)
            {
                // 随机移动坐标
                var networkObject = NetworkManager.Singleton.SpawnManager.GetPlayerNetworkObject
                    (clientiD);
                networkObject.transform.position = UnityEngine.Random.insideUnitSphere * 3f;
            }
        }
    }
}

private void OnGUI()
{
    if (NetworkManager.Singleton.IsHost)
    {
        GUILayout.Label("<size=50>I am Host!</size>");
    }
    else if (NetworkManager.Singleton.IsClient)
    {
        GUILayout.Label("<size=50>I am Client!</size>");
    }
}
}
```

结果如图 11-26 所示。

图 11-26 同步坐标

除了同步坐标，还有物理系统，物理事件在传统 C/S 架构中其实挺麻烦的，但是在 Netcode 中非常容易。所有物理事件都运行在服务器中，只需定时同步坐标信息即可。如图 11-27 所示，给网络对象绑定 Network Rigidbody 组件。

图 11-27 绑定 Network Rigidbody 组件

如下列代码所示，只需要在服务器 RPC 中调用 `Rigidbody.MovePosition` 就可以自动同步给所有客户端了，`OnNetworkSpawn` 的意思是当 Player 被创建时调用。

```
Rigidbody m_Rigidbody;
public override void OnNetworkSpawn()
{
    base.OnNetworkSpawn();
    m_Rigidbody = GetComponent<Rigidbody>();
}
[ServerRpc]
public void MoveServerRpc(Vector3 pos)
{
    m_Rigidbody.MovePosition(pos);
}
```

还有动画组件，只需要绑定 NetworkAnimator 就可以了。在服务器 RPC 中执行动画播放，然后就会自动同步到每台客户端中。

```
[ServerRpc]
public void SetAnimServerRpc(bool play)
{
    var animator = GetComponent<Animator>();
    animator.SetBool("play", play);
}
```

11.3.6　服务器 RPC

RPC（Remote Procedure Call Protocol）即"远程过程调用协议"。它可以在两台机器中通过调用方法进行交互，代码写起来非常方便，而且并不需要关心底层数据如何传递。仍以同步坐标为例，客户端无法在本地设置坐标，它需要调用服务器 RPC 在服务器端设置坐标后再同步到自身以及第三方客户端中。如图 11-28 所示，对客户端来说，本地获取网络对象后直接调用服务器 RPC，这样它就会在服务器中执行。

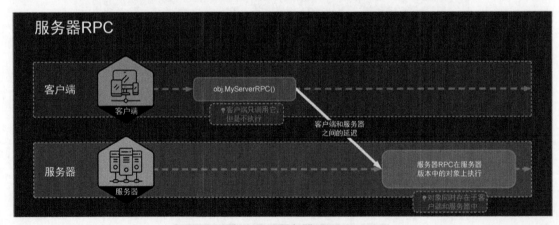

图 11-28　服务器 RPC

RPC 可以写在 NetworkBehaviour 中，并且方法名必须为 *XXX*ServerRpc 或者 *XXX*ClientRpc（以 ServerRpc 或 ClientRpc 结尾），不然会报错。如图 11-29 所示，将 RPC 脚本绑定给网络对象。

图 11-29　绑定脚本

如代码清单 11-16 所示，因为前后端代码是一套的，所以需要标记哪些需要在服务器中执行，哪些需要在客户端中执行。[ServerRpc]表示代码在服务器中执行，这样客户端只需要调用这个方法，这个方法就会在对应的服务器中执行。RequireOwnership=false 表示任意客户端都可以调用服务器的 RPC 方法，ServerRpcParams 则会记录每台客户端调用的状态，这样就可以在服务端区分具体是哪台客户端调用了 RPC。前面讲过，客户端不能修改角色的坐标，但是客户端可以调用服务器 RPC，这样就可以在服务器中修改坐标，然后自动同步给每台客户端。NetworkManager.ConnectedClients 可以获取当前连接的客户端，然后修改它的坐标就可以自动同步了。

代码清单 11-16　Script_11_12_RPC.cs 文件

```
public class Script_11_12_RPC : NetworkBehaviour
{
    [ServerRpc(RequireOwnership = false)]
    public void CallServerRpc(ServerRpcParams serverRpcParams = default)
    {
        var clientId = serverRpcParams.Receive.SenderClientId;
        if (NetworkManager.ConnectedClients.ContainsKey(clientId))
        {
            var client = NetworkManager.ConnectedClients[clientId];
            client.PlayerObject.transform.position = Random.insideUnitSphere * 3f;
        }
    }
}
```

接下来就是客户端调用的地方了。如代码清单 11-17 所示，在 Update 中判断当前是不是在客户端中执行。然后监听是否按下空格键，接着调用当前客户端对应的服务器 RPC，最终在服务器中修改坐标后同步给所有客户端。

代码清单 11-17　Script_11_12.cs 文件

```
public class Script_11_12 : MonoBehaviour
{
    private void Update()
    {
        if (NetworkManager.Singleton.IsClient)
        {
            if (Input.GetKeyUp(KeyCode.Space))
            {
                NetworkManager.Singleton.LocalClient.PlayerObject.GetComponent
                    <Script_11_12_RPC>().CallServerRpc();
            }
        }
    }
}
```

通过这个例子可以发现,前后端 RPC 是非常简单的。如果通过原始的方法,则需要自己单独写发送和接收网络消息,收到消息后还得自己根据消息的内容来手动同步游戏对象。有了 Netcode,这一切都是完全自动的。

Netcode 还支持 Host 的方式,即客户端同时也是主机。如图 11-30 所示,这种模式下其他客户端执行服务器 RPC 时会发送到客户端 Host 虚拟的服务器中执行,然后将结果同步给第三方。

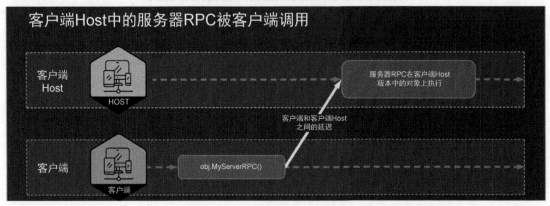

图 11-30　调用 RPC(一种情况)

还有一种情况,即在客户端 Host 调用服务器 RPC,如图 11-31 所示。因为它本身也是服务器,所以 RPC 会在自己的客户端虚拟的服务器中执行,然后将结果同步给第三方。

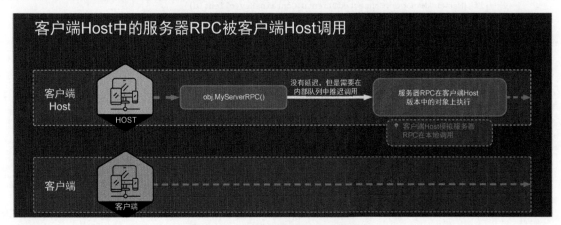

图 11-31　调用 RPC(另一种情况)

11.3.7　客户端 RPC

客户端 RPC 的调用是在服务器中发起的,它可以选择性调用连接的某台客户端,在对应客户端本地执行逻辑。如图 11-32 所示,服务器中只需获取对应客户端的网络对象,然后调用它的客户端 RPC 方法即可。

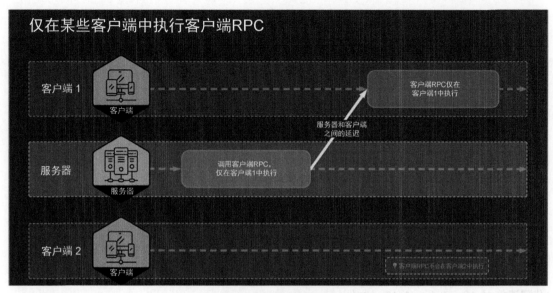

图 11-32　客户端 RPC

如图 11-33 所示，对应 Host 模式主机调用时，如果是调用自身的 RPC，就直接在本地完成；如果是调用其他客户端 RPC，则操作与图 11-32 类似。

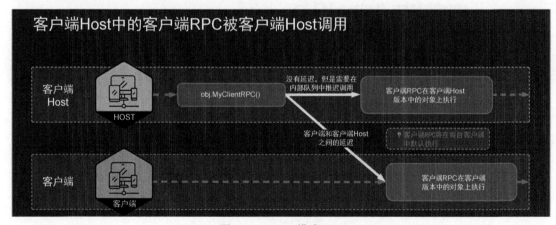

图 11-33　Host 模式 RPC

如代码清单 11-18 所示，客户端 RPC 发生在服务器中，调用时需要使用 `ClientRpcSendParams` 来指定客户端 ID，不然将在所有客户端中执行 RPC 代码。

代码清单 11-18　Script_11_13_RPC.cs 文件

```
public class Script_11_13_RPC : NetworkBehaviour
{
    [ServerRpc(RequireOwnership = false)]
    public void CallServerRpc(ServerRpcParams serverRpcParams = default)
    {
```

```
    // 调用客户端RPC需要指定客户端ID，不然将在所有客户端中执行
    ClientRpcParams clientRpcParams = new ClientRpcParams
    {
        Send = new ClientRpcSendParams
        {
            TargetClientIds = new ulong[] { serverRpcParams.Receive.SenderClientId }
        }
    };
    CallClientRpc(clientRpcParams);
}

[ClientRpc]
public void CallClientRpc(ClientRpcParams clientRpcParams = default)
{
    Debug.Log($"Call in Client");
}
}
```

如代码清单 11-19 所示，完整的流程是在客户端中触发服务器 RPC 调用，在服务器中获取调用它的客户端 ID，然后再通过 ClientRpcSendParams 来指定客户端 ID，最终客户端 RPC 就只会在特定的客户端中执行了。

代码清单 11-19　Script_11_13.cs 文件

```
public class Script_11_13 : MonoBehaviour
{
    private void Update()
    {
        if (NetworkManager.Singleton.IsClient)
        {
            if (Input.GetKeyUp(KeyCode.Space))
            {
                NetworkObject networkObject= NetworkManager.Singleton.LocalClient.PlayerObject;
                networkObject.GetComponent<Script_11_13_RPC>().CallServerRpc();
            }
        }
    }
}
```

通常，客户端 RPC 用于处理一些不需要同步给其他玩家的逻辑，因为它仅仅是在某台客户端本地执行的一段特殊代码。底层 LLAPI 基于 UDP 模式，内部同时实现了可靠与不可靠的协议支持，开发者只需标记一下即可，默认使用可靠的协议，但也可以选择不可靠的协议，代码如下所示。

```
[ServerRpc]
void MyReliableServerRpc() { /* ... */ }

[ServerRpc(Delivery = RpcDelivery.Unreliable)]
void MyUnreliableServerRpc() { /* ... */ }

[ClientRpc]
void MyReliableClientRpc() { /* ... */ }

[ClientRpc(Delivery = RpcDelivery.Unreliable)]
void MyUnreliableClientRpc() { /* ... */ }
```

因为 RPC 必须基于 NetworkObject 对象，所以如果选择可靠协议，那么相同 NetworkObject 对象的 RPC 调用顺序是可以保证的。但不同 NetworkObject 对象之间由于执行的顺序不同，因此调

用的顺序不一定能保证。网络断开时 RPC 是不会被调用的，而且即使网络恢复也不会被调用。如下列代码所示，如果两端在 RPC 调用的时候需要监听对方的返回值，那么可以使用 RpcResponse 来配合协程任务。

```
public IEnumerator MyRpcCoroutine()
{
    RpcResponse<float> response = InvokeServerRpc(MyRpcWithReturnValue, 100, 200);

    while (!response.IsDone)
    {
        yield return null;
    }
    Debug.Log(response.Value);
}

[ServerRPC]
public float MyRpcWithReturnValue(float x, float y)
{
    return x + y;
}
```

11.3.8　网络变量

通过前面对 RPC 的学习，我们明白了网络参数可以通过 RPC 的形式在前后端同步。但是 RPC 传递参数有个问题，那就是它只是一瞬间的值，而像角色的 HP 或者 MP 血量，明显是需要长期保存的数值。此外，RPC 调用时客户端有可能处于断开的状态，或者还没连接上。这样就会丢失消息。所以持续化的数据就不适合用 RPC 来同步了，此时需要使用网络变量。

如下列代码所示，通过 NetworkVariable<T> 就可以创建一个网络变量，通过泛型可以指定所有基础类型数据，在构造方法中可以指定初始值、客户端和服务器读写状态。

```
public NetworkVariable<Vector3> Position = new NetworkVariable<Vector3>(Vector3.zero,
NetworkVariableReadPermission.Everyone,NetworkVariableWritePermission.Server);
```

除了基础类型，网络变量还支持数组类型和字典类型。

❑ 基础类型：NetworkVariable<T>
❑ 数组类型：NetworkList<T>
❑ 字典类型：NetworkDictionary<T,U>

如代码清单 11-20 所示，由于场景中自己和第三方都会绑定这个脚本，因此在 Update 中监听按键时要通过 IsOwner 来判断当前控制的是不是自己。通过方向键调用服务器 RPC 来修改坐标，通过空格键调用服务器 RPC 来修改网络变量。而血量变化不仅要刷新自己的，还要刷新第三方用户的，所以它不需要用 IsOwner 来判断。

代码清单 11-20　Script_11_14_RPC.cs 文件

```
public class Script_11_14_RPC : NetworkBehaviour
{
    public TextMesh TextMesh;
    public NetworkVariable<int> HP = new NetworkVariable<int>(0,NetworkVariableReadPermission.
        Everyone,NetworkVariableWritePermission.Server);
```

```
[ServerRpc]
public void CallServerRpc(Vector3 position)
{
    transform.position += position;
}


[ServerRpc]
public void CallHPServerRpc(int hp)
{
    HP.Value = hp;
}


private void Update()
{
    // 在本地客户端中控制移动或控制减少血量（HP）
    if (IsOwner)
    {
        Vector3 move = new Vector3(Input.GetAxis("Horizontal"), Input.GetAxis("Vertical"), 0);
        if (move != Vector3.zero)
        {
            CallServerRpc(move * Time.deltaTime);
        }

        if (Input.GetKeyUp(KeyCode.Space))
        {
            CallHPServerRpc(HP.Value - 1);
        }
    }
    // 血量变化不仅要刷新自己的，也要刷新其他玩家的
    TextMesh.text = HP.Value.ToString();
}
```

如代码清单 11-21 所示，在启动类中需要监听客户端连接成功的事件，可以设置它的初始坐标和初始血量。因为初始化只能在服务器中运行，所以需要通过 IsServer 变量来判断。

代码清单 11-21 Script_11_14.cs 文件

```
public class Script_11_14 : MonoBehaviour
{
    private void Start()
    {
        NetworkManager.Singleton.OnClientConnectedCallback += OnClientConnectedCallback;
    }


    void OnClientConnectedCallback(ulong id)
    {
        if (!NetworkManager.Singleton.IsServer) return;
        var networkObject = NetworkManager.Singleton.SpawnManager.GetPlayerNetworkObject(id);
        var script = networkObject.GetComponent<Script_11_14_RPC>();
        script.transform.rotation = Quaternion.Euler(0f,-180f,0f);
        script.HP.Value = Random.Range(0, 100);
    }
}
```

如图 11-34 所示，两端可以任意控制角色移动和血量变化，然后会自动将结果同步给其他客户端。

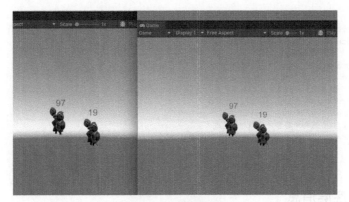

图 11-34　两端同步

11.3.9　网络场景

加载场景的行为既可以发生在客户端，也可以发生在服务器中。如果需要服务器加载场景，则表示它会将加载场景的行为同步给所有客户端。如图 11-35 所示，勾选 Enable Scene Management，Load Scene Time Out 表示加载场景的超时时间。

图 11-35　加载场景

如下列代码所示，调用 LoadScene 就可以切换场景了，使用起来和普通切换场景的方法类似。注意，客户端是不能发起网络切换场景行为的，客户端可以通过 RPC 在服务端执行切换场景的行为。场景切换完毕后会将所有客户端都同步切换到新场景中。

```
NetworkManager.Singleton.SceneManager.LoadScene("scene",LoadSceneMode.Single);
```

加载场景的行为在服务端发生，因此服务端和每台客户端都需要监听加载场景的行为事件，这样才能做出后续的处理逻辑。

```
// 监听事件
NetworkManager.Singleton.SceneManager.OnSceneEvent += SceneManager_OnSceneEvent;
private void SceneManager_OnSceneEvent(SceneEvent sceneEvent)
{
    switch (sceneEvent.SceneEventType)
    {
        case SceneEventType.Load:
            // 加载场景进行中，获取加载进度
            var asyncOperation = sceneEvent.AsyncOperation;
            break;
        case SceneEventType.Unload:
            // 开始卸载场景
            break;
        case SceneEventType.LoadComplete:
```

```
            // 加载场景完成
            break;
    case SceneEventType.UnloadComplete:
            // 卸载场景完成
            break;
    case SceneEventType.LoadEventCompleted:
            // 服务器和所有客户端都加载完成
            break;
    case SceneEventType.UnloadEventCompleted:
            // 服务器和所有客户端都卸载完成
            break;
    }
}
```

11.3.10   网络底层消息

Netcode 也支持网络底层消息。如图 11-36 所示，在一个简单的网络模型中，某台客户端将自己的行为发送给服务器后，服务器再将结果转发给所有客户端。

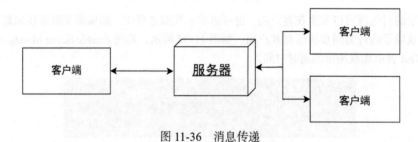

图 11-36   消息传递

如图 11-37 所示，我们制作了一个简单的聊天功能，每台客户端先将聊天内容发送给服务器，服务器再将聊天内容转发给其他客户端。

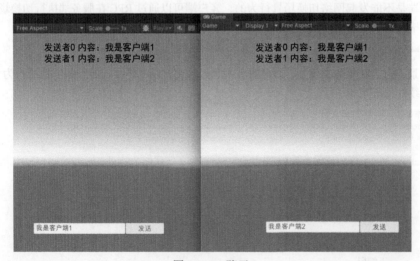

图 11-37   聊天

如代码清单 11-22 所示，使用 SendNamedMessageToAll 和 SendNamedMessage 就可以发送带名称的消息了，前者是给所有人发送，后者是给指定的客户端发送。然后再对应服务器和客户端使用 RegisterNamedMessageHandler 来监听具体消息的事件，通过 FastBufferWriter 和 FastBuffer-Reader 来传递底层消息的具体内容。

代码清单 11-22　Script_11_15.cs 文件

```
public class Script_11_15 : MonoBehaviour
{
    // 消息号：客户端向服务器发送聊天消息
    const string CS_MESSAGE = "CS_MESSAGE";
    // 消息号：服务器向客户端发送聊天消息
    const string SC_MESSAGE = "SC_MESSAGE";

    public InputField InputField;
    public Button Button;
    public Text Text;

    private void Start()
    {
        NetworkManager.Singleton.OnClientConnectedCallback += OnClientConnectedCallback;
        NetworkManager.Singleton.OnServerStarted += OnServerStarted;
    }

    void OnClientConnectedCallback(ulong id)
    {
        // 客户端连接到服务器后，服务器向客户端发送聊天消息
        if (NetworkManager.Singleton.LocalClientId == id)
        {
            NetworkManager.Singleton.CustomMessagingManager.RegisterNamedMessageHandler(SC_MESSAGE,
                OnClient);
            Button.onClick.AddListener(() =>
            {

                CallServerMessage(id,InputField.text);
            });
        }
    }

    void OnServerStarted()
    {
        NetworkManager.Singleton.CustomMessagingManager.RegisterNamedMessageHandler(CS_MESSAGE, OnServer);
    }

    public void CallServerMessage(ulong senderClientId,string text)
    {
        // 客户端点击按钮后向服务器发送消息
        FastBufferWriter writer = new FastBufferWriter(32, Allocator.Temp);
        if (NetworkManager.Singleton.IsHost)
        {
            // 如果是 Host 模式，就刷新自己并将消息发送给所有客户端
            writer.WriteValueSafe(senderClientId);
            writer.WriteValueSafe(text);
            Refreh(NetworkManager.ServerClientId, text);
            NetworkManager.Singleton.CustomMessagingManager.SendNamedMessageToAll(SC_MESSAGE, writer);
        }
        else if (NetworkManager.Singleton.IsClient)
        {
```

11

```
        // 如果是客户端，则只向服务器发送消息
        writer.WriteValueSafe(text);
        NetworkManager.Singleton.CustomMessagingManager.SendNamedMessage(CS_MESSAGE,
            NetworkManager.ServerClientId, writer);
    }
}


void OnServer(ulong senderClientId, FastBufferReader messagePayload)
{
    // 服务器收到某台客户端的消息后，将消息内容发给所有客户端
    string content = "";
    messagePayload.ReadValueSafe(out content);

    if (NetworkManager.Singleton.IsHost)
    {
        // 如果是 Host 模式，那么还要刷新自身 UI
        Refreh(senderClientId, content);
    }
    FastBufferWriter writer = new FastBufferWriter(32, Allocator.Temp);
    writer.WriteValueSafe(senderClientId);
    writer.WriteValueSafe(content);
    NetworkManager.Singleton.CustomMessagingManager.SendNamedMessageToAll(SC_MESSAGE, writer);
}

void OnClient(ulong senderClientId, FastBufferReader messagePayload)
{
    // 每台客户端收到消息后刷新自身 UI
    ulong sendId;
    string content = "";
    messagePayload.ReadValueSafe(out sendId);
    messagePayload.ReadValueSafe(out content);
    Refreh(sendId, content);
}

void Refreh(ulong senderClientId,string content)
{
    Text.text += $"发送者{senderClientId} 内容:{content}\n";
}
}
```

除了发送带名字的事件消息，Netcode 还可以使用 SendUnnamedMessage 和 OnUnnamedMessage 发送并监听不带名字的事件消息。这样所有消息就需要在消息体内定义一个类型，接收消息时可以判断具体类型后再执行后续逻辑，代码如下所示。

```
private void ReceiveMessage(ulong clientId, FastBufferReader reader)
{
    var messageType = (byte)0;
    reader.ReadValueSafe(out messageType);
    if (messageType == 0)
    {
        var data = (byte)0;
        reader.ReadValueSafe(out data);
        // 收到数据后执行逻辑
    }else if (messageType == 1) { }
}
```

11.3.11 FastBufferWriter 与 FastBufferReader

网络底层使用 FastBufferWriter 和 FastBufferReader 来进行写入和读取，它们内部使用的是非托管内存，所以不会产生 GC，效率非常高。另外，FastBufferWriter 和 FastBufferReader 要声明正确的字节长度。如下列代码所示，此时给 FastBufferWriter 分配了 4 字节长度，如果强行给它塞入 2 个 int 数据则会报错。使用 FastBufferReader 就可以读取数据，按照写入的顺序读取即可。

```
FastBufferWriter fastBufferWrite = new FastBufferWriter(4, Allocator.Temp);
fastBufferWrite.WriteValueSafe(15);
// fastBufferWrite.WriteValueSafe<int>(16);// error 超出 4 字节
FastBufferReader fastBufferReader = new FastBufferReader(fastBufferWrite, Allocator.Temp);
fastBufferReader.ReadValueSafe(out int a1);
Debug.Log(a1); // 输出 1
```

WriteValueSafe 方法每次写入的时候会判断是否可以写。还可以使用更基础的方法，如代码清单 11-23 所示，通过 INetworkSerializable 接口可以自定义序列化的内容，直接通过 fastBuffer-Write.WriteValue 就可以将数据写入。Unsafe.SizeOf<MyStruct>() 可以获取结构体的长度，但这里我们在结构体中保存了 string 类型数据，因为字符串长度是不定的，显然这样算出来的字节长度可能有误。此时运行程序没有报错，原因是它会对字符串分配一个默认长度，如果此时 t.str 中保存一个很长的字符串数据则会报错，所以保险的做法是手动算一下字符串的字节长度。

代码清单 11-23　Script_11_16.cs 文件

```
public class Script_11_16 : MonoBehaviour
{
    public struct MyStruct : INetworkSerializable
    {
        public float f;
        public bool b;
        public int i;
        public string str;
        public void NetworkSerialize<T>(BufferSerializer<T> serializer) where T : IReaderWriter
        {
            serializer.SerializeValue(ref f);
            serializer.SerializeValue(ref b);
            serializer.SerializeValue(ref i);
            serializer.SerializeValue(ref str);
        }
    }

    private void Start()
    {
        MyStruct t = default(MyStruct);
        t.f = 1;
        t.b = false;
        t.i = 2;
        t.str = "你好";

        FastBufferWriter fastBufferWrite = new FastBufferWriter(Unsafe.SizeOf<MyStruct>(), Allocator.Temp);
        fastBufferWrite.WriteValue(t);

        FastBufferReader fastBufferReader = new FastBufferReader(fastBufferWrite, Allocator.Temp);
        fastBufferReader.ReadValue(out MyStruct t2);
```

11

```
Debug.Log(t2.f);// 1
Debug.Log(t2.b);// false
Debug.Log(t2.i);// 2
Debug.Log(t2.str);// 你好
    }
}
```

　　虽然上述代码已经可以满足大部分需求，但其实 Netcode 还提供了一个优化的方法类。如下列代码所示，同样创建一个 4 字节的 FastBufferWriter，但是为什么这次能写入 4 个整型呢？4 × 4 应该是 16 字节才对，显然内存已经超载了。

```
FastBufferWriter fastBufferWrite = new FastBufferWriter(4, Allocator.Temp);
BytePacker.WriteValuePacked(fastBufferWrite, (int)1);
BytePacker.WriteValuePacked(fastBufferWrite, (int)2);
BytePacker.WriteValuePacked(fastBufferWrite, (int)3);
BytePacker.WriteValuePacked(fastBufferWrite, (int)4);

FastBufferReader fastBufferReader = new FastBufferReader(fastBufferWrite, Allocator.Temp);
ByteUnpacker.ReadValuePacked(fastBufferReader, out int a1);
ByteUnpacker.ReadValuePacked(fastBufferReader, out int a2);
ByteUnpacker.ReadValuePacked(fastBufferReader, out int a3);
ByteUnpacker.ReadValuePacked(fastBufferReader, out int a4);
Debug.Log(a1); // 输出 1
Debug.Log(a2); // 输出 2
Debug.Log(a3); // 输出 3
Debug.Log(a4); // 输出 4
```

　　BytePacker 会根据传入的数据大小进行打包。如果数据小于 255，则完全可以使用 byte 表示，这样只会占用 1 字节。所以上面的代码其实是将 int 转成 byte，这样才能写入 4 字节的 Buffer，而好处显然是可以节省网络流量。BytePacker 内部实现的原理如下所示。

```
private static void WriteUInt32Packed(FastBufferWriter writer, uint value)
{
    if (value <= 240)
    {
        writer.WriteByteSafe((byte)value);
        return;
    }
    if (value <= 2287)
    {
        writer.WriteByteSafe((byte)(((value - 240) >> 8) + 241));
        writer.WriteByteSafe((byte)(value - 240));
        return;
    }
    var writeBytes = BitCounter.GetUsedByteCount(value);

    if (!writer.TryBeginWriteInternal(writeBytes + 1))
    {
        throw new OverflowException("Writing past the end of the buffer");
    }
    writer.WriteByte((byte)(247 + writeBytes));
    writer.WritePartialValue(value, writeBytes);
}
```

11.3.12　网络连接事件

　　服务器知道每台客户端的连接与断开的事件，但是客户端只知道自己的网络连接与断开的事件。

服务器可以通过 ID 断开任意客户端，而客户端只能断开自己的连接。如下代码展示了可监听的网络事件。

```csharp
// 监听客户端连接成功事件
NetworkManager.Singleton.OnClientConnectedCallback += (id) =>
{
    Debug.Log($"OnClientConnectedCallback: {id}");
};
// 监听客户端断开连接事件
NetworkManager.Singleton.OnClientDisconnectCallback += (id) =>
{
    Debug.Log($"OnClientDisconnectCallback: {id}");
};
// 监听服务器启动事件
NetworkManager.Singleton.OnServerStarted += () =>
{
    Debug.Log($"OnServerStarted");
};
// 监听断开事件，而且是不可恢复的状态
NetworkManager.Singleton.OnTransportFailure += () =>
{
    Debug.Log($"OnTransportFailure");
};
// 客户端主动断开网络
NetworkManager.Singleton.Shutdown();

// 服务器断开某台客户端网络
NetworkManager.Singleton.DisconnectClient(client);
```

11.3.13 网络对象

网络对象可分为两种：一种是主角对象，整个游戏每台客户端的主角只能有一个对象；另一种是由主角产生的对象，比如由主角发射的子弹应该由主角对象来统一管理，产生的对象会随着角色掉线而被删除。

1. 主角对象

如图 11-38 所示，主角对象是 Player Prefab，只能设置一个主角对象。实际客户端显示的可能不一样，对服务器来说只需要一个标记位就可以，最多也就需要一个碰撞器。这样，不同客户端加载后可以将主角展示成不同的效果。

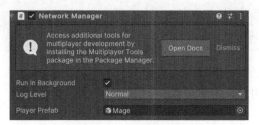

图 11-38　主角对象

2. 附加对象

附加对象是由主角产生的一些其他对象，如图 11-39 所示。无论是主角对象还是附加对象，都需

要绑定 Network Object 对象，这样所有客户端才能同步到。

如图 11-40 所示，如果希望服务器和客户端不一样（比如服务器是一个基础模型，客户端需要一个显示更丰富的模型），那么可以勾选 Override，这样服务器会使用 Child 原始 Prefab，而 Overriding Prefab 中才是每台客户端看到的模型。

图 11-39　其他对象　　　　　　　　　　　　图 11-40　覆盖对象

如下列代码所示，将服务器使用的 Prefab 拖入，在 ServerRpc 中实例化游戏对象，调用 Spawn 将网络对象同步到每台客户端中。

```
public NetworkObject prefab;

[ServerRpc]
public void SetBoxServerRpc()
{
    GameObject go = Instantiate(prefab.gameObject, Vector3.zero, Quaternion.identity);
    go.GetComponent<NetworkObject>().Spawn();
}
```

如图 11-41 所示，服务器中只需要一个基础的模型来做一些数据的同步，而客户端则需要一个丰富的模型来表现效果。

图 11-41　加载模型

如下列代码所示，使用 Despawn 可以进行删除操作。

```
var netObject = go.GetComponent<NetworkObject>();
netObject.Despawn();
```

调用 Spawn() 或 Despawn() 属于服务器的行为，假如客户端退出或者掉线，那么这个对象仍然会保留在服务器中。Netcode 还提供了网络对象所有者的概念，可以修改或添加网络对象的所有者，这样所有者退出后会自动删除它们。

```
GetComponent<NetworkObject>().ChangeOwnership(clientId);
GetComponent<NetworkObject>().RemoveOwnership();

// 所有者玩家对象
NetworkManager.Singleton.ConnectedClients[OwnerClientId].PlayerObject;
// 所有者玩家拥有的对象
NetworkManager.Singleton.ConnectedClients[OwnerClientId].OwnedObjects;
```

11.3.14　隐藏与显示

隐藏与显示同样需要发生在服务端。如下列代码所示，我们指定隐藏除了自己以外的所有客户端，只需提供正确的 ID 即可。

```
[ServerRpc]
public void HideServerRpc()
{
    foreach (var item in NetworkManager.Singleton.ConnectedClients)
    {
        if (item.Key != OwnerClientId)
        {
            this.NetworkObject.NetworkHide(item.Key);
        }
    }
}
[ServerRpc]
public void ShowServerRpc()
{
    foreach (var item in NetworkManager.Singleton.ConnectedClients)
    {
        if (item.Key != OwnerClientId)
        {
            this.NetworkObject.NetworkShow(item.Key);
        }
    }
}
```

如果想在创建的时候就直接不对某些客户端显示可以监听 CheckObjectVisibility 委托事件，那么返回 false 表示不可见，返回 true 表示可见。

```
NetworkObject netObject = GetComponent<NetworkObject>();
netObject.CheckObjectVisibility = ((clientId) =>
{
    if (Vector3.Distance(NetworkManager.Singleton.ConnectedClients[clientId].PlayerObject.
        transform.position, transform.position) < 5)
    {
        // 显示玩家与当前对象距离小于 5 米
        return true;
    }
    else
    {
        // 不显示
        return false;
    }
});
```

11.3.15　前后端时间

　　客户端的本地时间可能会被用户修改，因此本地时间是不准确的。本地时间只要与服务器进行对时，就不担心被修改了。如下列代码所示，Netcode 会大概每 30 帧，也就是 1 秒左右进行一次客户端对时。

```
private void OnNetworkManagerTick()
{
    BehaviourUpdater.NetworkBehaviourUpdate(this);

    int timeSyncFrequencyTicks = (int)(k_TimeSyncFrequency * NetworkConfig.TickRate);
    if (IsServer && NetworkTickSystem.ServerTime.Tick % timeSyncFrequencyTicks == 0)
    {
        SyncTime();
    }
}


// 服务器时间
NetworkManager.Singleton.ServerTime
// 客户端时间
NetworkManager.Singleton.LocalTime
```

　　为了方便起见，后面分别将服务器时间和客户端时间简称为 ServerTime 和 LocalTime。由于代码会同时在客户端与服务器中执行，因此前后端获取的 ServerTime 和 LocalTime 可能不太一样。服务器中 ServerTime 和 LocalTime 完全一致。客户端中 ServerTime 会比 LocalTime 大一点儿，因为中间还有网络传输的时间。前后端的对时也是发生在客户端，服务器在固定时间下发自己的时间，客户端接到后进行对时。

　　通常，游戏在设计技能时都会带一个前摇动作，主要是为了解决网络传输的时间问题。例如，网络延迟在 100 毫秒左右，A 客户端开始释放技能，B 客户端收到的时候至少在 100 毫秒以后。如果 A 客户端增加一个 500 毫秒的前摇动作，那么 B 客户端收到的时候减去网络传输时间就能算出 A 客户端前摇的剩余时间。这样并不影响 B 客户端看到 A 客户端释放的技能效果，而且游戏也公平了很多。大致流程如下所示。

```
public void ButtonPressA()
{
    // 客户端播放前摇动作
    // 同时将实际播放技能特效的时间通知服务器 RPC
    // 前摇动作是 500 毫秒
    CreateEffectServerRpc(NetworkManager.LocalTime.Time + 0.5f);
}


[ServerRpc]
void CreateEffectServerRpc(double time)
{
    var timeToWait = time - NetworkManager.ServerTime.Time;
    if (timeToWait > 0)
    {
        StartCoroutine(Wait((float)timeToWait, () => {
            CreateEffectClientRpc();// 通知每台客户端播放技能特效
        }));
    }
    else
    {
        // 如果等待的时间小于 0，那么说明网络延迟已经超过 500 毫秒了
```

```
    }
}
private IEnumerator Wait(float timeToWait,Action action)
{
    yield return new WaitForSeconds(timeToWait);
    action?.Invoke();
}

[ClientRpc]
void CreateEffectClientRpc(){}
```

网络同步其实并没有想象中那么简单，准确地说它和游戏类型捆绑在一起。如果是 MMO 游戏，那么即使网络有一些延迟也不会对玩家有太大影响。但是对于 MOBA 或者 FPS 游戏，即使延迟引起一点儿计算偏差，也会对结果产生重大影响。

11.3.16　网络脚本内置方法

网络脚本用于绑定网络对象，NetworkBehaviour 继承自 MonoBehaviour，内置方法如下所示。

```
// 网络对象和脚本被创建时调用
public override void OnNetworkSpawn() { }

// 网络对象和脚本被删除时调用
public override void OnNetworkDespawn() { }

// 网络对象和脚本获得控制权调用
public override void OnGainedOwnership() { }

// 网络对象和脚本失去控制权调用
public override void OnLostOwnership() { }

// 网络对象父节点变化时调用
public override void OnNetworkObjectParentChanged(NetworkObject parentNetworkObject) { }
```

这里主要说一下 OnNetworkSpawn() 方法和 OnNetworkDespawn() 方法，它们和 Awake() 和 OnDestroy() 比较像。但是前者依赖网络事件，有可能 Awake() 执行的时候还没拿到网络对象，以及卸载对象的时候需要明确是被服务器卸载还是单纯在客户端本地卸载。

11.3.17　前后端打包

代码中可以通过 IsServer 和 IsClient 判断出当前运行环境，反编译一下客户端代码就能看到服务器的 RPC。但是，如果黑客恶意发送 RPC 消息怎么办呢？服务端代码一定要做好检查，要假设所有消息都是不安全的。如下列代码所示，可以使用 UNITY_SERVER 关键字，这样客户端在打包的时候会过滤掉实现部分的代码，让别人无法看到内部实现。

```
[ServerRpc]
public void SetBoxServerRpc()
{
    #if UNITY_SERVER
    // 服务器执行的专属代码
    #endif
}
```

11

　　显然固定的端口是无法满足需求的，同一台计算机上可能会启动多个服务器，不同房间程序会使用不同端口进行区分。如下列代码所示，启动服务器前使用 Address 和 Port 可以设置不同的 IP 和端口。

```
private void Awake()
{
#if UNITY_SERVER && !UNITY_EDITOR
    var transport = NetworkManager.Singleton.GetComponent<UnityTransport>();
    transport.ConnectionData.Address = "127.0.0.1";
    transport.ConnectionData.Port = 6666;
    NetworkManager.Singleton.StartServer();
#endif
}
```

在客户端中可以主动设置连接的地址和 IP。

```
private void OnGUI()
{
    if (GUILayout.Button("<size=50>Client</size>"))
    {
        var transport = NetworkManager.Singleton.GetComponent<UnityTransport>();
        transport.ConnectionData.Address = "127.0.0.1";
        transport.ConnectionData.Port = 6666;
        NetworkManager.Singleton.StartClient();
    }
}
```

　　如图 11-42 所示，专用服务器构建出的工程是不包含渲染的，这样才能减少不必要的性能开销。最后将打包出的可执行文件拖入终端中即可执行，我使用的是 macOS 平台，这里也可以切换到 Windows 平台或者 Linux 平台，操作是类似的。

图 11-42　启动专用服务器

　　如果将这个应用程序包上传到云主机服务器并启动程序，那么此时所有客户端就可以连接它了。但是，如果在一台云主机上开启多个服务器，就需要启动多个程序，它们之间可以用不同的端口来区分。这样服务器程序就需要对外提供启动参数，脚本每次启动时设置一个不同的端口即可。

如代码清单 11-24 所示，首先通过 `#if UNITY_SERVER && !UNITY_EDITOR` 来标记当前是在执行服务器中的代码，再使用 `System.Environment.GetCommandLineArgs()` 来获取命令行启动程序附加参数信息，然后就可以动态设置 IP 和端口了，这里只修改端口。

代码清单 11-24　Script_11_17.cs 文件

```csharp
public class Script_11_17 : MonoBehaviour
{
#if UNITY_SERVER && !UNITY_EDITOR
    private void Awake()
    {
        var args = GetCommandlineArgs();
        if (args.TryGetValue("-port", out string port) && ushort.TryParse(port, out ushort portvalue))
        {
            var transport = NetworkManager.Singleton.GetComponent<UnityTransport>();
            transport.ConnectionData.Port = portvalue; // 设置服务器端口号
            NetworkManager.Singleton.StartServer();
        }
    }

    private Dictionary<string, .string> GetCommandlineArgs()
    {
        Dictionary<string, string> argDictionary = new Dictionary<string, string>();
        var args = System.Environment.GetCommandLineArgs();
        for (int i = 0; i < args.Length; ++i)
        {
            var arg = args[i].ToLower();
            if (arg.StartsWith("-"))
            {
                var value = i < args.Length - 1 ? args[i + 1].ToLower() : null;
                value = (value?.StartsWith("-") ?? false) ? null : value;

                argDictionary.Add(arg, value);
            }
        }
        return argDictionary;
    }
#endif


    private void OnGUI()
    {
        if (GUILayout.Button("<size=50>Client 9999</size>"))
        {
            var transport = NetworkManager.Singleton.GetComponent<UnityTransport>();
            transport.ConnectionData.Address = "127.0.0.1";
            transport.ConnectionData.Port = 9999;
            NetworkManager.Singleton.StartClient();
        }

        if (NetworkManager.Singleton.IsClient)
        {
            GUILayout.Label("<size=50>Client Success 9999</size>");
        }
    }
}
```

11

如图 11-43 所示，通过 `-port 9999` 参数化启动服务器，这样结合上述代码就可以设置这个网络程序的端口号了。如果要开多个房间，那么只需设置不同的端口即可。

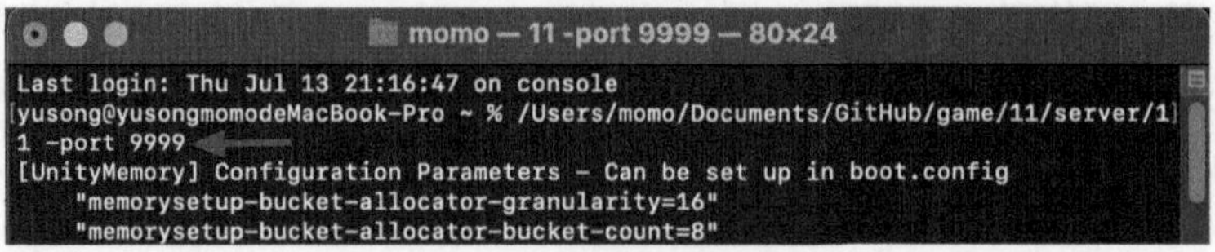

图 11-43　参数化启动

如图 11-44 所示，服务器启动完毕后，可以通过 `lsof -i:<端口>` 命令来查看某个端口的情况，这里我们输入 `lsof -i :9999`，可以发现目前 9999 端口被占用了，占用的程序名是 11，就是刚刚启动的服务器程序。

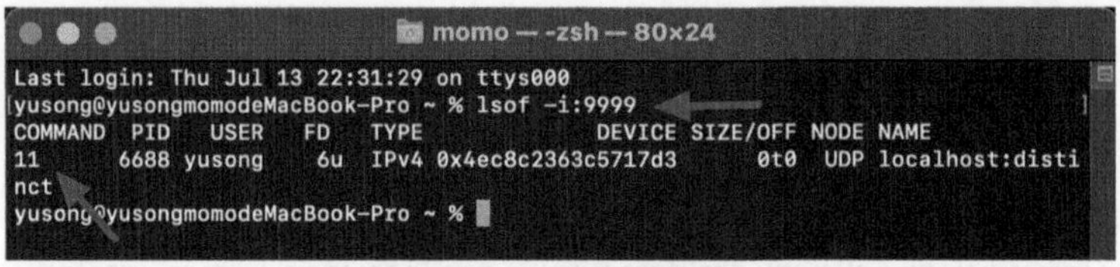

图 11-44　查看端口

此时服务器 9999 端口已经启动完毕，最后要启动客户端连接它，如图 11-45 所示。

Game
Game　Display 1　Free Aspect
Client 9999
Client Success 9999

图 11-45　连接服务器

11.3.18　密码

上一节通过脚本的方式启动了多台服务器，但其实还有一个漏洞：如果 IP 和端口被泄露，那么如何才能防止恶意链接呢？此时就需要使用密码的功能了。实现房间密码功能需要在服务端监听每台客户端的连接事件，并将客户端输入的密码参数传进来进行比较。如图 11-46 所示，需要勾选 Connection Approval 才能启动密码。

Connection
Connection Approval　　　✓
Client Connection Buffer Timeout　10

图 11-46　启动密码

如图 11-47 所示，创建 Host 服务器或者客户端加入服务器的时候，需要输入房间密码，只有密码相同才能正常进入房间，否则将断开正在连接的客户端。

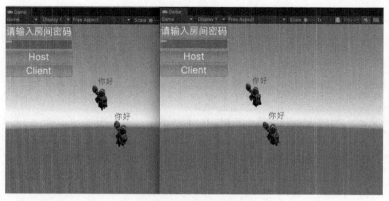

图 11-47　加入房间

如代码清单 11-25 所示，在服务器启动时需要设置 ConnectionApprovalCallback，这样后续每台客户端就会在这个方法里验证输入的密码。

代码清单 11-25　Script_11_18.cs 文件

```
public class Script_11_18 : MonoBehaviour
{
    private void OnGUI()
    {
        GUILayout.Button("<size=50>请输入房间密码</size>");
        m_PassWord = GUILayout.TextField(m_PassWord, GUILayout.Height(50));
        if (GUILayout.Button("<size=50>Host</size>"))
        {
            NetworkManager.Singleton.ConnectionApprovalCallback += ApprovalCheck;
            NetworkManager.Singleton.NetworkConfig.ConnectionData = System.Text.Encoding.ASCII.
                GetBytes(m_PassWord);
            NetworkManager.Singleton.StartHost();
        }

        if (GUILayout.Button("<size=50>Client</size>"))
        {
            NetworkManager.Singleton.NetworkConfig.ConnectionData = System.Text.Encoding.ASCII.
                GetBytes(m_PassWord);
            NetworkManager.Singleton.StartClient();
        }
    }
    string m_PassWord = string.Empty;
    private void ApprovalCheck(NetworkManager.ConnectionApprovalRequest request, NetworkManager.
        ConnectionApprovalResponse response)
    {
        // 请求数据
        var clientId = request.ClientNetworkId;
        var connectionData = request.Payload;

        // connectionData 中保存的是自定义数据
        string password = System.Text.Encoding.UTF8.GetString(connectionData);
        if (clientId != NetworkManager.ServerClientId)
        {
            if (m_PassWord != password)
            {
                Debug.LogError($"房间密码错误!! {m_PassWord} !={password}");
```

```
                    // 密码输入错误，断开这台客户端的连接

                    NetworkManager.Singleton.NetworkConfig.NetworkTransport.DisconnectRemoteClient(clientId);
                    return;
                }
            }
            m_PassWord = password;
            // 返回数据
            response.Approved = true; // 是否允许连接
            response.CreatePlayerObject = true; // 是否创建 PlayerObject
            response.PlayerPrefabHash = null; // Player Hash 唯一值
            response.Position = UnityEngine.Random.insideUnitSphere * 2f;// 设置初始位置
            response.Rotation = Quaternion.Euler(0f,-180f,0f);// 设置初始旋转
            response.Pending = false; // 是否需要额外的处理步骤
        }
    }
```

在 `ConnectionApprovalResponse` 中可以设置验证成功后的一些返回数据，比如是否创建 Player Prefab，以及它的初始坐标和旋转。我们在上述代码中设置了初始随机坐标和角度的旋转。

11.4　小结

本章介绍了网络编程中的常用方法，Unity 自己封装了 `UnityWebRequest` 来操作 HTTP 连接，其中包括 GET 请求、POST 请求和 PUT 请求、文件的下载、文件上传、自定义下载以及限制下载速度。本章还介绍了 Socket 在 Unity 中的使用。虽然使用 TCP 可以保证包的顺序，但是无法保证每次收到的是一个完整包，因此还需要对包进行拼接。对于网络消息，推荐使用 Protocol Buffer 来制作，而且可以跨平台，这样消息会自动序列化和反序列化。最后，我们系统地学习了 Netcode。作为 Unet 和 MLAPI 的替代者，Netcode 实现了完整的 RPC 网络方法，直接在代码中设置网络对象和网络变量，不需要手动解析消息、还原消息等操作，底层会自动同步到所有第三方客户端中，这进一步提升了开发者的网络编程体验。

第二部分

进 阶 篇

第 *12* 章

渲染管线

目前，Unity 已经支持将近 30 个游戏平台，这就意味着内置渲染管线必须同时支持所有平台，而平台之间的差异性导致内置渲染管线越来越臃肿不堪。引擎对特定平台的每一次管线修改都必须考虑其他平台的兼容性（肯定会用到各种 if else 条件或者宏预编译判断）。由于内置渲染管线无法对开发者提供一些定制化修改接口，再加上 Unity 是闭源引擎，开发者无法学习底层渲染管线，因此大部分开发者在这方面的知识很匮乏，而这非常不利于个人成长。

很多初学者容易将渲染管线和渲染着色器混淆，但其实二者是完全不同的东西。着色器是运行在 GPU 上的程序，显卡通过它来对当前物体的顶点和片元进行着色计算。每个参与渲染的物体都要经过顶点着色器和片元着色器的计算。渲染管线则是运行在 CPU 上的程序。试想一下，如果没有渲染管线，那么逻辑层就需要主动将渲染数据排序整理并发送给图形 API，再由图形 API 交给 GPU 去渲染。将这些复杂的东西都交给逻辑层来处理显然并不合理，所以在逻辑层与图形 API 之间创建一套统一的渲染管线是非常必要的。逻辑层不需要关心显卡数据如何传递，只需要将渲染的物体告诉渲染管线，由渲染管线进行统一的排序与整理，再将这些数据按最佳方式交给图形 API，最终传递给显卡进行渲染。

12.1 SRP

为了让目标平台充分发挥性能与效果，Unity 自 2018 版本起提供了 SRP（Scriptable Render Pipeline，可编程渲染管线）。Unity 原本是将 C++中调用的渲染 API（如 OpenGL ES）的接口尽可能做到浅封装并且对外开放 C#调用接口，这样就可以编写 C # 脚本来控制 Unity 渲染的每一帧。由于 SRP 没有直接提供类似对接 OpenGL ES 的底层接口，因此图形 API 的接口并非一比一提供对应的 C# 部分接口，有些渲染的接口依然无法由逻辑层调用到。

基于 SRP，Unity 开发了 URP（通用渲染管线）和 HDRP（高清渲染管线），这样在高性能的 PC 上就可以使用更好的渲染效果了。未来在手机上也可以支持 HDRP，HDRP 的良好效果还可以自行移植到 URP。渲染管线跑在 CPU 而非 GPU 上，GPU 硬件有自己的一套渲染管线，两者是不同的。近两年，手游上也有基于 GPU Driven 的渲染管线裁剪技术的案例，有兴趣的朋友可以去互联网上找找。

HDRP 的目标是高端平台，比如为主机、PC 平台提供震撼的视觉效果。高端的效果必然对硬件的算力有一定要求。HDRP 支持前向渲染和延迟渲染技术，内置了大量 3A 游戏的渲染效果：体积光、体积雾、大气散射、光线追踪、次表面散射、SSAO 等。它用到的技术包括 Visual Effect Graph 特效编辑器、Shader Graph 可视化着色器编辑器、Timeline、Cinemachine 以及 Post Processing Stacks 后处理，基本上应有尽有。HDRP 未来也会支持移动设备，移动设备也分高端机和低端机，在高端机或 VR 上可以使用 HDRP 的一些高端效果。图 12-1 展示的是 Unity 官方的数字人 Enemies（项目开放源代码），它使用的是 HDRP 实时渲染技术，提供了高质量的毛发、皮肤、眼睛等渲染效果。

图 12-1　Unity 官方的数字人 Enemies

　　URP 的目标并不是只支持移动设备，而是支持所有平台。URP 最开始被称为轻量渲染管线（Light Weight Render Pipeline，LWRP）。很多开发者会有误解，认为 LWRP 意味着性能更强劲，但其实这个结论不完全正确，如果使用不当，那么 LWRP 有可能还不如内置渲染管线。

　　后来，Unity 将 LWRP 更名为 Universal Render Pipeline，即 URP。Unity 自 2021 版本起不再维护内置渲染管线，而是使用 URP 完全代替它。市场上的开发者要想完全切换到 URP 可能还得一段时间，像 Asset Store 上的插件以及大量渲染教程，大多还是基于内置渲染管线的。如图 12-2 所示，URP 官方提供的游艇对抗项目（项目开放源代码）演示了水面、天气、后处理等特殊效果以及 UI 摄像机的叠层效果。

图 12-2　URP 游艇对抗

Unity 2023 支持最新版 URP，也就是 URP 15。目前来看，URP 已经完全支持内置渲染管线中的功能，因此就没必要再使用内置渲染管线了。URP 提供的渲染效果并没有 HDRP 多，比如体积光、体积雾、大气散射、光线追踪、次表面散射等效果目前 URP 都不支持。较新版 URP 已经提供 SSAO（屏幕空间环境光遮蔽）、Shadowmask（阴影遮罩）、Screen Space Shadows（屏幕空间阴影）、Decal（贴花）等功能。URP 15 已经支持 TAA（基于时间的抗锯齿），在移动端支持 HDR 显示输出，从而改善了 FXAA 抗锯齿的整体显示质量以及软阴影的渲染质量设置。

对比一下渲染路径（Rendering Path）类型，内置渲染管线只支持 Forward（前向渲染），URP 不仅支持 Forward，还支持 Forward+（前向渲染+）和 Deferred（延迟渲染）。遗憾的是，目前延迟渲染不支持 OpenGL 图形 API 和 OpenGL ES 图形 API，主要原因是要想支持延迟渲染，Open GL 只能通过 MRT（Multiple Render Target，多渲染目标）来绘制，这并不是一个 Pass 就能绘制完的，每帧需要进行多次 Pass 来绘制多个目标并且写入内存中，最后还需要通过带宽将结果从内存读取到 GPU 中进行延迟渲染。由于这种方法非常占用带宽，因此在 Android 平台下 OpenGL ES 图形 API 的代替者是 Vulkan，后者支持 Sub Pass 的功能，可以做到一次 Pass 延迟渲染，这样就不需要占用额外带宽了。可惜目前移动端对 Vulkan 的支持还不太理想，所以在商业手机游戏中使用延迟渲染还有一定局限性。目前商业游戏都以前向渲染为主，除了 Android 平台，其他平台如 iOS 平台对应的 Metal 图形 API 和 PC 平台对应的 DX 图形 API 都支持 URP 的延迟渲染。移动端的延迟渲染是大势所趋，现在市面上已经有使用 MRT 方式的延迟渲染手游，当然会占用大量带宽也是其所要付出的代价。One Pass Deferred Shading 技术是时代的必然趋势，虽然 OpenGL ES 中提供了 Pixel Local Storage 扩展，但 Unity 不支持。不过 Pixel Local Storage 本身兼容性也存在问题，现在虽然通过 Vulkan 的 SubPass 可以解决这个问题，但还是希望未来 Vulkan 在 Android 端可以全面普及。

前向渲染的问题也很明显。物体片元着色发生遮挡的时候，前向渲染会对光源的计算造成很大的浪费。即使物体被挡住，它也需要进行光照计算。如果一盏点光的强度比较低而且离物体较远，那么在前向渲染中也需要进行光照距离的判定。因为在当前摄像机中无法区分每个光源是否真正会对某个物体产生光照结果，所以前向渲染对灯光的数量就必须有一定限制。

目前 URP 提供了前向渲染+的渲染方式，它综合了前向渲染和延迟渲染的优势。该方式会根据屏幕分出多个 Tile 格子，按渲染的深度计算出每个格子的最远和最近的包围盒区域。每个光源会先和这些包围盒来比较是否会影响包围盒区域的光照，但并不是每个光源都会对所有包围盒区域产生结果，这样就可以提前过滤无用的光照，过滤后的光照计算量就会大量减少。前向渲染+和延迟渲染的区别是它不需要占用额外带宽，物体只需要提前计算一遍深度就可以计算出这些格子的包围盒区域，然后再过滤无用的光照，后面的操作就和前向渲染一样了。

而延迟渲染需要将每帧参与渲染的物体绘制在不同的渲染目标中，它们通过不同的贴图通道保存结果，就是我们常说的 G-Buffer。URP 中的渲染目标分为必选目标和可选目标：必选目标包括反照率（Albedo）、高光（Specular）、Normal（法线）和环境光（Emissive/GI/Lighting）；可选目标包括 Shadowmask（阴影遮罩）、Rendering Layer Mask（渲染层遮罩）、Depth as Color（深度图）和 Depthtencil（深度模板）。每张图都有 1~4 个通道可用，如果占 RGBA 4 个通道，每个像素在每个通道中占 8 位，那么一共是 32 位，占 4 字节内存。延迟渲染会先将这一帧绘制在上述介绍的参数贴图中，然后再根据这些参数贴图来还原这一帧最终的结果。在带宽"吃紧"的移动端中，如果每帧都通过 MRT 绘制到内存再从内存读到显存中，那么计算效率将非常低下。

目前我们已经简单介绍了前向渲染、前向渲染+和延迟渲染，如图 12-3 所示，在 Universal Renderer Data 中可以单独设置它们，这里大家只需简单了解一下即可。由于目前大量的移动端设备还只能使用前向渲染，因此本章将以它为主进行介绍。

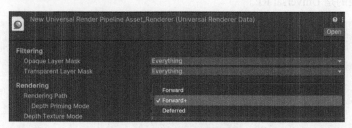

图 12-3　Rendering Path

12.1.1　SRP Core

无论是 URP、HDRP，还是自定义 SRP，我相信一定有部分代码是完全相同的，从引擎的角度来讲没必要再单独写一份，所以 Unity 提供了 SRP Core 包。URP 和 HDRP 依赖 SRP Core 进行扩展，自定义 SRP 也建议依赖它进行扩展，当然完全抛弃它开发者通过底层接口也可以实现。

SRP Core 依然是用 C#代码实现的，但它还需要依赖 C++提供的渲染接口。所有 C++提供的渲染接口都暴露在 UnityEngine.Renderering 命名空间下，所以说整个 SRP 的核心是这部分暴露的 C++接口。因此，OpenGL ES、Metal 底层图形 API 等在 C#中是无法调用的，自定义渲染管线的灵活程度取决于 UnityEngine.Renderering 中暴露的接口。URP 和 HDRP 的每个版本都限制了 Unity 引擎的版本，因为只有引擎对外提供了接口，才可以在 SRP Core 中调用它。

如图 12-4 所示，URP 和 HDRP 都是 Unity 官方根据 SRP Core 对外开放的 C#接口开发的渲染管线，理论上也可以根据 SRP Core 开发出纯自定义的渲染管线，所以学习 URP 和 HDRP 的原理非常有必要。SRP Core 包含了 HDRP 和 URP 公用的一部分着色器、着色器各平台下不同的宏、一些通用的 C#方法，以及一些小工具。

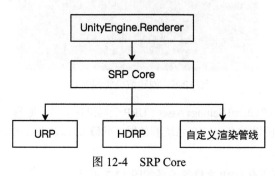

图 12-4　SRP Core

12.1.2　安装与配置

如图 12-5 所示，在 Package Manager 中安装 SRP Core。如果是纯自定义渲染管线，那么安装 Core RP Library 即可。如果使用 URP 或者 HDRP，则会在直接安装 Universal RP 或 High Definition RP 后自动安装 SRP Core。Dependencies 中记录了它们的依赖以及所有 Package。本书将从 URP 的角度介绍渲染管线，此时安装的是 Universal RP。

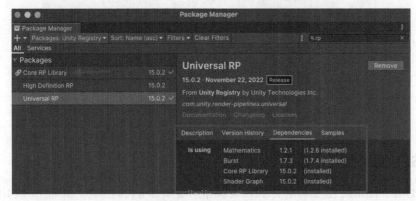

图 12-5　安装 SRP Core

安装完毕后，需要创建渲染管线文件。如图 12-6 所示，URP Asset 表示渲染管线的配置文件；URP Renderer Feature 表示渲染功能类，它需要绑定在 Renderer（渲染器）上面。URP 2D/Universal Renderer 就是渲染器（见❶），URP Renderer Feature 绑定在它上面，而渲染器则绑定在 URP Asset 上面。整个项目只能有一个 URP Asset 文件，但是它可以包含多个 URP 2D/Universal Renderer 渲染器（见❷）。每台摄像机上需要制定一个渲染器，这样摄像机通过渲染器和 URP Renderer Feature 就可以对看见的物体进行渲染了。

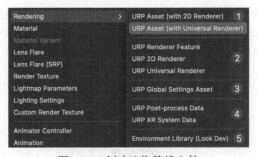

图 12-6　创建渲染管线文件

除了渲染器，还有 URP Global Settings Asset（URP 全局设置文件，见❸）、URP Post-process Data/XR System Data（URP 后处理配置文件和 XR 系统着色器，见❹），以及 Environment Library（环境系统资源，见❺）。

3D 管线和 2D 管线下所有 URP 文件的关系如图 12-7 所示。

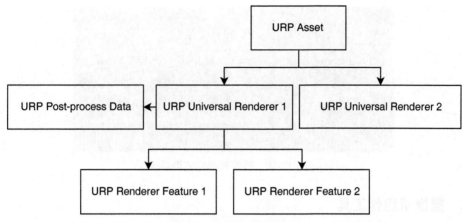

图 12-7　渲染管线文件关系

如图 12-8 所示，此时我们直接创建 URP Asset (with Universal Renderer)文件，它会自动再多创建一个 URP Universal Renderer 文件并绑定在 URP Asset 上面。如果需要多个 URP Universal Renderer，那么可以继续创建添加。

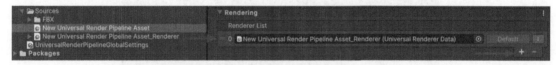

图 12-8　渲染管线配置

如图 12-9 所示，将刚刚创建的 URP Render Pipeline Asset 拖到 Project Settings 面板中 Graphics 标签页的 Scriptable Universal Render Pipeline Asset 处即可完成 URP 的配置工作。

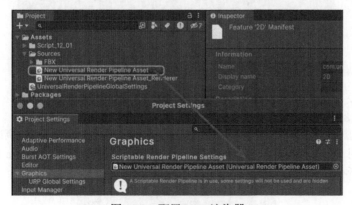

图 12-9　配置 URP 渲染器

如图 12-10 所示，每台摄像机中可以单独设置前面配置的渲染器,不同的渲染器配合 URP Renderer Feature 可以产生不同的渲染结果,这样不同摄像机就可以自定义渲染结果了。此时项目已经完成 URP 所有的配置工作。

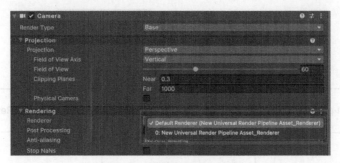

图 12-10　摄像机绑定渲染器

12.1.3　摄像机组件工具

SRP Core 提供了两个摄像机组件工具，第一个是 Free Camera 组件。如图 12-11 所示，把 Free Camera 绑定给摄像机后，方向键可控制摄像机的位置，鼠标右键可控制摄像机的旋转，实现运行时自由视角查看世界。

图 12-11　Free Camera 组件

第二个组件是 Camera Switcher。当场景中存在多台摄像机，并且需要运行时调试切换查看效果的时候，就可以使用 Camera Switcher 组件。如图 12-12 所示，给摄像机绑定 Camera Switcher 组件，并拖入需要切换的所有摄像机对象给它赋值。

图 12-12　Camera Switcher 组件

接下来需要运行游戏。如图 12-13 所示，在 Windows 导航窗口中选择 Analysis→Rendering Debugger 即可打开渲染调试窗口。

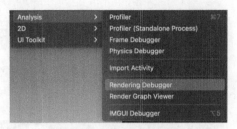

图 12-13 渲染调试窗口

如图 12-14 所示，此时选中 Camera 标签页后就可以切换刚刚绑定的 Camera Switcher 组件中的摄像机了。其他标签页中是参与渲染的一些调试参数，比如动态开关某些特殊渲染效果等，大家手动设置一下就能很快掌握了。

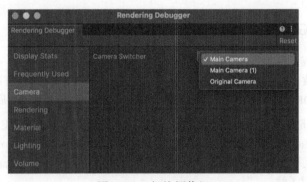

图 12-14 切换摄像机

Rendering Debugger 面板也提供了自定义的功能，比如前面介绍的 Camera Switcher 就是在代码中自定义的结果。如下列代码所示，创建 DebugUI.EnumField 界面元素以后，通过 panel.children.Add 就可以添加到 Rendering Debugger 面板中。

```
m_DebugEntry = new DebugUI.EnumField { displayName = "Camera Switcher", getter = () =>
m_CurrentCameraIndex, setter = value => SetCameraIndex(value), enumNames = m_CameraNames,
    enumValues = m_CameraIndices, getIndex = () => m_DebugEntryEnumIndex, setIndex = value =>
    m_DebugEntryEnumIndex = value };
var panel = DebugManager.instance.GetPanel("Camera", true);
panel.children.Add(m_DebugEntry);
```

12.1.4 Look Dev

SRP 提供了模型查看器的接口，目前只有 HDRP 实现了该接口。该接口不仅能用来查看模型，还可以对比模型在不同光照环境下显示是否合理。这一功能其实很有意义，因为 PRB 是基于物理的光照，如果美术人员将光照信息直接画在原始贴图上，那么在其他的光照环境下显示就不具备物理正确性。如图 12-15 所示，Look Dev 还提供了多摄像机、分屏和对比的功能。

图 12-15   Look Dev

12.1.5   Render Graph Viewer

SRP 底层的渲染接口主要有两个，分别是 `ScriptableRenderContext` 类和 `CommandBuffer` 类中的 `draw` 系列函数，核心内容均封装在 C++底层代码中。在 URP 中目前直接使用这两个底层 API 进行渲染，但是在 HDRP 中所有渲染接口都先经过 RenderGraph，再继续调用底层 C++代码。

RenderGraph 其实是由 SRP Core 提供的，只要有中间的渲染过程，数据就可以在编辑界面中做展示，核心展示代码都写在 `RenderGraphViewer` 类中。如图 12-16 所示，以 Windows→Render Pipeline→ Render Graph Viewer 的顺序打开窗口，可以看到每个渲染步骤 Pass，其中绿色表示可读，红色表示可写，整个渲染过程一目了然。

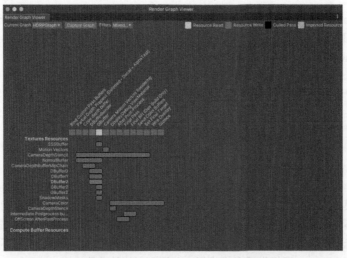

图 12-16   Render Graph Viewer（另见彩插）

RenderGraph 命名空间在 UnityEngine.Experimental.Rendering.RenderGraphModule 中，目前 URP 并没有使用 RenderGraph，通过命名空间可以看出它还是实验性的。

12.1.6　对 URP 的展望

目前，除了一些通用 C#类和着色器，SRP Core 中的大部分功能是 HDRP 独有的，还有一些看似是实验性的 API。现在随着手机的性能越来越好，大部分 HDRP 的渲染需求也陆续移植到了 URP 中。URP 目前发展得非常迅速，那么未来具体是如何计划的呢？

Unity 2020 目前已经支持的功能如下。

❏ SSAO：屏幕空间环境光遮蔽。
❏ 剥离未使用到的着色器，加快打包速度。
❏ 粒子特效支持 GPU Instancing，如图 12-17 所示。

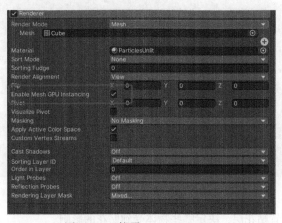

图 12-17　粒子 GPU Instancing

❏ Shadowmask。
❏ Clear Coat Map（车漆材质）。
❏ Detail Map、Detail Normal Map 和 Height Map。

Unity 2021 目前已经支持的功能如下。

❏ Point Light Shadows：点光源阴影。
❏ Depth Pre-pass Support：深度预计算。
❏ Camera Halo And Lens Flare：摄像机光晕与镜头光晕的支持。
❏ Reflection Probe Blending：反射探针混合功能。
❏ Enlighten Realtime Global Illumination Enlighten：实时全局光照。
❏ Deferred Renderer Support：延迟渲染。
❏ Light Layers：灯光渲染层功能。
❏ Motion Vectors：运动矢量，在 URP 中可以访问它，未来可用于后处理中的计算运动模糊。

❑ Volume System Update Frequency：体积系统更新频率，可用于体积光一类的渲染。

❑ AMD FidelityFX™ Super Resolution 1.0 Support：AMD 的 FidelityFx 超级分辨率支持。

Unity 2022 目前已经支持的功能如下。

❑ Material Variants：材质变种功能，即以一种材质为基础变种出另一种材质，并且可以继续修改它。

❑ SRP Runtime Frame Stats Profiler Panel：CPU 和 GPU 渲染统计面板，如图 12-18 所示。

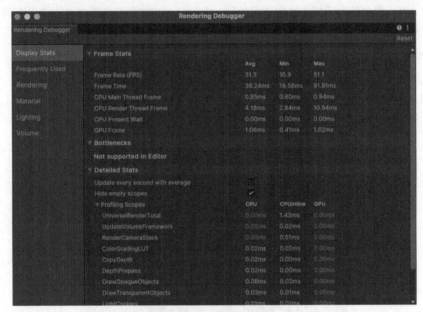

图 12-18   统计面板

❑ Decal Layers：配置贴花层，决定哪些物体受到贴花的影响。

❑ Forward+ Renderer Support：前向渲染+支持，前面介绍过。

❑ Rendering Layer Support：渲染层支持，如图 12-19 所示，在 URP Global Settings 中可配置渲染层。

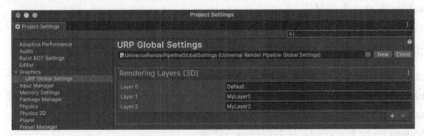

图 12-19   Rendering Layers

如图 12-20 和图 12-21 所示，在 Light 组件和 Render 组件中都可以设置上述渲染层。这样逻辑上就可以设置相同的 Layer，然后通过 Render Layer 来进行渲染上的区分，以进一步细化渲染结果而不影响逻辑。

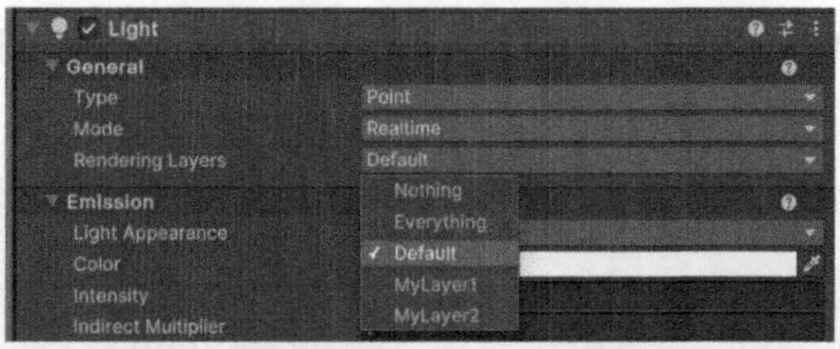

图 12-20　Light Rendering Layers

图 12-21　Rendering Layer Mask

❑ LOD Cross-Fade：LOD 切换时淡入淡出功能。
❑ Built-in Converter Improvements：内置渲染管线一键升级工具，如图 12-22 所示，在 Render Pipeline Converter 窗口中可以选择一键升级 2D 或者 3D。

图 12-22　内置渲染管线升级工具

❑ Strand based Hair and Fur simulation (Experimental)：添加了毛发功能，支持毛发物理效果模拟，如图 12-23 所示。

图 12-23　毛发

Unity 2023 中以及正在开发的新功能如下。

❑ High Dynamic Range Display Output：HDR 显示输出，目前 Unity 2023 中已经支持该功能。

❑ Post Processing Custom Effects：后处理自定义效果。

❑ Temporal Anti-Aliasing (TAA)：时间抗锯齿，通过时间根据过去与现在帧多次采样混合中抗锯齿结果。

❑ Scriptable Render Pipeline Coexistence：URP 和 HDRP 共存，这个功能很好，可以在一个工程中打包出不同渲染管线的结果。

❑ Render Pipeline and Renderer Data Asset Consolidation：将所有渲染器合并在一个 URP Asset 文件中，避免多文件操作容易混乱的问题。

❑ Surface Shaders：像内置渲染管线中的 Surface Shaders 一样，可简化 Shader 代码的编码。

❑ Foveated Rendering for VR：使用 Foveated Rendering 提高 VR 平台下渲染的性能问题。

Unity 未来计划的功能如下。

❑ Post Processing: Object Motion Blur：后处理运动模糊。

❑ Shader Quality Settings：Shader 质量，可设置高、中、低 3 个等级。

❑ Shader Library Documentation Improvements：URP 着色器文档的改善。

❑ Automatic Exposure：自动化曝光，它是一种后处理效果，可以根据图像的亮度动态调整曝光的结果。

❑ Streaming Virtual Textures Support：流式虚拟纹理，它会将纹理分成很多小块，逐步加载上传到 GPU 内存中。

❑ Screen Space Reflection (SSR)：基于屏幕空间的反射。

❑ Blob Shadows：通过 2D 形状将阴影投影到地面产生的假阴影，并非 Shadowmap 产生的实时阴影。

□ Camera-relative Rendering：摄像机相对渲染，使用摄像机的位置来替换世界的原点。深度是用浮点数保存的。如果距离世界的原点较远，那么浮点的精度就无法有效区分，此时就容易产生深度竞争，也就是 z-fighting。如果使用摄像机位置来代替世界的原点，则可以减小深度，从而解决 z-fighting 的错误结果。

□ Volumetric Fog：体积雾效果。

对 URP 的计划感兴趣的朋友也可以阅读 Unity 官方提供的渲染 Roadmap 计划。如果对 URP 目前的功能有意见或建议，也可以点击 Submit idea 提交你的想法。

12.2 URP

大家应该已经对 URP 有了简单的了解，接下来我们会继续介绍它。目前 URP 的最新版是 URP 15.0.2，与它对应的 SRP Core 也是 15.0.2 的相同版本。配合 URP 15.0.2 的 Unity 是 2023 最新版本。如前所述，如果有底层 C++接口变动，那么 URP 版本必须配合最新的 Unity 版本，低版本是无法兼容的。

12.2.1 URP 调试与修改

Package Manager 的包中使用的代码是可以直接调试的，但如果想更好地转跳阅读源代码是不行的，因为它不会生成 VS 工程文件。如图 12-24 所示，在首选项界面中选择 External Tools 标签页，勾选 Registry Packages（见❷）后点击 Regenerate project files 表示将所有注册的 Package（包）生成工程文件，还可以生成 Local packages（本地包）、Git packages（远端引用的包）、Built-in packages（内置包，见❶）等。

图 12-24　生成工程

接下来就可以打开工程了。通过快捷键可以很方便地转跳阅读源代码，如图 12-25 所示，在 UniversalRenderPipeline.cs 的 Render 中添加一个断点，这属于 URP 中标志性渲染方法。

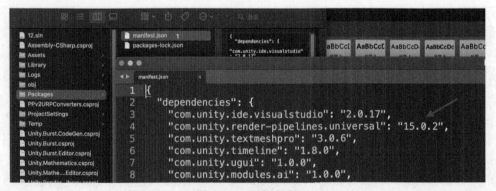

图 12-25　添加断点

前面添加的所有 Package 都添加在了 Package 目录下的 manifest.json（见❶）中，如图 12-26 所示，com.*xxx* 就是每个包的包名，后面跟着的是它的版本号。

图 12-26　添加版本

所有的 Package 下载后都保存在 Library/PackageCache 中，如果希望在调代码的同时修改一些代码以进一步调试，则需要将这些包复制出来。

如图 12-27 所示，将 PackageCache 目录下的 com.unity.render-pipelines.core@15.0.2 文件夹和 com.unity.render-pipelines.universal@15.0.2 文件夹复制到 Package 目录下。

图 12-27 复制包

如图 12-28 所示，由于我们将 built-in packages 复制到了本地，因此需要勾选 Local packages（见❶）来生成本地包的工程文件。

图 12-28 生成本地工程

现在可以任意调试修改 URP 的源代码，修改以后只需要将 Package 目录下的代码提交到 SVN 或 GIT 中就可以同步给项目组的其他成员了。

12.2.2 URP 与内置渲染管线对比

URP 和 HDRP 的目的就是将原本臃肿不堪的内置渲染管线分解。URP 从设计上摒弃了内置渲染管线的缺陷，然而，由于它的发展没有内置渲染管线时间长，因此难免有一些功能还不支持，但就目前最新的 URP 15 版本来看，几乎已经完全支持了，本节来具体对比一下。这里我们只将内置渲染管线支持但 URP 不支持，以及 URP 支持但内置渲染管线不支持的功能列举出来。

1. 支持平台

和内置渲染管线一样，URP 完美支持所有平台，而 HDRP 不支持部分低端设备，比如 HDRP 不支持 iOS 移动平台和 Android 移动平台。

2. HDR output（内置渲染管线支持，URP 最新版已经支持）

HDR 颜色显示区域已经超出了 LDR 显示器，通常需要 Tonemapping 将 HDR 颜色转换成 LDR 后再给 Framebuffer。如果目标是 HDR 显示器，则不需要转换成 LDR，直接将 HDR 颜色给 Framebuffer 即可。URP 即使不支持 HDR output 也不是很重要，目前手机几乎是 LDR 显示屏，不过 URP 最新版已经支持 HDR output。

3. Flare Layer（内置渲染管线支持，URP 已经支持）

如图 12-29 所示，摄像机组件添加的镜头光晕功能目前新版本 URP 已经支持了。

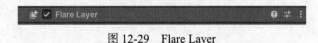

图 12-29　Flare Layer

4. Depth + Normal Texture（内置渲染管线支持，URP 不支持）

深度+法线保存在一张屏幕大小的贴图中，32 位，每个通道 8 位纹理，法线保存在 R 和 G 通道中，深度保存在 B 和 A 通道中。URP 虽然官方不支持，但是它支持单独将深度绘制在不同纹理中，法线则需要通过 Render Feature 来自己绘制。如图 12-30 所示，在渲染器中勾选 Depth Texture 和 Opaque Texture 将生成深度和不透明物体的图，在 Shader 中可直接访问，单独采样。

图 12-30　深度+不透明物体图

5. Color Texture（内置渲染管线不支持，URP 最新版已经支持）

Color Texture 是一种非常重要的纹理，在 URP 中不透明或半透明都需要先绘制到一种 RT 也就是 Color Texture 上，最终再通过 FinalBlit 把它复制到 Framebuffer 上。因此，在任何时间点，我们都可以获取这样的 Color Texture，就像我在 3D 摄像机渲染时对所有半透明绘制完毕后拿图 12-31 在 Shader 中进行模糊，从而实现 UI 背景模糊的效果。然而，旧管线并未对外开放渲染过程中的 RT，所以就不支持了。图 12-31 中的_CameraColorAttachment 就是中间的临时 RT，在 Shader 或者 C#中都可以随时访问它。

6. Motion Vectors（内置渲染管线支持，URP 最新版已经支持）

运动向量可以记录前后两帧变化的像素位置，因为是屏幕空间的位置，所以需要两个通道（X, Y 方向），每通道 16 位浮点纹理，格式是 RG16。纹理被保存在_CameraMotionVectorsTexture 中，在 Shader 中可以全局访问，直接进行采样就能使用。在 URP 中可以单独设置深度图类型。

```
GetComponent<Camera>().depthTextureMode =
    DepthTextureMode.Depth | DepthTextureMode.DepthNormals | DepthTextureMode.MotionVectors;
```

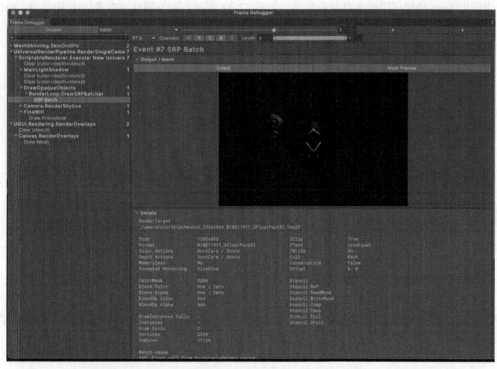

图 12-31　Color Texture

7. SRP Batching (By Shader)（内置渲染管线不支持，URP 支持）

URP 提供了 SRP Batch 用于支持 Shader 中静态合批，旧管线则不支持。SRP Batch 内容比较多，后面会详细介绍。

8. Dynamic Batching（内置渲染管线支持，URP 最新版已经支持）

如图 12-32 所示，勾选 SRP Batch 和 Dynamic Batching 表示启动该功能。

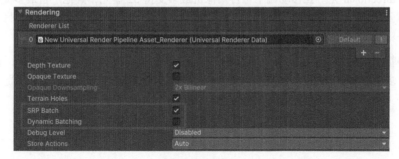

图 12-32　合批

9. Inner Spot Angle（内置渲染管线不支持，URP 支持）

当使用 Spot 光时可以修改内射角角度，如图 12-33 所示，可分别修改内角/外角的范围，最终实现光线的过渡。

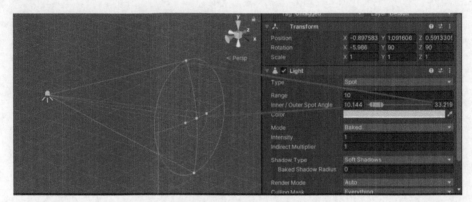

图 12-33　Inner Spot Angle

10. Shading 多 Pass（内置渲染管线支持，URP 不支持）

URP 不支持多 Pass 是为了优化性能，因为每个 Pass 都需要单独设置渲染状态，这样会无故增加 Set Pass Call。拿常用的描边效果来说，如果通过多 Pass 实现的描边，那么就需要第一个 Pass 画描边，第二个 Pass 画物体。如果场景中有多个模型需要画描边，那么执行顺序就是（描边 1，模型 1，描边 2，模型 2……），无疑 Set Pass Call 就非常多了。比较好的办法是第一个 Pass 画所有物体的描边，第二个 Pass 画所有物体正常的状态。URP 虽然禁用了多 Pass，但是可以通过 Render Feature 来优化这种渲染方式。

11. 灯光限制

内置渲染管线支持 1 盏世界光，每台摄像机对每个物体的点光支持是无限的，用得越多效率就越低。

URP 支持 1 盏世界光，对每个物体支持 8 盏点光（OpenGL ES2 支持 4 盏点光），包括任意 point 光、spot 光和 directional 光。在移动端中每台摄像机最多支持 32 盏光，其他平台最多支持 256 盏光。GLES 3.0 及以下版本支持 16 盏光，GLES 3.0 以上版本支持 32 盏光。对现在的手游项目来说，点光控制在 4 盏即可。

内置渲染管线虽然可以支持无限数量的光源，但这是有代价的。如图 12-34 所示，物体被多盏光影响就会产生多个 Pass，Shadowmap 和 Mesh 根据光源的数量都被进行了多次 Pass，光源越多越消耗性能。

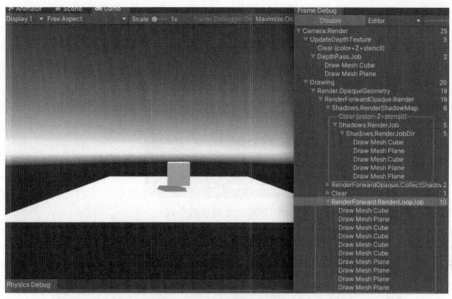

图 12-34 内置光源多 Pass

如图 12-35 所示，URP 中所有光源都被合并到了一个 Pass 中，在 URP 源代码中可以看到它是如何实现的，从效率上来说，URP 有不少提升。

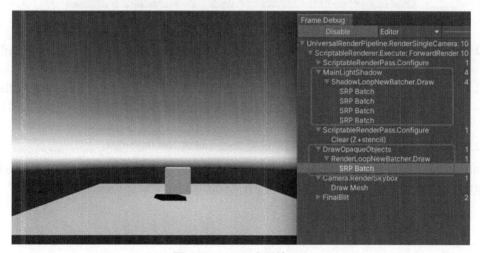

图 12-35 URP 光源单 Pass

12. Attenuation（灯光衰减方式）

内置渲染管线的衰减方式是 Legacy，随着光源变远，它的衰减会急剧下降且不自然，物理上不准确。而 URP 的衰减方式是 Inverse Square，完全符合物理衰减的特性，如图 12-36 所示。

图 12-36   光源衰减方式

13. SH Lights（球谐光）（内置渲染管线支持，URP 处于研究中）

如图 12-37 所示，每盏光都有 Render Mode 属性，分别是自动、重要和不重要。

图 12-37   Render Mode

❑ Important 表示重要，这盏光所影响的物体将在每个片元中着色，着色效果是最好的，但性能相对较差。

❑ Not Important 表示不重要，这盏光所影响的物体将在每个顶点中着色，光源的着色效果略差，但性能相对较好。如果光源离物体较远，则会采用球谐光，它的计算速度会更快，当然效果也就更差。

❑ Auto 则表示系统会根据距离自动帮你设置 Important 或 Not Important。

如图 12-38 所示，当前有 8 盏光，假设光源都设置了相同的颜色和强度，并且设置了 Auto 模式，那么依次对物体贡献光照从大到小排序是从 A ~ H。

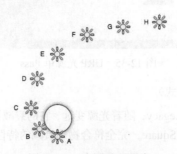

图 12-38   光源重要程度

如图 12-39 所示，A ~ D 将设置在片元中着色光照计算，D ~ G 将设置在顶点中着色光照计算，G ~ H 将设置球谐光。球谐光从效率出发，URP 只是暂时不支持，未来一定会支持，我们就耐心等待吧。

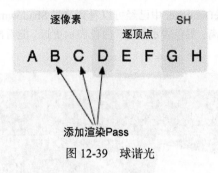

图 12-39　球谐光

14. 实时阴影

URP 只支持 1 盏直光，多余的直光会以点光的形式参与计算，所以直光的阴影也只支持 1 盏。新版本的 URP 已经支持点光阴影，点光的阴影与直光的阴影会保存在不同的 Shadowmap 中。

15. Shadow Projection（阴影投影）

如图 12-40 所示，在内置渲染管线中，Quality→Shadow Projection 一共有两个选项，即 Stable Fit 和 Close Fit。URP 中暂时不支持 Close Fit，默认使用 Stable Fit 方式。Stable Fit 使用的阴影分辨率较低，而 Close Fit 使用的阴影贴图分辨率较高，效果也更好且更加锐利，但是效率会更差。

图 12-40　阴影投影

16. Shadow Cascades（阴影级联）

这里要先讲一下 Shadowmap 的原理。在自然界中发现一个物体在地面投影一定满足 3 个条件。

(1) 从人眼出发朝向物体，人眼能看见地面上被投影的这个点。

(2) 从光源出发朝向物体，光源不能看见地面上被投影的这个点。

(3) 从光源和人眼同时朝向物体且都能看见这个点，那么这个点一定不在阴影里。

所以从光源出发朝向物体进行渲染，也就是 Shader 代码中能看到的 ShadowCaster 这个 Pass。

```
Tags{"LightMode" = "ShadowCaster"}
```

如图 12-41 所示，在 FrameDebugger 中已经可以看到这张 Shadowmap 贴图了。这张图记录的是光源空间中每个片元到光源的距离，黑色表示更远，白色表示更近。能看出离光源更远的地面有个平面，离光源较近的地方有个立方体。

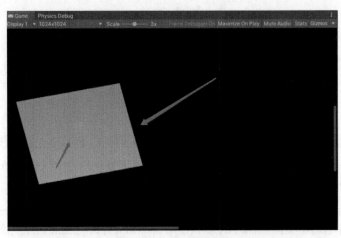

图 12-41   Shadowmap

如图 12-42 所示，A 点满足光看不见但人眼能看见的条件，所以它在阴影中，每个点的深度就是光到它的距离。图 12-42 中用于表示深度的具体数是随便写的，只表明一个大概含义。

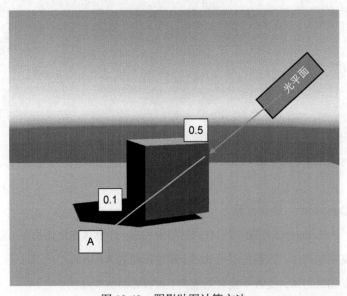

图 12-42   阴影贴图计算方法

阴影是画在地面上的,地面在渲染 A 点的时候,Shader 能得到 A 与光之间的距离(光平面垂直于 A 点的距离并不是实际的欧几里得距离)。如果距离小于 Shadowmap 里记录的深度,那就表明它在阴影中。但是,如果 A 点离镜头非常近,那么光栅化后就会产生多个像素。反之,如果 A 点离镜头非常远,则光栅化后多个点贡献的像素更小,这也是为什么会产生锯齿。如图 12-43 所示,明显能看出近处的阴影效果不好,远处的反而好。

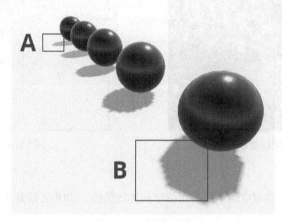

图 12-43 阴影锯齿

此时就需要设置多个阴影级联了。如图 12-44 所示,在 URP 中最大可以将阴影级联的数量设置为 4。在 URP 中,每个渲染器可以单独修改阴影级联的距离,而在内置渲染管线中,只能在 Quality 中设置全局的阴影级联。

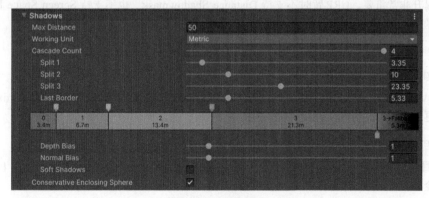

图 12-44 阴影级联

图 12-45 展示了以不同的光源距离绘制的阴影级联的 Shadowmap。第一张图之所以大,是因为它是以更近的光源距离渲染出来的。每级的光源距离都是按图 12-44 设置的,这样就会得出不同距离的 Shadowmap。

如图 12-46 所示,渲染的时候近处的物体使用较高的阴影级联,远处的物体使用较低的阴影级联,最终阴影的效果就能更好。

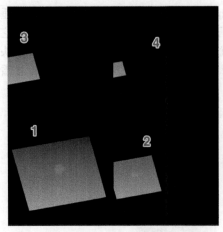

图 12-45　阴影级联贴图

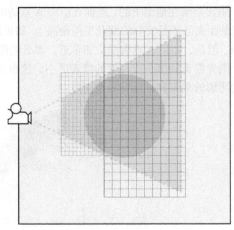

图 12-46　渲染

17. Shadow Bias

内置渲染管线只支持裁剪空间下的阴影偏移和法线偏移，URP 支持基于 Shadowmap 像素级的灯光方向与法线偏移。

18. 全局光照

Shadowmask & Distance Shadowmask（内置渲染管线支持，在 Unity 2020 以上版本中 URP 才支持）

Shadowmask+Light Probes 可用于处理动态物体在静态物体之间的投影和被投影效果，这个功能对画面感提升非常重要。URP 暂时不支持 Distance Shadowmask，也不支持 Screen Space Reflections（SSR 基于屏幕空间的反射）。

Percentage Closer Filtering（PCF 则是 URP 支持，内置渲染管线不支持）

19. Light Probes（光照探针）

Proxy Volumes (LLPV) 是为了解决较大物体采样 Light Probes 的问题，较大物体使用 Proxy Volumes 后过渡会更加细腻，此功能在 URP 中被弃用。

20. Reflection Probes（反射探针）

URP 目前不支持多个反射探头混合以及和天空盒的混合，也不支持 Box Projection，内置渲染管线对这些全都支持。

21. 摄像机

在最新版本中 URP 已经支持 TAA 抗锯齿，内置渲染管线也支持该功能。但 Color Texture 渲染中间的临时 RT 在 URP 中是可以访问的，这样就可以手动 Blit 操作它了。这样具有一定的灵活性，而内置渲染管线是无法访问的。

URP 中需要使用 Camera Stacking 来处理多摄像机的堆叠，这是有一定优势的，比如有些后处理并非是在单台摄像机之后，而是在所有摄像机之后。这样 URP 就可以通过多摄像机堆叠在最后的 Color

Texture 中统一进行 Blit 后处理操作，比如基于后处理的抗锯齿就是这样实现的。

22. Shader

❑ Shader Graph：内置渲染管线不支持，URP 支持。

❑ VFX Graph：内置渲染管线不支持，URP 支持。

❑ Decals（贴花）：内置渲染管线不支持，URP 支持。

❑ Surface Shaders：内置渲染管线支持，URP 不支持（已经在计划中），但可使用 Lit Shader 代替。
如图 12-47 所示，Lit Shader 支持 Additive 和 Multiply，Surface Shaders 则不支持。

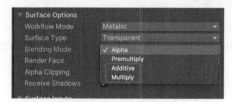

图 12-47　混合模式

23. Light Cookies（内置渲染管线支持，URP 最新版本支持）

可以提供一张 cookies 图来设置阴影效果，如图 12-48 所示，目前 URP 最新版本已经支持了。

图 12-48　cookies

24. Visual Effects Components

Visual Effects 包括的组件如图 12-49 所示，内置渲染管线对这些组件全部支持，URP 目前不支持 Halo 和 Projector。

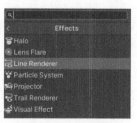

图 12-49　Visual Effects

25. 光与影的衰减

❑ Light Distance Fade（内置渲染管线不支持，URP 处于研究中）

❑ Shadow Distance Fade（内置渲染管线支持，URP 处于研究中）

❑ Shadow Cascade Blending（内置渲染管线不支持，URP 处于研究中）

26. Render Pipeline Hooks

这部分基本上是完全颠覆的变化，内容比较多，后面会详细介绍。

仅内置渲染管线支持的部分如下。

❑ Camera.RenderWithShader

❑ Camera.AddCommandBuffer (Camera.Remove[All]CommandBuffer)

❑ Camera.Render

❑ Light.AddCommandBuffer(LightRemove[All]CommandBuffer)

❑ OnPreCull

❑ OnPreRender

❑ OnPostRender

仅 URP 支持的部分如下。

❑ Camera Replacement Material

❑ RenderPipeline.BeginFrameRendering

❑ RenderPipeline.EndFrameRendering

❑ RenderPipeline.BeginCameraRendering

❑ RenderPipeline.EndCameraRendering

❑ UniversalRenderPipeline.RenderSingleCamera

❑ ScriptableRenderPass

❑ Custom Renderers

27. Post-processing

V2 同时支持内置渲染管线和 URP，V3 仅支持 URP。因为不需要考虑内置渲染管线的兼容性，所以 V3 效率更高，但有些后处理效果 V3 暂时也不支持，包括 Ambient Occlusion (MSVO)、Auto Exposure 和 Screen Space Reflections。

28. Scene View Modes

内置渲染管线和 URP 对应 Scene View Debug 窗口内容不同，URP 有一小部分功能暂时是缺失的，但目前已经基本上不影响使用。

29. 2D 和 UI

URP 支持 2D 的灯光、阴影和 VFX Graph，内置渲染管线不支持这些，但其他 2D 和 UI 功能它都支持。

目前，宏观上我们已经将内置渲染管线和 URP 的区别讲完。可以看出，Unity 2023 中的大部分功能 URP 15 已经支持，只有一小部分旧管线的功能 URP 还不支持。我相信，随着时间的推移，URP 会越来越稳健。

12.2.3　升级着色器

升级着色器在升级现有项目到 URP 中最花时间，因为 URP 的着色器和内置渲染管线的一部分着色器是不兼容的，主要是在 URP 中不能使用 Surface Shader，比如以前项目常用的 Legacy Shaders/Diffuse、Legacy Shaders/Specular、Legacy Shaders/Self-illumin/Diffuse 等都不能使用。如果是手动写的 vertex 和 fragment，那么着色器大部分可使用；如果是多 Pass，则只有一个 Pass 会执行。处理多 Pass 的问题后面会详细说明。

Unity 的着色器主要分为两部分：一部分是带 PBR 光照模型，另一部分是普通的 Blinn-Phong 光照模型。内置渲染管线对应的 PBR 是标准着色器，Blinn-Phong 则是 Legacy Shaders/Diffuse、Legacy Shaders/Specular 等。URP 对应的 PBR 是 Lit 着色器，Blinn-Phong 则全部统一成了 Simple Lit 着色器。完整的替换规则如图 12-50 所示。

Unity built-in shader	Universal Render Pipeline shader
Standard	Universal Render Pipeline/Lit
Standard (Specular Setup)	Universal Render Pipeline/Lit
Standard Terrain	Universal Render Pipeline/Terrain/Lit
Particles/Standard Surface	Universal Render Pipeline/Particles/Lit
Particles/Standard Unlit	Universal Render Pipeline/Particles/Unlit
Mobile/Diffuse	Universal Render Pipeline/Simple Lit
Mobile/Bumped Specular	Universal Render Pipeline/Simple Lit
Mobile/Bumped Specular(1 Directional Light)	Universal Render Pipeline/Simple Lit
Mobile/Unlit (Supports Lightmap)	Universal Render Pipeline/Simple Lit
Mobile/VertexLit	Universal Render Pipeline/Simple Lit
Legacy Shaders/Diffuse	Universal Render Pipeline/Simple Lit
Legacy Shaders/Specular	Universal Render Pipeline/Simple Lit
Legacy Shaders/Bumped Diffuse	Universal Render Pipeline/Simple Lit
Legacy Shaders/Bumped Specular	Universal Render Pipeline/Simple Lit
Legacy Shaders/Self-Illumin/Diffuse	Universal Render Pipeline/Simple Lit
Legacy Shaders/Self-Illumin/Bumped Diffuse	Universal Render Pipeline/Simple Lit
Legacy Shaders/Self-Illumin/Specular	Universal Render Pipeline/Simple Lit
Legacy Shaders/Self-Illumin/Bumped Specular	Universal Render Pipeline/Simple Lit
Legacy Shaders/Transparent/Diffuse	Universal Render Pipeline/Simple Lit
Legacy Shaders/Transparent/Specular	Universal Render Pipeline/Simple Lit
Legacy Shaders/Transparent/Bumped Diffuse	Universal Render Pipeline/Simple Lit
Legacy Shaders/Transparent/Bumped Specular	Universal Render Pipeline/Simple Lit
Legacy Shaders/Transparent/Cutout/Diffuse	Universal Render Pipeline/Simple Lit
Legacy Shaders/Transparent/Cutout/Specular	Universal Render Pipeline/Simple Lit
Legacy Shaders/Transparent/Cutout/Bumped Diffuse	Universal Render Pipeline/Simple Lit
Legacy Shaders/Transparent/Cutout/Bumped Specular	Universal Render Pipeline/Simple Lit

图 12-50　升级着色器

Unity 虽然提供了一键升级 URP 着色器的功能，但实际项目几乎无法使用了。因为项目中的大部分 Shader 是重写的，所以需要手动升级。这里我们通过一个例子来学习如何将一个旧的 Shader 改成 URP 支持的 Shader。先来看一个经典的 Shader。

```
Shader "Unlit/Old"
{
    Properties
    {
        _MainTex ("Texture", 2D) = "white" {}
        _Color ("Main Color", Color) = (1, 1, 1, 1)
    }
    SubShader
    {
        Tags { "RenderType"="Opaque" }
        LOD 100

        Pass
        {
            CGPROGRAM
            #pragma vertex vert
            #pragma fragment frag
            #pragma multi_compile_fog

            #include "UnityCG.cginc"

            struct appdata
            {
                float4 vertex : POSITION;
                float2 uv : TEXCOORD0;
            };

            struct v2f
            {
                float2 uv : TEXCOORD0;
                UNITY_FOG_COORDS(1)
                float4 vertex : SV_POSITION;
            };

            sampler2D _MainTex;
            float4 _MainTex_ST;
            float4 _Color;
            v2f vert (appdata v)
            {
                v2f o;
                o.vertex = UnityObjectToClipPos(v.vertex);
                o.uv = TRANSFORM_TEX(v.uv, _MainTex);
                UNITY_TRANSFER_FOG(o,o.vertex);
                return o;
            }

            fixed4 frag (v2f i) : SV_Target
            {
                fixed4 col = tex2D(_MainTex, i.uv) * _Color;
                UNITY_APPLY_FOG(i.fogCoord, col);
                return col;
            }
            ENDCG
        }
    }
}
```

1. 属性块

URP 不再推荐写_MainTex 和_Color 这样的属性名，内置的 URP 着色器都已经改成_BaseMap

和_BaseColor 了。

```
Properties
{
    _BaseMap ("Texture", 2D) = "white" {}
    _BaseColor ("Main Color", Color) = (1, 1, 1, 1)
}
```

由于 UGUI 用的还是旧的着色器，在做特效的时候可能需要给 UI 添加一种其他材质，如果 Shader 中没有属性_MainTex 和_Color，那么在代码中访问或者通过 Animation 的 Key 帧动画访问就会报错。

```
image.color = Color.red;
```

2. SubShader 块

如果 Shader 中存在多个 SubShader 块，那么引擎就会从上到下寻找，直到找到第一个 SubShader 块。先来看一个完整的 SubShader 块。

```
SubShader
{
    Tags{"RenderType" = "Opaque" "RenderPipeline" = "UniversalPipeline" "UniversalMaterialType" =
    "Lit" "IgnoreProjector" = "True" "ShaderModel"="4.5"}
        Pass{
        ...
    }
}
```

❑ RenderType：设置 Opaque 表示给 Shader 分了一个 Opaque 组，可以给多个 Pass 分不同的组，在旧管线中可以使用 SetReplacementShader 来整体替换 Shader，但 URP 中已经无法使用 SetReplacementShader 了。

❑ RenderPipeline：设置 UniversalPipeline 表示渲染管线只支持 URP，这样 Shader 强制无法用于 HDRP 或内置渲染管线中。

❑ UniversalMaterialType：设置材质标签用于分组。

❑ IgnoreProjector：设置为 True 表示忽略投射。

❑ ShaderModel：设置 ShaderMoel 的等级。

3. Pass 块

同样，也可以写多个 Pass。在内置渲染管线中每个 Pass 都会执行，但是在 URP 中如果在 Pass 中不指定 LightMode 为 UniversalForward，则默认只会执行第一个 Pass。如下列代码所示，URP 并不支持多 Pass，原因后面我们会详细解释。这里还设置了 Name "ForwardLit"，意义是在 Frame Debug 中可以看到具体 Pass 的名称。

```
SubShader
{
    // Tags 略
    Pass
    {
      Name "ForwardLit"
      Tags{"LightMode" = "UniversalForward"}
    }
}
```

12

注意，虽然 Pass 中也可以写类似 SubShader 中的标签，但是即使设置也是无效的，因为引擎只认 SubShader 中的 Tags。

接下来可以设置渲染状态，比如半透明混合、深度写入、裁剪、颜色遮罩等。渲染状态设置的参数可以暴露出去，这样在 C#代码中可以动态控制它。

```
Blend[_SrcBlend][_DstBlend]
ZWrite[_ZWrite]
Cull[_Cull]
```

4. CG 程序块

Pass 的最后一部分是 CG 程序块，采用 C++语法编写。如下列代码所示，在 URP 中需要将 C++ 代码包裹在 HLSLPROGRAM 和 ENDHLSL 之间。

内置渲染管线方式：

```
CGPROGRAM
ENDCG
```

URP 方式：

```
HLSLPROGRAM
ENDHLSL
```

在内置渲染管线中大量的内置着色器 API 引用的是 UnityCG.cginc，在 URP 中则使用 Core.hlsl。如果还要使用灯光和阴影，那么在 URP 中使用 Lighting.hlsl 和 Shadows.hlsl 来代替内置渲染管线中的 AutoLight.cginc。

内置渲染管线方式：

```
#include "UnityCG.cginc"
#include "AutoLight.cginc"
```

URP 方式：

```
#include "Packages/com.unity.render-pipelines.universal/ShaderLibrary/Core.hlsl"
#include "Packages/com.unity.render-pipelines.universal/ShaderLibrary/Lighting.hlsl"
#include "Packages/com.unity.render-pipelines.universal/ShaderLibrary/Shadows.hlsl"
```

接下来是输入与输出的结构体。

内置渲染管线方式：

```
struct appdata
{
    float4 vertex : POSITION;
    float2 uv : TEXCOORD0;
};

struct v2f
{
    float2 uv : TEXCOORD0;
    UNITY_FOG_COORDS(1)
    float4 vertex : SV_POSITION;
};
```

注意在 URP 中实现 FOG 和在内置渲染管线中已经不同，这里先忽略它。

URP 方式：

```
struct Attributes
{
    float4 positionOS   : POSITION;
    float2 uv           : TEXCOORD0;
};

struct Varyings
{
    float2 uv           : TEXCOORD0;
    float4 positionHCS  : SV_POSITION;
};
```

其实结构体是完全一样的，只是名字不同而已。由于 URP 内置着色器结构体都是按新方式命名的，因此为了和它保持一致，我们也这样写。除此之外，贴图采样器也有一点儿区别。

内置渲染管线方式：

```
sampler2D _MainTex;
```

URP 方式：

```
TEXTURE2D(_BaseMap);
SAMPLER(sampler_BaseMap);
```

在属性块中声明了贴图和颜色，在 CG 块中需要对属性块进行引用，这样就可以进行采样与使用了。注意在 URP 中需要将属性包裹在 CBUFFER 中，这样才能进行 SRP Batch（具体内容后面会介绍）。

内置渲染管线方式：

```
float4 _MainTex_ST;
float4 _Color;
```

URP 方式：

```
CBUFFER_START(UnityPerMaterial)
float4 _BaseMap_ST;
half4 _BaseColor;
CBUFFER_END
```

最后是顶点着色器与片元着色器中的写法，主要就是将 `UnityObjectToClipPos` 函数替换成 `TransformObjectToHClip` 函数，以及将 `tex2D` 函数替换成 `SAMPLE_TEXTURE2D` 函数。

内置渲染管线方式：

```
v2f vert (appdata v)
{
    v2f o;
    o.vertex = UnityObjectToClipPos(v.vertex);
    o.uv = TRANSFORM_TEX(v.uv, _MainTex);
    UNITY_TRANSFER_FOG(o,o.vertex);
    return o;
}
fixed4 frag (v2f i) : SV_Target
{
    fixed4 col = tex2D(_MainTex, i.uv) * _Color;
    UNITY_APPLY_FOG(i.fogCoord, col);
    return col;
}
```

URP 方式：

```
Varyings vert(Attributes IN)
{
    Varyings OUT;
    OUT.positionHCS = TransformObjectToHClip(IN.positionOS.xyz);
    OUT.uv = TRANSFORM_TEX(IN.uv, _BaseMap);
    return OUT;
}

half4 frag(Varyings IN) : SV_Target
{
    return SAMPLE_TEXTURE2D(_BaseMap, sampler_BaseMap, IN.uv) * _BaseColor;
}
```

TransformObjectToHClip 只是将模型空间转成裁剪空间，这是直接进行 **MVP** 矩阵转换的结果，但有时候需要在世界空间或者视图空间以及 NDC 空间下进行计算。如下列代码所示，在 ShaderVariablesFunctions.hlsl 中 URP 已经帮我们封装好了。

```
VertexPositionInputs GetVertexPositionInputs(float3 positionOS)
{
    VertexPositionInputs input;
    input.positionWS = TransformObjectToWorld(positionOS);
    input.positionVS = TransformWorldToView(input.positionWS);
    input.positionCS = TransformWorldToHClip(input.positionWS);

    float4 ndc = input.positionCS * 0.5f;
    input.positionNDC.xy = float2(ndc.x, ndc.y * _ProjectionParams.x) + ndc.w;
    input.positionNDC.zw = input.positionCS.zw;

    return input;
}
```

下面来看看最终转换完成的代码吧。

```
Shader "Unlit/New"
{
    Properties
    {
        _BaseMap ("Texture", 2D) = "white" {}
        _BaseColor ("Main Color", Color) = (1, 1, 1, 1)
    }
    SubShader
    {
        Tags { "RenderType"="Opaque" }
        LOD 100

        Pass
        {
            HLSLPROGRAM
            #pragma vertex vert
            #pragma fragment frag

            #include "Packages/com.unity.render-pipelines.universal/ShaderLibrary/Core.hlsl"

            struct Attributes
            {
                float4 positionOS   : POSITION;
                float2 uv           : TEXCOORD0;
            };
```

```
struct Varyings
{
    float2 uv          : TEXCOORD0;
    float4 positionHCS  : SV_POSITION;
};

TEXTURE2D(_BaseMap);
SAMPLER(sampler_BaseMap);

CBUFFER_START(UnityPerMaterial)
float4 _BaseMap_ST;
half4 _BaseColor;
CBUFFER_END

Varyings vert(Attributes IN)
{
    Varyings OUT;
    OUT.positionHCS = TransformObjectToHClip(IN.positionOS.xyz);
    OUT.uv = TRANSFORM_TEX(IN.uv, _BaseMap);
    return OUT;
}

half4 frag(Varyings IN) : SV_Target
{
    return SAMPLE_TEXTURE2D(_BaseMap, sampler_BaseMap, IN.uv) * _BaseColor;
}
ENDHLSL
    }
  }
}
```

12.2.4 LightMode

URP 是不支持多 Pass 的，虽然修改一下管线就可以支持，但是不建议这样做。默认情况下，Pass 如何执行取决于 LightMode 的参数，比如 UniversalForward 就是 URP 中标志性 Tag，如下列代码所示，我们设置 Tag 的 LightMode 为 UniversalForward。

```
Tags{"LightMode" = "UniversalForward"}
```

❑ SRPDefaultUnlit：在前向渲染中，如果设置 SRPDefaultUnlit，就会优先执行它，然后执行 URP 中的 UniversalForward。它可用于有两个 Pass 的情况，比如描边效果多了一次 Pass，但强烈不推荐写多个 Pass，因为不利于 SRP Batch。

❑ UniversalForward：在前向渲染中，默认先执行此 Pass。

❑ ShadowCaster：此 Pass 用于绘制 Shadowmap，如果模型需要向外投射阴影，那么就应该启用它。

❑ UniversalGBuffer：延迟渲染中，默认情况下先执行此 Pass。

❑ DepthOnly：仅用于画深度，注意这是软件层的一张深度图，可用于后续渲染采样计算，它并非 GPU 里的 ZBuffer 深度。

❑ DepthNormals：绘制深度法线，可用于后续渲染采样计算。

❑ Meta：仅在编辑模式下执行，用于烘焙光照贴图时执行。

❑ Universal2D：用于 2D 的前向渲染。

❑ UniversalForwardOnly：用于在延迟渲染中表示这个 Pass 使用前向渲染。

URP 不支持的 LightMode 包括 Always、ForwardAdd、PrepassBase、PrepassFinal、Vertex、VertexLMRGBM 和 VertexLM。

12.2.5　Shader Graph

自 Unity 2018 以来推出了 Shader Graph，它的原理是对节点进行连线，最终生成 HLSL 着色器代码。每个节点对应不同的着色器算法，有了可视化的编辑界面，就方便技术美术人员在界面上调整效果了。目前 Shader Graph 在内置渲染管线中几乎无法使用，它和 URP 结合得太紧密了。

Shader Graph 内置了很多节点，而且支持自定义节点，这样可以将 HLSL 代码封装成自定义节点供美术人员使用，在编辑模式下或者打包后会立即将 Shader Graph 转成 HLSL 语言来执行。这里所说的执行是不太准确的。准确地说，Unity 会在打包时根据目标平台将 HLSL 语言转成不同的语言：如果是 Android 平台，就会转成 GLSL 语言；如果是 iOS 平台，则会转成 MSL 语言。首次运行着色器时会进行编译，此时会根据当前的 GPU 硬件编译成机器语言。通常第一次编译过大的 Shader 时会卡一下，所以有些开发者会使用预热的方式运行 Shader。

URP 10 以上版本中对 Shader Graph 进行了调整，支持 Unlit 和 Lit 这两种 Shader Graph，此时我们使用 Unlit Shader Graph。如图 12-51 所示，通过对顶点着色器和片元着色器单独划分出两个节点，可以直接对需要的节点进行连线。

接下来我们在 Shader Graph 中学习一个简单的光照效果，在 Lighting.hlsl 中找到兰伯特的光照算法。

```
half3 LightingLambert(half3 lightColor, half3 lightDir, half3 normal)
{
    half NdotL = saturate(dot(normal, lightDir));
    return lightColor * NdotL;
}
```

首先创建一个 Unlit Shader Graph 文件，接下来创建 Normal Vector 节点，表示法线向量，如图 12-52 所示。

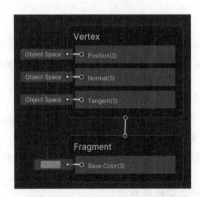

图 12-51　Unlit Shader Graph　　　　　图 12-52　法线向量

然后创建主光源节点，由于 Shader Graph 中并没有提供主光源节点，因此需要使用自定义节点来实现它，如图 12-53 所示。

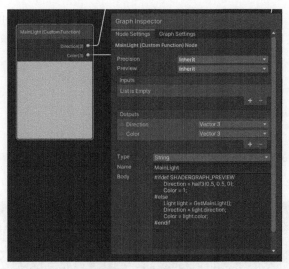

图 12-53　自定义节点

自定义节点中需要返回光的方向和光的颜色，由于要兼容预览窗口，因此需要使用 SHADERGRAPH_ PREVIEW 宏。

```
#ifdef SHADERGRAPH_PREVIEW
        Direction = half3(0.5, 0.5, 0);
        Color = 1;
#else
        Light light = GetMainLight();
        Direction = light.direction;
        Color = light.color;
#endif
```

继续创建节点实现 Dot(法线,光向量)*光颜色。如图 12-54 所示，根据算法很快就能连出来，Shader Graph 绑定上材质就可以添加给模型了，漫反射效果已经实现。

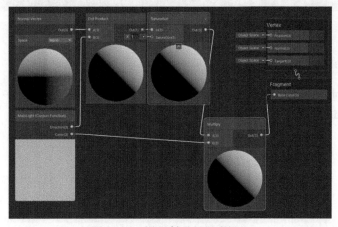

图 12-54　漫反射（另见彩插）

再来看看高光部分。整个算法其实并不难，我相信只要大家把图 12-54 连出来，高光就不在话下了。

```
half3 LightingSpecular(half3 lightColor, half3 lightDir, half3 normal, half3 viewDir, half4 specular,
    half smoothness)
{
    float3 halfVec = SafeNormalize(float3(lightDir) + float3(viewDir));
    half NdotH = saturate(dot(normal, halfVec));
    half modifier = pow(NdotH, smoothness);
    half3 specularReflection = specular.rgb * modifier;
    return lightColor * specularReflection;
}
```

需要引入一个新的节点实现方向 View Direction 节点。如图 12-55 所示，最终"环境光+漫反射+高光"就是 Blinn-Phong 光照模型了。

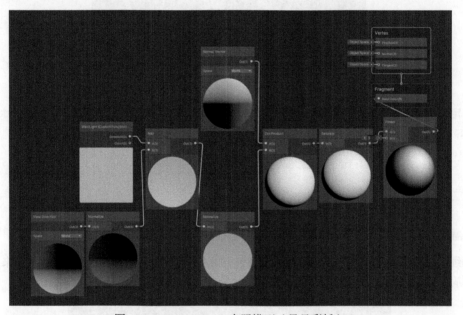

图 12-55　Blinn-Phong 光照模型（另见彩插）

12.2.6　Renderer Pipeline Asset

前面简单介绍过 Renderer Pipeline Asset 的创建过程，默认情况下有些选项是不予显示的。如图 12-56 所示，在 Core Render Pipeline 中选择 All Visible 表示显示全部选项。

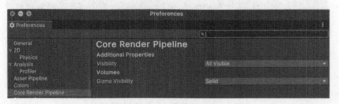

图 12-56　显示全部

1. Rendering

Renderer List 中保存着所有的渲染器，每台摄像机需要指定一个渲染器，如图 12-57 所示，其中各个选项的含义如下。

❑ Depth Texture/Opaque Texture：深度贴图或不透明贴图。勾选后渲染的深度会额外保存在 _CameraDepthTexture 中，这并不是 GPU 里的深度图而是软件层渲染的深度图。不透明物体会额外保存在_CameraOpaqueTexture 中。这两张图都是额外开辟的内存，勾选后会产生额外开销，开启后在 Shader 中直接采样即可使用，一般情况下在处理后处理时才需要使用。出于性能方面的考虑，一般不需要一直打开它们，如下列代码所示，运行时可以动态开关，只在需要的时候开启。

```
UniversalRenderPipeline.asset.supportsCameraDepthTexture = true;
UniversalRenderPipeline.asset.supportsCameraOpaqueTexture = true;
```

❑ Opaque Downsampling：减小不透明渲染贴图的尺寸和混合方式。
❑ Terrain Holes：是否支持地形挖洞，如果不支持就取消勾选，打包时会过滤相关的 Shader。
❑ SRP Batch：是否启动 SRP Batch，推荐启动，后面会详细介绍。
❑ Dynamic Batching：动态合并批次，它的原理是每帧渲染时将小的 Mesh 合并在一起，但是会产生额外开销。由于现在已经有 SRP Batch，因此就不建议使用它了。
❑ Debug Level：打开后可以在 Profiler 中看到更多的调试标签。
❑ Store Actions：表示当前 Pass 执行完后保存那些数据给后面的 Pass 使用，开启后会占用额外的内存带宽。

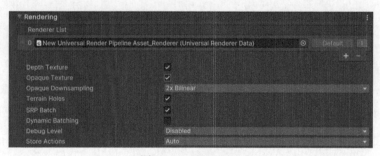

图 12-57 Rendering

2. Quality

Quality 表示质量窗口，如图 12-58 所示，其中各个选项的含义如下。

❑ HDR/HDR Precision：启动 HDR，设置 HDR 颜色缓冲区的精度。
❑ Anti Aliasing (MSAA)：MASS 抗锯齿。它是由 GPU 硬件提供的抗锯齿功能，每台摄像机还可以单独设置基于后处理的抗锯齿方法。
❑ Render Scale：Color Texture 的分辨率比例，调小后可降低渲染分辨率。
❑ Upscaling Filter：降低渲染分辨率后，最终还是需要将低分辨率的结果 Blit 到全屏屏幕缓冲区中，也就是将低分辨率放大到高分辨率上。这里用于设置回恢复分辨率时的过滤器。

❑ LOD Cross Fade/LOD Cross Fade Dithering Type：模型 LOD 切换时淡入淡出以及设置淡入淡出类型。

图 12-58　Quality

这里需要重点介绍一下分辨率 Render Scale。如图 12-59 所示，修改分辨率就是改变_CameraColor-Attachment 的贴图尺寸（见❶），小的尺寸意味着每个物体渲染的像素变少，这样片元着色器的计算数量也会减少，渲染性能将提高。缩小分辨率后最终还需要将渲染的结果再放大到屏幕缓冲区中。放大就意味着一个像素可能会填充到多个像素中，自然显示就模糊了。

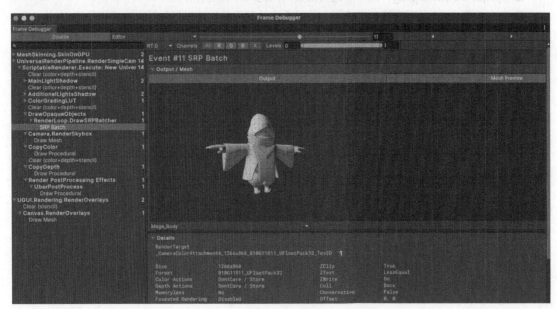

图 12-59　缩放

3. Lighting

Lighting 表示灯光窗口，如图 12-60 所示，其中各个选项的含义如下。

❑ Main Light：设置主光。主光的计算只能发生在片元着色器中。

❑ Cast Shadows/Shadow Resolution：是否投射阴影、Shadowmap 分辨率。

❑ Additional Lights：设置点光。点光支持顶点光和片元光，顶点光即光源计算发生在每个顶点着色器中。从性能上来说，顶点光比片元光计算量要低，但效果没有片元光好。

❑ Per Object Light：每个物体最多被多少光影响。

- ❑ Cast Shadows：是否投射阴影。
- ❑ Shadow Atlas Resolution/Shadow Resolution Tiers：设置 Shadowmap 的分辨率以及高中低分辨率的尺寸。
- ❑ Cookie Atlas Resolution/Cookie Atlas Format：设置阴影遮罩的分辨率和颜色格式。
- ❑ Reflection Probes/Probe Blending/Box Projection：是否启动反射探头，启动反射探头混合，以及矩形投射。
- ❑ Mixed Lighting：是否启用混合光源。
- ❑ Use Rendering Layers：是否启动渲染层。
- ❑ Light Cookies：是否使用灯光遮罩。

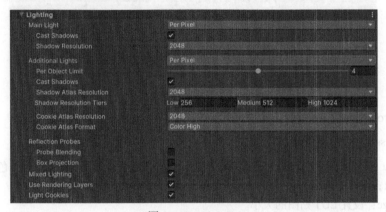

图 12-60　Lighting

　　总体来说，不使用的功能一定要在面板中取消勾选，这样才能在打包的时候对相关 Shader 进行有效剥离，减少内存占用。还需要说明一下 Shadow Resolution Tiers。如图 12-61 所示，点光中需要配置阴影的分辨率，在每盏灯光中可单独设置它。

图 12-61　阴影分辨率

4. Shadows

Shadows 表示阴影窗口，如图 12-62 所示，其中各个选项的含义如下。

- ❑ Max Distance：渲染阴影时设置的最大灯光距离，它会影响下面阴影级联的距离和 ShaderMap 的渲染结果。
- ❑ Working Unit：距离单位，可以用米或者百分比来表示。
- ❑ Cascade Count/Split 1～3：设置阴影级联的数量和每个级别的长度，总长度由 Max Distance 控制。
- ❑ Last Border：阴影级联的最后一级与 Max Distance 的淡出。

❑ Depth Bias/Normal Bias：进行阴影计算时设置深度与法线的偏移，避免产生阴影的瑕疵。

❑ Soft Shadows：开启软阴影。

❑ Conservative Enclosing Sphere：启动该功能可以优化性能，它可以避免在阴影级联的交界处被剔除。

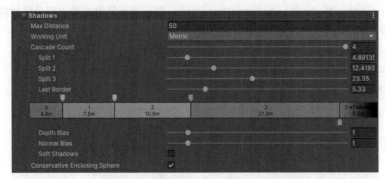

图 12-62   Shadows

5. Post-processing

Post-processing 表示后处理窗口，如图 12-63 所示，其中各个选项的含义如下。

❑ Grading Mode：颜色分级模式，原理是根据输出的颜色在 LUT 中查表进行校色。游戏通常使用 LDR；影视对效果有更高追求，因此可以设置成 HDR 模式。

❑ LUT size：设置 LUT 贴图的大小。

❑ Fast sRGB/Liner conversions：快速 sRGB 和线性空间转换。勾选后将使用一个快速但可能丢失精度的方法进行伽马矫正。

❑ Volume Update Mode：设置后处理 Volume 的更新频率。

图 12-63   后处理

至此，我们已经将 Renderer Pipeline Asset 中的所有参数都介绍了一遍，后面会在实际案例中继续展开讲解。

12.2.7   Renderer Pipeline Asset Data

如图 12-64 所示，Renderer Pipeline Asset 创建完毕后需要绑定 Renderer Pipeline Asset Data，其中各个选项的含义如下。

❑ Opaque/Transparent Layer Mask：不透明或半透明物体的遮罩层。这里可以设置过滤的 Layer，对应的不透明或者半透明将不参与渲染。

❑ Rendering Path：设置渲染路径，包括前向渲染、前向渲染+和延迟渲染。

❑ Depth Priming Mode：深度预处理模式，当启动前向渲染时才可以使用它。它需要增加内存与性能成本以提前计算物体的深度，这样才能保证被遮挡的物体不进行片元着色的计算。

❑ Accurate G-buffer normals：使用 resource-intensive 进行编码解码以提升渲染质量，当启动延迟渲染时才可以使用它。

❑ Depth Texture Mode：深度图复制时机。深度原本是写在 Color Texture 中的，此时在设置的复制时机中将深度复制到另外一张图中供在 Shader 中采样使用。移动端推荐设置 After Transparents，因为这样不存在不透明通道与半透明通道的切换，能显著提升性能。

❑ Native RenderPass：是否启动原生渲染，启动后可以在 Shader 中进行混合编程，但 OpenGL ES 不支持。

❑ Transparent Receive Shadows：是否在透明物体上绘制阴影。

❑ Post-processing：是否启动后处理，后处理配置文件也可以单独创建。

❑ Stencil：是否覆盖模板测试的参数。

❑ Intermediate Texture：是否通过中间纹理进行渲染。

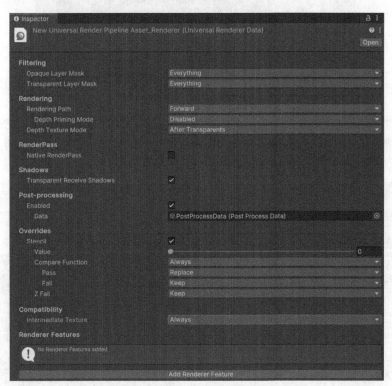

图 12-64　Renderer Pipeline Asset Data

这里再深入介绍一下深度预处理模式。当在渲染资源中启动深度图后（见❶），如图 12-65 所示，模型的颜色和深度将同时渲染到 Color Texture 中，深度图保存在 Depth 中（见❷）。

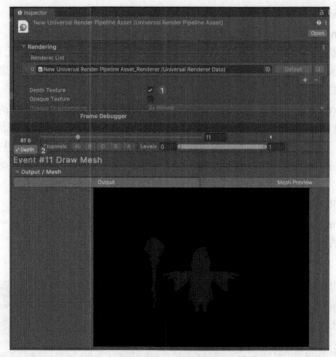

图 12-65   渲染深度

如果在游戏中需要采样深度图，就要找个时机将深度信息复制出来。如图 12-66 所示，由于我们设置的复制时机是 After Transparents，因此深度图会在透明物体渲染后将深度复制到_CameraDepth-Texture 中，在 Shader 中对其采样就可以使用深度了（见❶）。

图 12-66   复制深度

还需要深入介绍一下 Native RenderPass，启动它后就可以使用 Shader 的扩展方法 `EXT_shader_framebuffer_fetch` 了，但并不是所有 GPU 都支持它。Native RenderPass 可以将当前 Framebuffer 中的颜色取出来作为参数传递到下一个 Shader 中，如下列代码所示，`ocol` 就是当前 Framebuffer 中片元的颜色。

```
CGPROGRAM
#pragma only_renderers framebufferfetch

void frag (v2f i, inout half4 ocol : SV_Target)
{
    // ocol 即当前 Framebuffer 中片元的颜色
}
ENDCG
```

12.2.8 URP Global Settings

如图 12-67 所示，在 URP Global Settings 中可设置 URP 的全局配置。Strip 变种可以有效地剥离无用的 Shader 宏，这样可以减少 Shader 的内存占用。图 12-67 中各个选项的含义如下。

❏ Rendering Layers：自定义配置渲染层，相同的 Layer 可以设置不同的 Rendering Layers。
❏ Shader Variant Log Level：打包时是否输出 Shader 变种日志信息。
❏ Export Shader Variants：是否导出 Shader 变种时输出日志。
❏ Strip Runtime Debug Shaders：打包时过滤 Scenes 视图中调试的变种。
❏ Strip Unused Post Processing Variants：打包时过滤 Volume 中没有配置使用的后处理变种。
❏ Strip Unused Variants：打包时过滤没有使用的变种。
❏ Strip Unused LOD Cross Fade Variants：打包时过滤没有使用的 LOD 过渡变种。
❏ Strip Screen Coord Override Variants：打包时过滤屏幕 Override 后的变种。

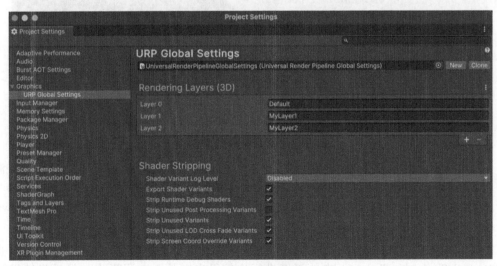

图 12-67 全局设置

12.2.9   URP Renderer Feature

Renderer Feature 用于添加到 Renderer Pipeline Asset Data 之上，它可以让 URP 渲染器添加额外的配置来控制渲染。如图 12-68 所示，内置的 Renderer Feature 共有 5 种。

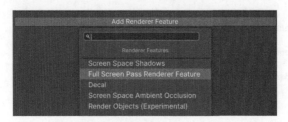

图 12-68   内置的 Renderer Feature

1. Screen Space Shadows（屏幕空间阴影）

和传统的阴影计算方法一样，Screen Space Shadows 会先从光源空间生成 Shadowmap，接着它需要强制执行一遍不透明物体的 Depth Prepass 以将当前渲染的深度保存在_CameraDepthTexture 中。如果是延迟渲染，那么本身就需要生成这张深度图，而前向渲染则需要单独生成深度图，这样就会带来内存的开销，如图 12-69 所示。

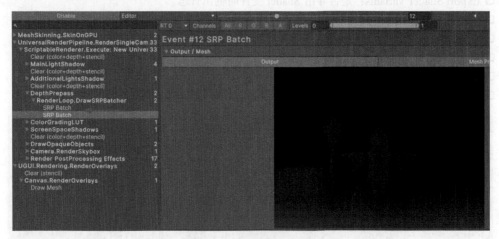

图 12-69   Depth Prepass

传统的阴影计算方式和参与渲染的物体数量有关，因为每个片元在着色的时候需要转换到光源空间中，用当前片元到光源的距离和 Shadowmap 中采样的结果比较得出它是否在阴影中。可见参与片元着色计算的数量越多计算量越大，而屏幕空间阴影则会根据 Depth Prepass 的深度图和 Shadowmap 在屏幕中生成阴影图。

如图 12-70 所示，_CameraDepthTexture 中将每个像素的深度转换到光源空间中和 Shadow（也就是_MainLightShadowmapTexture）中的深度进行比较得出它是否在阴影中，然后将结果写在_ScreenSpaceShadowmapTexture 中。屏幕中每个像素是否在阴影中已经得出，此时又开辟了一块内存来保存屏幕空间阴影。

图 12-70　屏幕空间阴影

如图 12-71 所示，每个片元在最终着色的时候可以将它转到屏幕空间，然后采样就可以得到它是否在阴影中了。

图 12-71　填充阴影

总结一下，屏幕空间阴影的计算量是恒定的，和渲染的复杂度无关，但如果是前向渲染，那么就需要多分配两块屏幕缓冲区（屏幕深度图和屏幕阴影图），而延迟渲染本身就需要深度图，所以前向渲染通常不会使用屏幕空间阴影。在 URP 中，屏幕空间阴影仅用于不透明物体，半透明物体还是会使用传统 Shadowmap 的方式。

2. Full Screen Pass Renderer Feature（全屏渲染 Pass）

可以利用 Full Screen Pass Renderer Feature 制作自定义的后处理渲染效果。目前我们还没有掌握 Renderer Feature 的原理，所以先从内置的效果学起。既然要后处理，那么此时就需要获取屏幕的颜色缓冲区，然后通过 Shader 对整个屏幕的每个像素进行计算，最终再输出给屏幕缓冲区用于显示。

如图 12-72 所示，先看看自定义后处理的流程。GPU 是可以直接将结果绘制到 Framebuffer 中的，但是无法获取 Frame 中的颜色，所以 URP 的做法是先将颜色绘制到 Color Texture 中间颜色缓冲区中，接着将_CamerColorAttachment 复制到_FullscreenPassColorCopy 颜色缓冲区中，然后在对这种 RT 进行后处理着色计算后再复制到_CamerColorAttachment 中，最终复制到 Framebuffer 中给显示器显示。

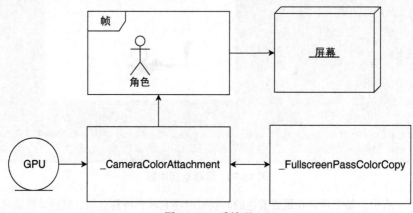

图 12-72 后处理

所以，FullScreenPass 中需要指定在哪个时机复制_CamerColorAttachment，以及复制后如何对屏幕进行后处理着色，如图 12-73 所示，其中各个选项的含义如下。

❏ Pass Material：后处理着色的材质，这里需要指定着色器。

❏ Injection Point：_CamerColorAttachment 复制的时机。

❏ Requirements：指定复制的贴图。后处理不一定是针对颜色贴图，也可以是深度图、法线图或运动模糊图。

❏ Pass Index：决定着色器用第几个 Pass 执行。

图 12-73 Full Screen Pass Renderer Feature

FullscreenInvertColors 中需要配置着色器，在着色器中需要对 FullScreenPass 复制出来的颜色图进行采样，然后就可以对每个像素进行后处理修改了。如图 12-74 所示，这里 URP 使用 Shader Graph 制作了着色器，URP Sample Buffer 节点用于采样贴图的颜色，One minus 节点的意思是用 1 减去采样出来的颜色，最后再连线给 Fragment 的 Base Color 节点。整体含义就是对屏幕中每个像素进行 1 减操作，这里完全可以自定义一种新材质，拖入 InjectionPoint 中，然后绑定自定义的着色器对它进行特殊后处理计算即可。

图 12-74 后处理结果

3. Decal（贴花）

Decal 可用于在场景中贴一张图，但因为贴花面的深度是不同的，所以需要用到投影技术。如图 12-75 所示，首先添加 URP Decal Projector 脚本来设置投影的参数，接着绑定贴花所使用的贴图材质（见❶），需要贴图的 Shader 是 URP 自带的，只需给材质指定贴图的贴图法线即可（见❷）。

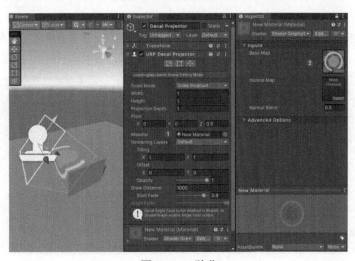

图 12-75 贴花

12

如图 12-76 所示，目前 URP 支持的贴花方式有两种，即 DBuffer 和 Screen Space。

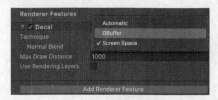

图 12-76   贴花设置

如图 12-77 所示，先来介绍一下 DBuffer 模式，它需要预计算法线图，再复制出深度图，然后在 DBuffer 中将贴花的固有色、法线、金属度 AO 保存在 RT0/RT1/RT2 中，最后在渲染物体时对 DBuffer 的 3 张贴图进行采样，并进行贴图的光照计算。

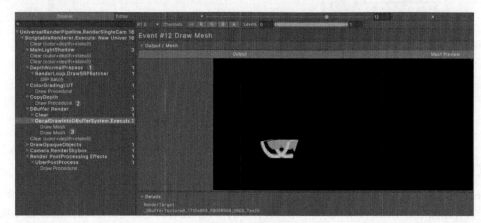

图 12-77   DBuffer

如图 12-78 所示，屏幕空间贴花既不需要预计算法线图，也不需要 DBuffer 的 3 张贴图所产生的内存开销。屏幕空间贴花是在所有物体绘制完后再单独绘制贴花，这就意味着重复的像素需要进行多次光照计算。

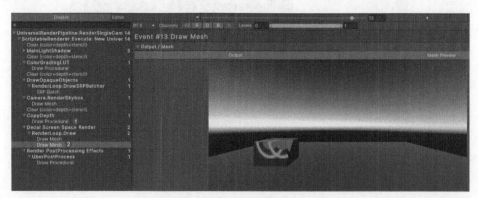

图 12-78   Screen Space

所以说，基于 DBuffer 的贴花与场景中贴花的数量复杂度无关，它的计算量是恒定的。但是它额外分配的 3 张贴图会占用内存和带宽，在移动端是无法接受的。在控制贴花数量的情况下，移动端更适合基于屏幕空间的贴花。

4. Screen Space Ambient Occlusion（屏幕空间环境光遮蔽）

首先来说说环境光遮蔽（AO）。如图 12-79 所示，光在均匀介质中沿直线传播，它来回弹射的次数越多，我们看到的那个点的颜色就越亮。自然界中，弹射进角落的光会很少，所以角落一定是偏暗的。可计算机受限于算力，并不能进行这种无限的弹射，如果有一张 AO 图能够标记出屏幕空间哪些部分处于角落，那么问题就迎刃而解了。

SSAO 是基于屏幕空间下的 AO 贴图。如何判断某个点是否处于角落呢？可以使用"深度+法线"，处于角落中的点一定和周围物体的深度不同。在 URP 中将 Screen Space Ambient Occlusion 绑定给渲染器即可开启 SSAO 功能，如图 12-80 所示，各个选项的含义如下。

- ❏ Method：设置蓝噪声或交错梯度噪声来生成，性能几乎没有差别，但蓝噪声在物体发生移动时会有一些微妙的变化。
- ❏ Intensity：亮暗的强度。
- ❏ Radius：根据半径来采样法线纹理，减小该参数可提高性能。
- ❏ Falloff Distance：设置 SSAO 的最大距离，较远的物体则不计算 SSAO 以提高性能。
- ❏ Direct Lighting Strength：AO 在直接光照下的可见度。
- ❏ Source：如果使用的是 Depth 的方式，那么 SSAO 会强制打开 DepthPrepass 来生成深度图并重建法向量；如果使用的是 Depth Normals 的方式，则会启动 DepthNormalPrepass 生成"深度+法线"图并保存在_CameraNormalsTexture 图中。
- ❏ Downsample：降低 SSAO 的分辨率，提高性能。
- ❏ After Opaque：在不透明渲染之后计算 SSAO 效果，移动端可提高性能。
- ❏ Blur Quality：模糊的质量，降低该参数可提高性能。
- ❏ Samples：SSAO 会根据 Radius 来计算每个像素最终环境光遮蔽的数值，降低 Radius 和减少 Samples 都会提高性能。

12

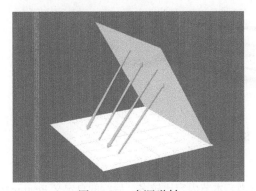

图 12-79　光源弹射

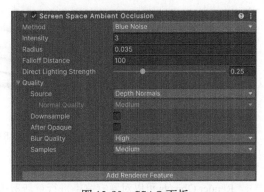

图 12-80　SSAO 面板

图 12-81 所示的是关闭 AO 的效果，注意木头柱子之间的角落，由于角落的颜色没有被压暗，因此明显感觉物体比较飘。

图 12-81 关闭 SSAO（另见彩插）

如图 12-82 所示，打开 AO 后效果马上就不同了，角落的颜色被压暗以后，物体就没有飘的感觉了。

图 12-82 打开 SSAO（另见彩插）

图 12-83 就是每帧生成的屏幕空间 AO 图了。

图 12-83 SSAO 图

5. Render Objects

Render Objects 可以对原有渲染进行重新覆盖渲染。本节内容比较多，后续的自定义 Feature 中会详细介绍 Render Objects。

12.3 SRP Batch

SRP Batch 是 URP 中一个重要的优化手段，它并不会减少 Set Pass Call（使用得当的话可以减少）和 Draw Call，但是会减少每个 Draw Call 的渲染代价。如图 12-84 所示，勾选 SRP Batch 即可打开它，如果使用 URP 自带的 Shader，那么默认都是支持它的；如果是自定义 Shader，则需要在 Shader 中编写支持它的代码。

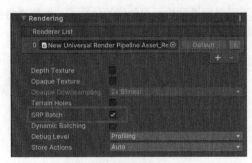

图 12-84　开启 SRP Batch

12.3.1　不透明物体绘制

渲染管线可以设置整个 Pass 的顺序，比如先绘制不透明物体再绘制半透明物体。渲染管线无法指定不透明物体中每个物体的渲染顺序。虽然通过 SortingOrder 和 RenderQueue 可以单独配置每种材质的渲染顺序，但游戏中大部分物体的 SortingOrder 和 RenderQueue 的数值是相同的，此时如何设置渲染顺序尤其重要。

不透明物体的渲染顺序是从前向后绘制，也就是说底层在给渲染 API 提交数据时必须按照这个顺序提供，因此 CPU 这边就要提前进行排序。那么从后向前绘制不透明物体会怎样呢？如图 12-85 所示，比如我们先绘制一个灰色的面片。

GPU 中每次绘制完物体会记录它的深度，后面绘制的物体可以获得当前深度。如图 12-86 所示，GPU 中的深度图就是 ZBuffer，每个像素的深度取值范围在 0 和 1 之间，以记录这个像素到摄像机的距离。

图 12-85　不透明物体

图 12-86　GPU 中的深度图

在灰色面片的前面再绘制一个红色面片，如图 12-87 所示，矩形条纹遮挡的区域就是两个面片重叠的区域，如果这部分区域被重复绘制两次，那么性能就白白浪费了。这是因为挡住它的红色面片也是不透明物体，遮挡的区域只会渲染红色的部分。所以 Unity 引擎会在 CPU 中对不透明物体进行一次排序，即使两个面片的 SortingOrder 数值和 RenderQueue 数值一样，排序后也会先渲染红色面片再渲染灰色面片。当红色面片被 GPU 渲染完毕后，ZBuffer 中就记录了红色面片的深度，然后再渲染灰色面片，它只需要在每个像素进行片元着色计算之前比较一下自身深度和 ZBuffer 中的深度即可。如果是被挡住的像素，那么它就不需要再进行片元着色器的计算了，性能就得到了极大的提升，而这种技术在 GPU 内部被称为 GPU 深度 Early-Z 深度测试。

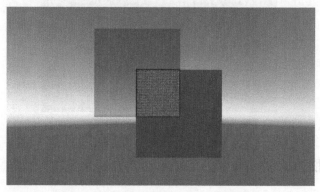

图 12-87　不透明物体重合（另见彩插）

因为游戏中摄像机和物体可能会发生旋转移动，所以不透明物体的排序是无法提前预知的，必须在每帧渲染之前重新进行排序。排序主要使用的是 Z 轴，不过有时候物体是相互交叉在一起的，无法区分在前还是在后，所以 CPU 排序无法做到非常精准，但即使不精准，只要提前排序，就能减少片元着色器的大量计算。

12.3.2　半透明物体绘制

半透明物体的每个像素是需要和前面的像素进行颜色混合的，颜色混合的方式是在 Shader 中指定的。但颜色混合的计算发生在 GPU 内部，所以半透明物体渲染的顺序必须从后向前进行，只有这样，后绘制的半透明物体在 GPU 中渲染时才能根据前面计算的像素进行颜色混合（称为 Alpha Blend）。可见半透明物体叠层的数量严重影响性能，凡是叠层的像素都需要计算多次，被覆盖计算的像素也称为 OverDraw。

和不透明物体一样，半透明物体也要在 CPU 中进行排序，排序主要使用的是 Z 轴。如果半透明物体遇到和另一个半透明物体交叉在一起，或者自身交叉在一起的物体，那么可能就无法得到正确的渲染结果了。

如图 12-88 所示，创建两个半透明物体交叉在一起，从顶视图中可以看到红色矩形的一部分明明在白色矩形的前面，但是渲染后完全被白色矩形挡住了。产生这种情况的原因是半透明物体不写深度，它完全按照 Unity 底层的排序进行渲染。因为红色矩形的中心点的 Z 轴比白色矩形的中心点的 Z 轴更远，所以如果按照从后向前的渲染顺序，那么白色矩形就一定会挡住它。可以通过给半透明物体写深度来解决这个问题，但这样做会产生另一个问题：它无法和后面的颜色进行混合。

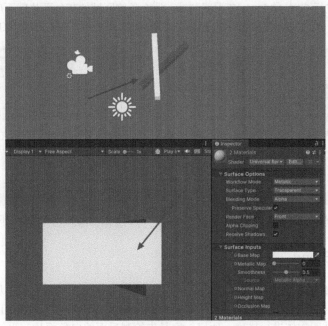

图 12-88　半透明物体重合（另见彩插）

12.3.3　Early-Z

可见，要想让 Early-Z 发挥最大的作用，就需要在软件层配合传递渲染的顺序，但 Early-Z 和 ZBuffer 在 GPU 中是不区分是否在渲染不透明物体或半透明物体的。如果 Shader 中写了深度，它就会进行深度测试和 Early-Z 裁剪；如果 Shader 中写了 Alpha Blend，它就会和之前渲染的颜色进行混合。但如果半透明物体开启了深度，那么因为 Early-Z 的存在，片元着色器并不会执行前面被遮挡的部分，所以缓冲区上就没有颜色和半透明物体混合了。

然而，有些 GPU 架构已经是延迟架构了（比如苹果公司的 GPU 架构采用的是 TBDR 的方式），这时候软件层就不需要强制对渲染物体从前向后进行排序了，它的优势已经很明显，不需要在 CPU 中提前进行排序，而被渲染的物体最终会在 GPU 中进行排序。（毕竟软件层排序也是要占用 CPU 时间的。）高通骁龙 845 以后也有类似延迟的芯片架构，而 Mali 也有类似 FPK 这样的延迟架构。总体来说，目前的移动端芯片都已经具备延迟架构的功能。

12.3.4　Alpha Test

如果不透明物体使用了 Alpha Test，那情况就另当别论了。如图 12-89 所示，Alpha Test 虽然带了 Alpha，但它本质上还属于不透明物体，依然遵循从前向后绘制的顺序。

如图 12-90 所示，请注意条纹部分区域，由于前面的物体使用了 Alpha Test，此时 Alpha 测试不通过，因此这部分区域就没有进行绘制，重叠条纹区域的颜色会被 clip 掉。接着再继续绘制后面的灰色面片。如果此时还进行 GPU 的 Early-Z 深度测试，那么条纹区域的灰色面片就不应该着色。显然灰色面片必须进行着色，因此只有关掉当前的 Early-Z 深度测试，才能保证 GPU 的深度测试可以通过。

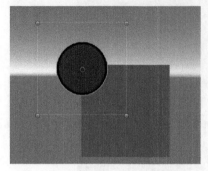
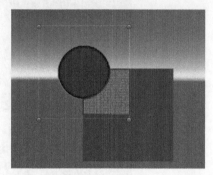

图 12-89　Alpha Test（另见彩插）　　　　图 12-90　Alpha Test 遮挡部分（另见彩插）

12.3.5　Alpha Blend

在绘制半透明物体前 Unity 会对所有半透明物体进行排序，只要保证它们以从后向前的渲染顺序传递到 GPU 中即可。由于半透明物体是不写深度的，因此 Zbuffer 中并没有它们的深度。如图 12-91 所示，因为会对半透明物体进行排序，所以一定是先绘制后面的白色面片，再绘制前面的红色面片（前提是 SortingOrder 和 RenderQueue 相同），重合的部分会进行 Alpha Blend 混合。

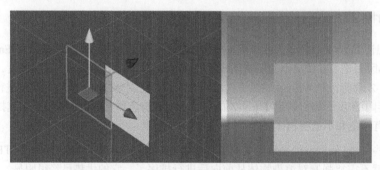

图 12-91　Alpha Blend 颜色混合（另见彩插）

由于半透明物体是不写深度的，如果直接修改红色面片的 RenderQueue，使其小于 3000，那么 Unity 提交的渲染顺序就会先绘制红色面片，如图 12-92 所示。

图 12-92　修改 RenderQueue

如图 12-93 所示，因为没有写深度，即使红色面片的 Z 轴更靠前，也会优先渲染 RenderQueue 数值比较小的，所以白色面片会完全挡住红色面片。

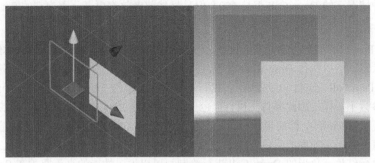

图 12-93   重新排序颜色混合（另见彩插）

因为绘制半透明物体时需要在 Framebuffer 上取之前像素的颜色，这样才能和现在的颜色进行混合，所以这里 GPU 要先取颜色，再进行颜色混合，最后写到 Framebuffer 上。取颜色和写颜色都是耗时操作，再加上半透明物体是从后向前绘制，每叠一层都要多进行一次读写相同的操作。可见，半透明物体渲染是很慢的。由于半透明物体没有写深度，因此 Early-Z 就会失效，不过其实它也不需要再 Early-Z 了。

半透明物体是可以写深度的，只要打开 ZWrite On 就可以，这样依然可以享受 Early-Z 带来的性能优化，只是显示可能会出现错误。如图 12-94 所示，写入深度以后可以发现渲染上并没有出错，原因是在渲染前 Unity 会对半透明物体进行排序，始终从后向前绘制。

此时再把前面红色面片的 RenderQueue 设置成 2999。如图 12-95 所示，请注意矩形条纹区域，由于半透明物体写了深度，此时又先绘制红色面片，因此 Zbuffer 上就会保存红色面片的深度。接着绘制白色面片，此时 Early-Z 深度测试不通过，所以矩形条纹区域的片元着色器就被 Early-Z 剔除了，混合后的颜色显示也就不正确了，不过效率得到了提升。

图 12-94   混合（另见彩插）

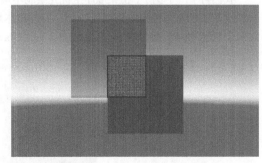

图 12-95   重合区域（另见彩插）

12.3.6   Set Pass Call 与 Draw Call

通过前面的学习，我们知道 Unity 每帧都要对半透明物体和不透明物体进行排序，从而保证最优的渲染效率。大家可以想象一下，假设物体并没有合并 Draw Call 的功能，那么单纯在屏幕上绘制 100

个完全相同的物体（包括材质和 Mesh）和 100 个完全不相同的物体（包括材质和 Mesh）会有什么区别呢？虽然两种情况下的 Draw Call 都是 100，但是显然前者效率更高，因为它的 Set Pass Call 是 1，而后者的 Set Pass Call 是 100。

可以将 Set Pass Call 理解为设置渲染状态，将 Draw Call 理解为绘制。相同的物体绘制多遍只需要设置一次渲染状态，然后执行 Draw Call 就可以，直到出现另一个和当前渲染状态不同的物体，才会再执行新的 Set Pass Call。如图 12-96 所示，我们先绘制一个蓝色三角形，再绘制一个红色三角形。由于它们的渲染参数不一样，因此要首先执行蓝色三角形的 Set Pass Call 来设置渲染状态（包括材质参数、Mesh 信息、Shader 等），然后再执行蓝色三角形的 Draw Call 进行绘制。接下来渲染红色三角形，此时我们发现渲染状态和前面的蓝色三角形不同，需要执行 Set Pass Call 来设置红色三角形新的渲染状态，然后再执行红色三角形的 Draw Call 进行绘制。可以说，性能的真正瓶颈在 Set Pass Call 而非 Draw Call 上。

如图 12-97 所示，比如我们将相同的材质和 Mesh 同时进行绘制，虽然 Draw Call 不会减少，但是 Set Pass Call 会减少，因为这两个三角形的渲染状态完全一样，只有世界空间的坐标不同而已。

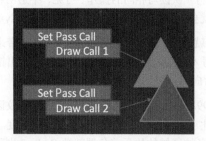

图 12-96　Set Pass Call（另见彩插）

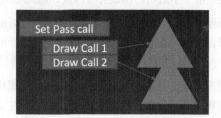

图 12-97　Draw Call（另见彩插）

我们再举一个例子，渲染顺序上优先绘制不透明物体，然后才是半透明物体，比如摄像机是图 12-98 所展示的角度。红色物体是半透明的，白色物体是不透明的，按照渲染顺序会先绘制白色物体，再绘制两个红色物体（共两次 Set Pass Call，3 次 Draw Call）。

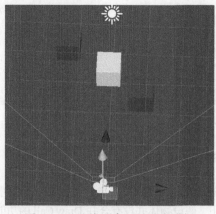

图 12-98　渲染顺序（另见彩插）

如果每个物体只有单个 Pass，那么这样渲染是没问题的，但内置渲染管线支持多 Pass，比如我们可以给每个立方体再加一个 Pass（如描边）。如图 12-99 和图 12-100 所示，每个物体会先执行自己的第 0 个 Pass，然后再执行第 1 个 Pass。因为设置渲染状态包括 Shader，而且由于 Shader 使用了不同的 Pass，就表示和前一个渲染状态已经不一致，所以需要重新设置 Set Pass Call。最终，一共进行了 8 次 Set Pass Call 和 8 次 Draw Call。

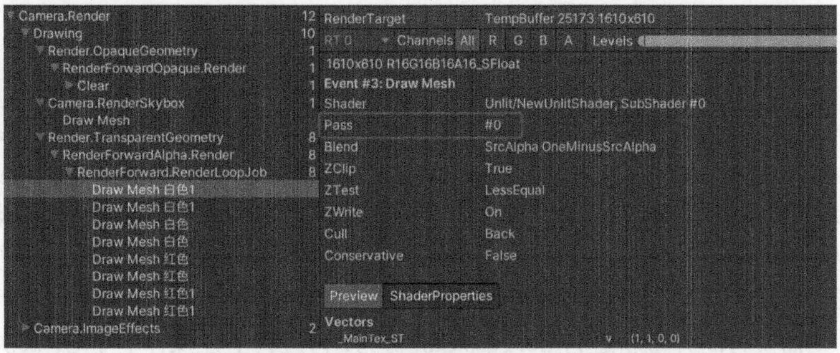

图 12-99　渲染状态（一）

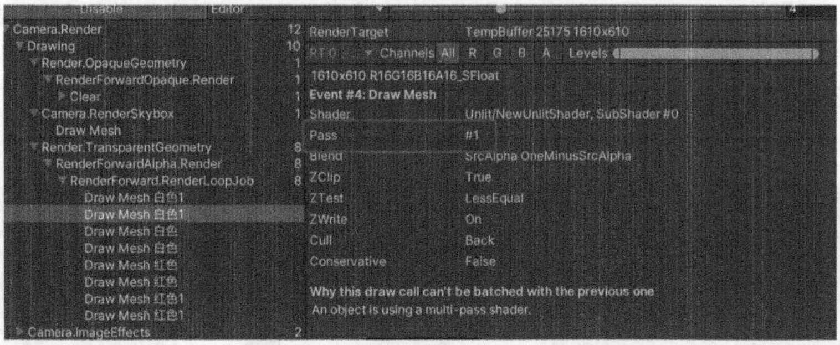

图 12-100　渲染状态（二）

如果我们将多 Pass 删除并按如下顺序渲染，那么虽然 Draw Call 还是 8 次，但是 Set Pass Call 已经减少成 4 次了。

(1) Set Pass Call – 白色第 0 个 Pass

　　Draw Call – Cube0
　　Draw Call – Cube1

(2) Set Pass Call – 白色第 1 个 Pass

　　Draw Call – Cube0
　　Draw Call – Cube1

(3) Set Pass Call – 红色第 0 个 Pass

　　Draw Call – Cube0
　　Draw Call – Cube1

(4) Set Pass Call – 红色第 1 个 Pass

　　Draw Call – Cube0

　　Draw Call – Cube1

这也是 URP 中一定要删除多 Pass 的原因。在处理多 Pass 的时候需要自定义 Render Feature（后面会详细介绍）以减少 Set Pass Call，进而优化游戏性能。

12.3.7　SRP Batch 原理

通过前面的铺垫，我们终于进入 SRP Batch 原理部分了。SRP Batch 可以减少 Set Pass Call 的数量，但无法减少 Draw Call 的数量，它能让一次 Draw Call 的开销减小。传统方式中，每次 Set Pass Call/Draw Call 依然有很多事情要做，如图 12-101 所示，首先在引擎中收集数据（包括顶点坐标数据、材质数据等），然后将这些数据提交给 GPU，接下来绑定数据，最后触发 Draw Call 行为。上述步骤完成之后才能操作下一个物体。如果下一个物体的材质和上一个物体相同，那么依然要进行上述所有操作。如果发现材质不同，则需要打断并重新进行 Set Pass Call 行为，再进行上述操作。可见，每次 Standard Batch 的工作量非常大。

如图 12-102 所示，SRP Batch 中流程明显变少，它将在 CPU 中收集数据与将数据提交给 GPU 部分省略了。其实并不是完全省略，而是不需要每帧都给 GPU 传递这些数据了。如果这些数据没有发生变化，那么它们将被保存在 GPU 内存中，这样每帧只需要进行数据绑定就可以了，从而提高了效率。

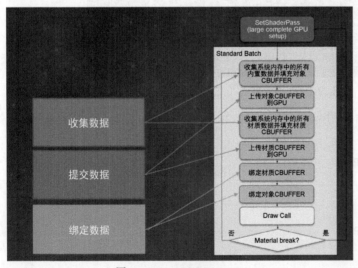

图 12-101　Standard Batch

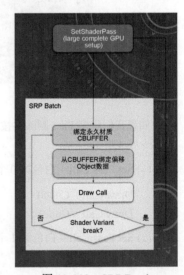

图 12-102　SRP Batch

注意，SRP Batch 是否发生打断和传统方式是不同的。传统方式中，即使两种材质使用了相同的着色器，也会产生 Set Pass Call，而 SRP Batch 则不会。SRP Batch 判断打断并不是看材质是否发生变化，而是看着色器变种是否发生变化。只要变种相同，即使使用了不同的材质，也能有效合并 SRP Batch。

SRP Batch 会在主存中将模型的坐标信息、材质信息、主光阴影参数和非主光阴影参数分别保存在不同的 CBUFFER 中，只有 CBUFFER 产生变化才会重新提交到 GPU 中，并将这些数据保存在 GPU 显存中。如图 12-103 所示，将模型信息、位置信息、变换信息和材质信息分开，模型可能每帧都会移动坐标，但不会每帧都修改材质信息。材质信息每次变化后都通过 CBUFFER 传到 GPU 中并保存（只要没有变化就不需要重新提交）。最终，Shader 在显存中通过每帧变化的坐标信息和不一定每帧变化的材质信息将模型渲染出来。

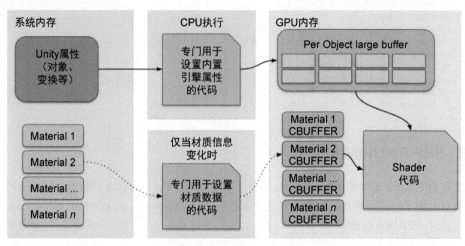

图 12-103　SRP Batch 更新

下面来看看 URP 中一共有多少个 CBUFFER，首先是 CBUFFER_START(UnityPerDraw)，每个物体绘制共享的 CUBFFER，包括模型空间转世界空间矩阵、世界空间转模型空间矩阵、LOD 参数、世界变换参数、灯光参数、环境贴图、烘焙参数和球谐光照信息。整个 UnityPerDraw 的 CBUFFER 数据都是从 CPU 传递到 GPU 中的，只可惜这部分代码并没有在 URP 的 C#代码中传递，而是在底层 C++部分传递，在 Shader 中可以全局使用，格式如下所示。

```
CBUFFER_START(UnityPerDraw)
// 模型公用 CBUFFER
float4x4 unity_ObjectToWorld;
float4x4 unity_WorldToObject;
...
CBUFFER_END
```

每个模型对应一个 UnityPerDraw 就够了。由于模型可以创建多种材质多个 Pass，因此每种材质需要对应一个 UnityPerMaterial 的 CUBFFER。如果是自定义的着色器，则需要我们手动补齐它，格式如下所示。

```
CBUFFER_START(UnityPerMaterial)
// 模型单材质 CBUFFER
float4 _BaseMap_ST;
half4 _BaseColor;
...
CBUFFER_END
```

需要注意的是，同一种材质只能写一个 CBUFFER_START(UnityPerMaterial)，如果写多个则会报错。由于这个 CBUFFER 是我们自己写的，因此数据的赋值在 Shader 代码的属性框中，在材质面板中就可以设置参数了。如下列代码所示，CBUFFER_START(UnityPerMaterial)/CBUFFER_END 中的数据需要和 Properties 中一一对应。

```
Properties
{
    _BaseColor("Color", Color) = (1,1,1,1)
    _BaseMap("Albedo", 2D) = "white" {}
    _Cutoff("Alpha Cutoff", Range(0.0, 1.0)) = 0.5
    _Smoothness("Smoothness", Range(0.0, 1.0)) = 0.5
    _Metallic("Metallic", Range(0.0, 1.0)) = 0.0
    _SpecColor("Specular", Color) = (0.2, 0.2, 0.2)
    _BumpScale("Scale", Float) = 1.0
    _EmissionColor("Color", Color) = (0,0,0)
    _EmissionMap("Emission", 2D) = "white" {}
}
```

12.3.8　SRP Batch 使用

通过对 SRP Batch 原理的学习，我们知道它虽然可以减少 Set Pass Call 的数量，但无法减少 Draw Call 的数量。如下列代码所示，在我们自己的着色器中以 CBUFFER_START(UnityPerMaterial)/CBUFFER_END 的结构来包裹。

```
CBUFFER_START(UnityPerMaterial)
float4 _BaseMap_ST;
float4 _DetailAlbedoMap_ST;
half4 _BaseColor;
half4 _SpecColor;
half4 _EmissionColor;
half _Cutoff;
half _Smoothness;
half _Metallic;
half _BumpScale;
half _Parallax;
half _OcclusionStrength;
half _ClearCoatMask;
half _ClearCoatSmoothness;
half _DetailAlbedoMapScale;
half _DetailNormalMapScale;
half _Surface;
CBUFFER_END
```

如图 12-104 所示，最终在 Frame Debug 窗口中就能看到 SRP Batch 的字样。注意，这里虽然只出现一条 SRP Batch 的字样，但并不一定就表示只占 1 次 Draw Call，也可能是多次 Draw Call。

如图 12-105 所示，如果是自己写的 Shader 且严格按照 CBUFFER_START(UnityPerMaterial)/CBUFFER_END 的形式来包裹着色器属性，那么就表示支持 SRP Batch，这里会显示 compatible 字样。

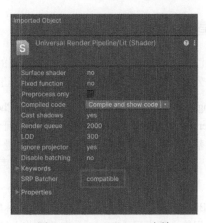

图 12-104　SRP Batch 渲染　　　　　　　　　　图 12-105　SRP Batch 支持

SRP Batch 同样不支持多 Pass 的情况。如果 Shader 中出现多 Pass，就会打断 SRP Batch。

如图 12-106 所示，在 Frame Debugger 中也可以查看打断情况。当被打断时会产生多条 SRP Batch，而且在最下面的 Batch cause 中可以看到没有和前一个合并的原因是使用了不同的 Shader 宏（见❶）。

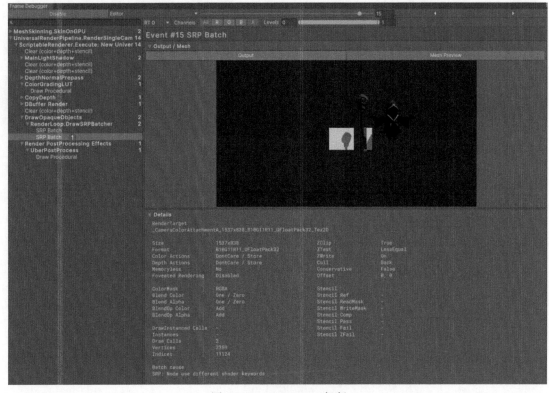

图 12-106　SRP Batch 打断

12.4　渲染技术

可以说渲染管线和渲染技术是两个完全不同的概念。渲染技术和平台引擎是无关的，学术界的专家先将渲染公式研究出来，然后又慢慢应用到了工业界。

以 Phong 光照模型为例，该模型是 Bui Tuong Phong（裴祥风）在 1975 年发表的博士论文 "Illumination for Computer Generated Pictures" 中提出的。由于计算光的反射向量有一定开销，Jim Blinn 在 Phong 光照模型的基础上于 1977 年提出使用光的 "向量+视向量" 算出中向量（计算中向量的效率高于计算反射向量），中向量与法向量做点乘计算高光强度，这就是我们现在手绘贴图最常用的 Blinn–Phong 光照模型。

现在 PBR 光照模型在手游中几乎已经成为标配，早在 20 世纪 80 年代康奈尔大学就开始研究物理正确的渲染理论。迪士尼（Disney）在总结前人经验的基础上于 2012 年首先提出了实时渲染的 PBR 方案，他们在论文 "Physically-Based Shading at Disney" 中提到，原本可以实现多个物理光照模型，让艺术家们选择和组合它们，但是无法避免参数过多的情况。所以他们将实时基于物理的渲染整合成了一个模型。该光照模型由 Epic Games 首先应用于自家 UE 的实时渲染中。Unity 也根据这个模型提出了一套精简版拟合方案。

大家如果对 PBR 的理论基础感兴趣，推荐阅读出版于 2016 年的旷世巨作 *Physically Based Rendering*，作者分别是 Matt Pharr（NVIDIA 的杰出研究科学家）、Wenzel Jakob（EPFL 计算机与通信科学学院的助理教授）和 Greg Humphreys（FanDuel 的工程总监，之前曾在谷歌的 Chrome 图形团队和 NVIDIA 的 OptiX GPU 光线追踪引擎工作）。该书有在线免费阅读版本，推荐大家阅读。

通过 Phong 光照模型和 PBR 光照模型可以看出，渲染技术与游戏引擎毫无关系，时至今日渲染技术还有很多，支撑实时图形渲染的都是学术界的专家。游戏引擎也不只限于 Unity 引擎或 UE 引擎。再回到工业界，游戏引擎会根据学术界的公式适当做一些扩展或者优化，并且将一些通用渲染效果加入引擎中。目前在这方面比较火的岗位如图形程序员和技术美术。我认为对一名顶级的图形程序员来说，不要仅仅做渲染公式的搬运工，还应该搞懂公式背后的原理，只有这样才能有目的地修改渲染公式，实现项目风格化的图形渲染。（在这条路上我愿与君共勉。）

12.4.1　Blinn-Phong 光照计算

内置渲染管线将光照封装在 Surface Shaders 中，不利于学习与修改，而 URP 将 Blinn-Phong 和 PBR 的光照封装在 Lighting.hlsl 中，可以直接引用。代码都被放在 URP 的包中，可随时查阅。如果想修改某些地方，也可以自己写一个 Shader 文件，直接引用 Lighting.hlsl 即可。

```
#include "Packages/com.unity.render-pipelines.universal/ShaderLibrary/Lighting.hlsl"
```

Blinn-Phong 光照计算必须获取每盏光的光方向、光颜色、光衰减、视线方向和着色点法线方向。在 URP 中直接使用 `SimpleLit.shader` 就可以实现 Blinn-Phong 光照，如下列代码所示，在顶点着色器中先获取视线方向。

```
Varyings LitPassVertexSimple(Attributes input)
{
```

```
Varyings output = (Varyings)0;
...
output.viewDir = GetWorldSpaceViewDir(vertexInput.positionWS); // 得到视线方向
...
return output;
}
```

可以使用 `UniversalFragmentBlinnPhong` 在片元着色器中计算光照颜色，无论主光还是点光，都会贡献漫反射和高光的颜色，最终将漫反射、环境光和高光的结果加在一起就是 Blinn-Phong 的结果。

```
half4 LitPassFragmentSimple(Varyings input) : SV_Target
{
    ...
    InputData inputData;
    InitializeInputData(input, normalTS, inputData);
    ...
    half4 color = UniversalFragmentBlinnPhong(inputData, diffuse, specular, smoothness, emission,
        alpha);
    return color;
}
```

核心的计算方法在 `UniversalFragmentBlinnPhong` 中。**Shader** 中不仅要计算主光，还要计算点光。

```
half4 UniversalFragmentBlinnPhong(InputData inputData, half3 diffuse, half4 specularGloss, half
smoothness, half3 emission, half alpha)
{
    // 主光
    Light mainLight = GetMainLight(inputData.shadowCoord, inputData.positionWS, shadowMask);
    half3 attenuatedLightColor = mainLight.color * (mainLight.distanceAttenuation *
        mainLight.shadowAttenuation);
    half3 diffuseColor = inputData.bakedGI + LightingLambert(attenuatedLightColor, mainLight.direction,
        inputData.normalWS);
    half3 specularColor = LightingSpecular(attenuatedLightColor, mainLight.direction, inputData.normalWS,
        inputData.viewDirectionWS, specularGloss, smoothness);
    // 点光
#ifdef _ADDITIONAL_LIGHTS
    uint pixelLightCount = GetAdditionalLightsCount();
    for (uint lightIndex = 0u; lightIndex < pixelLightCount; ++lightIndex)
    {
        Light light = GetAdditionalLight(lightIndex, inputData.positionWS, shadowMask);
        #if defined(_SCREEN_SPACE_OCCLUSION)
            light.color *= aoFactor.directAmbientOcclusion;
        #endif
        half3 attenuatedLightColor = light.color * (light.distanceAttenuation * light.shadowAttenuation);
        diffuseColor += LightingLambert(attenuatedLightColor, light.direction, inputData.normalWS);
        specularColor += LightingSpecular(attenuatedLightColor, light.direction, inputData.normalWS,
            inputData.viewDirectionWS, specularGloss, smoothness);
    }
#endif
    // 最终结果：漫反射 + 环境光 + 高光
    half3 finalColor = diffuseColor * diffuse + emission + specularColor;
    return half4(finalColor, alpha);
}
```

漫反射和高光的计算方式如下所示。

```
half3 LightingLambert(half3 lightColor, half3 lightDir, half3 normal)
{
    half NdotL = saturate(dot(normal, lightDir));
    return lightColor * NdotL;
}

half3 LightingSpecular(half3 lightColor, half3 lightDir, half3 normal, half3 viewDir, half4 specular,
    half smoothness)
{
    float3 halfVec = SafeNormalize(float3(lightDir) + float3(viewDir));
    half NdotH = saturate(dot(normal, halfVec));
    half modifier = pow(NdotH, smoothness);
    half3 specularReflection = specular.rgb * modifier;
    return lightColor * specularReflection;
}
```

12.4.2　PBR 光照计算

Blinn-Phong 光照模型促进了很多经典手绘贴图游戏的诞生，但它毕竟是经验模型，所以在物理上是不正确的。这就导致一个问题：不同的光照环境下渲染出来的效果差异性很大。美术人员可能还会在贴图中将光影信息画进去，这样在白天或夜晚不同灯光参数下就无法渲染出正确的结果。而 PBR 是基于物理的渲染方式，它可以尽可能确保能量守恒。美术人员不需要也不能将光照信息画进贴图中，他们可以通过金属度贴图和光滑度贴图，根据 PBR 光照方程来计算漫反射和高光项，这样就可以确保在不同的光照环境下都能得到逼真的渲染结果。

回到 URP，Lighting.hlsl 文件还包含了 PBR 的光照计算以及物体表面直光源和点光源的颜色计算。如下列代码所示，直光和点光都会在 LightingPhysicallyBased 中计算光照结果。

```
Light mainLight = GetMainLight(inputData.shadowCoord, inputData.positionWS, shadowMask);
...
// mainLight 计算物体表面的主光颜色
color += LightingPhysicallyBased(brdfData, brdfDataClearCoat,
                                 mainLight,
                                 inputData.normalWS, inputData.viewDirectionWS,
                                 surfaceData.clearCoatMask, specularHighlightsOff);

#ifdef _ADDITIONAL_LIGHTS
    uint pixelLightCount = GetAdditionalLightsCount();
    for (uint lightIndex = 0u; lightIndex < pixelLightCount; ++lightIndex)
    {

        Light light = GetAdditionalLight(lightIndex, inputData.positionWS, shadowMask);
        #if defined(_SCREEN_SPACE_OCCLUSION)
            light.color *= aoFactor.directAmbientOcclusion;
        #endif
        // light 计算物体表面的点光颜色，最多 8 盏点光颜色进行相加
        color += LightingPhysicallyBased(brdfData, brdfDataClearCoat,
                                         light,
                                         inputData.normalWS, inputData.viewDirectionWS,
                                         surfaceData.clearCoatMask, specularHighlightsOff);
    }
#endif
```

PBR 和 Blinn-Phong 有一个本质性的差异，PBR 需要美术人员用金属度贴图和光滑度贴图来描述。

金属度用于表示物体表面的金属程度，非金属是电解质、塑料一类的效果，绝对金属是铜、铁这样的效果。光滑度则用于表示物体表面的光滑程度，即绝对光滑或绝对粗糙。

如果我们需要渲染一把武器，那么美术人员可以设置它的金属度和光滑度，这样就能决定它是一把光滑的武器，还是一把粗糙的武器。金属度会影响漫反射项，光滑度则影响高光项，而 Blinn-Phong 中漫反射和高光只有公式，并不提供影响它们的贴图参数。如下列代码所示，物体表面颜色由 BRDF 乘以辐射率得出，而漫反射和高光的计算才是 PBR 的核心。

```
half3 LightingPhysicallyBased(BRDFData brdfData, BRDFData brdfDataClearCoat,
    half3 lightColor, half3 lightDirectionWS, half lightAttenuation,
    half3 normalWS, half3 viewDirectionWS,
    half clearCoatMask, bool specularHighlightsOff)
{
    ...
    half NdotL = saturate(dot(normalWS, lightDirectionWS));
    // 请注意这里，光源颜色 * 光源衰减 * （法线方向点乘光的方向）
    half3 radiance = lightColor * (lightAttenuation * NdotL);

    half3 brdf = brdfData.diffuse;
    brdf += brdfData.specular * DirectBRDFSpecular(brdfData, normalWS, lightDirectionWS,
        viewDirectionWS);

    // 最终将计算的辐射率 * BRDF
    return brdf * radiance;
}
```

Unity 的工程师 Renaldas Zioma 在 2015 年发表过一篇在移动端优化 PBR 的论文"Optimizing PBR for Mobile"，强烈建议大家看看。如果对 BRDF 高光感兴趣，可以继续阅读如下这段代码。

```
half DirectBRDFSpecular(BRDFData brdfData, half3 normalWS, half3 lightDirectionWS, half3
viewDirectionWS)
{
    float3 halfDir = SafeNormalize(float3(lightDirectionWS) + float3(viewDirectionWS));

    float NoH = saturate(dot(normalWS, halfDir));
    half LoH = saturate(dot(lightDirectionWS, halfDir));
    float d = NoH * NoH * brdfData.roughness2MinusOne + 1.00001f;

    half LoH2 = LoH * LoH;
    half specularTerm = brdfData.roughness2 / ((d * d) * max(0.1h, LoH2) * brdfData.normalizationTerm);
#if defined (SHADER_API_MOBILE) || defined (SHADER_API_SWITCH)
    specularTerm = specularTerm - HALF_MIN;
    specularTerm = clamp(specularTerm, 0.0, 100.0); // 避免FP16半精度浮点数在移动端设备溢出
#endif

    return specularTerm;
}
```

通过上述代码中的注释可以清晰地看到 Unity 是如何进行优化的。下面来看一下完整的 BRDF 公式，如图 12-107 所示。

❑ D：微表面分布函数（这里的 D 就是 GGX）。宏观物体表面由法线方向决定，粗糙度会影响表面的结果，这样微观物体表面会和法线方向不同，越粗糙的表面高光看起来越模糊。

❑ G：遮挡可见性函数。微表面的法线方向不同，这样会导致微表面的光有些会被挡住，最终影响高光的结果。

❏ F：菲涅耳函数。光在介质的边缘发生反射和折射的现象，观察角度越接近水平方向越亮。

$$I_{spec}=\frac{D(N\cdot H,roughness)\cdot G(N\cdot V,N\cdot L,roughness)\cdot F(L\cdot H,specColor)}{4\cdot(N\cdot V)\cdot(N\cdot L)}\cdot N\cdot L$$

图 12-107　PBR 光照模型

如图 12-108 所示，Unity 首先会将 G 项（遮挡可见性函数）进行拟合，更改成 V 项（遮挡可见性函数），拟合结果为 V 项中的公式。

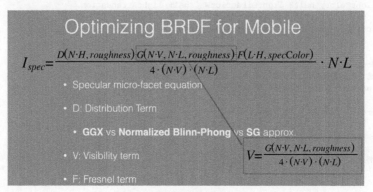

图 12-108　V 项拟合公式

原本的 $G*F$ 现在变成了 $V*F$，下面对 $V*F$ 进行拟合。如图 12-109 所示，此时明显计算量变少了。

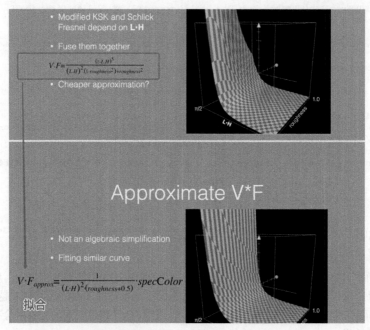

图 12-109　$V*F$ 拟合公式

如图 12-110 所示，最终拟合公式缩写是 $BRDF = V * F * D$（前面说过，D 项就是 GGX）。

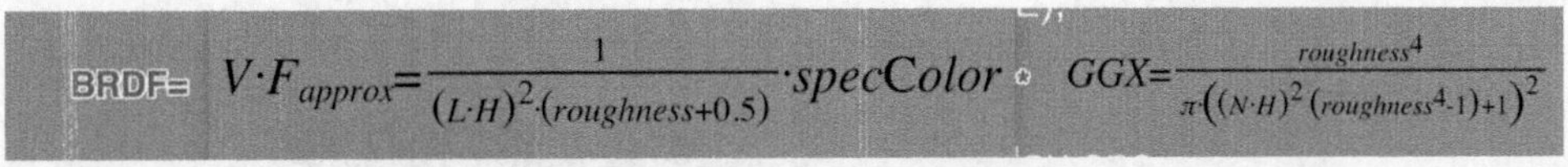

BRDF=
$V \cdot F_{approx} = \frac{1}{(L \cdot H)^2 \cdot (roughness+0.5)} \cdot specColor$
$GGX = \frac{roughness^4}{\pi \cdot ((N \cdot H)^2 (roughness^4 - 1) + 1)^2}$

图 12-110 BRDF 拟合公式

如图 12-111 所示，将上面的公式继续展开，大家可以按照这个公式再对比一下前面的函数 `DirectBRDFSpecular`，计算过程是完全一样的。

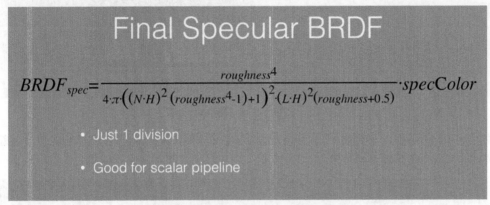

Final Specular BRDF
$BRDF_{spec} = \frac{roughness^4}{4 \cdot \pi \cdot ((N \cdot H)^2 (roughness^4 - 1) + 1)^2 \cdot (L \cdot H)^2 (roughness+0.5)} \cdot specColor$
• Just 1 division
• Good for scalar pipeline

图 12-111 BRDF 拟合公式展开形式

12.4.3 阴影

配合 Blinn-Phong 光照和 PBR 光照计算的就是灯光了，如图 12-112 所示，URP 支持 1 盏直光和 8 盏点光，其中点的光照结果等于所有光照计算结果的总和（见❶）。

A = Directional+ Point1+ Point2+⋯+Point8

y
z
x
<Persp
❶
Main Camera
Directional Light
Plane
Point Light
Point Light (1)
Point Light (2)
Point Light (3)
Spot Light
Spot Light (1)
Spot Light (2)
Spot Light (3)

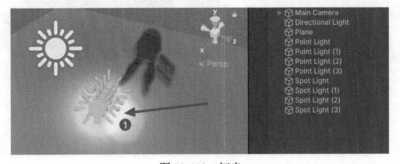

图 12-112 灯光

无论是直光还是点光，在灯光面板中都可以开启是否投射阴影，如图 12-113 所示，主光将进行阴影级联，在光源空间中用 4 个不同的距离来计算物体表面到光源的距离，将结果写在主光 Shadowmap 中。

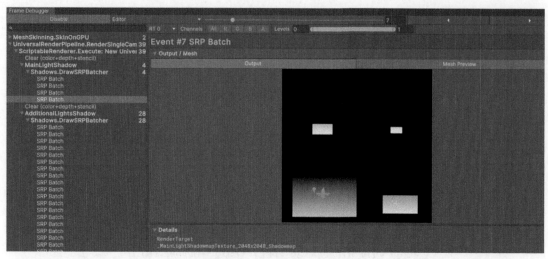

图 12-113　主光 Shadowmap

如图 12-114 所示, 点光中将用每一盏点光的光源空间分别计算物体表面到各自点光源的距离, 结果将被统一写在一张 Shadowmap 中。

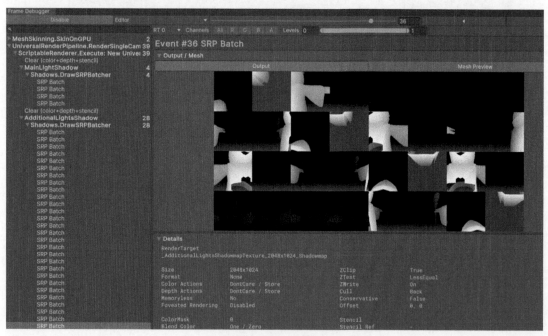

图 12-114　点光 Shadowmap

无论是直光还是点光, 都需要先渲染 Shadowmap。如下列代码所示, 在 Shader 中需要添加 Tag 并且设置它的 LightMode 为 ShadowCaster, 这样在画 Shadowmap 时就会使用这个 Pass 来渲染了。

```
Pass
{
    Name "ShadowCaster"
    Tags
    {
        "LightMode" = "ShadowCaster"
    }
    ...
}
```

因为会进行阴影级联，所以主光 Shadowmap 的渲染区域是分开的。在渲染管线中需要单独设置主光的区域和投影矩阵，这样 ShadowCaster 就能将每个阴影级联绘制在对应的区域中。

```
public static void RenderShadowSlice(CommandBuffer cmd, ref ScriptableRenderContext context,
    ref ShadowSliceData shadowSliceData, ref ShadowDrawingSettings settings,
    Matrix4x4 proj, Matrix4x4 view)
{
    cmd.SetGlobalDepthBias(1.0f, 2.5f);
    // 设置渲染的区域
    cmd.SetViewport(new Rect(shadowSliceData.offsetX, shadowSliceData.offsetY,
        shadowSliceData.resolution, shadowSliceData.resolution));
    // 设置投影矩阵
    cmd.SetViewProjectionMatrices(view, proj);
    var rl = context.CreateShadowRendererList(ref settings);
    cmd.DrawRendererList(rl);
    cmd.DisableScissorRect();
    context.ExecuteCommandBuffer(cmd);
    cmd.Clear();

    cmd.SetGlobalDepthBias(0.0f, 0.0f); // 恢复之前的深度偏移值
}
```

点光的做法也类似，每盏点光需要单独设置渲染区域。Shadowmap 准备完毕后需要将偏移的数据传递到 GPU 中，这样在绘制阴影时才能被正确的采样。

如图 12-115 所示，注意箭头所指向的点（见❶），这一点在地面上。它由 1 盏直光和 8 盏点光贡献光照颜色，每盏灯光还需要乘以阴影颜色，然后将结果加在一起才是最终颜色。因为这一点是在地面上，所以渲染计算在地面的着色器中完成。

图 12-115　光照阴影

12.4.4　渲染数据传递

无论是 Blinn-Phong 光照模型还是 PBR 光照模型，除了模型自身的数据外至少还需要光的方向、光的颜色和视线的方向，这些数据都需要渲染管线在 CPU 中每帧传递给 GPU。视线的方向比较好理解，就是摄像机的矩阵。光就比较复杂了，因为光源有多盏而且还可能被裁剪，所以 CPU 每帧在传递光源时不仅要传入直光与点光，还要传入当前帧没有被裁剪的点光索引，这样 Shader 中才可以计算光照。

Unity 需要将 1 盏直光和 8 盏点光的颜色、矩阵、LightProbe、灯光的衰减以及阴影参数从 URP 的 C# 代码传入 GPU。如下列代码所示，每个物体都需要引用 Input.hlsl 并在 C# 代码中传递光的参数信息。

```
Input.hlsl
float4 _MainLightPosition; // 直光位置
half4 _MainLightColor;    // 直光颜色
half4 _AdditionalLightsCount;// 点光数量
```

接下来再传递每盏点光的具体信息，它们被保存在 CBUFFER_START(AdditionalLights) 中。

```
CBUFFER_START(AdditionalLights)
float4 _AdditionalLightsPosition[MAX_VISIBLE_LIGHTS]; // 每盏点光位置
half4 _AdditionalLightsColor[MAX_VISIBLE_LIGHTS];       // 每盏点光颜色
half4 _AdditionalLightsAttenuation[MAX_VISIBLE_LIGHTS]; // 每盏点光衰减
...
CBUFFER_END
```

如果在 C# 代码中仔细阅读 URP 中的 ForwardLights.cs 类文件，就可以找到实际传递的地方。为了方便阅读，我将传递代码中核心的内容提取出来了，如下列代码所示。这里需要将直光也就是主光传入 Shader 中。但是现在存在一个问题：如果场景中包含多盏直光，那么如何区分哪个是主光呢？ URP 的做法比较 "粗暴"，它将光源强度最高的直光视为主光。

```
void SetupMainLightConstants(CommandBuffer cmd, ref LightData lightData)
{
    // 获取主光的位置和颜色
    Vector4 lightPos, lightColor, lightAttenuation, lightSpotDir, lightOcclusionChannel;
    uint lightLayerMask;
    bool isSubtractive;
    InitializeLightConstants(lightData.visibleLights, lightData.mainLightIndex, out lightPos,
        out lightColor, out lightAttenuation, out lightSpotDir, out lightOcclusionChannel,
        out lightLayerMask, out isSubtractive);
    lightColor.w = isSubtractive ? 0f : 1f;
    // 将主光的位置和颜色传入 Shader 中
    cmd.SetGlobalVector(LightConstantBuffer._MainLightPosition, lightPos);
    cmd.SetGlobalVector(LightConstantBuffer._MainLightColor, lightColor);
}
```

但是场景中可能还有其他直光，此时 URP 会将它们统统按照点光的方式传入 Shader 中。如下列代码所示，除主光以外的所有直光、点光和射灯都会将位置、颜色和衰减传入 Shader 中，还会传入点光的总数量。

```
void SetupAdditionalLightConstants(CommandBuffer cmd, ref RenderingData renderingData)
{
    ref LightData lightData = ref renderingData.lightData;
    var cullResults = renderingData.cullResults;
    var lights = lightData.visibleLights;
    int maxAdditionalLightsCount = UniversalRenderPipeline.maxVisibleAdditionalLights;
```

```
    int additionalLightsCount = SetupPerObjectLightIndices(cullResults, ref lightData);
    // 获取点光的位置、颜色和衰减
    for (int i = 0, lightIter = 0; i < lights.Length && lightIter < maxAdditionalLightsCount; ++i)
    {
        if (lightData.mainLightIndex != i)
        {
            InitializeLightConstants(lights, i, out m_AdditionalLightPositions[lightIter],
                out m_AdditionalLightColors[lightIter],
                out m_AdditionalLightAttenuations[lightIter],
                out m_AdditionalLightSpotDirections[lightIter],
                out m_AdditionalLightOcclusionProbeChannels[lightIter],
                out _,
                out var isSubtractive);
            m_AdditionalLightColors[lightIter].w = isSubtractive ? 1f : 0f;
            lightIter++;
        }
    }

    // 将点光的位置、颜色和衰减传入 Shader 中
    cmd.SetGlobalVectorArray(LightConstantBuffer._AdditionalLightsPosition,
        m_AdditionalLightPositions);
    cmd.SetGlobalVectorArray(LightConstantBuffer._AdditionalLightsColor,
        m_AdditionalLightColors);
    cmd.SetGlobalVectorArray(LightConstantBuffer._AdditionalLightsAttenuation,
        m_AdditionalLightAttenuations);
    // 将点光的数量传入 Shader 中
    cmd.SetGlobalVector(LightConstantBuffer._AdditionalLightsCount, new Vector4
        (lightData.maxPerObjectAdditionalLightsCount,
        0.0f, 0.0f, 0.0f));
}
```

现在又面临一个问题,即 CPU 获取的点光数量和点光信息是按当前场景统计的。如果光源照不到模型或者灯光配置了过滤层,那么在 Shader 中就必须知道当前渲染的物体实际被哪几盏点光影响。而裁剪和过滤层并非在 SRP 中设置,它们是在 Unity 底层中完成的,即每盏点光都需要计算和物体之间的距离,看看是否在衰减距离之内,才能确定是否需要计算光照。

每个渲染物体的灯光信息都被保存在 unity_LightData 中,而且每个物体的值都是不同的。如下列代码所示,在 Shader 中获取点光的数量时,如果有灯光被裁剪的情况,那么主要取 unity_LightData.y 为当前影响该物体的灯光数量。

```
int GetAdditionalLightsCount()
{
    return min(_AdditionalLightsCount.x, unity_LightData.y);
}
```

接下来还需要获取真正影响当前渲染物体的灯光信息。场景中所有点光的数据都已经通过 C#代码传入 Shader 中,只是其他某些索引的光可能已经被裁剪而不能应用于当前模型。所以 Unity 还提供了 unity_LightIndices 数组来记录当前模型需要的点光索引。如下列代码所示,可以通过前面的 Shader 代码计算出点光数量,然后依次代入代码中所列的方法,从 unity_LightIndices 数组中获取影响当前模型的每个点光实际索引。

```
int GetPerObjectLightIndex(uint index)
{
    return unity_LightIndices[index / 4][index % 4];
}
```

有了作用于当前模型的点光索引就可以获取它的点光数据了。如下列代码所示，根据索引就可以在 AdditionalLightsPosition 数组、AdditionalLightsColor 数组和 AdditionalLights-Attenuation 数组中获取点光的位置、颜色和衰减信息，最后再交给光照模型就可以计算光照了。

```
Light GetAdditionalPerObjectLight(int perObjectLightIndex, float3 positionWS)
{
    // perObjectLightIndex 就是当前的点光索引
    float4 lightPositionWS = _AdditionalLightsPosition[perObjectLightIndex];
    half3 color = _AdditionalLightsColor[perObjectLightIndex].rgb;
    half4 distanceAndSpotAttenuation = _AdditionalLightsAttenuation[perObjectLightIndex];

    float3 lightVector = lightPositionWS.xyz - positionWS * lightPositionWS.w;
    float distanceSqr = max(dot(lightVector, lightVector), HALF_MIN);

    half3 lightDirection = half3(lightVector * rsqrt(distanceSqr));

    Light light;
    light.direction = lightDirection;
    light.distanceAttenuation = attenuation;
    light.shadowAttenuation = 1.0;
    light.color = color;

    return light;
}
```

点光的计算是完全没问题的，但是计算主光有一点儿隐患。前面提到过，主光是场景中光源强度最高的一盏直光，如果场景中有多盏直光而且通过 Layer 分别设置了对应的影响层，那么此时 Shader 中的 _MainLightPosition 和 _MainLightColor 并不会自动修改。

假设场景中有两盏直光，一盏影响角色，另一盏影响场景。如果影响场景的直光强度比影响角色的直光强度高，那么 _MainLightPosition 和 _MainLightColor 传入的就是影响场景的直光。如果角色在渲染时通过上述两个变量来计算光照，那么结果肯定是错误的，此时就需要将另外一盏直光再计算一遍才能显示正确结果。这盏直光将以 AdditionalLight 的方式传入 Shader 中，同时还需要决定是否开启 _ADDITIONAL_LIGHTS 宏。

Shadowmap 贴图也是通过 C# 代码传递到 Shader 中的，这样每个片元在计算光照的时候还需要乘以阴影的衰减。如下列代码所示，在 Shadow.hlsl 中对直光和点光的 Shadowmap 分别采样可以得到灯光阴影衰减。

```
// 直光衰减
light.shadowAttenuation = MainLightRealtimeShadow(shadowCoord);
// 点光衰减
light.shadowAttenuation = AdditionalLightShadow(perObjectLightIndex, positionWS, light.direction,
shadowMask, occlusionProbeChannels);
```

灯光的距离衰减乘以灯光的阴影衰减，然后将结果带入 PBR 光照模型，最终阴影会贡献给 radiance，影响 BRDF 的结果。

```
half lightAttenuation = light.distanceAttenuation * light.shadowAttenuation;

half3 LightingPhysicallyBased(BRDFData brdfData, BRDFData brdfDataClearCoat,
    half3 lightColor, half3 lightDirectionWS, half lightAttenuation,
    half3 normalWS, half3 viewDirectionWS,
    half clearCoatMask, bool specularHighlightsOff)
```

```
{
    ...
    half3 radiance = lightColor * (lightAttenuation * NdotL);
    half3 brdf = brdfData.diffuse;
    ...
    return brdf * radiance;
}
```

12.4.5 SRP 流程

SRP 是软件层的渲染管线，它决定如何给 GPU 传递数据。在 GPU 硬件内部也有一套硬件自身的渲染管线，其和 SRP 是不一样的概念。SRP 是基于 CPU 层的，现在也有基于 GPU 层的更高阶的渲染管线，比如 GPU Driven。

和渲染着色器算法比起来渲染管线确实要容易很多。对于软件层，渲染管线就做了 4 件事：准备渲染数据、裁剪数据、渲染排序和向 GPU 提交数据。

(1) 准备渲染数据

整个 Hierarchy 视图中启动的参与渲染的游戏对象（Render 组件），并且所在层能被摄像机看到，这些数据都属于渲染数据。

(2) 裁剪数据

场景中的渲染数据很多，但是落在摄像机平截头体以外的游戏对象应该被剔除（不提交给 GPU），不然无疑会增加 GPU 的压力。如果物体一半在摄像机内，另一半在摄像机外，那么摄像机 CPU 是不能将其剔除的。另外，还有光源数据，光源可能自身并没有在摄像机内，但是它的光照范围影响到了摄像机内的物体，这些裁剪数据都需要引擎底层来考虑。

(3) 渲染排序

前面提到过，不透明物体是从前向后进行渲染，半透明物体是从后向前进行渲染。由于半透明物体是不写深度的，因此 SortingOrder 和 RendererQueue 的值就更重要了。

(4) 向 GPU 提交数据

首先裁剪摄像机平截头体以外的物体，然后进行最优化的渲染排序，最后就可以提交给 GPU 进行渲染了。

下面来看一下 CPU 是如何与 GPU 配合工作的。如图 12-116 所示，首先，CPU 准备第一帧的渲染数据传递给 GPU（CPU 会先执行引擎代码，然后是我们自己写的代码，最后才是渲染代码）。接下来，CPU 准备第二帧的渲染数据传递给 GPU。理想情况下，CPU 对下一帧数据的计算和 GPU 对前一帧数据的渲染是同时进行的，两者之间无缝地循环切换，谁都不用等谁。

图 12-116　CPU 与 GPU 配合工作

(1) GPU Bound（GPU 限制引起卡顿）

如图 12-117 所示，如果 CPU 第一帧传递的数据较多，导致 GPU 卡顿（就是我们常说的 GPU Bound），那么此时虽然 CPU 第二帧的数据已经准备好，依然要等第一帧 GPU 处理完毕才能传递，这样就会造成 CPU 等待现象。

图 12-117　GPU Bound

(2) CPU Bound（CPU 限制引起卡顿）

如图 12-118 所示，GPU 第一帧很快就处理完了，但是由于 CPU 第二帧卡住了，迟迟无法把数据提交上来，导致 CPU 卡顿（就是我们常说的 CPU Bound），因此 GPU 不得不开始等待。

图 12-118　CPU Bound

所以，无论是 GPU Bound 还是 CPU Bound，都可以通过 Unity 的 Profiler 查看。CPU 渲染管线的核心是有效减少传递给 GPU 的数据，提供合理的渲染顺序，利用芯片 Early-Z 的特性优化 GPU 处理的时间。总体来说，GPU 优化更容易一些，有效降低着色器的复杂度就可以。CPU 优化则比较麻烦，因为 CPU 代码的量太大，可能会在很多地方引起性能瓶颈。

12.4.6　GPU 渲染管线

GPU 渲染管线是硬件的行为，软件是无法控制的。目前移动端芯片主要来自苹果公司基于 Power VR 研发的芯片、高通的芯片和 Mali 的芯片（海思和联发科是用 Mali 的架构二次修改的）。ARM 对外公开的资料非常全，这里主要介绍一下 Mali 的 GPU 架构。

1. TBR 架构

芯片内部保留了一块片上内存（Local Tile Memory），芯片外是主存，芯片访问主存需要经过带宽，这样就会引起性能差和费电的情况。理想情况下，芯片应尽可能访问芯片内部的片上内存，但是片上内存的容量是有限的。

如图 12-119 所示，GPU 和 DDR 之间的交互在移动端需要走带宽，容易出现发热耗电的情况，所以要想办法减少二者之间的交互。在 TBR 架构中，GPU 会先从主存中读取顶点属性信息，并执行每个 Primitive 的顶点着色器，然后将它们以 Tile 数组的形式整体写回主存，此时会走一次带宽将数据保存在 Geomerty Working Set 中。接下来 GPU 会到片元着色器中将所有顶点的 Tile 数据再次读取进来，并和采样主存中的贴图进行着色，此时又会走一次带宽将数据读取到 GPU 中。着色器计算的结果被保存在 Local Tile Memory 中（这一步保存在 GPU 内部的片上内存中，所以不会占用带宽）。此时使用 Tile 分块的好处就体现出来了，前后两帧画面中肯定有一部分 Tile 是完全一致的，这部分 Tile 信息的结果是不需要写回主存的 Framebuffer 中的（再一次优化带宽），最终将结果一次性写入 Compressed Framebuffer 中即可（只走一次带宽）。

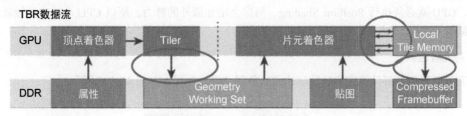

图 12-119 GPU 数据流

2. 顶点着色器

如图 12-120 所示，顶点着色器的流水线如下。

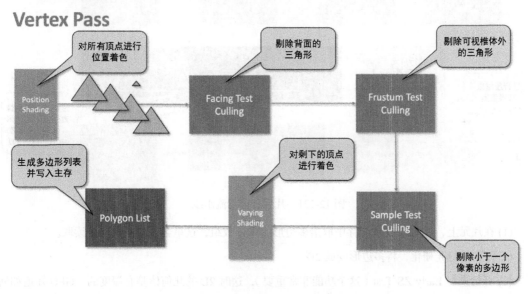

图 12-120 顶点着色器流水线

(1) Position Shading：将图元的坐标与属性分离，这里只处理坐标。

(2) Facing Test Culling：剔除背面的多边形。

(3) Frustum Test Culling：剔除 frustum 截面体以外的多边形，也就是剔除摄像机看不到的物体（注意摄像机并非真实存在，所以 frustum 更加贴切）。

(4) Sample Test Culling：剔除非常小，小到连一个像素都没有的多边形。

(5) Varying Shading：如果几何体没有被第(2) ~ (4)步剔除，就开始执行顶点的其他着色计算。

(6) Polygon List：生成多边形列表，也就是将前面提到的 Tile 数组写入显存中，这里会发生一次主内存写入。

请大家注意 Frustum Test Culling 这一步骤，即使 CPU 将摄像机看不到的物体也传递给 GPU，在这里也会被剔除。那是不是 CPU 端就可以不做裁剪了呢？答案是否定的。因为要想知道图元是否会被剔除，GPU 就必须执行 Position Shading，而这会增加额外的算力，所以 CPU 端一定要做裁剪，这样才能减少 GPU 的压力。

3. 片元着色器

所有顶点着色器都计算完毕后就该片元着色器"登场"了，如图 12-121 所示。

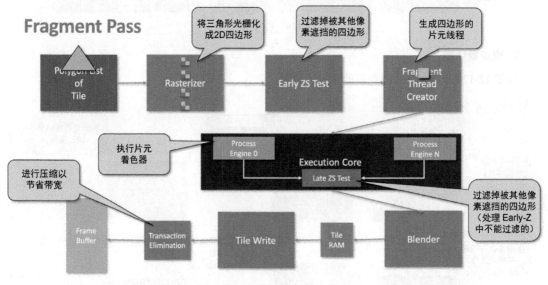

图 12-121　片元着色器流水线

(1) 在片元上，GPU 要先从内存中取出多边形的 Tile 数组，这里会发生一次内存读取。

(2) 开始进行光栅化，将多边形变成 2D。

(3) 开始进行 Early ZS Test（这个功能非常重要），这时 2D 的几何体是有深度的，GPU 知道如何进行排序，这样就可以将完全挡住的像素裁掉，后面就不用再进行裁剪了。但是如果你的 Shader 中用了 Alpha Test 的 discard/clip 这种操作，此时 GPU 就无法相信光栅化后的排序，这个像素对应的后面的计算就都需要执行，那么性能可能就差了。

(4) 创建 fragment 线程开始执行片元着色器。

(5) Late ZS Test：片元着色器都执行完后，这时候就能真正确认每个像素的遮挡关系，继续剔除被挡住的像素。注意，fragment 压力是非常大的，所以被挡住的像素最好优先被 Early-Z 剔除，如果 Early-Z 不能裁掉也可以在此时裁掉。

(6) Blender：开始混合颜色，也就是上色。

(7) Tile RAM & Tile Write：将颜色存入每个 Tile 块中，此时还在 GPU 中，所以不会占用带宽。

(8) Transaction Elimination：这也是个非常重要的功能，比如物体在游戏中什么也不动，这时候前后两帧其实有大面积的像素是不需要刷新的，所以 GPU 会给每个 Tile 块中的所有颜色计算出一个唯一类似 hash 的东西，并和现在的 Framebuffer 做比较，当发现块中颜色真正发生改变时才将这个块写入显存中，这样便可以进一步减少带宽。

12.4.7 SRP 裁剪

SRP 裁剪发生在软件层也就是 CPU 中。游戏中可能存在多台摄像机，每台摄像机都需要先进行一次裁剪。每台摄像机在渲染时会调用 UniversalRenderPipeline 的 RenderSingleCamera 方法，渲染前会计算裁剪，裁剪时使用 Camera 对象调用 C++底层方法 TryGetCullingParameters 将返回裁剪的参数对象 ScriptableCullingParameters，它包括最大显示灯光数量、剔除平面数量、是否正交摄像机、LOD 参数、裁剪的层、裁剪矩阵等信息。如下列代码所示，裁剪时内部就是调用 Camera 的 TryGetCullingParameters 方法，这个方法是底层方法 SRP 中无法干预的，最后返回 ScriptableCullingParameters 对象。

```
static bool TryGetCullingParameters(ref CameraData cameraData, out ScriptableCullingParameters
    cullingParams)
{
    ...
    return cameraData.camera.TryGetCullingParameters(false, out cullingParams);
}
```

如下列代码所示，为了看起来更清晰，我们删除一些代码，只保留重要的部分。ScriptableCullingParameters 记录的只是裁剪参数，var cullResults =context.Cull(ref cullingParameters) 才是真正的裁剪结果。

```
static void RenderSingleCamera(ScriptableRenderContext context, ref CameraData cameraData,
    bool anyPostProcessingEnabled)
{
    ...
    // 裁剪参数对象
    if (!TryGetCullingParameters(ref cameraData, out var cullingParameters))
        return;
    ...
    // 获取裁剪结果
    var cullResults = context.Cull(ref cullingParameters);

    ...
}
```

最后在处理灯光、阴影和反射探头的时候就可以通过 cullResults 来获取对应的裁剪结果，比如哪些光源没有被裁掉、哪些反射探头没有被裁掉、光源的数量、反射探头的数量信息等。

cullResults 是不包括物体的，诸如一个 3D 模型是否被摄像机裁掉之类的结果是不存在的。Unity 目前并未开发出这样的接口，这部分内容还是个"黑盒"，整体 SRP 的裁剪接口并不是什么都能实现的。

　　模型的裁剪算法和光源的裁剪算法有点儿不同，模型只要整个超出镜头就可以视为会被剪掉，但是光源不行。图 12-122 中有个点光源，它自身已经满足超出镜头的条件，但点光是有照亮范围的，如果此时这盏点光被裁掉，那么右边的立方体也就不会被点光照亮了。所以 SRP 需要单独把光源的信息暴露出来，因为 C#要将光的信息（位置、颜色和衰减）传递到 Shader 中才能进行着色，它会调用 ForwardRenderer.cs 中的 Setup 进行信息的传递，而延迟渲染中会调用 SetupLights 进行传递。

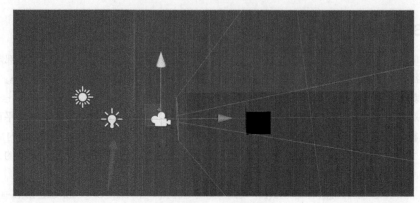

图 12-122　光源裁剪

12.4.8　前向渲染流程

　　目前前向渲染依然是主流，我们将重点介绍。在 URP 15 中，前向渲染、前向渲染+和延迟渲染都封装在 UniversalRenderer.cs 类中，它内置了很多渲染 Pass，还需要设置每个 Pass 的执行顺序，默认的执行顺序在 UniversalRenderer.Setup()方法中完成。前向渲染的流程图如图 12-123 所示。

　　渲染的流程在 UniversalRenderer.Setup()方法中执行，每台摄像机都需要执行以上流程，只有部分节点可以通过配置而不执行。

　　(1) MainLightShadowCasterPass

　　绘制主光的 Shadowmap 和阴影级联，它会在光源空间中执行所有需要产生阴影的物体，因此需要在物体自身的 Shader 中添加 Pass 并设置 Tags{"LightMode" = "ShadowCaster" }，然后再通过该 Pass 将阴影绘制在_MainLightShadowmapTexture 贴图中并传入 GPU 中供后面采样使用。

　　(2) AdditionalLightsShadowCasterPass

　　绘制点光的 Shadowmap 和阴影级联，它和主光类似，因此不再赘述。

　　(3) DepthOnlyPass/DepthNormalOnlyPass

　　提前绘制深度图/法线图，二者是互斥的关系，只能选择其一。之所以提前绘制，是因为后面的 Pass 需要使用深度图/法线图。可以在 Feature 中开启它，绘制深度图/法线图需要 Shader 的支持，要添加不同的 Pass 并指定"LightMode" = "DepthOnly"和"LightMode" = "DepthNormals"，这样最后渲染用的 Pass 就可以使用渲染法线图/深度图了。

图 12-123 前向渲染流程

(4) CopyDepthPass

当启动 Depth Priming Mode（深度预处理模式）时，需要对深度进行一次复制，以供后续使用。

(5) ColorGradingLutPass

使用 LUT（look-up texture）贴图来调色。通过后处理填充颜色是根据一个像素的 RGB 查表取得另一个 RGB 并且替换的一门技术。在 Unity 中有专门的插件可以绘制 LUT 贴图，在 Camera 中勾选 Post Processing 后就会渲染 LUT 贴图，ColorGradingLutPass 就是用于生成这张 LUT 贴图的。

LUT 贴图的组成看起来很奇怪，它将每张贴图插值合并在一起组成了一个立方体，其中可以将 RGB 想象成 XYZ 坐标，在立方体坐标系中根据 XYZ 查找对应的颜色值。如果想修改内置的 LUT 贴图也很容易，首先创建一个 Global Volume 全局后处理配置文件，然后添加 Color Lookup 组件，将制作好的 LUT 贴图绑定上即可。如图 12-124 所示，Contribution 可以调试实际 LUT 贴图的贡献值，此时在最后的屏幕后处理就会通过 LUT 贴图进行校色。

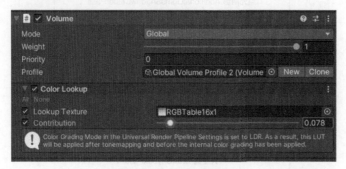

图 12-124　LUT 贴图

(6) DrawObjectsPass

绘制不透明物体。

(7) DrawSkyboxPass

绘制天空盒。

(8) CopyDepthPass

又一个复制深度的时机，在 Depth Texture Mode 中可以设置复制时机。

(9) CopyColorPass

复制颜色贴图。目前不透明物体已经绘制到 Color Texture 中，可以将它复制到_CameraOpaqueTexture 贴图中供一些特殊后处理使用。

(10) MotionVectorRenderPass

捕获前一帧和当前帧屏幕空间像素的位移，可用于 TAA 抗锯齿或运动模糊效果。

(11) TransparentSettingsPass

半透明物体渲染前进行一些设置。

(12) DrawObjectsPass

绘制半透明物体。

(13) InvokeOnRenderObjectCallbackPass

抛出渲染回调事件。半透明物体绘制完毕后就可以进行后处理了，它将回调 MonoBehaviour 的 OnRenderObject 方法。

(14) PostProcessPass

绘制每台摄像机的后处理。

(15) PostProcessPass

延迟后处理。当多台摄像机叠加时用于最后一台摄像机执行后处理。举个例子，当多摄像机叠层的时候，可能每台摄像机都要设置不同的后处理，但有些后处理只需要在最后一台摄像机中完成，比如在主摄像机中可以设置的抗锯齿 FXAA/SMAA/TAA，无论叠多少层摄像机，都只会在最后执行它。除了上面介绍的 3 个抗锯齿方法，还有 MSAA 抗锯齿，前者是软件层面通过后处理实现的抗锯齿，而MSAA 是 GPU 硬件提供的。

(16) CapturePass

此时一帧屏幕的像素已经渲染完毕，可以进行颜色采集了。

(17) FinalBlitPass

将颜色缓冲区的 _CameraColorAttachment 贴图复制到 Framebuffer 中进行显示。

每个 Pass 都需要指定自己的 RenderPassEvent，排序的规则也是从小到大，那为什么它们之间会预留一些数呢？原因是我们也可以任意地添加自定义 Pass。如果加了多个 Pass，也设置了 AfterRenderingOpaques（不透明绘制后），那么它们之间到底谁先谁后呢？只需要单独设置具体 Pass 的数就可以排序了。

```
public enum RenderPassEvent
{
    BeforeRendering = 0,
    BeforeRenderingShadows = 50,
    AfterRenderingShadows = 100,
    BeforeRenderingPrePasses = 150,
    AfterRenderingPrePasses = 200,
    BeforeRenderingGbuffer = 210,
    AfterRenderingGbuffer = 220,
    BeforeRenderingDeferredLights = 230,
    AfterRenderingDeferredLights = 240,
    BeforeRenderingOpaques = 250,
    AfterRenderingOpaques = 300,
    BeforeRenderingSkybox = 350,
    AfterRenderingSkybox = 400,
    BeforeRenderingTransparents = 450,
    AfterRenderingTransparents = 500,
    BeforeRenderingPostProcessing = 550,
    AfterRenderingPostProcessing = 600,
    AfterRendering = 1000,
}
```

12.4.9 多摄像机与 FinalBlit

在 URP 中摄像机是通过堆叠技术实现的，如图 12-125 所示，子摄像机需要设置成 Overlay 模式并堆叠在父摄像机中，这样子摄像机就可以继承父摄像机的一些属性了。内置渲染管线中没有摄像机堆叠，多摄像机需要通过指定不同的深度来决定渲染顺序。摄像机与摄像机之间其实是没有关系的，这就造成了一些额外的性能浪费。

如果游戏中有两台摄像机并且都开启了后处理，那么有些后处理没必要每台摄像机都执行，只需要在最后一台摄像机中执行就可以。如图 12-126 所示，此时两台摄像机堆叠在一起，Bloom 辉光后处理只需在最后一台摄像机中生效即可，因此可以关闭主摄像机的后处理，或者通过后处理层来过滤辉光，然后在 Overlay 摄像机中打开后处理。

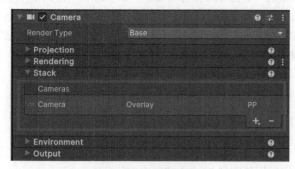

图 12-125   摄像机堆叠   图 12-126   打开后处理

绘制完主摄像机后就可以绘制 Overlay 摄像机了，最后一步是执行 Overlay 摄像机的后处理。如图 12-127 所示，后处理执行前所有内容都已经绘制在_CameraColorAttachment 贴图中（见❶），然后可以对它进行 Bloom 操作，中间会产生额外贴图并且执行降采样和升采样，最后再将后处理的结果 Blit 到 Framebuffer 也就是图中的<no name>中（见❷）。

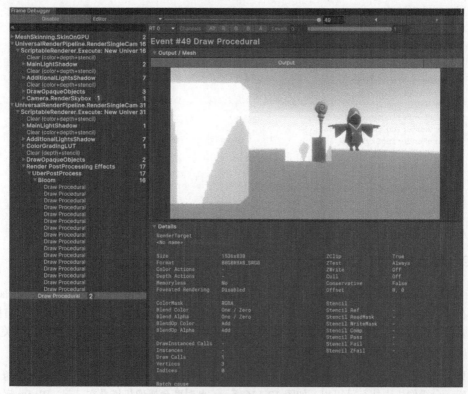

图 12-127   绘制后处理

一般情况下游戏中是不会堆叠两台 3D 摄像机的，如果真的需要堆叠多台 3D 摄像机，那么最后还需要再堆叠一台 UI 摄像机。UI 摄像机是不能有后处理的，这样就必须进行 FinalBlit 了。如图 12-128 所示，由于最后又堆叠了 UI 摄像机，因此前面的 3D 摄像机必须将后处理中的结果写到 _CameraColorAttachment 中，这样才能保证 UI 摄像机继续在这个 RT 中进行绘制。

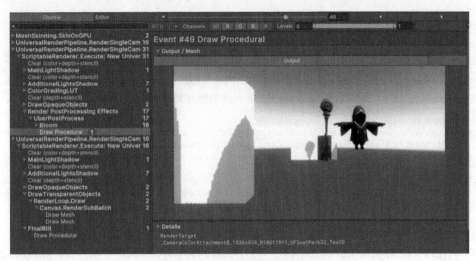

图 12-128　多摄像机后处理

由于 UI 摄像机没有开启后处理，因此它没有地方将颜色复制到 Framebuffer 中，此时一帧完整的渲染结果都被保存在_CameraColorAttachment 中，FinalBlit 就是将它复制到 Framebuffer 中进行显示，如图 12-129 所示。

图 12-129　FinalBlit

如下列代码所示，FinalBlit 就是在 Shader 中进行颜色复制，复制的同时如果硬件不支持 sRGB 转换，那么将进行 Linear To sRGB（伽马矫正）。如果硬件支持 sRGB 转换，那么表示可以直接将线性空间的结果提交给 GPU，由它内部进行伽马矫正。

```
half4 Fragment(Varyings input) : SV_Target
{
    UNITY_SETUP_STEREO_EYE_INDEX_POST_VERTEX(input);
    float2 uv = input.texcoord;

    half4 col = SAMPLE_TEXTURE2D_X(_BlitTexture, sampler_BlitTexture, uv);

    #ifdef _LINEAR_TO_SRGB_CONVERSION
    col = LinearToSRGB(col);
    #endif

    return col;
}
```

所以在多摄像机的情况下渲染后处理时会判断后面是否还有摄像机，如果自己是最后一台摄像机，那么它将在后处理结束后将颜色复制到 Framebuffer 中。如果自己不是最后一台摄像机，那么它将在后处理结束后将颜色复制到_CameraColorAttachment 中。如果最后一台摄像机发现自己没有开启后处理，那么它将执行 FinalBlit 将_CameraColorAttachment 复制到 Framebuffer 中。

12.4.10　`ScriptableRenderPass`

如前所述，URP 内置了很多 Pass，即使我们写自定义 Pass 也是有要求的，需要继承 `Scriptable-RenderPass` 对象。这里主要讲一下最常用的两个 Pass，即绘制半透明物体和绘制不透明物体。打开 DrawObjectsPass.cs 文件，可以看到半透明物体和不透明物体都是通过这个 Pass 进行渲染的。

```
// 不透明物体 Pass 创建
m_RenderOpaqueForwardPass = new DrawObjectsPass(URPProfileId.DrawOpaqueObjects, true,
    RenderPassEvent.BeforeRenderingOpaques, RenderQueueRange.opaque, data.opaqueLayerMask,
    m_DefaultStencilState, stencilData.stencilReference);
// 半透明物体 Pass 创建
m_RenderTransparentForwardPass = new DrawObjectsPass(URPProfileId.DrawTransparentObjects, false,
    RenderPassEvent.BeforeRenderingTransparents, RenderQueueRange.transparent, data.transparentLayerMask,
    m_DefaultStencilState, stencilData.stencilReference);
```

1. 多 Pass 问题

如下列代码所示，在构造函数中 URP 指定了 3 个 Pass 的名字可在 Shader 中执行，即"SRPDefaultUnlit""UniversalForward" 和 "UniversalForwardOnly"。

```
public DrawObjectsPass(string profilerTag, bool opaque, RenderPassEvent evt, RenderQueueRange
    renderQueueRange, LayerMask layerMask, StencilState stencilState, int stencilReference)
    : this(profilerTag, new ShaderTagId[] { new ShaderTagId("SRPDefaultUnlit"), new ShaderTagId
        ("UniversalForward"), new ShaderTagId("UniversalForwardOnly") },
    opaque, evt, renderQueueRange, layerMask, stencilState, stencilReference) { }
```

如果一定要在同一个 Shader 中写多 Pass，那么只要使用这 3 个名字的 Tag 就会执行，并且会按顺序执行。但是强烈建议不这么写，原因在 12.3.7 节已经讲得很清楚了。

```
SubShader
{
    Pass
    {
        Tags{"LightMode" = "SRPDefaultUnlit"}
        ...
    }
    Pass
    {
        Tags{"LightMode" = "UniversalForward"}
        ...
    }
    Pass
    {
        Tags{"LightMode" = "UniversalForwardOnly"}
        ...
    }
}
```

2. 渲染过滤器

指定哪些物体不参与渲染，C#这边需要我们提供 RenderQueue 的范围，比如 0～2500 是不透明，2501～5000 是半透明，还要提供 Layer。请注意 `FilteringSettings` 类是 SRP 底层 C++提供的对外的接口。

```
m_FilteringSettings = new FilteringSettings(renderQueueRange, layerMask);
```

如图 12-130 所示，在摄像机的渲染器中可以指定半透明物体和不透明物体过滤器的层级，过滤后的层级将不进行渲染。

3. 渲染状态覆盖

如图 12-131 所示，可以在渲染器中设置模板缓冲状态，代码如下所示。

```
m_RenderStateBlock = new RenderStateBlock(RenderStateMask.Nothing);
m_IsOpaque = opaque;
m_ShouldTransparentsReceiveShadows = false;

if (stencilState.enabled)
{
    m_RenderStateBlock.stencilReference = stencilReference;
    m_RenderStateBlock.mask = RenderStateMask.Stencil;
    m_RenderStateBlock.stencilState = stencilState;
}
```

图 12-130　过滤层

图 12-131　渲染状态覆盖

4. 渲染对象

请大家找到 **DrawObjectsPass.cs** 中的 `ExecutePass()` 方法，代码如下所示。

```
private static void ExecutePass(ScriptableRenderContext context, PassData data, ref RenderingData
renderingData, bool yFlip)
{
    var cmd = renderingData.commandBuffer;
    using (new ProfilingScope(cmd, data.m_ProfilingSampler))
    {
        ...
        Camera camera = renderingData.cameraData.camera;
        // 设置排序规则
        var sortFlags = (data.m_IsOpaque) ? renderingData.cameraData.defaultOpaqueSortFlags :
            SortingCriteria.CommonTransparent;
        if (renderingData.cameraData.renderer.useDepthPriming && data.m_IsOpaque && (renderingData.
            cameraData.renderType == CameraRenderType.Base || renderingData.cameraData.clearDepth))
            sortFlags = SortingCriteria.SortingLayer | SortingCriteria.RenderQueue | SortingCriteria.
                OptimizeStateChanges | SortingCriteria.CanvasOrder;
        // 过滤设置
        var filterSettings = data.m_FilteringSettings;

        // 渲染设置
```

```
DrawingSettings drawSettings = RenderingUtils.CreateDrawingSettings(data.m_ShaderTagIdList,
    ref renderingData, sortFlags);

// 开始渲染
RenderingUtils.DrawRendererListWithRenderStateBlock(context, cmd, renderingData, drawSettings,
    filterSettings, data.m_RenderStateBlock);
RenderingUtils.RenderObjectsWithError(context, ref renderingData.cullResults, camera,
    filterSettings, SortingCriteria.None, cmd);
    }
}
```

核心的渲染方法是 `cmd.DrawRendererList`，我们只能将渲染的参数传递进去，真正控制渲染的还是底层 C++代码。这里我们只是对不透明物体和半透明物体核心的 Pass 进行了演示，其他 Pass 的原理大同小异。希望大家自行将每个 Pass 代码都好好看一遍，因为后面在自定义 Pass 的时候可能需要对内置的 Pass 进行参考。

```
internal static void DrawRendererListWithRenderStateBlock(ScriptableRenderContext context,
    CommandBuffer cmd, RenderingData data, DrawingSettings ds, FilteringSettings fs,
    RenderStateBlock rsb)
{
    unsafe
    {
        ...
        var param = new RendererListParams(data.cullResults, ds, fs)
        {
            tagValues = tagValues,
            stateBlocks = stateBlocks

        };
        var rl = context.CreateRendererList(ref param);
        cmd.DrawRendererList(rl);
    }
}
```

12.5 自定义渲染管线

URP 中内置了很多渲染 Pass，但一条灵活的渲染管线一定要具有可扩展性。URP 提供了 Render Feature 的功能，它既可以在内置渲染 Pass 中插入自定义的渲染 Pass，也可以利用渲染过滤器过滤默认的渲染，再使用自定义 Feature 来完成渲染。本节我们将开始学习自定义渲染管线。

12.5.1 参与渲染的对象

Unity 目前支持对 3 种游戏对象进行渲染。第一种是 Hierarchy 视图中的游戏对象，只要绑定了 Render 组件，引擎就会对其进行渲染。第二种是使用 ECS 的渲染组件 Hybrid Renderer 渲染的游戏对象，在 Hierarchy 视图中没有游戏对象产生的开销，效率更高。第三种是使用底层 API 自己绘制的游戏对象，比如 `BatchRendererGroup.AddBatch()`（SRP Batch 底层渲染接口）和 `Graphics.DrawMeshInstanced()`（GPU Instancing 底层渲染接口），参数需指定 Mesh、位置矩阵、材质等信息。使用底层 API 渲染时，Unity 是不会帮我们做镜头裁剪的，即使物体超出了镜头也需要向 GPU 传递数据以占用开销。

DOTS 1.0 中对 `BatchRendererGroup.AddBatch()` 方法进行了升级，它可以通过 API 的方式渲染 SRP Batch，在处理裁剪时需要自己使用 JobSystem 来裁剪。有关 DOTS 的内容会在第 13 章中讲解。

12.5.2 MVP 矩阵计算

渲染 3D 模型时需要将顶点传入 GPU 中，如图 12-132 所示，模型的顶点是相对于模型空间下的坐标，可以理解为以 Mesh 的中心点为基础，每个顶点相对于它的偏移坐标。

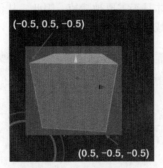

图 12-132　模型空间

模型世界空间的坐标、旋转和缩放是可以进行设置的。每个模型都有自己的世界空间矩阵，用模型空间中的每个顶点乘以模型的世界空间矩阵就能算出每个顶点的世界空间坐标。

每个物体都有不同的 M 矩阵，它是由 C++引擎传递到 GPU 中的。如果使用的是底层 API 渲染（`Graphics.DrawMeshInstanced()`），则要将 M 矩阵传递进去。在 URP 中打开 Input.hlsl 文件，其中包括 MVP 矩阵各种相乘的结果。

```
#define UNITY_MATRIX_M          unity_ObjectToWorld
#define UNITY_MATRIX_I_M        unity_WorldToObject
#define UNITY_MATRIX_V          unity_MatrixV
#define UNITY_MATRIX_I_V        unity_MatrixInvV
#define UNITY_MATRIX_P          OptimizeProjectionMatrix(glstate_matrix_projection)
#define UNITY_MATRIX_I_P        unity_MatrixInvP
#define UNITY_MATRIX_VP         unity_MatrixVP
#define UNITY_MATRIX_I_VP       unity_MatrixInvVP
#define UNITY_MATRIX_MV         mul(UNITY_MATRIX_V, UNITY_MATRIX_M)
#define UNITY_MATRIX_T_MV       transpose(UNITY_MATRIX_MV)
#define UNITY_MATRIX_IT_MV      transpose(mul(UNITY_MATRIX_I_M, UNITY_MATRIX_I_V))
#define UNITY_MATRIX_MVP        mul(UNITY_MATRIX_VP, UNITY_MATRIX_M)
#define UNITY_PREV_MATRIX_M     unity_MatrixPreviousM
#define UNITY_PREV_MATRIX_I_M   unity_MatrixPreviousMI
```

GPU 中并没有摄像机的概念，或者也可以把它理解成(0, 0, 0)点。在真正渲染时，如果想保证摄像机世界空间的角度与朝向，就要把场景中的所有物体整体进行移动或旋转。为了让场景中的物体变换位置，就要将摄像机的矩阵[也就是我们常说的视图（V）矩阵]也传到 GPU 中，在 Shader 中 M 矩阵 * V 矩阵的结果就是最终的世界坐标。然后是投影（P）矩阵，它根据远近裁剪面计算出摄像机投影矩阵。如下列代码所示，通常使用的就是 MVP 矩阵，Input.hlsl 已经提供，直接使用即可。

```
#define UNITY_MATRIX_MVP        mul(UNITY_MATRIX_VP, UNITY_MATRIX_M)
```

在 C#中也可以获取 **MVP** 每个矩阵的信息，**VP** 矩阵是和摄像机有关的，参与渲染的物体可以公用 **VP** 矩阵，而 **M** 矩阵则需要每个物体单独设置。

```
var m = transform.localToWorldMatrix;
var v = Camera.main.worldToCameraMatrix;
var p = Camera.main.projectionMatrix;
```

如图 12-133 所示，通过 **MVP** 矩阵相乘就得到了投影空间（中间还有一个空间是裁剪空间），超出镜头的物体会被 GPU 裁掉，但是 **MVP** 矩阵相乘是在顶点着色器中进行的，只有执行完 Shader，顶点着色器才知道位置超出镜头的物体是否需要被裁掉。因此，从优化的角度来讲，最好在 CPU 中先裁剪一遍，滤掉超出屏幕的物体，减小 GPU 的顶点计算压力。

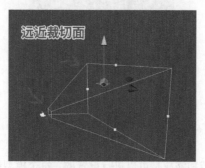

图 12-133   **MVP** 矩阵

URP 中通过封装 `TransformObjectToHClip` 方法来进行每个顶点的 **MVP** 转换，下面来看一段 URP 中最简单的 Shader 代码，请注意代码注释部分。

```
Shader "Universal Render Pipeline/Custom1"
{
    Properties
    {
        [MainColor] _BaseColor("BaseColor", Color) = (1,1,1,1)
        [MainTexture] _BaseMap("BaseMap", 2D) = "white" {}
    }

    SubShader
    {
        Tags { "RenderType"="Opaque" "RenderPipeline"="UniversalRenderPipeline"}

        HLSLINCLUDE
        #include "Packages/com.unity.render-pipelines.universal/ShaderLibrary/Core.hlsl"
        CBUFFER_START(UnityPerMaterial)
        float4 _BaseMap_ST;
        half4 _BaseColor;
        CBUFFER_END
        ENDHLSL

        Pass
        {
            Tags { "LightMode"="UniversalForward" }

            HLSLPROGRAM
            #pragma vertex vert
```

```
#pragma fragment frag

struct Attributes
{
    float4 positionOS   : POSITION;
    float2 uv           : TEXCOORD0;
};

struct Varyings
{
    float2 uv           : TEXCOORD0;
    float4 positionHCS   : SV_POSITION;
};

TEXTURE2D(_BaseMap);
SAMPLER(sampler_BaseMap);

Varyings vert(Attributes IN)
{
    Varyings OUT;
    // 每个顶点进行 MVP 转换
    OUT.positionHCS = TransformObjectToHClip(IN.positionOS.xyz);
    OUT.uv = TRANSFORM_TEX(IN.uv, _BaseMap);
    return OUT;
}

half4 frag(Varyings IN) : SV_Target
{
    return SAMPLE_TEXTURE2D(_BaseMap, sampler_BaseMap, IN.uv) * _BaseColor;
}
ENDHLSL
    }
    }
}
```

　　正式进入光栅化之前还要将顶点转换到 NDC（Normalized Device Coordinate）空间中。如图 12-134 所示，NDC 空间是立方体空间，它会将顶点归一化成(–1, 1)坐标，这样就比较好计算了。

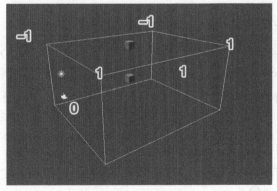

图 12-134　NDC 空间

　　镜头是有透视关系的，看近处的物体比较大，看远处的物体比较小，俗称近大远小。图 12-135 和图 12-136 中的摄像机分别是透视摄像机和正交摄像机，请注意看两张图中用方框圈出的顶点。为了实现透视的效果，每个顶点的 *xyz* 坐标都要除以 *w* 分量，因为透视关系要按比例减小，其中 *w* 分量记录的是每个顶点到摄像机的距离。

图 12-135　透视摄像机

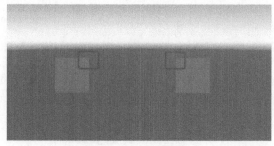

图 12-136　正交摄像机

请大家再仔细看一下图 12-135 和图 12-136 中用方框圈出的顶点，在正交摄像机中只能看到一个顶点，而在透视摄像机中能看到前后两个顶点，原因是两个顶点的 *xyz* 修改的比例不同。如果近处模型偏大，那么对应的 *w* 的值就应该偏小；如果远处的模型偏小，那么对应的 *w* 的值就应该偏大。*w* 由镜头与投射角度决定，用顶点分别除以 *w* 即可（*x/w*、*y/w* 和 *z/w*），对应在 Shader 代码中就是 IN.positionOS.w。

笛卡儿坐标系中的中心点是趋向于 0 的，我们观察红圈处立方体前后两个点，*x* 轴和 *y* 轴顶点坐标是相同的，而 *z* 轴是不同的。对 *x* 轴来说，前面的顶点 *x* 轴只要小于后面的顶点 *x* 轴即可，而 *x* 轴除以 *w* 分量就是这个结果。*y* 轴和 *z* 轴的计算方式也一样，所以此时摄像机就能显示出近大远小的效果了。

通过对 ***MVP*** 矩阵的学习，我们就可以引入后面单独设置每个物体的 FOV 功能。对旧管线来说，***MVP*** 矩阵完全是一个"黑盒"，在 URP 中我们是可以单独设置每个物体的 ***V * P*** 矩阵的，这样就能实现动态 FOV 的功能了。

12.5.3　Render Objects

前面介绍过 URP 内置的 5 个 Render Feature，其中最重要的是 Render Objects（渲染对象），本节会单独对其进行讲解。Render Objects 可以针对某一个层的物体单独设置渲染参数。

设置渲染参数可以分为两种情况：一种是在原有渲染中添加，另一种是覆盖原有渲染。由于模型在 Hierarchy 视图中已经渲染过一遍，因此默认情况下新渲染是在原有渲染之上添加。如图 12-137 所示，也可以设置覆盖原有渲染。首先给需要覆盖的对象设置 Actor 层，在 Opaque Layer Mask 中不包含它，这样该层就不会被渲染器渲染（见❶）；然后在 Renderer Features 中设置 Layer Mask 为 Actor 表示当前针对 Actor 层进行特殊渲染（见❷）；最后在 Override 的 Material 中绑定新的材质表示 Actor 层下的渲染使用该材质完成（见❸）。

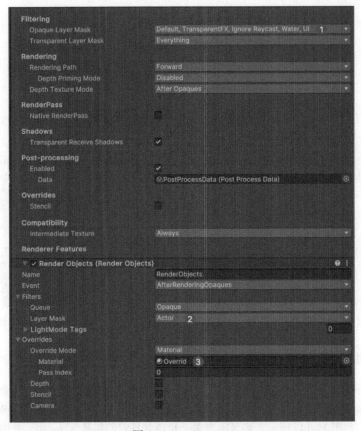

图 12-137 Override

在覆盖材质时需要考虑覆盖原有材质的那些 Pass，如图 12-138 所示，在 LightMode Tags 中可以设置原有材质设置的 Pass，然后在 Overrides 的 Pass Index 中设置覆盖 Pass 的索引。

图 12-138 Override Tags

前面讲过 MVP 矩阵的计算，其中 M 矩阵的每个物体是不同的，V 矩阵和 P 矩阵与物体无关，但与摄像机有关。大部分物体的 VP 矩阵是共用的，如果在渲染某个物体时使用和其他物体不同的 VP 矩阵，那么这就是动态 FOV 的功能了。如图 12-139 所示，可以单独设置摄像机的 FOV 和位置偏移。除了摄像机，还可以设置覆盖深度（Depth）和模板（Stencil）。

图 12-139　摄像机 FOV

　　如图 12-140 和图 12-141 所示，注意枪的位置，可以单独给手枪使用另外的 FOV 参数，其他则保持不变。

图 12-140　FOV

图 12-141　FOV 改变

12.5.4　Rendering Layer Mask

　　通过上述例子可以发现一个问题，那就是 Render Objects 必须搭配一个 Layer。假如场景中有好几个角色，那么逻辑上它们都属于 Actor 层，但是如果想给其中一个单独设置渲染参数，就需要使用 Rendering Layer。如图 12-142 所示，场景中有多个角色并且它们都是 Actor 层，此时可以将其中一个角色的 Rendering Layer Mask 设置为 MyLayer2 以进行区分。

图 12-142　设置渲染层

　　我们将设置过滤器不渲染 Actor 层，通过 Render Objects 来覆盖渲染器。如图 12-143 所示，在 Fiters 中设置过滤的层位 Actor（见❶），再设置 Render Layer Mask Index 为 2，表示只对 Actor 层并且 MyLayer2 的渲染层进行覆盖渲染（见❷），所以此时只有一个角色最终参与了渲染，因为二者逻辑上还是 Actor 层。

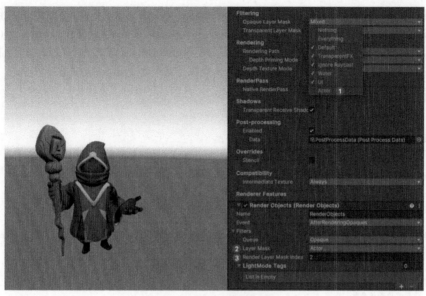

图 12-143　设置过滤器

Render Layer Mask Index 是我们修改源代码支持的功能，如下列代码所示，核心代码是在
RenderObjectsPass 中设置 FilteringSettings 的 RenderLayerMask，它内部是用无符号整形
保存，使用 32 位掩码，最多支持 32 个渲染层。本例所有修改详见随书代码工程 Script_12_01。

```
public RenderObjectsPass(string profilerTag, RenderPassEvent renderPassEvent, string[] shaderTags,
    RenderQueueType renderQueueType, int layerMask, int renderlayerIndex,
    RenderObjects.CustomCameraSettings cameraSettings)
{
    ...
    m_FilteringSettings = new FilteringSettings(renderQueueRange, layerMask, (uint)(1<< renderlayerIndex));
}
```

12.5.5　自定义 Render Feature

Render Feature 的灵活度很高，我们可以根据它来自由扩展 Feature。如图 12-144 所示，可以制作
自定义的渲染面板，填写自定义渲染参数。这里我们设置 Mesh、材质、位置等信息，通过底层渲染
API 来绘制。

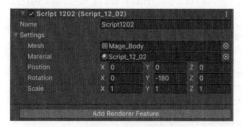

图 12-144　自定义渲染

如代码清单 12-1 所示，首先需要创建类继承 ScriptableRendererFeature，并且创建自定义 Pass 类，通过 AddRenderPasses 将它加入渲染队列；然后需要在 Pass 类的 Execute() 方法中进行绘制，从缓存池中得到 CommandBuffer 对象，调用 **cmd.Draw***XXX* 系列方法就可以绘制了；最终还要调用 context.ExecuteCommandBuffer(cmd) 执行这个 CommandBuffer。

代码清单 12-1   Script_12_02.cs 文件

```
public class Script_12_02 : ScriptableRendererFeature
{
    public Settings settings = new Settings();
    private MyRendererPass m_MyRenderObjectsPass;

    public override void Create()
    {
        m_MyRenderObjectsPass = new MyRendererPass(settings);
    }

    public override void AddRenderPasses(ScriptableRenderer renderer, ref RenderingData renderingData)
    {
        renderer.EnqueuePass(m_MyRenderObjectsPass);
    }

    // 设置渲染面板参数
    [System.Serializable]
    public class Settings
    {
        public Mesh Mesh;
        public Material Material;
        public Vector3 Postion;
        public Vector3 Rotation;
        public Vector3 Scale;
    }

    public class MyRendererPass : ScriptableRenderPass
    {
        Settings m_Settings = null;
        public MyRendererPass(Settings settings)
        {
            m_Settings = settings;
        }
        public override void Execute(ScriptableRenderContext context, ref RenderingData renderingData)
        {
            CommandBuffer cmd = CommandBufferPool.Get();
            using (new ProfilingScope(cmd, profilingSampler))
            {
                // 调用绘制接口绘制
                Matrix4x4 matrix4X4 = Matrix4x4.TRS(m_Settings.Postion, Quaternion.Euler(m_Settings.
                    Rotation), m_Settings.Scale);
                cmd.DrawMesh(m_Settings.Mesh, matrix4X4, m_Settings.Material,0,0);
                // 其他渲染接口
                // cmd.DrawMeshInstanced()
                // cmd.DrawMeshInstancedIndirect();
                // cmd.DrawMeshInstancedProcedural();
                // cmd.DrawOcclusionMesh();
                // cmd.DrawProcedural();
                // cmd.DrawRenderer();
                // cmd.DrawRendererList();
            }
```

```
            context.ExecuteCommandBuffer(cmd);
            cmd.Clear();
            CommandBufferPool.Release(cmd);
        }
    }
}
```

如图 12-145 所示，通过自定义渲染管线无须创建游戏对象也能实现自定义渲染。但 cmd.Draw*XXX* 系列 API 是不提供 CPU 裁剪的，当物体超出屏幕时也依然进行渲染，因此需要手动计算裁剪。

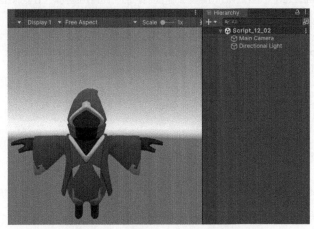

图 12-145　渲染结果（自定义渲染管线）

12.5.6　裁剪与层

上一节介绍了自定义渲染，这种方式虽然使用起来非常灵活，但缺点是不支持裁剪。URP 还提供了另一种渲染方式，这种方式必须额外占用一个特殊层，优点是 URP 会自动计算裁剪。既然要提供一个层，那么就意味着场景中必须要有游戏对象，只是可以通过默认渲染器过滤而不渲染。使用自定义渲染器渲染有点儿像 Render Objects 的方式。Render Objects 的功能比较多，但最灵活的方式还是自定义一个类似它的方式，定制一些常用接口。如图 12-146 所示，创建自定义渲染面板需要提供 Layer（层）、渲染的节点（After Rendering Opaques，不透明物体之后渲染）和 Override Material（覆盖材质信息）。

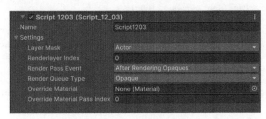

图 12-146　自定义渲染

如下列代码所示，添加过滤设置参数，用于确定渲染具体层和 `RenderLayerMask`。

```
m_FilteringSettings = new FilteringSettings(renderQueueRange, m_Settings.layerMask, (uint)(1 <<
    m_Settings.renderlayerIndex));
```

接下来还需要进行渲染设置，决定 Shader 执行的 Pass 名称、渲染的层级以及覆盖渲染的材质信息。

```
DrawingSettings drawingSettings = RenderingUtils.CreateDrawingSettings(m_Settings.shaderTagIdList,
    ref renderingData, sortingCriteria);
drawingSettings.overrideMaterial = m_Settings.overrideMaterial;
drawingSettings.overrideMaterialPassIndex = m_Settings.overrideMaterialPassIndex;
```

完整代码如代码清单 12-2 所示，最终渲染时使用 cmd.DrawRendererList(rl)。

代码清单 12-2　Script_12_03.cs 文件

```
public class Script_12_03 : ScriptableRendererFeature
{
    public Settings settings = new Settings();
    private MyRendererPass m_MyRenderObjectsPass;

    public override void Create()
    {
        m_MyRenderObjectsPass = new MyRendererPass(settings);
    }

    public override void AddRenderPasses(ScriptableRenderer renderer, ref RenderingData renderingData)
    {
        renderer.EnqueuePass(m_MyRenderObjectsPass);
    }

    [System.Serializable]
    public class Settings
    {
        public LayerMask layerMask;
        public int renderlayerIndex;
        public RenderPassEvent renderPassEvent;
        public RenderQueueType renderQueueType;
        public Material overrideMaterial;
        public int overrideMaterialPassIndex;
        public List<ShaderTagId> shaderTagIdList;
    }

    public class MyRendererPass : ScriptableRenderPass
    {
        Settings m_Settings = null;
        FilteringSettings m_FilteringSettings;
        public MyRendererPass(Settings settings)
        {
            m_Settings = settings;
            m_Settings.shaderTagIdList = new List<ShaderTagId>() { new ShaderTagId("UniversalForward") };
            RenderQueueRange renderQueueRange = (m_Settings.renderQueueType == RenderQueueType.Transparent)
                ? RenderQueueRange.transparent
                : RenderQueueRange.opaque;
            m_FilteringSettings = new FilteringSettings(renderQueueRange, m_Settings.layerMask,
                (uint)(1 << m_Settings.renderlayerIndex));
        }
        public override void Execute(ScriptableRenderContext context, ref RenderingData renderingData)
        {
            var cameraData = renderingData.cameraData;
            SortingCriteria sortingCriteria = (m_Settings.renderQueueType == RenderQueueType.Transparent)
```

```
                    ? SortingCriteria.CommonTransparent
                    : cameraData.defaultOpaqueSortFlags;

            DrawingSettings drawingSettings = RenderingUtils.CreateDrawingSettings(m_Settings.
                shaderTagIdList, ref renderingData, sortingCriteria);
            drawingSettings.overrideMaterial = m_Settings.overrideMaterial;
            drawingSettings.overrideMaterialPassIndex = m_Settings.overrideMaterialPassIndex;

            CommandBuffer cmd = CommandBufferPool.Get();
            using (new ProfilingScope(cmd, profilingSampler))
            {
                DrawRendererList(context, cmd, renderingData, drawingSettings, m_FilteringSettings);
            }
            context.ExecuteCommandBuffer(cmd);
            cmd.Clear();
            CommandBufferPool.Release(cmd);
        }
    }

    static void DrawRendererList(ScriptableRenderContext context, CommandBuffer cmd, RenderingData
        data, DrawingSettings ds, FilteringSettings fs)
    {
        // 渲染
        var param = new RendererListParams(data.cullResults, ds, fs);
        var rl = context.CreateRendererList(ref param);
        cmd.DrawRendererList(rl);
    }
}
```

　　如图 12-147 所示，通过 Layer 自定义 Pass 渲染的结果，它会执行引擎底层的 CPU 裁剪方法，只有模型在摄像机内才会渲染，超出摄像机则会被裁掉（见❶）。

图 12-147　渲染结果（通过 Layer 自定义 Pass）

12.5.7　后处理与自定义

　　后处理需要在摄像机中启动，当场景中有多摄像机堆叠时，后处理也可以只针对最后一台摄像机。整个后处理的计算发生在当前摄像机渲染完毕时，此时 Color Texture 中已经渲染结束，针对这张图进行后处理计算后将继续复制到 Framebuffer 给显示器显示。如图 12-148 所示，在场景中创建 Volume 组件，点击 Add Override 即可添加后处理效果。

图 12-148　添加后处理

场景中可以创建多个 Volume 组件，这样摄像机就会根据 Priority（优先级）和 Weight（权重）来决定使用哪个 Volume 组件渲染后处理。

很多美术人员提过这样的问题：能否让后处理只针对某些特殊物体生效？在单摄像机的情况下这是无法实现的，因为后处理单纯是对图进行处理，只要图上已经画过东西就会进行后处理。通常，这种特殊需求只能通过多摄像机来处理，但如果摄像机是叠层上去的也无法实现，因为后面摄像机渲染的结果包含了前面摄像机渲染的结果。因此，如果想实现这种需求，就要针对不同摄像机设置不同的渲染目标，最后再合并到一起才行。

URP 使用的是 V3 后处理，内置的后处理效果是完全预制在 URP 中的。每个后处理的执行顺序完全被 URP 写"死"了，在不修改源代码的情况下只能在后处理执行前或执行后插入自定义 Pass。如下列代码所示，我们首先创建一个自定义的 MyBlur 后处理面板，提供两个参数用于 Blur（模糊）范围。

```
[System.Serializable, VolumeComponentMenu("Post-processing/MyBlur")]
public class MyBlur : VolumeComponent, IPostProcessComponent
{
    public MinFloatParameter blurAmountX = new MinFloatParameter(0.0f, 0.0f);
    public MinFloatParameter blurAmountY = new MinFloatParameter(0.0f, 0.0f);
    public bool IsActive() => blurAmountX.value > 0f && blurAmountY.value > 0f;
    public bool IsTileCompatible() => false;
}
```

如图 12-149 所示，在 Volume 中可以绑定自定义后处理面板。

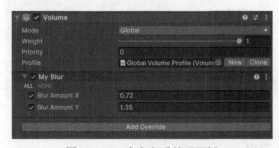

图 12-149　自定义后处理面板

接下来在 Execute() 中获取自定义面板设置的 Blur X 轴和 Y 轴的参数，然后就可以进行 Blur 操作了。

```
public override void Execute(ScriptableRenderContext context, ref RenderingData renderingData)
{
    var stack = VolumeManager.instance.stack;
    m_MyBlur = stack.GetComponent<MyBlur>();
    if (m_MyBlur != null && m_MyBlur.active)
    {
        // 获取自定义面板设置的 Blur X 轴和 Y 轴的参数
        var x = m_MyBlur.blurAmountX.value;
        var y = m_MyBlur.blurAmountY.value;
        CommandBuffer cmd = CommandBufferPool.Get();

        using (new ProfilingScope(cmd, profilingSampler))
        {
            // 降低分辨率
            m_OpaqueDesc.width /= 4;
            m_OpaqueDesc.height /= 4;

            var colorTexture = renderingData.cameraData.renderer.cameraColorTargetHandle;
            int blurredID = Shader.PropertyToID("_BlurRT1");
            int blurredID2 = Shader.PropertyToID("_BlurRT2");
            cmd.GetTemporaryRT(blurredID, m_OpaqueDesc, FilterMode.Bilinear);
            cmd.GetTemporaryRT(blurredID2, m_OpaqueDesc, FilterMode.Bilinear);
            // Color Texture Blit 后处理临时 RT
            cmd.Blit(colorTexture, blurredID);
            // 横向和纵向都做 Blur 操作
            cmd.SetGlobalVector("offsets", new Vector4(x / Screen.width, 0, 0, 0));
            cmd.Blit(blurredID, blurredID2, m_BlurMaterial);
            cmd.SetGlobalVector("offsets", new Vector4(0, y / Screen.height, 0, 0));
            cmd.Blit(blurredID2, blurredID, m_BlurMaterial);
            cmd.SetGlobalVector("offsets", new Vector4(x * 2 / Screen.width, 0, 0, 0));
            cmd.Blit(blurredID, blurredID2, m_BlurMaterial);
            cmd.SetGlobalVector("offsets", new Vector4(0, y * 2 / Screen.height, 0, 0));
            cmd.Blit(blurredID2, blurredID, m_BlurMaterial);
            // 最后再把后处理的临时 RT Blit 回 Color Texture
            cmd.Blit(blurredID, colorTexture);
        }

        context.ExecuteCommandBuffer(cmd);
        cmd.Clear();
        CommandBufferPool.Release(cmd);
    }
}
```

如图 12-150 所示，模型已经模糊了，本例详见随书代码工程 Script_12_04。

图 12-150　模糊效果

12.5.8   UI 部分模糊

UI 有部分模糊的需求，比如打开一个弹窗界面，模糊背景的 3D 和一部分 UI。如图 12-151 所示，3D 模型和一部分 UI 进行了模糊，而前景的 UI 不参与模糊。

如图 12-152 所示，我们可以给主 3D 摄像机叠加两个 UI 摄像机。首先，关闭 3D 摄像机的后处理，打开 UICamera 的后处理，这样 UI 摄像机绘制完毕后就会和 3D 物体同时进行 Blur 操作；接下来，继续关闭前景 UIAfter 摄像机的后处理；最后，绘制前景 UI，此时就是清晰的结果了。本例详见随书代码工程 Script_12_05。

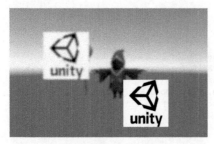

图 12-151   UI 模糊

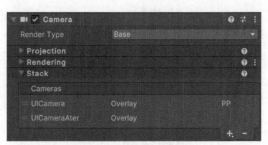

图 12-152   UI 摄像机叠层

12.5.9   降低分辨率不包含 UI

降低分辨率是优化游戏最直接的手段。降低分辨率意味着光栅化后需要着色的像素数量会变少，片元着色器的压力会变小，这样性能就提升了。移动开发中为了兼容平板计算机，出于性能的考虑通常会整体先降低一次分辨率。

```
// 设置整体分辨率的宽和高
Screen.SetResolution(2400, 1080, true);
```

如图 12-153 所示，如果在更低端的机器上，那么可以通过设置 Render Scale 来进一步降低分辨率。运行时也可以动态修改 Render Scale，如下列代码所示。

```
UniversalRenderPipeline.asset.renderScale = 0.5f;
```

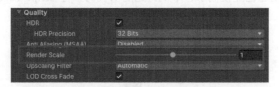

图 12-153   Render Scale

游戏中最常见的摄像机环境是一个 3D 主摄像机，然后再叠层一个 UI 摄像机。3D 摄像机会开启后处理，UI 摄像机则会关闭后处理。现在的流程是，3D 摄像机以及后处理结果和 UI 摄像机都会绘制在_CameraColorAttachment 这种中间 RT 中，最后 UI 摄像机再经过 FinalBlit 将这种中间 RT 复制到 Framebuffer 中进行显示。

　　上面我们修改 Render Scale 就是修改 _CameraColorAttachment 的宽和高，所以要想只对 3D 摄像机而不对 UI 摄像机降低分辨率，就必须将 3D 摄像机和 UI 摄像机分开。3D 摄像机依然在 _CameraColor-Attachment 中绘制，然后进行后处理并直接复制到 Framebuffer 中，最后 UI 摄像机直接在 Framebuffer 中绘制。这样修改 Render Scale 后就可以实现 3D 摄像机模糊但 UI 摄像机高清的效果了，而且由于 UI 摄像机不需要单独的一种新 RT，还可以节省 FinalBlit 的耗时。

　　接下来要修改 URP 源代码。首先找到 UniversalRenderer.cs 中的 Setup 方法。如下列代码所示，当渲染类型不是 Base 的时候就是叠加的 UI 摄像机了。然后判断设备硬件是否支持 sRGB 转换，目前的硬件绝大部分支持该操作。最后创建 Framebuffer 的 RTHandles 并让摄像机都绘制这里。

```
if (cameraData.renderType == CameraRenderType.Base)
{
    ...
}
else
{
    cameraData.baseCamera.TryGetComponent<UniversalAdditionalCameraData>(out var baseCameraData);
    var baseRenderer = (UniversalRenderer)baseCameraData.scriptableRenderer;
    ...

    // 如果硬件不支持 sRGB 转换，那么就按照旧的方式绘制
    if (Display.main.requiresBlitToBackbuffer)
    {
        m_ActiveCameraColorAttachment = m_ColorBufferSystem.PeekBackBuffer();
        m_ActiveCameraDepthAttachment = baseRenderer.m_ActiveCameraDepthAttachment;
    }
    else
    {
        // 如果硬件支持 sRGB 转换，那么就直接绘制在 Framebuffer 中
        if (m_CameraTarget == null)
        {
            m_CameraTarget?.Release();
            // 创建 Framebuffer 的 RTHandles
            m_CameraTarget = RTHandles.Alloc(BuiltinRenderTextureType.CameraTarget);
        }
        // 将 UI 摄像机直接渲染在 Framebuffer 中
        m_ActiveCameraColorAttachment = m_ActiveCameraDepthAttachment = m_CameraTarget;
    }
}
```

　　此时 UI 摄像机已经能直接绘制在 Framebuffer 中，并且与 _CameraColorAttachment 毫无关系了。前面的 3D 摄像机只是将结果绘制在 _CameraColorAttachment 中而并未 Blit 到 Framebuffer 中，所以目前是看不到 3D 摄像机的内容的。

　　如下列代码所示，在渲染时，如果不是最后一台摄像机并且开启了后处理，那么我们可以把它当成主摄像机，通过 postProcessPass.Setup() 就可以设置它的后处理渲染目标。第 3 个参数传入 true 表示将结果 Blit 到 Framebuffer 中，如果传入 false 则表示 Blit 到 _CameraColorAttachment 中，也就是采用旧的方式绘制。

```
if (lastCameraInTheStack)
{
    ...
}
else if (applyPostProcessing)
```

```
{
    // 如果不是最后一台摄像机并且开启了后处理，那么我们可以把它当成主摄像机

    if (Display.main.requiresBlitToBackbuffer)
    {
        // 如果硬件不支持 sRGB 转换，那么就按照旧的方式绘制
        postProcessPass.Setup(cameraTargetDescriptor, m_ActiveCameraColorAttachment, false,
            m_ActiveCameraDepthAttachment, colorGradingLut, m_MotionVectorColor, false, false);
    }
    else
    {
        // 如果硬件支持 sRGB 转换，那么就直接绘制在 Framebuffer 中，注意第 3 个参数用于决定是否绘制在 Framebuffer 中
        postProcessPass.Setup(cameraTargetDescriptor, m_ActiveCameraColorAttachment, true,
            m_ActiveCameraDepthAttachment, colorGradingLut, m_MotionVectorColor, false, false);
    }
    EnqueuePass(postProcessPass);
}
```

　　如图 12-154 所示，此时将 UniversalRenderPipeline.asset.renderScale 修改成较小的值，3D 摄像机整体已经降低分辨率，而且正确执行了后处理。由于 UI 摄像机直接绘制在 Framebuffer 中，因此它是高清的。从性能的角度来看，这样也是最好的，因为最后还减少了 UI 摄像机的 FinalBlit。本例以及 URP 源代码修改详见随书代码工程 Script_12_05。

图 12-154　优化后

　　目前上述修改比较“简单粗暴”，只能说大部分界面是“3D 摄像机+UI 摄像机”的模式，但不排除有些界面确实需要更多摄像机，甚至 UI 摄像机可能也需要开启后处理效果。这种情况就需要继续定制源代码了，可无论怎么定制源代码都是围绕上述修改完成的。

12.6　小结

　　本章介绍了 URP 与内置渲染管线的区别，详细描述了 URP 的使用方法和使用技巧，阐释了渲染管线与渲染技术的不同。通过本章，我们学习了基于物理的 PBR 光照计算，Unity 采用优化过的 BRDF 计算光照；了解了 CPU 渲染管线与 GPU 渲染管线的区别；掌握了渲染管线的绘制顺序（裁剪—排序—提交）；明白了通过自定义 Render Feature 的方法可以灵活地扩展渲染管线。最后通过修改源代码，我们实现了只降低 3D 摄像机分辨率，高清渲染 UI 摄像机的优化。

第 13 章

DOTS 1.0

DOTS 的全称是 Data-Oriented Tech Stack，意为"多线程式数据导向型技术栈"，它的原理是充分利用 CPU 多核处理器，让游戏处理的速度更快、更高效。DOTS 自 2018 年问世至今已有 5 年时间了，目前来看商业游戏中并没有大规模使用它。大家普遍认为，DOTS 开发方式对机器友好但对人不友好是阻碍它发展的主要原因。这就导致虽然开发效率高，但是程序员不容易编写适用于 DOTS 的代码。2022 年 DOTS 1.0 震撼发布，它弥补了 DOTS 开发对人不友好的短板，在机器和人之间找到了一个最佳平衡点。

13.1 DOTS 的组成

Unity 官方曾经分享过一个来自瑞典的游戏工作室的教程。这个工作室的一个项目需要在屏幕中生成海量的僵尸角色，并且主角可以发射大量的子弹与僵尸进行交互。为了优化性能，项目最终采用了 DOTS 方案。如图 13-1 所示，战斗画面中有大量的移动单位，并且它们每帧都在移动和渲染，对 CPU 和 GPU 造成的压力可想而知。

图 13-1　移动单位

图 13-2 是对该工作室人员的采访画面，可见 DOTS 方案给游戏带来了巨大的效率优化。

图 13-2　性能问题

如果目前你对 DOTS 还比较陌生，那么可以先来看看优化的结果。图 13-3 展示了该团队提供的优化数据。

方式	数量	时间	性能系数
Before DOTS Implemnetation	2000	9 毫秒	1x
ECS	2000	1 毫秒	9x
ECS + Job System	2000	0.2 毫秒	45x
ECS + Jobs + Burst Compiler	20 000	0.04 毫秒	2250x

图 13-3　优化结果

我们来详细解释一下上述优化结果。

(1) 使用传统游戏对象方式处理 2000 个单位需要 9 毫秒。

(2) 使用 ECS 的方式处理 2000 个单位需要 1 毫秒，性能提升了 9 倍。

(3) 使用 ECS + Job System 的方式处理 2000 个对象需要 0.2 毫秒，性能提升了 45 倍。

(4) 使用 ECS + Job System（Jobs）＋ Burst Compiler 的方式只需要 0.04 毫秒，此时性能已经不是瓶颈，场景中直接支持 20 000 个单位，性能提升了 2250 倍。

可见 DOTS 主要由 ECS + Job System + Burst Compiler 这 3 部分组成，它们既可以单独使用也可以组合使用，合理的使用方法能大规模提升性能。

❏ 实体组件系统（ECS）用于默认编写高性能代码。

❏ 任务系统（Job System）用于高效运行多线程代码。

❏ Burst Compiler 用于生成高度优化的本地代码，提供单指令多数据（SIMD）。

DOTS 使用起来非常灵活，ECS + Job System + Burst Compiler 可以任意组合。鉴于目前有些产品可能已经开发了一半，如果一上来就全部转到 DOTS 开发中则意味着要推倒重来。这种情况下可以考虑选择性使用 DOTS，比如游戏中由大量计算带来的一些耗时操作，就可以使用 Job System 把它们放入多线程中。又比如飞行射击类游戏中的子弹，它们会产生大量的游戏对象和弹道轨迹的计算，为了不影响原有框架的结构，完全可以单独让子弹使用 ECS + Job System + Burst Compiler，其他的仍保留原始游戏对象的方式，这样将大大减少移植的时间。

13.1.1 ECS 简介

ECS 的全称是 Entity Component System，意为"实体组件系统"。此概念始于 GDC 2017 中对《守望先锋》游戏架构的分享。ECS 是 Entity（实体）、Component（组件）和 System（系统）的缩写。Entity 上可以绑定多个 Component，看似和传统游戏对象与游戏对象组件的关系一样，实则不同。实体组件是一个 struct（结构体），它本身是不需要 GC 的，它只保存数据而不保存逻辑，并且不对外提供方法。而传统的游戏对象组件是通过游戏对象找身上的组件再执行逻辑。实体组件不能通过实体来找组件，而是通过系统来找组件。系统规定了查找组件的组合结构，组件也会按这种结构在 Archetype 中查找。系统在遍历时这些组件在内存中都是连续的，缓存命中率会非常高，遍历也会非常快。

听起来 ECS 只是一个概念，理论上随时可以把这个 ECS 添加到 Unity 项目中，可是为什么 Unity 要自己开发一套 ECS 呢？我们先回到 Unity 传统的脚本中。如下列代码所示，采用传统的游戏对象方式时，引擎会自动驱动它的 Update() 方法。如果游戏对象绑定了多个脚本，那么每个脚本的 Update() 就会自动执行。如果调用方法，则需要先获取游戏对象，然后再获取对应脚本来控制它。

```
public class Script : MonoBehaviour
{
    private void Update() { }
}
```

无论是游戏对象还是脚本组件都需要放在内存中。如图 13-4 所示，游戏对象或脚本对象在内存中的排列是凌乱的。当游戏对象载入时，它会带着身上的所有游戏脚本以及脚本身上依赖的所有数据同时载入内存中。

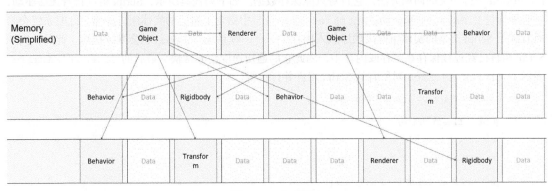

图 13-4　内存排布

CPU 读取内存数据是需要走带宽的，如果直接在 CPU 内部读取则性能会更高。所以现代计算机都在 CPU 中寄生了缓存，分为 L3、L2、L1 三阶缓存，最新加载的数据会优先放入 L1 缓存，根据重要程度会依次转移到 L2 缓存和 L3 缓存上。如果每个游戏对象的数据内存都非常庞大，那么就意味着加载一个新的就必须将旧的移除缓存，导致缓存命中率几乎为零。如果加载不命中，那么每次就需要走总线带宽从内存中加载数据，这样性能就不会高。

　　回到游戏脚本中，由于它比较灵活，因此又存在另外一个问题。如图 13-5 所示，如果游戏中需要移动角色，那么就必须在脚本中写 Transform 的变量，有可能只需要修改它的移动和旋转这两个数据，但是由于 Transform 是非常大的对象，导致没有用到的数据也会被加载到内存中，这样将白白浪费内存。

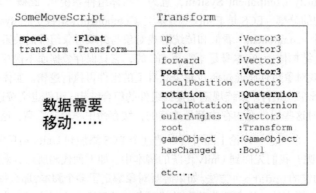

图 13-5　游戏脚本内存

　　游戏脚本还存在一些其他问题，即相互调用时会产生耦合。脚本属于引用类型数据，这样它就必须产生 GC 堆内存，它引用的东西越多，越容易导致缓存命中率低下。脚本现在在 Unity 中已经是非常重要的一个类了，MonoBehaviour 类中海量的方法回调是通过引擎底层来驱动的，脚本写得越多，效率越低下。

　　对 ECS 来说，它的 Component 必须是 struct，它没有游戏脚本中 Awake()、Update()、LateUpdate()一类的回调方法，它自身只能保存数据。如下列代码所示，Script 组件自身无法驱动，它必须通过 ECSSystem 来驱动。Entities.ForEach 中指定了遍历的实体组件类型，此时系统会将所有满足 Script 类型的实体组件按顺序载入内存中，下一帧系统 OnUpdate 会继续执行。此时，由于 Script 组件已经连续保存在缓存或内存中，因此它的遍历速度会非常快。最后的 ScheduleParallel 表示 Entities.ForEach 对所有的 Script 组件并行执行。

```
public struct Script : IComponentData
{
    public float3 Value;
}

public partial class ECSSystem : SystemBase
{
    protected override void OnUpdate()
    {
        Entities.ForEach((ref Script position) =>
        {

        }).ScheduleParallel();
    }
}
```

实体对象是可以绑定多个实体组件的，ECS 会将多种实体组件的组合连续保存在内存中。如下列代码所示，Entities.ForEach 可以传入多个实体组件，此时它会将 Script 和 Script2 这两个结构体保存在一起。当多个实体拥有 Script 和 Script2 时，它们在内存中也会连续保存在一起，这样每帧在遍历时速度就非常快了。

```
protected override void OnUpdate()
{
    Entities.ForEach((ref Script position, ref Script2 position2) =>
    {

    }).ScheduleParallel();
}
```

13.1.2　Job System 简介

System 是 ECS 中的 S 系统，Job System 则是在 S 系统基础上扩展而来的工作系统。上一节中我们看到 System 要在 OnUpdate() 方法中遍历实体组件，然后再执行处理的代码。如果所有实体组件处理的代码都能使用多线程并行完成，那么就能进一步提高效率了。

Unity 传统游戏对象提供的核心 API 是不支持多线程的。试想一下，如果屏幕中有非常多的单位要计算位移，那么此时就必须在主线程中一个单位一个单位地计算，然后再调用 transform.position 来进行赋值，计算和赋值都在主线程中显然效率很低。通过 Job System 可以将计算部分放入多线程中。坐标计算完成后还需要更新单位的渲染。

所以 DOTS 还提供了 com.unity.entities.graphics 包，该包专门用于更新 DOTS 渲染，在 DOTS 渲染中它会在 EntitiesGraphicsSystem 系统中获取单位的位置矩阵、模型信息、材质信息等，最后再通过 BatchRendererGroup 提交进行渲染。由于没有传统的游戏对象和 Transform 组件的参与，现在一切都可以在多线程中完成。

Unity 是使用 C#语言开发的，C#语言本身就支持多线程。多线程开发需要考虑的东西很多，比如线程死锁、竞争等一系列问题。而 Job System 可以更加优雅地开发多线程，使用者完全不需要考虑死锁和竞争，一切底层都安全地实现了。每个 Job 都是一个单独的任务，由 Job System 统一处理，Job 之间可以设置并行、串行、依赖、等待回主线程等常用方法，使用起来非常灵活。如下列代码所示，我们先写一个 Job，IJobEntity 接口用于标记针对 Entity 实体对象，其中 Execute() 方法就是多线程执行的代码块，它的参数用于限制组件的组合类型，这里规定了要同时拥有 LocalToWorldTransform 和 RotationSpeed 的实体组件。

```
partial struct RotationSpeedJob : IJobEntity
{
    public float deltaTime;

    void Execute(ref LocalToWorldTransform transform, in RotationSpeed speed)
    {
        transform.Value = transform.Value.RotateY(speed.RadiansPerSecond * deltaTime);
    }
}
```

接下来就需要启动多线程了。如下列代码所示，调用 ScheduleParallel 就是并行执行这个 Job，此时 Job 中的 `Execute` 方法就是并行完成的。除了 `ScheduleParallel`，还有其他方法，比如同步执行、依赖其他 Job、等待 Job 完成等，后面的章节会详细介绍。

```
[BurstCompile]
public void OnUpdate(ref SystemState state)
{
    var job = new RotationSpeedJob { deltaTime = SystemAPI.Time.DeltaTime };
    job.ScheduleParallel();
}
```

Job System 也并非万能，大部分 Unity 的 API 不能在 Job 中使用。例如在 Job 中调用实例化对象接口 `GameObject.Instantiate()`试图在多线程创建游戏对象就不能被执行，但 Debug.Log 可以在 Job 中执行。

13.1.3 Burst Compiler 简介

Burst Compiler 底层是一个基于 LLVM 的编译器，我们在前面的代码中可以发现 Job 的前面会加上[BurstCompile]，它的含义就是标记这段代码开启 Burst 编译选项。请大家先回忆一下程序的编译原理，现在我们写的代码大多属于高级语言，这就意味着 CPU 是不能直接识别它们的。所以需要将高级语言编译成 CPU 能够识别的机器语言，这就导致不同的语言要单独写一套语法分析工具才能生成机器语言。

LLVM 自己定义了抽象的中间语言 IR，Unity 编辑器前端部分负责将源代码 C#编译成 IR 抽象语言，接着优化器负责优化 IR 中间代码，后端部分会将优化过的 IR 代码编译成机器码来执行。正是因为抽象语言 IR 的存在，所以 LLVM 支持的语言很多，而且也方便扩展 C#、ActionScript、Ada、D、Fortran、GLSL、Haskell、Java、Objective-C、Swift、Python、Ruby、Rust、Scala 等语言。

LLVM 代码是开源的，很适合 Unity 用来做 Burst 的编译器。遗憾的是，LLVM 不能很好地支持 C#的 GC，所以 Burst 只支持值类型的数据编译，不支持引用类型的数据编译。这就意味着如果开启了[BurstCompile]的 Job 结构体，那么就不能出现引用类型的对象。不支持引用类型数据，也就意味着不支持 C#原生的数组、哈希表一类的数据结构。所以 Unity 还开发了 HPC#，它提供了 NativeArray、NativeList、NativeHashMap 一类的数据结构来代替 C#的常用数据结构。HPC#提供的是非托管内存对象，它们是不需要 GC 的，这样就需要开发者手动释放内存。Burst 还支持 SIMD 单指令处理多数据，它可以单条指令计算 4 个数据，这比一条一条计算要快很多。

说了这么多，Burst Compiler 的效率到底如何呢？我们先来回忆一下 Unity 的代码执行工作原理。Unity 引擎部分的代码是用 C++编写的，为了简化使用难度，它引入了 C#语言来开发。由于早先.NET 是不支持跨平台的，因此 Unity 采用了开源的 Mono 方案（类似于 CLR 虚拟机），这样就可以跨平台执行 DLL 代码了。由于需要支持的平台越来越多，再加上 Android 和 iOS 都需要支持 64 位系统，因此后来 Unity 又开发了 IL2CPP 的方案，在打包时将 DLL 代码转成 C++代码并且引入贝姆垃圾收集器，这样生成的 C++代码也可以具备垃圾收集功能。因为开发是在编辑模式下，并不需要非常好的性能，所以保留了 Mono 的方案来支持 C#代码。虽然.NET Core 早已支持跨平台，但是由于 Unity 在开源 Mono 的基础上修改过很多，因此它还不能立即改用该方案。目前来看，Unity 计划在 2024 年彻底抛弃 Mono，采用.NET Core 的方案。

通过测试得出，.NET Core 的性能和 IL2CPP 差不多，大概比 C++ 慢 1/2 左右，比 Mono 快 2 ~ 3 倍，而在采用 IL2CPP 的方案并且打开 Burst Compiler 后，它的性能比 C++ 还要快。IL2CPP 比 C++ 慢很好理解，因为它是根据 DLL 生成的，生成的代码必然没有手写的代码效率高，更何况还需要考虑 GC。前面介绍过，IL2CPP 使用了贝姆垃圾收集器，这是应用在 C/C++ 上的一个保守垃圾收集器，不支持.NET 分代垃圾收集功能。另外，Boehm 的 GC 有个特色功能，即它是渐进式 GC。后来 Unity 2019 中也打开了这个选项，就是大家现在所熟知的渐进式 GC。

13.1.4　安装

目前 DOTS 1.0 在 Unity 2023 中属于预发布而非正式发布版本。如图 13-6 所示，在 Package Manager 中选择 Install package from git URL，此时会分别安装 com.unity.entities 包和 com.unity.entities.graphics 包，前者用于 DOTS 的基础包，后者用于 DOTS 拓展的渲染包，两者缺一不可。

图 13-6　安装 DOTS

下面是 DOTS 1.0 的更新包，核心的包是实体组件包和实体组件渲染包。我们在第 11 章中介绍过 Netcode 包的游戏对象版本，它还支持实体对象版本。Physics 是基于 DOTS 的物理系统。

- ❑ com.unity.entities（实体组件包）
- ❑ com.unity.entities.graphics（实体组件渲染包）
- ❑ com.unity.netcode（网络编程）
- ❑ com.unity.physics（物理）
- ❑ com.unity.burst（Burst 编译）
- ❑ com.unity.collections（HPC#容器）
- ❑ com.unity.logging（异步日志方案，比 Debug.log 同步日志方案速度更快）

13.2　游戏对象转到 ECS

ECS 在 Unity 2018 中就已经发布了，但是很长一段时间内并不被广大开发者所接受，原因是它有点儿违反"人性"。传统的"游戏对象＋游戏组件"的方法很容易被人理解，程序员很容易编写程序，但这也很容易导致他们编写的程序与内存的调度不是最适合 CPU 执行的方式。ECS 则要求程序员以面向实体组件的方式开发，因此很多新手只能望而却步，然而这才是最适合 CPU 执行的方式。

13.2.1　传统的对象与组件

Unity 传统的开发模式是标准的面向对象开发，每个游戏对象就是一个容器。如图 13-7 所示，每个游戏对象可以绑定多个游戏组件或游戏脚本，它们以组合模式排列在一起。

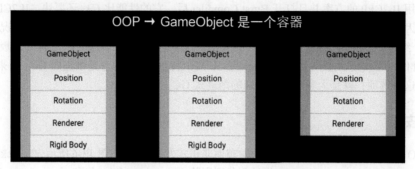

图 13-7　容器

先来回顾一下继承模式，如图 13-8 所示。我们开始写了人形基类，怪物、NPC 和主角都派生自它。这样子类的通用数据或方法都可以写在父类中，也可以使用虚函数在子类中重新实现。

随着功能的开发，比如现在主角需要有一个变身功能，由于目前只有主角需要此功能，因此可以将与变身相关的代码、变量、方法都写在主角的子类中。随着时间的推移，突然怪物也需要拥有这个变身功能，此时如果将这段代码单独复制到怪物中则容易造成冗余，但如果将这段代码放到父类中，那么由于 NPC 不需要变身功能，因此就会显得非常尴尬。

Unity 使用的脚本组合模式在一定程度上可以解决这个问题，它可以将变身功能做成一个组件。无论是怪物、NPC，还是主角，谁需要变身，谁绑定上这个组件即可。但是 Unity 的脚本也是一个类，它也存在多态的可能。如图 13-9 所示，变身组件依然可以继承，只要功能足够复杂它也存在和对象继承一样的问题。

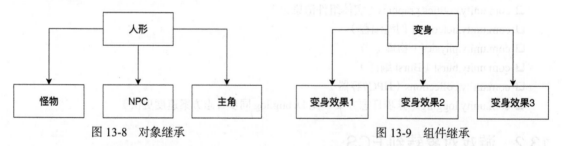

图 13-8　对象继承　　　　　　　　　　　图 13-9　组件继承

说到底，就是传统的游戏组件没有任何限制，完全可以被使用者滥用。ECS 中的实体组件限制只能保存数据，自身不提供任何逻辑，这样组件与组件之间是不存在任何耦合的，完全通过 System 系统来驱动。

13.2.2　Entity（实体）

如图 13-10 所示，Entity 就像一个钥匙扣一样，它上面绑定了若干实体组件。虽然 Entity 看起来和游戏对象很像，但二者并不相同。Entity 是一个键，我们使用一个整型变量来记录它，在内存中占用 4 字节。实体组件是一个结构体，它属于值类型数据，不需要 GC。传统的游戏对象则要求强制绑定

Transform 组件，而且如果模型只有坐标修改需求，并没有缩放与旋转需求，它们也会被强制载入内存中，实体组件则只将需要的数据绑定给实体。

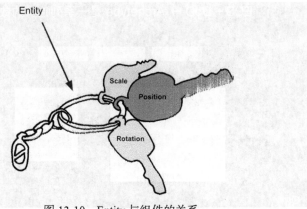

图 13-10 Entity 与组件的关系

　　游戏中会包含多个实体对象，它们身上的实体组件在内存中会尽可能地将相同组件排列在一起。如图 13-11 所示，如果每帧都需要移动坐标，那么由于它们的内存都排列在一起，因此缓存命中率会非常高，遍历的速度也会非常快。从图 13-11 中可以看到，前两个实体对象绑定了 Position 组件、Rotation 组件、Renderer 组件和 Rigid Body 组件，这两个实体会将相同的实体组件排列在一起，其中 Position 组件、Rotation 组件、Renderer 组件和 Rigid Body 组件都是按数组排列，相同类型的实体组件保存在同一个数组中。它们在内存中是线性排列在一起的，用于保存它们的容器是 Archetype。

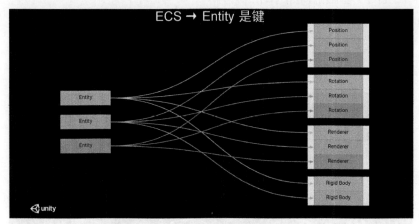

图 13-11 实体组件内存排列

13.2.3 Archetype（原型）

　　实体对象可以任意绑定实体组件。如图 13-12 所示，此时还是 3 个实体对象，前两个实体对象绑定了 Position、Rotation、Renderer、Rigid Body 共 4 个组件，而第三个实体对象则只绑定了 Position、

Rotation、Renderer 共 3 个组件。这说明前两个实体对象共用一组 Archetype，第三个实体对象由于组件排列和前两个不同而无法共用，它需要单独再创建一个新的 Archetype。

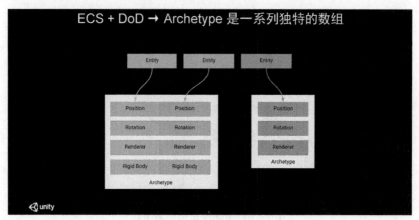

图 13-12　Archetype

每个 Archetype 是由若干 Chunk 组成的，每个 Chunk 的大小是 16 KB，如图 13-13 所示。由于 Archetype 限制了组件的组合，因此 Chunk 中会将相同的组件以数组的形式保存在一起。我们先来看第一个 Chunk，它一共保存了 3 个数组，即 Position 数组、Rotation 数组和 Renderer 数组，它内部还保存了一个数组用于记录实体对象 ID，而且每个数组的长度都是相同的。如下列伪代码所示，只需要遍历每个 Archetype 的 Chunk，就可以得到每个实体以及对应的组件数据。

```
for (int i = 0; i < Chunk.Length; i++)
{
    var po = Position[i];
    var ro = Rotation[i];
    var re = Renderer[i];
var id = Entity[i];
}
```

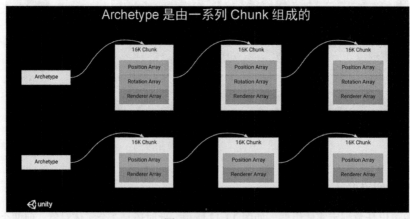

图 13-13　Chunk

实体组件具有删除和添加的功能，这样可能会导致 Archetype 动态改变。如果删除了某个实体对象的 Position 组件，那么该对象就只剩下 Rotation 组件和 Renderer 组件了，就要从原有的 Chunk 中移动到 Rotation 和 Renderer 对应的 Chunk 中，如果没有这个类型的 Chunk 则需要重新创建。

13.2.4 Component（组件）

如下列代码所示，实体组件需要继承 IComponentData 接口，但它本身是一个 struct 对象，无法在编辑模式下使用。所以实体对象与实体组件可以分成两类：一类是创作对象，它依然使用传统的游戏对象方式开发，在运行游戏时转换成 ECS 的方式运行；另一类是程序对象，它本身是由运行期间动态生成的，好比 Prefab 预设动态创建一类的。注意，Prefab 预设也是可以动态转成 ECS 的实体对象与组件的。

```
public struct A : IComponentData { }
```

接下来介绍创作模式下的转换方法，如图 13-14 所示，首先创建一个子场景并拖入 Hierarchy 视图中。场景对象需要绑定 Sub Scene 脚本，并且拖入 Scene Asset 场景文件。Auto Load Scene 表示自动加载场景。在 Hierarchy 视图中，New Sub Scene 右边的勾选框表示是否进入创作模式，勾选后该场景下的所有游戏对象将以传统的 GameObject 方式制作。取消勾选后该场景下的所有游戏对象会转成 ECS 的方式运行，运行时也可以动态开关以便调试场景。

图 13-14　创作模式

在创作模式下，美术人员与策划人员还是通过传统的方式来绑定脚本。如下列代码所示，脚本依然继承 MonoBehaviour，接下来需要写一个 Baker 类来进行转换，将 MyMonoBehaviour 脚本中的数据转换到 MyComponent 的实体组件中，并且绑定到当前实体中。

```
public class MyMonoBehaviour : MonoBehaviour
{
    public float Value;
}

public struct MyComponent : IComponentData
{
    public float Value;
}

public class MyBaker : Baker<MyMonoBehaviour>
{
```

```
public override void Bake(MyMonoBehaviour authoring)
{
    AddComponent(new MyComponent { Value = authoring.Value });
}
}
```

如图 13-15 所示，将 MyMonoBehaviour 脚本绑定到子场景中的游戏对象上面，当取消勾选 New Sub Scene 时会自动将它转成实体对象和实体组件。

图 13-15　转换数据

如图 13-16 所示，打开 Entities Hierarchy 视图，之前的游戏对象已经转换成实体对象了，右侧的 Inspector 面板中列出了它绑定的 My Component 实体组件。除了 My Component 组件，还有 World Transform 组件、Local Transform 组件、Local To World 组件、Editor Render Data 组件、Scene Section 组件和 Scene Tag 组件。因为游戏对象会默认绑定 Transform 组件，而且它还保存在子场景中，所以这些都是转换后的实体组件。

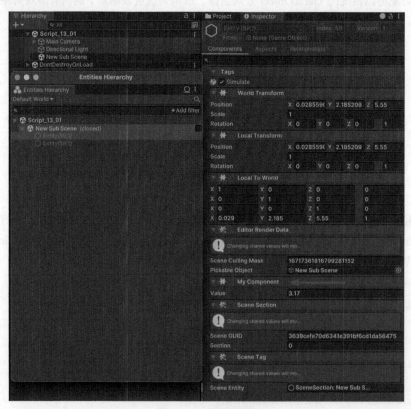

图 13-16　转换数据

　　除了创作模式，还可以通过代码动态创建实体对象来绑定实体组件。如下列代码所示，通过 EntityManager 就可以创建实体对象和实体组件，使用 AddComponent 和 RemoveComponent 可以继续添加和删除实体组件。

```
public struct A : IComponentData { }
public struct B : IComponentData { }
public struct C: IComponentData { }

private void Start()
{
    var entityManager = World.DefaultGameObjectInjectionWorld.EntityManager;

    // 创建实体对象并添加实体组件
    var entity = entityManager.CreateEntity(typeof(A), typeof(B));

    // 继续添加组件
    entityManager.AddComponent<C>(entity);

    // 继续删除组件
    entityManager.RemoveComponent<C>(entity);
}
```

　　如何通过实体对象获取组件呢？这样的想法是完全错误的，ECS 的原则是面向组件编程，在系统中只能获取组件，并不能通过实体对象来获取它身上的组件。如果这样设置，岂不是和传统游戏对象模式一样了？

13.2.5　System（系统）

　　实体对象和实体组件都已准备完毕，接下来可以进入系统的学习。如图 13-17 所示，在子场景中将一个模型和一个立方体转换成 ECS 对象，然后再创建系统来移动模型的坐标。由于要区分模型和立方体，因此要单独创建一个实体组件。

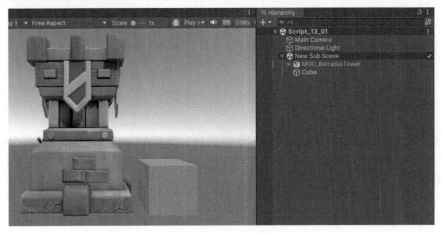

图 13-17　系统驱动

13

如代码清单13-1所示，通过 `Baker` 将 `Script_13_01_Component` 组件绑定给模型对象，由于立方体对象没有绑定它，因此在系统中就可以区分了。

代码清单 13-1   Script_13_01_Behaviour.cs 文件

```
public class Script_13_01_Behaviour : MonoBehaviour { }

public struct Script_13_01_Component : IComponentData { }

public class Script_13_01Baker : Baker<Script_13_01_Behaviour>
{
    public override void Bake(Script_13_01_Behaviour authoring)
    {
        AddComponent(new Script_13_01_Component());
    }
}
```

如代码清单13-2所示，子场景中所有游戏对象会自动添加 `WorldTransform` 实体组件，但是我们只想修改模型的坐标，并不想修改立方体的坐标。这样通过 `Entities.ForEach` 就可以获取同时满足 `Script_13_01_Component` 和 `WorldTransform` 的实体组件，然后修改它的 `Position` 即可，最后按下方向键就可以控制移动模型坐标了。

代码清单 13-2   Script_13_01_System.cs 文件

```
public partial class Script_13_01_System : SystemBase
{
    // 移动速度
    private float m_Speed = 2.0f;
    protected override void OnUpdate()
    {
        // 主线程中计算方向键移动的结果
        Vector3 move = new Vector3(Input.GetAxis("Horizontal"), 0, Input.GetAxis("Vertical"))
            * m_Speed * UnityEngine.Time.deltaTime;

        Entities.ForEach((ref Script_13_01_Component script, ref WorldTransform worldTransform) =>
        {
            // 多线程中移动模型
            worldTransform.Position += math.float3(move);
        }).ScheduleParallel();
    }
}
```

13.3 实体组件

通过前面的例子，我们已经可以将游戏对象转成 ECS 的方式，而 `IComponentData` 实体组件的类型是非常多的，包括非托管组件、托管组件、共享组件、清理组件、标记组件、动态缓冲组件、Chunk 组件和启动组件，本节将详细介绍。

13.3.1 非托管组件

非托管组件是值类型数据，它是不需要 GC 的，前面介绍的都是非托管组件，使用的是结构体。结构体不仅支持所有的值类型数据，还支持在 Job 和 Burst 中使用，优先推荐使用非托管组件。注意

非托管组件通过 `struct` 来标记。

```
public struct Com : IComponentData
{
    public int Value;
}
```

13.3.2 托管组件

托管组件是引用类型数据，它需要虚拟机来执行 GC，而且不支持 Job 和 Burst 编译。引用类型数据是和 Archetype 有冲突的，所以 Unity 不会将它保存在 Chunk 中，而是会保存在一个大的数组中，整个 Word 都共享它。这样在遍历和访问时就不得不进行额外的索引查询，效率非常低。在如下代码中，注意托管组件通过 `class` 来标记，其他操作和非托管组件一致。

```
public class Com : IComponentData
{
    public int Value;
}
```

13.3.3 共享组件

共享组件可以处理多个实体组件共享的引用类型数据，比如场景中有很多模型，它们的坐标可能是完全不同的，但是它们的网格和材质相同，在这种情况下就没必要每个组件都单独复制一份相同的网格和材质，所以就诞生了 `ISharedComponentData` 共享组件。如下列代码所示，注意 `ISharedComponentData` 必须实现 `IEquatable<T>`接口，其实就是为了正确地比较两个共享组件是否相等。这里我们将 Mesh 和 Material 的 `HashCode` 异或在一起，得到唯一的哈希。

```
public struct RendererMesh : ISharedComponentData, IEquatable<RendererMesh>
{
    public Mesh mesh;
    public Material material;
    public bool Equals(RendererMesh other)
    {
        return mesh == other.mesh && material == other.material;
    }
    public override int GetHashCode()
    {
        int hash = 0;
        if (!ReferenceEquals(mesh, null)) hash ^= mesh.GetHashCode();
        if (!ReferenceEquals(material, null)) hash ^= material.GetHashCode();
        return hash;
    }
}
```

如图 13-18 所示，Renderer 组件是 `ISharedComponentData` 共享组件，前两个 Chunk 的 Renderer 数组中引用的是 Value A 引用对象，第三个 Chunk 的 Renderer 数组中引用的是 Value B 引用对象，Value A 和 Value B 被保存在 Share Component Manager 中，并不会产生多份内存。

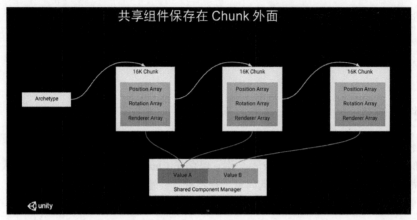

图 13-18　共享组件

13.3.4　清理组件

正常情况下，删除实体对象后会自动删除它身上绑定的所有实体组件。如果实体对象绑定过清理组件，那么删除实体对象时会删除除清理组件以外的所有实体组件，并且还会保留实体对象。如下列代码所示，调用 DestroyEntity 删除实体组件后，通过 entityManager.Exists 会发现它并没有被删掉。

```
public struct Clean : ICleanupComponentData { }

void Start()
{
    var entityManager = World.DefaultGameObjectInjectionWorld.EntityManager;
    // 创建实体对象并添加清理组件
    var entity = entityManager.CreateEntity(typeof(Clean));
    // 删除实体对象
    entityManager.DestroyEntity(entity);
    Debug.Log(entityManager.Exists(entity));// true (说明实体对象没有被删除，清理组件也没有被删掉)
}
```

要想彻底删除该实体对象和实体组件，必须先删除 ICleanupComponentData 实体组件，然后再调用 entityManager.DestroyEntity 删除实体对象，这样才能删除干净。通常可以制作一个清理 System，在合适的时机将实体对象彻底删除。

```
// 删除 ICleanupComponentData 实体组件
entityManager.RemoveComponent<Clean>(entity);
// 删除实体对象
entityManager.DestroyEntity(entity);
Debug.Log(entityManager.Exists(entity));// false (此时才被真正删除)
```

还可以使用 ICleanupSharedComponentData 声明清理共享组件。

```
public struct Clean : ICleanupSharedComponentData { }
```

13.3.5 标记组件

创作模式下可以将游戏对象批量转换成 ECS，很多实体对象以及渲染是完全一样的，它们身上绑定的组件组合都一样。如何才能标记并区分呢？只需给实体对象绑定唯一的 Tag（其实就是自定义的实体组件），并不需要包含任何属性字段，最后在 System 中找到它即可。

```
public struct Tag : IComponentData { }
```

13.3.6 动态缓冲组件

前面在介绍 IComponentData 实体组件时提到，如果使用非托管对象，那么将无法使用数组一类的数据结构，因为它无法处理可变长度的数据。虽然托管对象组件支持数组，但是无法使用 Job 和 Burst 编译器。此时可以使用动态缓冲组件。如下列代码所示，需要声明 IBufferElementData 接口并在 InternalBufferCapacity 中设置它的最大长度，此时我们设置的是 16。

```
[InternalBufferCapacity(16)]
public struct MyElement : IBufferElementData
{
    public int Value;
}
```

接下来需要创建实体对象，并且给实体对象绑定动态缓冲组件，然后将 16 个数据塞进去。

```
var entityManager = World.DefaultGameObjectInjectionWorld.EntityManager;
var entity = entityManager.CreateEntity();

// 创建动态缓冲对象
DynamicBuffer<MyElement> myDynamicBuffer = entityManager.AddBuffer<MyElement>(entity);

// 将 16 个数据塞进去
for (int i = 0; i < 16; i++)
{
    myDynamicBuffer.Add(new MyElement() { Value = i });
}
```

如图 13-19 所示，My Element 就是实体对象绑定的动态缓冲组件，它的最大长度是 16，只要小于这个长度就是可以动态变化的。

在 System 中就可以找到所有 MyElement 的动态缓冲组件，最后遍历输出它们的结果即可。

```
public partial class MySystem : SystemBase
{
    protected override void OnUpdate()
    {
        Entities.ForEach((ref DynamicBuffer<MyElement> buffer) =>
        {
            for (int i = 0; i < buffer.Length; i++)
            {
                Debug.Log(buffer[i].Value);
            }
        }).Schedule();
    }
}
```

13

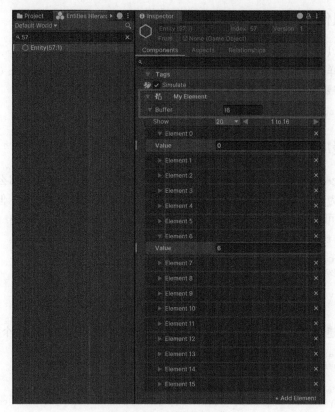

图 13-19   动态缓冲组件

13.3.7   Chunk 组件

前面介绍过，Archetype 中有若干个 Chunk 连接在一起。Chunk 组件是作为一种优化手段而存在的，它可以保存整个 Chunk 的一些特殊信息，这样就可以检查整个 Chunk 是否发生了变化，如果没有变化则可以不执行它。

Chunk 组件就是普通的 `IComponentData`，只是它提供了统一设置与获取的方法。如下列代码所示，我们创建了 1000 个实体对象，由于 Archetype 的大小是 16 KB，因此这些对象将被保存在一个 Archetype 中，但是保存在不同的 Chunk 中。`entityManager.GetChunk` 可以获取实体对象的 Chunk，并和之前记录的 Chunk 进行比较，如果是新的块就调用 `entityManager.SetChunkComponentData` 设置整个块的数据，这样每个块只需要设置一次数据。

```
public struct ChunkData : IComponentData
{
    public int Value;
}

void Start()
{
```

```
var entityManager = World.DefaultGameObjectInjectionWorld.EntityManager;

ArchetypeChunk lastChunk = default(ArchetypeChunk);
int index = 0;
for (int i = 0; i < 1000; i++)
{
    // 创建实体对象并绑定 Chunk 组件
    var entity = entityManager.CreateEntity();
    entityManager.AddChunkComponentData<ChunkData>(entity);

    // 获取 Chunk 对象并判断和上一个保存的 Chunk 对象是否一致
    var chunk = entityManager.GetChunk(entity);
    if (lastChunk != chunk)
    {
        // 当 Chunk 发生变化时设置整个 Chunk 的共享数据
        lastChunk = chunk;
        entityManager.SetChunkComponentData<ChunkData>(chunk, new ChunkData() { Value = index });
        index++;
    }
}
```

如图 13-20 所示，1000 个实体对象被保存在一个 Archetype 中，它们被分成了 8 个 Chunk 进行保存，每个 Chunk 的长度是 128 字节。在右侧组件面板中可以看到每个 Chunk 中的所有实体对象都绑定了 Chunk Data 组件，并且保存了前面代码中设置的 Index 数据。

图 13-20　Chunk 组件

接下来需要在系统中遍历所有的 Chunk。如下列代码所示，首先设置实体查询方法，使用 ComponentType.ChunkComponent<T> 表示我们查询 Chunk 组件；然后在 OnUpdate() 中使用 m_Query.ToArchetypeChunkArray 将所有满足条件的 Chunk 组件查找出来；最后遍历它们找到满足条件的 Chunk 信息并执行。

```
public partial class MySystem : SystemBase
{
    EntityQuery m_Query;

    protected override void OnCreate()
    {
        m_Query = GetEntityQuery(ComponentType.ChunkComponent<ChunkData>());
    }
    protected override void OnUpdate()
    {
```

```
NativeArray<ArchetypeChunk> chunks = m_Query.ToArchetypeChunkArray(Allocator.Temp);

foreach (var chunk in chunks)
{
    ChunkData chunkData = EntityManager.GetChunkComponentData<ChunkData>(chunk);
    if (chunkData.Value == 7)
    {
        // 当 Chunk 的 Value 变量满足 7 时执行
    }
}
```

13.3.8　启动组件

启动组件主要用于标记组件当前能否被查找出来，就像游戏对象的 Enable/Disable 一样。使用
IEnableableComponent 可以标记启动组件。如下列代码所示，组件创建完毕后调用 entityManager.
SetComponentEnabled 就可以设置启动或取消启动组件，还可以调用 entityManager.IsComponent-
Enabled 主动判断组件是否启动。

```
public struct EnableData : IComponentData, IEnableableComponent
{
    public int Value;
}

void Start()
{
    var entityManager = World.DefaultGameObjectInjectionWorld.EntityManager;
    var entity = entityManager.CreateEntity(typeof(EnableData));

    // 取消启动组件
    entityManager.SetComponentEnabled<EnableData>(entity, false);
    // 主动获取当前组件是否启动
    bool b = entityManager.IsComponentEnabled<EnableData>(entity);
}
```

因为这里已经取消启动组件，所以无法遍历找到它。

```
public partial class MySystem : SystemBase
{
    protected override void OnUpdate()
    {
        Entities.ForEach((ref EnableData chunkdata) =>
        {
            // 因为组件已经取消启动，所以这里遍历不到它
        }).Schedule();
    }
}
```

如果一定要找到已经取消的组件，那么在查找时就需要设置忽略组件取消状态：EntityQuery-
Options.IgnoreComponentEnabledState。

```
Entities.ForEach((ref EnableData chunkdata) =>
{
    // 此时可以遍历到取消的组件
}).WithEntityQueryOptions(EntityQueryOptions.IgnoreComponentEnabledState).Schedule();
```

13.4　系统

DOTS 1.0 中对系统进行了全面升级，它可以使用 ISystem 和 SystemBase 这两种方式来实现。ISystem 属于非托管系统，可以对系统进行 Burst 编译。而 SystemBase 是托管类型，无法进行 Burst 编译，可能会产生 GC。图 13-21 展示了整个系统的生命周期。

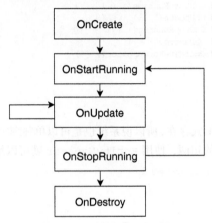

图 13-21　系统的生命周期

下面是对系统的生命周期的详细解释。

❑ OnCreate()：ECS 创建时调用。

❑ OnStartRunning()：当 Enable 设置为 true 且系统恢复时调用，在 OnUpdate 之前只调用一次。

❑ OnUpdate()：每帧调用一次。

❑ OnStopRunning()：当 Enable 设置为 false 且系统停止时调用，或者系统彻底关闭时调用一次。

❑ OnDestroy()：ECS 销毁时调用。

如果系统比较简单并且追求效率，那么推荐使用 ISystem，这样可以配合非托管的 Job 进行 Burst 编译，效率非常高。如果还需要 OnStartRunning 回调和 OnStopRunning 回调，则还要实现 ISystemStartStop 接口。

```
public struct MySystem : ISystem, ISystemStartStop
{
    public void OnCreate(ref SystemState state) { }

    public void OnDestroy(ref SystemState state) { }

    public void OnStartRunning(ref SystemState state) { }

    public void OnStopRunning(ref SystemState state) { }

    public void OnUpdate(ref SystemState state) { }
}
```

13

注意 `ref SystemState state`，在 **ISystem** 中使用 **SystemAPI** 全局 **API** 或者调用特殊方法需要使用到 `EntityManager` 的上下文时都需要传入它。如下列代码所示，对应继承 `SystemBase` 类的回调方法类似。请大家注意类的声明要求 `class`，这说明它是托管对象。

```
public partial class MySystem : SystemBase
{
    protected override void OnCreate() { }
    protected override void OnStartRunning() { }
    protected override void OnUpdate() { }
    protected override void OnStopRunning() { }
    protected override void OnDestroy() { }
    protected override void OnCreateForCompiler() { }
}
```

13.4.1　系统组件

系统在 DOTS 中以实体的形式存在，所以说系统也是可以单独绑定实体组件的。如下列代码所示，`SystemHandle` 表示当前系统的句柄，使用 `EntityManager` 就可以给系统绑定实体对象。

```
public struct MySystemData : IComponentData
{
    public int Value;
}

public partial class MySystem : SystemBase
{
    protected override void OnCreate()
    {
        this.EntityManager.AddComponent<MySystemData>(SystemHandle);
        this.EntityManager.SetComponentData<MySystemData>(SystemHandle, new MySystemData()
            { Value = 100 });
    }

    protected override void OnUpdate() { }
}
```

如图 13-22 所示，在 **Entities Hierarchy** 中可以看到当前用到的所有系统（见❶），在右侧的 **Components** 中可以看到系统绑定的实体组件。

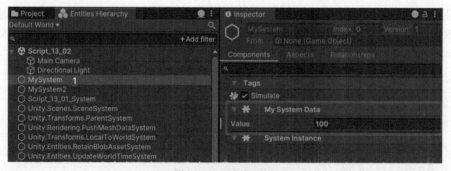

图 13-22　系统组件

目前系统与系统之间需要通过实体组件来交互。如下列代码所示，我们在写一个新系统并访问另外一个系统的实体组件。

```
public partial class MySystem2 : SystemBase
{
    protected override void OnUpdate()
    {
        // 获取上一个系统句柄
        var systemHandle = World.DefaultGameObjectInjectionWorld.GetOrCreateSystem(typeof(MySystem));
        // 获取系统的组件
        MySystemData mySystem = SystemAPI.GetComponent<MySystemData>(systemHandle);
        Debug.Log(mySystem.Value);// out : 100
    }
}
```

如果使用 ISystem 非托管的系统，那么需要使用如下方法获取其他系统句柄。

```
state.WorldUnmanaged.GetUnsafeSystemRef<T>(systemHandle)
```

13.4.2 系统分组与排序

因为游戏中可能会产生多个系统，所以它们之间的分组与排序的执行顺序非常重要。如图 13-23 所示，系统默认已经包含了很多分组与子系统，我们写的系统默认会被放到 Update 组中执行。

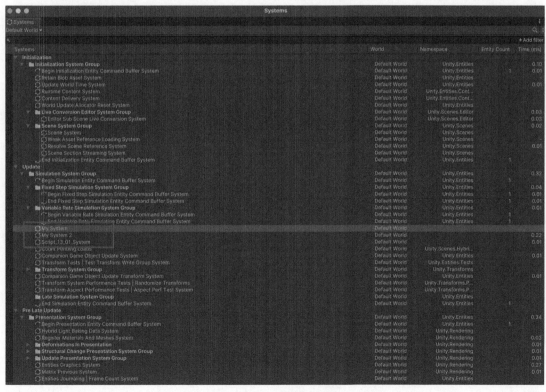

图 13-23　系统默认分组

系统默认分组中一共有 3 个总层级。

❑ Initialization: Initialization System Group：该层级中是初始化相关的系统。
❑ Update: Simulation System Group：该层级中是参与更新的相关系统。
❑ Pre Late Update: Presentation System Group：该层级中是 Update 后执行的相关系统。

使用 UpdateInGroup() 可以将系统放在任意的层级中执行。

```
[UpdateInGroup(typeof(InitializationSystemGroup))]
public partial class MySystem : SystemBase
```

使用 UpdateBefore 和 UpdateAfter 可以设置当前系统在另外一个系统之后或者之前执行，用于同组中系统排序。

```
[UpdateBefore(typeof(MySystem2))]
public partial class MySystem : SystemBase
```

```
[UpdateAfter(typeof(MySystem2))]
public partial class MySystem : SystemBase
```

使用 CreateBefore 和 CreateAfter 可以设置系统创建的先后顺序，这将决定 protected override void OnCreate() 方法执行的先后顺序。

```
[CreateBefore(typeof(MySystem2))]
[CreateAfter(typeof(MySystem2))]
```

系统默认启动就会被添加到世界中。在如下代码中，DisableAutoCreation 表示当前系统默认不会被创建。

```
[DisableAutoCreation]
public partial class MySystem : SystemBase
```

下列代码展示了在代码中运行时启动系统或关闭系统。

```
// 启动系统
World.GetOrCreateSystem<MySystem>();
// 销毁系统
World.DestroySystem(systenHandle);
// 恢复与暂停系统
system.Enabled = true; 或者 system.Enabled = false;
```

13.4.3　系统遍历

系统的核心是遍历与查询，它需要根据查询的组件类型在 Archetype 中查找。虽然 Archetype 中的数据是线性排列的，但是在系统中查找时并不一定按 Archetype 的组合来查询。如图 13-24 所示，此时 Archetype 的组合是 Position、Rotation 和 Renderer 的组合，但第一个系统需要的是 Position 和 Rotation 的组合，第二个系统需要的是 Position 和 Renderer 的组合，第三个系统只需要 Renderer 的组合。由于实体对象与组件可能会随时发生变化，因此系统需要每帧在 Update 中查询遍历。

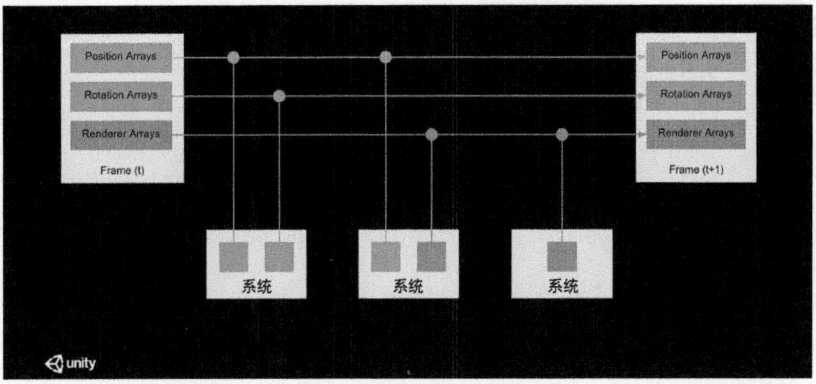

图 13-24　系统查询

系统中最简单的查询方法是使用 Entities.ForEach 通过定义一个 lambda 表达式来查询。在如下代码中，ref 表示组件是可读写参数，in 表示组件是只读参数，最后的 Run() 表示完全在主线程中执行。

```
Entities.ForEach((Entity entity, int entityInQueryIndex, ref A translation, in B move) =>
{

}).Run();
```

还可以使用 .Schedule() 和 ScheduleParallel() 来执行。可以单独开一个子线程执行 forEach 的部分，也可以每个组件单独开一个子线程全部并行执行。

```
Entities.ForEach((in A a) =>
{
}).Schedule(); // 单独开一个子线程执行

Entities.ForEach((in A a) =>
{
}).ScheduleParallel();// 每个组件单独开一个子线程完全并行执行
```

forEach 还可以任意组合以增加查询相关的参数。

```
Entities.ForEach(() =>
{
})
.WithAll<A>() // 必须包含 A 组件
.WithAny<B, C>() // 必须任意包含 B 组件和 C 组件
.WithNone<D>()// 不能包含 D 组件
.WithoutBurst()// 不使用 Burst 编译
.WithName("name")// 设置名称
.Run();
```

13.4.4　系统查询

目前我们学习的系统都要在 Update 中运行，而且必须每帧都重新遍历，使用系统查询的功能可以将查询的结果提前取出来，这样就可以预处理所有组件。如下列代码所示，在系统中先创建查询器，Allocator.Persistent 表示这个数据是持久使用的，WithAllRW 表示查询的组件需要读写权限。

接下来在任意位置调用 m_Query.ToComponentDataArray<A>就可以将满足查询器的所有组件预先复制到一个非托管数组中。NativeArray 是 DOTS 单独开发的非托管容器，如果数据只需要临时使用一下，那么可以标记 Allocator.Temp。

```
public partial class MySystem : SystemBase
{
    EntityQuery m_Query;
    protected override void OnCreate()
    {
        // 创建查询器
        m_Query = new EntityQueryBuilder(Allocator.Persistent)
        .WithAllRW<A>()
        .Build(this);
    }

    protected override void OnUpdate()
    {
        // 通过查询器匹配组件
        NativeArray<A> array = m_Query.ToComponentDataArray<A>(Allocator.Temp);
        foreach (var a in array) { }
    }
}
```

还可以调用 m_Query.ToEntityArray<T>和 m_Query.ToArchetypeChunkArray<T>将前面介绍的实体对象与 Archetype 块预保存出来。

EntityQuery 支持给共享组件添加过滤器。如下列代码所示，查询器匹配 A 和 ShardCom 组件，ShardCom 是共享组件 ISharedComponentData。接下来在 Update 中设置共享组件过滤器，调用 SetSharedComponentFilter 并且设置 ShardCom 中的 Value 必须满足 100 才能匹配到。

```
EntityQuery m_Query;
protected override void OnCreate()
{
    m_Query = new EntityQueryBuilder(Allocator.Persistent)
    .WithAllRW<A,ShardCom>()
    .Build(this);
}

protected override void OnUpdate()
{
    m_Query.SetSharedComponentFilter<ShardCom>(new ShardCom { Value = 100 });
    NativeArray<A> array = m_Query.ToComponentDataArray<A>(Allocator.Temp);
}
```

Entities.ForEach 也支持 Query 与共享组件过滤器的快捷写法。

```
Entities.WithSharedComponentFilter(new ShardCom { Value = 100 })
.WithStoreEntityQueryInField(ref m_Query)
.ForEach(() => {
    // 遍历
})
.ScheduleParallel();
```

13.4.5 写组与版本号

ECS 中有很多内置的组件，它们由内置的系统约束行为，如果要覆盖它们的行为就需要用到写组功能，即同一个组中的所有组件必须同时遍历。如下列代码所示，WriteGroup 可以将当前组件与某个组件写入同一个组中。

```
public struct A : IComponentData
{
    public int Value;
}

[WriteGroup(typeof(A))]
public struct B : IComponentData
{
    public int Value;
}
```

没有写组之前，可以单独遍历 A 组件或 B 组件；一旦写组以后，就必须同时遍历 A 组件和 B 组件。如下列代码所示，在遍历的时候必须同时遍历 A 组件和 B 组件，否则无法匹配。

```
protected override void OnUpdate()
{
    Entities.WithEntityQueryOptions(EntityQueryOptions.FilterWriteGroup)
    .ForEach((ref A a,ref B b) =>
    {
    }).Run();
}
```

如果使用 Query 查询器，则需要单独创建 EntityQueryDesc 对象，通过设置 EntityQuery-Options.FilterWriteGroup 进行写组的查询。

```
var queryDescription = new EntityQueryDesc
{
    All = new ComponentType[] {
        ComponentType.ReadWrite<A>(),
        ComponentType.ReadOnly<B>(),
    },
    Options = EntityQueryOptions.FilterWriteGroup
};
m_Query = GetEntityQuery(queryDescription);
```

如图 13-25 所示，Chunk 中的数据以数组形式来保存，同类型数组会保存一个 Version Number 用于记录这段数据是否发生了改变。

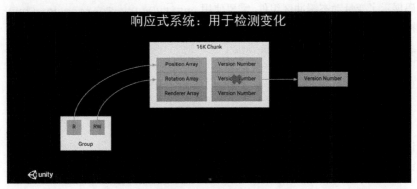

图 13-25　版本号

Version Number 分为共享组件版本号和非共享组件版本号，另外还有实体版本号、世界版本号、系统版本号和块版本号，它们都用于标记当前对象是否发生变化。

Version Number 在内存中是一个带符号的 32 位整型 int，每次变化该值都会进行++操作，int 数据也有上限，一旦超过上线就会重新从 0 开始。所以比较版本变化不能用 NewVersion > OldVersion，因为在超整型上限时 NewVersion 在极端情况下可能是 0，而 OldVersion 可能是整型的最大值，那么此时 NewVersion > OldVersion 是不满足数据改变的，保险起见应该使用 NewVersion - OldVersion > 0 来判断数据是否发生变化。

```
// 组件版本号
EntityManager.GetComponentOrderVersion<A>();
// 共享组件版本号
EntityManager.GetSharedComponentOrderVersion<B>();
// 块中每个数组的版本号
Chunk.ChangeVersion[]
// 实体版本号，只要没有改变，就说明当前世界中实体对象没有增删的情况
EntityManager.EntityOrderVersion;
// 系统版本号
EntityManager.GlobalSystemVersion;
```

13.4.6　SystemAPI.Query

前面介绍的查询大多依赖系统，EntityQuery 虽然可以脱离系统，但是需要将它复制到另外一个容器中才能使用。DOTS 1.0 中提供了 SystemAPI，它看似可以用于在任意位置查询实体组件，实则必须在系统中使用，只是可以在系统的任意方法中使用而已。

如下列代码所示，在任意位置中调用 SystemAPI.Query 可以遍历实体组件，它在主线程中执行。RefRW 表示可读写，RefRO 表示只读。

```
// 遍历实体组件
foreach (var (a, b) in SystemAPI.Query<RefRW<A>, RefRO<B>>()) { }
```

使用 WithEntityAccess 可以同时遍历实体对象，请注意如下代码的第三个参数。

```
// 遍历实体组件并包括实体对象
foreach (var (a, b, entity) in SystemAPI.Query<RefRW<A>, RefRO<B>>().WithEntityAccess()) { }
```

如下代码展示了变量动态缓冲区组件。需要使用 entityQuery.ToArchetypeChunkArray 将它在主线程中换成非托管数组对象，然后就可以遍历了。

```
public struct DBuffer : IBufferElementData { }
void Create()
{
    EntityQuery entityQuery = SystemAPI.QueryBuilder().WithAll<DBuffer>().Build();
    var chunks = entityQuery.ToArchetypeChunkArray(Allocator.Temp);
    foreach (var chunk in chunks) { }
}
```

在 entityQuery 后还可以根据逻辑动态添加查询条件。

```
var entityQuery = SystemAPI.Query<A>();
entityQuery = entityQuery.WithNone<B>();
entityQuery = entityQuery.WithAll<C>();
entityQuery = entityQuery.WithAny<A,B,C>();
```

13.5 Job

目前我们学习的系统都是在主线程中运行的，如图 13-26 所示。这就意味着上一个系统的 Update 执行完毕后才能执行下一个系统，这样很容易造成主线程的卡顿。

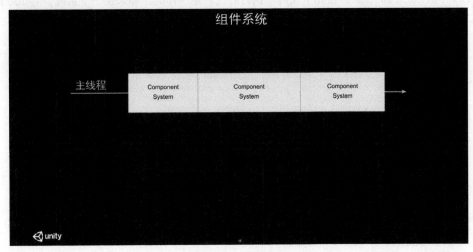

图 13-26 执行顺序

如图 13-27 所示，在系统中可以开启一个或多个 Job，这样系统就不会卡住，可以继续执行下一个系统，产生的 Job 则在子线程中执行。

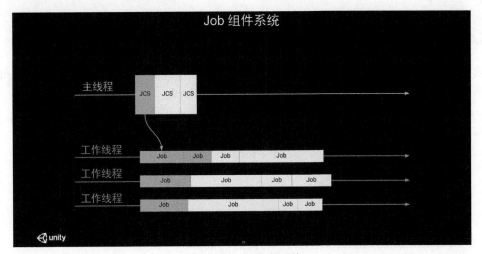

图 13-27 Job 组件系统

但这样做存在一个问题。如果在 Job 中修改组件的数据，那么由于目前可能已经在执行下一个系统了，这样就会出现多线程竞争的问题。所以数据需要标记读写权限和只读权限。只读权限的数据并不存在竞争的问题。如果下一个系统要用到上一个系统中多线程 Job 计算的结果，那么此时就需要进行一次硬性的同步（称为 Sync Point），在主线程中等待执行完毕再执行下一个系统。

在 DOTS 1.0 中推荐使用 IJobEntity 来代替 Entities.ForEach，主要原因是 IJobEntity 可以很好地处理循环嵌套，而且它也可以在多个系统中执行，Job 代码的通用性更强。注意，Entities.ForEach 和 MyJob 在如下代码中执行的代码是一样的，如果换一个系统，MyJob 的代码是可以公用的，只需传入不同的 NativeArray<float> 参数即可。

```
protected override void OnUpdate()
{
    int entityCount = m_Query.CalculateEntityCount();
    NativeArray<float> array1 = new NativeArray<float>(entityCount, Allocator.TempJob);
    Entities.ForEach((Entity entity, int entityInQueryIndex, ref A a, ref B b) =>
    {
        a.Value = b.Value;
        array1[entityInQueryIndex] = a.Value;
    }).ScheduleParallel();// 每个 Chunk 并行执行

    NativeArray<float> array2 = new NativeArray<float>(entityCount, Allocator.TempJob);
    // 将参数传入 Job 中执行
    new MyJob() { Array = array2 }.ScheduleParallel();
}

public partial struct MyJob : IJobEntity
{
    public NativeArray<float> Array;
    void Execute([EntityIndexInQuery] int entityIndexInQuery, ref A a, ref B b)
    {
        a.Value = b.Value;
        Array[entityIndexInQuery] = a.Value;
    }
}
```

13.5.1   线程与同步

前面介绍过，Job 可以分别在主线程和子线程中执行。在子线程中执行时，Job 既可以在一个子线程中执行全部 Chunk，也可以在多个子线程中执行不同的 Chunk。

```
protected override void OnUpdate()
{
    // 1. 同步执行
    new MyJob().Run();
    new MyJob().Run();

    // 2. 同时各开一个子线程执行
    new MyJob().Schedule();
    new MyJob().Schedule();

    // 3. 每个 Chunk 同时单独开一个子线程并行执行
    new MyJob().ScheduleParallel();
    new MyJob().ScheduleParallel();
}

public partial struct MyJob : IJobEntity
{
    void Execute([EntityIndexInQuery] int entityIndexInQuery, ref A a, ref B b) { }
}
```

线程与线程之间需要合理地安排执行顺序，因为下一个 Job 可能会依赖上一个 Job 的执行结果。下列代码中两个 Job 的执行顺序是并行的，如果 MyJob2 需要使用 MyJob 的计算结果，就要等 MyJob 计算完毕后再执行 MyJob2。

```
protected override void OnUpdate()
{
    new MyJob().ScheduleParallel();
    new MyJob2().ScheduleParallel();
}
```

可以使用 JobHandle 来关联 Job，调用 jobHandle.Complete()；可以强制在主线程中等待 MyJob 执行完毕。

```
JobHandle jobHandle = default(JobHandle);
jobHandle = new MyJob().ScheduleParallel(jobHandle);
// 在主线程中等待 MyJob 执行完毕
jobHandle.Complete();

new MyJob2().ScheduleParallel();
```

Job 的数量偶尔可能会更多。下列代码中的 Job3 要等 Job1 和 Job2 执行完毕后再执行。在这种情况下，Job1 和 Job 完全可以并行执行，不考虑先后顺序。通过 JobHandle.CombineDependencies 可以将多个 Job 合并依赖，这里表示等 Job1 和 Job2 执行完毕后再执行 Job3。

```
protected override void OnUpdate()
{
    JobHandle jobHandle1 = default(JobHandle);
    JobHandle jobHandle2 = default(JobHandle);
    jobHandle1 = new MyJob().ScheduleParallel(jobHandle1);
    jobHandle2 = new MyJob2().ScheduleParallel(jobHandle2);

    // 等待 MyJob 和 MyJob2 执行完毕后再执行 MyJob3
    MyJob3 job3 = new MyJob3();
    var dependency = JobHandle.CombineDependencies(jobHandle1, jobHandle2);
    job3.ScheduleParallel(dependency);
}
```

JobHandle.CombineDependencies 最多可以支持 3 个 Job。如果需要支持更多的 Job，那么可以使用 Unity.Jobs.JobHandle CombineDependencies(NativeArray<JobHandle> jobs)，将 Job 保存在 NativeArray 容器中传入即可。

除了 Job，如果使用 Entities.ForEach，那么也可以用 JobHandle 来指定执行顺序。

```
protected override void OnUpdate()
{
    JobHandle jobHandle = default(JobHandle);
    jobHandle = Entities.ForEach((ref A a) =>
    {

    }).ScheduleParallel(jobHandle);
    jobHandle.Complete();

    // 等待 Entities.ForEach 异步任务结束后执行
    new MyJob3().Schedule();
}
```

13

如果 `JobHandle` 关联了多个 Job，那么也可以使用 `JobHandle.CompleteAll()` 等待所有的 Job 执行完毕后再回到主线程中。

13.5.2　Job 的种类

`IJobEntity` 是目前 DOTS 1.0 推荐使用的，同时 DOTS 1.0 也推荐使用 `IJobChunk`，通过名称就能知道它是按 Chunk 来遍历的。如下列代码所示，在 `Execute` 中调用 `chunk.GetNativeArray` 将当前 Chunk 中的数据取出来，接下来就可以遍历了。

```
public struct MyChunkJob : IJobChunk
{
    public ComponentTypeHandle<A> AComponent;
    public void Execute(in ArchetypeChunk chunk, int unfilteredChunkIndex, bool useEnabledMask,
        in v128 chunkEnabledMask)
    {
        // 将整个 Chunk 中的数据取出来遍历
        NativeArray<A> velocityVectors = chunk.GetNativeArray(ref AComponent);
        var enumerator = new ChunkEntityEnumerator(useEnabledMask, chunkEnabledMask, chunk.Count);
        while (enumerator.NextEntityIndex(out var i))
        {
            float Value = velocityVectors[i].Value;
        }
    }
}
```

调用 `ScheduleParallel` 就可以让所有 Chunk 同时在多线程中执行，和 `IJobEntity` 不同的是需要传入 `EntityQuery` 来指定类型。

```
EntityQuery m_Query;

protected override void OnCreate()
{
    m_Query = new EntityQueryBuilder(Allocator.Temp)
    .WithAllRW<A, B>()
    .Build(this);
}

protected override void OnUpdate()
{
    JobHandle jobHandle = default(JobHandle);
    new MyChunkJob().ScheduleParallel(m_Query, jobHandle);
}
```

`IJobEntity` 和 `IJobChunk` 都是遍历实体组件。Job 还提供了 `IJob` 和 `IJobParallelFor`，二者可以单独开发多线程来执行一些特殊计算逻辑，而不像 `IJobEntity` 和 `IJobChunk` 一样必须遍历实体组件，而且 Job 也不一定要在系统中遍历使用。

先来看看如下代码中 `IJob` 的使用。在主线程中可以将准备好的数据传入多线程中进行计算，等待线程结束后再回到主线程中取出结果的数据。在 Job 中要使用非托管数据，这里传入的 `NativeArray` 是 HPC#封装的非托管数据，当使用结束的时候需要调用 `Dispose()` 释放内存。

```
void Start()
{
    NativeArray<float> a = new NativeArray<float>(1, Allocator.TempJob);
```

```
NativeArray<float> b = new NativeArray<float>(1, Allocator.TempJob);
NativeArray<float> c = new NativeArray<float>(1, Allocator.TempJob);
a[0] = 100;
b[0] = 200;
new MyJob() { a = a, b = b, c = c }
.Schedule() // 开始一个线程
.Complete();// 等线程计算完毕

Debug.Log(c[0]);// 主线程输出结果

// 释放
a.Dispose();
b.Dispose();
c.Dispose();
}

public struct MyJob : IJob
{
    [ReadOnly] public NativeArray<float> a;
    [ReadOnly] public NativeArray<float> b;
    [WriteOnly] public NativeArray<float> c;
    public void Execute()
    {
        c[0] = a[0] + b[0];
    }
}
```

再来看看 `IJobParallelFor` 在如下代码中的使用。在 `Execute` 中可以在不同的线程中调用 `IJobParallelFor`，因此如果数据足够多，那么所有计算都可以并行完成。

```
public struct MyJob : IJobParallelFor
{
    [ReadOnly] public NativeArray<float> a;
    [ReadOnly] public NativeArray<float> b;
    [WriteOnly] public NativeArray<float> c;

    public void Execute(int index)
    {
        c[index] = a[index] + b[index];
    }
}
```

`[ReadOnly]`表示数据是只读的，`[WriteOnly]`表示数据是只支持写的。前面介绍过，数据应尽量设置为只读，因为这样不存在多线程竞争与同步的问题。如果系统中还提供了一种便捷的 Job 写法，则无须写一个 Job 类。

```
protected override void OnUpdate()
{
    Job.WithCode(() =>
    {
        // 执行自己的逻辑代码
    }).Schedule();
}
```

13.5.3 Entity Command Buffers 实体缓冲

Job 多线程的性能"杀手"是硬性同步点导致线程的等待。硬性同步点包括实体进行创建、销毁、组件添加、组件删除、修改共享组件的值等。也就是说，我们的代码写得稍微不太严谨就会带来这些硬性同步点。那么怎样才能优化呢？可以使用 Entity Command Buffers。

一帧内代码可能会造成多次硬性同步点，Entity Command Buffers 的原理是先将这一帧内的硬性同步点缓存一下，等这一帧结束之前统一执行一次同步。这就好比本来这一帧需要硬性同步 5 次，用了 Entity Command Buffers 就会减少到同步 1 次。

如下列代码所示，可以在 `Entities.ForEach` 中使用 ECB 进行实体的删除或者添加实体组件，此时在多线程中是记录操作的行为，等线程执行完毕在主线程中调用 `ecb.Playback` 统一执行 ECB 的行为。

```
protected override void OnUpdate()
{
    EntityCommandBuffer ecb = new EntityCommandBuffer(Allocator.TempJob);
    Entities.ForEach((Entity e, in A a) =>
    {
        if (a.Value == 0)
        {
            ecb.DestroyEntity(e);
        }
        else
        {
            ecb.AddComponent<B>(e);
        }
    }).Schedule();
    // 等待线程执行完毕
    this.Dependency.Complete();
    // 开始执行 ECB 的删除实体操作
    ecb.Playback(this.EntityManager);
    // 清理
    ecb.Dispose();
}
```

操作缓冲区还可以使用创建实体对象、更新实体组件、删除实体组件等方法。

```
CreateEntity(EntityArchetype)
DestroyEntity(Entity)
SetComponent<T>(Entity, T)
AddComponent<T>(Entity)
RemoveComponent<T>(EntityQuery)
```

目前 ECB 的写入是在单线程中进行的，如下列代码所示，可以将它放入 `ParallelWriter` 中，这样 ECB 就可以在多线程中并行写入了。

```
EntityCommandBuffer ecb = new EntityCommandBuffer(Allocator.TempJob);
EntityCommandBuffer.ParallelWriter ecbParallel = ecb.AsParallelWriter();
Entities.ForEach((Entity e, int entityInQueryIndex,in A a) =>
{
    ecbParallel.DestroyEntity(entityInQueryIndex, e);
}).Schedule();
```

13.6　Burst

Burst 是单独的 Package（包），即使不使用 DOTS 也可以单独使用它。前面简单介绍过，Burst 是基于 LLVM 的后端编译器，它可以将 IL 字节码转成高度优化的 CPU 机器码。推荐 Burst 与 Job 搭配使用，由于 Burst 不支持 GC，因此只能对值类型代码进行编译。

13.6.1 启动 Burst

在 Job 上启用 Burst 非常简单，一般只需在类前面添加[BurstCompile]即可。

```
[BurstCompile]
public struct MyJob : IJobParallelFor { }
```

在普通的静态类和静态方法中使用 Burst 时需要在类和方法上面同时声明[BurstCompile]，缺一不可。

```
[BurstCompile]
public class MyStaticClass
{
    [BurstCompile]
    public static int MyBurstTest(int a, int b)
    {
        return a + b;
    }
}
```

在 MonoBehaviour 脚本中也可以使用 Burst，只需在类和方法上面添加[BurstCompile]即可。

```
[BurstCompile]
public class Script : MonoBehaviour
{
    [BurstCompile]
    public static int MyBurstTest2(int a, int b)
    {
        return a + b;
    }
}
```

可以通过 WithBurst（强制使用 Burst 编译）或 WithoutBurst（强制不使用 Burst 编译）使用便携方法 Job.WithCode，Entities.ForEach 也支持使用相同的方法开启或关闭 Burst 编译。

```
protected override void OnUpdate()
{
    Job.WithCode(() =>
    {
    })
    .WithBurst() // 强制使用 Burst 编译
    .WithoutBurst() // 强制不使用 Burst 编译
    .Schedule();

    Entities.ForEach(() => { })
    .WithBurst() // 强制使用 Burst 编译
    .WithoutBurst() // 强制不使用 Burst 编译
    .Schedule();
}
```

如图 13-28 所示，Burst 包会提供一组菜单项。

❑ Enable Compilation：必须勾选该选项，表示启动 BurstCompile 编译。

- ❏ Safety Checks：是否启动安全检查，比如在操作 NativeArray 系列容器时如果遇到越界将打印日志，那么在启动该功能的情况下就可以提前发现问题。
- ❏ Synchronous Compilation：启动后将同步编译 Burst，如果遍历的量大则可能会卡住，默认不开启该选项。
- ❏ Native Debug Mode Compilation：启动后将关闭 Burst 编译时的优化，这样就可以添加断点来调试这部分代码。
- ❏ Show Timings：显示编译过程中每一步的具体时间。
- ❏ Open Inspector：打开检查面板，可以查看 Burst 编译的机器码详情。

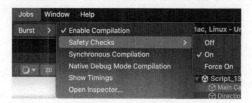

图 13-28　启动 Job

如图 13-29 所示，Open Inspector 上可以显示 Burst 编译的所有代码，包括原始代码、IL 字节码、LLVM 中间代码、LLVM 优化后的代码等。

图 13-29　Open Inspector

13.6.2 高性能 C#

HPC#的全称是 HIGH PERFORMANCE C#，意为"高性能 C#代码"。在 Unity 中开发 HPC#主要是用于配合 Burst 编译，因为 Burst 不支持托管类型编译。HPC#自带了很多容器类，这样便能很方便地使用动态扩容的容器来写代码。使用 Burst 编译可以让 C#的代码运行速度比 C++还要快。

(1) `NativeArray`

`NativeArray` 和普通 `Array` 使用方法类似。

```
NativeArray<float> nativeArray = new NativeArray<float>(5, Allocator.Temp);
nativeArray[0] = 1; // 赋值
```

(2) `NativeList`

`NativeList` 和 `List` 使用方法类似，支持动态扩容与删除。

```
NativeList<float> nativeArray = new NativeList<float>(Allocator.Temp);
nativeArray.Add(1);
nativeArray.RemoveAt(0);
foreach (var item in nativeArray)
{
}
```

(3) `NativeQueue`

`NativeQueue` 就是队列，队列当然会提供入队和出队的方法。由于队列并不提供通过索引取值的操作，因此队列内部是链表的结构，优缺点一目了然。

```
NativeQueue<Vector3> queue = new NativeQueue<Vector3>(Allocator.Temp);
// 队尾添加数据
queue.Enqueue(Vector3.one);
queue.Enqueue(Vector3.one);
// 队首取出数据
Vector3 a = queue.Dequeue();
```

(4) `NativeHashSet`

`NativeHashSet` 和 `HastSet` 用法类似，支持动态扩容与删除。

```
NativeHashSet<float> nativeHashSet = new NativeHashSet<float>();
nativeHashSet.Add(1);
nativeHashSet.Remove(1);
foreach (var item in nativeHashSet)
{
}
```

(5) `NativeHashMap`

`NativeHashMap` 就是哈希表，保存的是 `Key` 和 `Value`。

```
NativeHashMap<int, Vector3> hashMap = new NativeHashMap<int, Vector3>(5, Allocator.Temp);
// 添加数据
hashMap[0] = Vector3.one;
hashMap[1] = Vector3.one;
// 遍历数据
foreach (var item in hashMap)
```

```
{
    Debug.Log(item.Key);
    Debug.Log(item.Value);
}
```

(6) NativeSlice

原生切块，也用于数据结构切块与复制。

(7) NativeMultiHashMap

多个相同 Key 的哈希表，相同 Key 可对应不同 Value。

(8) NativeStream

可用于原生读写二进制数据流。

既然我们分配的是非托管的数据结构，那么就需要手动来释放内存。释放的方法也比较简单，调用 Dispose() 方法即可。注意一定要调用，不然就会出现内存泄漏。

```
nativeArray.Dispose();
```

下面来看一个例子。我们通过 NativeArray 和 C#普通 Array 分别创建长度为 10 000 的数组，来看看 GC 的情况。

```
private void Update()
{
    Profiler.BeginSample("NativeArray");
    MyBurstTest2();
    Profiler.EndSample();

    Profiler.BeginSample("Array");
    float[] array = new float[10000];
    for (int i = 0; i < array.Length; i++)
    {
        array[i] = i;
    }
    Profiler.EndSample();

}

[BurstCompile]
public static void MyBurstTest2()
{
    NativeArray<float> nativeArray = new NativeArray<float>(10000, Allocator.Temp);
    for (int i = 0; i < nativeArray.Length; i++)
    {
        nativeArray[i] = i;
    }
    nativeArray.Dispose();
}
```

如图 13-30 所示，长度为 10 000 的数组，C#托管对象耗时 0.02 毫秒，堆内存分配 39.1 KB，如果采用 NativeArray 的方式，则堆内存和耗时都是 0。

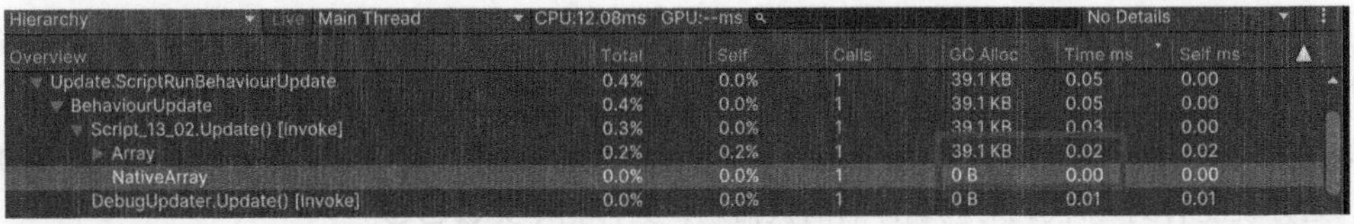

图 13-30 优化 GC

目前只是在主线程中进行了对比，而 `NativeArray` 还支持 Job 在子线程中计算，这样效率更高。如下代码使用 `IJobParallelFor` 尽可能地把每一步赋值都放在不同的子线程中。前面还介绍过其他 Job 的使用，大家可以选择适合的 Job。

```
private void Update()
{
    NativeArray<float> nativeArray = new NativeArray<float>(int.MaxValue, Allocator.TempJob);
    new MyJob() { nativeArray = nativeArray }.Schedule(nativeArray.Length, 64).Complete();
    nativeArray.Dispose();
}
[BurstCompile]
public struct MyJob : IJobParallelFor
{
    [WriteOnly] public NativeArray<float> nativeArray;
    public void Execute(int index)
    {
        nativeArray[index] = index;
    }
}
```

还需要注意一下数据的类型，也就是在 new 对象时需要使用 `Allocator`。这里 `Allocator.Temp` 表示临时对象（分配速度最快），如果数据分配在方法体中就尽量使用它。`Allocator.Persistent` 表示持久化对象（分配速度最慢），比如类中的全局对象就需要使用它。`Allocator` 结构体还有 `Invalid`、`None`、`TempJob`（分配速度仅次于 `Allocator.Temp`）和 `AudioKernel`，通过名字也可以知道它们的含义。

我相信此时大家应该已经了解 HPC#，而 Job System 里传递的数据必须是 HPC#的结构数据。同理，如果不使用 DOTS，其实依然可以单独使用 HPC#来优化内存。

13.6.3 Unity.Mathematics 数学库

Unity.Mathematics 提供矢量类型的数据，支持大部分基础数据类型。与 Shader 的语法相似，它主要用于和 Burst 编译器配合编译出高效的本地机器码。Unity.Mathematics 支持大多数硬件平台，并且支持 SIMD 执行，使用时需要引入命名空间 `using static Unity.Mathematics.math`。如下列代码所示，标记 `Debug=true` 可以在 Inspector 面板中看到更详细编译后的机器码。

```
[BurstCompile(Debug =true)]
static void Test()
{
    float3 v1 = float3(1, 2, 3);
    float3 v2 = float3(4, 5, 6);
    v1 = normalize(v1);
    v2 = normalize(v2);
```

```
    float3 v3 = dot(v1, v2);
    Vector3 v4 = v3;
}
```

如图 13-31 所示，在 Debug 面板中选择 Coloured With Full Debug Information 表示展开所有 Debug 信息，这样就能看到 C#代码对应编译后的机器码，具体指令见❶❷❸。

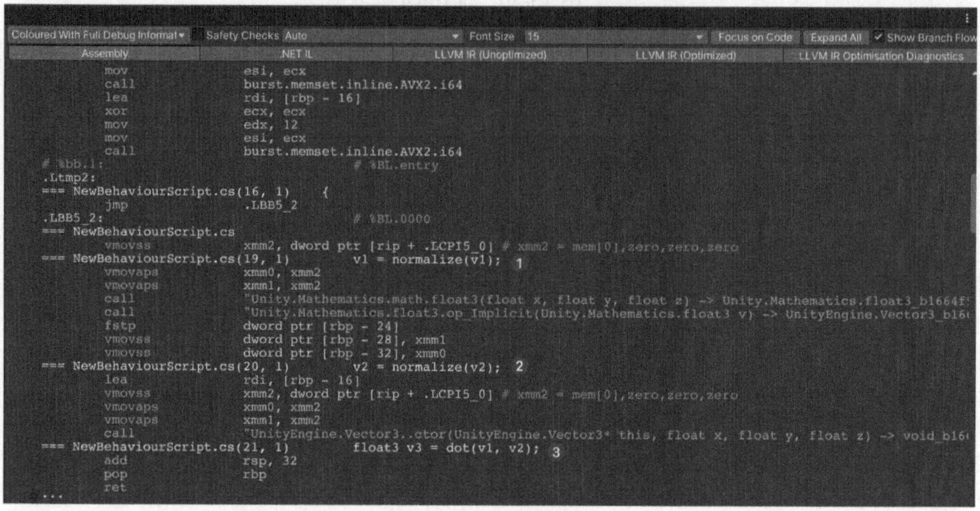

![机器码截图]

图 13-31　机器码

先来普及一下 CPU 赫兹（Hz）的概念。现在的手机 CPU 基本上能达到 2 GHz 左右的频率。这是什么概念呢？如果一个乘法运算可以通过计算机指令完成，那就意味着每 1 秒理论上可以完成 2 亿次乘法计算。可手机为什么还总是出现卡顿呢？计算的前提是数据已经放入寄存器中，但是数据从硬盘到寄存器需要通过带宽从内存传入缓存，最后才到 CPU 寄存器中。如果下次再计算，缓存不命中的话依然会进入这个流程，所以大量的时间消耗在数据传递上了。

再回到 Unity.Mathematics 中，如果使用 Burst 编译器，那么它将支持 SIMD。如图 13-32 所示，原本的计算指令一条只能计算一个结果，有了 SIMD 就可以一条指令一次计算多个数据结果。需要注意的是，Unity 之前提供的 `Mathf` 类并不支持 SIMD，如果想支持 SIMD 则必须使用 Unity.Mathematics 并开启 Burst 编译器才行。

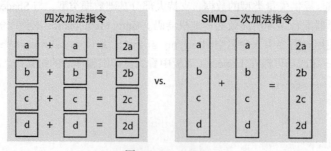

图 13-32　SIMD

13.7 渲染

目前我们基本上已经将 DOTS 介绍完毕，通过 ECS、JobSystem 和 Burst 可以让计算效率更上一层楼，但是无论如何，计算最终要渲染出来才行。针对渲染，DOTS 单独提供了 com.unity.entities.graphics 包。DOTS 1.0 渲染部分的更新是我认为非常震撼的部分，之前 DOTS 之所以没有被广泛使用，主要就是因为渲染部分无法得到很好的支持。

如图 13-33 和图 13-34 所示，只要将需要转换成 ECS 的游戏对象放入 SubScene 中即可一键转换。除了支持光源、粒子、反射探头、光源探头组和 Sprite2d，DOTS 1.0 还支持 Lightmap 烘焙贴图。

图 13-33　渲染支持

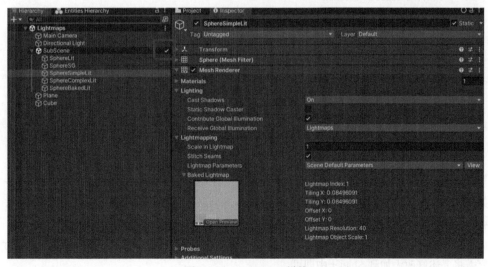

图 13-34　Lightmap 烘焙

13.7.1 自定义材质

URP 自带的材质支持 ECS 渲染，但是由于游戏中肯定有很多自定义材质，因此这些 Shader 必须支持 SRP Batch 才可以进行 ECS 渲染。第 12 章介绍过 URP，这里我们只需要在基础 URP 着色器之上扩展支持 ECS。如代码清单 13-3 所示，请大家注意 Add 标签中的代码，如果需要继续添加 Shader 属性，那么只需添加到 CBUFFER_START (UnityPerMaterial) 和 UNITY_DOTS_INSTANCING_ENABLED 宏条件中即可。

代码清单 13-3　ECSUnlit.shader 文件

```
Shader "Universal Render Pipeline/Unlit2"
{
    Properties
    {
        _BaseMap ("Texture", 2D) = "white" {}
        _BaseColor ("Main Color", Color) = (1, 1, 1, 1)
    }
    SubShader
    {
        Pass
        {
            HLSLPROGRAM
            #pragma vertex vert
            #pragma fragment frag

            // -------Add-------
            #pragma multi_compile_instancing
            #include_with_pragmas "Packages/com.unity.render-pipelines.universal/ShaderLibrary/DOTS.hlsl"
            #include "Packages/com.unity.render-pipelines.universal/ShaderLibrary/Core.hlsl"
            // -------Add-------
            ...
            // -------Add-------

            #ifdef UNITY_DOTS_INSTANCING_ENABLED
                UNITY_DOTS_INSTANCING_START(MaterialPropertyMetadata)
                    UNITY_DOTS_INSTANCED_PROP(float4, _BaseColor)
                UNITY_DOTS_INSTANCING_END(MaterialPropertyMetadata)
                #define _BaseColor              UNITY_ACCESS_DOTS_INSTANCED_PROP_WITH_DEFAULT(float4 , _BaseColor)
            #endif
            // -------Add-------
            ...
            ENDHLSL
        }
    }
}
```

如图 13-35 所示，将模型放入子场景中并整体 ECS 化场景，在 Frame Debugger 中可以看到，渲染已经通过 Hybrid Batch Group 完成，本例详见随书代码工程 Script_13_02。

如果需要对光源、粒子、反射探头、光源探头组、Sprite2d、Lightmap 等进行自定义材质扩展，那么只需将上述修改添加到 Shader 中即可。

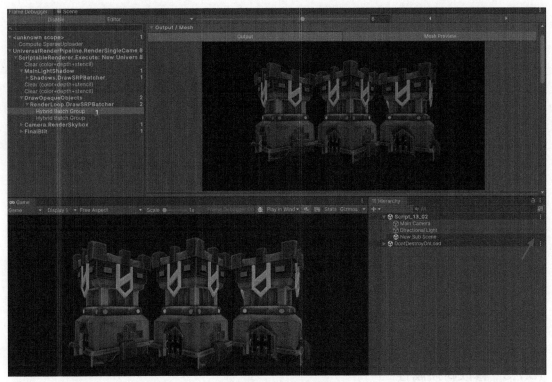

图 13-35 自定义材质

13.7.2 更换模型材质

如图 13-36 所示，如果要更换模型材质，那么需要提前将更换的模型和材质绑定在脚本中。在 ECS 中无法直接传递 Mesh 和 Material，需要传入 BatchMeshID 和 BatchMaterialID。

图 13-36 更换材质

如代码清单 13-4 所示，可以通过 hybridRenderer 将 Mesh 和 Material 转换成 BatchMeshID 和 BatchMaterialID，按下鼠标左键后传入系统中并对它们进行修改。

代码清单 13-4　Script_13_03.cs 文件

```
public class Script_13_03 : MonoBehaviour
{
    public Material material;
    public Mesh mesh;
    private void Update()
    {
```

```
        if (Input.GetMouseButtonDown(0))
        {
            var world = World.DefaultGameObjectInjectionWorld;
            EntitiesGraphicsSystem hybridRenderer = world.GetExistingSystemManaged
                <EntitiesGraphicsSystem>();
            // 绑定材质与模型 ID
            BatchMaterialID  batchMaterialID = hybridRenderer.RegisterMaterial(material);
            BatchMeshID batchMeshID = hybridRenderer.RegisterMesh(mesh);
            Script_13_03_System eCSSystem = world.GetExistingSystemManaged(typeof(Script_13_03_System))
                as Script_13_03_System;
            eCSSystem.ChangeMateial(batchMaterialID, batchMeshID);
        }
    }

}
public partial class Script_13_03_System : SystemBase
{
    public void ChangeMateial(BatchMaterialID materialID, BatchMeshID meshID)
    {
        // 修改材质和模型
        foreach (var materialMeshInfo in SystemAPI.Query<RefRW<MaterialMeshInfo>>())
        {
            materialMeshInfo.ValueRW.MaterialID = materialID;
            materialMeshInfo.ValueRW.MeshID = meshID;
        }
    }

}
```

13.7.3　修改材质属性

可以在 Project 视图中点击 Create→Shader→Material Override Asset 创建材质覆盖资源文件。如图 13-37 所示，可以添加需要修改的属性，这里我们修改了颜色。

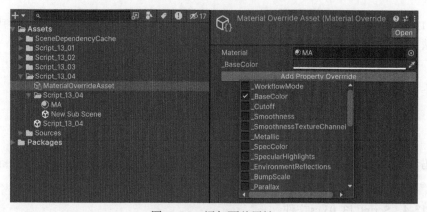

图 13-37　添加覆盖属性

如图 13-38 所示，给需要关联的材质绑定 Material Override 脚本，并且将刚刚创建的 Material Override Asset 文件拖入其中，这样同一种材质可以在 ECS 中设置不同颜色的属性。如果还需要修改其他属性，那么继续在 Material Override Asset 中添加即可。

图 13-38　关联材质

如图 13-39 所示，Material Override 修改的颜色转换成了 URP Material Property Base Color 实体组件。

图 13-39　属性转换

如代码清单 13-5 所示，只需在系统中遍历 URPMaterialPropertyBaseColor 对象并修改颜色即可。

代码清单 13-5　Script_13_04.cs 文件

```
public class Script_13_04 : MonoBehaviour
{
    void Update()
    {
        if (Input.GetMouseButtonDown(0))
        {
            var world = World.DefaultGameObjectInjectionWorld;
            EntitiesGraphicsSystem hybridRenderer = world.GetExistingSystemManaged
                <EntitiesGraphicsSystem>();
            Script_13_04_System eCSSystem = world.GetExistingSystemManaged(typeof(Script_13_04_System))
                as Script_13_04_System;
            eCSSystem.ChangeColor();
        }
    }
}

public partial class Script_13_04_System : SystemBase
{
    public void ChangeColor()
    {
        // 修改颜色
        foreach (var property in SystemAPI.Query<RefRW<URPMaterialPropertyBaseColor>>())
        {
            property.ValueRW.Value = float4(0,0,0,0);
        }
    }
}
```

13

如图 13-40 所示，除了修改颜色，DOTS 还提供了其他属性的修改，这些都是 Lit 材质中自带的属性。

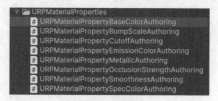

图 13-40　修改属性

由于在 Shader 中也可以扩展自定义属性，因此只需在 `MaterialProperty` 中将属性名引用一下即可。

```
[MaterialProperty("_BaseColor")]
public struct URPMaterialPropertyBaseColor : IComponentData
{
    public float4 Value;
}
```

13.7.4　GPU Instancing

GPU Instancing 是优化渲染的手段，如果 Mesh 完全相同而材质上某些属性不同，那么就可以通过一次 Draw Call 绘制完毕。下面我们通过一个例子将 Lightmap 贴图传入。如图 13-41 所示，将参与渲染的烘焙贴图以及材质传入。

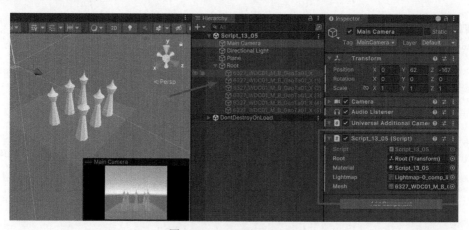

图 13-41　GPU Instancing

由于每个模型的 Lightmap 偏移不同，因此在 Shader 中需要将偏移值传入。如代码清单 13-6 所示，将每个模型的矩阵和 `lightmapScaleOffset` 记录下来，在 Update 中调用 `Graphics.DrawMesh-Instanced` 将参数传入并渲染。

代码清单 13-6　Script_13_05.cs 文件

```
public class Script_13_05 : MonoBehaviour
{
```

```
        public Transform root;
        public Material m_Material;
        public Texture2D m_Lightmap;
        public Mesh mesh;
        private List<Matrix4x4> m_Materix = new List<Matrix4x4>();
        private List<Vector4> m_LightmapOffset = new List<Vector4>();
        private MaterialPropertyBlock m_Block;
        void Awake()
        {
            // 获取节点下的所有 MeshRenderer
            foreach (var item in root.GetComponentsInChildren<MeshRenderer>(true))
            {
                // 保存每个物体的矩阵以及 lightmapScaleOffset
                m_Materix.Add(item.localToWorldMatrix);
                m_LightmapOffset.Add(item.lightmapScaleOffset);
                // 隐藏节点
                item.gameObject.SetActive(false);
            }
            // 启动 LIGHTMAP_ON 宏
            m_Material.EnableKeyword("LIGHTMAP_ON");
            // 为了避免 GC，所以只 new 一次 MaterialPropertyBlock
            m_Block = new MaterialPropertyBlock();
            // 设置具体用哪张烘焙贴图
            m_Block.SetTexture("unity_Lightmap", m_Lightmap);
            // 将每个物体的 lightmapScaleOffset 传入 Shader 中
            m_Block.SetVectorArray("_LightmapST", m_LightmapOffset.ToArray());
        }

        private void Update()
        {
            // 开始渲染
            Graphics.DrawMeshInstanced(mesh, 0, m_Material, m_Materix, m_Block);
        }
    }
```

由于不同的模型有不同的材质参数，因此需要通过 `MaterialPropertyBlock` 传递，Shader 也需要对应地支持 GPU Instancing，如下列 Shader 代码所示。

```
Shader "Unlit/Lightmap"
{
Properties
    {
        _MainTex ("Texture", 2D) = "white" {}
        // ---add---
        _LightmapST("_LightmapST",Vector)=(0,0,0,0)
        // ---add---
    }
    SubShader
    {
        Tags { "RenderType"="Opaque" }
        LOD 100

        Pass
        {
            CGPROGRAM
            #pragma vertex vert
            #pragma fragment frag
            // ---add---
            #pragma multi_compile_instancing
```

```
// ---add---
#include "UnityCG.cginc"

struct appdata
{
    float4 vertex : POSITION;
    float2 uv : TEXCOORD0;
    // ---add---
    float3 uv1 : TEXCOORD1;
    UNITY_VERTEX_INPUT_INSTANCE_ID
    // ---add---
};

struct v2f
{
    float2 uv : TEXCOORD0;
    // ---add---
    float2 uv1 : TEXCOORD1;
    UNITY_VERTEX_INPUT_INSTANCE_ID
    // ---add---
    float4 vertex : SV_POSITION;
};

sampler2D _MainTex;
float4 _MainTex_ST;
// 将 MeshRenderer 中的 LightmapScaleOffset 分别传入_LightmapST 中
UNITY_INSTANCING_BUFFER_START(Props)
UNITY_DEFINE_INSTANCED_PROP(fixed4, _LightmapST)
UNITY_INSTANCING_BUFFER_END(Props)

v2f vert (appdata v)
{
    v2f o;
    UNITY_SETUP_INSTANCE_ID(v);
    UNITY_TRANSFER_INSTANCE_ID(v, o);
    o.vertex = UnityObjectToClipPos(v.vertex);
    o.uv = TRANSFORM_TEX(v.uv, _MainTex);
    // ---add---
    // 取出每一个物体的 LightmapScaleOffset 重新计算 UV2
    fixed4 l = UNITY_ACCESS_INSTANCED_PROP(Props, _LightmapST);
    o.uv1 = v.uv1.xy * l.xy + l.zw;
    // ---add---
    return o;
}

fixed4 frag (v2f i) : SV_Target
{
    fixed4 col = tex2D(_MainTex, i.uv);
    col.rgb = DecodeLightmap(UNITY_SAMPLE_TEX2D(unity_Lightmap, i.uv1.xy));
    return col;
}
ENDCG
    }
  }
}
```

如图 13-42 所示，使用 GPU Instancing 后，通过一次 Draw Call 就可以绘制全部。

图 13-42　GPU 实例化绘制

目前对于 GPU Instancing，我们是通过纯代码的方式渲染的，这种方式虽然效率高但是不会做 CPU 端的裁剪，导致摄像机看不到的地方也会进行渲染，这就需要我们自己来做裁剪。如图 13-43 所示，也可以使用可裁剪的方式进行 GPU Instancing 渲染，只需要在材质上勾选 Enable GPU Instancing。并不是所有材质都带 Enable GPU Instancing 选项，需要 Shader 支持，按照上述 Unlit/Lightmap 中的 Shader 编码即可支持它。

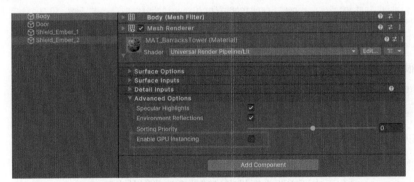

图 13-43　可裁剪方式

13.7.5　`BatchRendererGroup`

GPU Instancing 有一些限制，比如要求模型必须相同，而且不能渲染超过 1024 个元素，使用 `BatchRendererGroup` 会更加灵活，因为它支持通过脚本来渲染 SRP Batch。如下列代码所示，首先创建 `BatchRendererGroup` 对象，并且提供 `OnPerformCulling` 裁剪 Job，它主要用于剔除不可见对象。

```
m_BatchRendererGroup = new BatchRendererGroup(this.OnPerformCulling, IntPtr.Zero);
public JobHandle OnPerformCulling(BatchRendererGroup rendererGroup, BatchCullingContext
    cullingContext, BatchCullingOutput cullingOutput, IntPtr userContext)
{
    return new JobHandle();
}
```

接下来需要注册资源，将网格和材质注册到 BatchRendererGroup 中，这样就可以通过 ID 来使用了。

```
if (m_mesh) m_meshID = m_BatchRendererGroup.RegisterMesh(m_mesh);
if (m_material) m_materialID = m_BatchRendererGroup.RegisterMaterial(m_material);
```

然后需要创建渲染元数据。因为渲染时每个物体传入的基本数据不同，所以这里传入了模型世界空间坐标、模型空间坐标和颜色。Shader.PropertyToID 表示获取 Shader 中渲染字段的 ID。

```
int objectToWorldID = Shader.PropertyToID("unity_ObjectToWorld");
int worldToObjectID = Shader.PropertyToID("unity_WorldToObject");
int colorID = Shader.PropertyToID("_BaseColor");

var batchMetadata = new NativeArray<MetadataValue>(2, Allocator.Temp, NativeArrayOptions.
    UninitializedMemory);
batchMetadata[0] = CreateMetadataValue(objectToWorldID, 0, true);
batchMetadata[1] = CreateMetadataValue(colorID, itemCount * UnsafeUtility.SizeOf<Vector4>() * 3, true);
```

渲染元数据创建完毕后需要对每个渲染的物体传入不同的参数，所以需要创建 GraphicsBuffer 来保存数据，数组中包含每个渲染元素的模型世界空间坐标、模型空间坐标和颜色信息。

```
int bigDataBufferVector4Count = itemCount * 3 + itemCount;
var vectorBuffer = new NativeArray<Vector4>(bigDataBufferVector4Count, Allocator.Temp,
    NativeArrayOptions.ClearMemory);

m_GPUPersistentInstanceData = new GraphicsBuffer(GraphicsBuffer.Target.Raw, GraphicsBuffer.
    UsageFlags.None, (int)bigDataBufferVector4Count * 16 / 4, 4);

m_GPUPersistanceBufferHandle = m_GPUPersistentInstanceData.bufferHandle;
```

如果有很多物体，那么还需要在循环中对每个物体的信息赋值。

```
vectorBuffer[i * 3 + 0] = new Vector4(1, 0, 0, 0);
vectorBuffer[i * 3 + 1] = new Vector4(1, 0, 0, 0);
vectorBuffer[i * 3 + 2] = new Vector4(1, px, 0, pz);
```

终于可以通过 m_BatchRendererGroup.AddBatch 进行渲染了。

```
m_batchID = m_BatchRendererGroup.AddBatch(batchMetadata, m_GPUPersistanceBufferHandle);
```

在 OnPerformCulling 中还需要设置批次过滤器和渲染时的参数。

```
drawCommands.drawRanges[0] = new BatchDrawRange
{
    drawCommandsBegin = 0,
    drawCommandsCount = 1,
    filterSettings = new BatchFilterSettings
    {
        renderingLayerMask = 1,
        layer = 0,
        motionMode = MotionVectorGenerationMode.Camera,
        shadowCastingMode = ShadowCastingMode.On,
        receiveShadows = true,
        staticShadowCaster = false,
        allDepthSorted = false
    }
};
```

最后是设置渲染参数和处理摄像机的裁切，将最终参与渲染的数量计算出来。

```
drawCommands.drawCommands[0] = new BatchDrawCommand
{
    visibleOffset = 0,
    visibleCount = (uint)m_itemCount,
    batchID = m_batchID,
    materialID = m_materialID,
    meshID = m_meshID,
    submeshIndex = 0,
    flags = BatchDrawCommandFlags.None,
    sortingPosition = 0
};

drawCommands.visibleInstanceCount = m_itemCount;
drawCommands.visibleInstances = Malloc<int>(m_itemCount);
for (int i = 0; i < m_itemCount; i++)
{
    drawCommands.visibleInstances[i] = i;
}
```

如图 13-44 所示，终于一次性渲染完毕了，本例详见随书代码工程 Script_13_06。

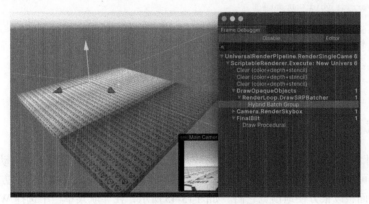

图 13-44　渲染结果（另见彩插）

13.7.6　Aspect 包装器

DOTS 1.0 引入了特色组件包装器，Aspect 可以将多个实体组件包装在一个结构体中。例如，原本在遍历组件的时候需要在 OnUpdate() 中写一些获取组件以及对应执行的方法，如果有多个系统或者代码公用，那么就可以将它们写在包装器中，这样代码写起来会更加便捷。

包装器需要继承 IAspect 接口，可以通过 RefRW<T> 和 RefRO<T> 来决定包装器需要依赖的实体组件，然后再对外提供一个方法来调用它即可。

```
readonly partial struct VerticalMovementAspect : IAspect
{
    readonly RefRW<LocalToWorldTransform> m_Transform;
    readonly RefRO<RotationSpeed> m_Speed;

    public void Move(double elapsedTime)
    {
        m_Transform.ValueRW.Value.Position.y = (float)math.sin(elapsedTime *
```

```
                    m_Speed.ValueRO.RadiansPerSecond);
        }
    }
```

再来看看调用包装器的地方，通过包装器可以直接使用 `SystemAPI.Query<T>`来遍历它。由于包装器在另外一个类中，未来如果要修改实体组件的逻辑，并不需要单独在系统中修改，只需在对应包装器中修改即可，这样也能起到解耦的作用。

```
public void OnUpdate(ref SystemState state)
{
    foreach (var movement in SystemAPI.Query<VerticalMovementAspect>())
    {
        movement.Move(elapsedTime);
    }
}
```

DOTS 1.0 内置了两个包装器，即 **TransformAspect.cs** 和 **RigidBodyAspect.cs**。如下列代码所示，在处理模型位置的时候可以使用 `TransformAspect`，它内置了丰富的接口来控制 Transform 信息。

```
protected override void OnUpdate()
{
    var rotation = quaternion.RotateY(World.Time.DeltaTime * math.PI);
    foreach (var transform in SystemAPI.Query<TransformAspect>())
    {
        transform.RotateWorld(rotation);
    }
}
```

13.7.7   调试

DOTS 1.0 引入了创作模式和运行模式的调试方法，在编辑器模式下可以运行时动态切换它们。在创作模式下要尽可能地以游戏对象的形式展示，而在运行模式下则要以实体对象的方式展示，配套提供的丰富的窗口面板以很方便地预览它们。如图 13-45 所示，在导航菜单栏中选择 Windows→Entities 即可打开调试功能。

❑ Hierarchy：DOTS 层次面板视图。
❑ Components：组件视图，展示所有 Dots 组件信息。
❑ Systems：系统视图，展示所有系统。
❑ Archetypes：展示当前 Archetype 的分布。
❑ Journaling：可录制一段时间，记录 Entities 的变化过程。

图 13-45   窗口菜单

如图 13-46 所示，运行后将 SubScene（子场景）实体化后，在 Entities Hierarchy 中即可看到最终的实体对象结果和父子层级结构。

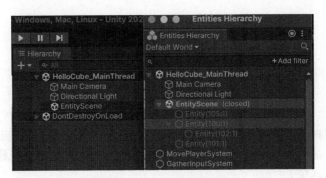

图 13-46　Entities Hierarchy

如图 13-47 所示,选中某个 Entity 对象后在右侧 Inspector 面板中可以直接看到它的实体组件信息,调试起来非常方便。

Components 旁边是 Aspects 包装器,比如 Transform Aspect 记录的是模型的坐标、旋转和缩放信息。如图 13-48 所示,Aspects 旁边是 Relationships 标签页,记录的是该实体对象当前正在被哪些系统所遍历,以及对每个组件的读写状态。显然,这里应该尽量使用只读的方式,除非真的需要写入才设置 Write。

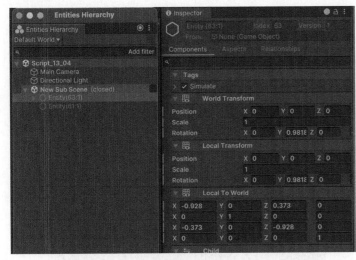

图 13-47　Inspector

图 13-48　Relationships

目前,整个预览流程已经和传统游戏对象非常相似了,新版 DOTS 还提出了创作模式和运行模式的概念。之前旧的方式在关闭运行游戏以后所有的改动会自动还原,当处于创作模式下时,无论游戏是否在运行中都可以修改并保存。这就能解决有些编辑工作需要在游戏运行时进行的问题。以前,由于引擎限制了无法运行时修改并保存,导致所有修改都必须在非运行模式下进行。

注意看图 13-49 右侧所示的小圆点,从上到下依次是创作模式、运行模式和混合模式(表示可同时启动创作模式和运行模式)。

图 13-49　创作模式与运行模式

当启动创作模式时，运行游戏状态中也可以直接修改具体数值，只需点击保存即可。如图 13-50 所示，先运行游戏，然后后点开 Hierarchy 视图（见❶）中的 New Sub Scene（见❷），最后选择创作模式就可以运行时修改保存了。

图 13-50　运行时保存

如图 13-51 所示，组件中属性前面如果有竖杠（|）标志，就表示属于运行模式数据，关闭游戏数据会还原。没有此标志则表示是创作模式下的数据，运行时也支持修改。

如图 13-52 所示，打开 Components 窗口，这里包含了所有组件，可以搜索一下，反向找到它们与哪些实体对象之间有关联。

图 13-51　运行模式数据

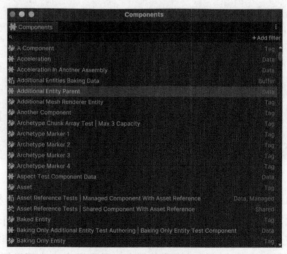

图 13-52　实体组件

如图 13-53 所示，System 窗口中列出了当前所有的系统，点击系统前面的"小插头"图标可以随时关闭与启动某个系统，方便快速调试和定位问题。

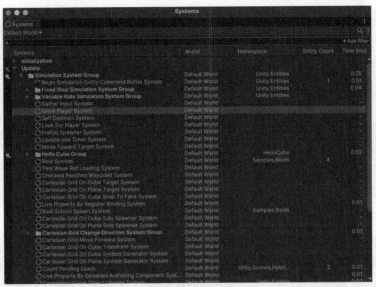

图 13-53 系统

如图 13-54 所示，Archetypes 窗口中列出了所有原型和 Chunk 的信息，在右侧面板下方还可以看到 Archetypes 是由哪些实体组件产生的。

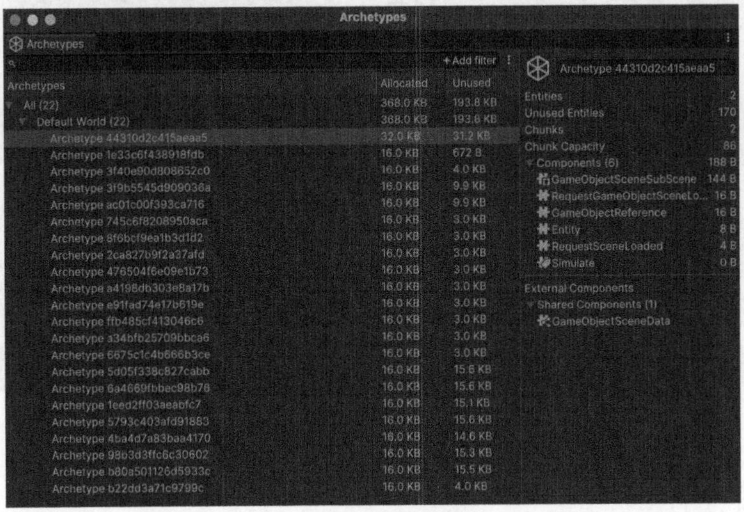

图 13-54 Archetypes

Profiler 中提供了 Entity 性能调试的窗口，从图 13-55 中可以看到 Create Entity、Add Component、Set Shared Component、Remove Component 和 Destroy Entity 的所有耗时。

如图 13-56 所示，在 Entity Memory 中也可以看到某帧分配的 Archetype 的内存分布情况，快速定位内存瓶颈。

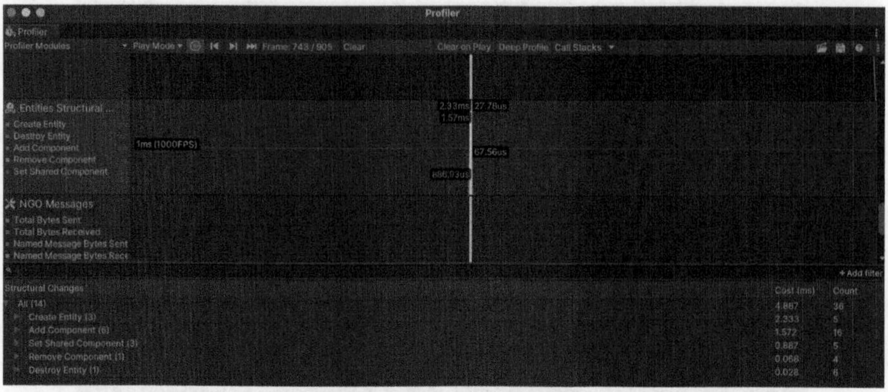

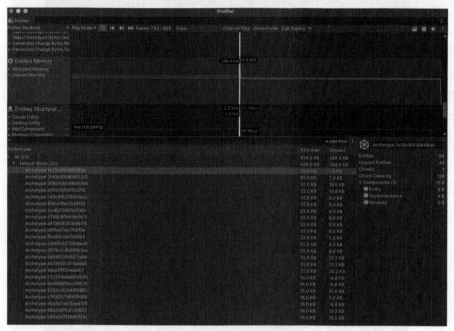

图 13-55　实体耗时

图 13-56　Archetype 内存

13.8　小结

本章中，我们学习了 DOTS 1.0 的内容，DOTS 由 ECS、Job System 和 Burst Compiler 这 3 部分组成。它们既可以单独使用也可以配合使用。DOTS 在 ECS 中内置了很多实体组件。在系统中可以配合 Job 开启子线程，提高运行效率。Unity 还开发了高性能 C#，它提供了一系列非托管的 Native 动态扩容容器，主要用于和 Burst 配合使用。最后，我们学习了自定义材质、更换材质和修改材质属性，还学习了 GPU Instancing 和 `BatchRendererGroup` 底层渲染 API。

第 *14* 章

扩展编辑器

Unity 编辑器由五大视图组成，分别为 Project 视图、Hierarchy 视图、Inspector 视图、Scene 视图和 Game 视图。每个视图都有一套自己的编辑布局方式，以及与其他视图相互协作的工作方式。Unity 还内置了很多工具视图，后面会陆续介绍。Unity 内置的编辑器做得再好，其实也满足不了多变的开发需求，不过 Unity 提供了灵活多变的编辑器扩展 API 接口，通过代码反射，可以修改一些系统自带的编辑器窗口。此外，丰富的 EditorGUI 接口也可以扩展出各式各样的编辑器窗口。学好本章，可以为日后开发专属的游戏编辑器打下良好基础。

在 Unity 中可以通过两种方式来扩展编辑器：一种是扩展内置视图中的元素，比如修改前面介绍的五大视图的一些布局方式；另一种是扩展我们自己写的脚本和自定义 Windows 窗口面板。我们在第 4 章中学过 UI Toolkit，它可以专门用于自定义脚本面板和自定义 Windows 窗口面板的 UI 布局，因此本章的重点是如何扩展已有的视图。

14.1 扩展 Project 视图

Project 视图中存放着大量游戏资源，资源之间的依赖关系非常复杂，因此有效地管理这些资源尤为重要。资源文件默认的布局比较简单，以文件夹为单位依次显示，文件夹下可以嵌套子文件夹，我们可以根据资源类型归类存放。点击鼠标右键，会弹出菜单项，其功能虽然比较基础，但是可以满足绝大多数需求。本章将学习如何扩展它，让菜单项更加丰富。

14.1.1 扩展右键菜单

在 Project 视图中，点击鼠标右键，会弹出视图菜单，如图 14-1 所示。菜单的基本功能包括资源的创建、打开、删除、导入、导出、查找引用、刷新和重新导入等，其中打开、删除和重新导入等操作需要在 Project 视图中选中一个或多个资源。选中某个资源时，该资源名称上会出现蓝色的矩形框，此时在点击右键弹出菜单中即可针对选中的资源进行处理。下面先来学习一下如何扩展这个菜单。

编辑器使用的代码应该仅限在编辑模式下使用，也就是说正式的游戏包不应该包含这些代码。Unity 提供了如下规则：属于编辑模式下的代码需要放在 Editor 文件夹下；属于运行时执行的代码只需放在任意非 Editor 文件夹下即可。这里需要说明的是，Editor 文件夹的位置比较灵活，它还可以作为多个目录的子文件夹存在，这样开发者就可以按功能来划分，将不同功能的编辑代码放在不同的 Editor 目录下。如果有多个 Editor 目录，那么它们将各自处理各自的逻辑。

如下列代码所示，在任意位置中只需要通过 MenuItem 就可以添加一个菜单项，其中第一个参数表示它的路径，第二个参数表示它是否需要进行验证（用于标记按钮是否可以点击），第三个参数表示它的排序。如图 14-2 所示，由于 Tools 2 菜单项设置的排序为 1，因此它的位置要高于 Tools 1 菜单项。

```
[MenuItem("Assets/My Tools/Tools 1", false, 2)]
static void MyTools1() { }
[MenuItem("Assets/My Tools/Tools 2", false, 1)]
static void MyTools2() { }
```

默认情况下，每个菜单项都是可以点击的。如图 14-3 所示，如果前面介绍的第二个参数设置为 true，表示可以添加方法来验证当前按钮是否可以点击，这里 Tools 3 禁用了点击。

图 14-2　菜单项

图 14-1　Project 视图菜单

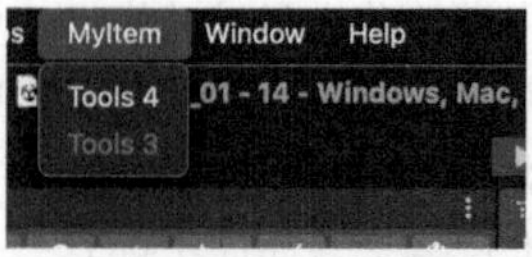

图 14-3　禁用菜单项

可以通过 ValidateMyTools3() 方法来决定 Tools 3 菜单项是否可以点击，方法返回 false 表示不能点击，返回 true 表示可以点击。

```
[MenuItem("MyItem/Tools 3")]
static void MyTools3() { }
[MenuItem("MyItem/Tools 3", true)]
static bool ValidateMyTools3()
{
    return false;
}
[MenuItem("MyItem/Tools 4")]
static void MyTools4() { }
```

还可以通过 MenuItem 的菜单扩展项来实现快捷键的功能。如下列代码所示，同时按下 Command、Shift 和 D 这 3 个键，可以执行 %#d。

```
[MenuItem("Assets/HotKey %#d",false,-1)]
private static void HotKey()
{
    Debug.Log("Command + Shift + D");
}
```

下面是其他一些快捷键，大家也可以任意扩展。

- %：表示 Windows 系统中的 Ctrl 键和 macOS 系统中的 Command 键。
- #：表示 Shift 键。
- &：表示 Alt 键。
- LEFT/RIGHT/UP/DOWN：表示左、右、上、下 4 个方向键。
- F1...F12：表示 F1 至 F12 菜单键。
- Home 键、End 键、PgUp 键和 PgDn 键。

14.1.2 创建脚本模板

如图 14-4 所示，在 Project 视图中点击 Create→C# Script 菜单项，即可创建一个游戏脚本。

创建脚本时，会根据模板来生成默认代码。如图 14-5 所示，模板内容在 Unity 安装目录中，路径是 Resources/ScriptTemplates，我们可以修改脚本模板的格式，这样以后再创建脚本时，就会按照修改后的格式创建。模板文件名前面的数字代表菜单栏的排序，如果想新增一套模板，可以按照这个格式来操作。

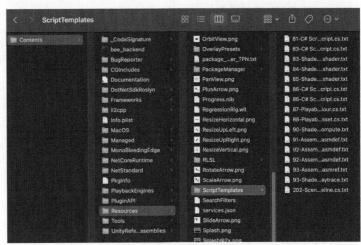

图 14-4　创建脚本　　　　　　　　　　　图 14-5　脚本模板

添加自定义模板其实很有意义。例如，程序使用一些框架来编写，它们的基础模板需要扩展。如果每次创建脚本后都将其手动添加到代码中，那就太麻烦了，此时可以使用自定义模板。

但如果只是本地修改模板，则无法实现版本化管理，项目组里的每个人都需要手动在本地安装的 Unity 目录下修改这个模板，未来如果还要修改，也是每个人单独修改自己的，想想这确实有些麻烦。

下面将介绍一种新的添加模板的方式，它可以很好地进行版本化管理。如图 14-6 所示，首先将代码模板 C# Script-NewBehaviourScript.cs.txt 放入 Editor 目录下。

C# Script-NewBehaviourScript.cs.txt 文本内容如下所示，增加了一个 MyFunction 方法，只要创建脚本时将用户输入的类名覆盖#SCRIPTNAME#再生成 C#类就可以了。

```
public class #SCRIPTNAME# : MonoBehaviour
{
    void Start() { }
    void Update() { }
    void MyFunction() { }
}
```

如图 14-7 所示，在 Project 视图的 Create 菜单中添加 C# MyNewBehaviourScript 菜单项。因为创建脚本时需要监听用户输入的名字，所以代码需要继承 EndNameEditAction 来监听 Callback，最终根据用户输入的名称自动创建对应的模板类。相关代码如代码清单 14-1 所示。

图 14-6　扩展脚本模板

图 14-7　扩展脚本模板菜单

代码清单 14-1　Script_14_01.cs 文件

```
public class Script_14_01
{
    // 脚本模板所在的目录
    private const string MY_SCRIPT_DEFAULT = "Assets/Script_14_01/Editor/
        C# Script-NewBehaviourScript.cs.txt";

    [MenuItem("Assets/Create/C# MyNewBehaviourScript", false, 80)]
    public static void CreatMyScript()
    {
        string locationPath = GetSelectedPathOrFallback();
        ProjectWindowUtil.StartNameEditingIfProjectWindowExists(0,
            ScriptableObject.CreateInstance<MyDoCreateScriptAsset>(),
            locationPath + "/MyNewBehaviourScript.cs",
            null, MY_SCRIPT_DEFAULT);
    }

    // 返回用户创建脚本时选择的目录
    public static string GetSelectedPathOrFallback()
    {
        string path = "Assets";
        foreach (UnityEngine.Object obj in Selection.GetFiltered(typeof(UnityEngine.
            Object), SelectionMode.Assets))
        {
            path = AssetDatabase.GetAssetPath(obj);
            if (!string.IsNullOrEmpty(path) && File.Exists(path))
            {
                path = Path.GetDirectoryName(path);
                break;
            }
        }
        return path;
    }
```

```
class MyDoCreateScriptAsset : EndNameEditAction
{
    public override void Action(int instanceId, string pathName, string resourceFile)
    {
        UnityEngine.Object o = CreateScriptAssetFromTemplate(pathName, resourceFile);
        ProjectWindowUtil.ShowCreatedAsset(o);
    }
    internal static UnityEngine.Object CreateScriptAssetFromTemplate(string pathName,
        string resourceFile)
    {
        string fullPath = Path.GetFullPath(pathName);
        StreamReader streamReader = new StreamReader(resourceFile);
        string text = streamReader.ReadToEnd();
        streamReader.Close();
        string fileNameWithoutExtension = Path.GetFileNameWithoutExtension(pathName);
        // 用户创建脚本后，将输入的文件名进行替换
        text = Regex.Replace(text, "#SCRIPTNAME#", fileNameWithoutExtension);
        bool encoderShouldEmitUTF8Identifier = true;
        bool throwOnInvalidBytes = false;
        UTF8Encoding encoding = new UTF8Encoding(encoderShouldEmitUTF8Identifier,
            throwOnInvalidBytes);
        // 替换后将最终的代码文本写入
        bool append = false;
        StreamWriter streamWriter = new StreamWriter(fullPath, append, encoding);
        streamWriter.Write(text);
        streamWriter.Close();
        AssetDatabase.ImportAsset(pathName);
        return AssetDatabase.LoadAssetAtPath(pathName, typeof(UnityEngine.Object));
    }
}
}
```

14.1.3　扩展布局

如图 14-8 所示，当用鼠标选中一个资源后，右边将出现扩展后的 click 按钮，点击这个按钮，程序会自动在 Console 窗口中打印选中的资源名。

图 14-8　扩展布局

如代码清单 14-2 所示，在 Project 视图代码的右侧扩展自定义按钮。在代码中既可以设置扩展按钮的区域，也可以监听按钮的点击事件。

代码清单 14-2　Script_14_02.cs 文件

```
public class Script_14_02
{
    [InitializeOnLoadMethod]
    static void InitializeOnLoadMethod()
    {
        EditorApplication.projectWindowItemOnGUI = delegate (string guid,
            Rect selectionRect) {
                // 在 Project 视图中选择一个资源
                if (Selection.activeObject &&
```

14

```
           guid == AssetDatabase.AssetPathToGUID(AssetDatabase.GetAssetPath
               (Selection.activeObject)))
       {
           // 设置扩展按钮区域
           float width = 50f;
           selectionRect.x += (selectionRect.width - width);
           selectionRect.y += 2f;
           selectionRect.width = width;
           GUI.color = Color.red;
           // 点击事件
           if (GUI.Button(selectionRect, "click"))
           {
               Debug.LogFormat("click : {0}", Selection.activeObject.name);
           }
           GUI.color = Color.white;
       }
   };
}
}
```

需要说明的是，在方法前面添加[InitializeOnLoadMethod]表示此方法会在 C#代码每次编译完成后首先调用。监听 EditorApplication.projectWindowItemOnGUI 委托，即可使用 GUI 方法来绘制自定义的 UI 元素。这里我们添加了一个按钮。此外，GUI 还提供了丰富的元素接口，可以用来添加文本、图片、滚动条和下拉框等复杂元素。

14.1.4 监听资源导入

前面我们介绍过，任何资源导入 Project 视图后 Unity 都会对它进行一次加工，最终使用的是加工后的文件。导入的事件可分为两种：一种是导入前事件，另一种是导入后事件。比如模型和贴图可以在导入前事件中通过脚本自动设置一些参数，导入后事件可以根据文件来生成其他文件，或者干一些别的事情。

如代码清单 14-3 所示，处理资源导入事件需要继承 AssetPostprocessor 类，其中 OnPre*XXX* 方法表示资源导入前事件，由于此时资源文件还未创建，因此只能通过对应的 Importer 类来设置导入参数。OnPost*XXX* 方法表示资源导入后事件，此时资源已经完成了创建，所以能够获取具体的 GameObject 或 Texture 对象。这里除了模型导入和贴图导入外，还有其他资源的导入，它们都可以按照类似的代码来监听事件。最后的 OnPostprocessAllAssets 是一个比较全的监听事件，它是资源导入后事件，包括导入后所有的资源路径、删除的所有资源路径、移动的所有资源路径、移动前所有的资源路径，以及代码修改后重新编译的回调。

代码清单 14-3 Script_14_03.cs 文件

```
public class Script_14_03 : AssetPostprocessor
{
    // 导入模型前事件
    void OnPreprocessModel()
    {
        // 通过脚本自动将模型的材质导入剥离
        if (assetPath.Contains("@"))
        {
            ModelImporter modelImporter = assetImporter as ModelImporter;
```

```
        modelImporter.materialImportMode = ModelImporterMaterialImportMode.None;
    }
}

// 导入贴图前事件
void OnPreprocessTexture()
{
    // 通过脚本自动设置贴图的格式
    if (assetPath.Contains("_bumpmap"))
    {
        TextureImporter textureImporter = (TextureImporter)assetImporter;
        textureImporter.convertToNormalmap = true;
    }
}

// 导入模型后事件
void OnPostprocessModel(GameObject g) { }

// 导入贴图后事件
void OnPostprocessTexture(Texture2D texture) { }

// 导入后所有的资源事件
static void OnPostprocessAllAssets(string[] importedAssets, string[] deletedAssets,
    string[] movedAssets, string[] movedFromAssetPaths, bool didDomainReload)
{
    // importedAssets：导入后所有的资源路径
    // deletedAssets：删除的所有资源路径
    // movedAssets：移动的所有资源路径
    // movedFromAssetPaths：移动前所有的资源路径

    if (didDomainReload)
    {
        // 代码修改后的重载事件
    }
}
}
```

14.1.5 监听资源修改事件

前面在介绍文件的创建事件时我们忽略了一个前提，就是资源是否能创建，比如根据文件目录的一些特殊路径来限制某些资源的打开、创建、删除、保存等事件。例如，在将某个文件移动到错误的目录下时，就可以监听资源移动事件，程序会判断资源的原始位置以及将要移动到的位置是否合法，从而决定是否阻止本次移动。Unity 提供了监听的基类。

如代码清单 14-4 所示，首先需要继承 UnityEditor.AssetModificationProcessor，接下来需要重写监听资源创建、删除、移动和保存的方法，处理自己的特殊逻辑。

代码清单 14-4　Script_14_04.cs 文件

```
public class Script_14_04 : AssetModificationProcessor
{
    static void InitializeOnLoadMethod()
    {
        // 全局监听 Project 视图中的资源是否发生变化（添加、删除和移动）
        EditorApplication.projectChanged += delegate () {
            Debug.Log("change");
```

```
        };
    }
    // 监听"双击鼠标左键，打开资源"事件
    public static bool IsOpenForEdit(string assetPath, out string message)
    {
        message = null;
        Debug.LogFormat("assetPath : {0} ", assetPath);
        // true 表示该资源可以打开，false 表示不允许在 Unity 中打开该资源
        return true;
    }
    // 监听"资源即将被创建"事件
    public static void OnWillCreateAsset(string path)
    {
        Debug.LogFormat("path : {0}", path);
    }
    // 监听"资源即将被保存"事件
    public static string[] OnWillSaveAssets(string[] paths)
    {
        if (paths != null)
        {
            Debug.LogFormat("path : {0}", string.Join(",", paths));
        }
        return paths;
    }
    // 监听"资源即将被移动"事件
    public static AssetMoveResult OnWillMoveAsset(string oldPath, string newPath)
    {
        Debug.LogFormat("from : {0} to : {1}", oldPath, newPath);
        // AssetMoveResult.DidMove 表示该资源可以移动
        return AssetMoveResult.DidMove;
    }
    // 监听"资源即将被删除"事件
    public static AssetDeleteResult OnWillDeleteAsset(string assetPath,
        RemoveAssetOptions option)
    {
        Debug.LogFormat("delete : {0}", assetPath);
        // AssetDeleteResult.DidNotDelete 表示该资源可以被删除
        return AssetDeleteResult.DidDelete;
    }
}
```

14.1.6　自定义资源导入类型

　　将文本、FBX 模型、MP3 音乐等常用类型的资源拖入 Unity 引擎后即可直接识别，但其他后缀名的文件 Unity 是无法识别的。Unity 2018 添加了自定义资源导入类型来识别自定义格式的资源。我们先创建一个自定义格式的文件 test.yusongmomo，默认情况下 Unity 是无法识别它的。

　　如下列代码所示，首先声明[ScriptedImporter(1, "yusongmomo")]（表示该脚本用于监听后缀名是 yusongmomo 的自定义文件），然后在 OnImportAsset()方法中即可调用 Unity 自己的方法来对资源组合赋值。

```
[ScriptedImporter(1, "yusongmomo")]
public class Script : ScriptedImporter
{
    // 监听自定义资源导入
    public override void OnImportAsset(AssetImportContext ctx)
```

```
{
    // 创建立方体对象
    var cube = GameObject.CreatePrimitive(PrimitiveType.Cube);
    // 将参数提取出来
    var position = JsonUtility.FromJson<Vector3>(File.ReadAllText(ctx.assetPath));

    cube.transform.position = position;
    cube.transform.localScale = Vector3.one;
    // 将立方体绑定到对象身上
    ctx.AddObjectToAsset("obj", cube);
    ctx.SetMainObject(cube);

    // 添加材质
    var material = new Material(Shader.Find("Standard"));
    material.color = Color.red;
    ctx.AddObjectToAsset("material", material);

    var tempMesh = new Mesh();
    DestroyImmediate(tempMesh);
    }
}
```

在上述代码中，我们创建了立方体对象，并将从自定义文件 test.yusongmomo 中获取的坐标信息赋值给它。如图 14-9 所示，该文件在引擎中已经变成可识别资源了。

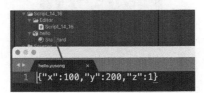

图 14-9　扩展布局文本

14.2　扩展 Hierarchy 视图

Hierarchy 视图中出现的都是游戏对象，这些对象之间同样具有一定的关联。我们可以用树状结构来表示游戏对象之间复杂的父子关系。Hierarchy 视图中保存的是游戏对象而非游戏资源，本章将学习如何扩展它使其更加丰富。

14.2.1　扩展菜单

在 Hierarchy 视图中，也可以对 Create 菜单项进行扩展。如图 14-10 所示，在 Hierarchy 视图中点击 Create 按钮，弹出的菜单 My Create→Cube 就是自定义扩展菜单。

图 14-10　扩展布局创建菜单

14

如下代码展示了上述操作过程。

```
[MenuItem("GameObject/My Create/Cube", false, 0)]
static void CreateCube()
{
    GameObject.CreatePrimitive(PrimitiveType.Cube); // 创建立方体
}
```

菜单中已经包含了系统默认的一些菜单项，我们扩展的原理就是重写 MenuItem 的自定义路径。Create 按钮下的菜单项都在 GameObject 路径下面，所以只要开头是 GameObject/*xx/xx*，均可自由扩展。

使用 MenuItem 还可以限制已有的菜单项。

```
[MenuItem("GameObject/UI/Image", true)]
static bool ValidateImage()
{
    return Selection.activeGameObject!=null;
}
```

如图 14-11 所示，此时 Image 对象由于被限制了而无法正常创建，已经呈置灰状态。

图 14-11　限制选择

14.2.2　扩展布局

在 Hierarchy 视图中，同样可以对布局进行扩展。如图 14-12 所示，选择不同的游戏对象后，在右侧可根据 EditorGUI 扩展出一组按钮，点击 Unity 图标按钮后，在 Console 窗口中输入这个游戏对象即可。它的工作原理就是监听 EditorApplication.hierarchyWindowItemOnGUI 渲染回调，然后执行渲染代码。相关代码如代码清单 14-5 所示。

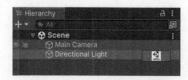

图 14-12　扩展 Hierarchy

代码清单 14-5　Script_14_05.cs 文件

```
public class Script_14_05
{
    [InitializeOnLoadMethod]
    static void InitializeOnLoadMethod()
    {
        EditorApplication.hierarchyWindowItemOnGUI = delegate (int instanceID,
            Rect selectionRect) {
                // 在 Hierarchy 视图中选择一个资源
                if (Selection.activeObject &&
                    instanceID == Selection.activeObject.GetInstanceID())
                {
                    // 设置扩展按钮区域
                    float width = 50f;
                    float height = 20f;
                    selectionRect.x += (selectionRect.width - width);
                    selectionRect.width = width;
                    selectionRect.height = height;
                    // 点击事件
                    if (GUI.Button(selectionRect, AssetDatabase.LoadAssetAtPath<Texture>
                        ("Assets/Sources/unityicon2.png")))
                    {
                        Debug.LogFormat("click : {0}", Selection.activeObject.name);
                    }
                }
            };
    }
}
```

一旦在代码中实现 `EditorApplication.hierarchyWindowItemOnGUI` 委托，就可以重写 Hierarchy 视图了。这里我们使用 `GUI.Button` 来绘制自定义按钮，点击按钮可监听事件。GUI 的种类比较丰富。此外，我们还可以扩展其他 GUI 元素。

14.2.3　自动选择游戏对象

在 Hierarchy 视图或者 Project 视图中都需借助鼠标手动选择一个对象，其实通过代码也可以自动选择。以下属性都提供了 get/set 方法，也可以主动获取当前选择的对象。

```
// 自动选中摄像机游戏对象
Selection.activeGameObject = GameObject.Find("Main Camera");
// 自动选中场景中所有顶层游戏对象
Selection.objects = SceneManager.GetActiveScene().GetRootGameObjects();
// 自动选择 Project 视图中的某个资源
Selection.objects = AssetDatabase.LoadAllAssetsAtPath("Assets/Sources/unityicon2.png");
```

14.3　扩展 Inspector 视图

Inspector 视图可以用来展示组件以及资源的详细信息面板，每个组件的面板信息各不相同。系统提供的大量组件通常可以满足开发需求，但是我们偶尔还是希望能在原有组件的基础上进行扩展，比如添加一些按钮或者添加一些逻辑等。

14

14.3.1　扩展原生组件

摄像机就是典型的原生组件。如图 14-13 所示，可以在摄像机组件的最上面添加一个按钮。对原生组件进行扩展存在一定的局限性，即扩展组件只能加在原生组件的最上面或者最下面，不能插在中间。

图 14-13　扩展面板

相关代码如代码清单 14-6 所示，请大家注意 CameraEditor 类，这里可以直接继承，说明引擎底层对它标记了 public 属性。但在有些组件中，由于它是内部类，无法在外部访问到它，因此就没办法继承了。

代码清单 14-6　Script_14_06.cs 文件

```
[CustomEditor(typeof(Camera))]
public class Script_14_06 : CameraEditor
{
    public override void OnInspectorGUI()
    {
        if (GUILayout.Button("扩展按钮")) { }
        base.OnInspectorGUI();
    }
}
```

14.3.2　扩展继承组件

我们继续尝试给 Rect Transform 对象扩展面板，此时就遇到问题了，因为它并没有对外提供它的继承类。如图 14-14 所示，如果直接继承 Editor 类，那么整个面板就变成默认的了。

Unity 将大量的 Editor 绘制方法封装在内部的 DLL 文件中，开发者无法调用它们。如果想解决这个问题，可以使用 C#反射的方式调用内部未公开的方法。如图 14-15 所示，通过扩展的 Rect Transfom 组件，现在可以保留原有的绘制方式来添加新 UI 了。

图 14-14　扩展 Rect Transform 之前

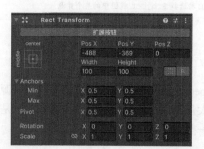

图 14-15　扩展 Rect Transform 之后

如代码清单 14-7 所示，通过反射先得到 UnityEditor.RectTransformEditor 对象，然后即可调用它内部的 OnInspectorGUI() 方法。

代码清单 14-7　Script_14_07.cs 文件

```
[CustomEditor(typeof(RectTransform))]
public class Script_14_07 : Editor
{
    private Editor m_Editor;
    private void OnEnable()
    {
        m_Editor = CreateEditor(target, Assembly.GetAssembly(typeof(Editor)).
            GetType("UnityEditor.RectTransformEditor", true));
    }
    public override void OnInspectorGUI()
    {
        if (GUILayout.Button("扩展按钮")) { }
        m_Editor.OnInspectorGUI();
        // base.OnInspectorGUI();
    }
}
```

在上述代码中，我们重写了 OnInspectorGUI() 方法。我们首先使用 GUILayout.Button 绘制了自定义的按钮元素，接着调用 m_Editor.OnInspectorGUI() 绘制了 RectTransform 原有面板信息，这样我们扩展的按钮就会显示在 Transform 面板的上方。

反射是通过字符串来获取对象的，这里的字符串是 "UnityEditor.RectTransformEditor"。现在有一个问题，我们如何知道当前对象的反射字符串名称呢？如下列代码所示，可以通过 Resources. FindObjectsOfTypeAll 先将内存中所有的 Editor 对象找出来，但是因为太多了，所以需要做一个筛选。通过 Selection.activeGameObject 可以获取当前用户选择的对象，只对当前对象进行筛选即可。

```
[MenuItem("Script_14_07/GetName")]
static void GetName()
{
    // 遍历内存中所有的 Editor 对象
    foreach (var item in Resources.FindObjectsOfTypeAll<Editor>())
    {
        var go = item.target is Component;
        if (go && go == Selection.activeGameObject)
        {
            // 在 Editor 对象满足用户选择的游戏对象时输出名称
            Debug.Log(item.GetType());
        }
    }
}
```

如图 14-16 所示，此时已经打印出每个组件反射后 Editor 对象的全称，再结合上述代码就可以对任意组件进行扩展以添加新 UI 了。

图 14-16　获取对象名称

14.3.3　限制组件编辑

在 Unity 中，我们可以给组件设置状态，这样它就无法编辑了。如图 14-17 所示，将 Transform 组件的原始功能禁用（灰色表示不可编辑），但不要影响我们上下扩展的两个按钮。如下列代码所示，只需在适当的地方设置 GUI.enabled 即可。

```
public override void OnInspectorGUI()
{
    GUILayout.Button("扩展按钮1");
    GUI.enabled = false;
    m_Editor.OnInspectorGUI();
    GUI.enabled = true;
    GUILayout.Button("扩展按钮2");
}
```

如下列代码所示，Unity 还提供了限制整个游戏对象，或者限制游戏对象中某个组件的编辑功能，结果如图 14-18 所示。

```
Selection.activeGameObject.hideFlags = HideFlags.NotEditable;
Selection.activeGameObject.GetComponent<Rigidbody>().hideFlags = HideFlags.NotEditable;
```

图 14-17　限制编辑

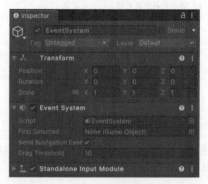

图 14-18　限制游戏对象

HideFlags 可以使用按位或（|）同时保持多个属性，它们的含义都很好理解，大家可以自行输入代码调试一下。

❑ HideFlags.None：清除状态。

❑ HideFlags.DontSave：设置对象不会被保存（仅编辑模式下使用，运行时剔除）。

❑ HideFlags.DontSaveInBuild：设置对象构建后不会被保存。

❑ HideFlags.DontSaveInEditor：设置对象编辑模式下不会被保存。

❑ HideFlags.DontUnloadUnusedAsset：设置对象不会在 Resources.UnloadUnused-Assets()
卸载无用资源时被卸掉。

❑ HideFlags.HideAndDontSave：设置对象隐藏，并且不会被保存。

❑ HideFlags.HideInHierarchy：设置对象在 Hierarchy 视图中隐藏。

❑ HideFlags.HideInInspector：设置对象在控制面板视图中隐藏。

❑ HideFlags.NotEditable：设置对象不可编辑。

14.3.4 Context 菜单

点击组件中的设置，可以弹出 Context 菜单，如图 14-19 所示，我们可以在原有菜单中扩展出新的
菜单栏。

图 14-19 Context 菜单

如下代码展示了上述操作过程。

```
[MenuItem("CONTEXT/Transform/New Context 1")]
public static void NewContext1(MenuCommand command)
{
    // 获取对象名
    Debug.Log(command.context.name);
}
[MenuItem("CONTEXT/Transform/New Context 2")]
public static void NewContext2(MenuCommand command)
{
    Debug.Log(command.context.name);
}
```

其中，[MenuItem("CONTEXT/Transform/New Context 1")]表示将新菜单扩展在 Transform 组件
上。如果想扩展在别的组件（比如摄像机组件）上，那么直接将字符串中的 Transform 修改为 Camera
即可。如果想给所有组件都添加菜单栏，那么将 Transform 改成 Component 即可。如果是自己写的脚

14

本,那么只需将 Transform 替换成自己的脚本类名即可。如下列代码所示,可以使用 `command.context as Script` 将 context 对象转换成类对象, 这样就能方便地进行代码调用了。

```
public static void NewContext2(MenuCommand command)
{
    Script script = (command.context as Script);
}
```

上述方法都是将菜单项写在任意类中,这样可以给 Unity 自带的脚本类添加菜单项。还有一种方法是将菜单项直接写在脚本中,这种方法比较适合项目自己写的脚本,如图 14-20 所示。

图 14-20   Context 菜单选择

在 `MonoBehaviour` 脚本类中使用`[ContextMenu("MyContext")]`即可将菜单项直接写在脚本中。

```
public class Script : MonoBehaviour
{
    [ContextMenu("MyContext")]
    void MyContext() { }
}
```

14.4   扩展 Scene 视图

Scene 视图承担着游戏 "第三人称" 观察的工作。Unity 提供了强大的 Gizmos 工具 API,我们可以在 Scene 视图中绘制立方体、网格、贴图、射线、UI 等,开发者可以自由地扩展显示组件。新版 Unity 提供了很多自定义面板工具的方式,这样一来 Scene 视图的灵活度就更高了。

14.4.1   工具栏扩展

如图 14-21 所示,在 Scene 左侧工具栏中可以扩展按钮,点击后在上面通过 GUI 来绘制控件。

如代码清单 14-8 所示,首先通过`[EditorTool("Camera Tool", typeof(Camera))]`和摄像机组件绑定,选中摄像机时就会产生这个自定义按钮,接下来在 `OnToolGUI()`方法中就可以进行绘制了,绘制的代码要位于 `Handles.BeginGUI();`和 `Handles.EndGUI();`之间。

图 14-21　工具栏扩展

代码清单 14-8　Script_14_08.cs 文件

```
[EditorTool("Camera Tool", typeof(Camera))]
class Script_14_08 : EditorTool
{
    public override GUIContent toolbarIcon => new GUIContent("自定义");
    public override void OnToolGUI(EditorWindow window)
    {
        if (!(window is SceneView sceneView))
            return;
        Handles.BeginGUI();
        using (new GUILayout.HorizontalScope())
        {
            using (new GUILayout.VerticalScope(EditorStyles.helpBox))
            {
                if (GUILayout.Button("按钮")) { }
            }
            GUILayout.FlexibleSpace();
        }
        Handles.EndGUI();
    }
}
```

14.4.2　辅助元素

在编辑场景的过程中，通常需要一些辅助元素，这样使用者才能更高效地完成编辑工作。如图 14-22 所示，选中 Main Camera 对象时，程序会给摄像机组件添加一条红色的辅助线，并在线段终点处添加一个立方体辅助对象。请注意这里扩展的辅助元素只能用来编辑，并不会影响最终发布的游戏。相关代码如代码清单 14-9 所示。

图 14-22　辅助元素（另见彩插）

14

代码清单 14-9 Script_14_09.cs 文件

```
class Script_14_09 : MonoBehaviour
{
    // 选中时绘制
    void OnDrawGizmosSelected()
    {
        Gizmos.color = Color.red;
        // 画线
        Gizmos.DrawLine(transform.position, Vector3.one);
        // 立方体
        Gizmos.DrawCube(Vector3.one, Vector3.one);
    }

    // 一直绘制
    void OnDrawGizmos()
    {
        Gizmos.DrawSphere(transform.position, 1);
    }
}
```

Gizmo 的绘制原理是在脚本中添加 `OnDrawGizmosSelected()`，此方法仅在编辑模式下生效。使用 Gizmos.cs 工具类，我们可以绘制出任意辅助元素。如果不希望辅助元素依赖选择对象出现，而是始终出现在 Scene 视图中，那么可以使用方法 `OnDrawGizmos()` 来绘制。Gizmos.cs 工具类中还有很多常用绘制元素，你也可以自行摸索。

14.4.3 辅助 UI

在 Scene 视图中，我们可以添加 EditorGUI，这样可以方便地在视图中处理一些操作事件。如图 14-23 所示，可以在 Scene 视图中绘制辅助 UI，EditorGUI 的代码需要在 `Handles.BeginGUI()` 和 `Handles.EndGUI()` 之间绘制完成。这里我们只设置摄像机辅助 UI，其实也可以修改成别的对象，比如游戏对象。相关代码如代码清单 14-10 所示。

图 14-23　辅助 UI

代码清单 14-10 Script_14_10.cs 文件

```
[CustomEditor(typeof(Camera))]
class Script_14_10 : Editor
{
    void OnSceneGUI()
    {
        Camera camera = target as Camera;
```

```
            if (camera != null)
            {
                Handles.color = Color.red;
                Handles.Label(camera.transform.position, camera.transform.position.
                    ToString());

                Handles.BeginGUI();
                GUI.backgroundColor = Color.red;
                if (GUILayout.Button("click", GUILayout.Width(200f)))
                {
                    Debug.LogFormat("click = {0}", camera.name);
                }
                GUILayout.Label("Label");
                Handles.EndGUI();
            }
        }
    }
```

在上述代码中，我们继承了 **Editor** 类，这样重写 `OnSceneGUI()` 方法，就可以在 Scene 视图中扩展自定义元素了。

14.4.4　常驻辅助 UI

上一节中，我们介绍的辅助 UI 需要选中一个游戏对象。当然，也可以设置常驻辅助 UI。如图 14-24 所示，无须选择某个游戏对象，EditorGUI 会将常驻显示在 Scene 视图中。原理就是要重写 `SceneView.onSceneGUIDelegate`，依然需要在 `Handles.BeginGUI()` 和 `Handles.EndGUI()` 之间绘制完成。相关代码如代码清单 14-11 所示。

图 14-24　常驻辅助 UI

代码清单 14-11　Script_14_11.cs 文件

```
class Script_14_11
{
    [InitializeOnLoadMethod]
    static void InitializeOnLoadMethod()
    {
        SceneView.duringSceneGui += delegate (SceneView sceneView) {
            Handles.BeginGUI();

            GUI.Label(new Rect(0f, 0f, 50f, 15f), "标题");
            GUI.Button(new Rect(0f, 20f, 50f, 50f),
                AssetDatabase.LoadAssetAtPath<Texture>("Assets/Sources/unityicon2.png"));
            Handles.EndGUI();
        };
    }
}
```

14

在上述代码中，全局监听了 `SceneView.duringSceneGui` 委托，这样就可以使用 GUI 全局绘制元素了。

14.5 扩展 Game 视图

Game 视图输出的是最终的游戏画面，理论上不需要扩展，不过 Unity 也可以对其进行扩展。Game 视图的扩展主要分为两种：运行模式下扩展和非运行模式下扩展。

脚本绑定在游戏对象上后，需要运行游戏才可以执行脚本的生命周期，不过非运行模式下其实也可以执行脚本。如图 14-25 所示，Game 视图在非运行模式下也可以绘制 GUI。原理就是在脚本类名上方声明 `[ExecuteInEditMode]`，表示此脚本可以在编辑模式中生效。此类脚本通常只是用来做编辑器，正式发布后并不需要它们，因此可以使用 `UNITY_EDITOR` 条件编译发布后剥离。

图 14-25　扩展 Game 视图

如代码清单 14-12 所示，在类的上面标记 `[ExecuteInEditMode]`，表示非运行模式下也会执行代码的生命周期，接下来在 `OnGUI()` 方法中就可以绘制元素了。由于我们是在编辑时渲染 UI，因此可以通过 `Application.isPlaying` 来判断当前的运行环境以决定是否绘制。

代码清单 14-12　Script_14_12.cs 文件

```
#if UNITY_EDITOR
[ExecuteInEditMode]
public class Script_14_12 : MonoBehaviour
{
    void OnGUI()
    {
        if (!Application.isPlaying)
        {
            if (GUILayout.Button("Click")) { Debug.Log("click!!!"); }
            GUILayout.Label("Hello World!!!");
        }
    }
}
#endif
```

14.6 导航栏扩展

如图 14-26 所示，导航栏上是一系列系统的菜单项，下面是运行游戏、暂停游戏相关的按钮。Unity 编辑器使用的扩展菜单是 MenuItem。当然，开发者也可以自由扩展，直接使用 "/" 符号区分开它的路径即可。系统上方自带的一排菜单也在大量使用这个功能。

图 14-26 导航栏

14.6.1 自定义菜单

自定义菜单可以设置路径、排序、勾选框和禁止选中状态。如图 14-27 所示，菜单下方有一条下划线。在代码中设置上一个菜单的 priority（优先级），一共预留了 10 个元素位置，只需要 priority+11 就会自动增加这条下划线的效果。相关代码如代码清单 14-13 所示。

图 14-27 自定义 MenuItem

代码清单 14-13　Script_14_13.cs 文件

```csharp
class Script_14_13
{
    [MenuItem("Root/Test1", false, 1)]
    static void Test1() { }
    // 菜单排序
    [MenuItem("Root/Test0", false, 0)]
    static void Test0() { }
    [MenuItem("Root/Test/2")]
    static void Test2() { }
    [MenuItem("Root/Test/2", true, 20)]
    static bool Test2Validation()
    {
        // false 表示 Root/Test/2 菜单将置灰，即不可点击
        return false;
    }
    [MenuItem("Root/Test3", false, 3)]
    static void Test3()
    {
        // 勾选框中的菜单
        var menuPath = "Root/Test3";
        bool mchecked = Menu.GetChecked(menuPath);
        Menu.SetChecked(menuPath, !mchecked);
    }
}
```

14.6.2 菜单项自动执行

无论是系统菜单还是我们自己写的自定义菜单，通常都需要手动点击执行，但有时候也需要脚本自动执行。

```
// 脚本自动执行某个 Item 菜单, 需要传入正确的路径
EditorApplication.ExecuteMenuItem("Root/Test1");
// 脚本执行启动游戏
EditorApplication.EnterPlaymode();
// 脚本执行关闭游戏
EditorApplication.ExitPlaymode();
// 脚本执行暂停游戏
EditorApplication.isPaused = true;
// 有些系统菜单的执行并不是一帧执行完毕, 可以等一帧再执行
EditorApplication.delayCall += () => { };
```

14.6.3   导航条

导航条在导航菜单中的位置如图 14-28 所示, 我们可以在导航条中扩展一些自定义 UI 元素。Unity 导航栏的相关代码写在 UnityEditor.Toolbar 中, 它本身并没有提供扩展接口, 但是我们可以通过反射的方法来实现。

图 14-28   导航条扩展

如代码清单 14-14 所示, 首先通过 toolbars 反射获取 m_Root 对象, 接下来通过 UI Toolkit 获取 ToolbarZoneLeftAlign 节点, 也就是播放游戏按钮左边的区域, 最后通过 container.onGUIHandler 就可以添加 OnGUI 的绘制代码了。

代码清单 14-14   Script_14_14.cs 文件

```
class Script_14_14
{
    [InitializeOnLoadMethod]
    private static void InitializeOnLoad()
    {
        EditorApplication.delayCall += () =>
        {
            Type barType = typeof(Editor).Assembly.GetType("UnityEditor.Toolbar");
            var toolbars = Resources.FindObjectsOfTypeAll(barType);
            var toolbar = toolbars.Length > 0 ? (ScriptableObject)toolbars[0] : null;
            if (toolbar != null)
            {
                var root = toolbar.GetType().GetField("m_Root", BindingFlags.NonPublic |
                    BindingFlags.Instance);
                var mRoot = root.GetValue(toolbar) as VisualElement;
                var toolbarZone = mRoot.Q("ToolbarZoneLeftAlign");
                var container = new IMGUIContainer();
                container.style.flexGrow = 1;
                container.onGUIHandler += OnGUI;
                toolbarZone.Add(container);
            }
        };
    }

    private static void OnGUI()
    {
        var rect = new Rect(360, 0, 60, 20);
```

```
        var space = 4;
        if (GUI.Button(rect, "按钮1")) { }
    }
}
```

如图14-29所示，这一类修改通常可以借助 UI Toolkit 的调试器。这里可以看到，整个导航栏有3个区域，分别是左边的区域、中间区域和右边的区域，它们都可以注入额外的扩展绘制。

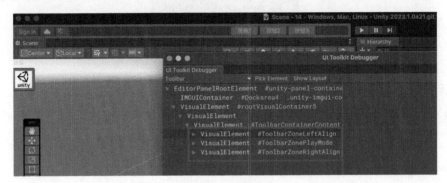

图 14-29　查看节点

14.6.4　标题栏扩展

如图14-30所示，每个游戏对象都拥有一个标题栏。如代码清单14-15所示，通过 Editor.finished-DefaultHeaderGUI 委托就可以监听标题栏的 UI 绘制，还需要使用 editor.target 判断一下是否为游戏对象，更精细的是可以再判断一下是否包含某些游戏组件。

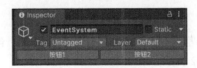

图 14-30　扩展标题栏

代码清单 14-15　Script_14_15.cs 文件

```
class Script_14_15
{
    [InitializeOnLoadMethod]
    static void InitializeOnLoadMethod()
    {
        Editor.finishedDefaultHeaderGUI += (editor) =>
        {
            if(editor.target is GameObject)
            {
                using (new EditorGUILayout.HorizontalScope())
                {
                    GUILayout.Button("按钮1");
                }
            }
        };
    }
}
```

14

14.6.5 默认面板

有些资源系统没有提供面板，比如文件夹面板。如图 14-31 所示，选择任意文件夹，声明 `[Custom-Editor(typeof(UnityEditor.DefaultAsset))]` 后，即可开始扩展它。

图 14-31 默认面板

如代码清单 14-16 所示，在 `OnInspectorGUI()` 方法中就可以扩展自定义文件夹面板。

代码清单 14-16 Script_14_16.cs 文件

```csharp
[CustomEditor(typeof(UnityEditor.DefaultAsset))]
public class Script_14_16 : Editor
{
    public override void OnInspectorGUI()
    {
        string path = AssetDatabase.GetAssetPath(target);
        GUI.enabled = true;
        if (path.EndsWith(string.Empty))
        {
            GUILayout.Label("扩展文件夹");
            GUILayout.Button("我是文件夹");
        }
    }
}
```

14.7 查看源代码

目前 Unity 中 C#相关的代码都已经开源并且托管在 GitHub 中，包括运行时和编辑时两个 DLL 中的所有代码。托管地址如图 14-32 所示。

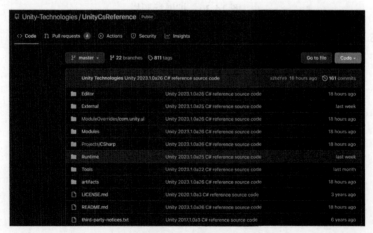

图 14-32 源代码

在 GitHub 的 Decktop 中拉取整个项目后，如图 14-33 所示，由于我们使用的是 Unity 2023.1，因此此时切到当前分支中，最后双击打开 UnityReferenceSource.sln 项目文件即可查看源代码。

图 14-33　切换分支

通过学习 C#的代码可以进一步掌握引擎的一部分底层原理，比如在扩展编辑器时可能需要先看看其内部是如何实现的，这样才能进一步扩展它。

14.8　小结

本章首先介绍了如何扩展编辑器。编辑器的 API 非常丰富，可以灵活地自由扩展。我们学习了 EditorGUI，它可以用来编辑扩展界面，做出各式各样的编辑器窗口。接下来，本章介绍了 Unity 的五大常用视图（Project 视图、Hierarchy 视图、Inspector 视图、Scene 视图和 Game 视图）的扩展，以及常用菜单栏的扩展。最后，本章还介绍了如何查看 Unity 编辑器的源代码。通过阅读源代码，可以借鉴 Unity 内置编辑器的开发思路，为我们日后开发优秀的编辑器打下良好的基础。

14

第 *15* 章

资源管理

游戏资源种类繁多，包括模型资源、贴图资源、代码资源、着色器资源、音频资源、视频资源等。因此，对游戏资源进行管理非常重要，管理不当就容易出现内存溢出，引起闪退或者游戏卡顿。任何资源都需要先加载到内存中，再由 CPU 统一进行调度管理。加载资源的时机以及 CPU 调度都是由程序员通过代码来控制的。代码本身也是一种资源，同样需要编译成 CPU 认识的指令才能执行。着色器资源比较特殊，因为它不是在 CPU 中而是在 GPU 中执行的，所以需要将它编译成 CPU 认识的机器码才能执行。另外，Unity 也提供了丰富的资源加载接口，我们可以在编辑模式下加载资源，在运行模式下加载本地资源和下载资源。总之，管理好资源的加载和优化，才能让游戏更加流畅。

15.1 编辑器模式

前面介绍过，任何第三方资源（如 FBX、贴图、视频、音频等）被拖入 Unity 后都会自动生成另一个资源，这样才能被引擎使用。因此，在生成的过程中引擎可以做一些特殊的优化。资源面板中也会提供一些标记参数，比如对贴图资源来说，我们可以单独设置它的最大尺寸，这样就可以在不修改原始资源的情况下单独修改游戏使用的资源。

15.1.1 游戏资源

非打包模式下的 Unity 在平常开发时都处于编辑器模式下。在该模式下，由于运行环境是在计算机上，因此本质上它可以访问到计算机任何硬盘上的资源。但由于 Unity 只会对在 Assets 目录下的资源进行二次生成，因此要想使用引擎提供的 API 加载资源，就必须将其放在 Assets 目录下。

如图 15-1 所示，将一张贴图文件拖入 Assets/Sources 目录，可以看到 Unity 会自动再生成一个 META 文件，这里记录着资源的 GUID 和一些设置参数。GUID 用于记录它与其他资源的关联关系，设置参数主要在二次生成资源时使用，比如贴图的尺寸大小、压缩格式等。

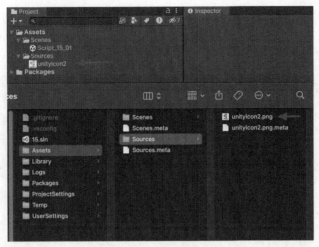

图 15-1　资源文件

15.1.2　加载资源

编辑模式下的资源可以分为两类：一类是引擎可识别的资源，比如 Prefab、音频、视频动画、UI 等；另一类是引擎无法识别的资源，比如外部导入的资源，需要通过第三方工具将其信息解析出来，最终组织成引擎可识别的资源才可以使用。

在编辑模式下，Unity 提供了一个标志性的类 AssetDatabase，它专门负责读取工程内的资源，因此需要确保所有资源都被放在项目的 Assets 目录下。如图 15-2 所示，贴图原始文件会根据 META 文件设置的参数最终生成到 Library/Artifacts 文件夹中，文件名以 MD5 的形式保存。AssetDatabase 加载的实际上是这里的资源。

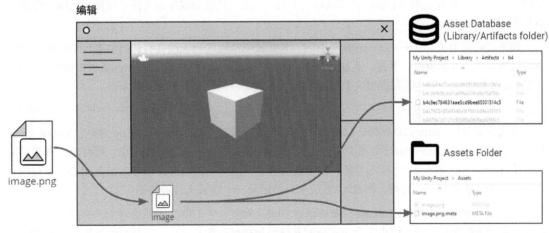

图 15-2　加载文件

15

在导航菜单栏中选择 Window→Analysis→Import Activity 即可打开资源历史导入的活动窗口，图 15-3 展示了每个资源的导入耗时以及资源的详细信息。Library/Artifacts 中的 MD5 在这里也能看到，甚至可以在 Library 文件夹中定位它的具体文件。

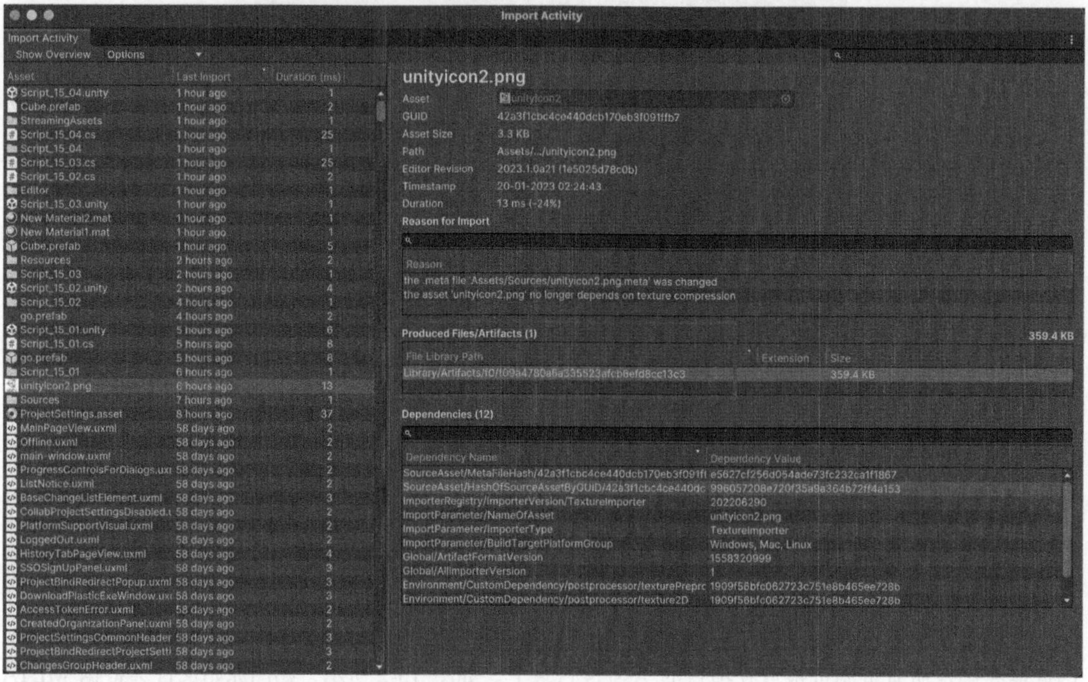

图 15-3　Import Activity

如果文件被放在 Asset 的上级目录或者其他盘符中，那么 `AssetDatabase` 是无法读取的，只能使用 `File` 类或者其他第三方辅助类来读取。但是，`File` 只能加载原始文件，可能无法将其转换成引擎能识别的文件。

如下代码使用了 `UnityEditor` 命名空间，这就说明这段代码无法在打包后的平台中使用，只能在编辑器模式下加载资源。不过，通过 `AssetDatabase.LoadAssetAtPath<T>` 就可以加载资源了，`T` 表示需要加载的类型，需要提供完整 Assets 目录下的资源路径以及资源的扩展名。

```
var texture = UnityEditor.AssetDatabase.LoadAssetAtPath<Texture2D>("Assets/Sources/unityicon2.png");
```

常用资源包括 Texture2D 贴图、Material 材质、Shader 着色器、AnimationClip 动画、AudioClip 音频等。最重要的是 GameObject 资源类型，比如加载 FBX 模型文件就需要使用它。所有游戏资源对象都继承自 UnityEngine.Object 对象，而它也属于 C#对象。由于 Unity 引擎底层是用 C++编写的，实际的资源文件都被 C++管理，因此 C#在这里只是记录一个底层文件的句柄。

如图 15-4 所示，这里的 Texture 对象继承自 Object 对象，它们都属于托管对象，一旦没有地方引用就会被垃圾收集器回收。但由于资源实际的文件的句柄保存在 C++中，因此垃圾收集器并不能回收这部分 Native 内存。

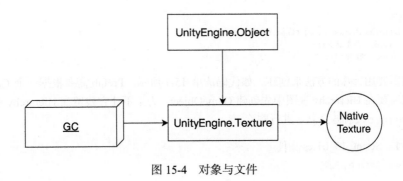

图 15-4 对象与文件

15.1.3 卸载资源

如下代码展示了在代码中执行资源销毁或者给资源对象赋值 null，这里仅仅只是标记了 C#对象未引用，下次垃圾收集时才会释放托管堆中的 C#对象。C++对象并没有被释放，贴图实际的资源内存依然在内存中。

```
Destroy(texture);
texture = null;
```

真正的内存对象只有调用 Resources.UnloadAsset 才能被卸载。Resources.UnloadAsset 还提供了一个卸载所有未引用资源的方法，其实就是在 C++层遍历一下哪些对象已经被 C#垃圾收集但还在 C++中，然后再彻底卸载它们。

```
// 指定卸载某个资源
Resources.UnloadAsset(texture);
// 卸载未引用的资源
Resources.UnloadUnusedAssets();
```

15.1.4 创建与修改资源

创建资源既包括对原始资源进行创建也包括对引擎资源进行创建，比如创建一张 PNG 贴图就是对原始资源而非游戏资源进行创建。如下列代码所示，先将 texture 游戏对象转换成二进制字节数组，然后通过 File 类直接写入即可。新版 Unity 使用 File 类操作资源时已经不需要提供完整路径了，旧版本则需要使用 Application.dataPath 目录，并且要和 Assets 具体文件的路径进行合并。

```
// 创建 PNG 贴图
File.WriteAllBytes($"Assets/Sources/unityicon3.png", texture.EncodeToPNG());
```

什么是引擎游戏资源呢？引擎游戏资源就是像 ScriptableObject 和 Prefab 这样只能在 Unity 中使用的资源。

```
// 创建资源
AssetDatabase.CreateAsset(asset, "Assets/Scrouces/go.asset");
// 删除资源
AssetDatabase.DeleteAsset(path);
// 移动资源
AssetDatabase.MoveAsset(oldPath,newPath);
```

15

```
// 重命名资源
AssetDatabase.RenameAsset(oldName,newName);
// 修改文件后需要刷新才能看到
AssetDatabase.Refresh();
```

Prefab 则需要用特殊的方法来创建，如代码清单 15-1 所示。Prefab 需要根据一个 GameObject 来创建，这样就需要在 Hierarchy 视图中先创建 GameObject。为了不让它残留在 Hierarchy 视图中，最后还需要调用 DestroyImmediate 进行删除。

代码清单 15-1   Script_15_01.cs 文件

```
public class Script_15_01
{
    [MenuItem("Tool/Script_15_01")]
    static void CreatePrefab()
    {
        var asset = new GameObject();
        PrefabUtility.SaveAsPrefabAsset(asset,"Assets/Script_15_01/go.prefab");
        Object.DestroyImmediate(asset);
    }
}
```

15.1.5   创建与修改游戏对象

GameObject 是由 Object 实例化创建并会出现在 Hierarchy 视图中，如图 15-5 所示，Object 资源对象则由 Prefab 资源或 Scene 资源提供，资源中记录了它依赖的所有游戏组件。组件也是一种游戏资源，用于序列化保存数据和执行它的脚本类。

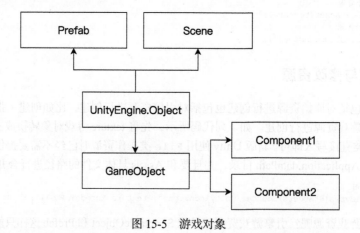

图 15-5   游戏对象

代码清单 15-2 分别演示了创建游戏对象、实例化 Prefab 和创建 Prefab。

代码清单 15-2   Script_15_02.cs 文件

```
public class Script_15_02
{
    [MenuItem("Tool/Script_15_02")]
```

```
static void Create()
{
    // 创建游戏对象
    var asset = new GameObject();
    asset.name = "MyGameObject";

    // 实例化 Prefab
    var goAsset = AssetDatabase.LoadAssetAtPath<GameObject>("Assets/Script_15_01/go.prefab");
    var goinHierarchy = Object.Instantiate<GameObject>(goAsset);
    goinHierarchy.name = "MyGameObject2";

    // 创建 Prefab
    var prefabinHierarchy = PrefabUtility.InstantiatePrefab(goAsset);
    prefabinHierarchy.name = "MyGameObject3";
}
}
```

Object.Instantiate<T>表示实例化对象，它以运行的方式来创建 Prefab，而 PrefabUtility.InstantiatePrefab 则通过编辑脚本的方式来创建 Prefab，直观的区别是后者以蓝色显示，如图 15-6所示。

图 15-6　创建对象（另见彩插）

15.2　运行模式

编辑模式是运行在计算机上的开发程序，而运行模式是打包后运行在真实设备上的游戏程序。编辑模式对性能和包体并无太多要求，但发布后就对它们有要求了。商业游戏项目非常庞大，其中有很多资源不一定需要打包，但是又不得不放在项目中。因此，Unity 在打包的时候会自动删除没有引用的资源，只保留 Resources 目录和 StreamingAssets 目录下的资源。

15.2.1　参与打包的资源

Resources 目录支持嵌套多个父子文件夹，只要文件夹名字叫 Resources 就可以打包，而且它会以 UnityEngine.Object 的形式打包，这就表示加载的时候可以直接加载对应的 UnityEngine.Object 对象。

StreamingAssets 则不会以 UnityEngine.Object 的形式打包，而是会以原始文件的形式打包，所以加载的时候只能通过 UnityWebRequest 或者 File 类的形式加载到它的原始文件。Unity 提供的 Assetbundle 下载包也是原始文件，需要放在 StreamingAssets 目录中。原始文件的另一个好处是可以放到 CDN 中进行下载。

15

15.2.2 Resources

Resources 目录是引擎内置的特殊目录，该目录下的资源如果引用其他目录，则会把其他目录下的资源也一同打包。如图 15-7 所示，我们将 New Material 放到 Resources 目录中，但材质引用了一张贴图，而贴图本身并未在 Resources 目录中。此时如果打包，则会将材质和贴图都放入 Resources 中并打包在一起。

图 15-7　参与打包

如下代码展示了通过 Resources.Load 和 Resources.LoadAsync 进行同步和异步加载游戏资源，参数是加载的路径。该路径是 Resources 的相对路径，加载的文件不需要扩展名。

```
IEnumerator Start()
{
    Material m1,m2;
    m1  = Resources.Load<Material>("New Material");
    ResourceRequest resourceRequest = Resources.LoadAsync<Material>("New Material");
    yield return resourceRequest;
    m2 = resourceRequest.asset as Material;
}
```

由于 Resources 支持多个文件夹，因此就有可能在不同的文件夹中放入两个同名且同类型的文件。此时使用 Resources.Load<T>只能加载第一个满足要求的资源。如下代码展示了可以通过 Resources.LoadAll<T>来加载同名且同路径的文件。

```
var array= Resources.LoadAll<Material>("New Material");
```

其他类型的资源加载方法类似，但 Shader 是一个特殊文件，如果将其放入 Resources 目录，那么它就有两种加载方法。

```
Shader shader1 = Resources.Load<Shader>("New Shader");
Shader shader2 = Shader.Find("New Shader");
```

Resources 目录下的资源越多，或者依赖的资源越多，就越容易增加包体。Resources 目录资源的使用完全依靠程序员动态加载代码。如果代码里根本没有加载某个资源，但是它的确在 Resources 目录之中，那么这些无用的资源就会将包体撑大。

一个资源本身可能很小，但是如果依赖其他资源，则会导致它变得非常大。如图 15-8 所示，选择任意资源文件，点击鼠标右键选中 Select Dependencies 即可知道当前资源依赖的那些资源，此时被依赖的资源也会被打入包体中。

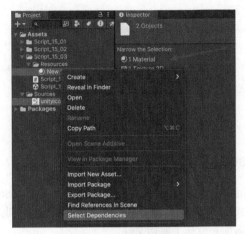

图 15-8　查找资源依赖

15.2.3　通过脚本计算依赖

这个菜单工具手动操作起来可能不太方便，我们通常会使用自动的方法，通过脚本来计算依赖。如图 15-9 所示，将 Prefab（见❶）拖入 Hierarchy 视图（见❷），这时会产生新的游戏对象，我们可以在 Hierarchy 视图中继续修改这个 Prefab 的依赖关系。这样在查找依赖时就需要考虑是查找 Hierarchy 视图中游戏对象的依赖，还是查找 Project 视图中游戏资源的依赖。

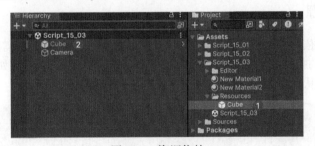

图 15-9　资源依赖

如代码清单 15-3 所示，EditorUtility.CollectDependencies 用于查找游戏对象的依赖关系，而 AssetDatabase.GetDependencies 用于查找游戏资源的依赖关系，依赖的文件就是参与打包的文件。

15

代码清单 15-3　Script_15_03.cs 文件

```
public class Script_15_03
{
    [MenuItem("Tool/Script_15_03")]
    static void Create()
    {
        // 游戏对象依赖
        GameObject cube1 = GameObject.Find("Cube");
        foreach (var depend in EditorUtility.CollectDependencies(new Object[] { cube1 }))
```

```
    {
        var path = AssetDatabase.GetAssetPath(depend);
    }
    // 游戏资源依赖
    foreach (var path in AssetDatabase.GetDependencies("Assets/Script_15_03/Resources/Cube.prefab"))
    {
        Debug.Log(path);
    }
  }
}
```

15.2.4 StreamingAssets

StreamingAssets 目录下的资源不会与其他目录下的资源产生关联。StreamingAssets 只会将自身目录下的文件以原始文件的方式打入包体中。如图 15-10 所示，我们将游戏对象拖入 StreamingAssets 目录中，此时并没有生成 Prefab 而是变成了原始文件。

图 15-10　StreamingAssets 目录

关键是原始文件并没有提供像 `Resources.Load<T>` 这种通过泛型来加载资源的方法，只能通过 `File` 类或 `UnityWebRequest` 来加载本地原始资源。所以 Unity 提供了 AssetBundle 的资源打包方式，这样就能通过原始文件来加载内部的游戏资源文件了。

15.2.5 场景资源

场景文件中可以依赖 Prefab 文件或者游戏对象文件。如图 15-11 所示，只需要将场景添加到 Build Settings 中就可以参与打包了，打包的内容也是该场景依赖的所有资源文件。如果游戏中有不会打开的场景，那么一定要从这里删除，以免该场景中引用的资源被关联打包。

图 15-11　场景资源

15.3　AssetBundle

前面介绍过，如果将资源移到 Resources 目录以外，那么是没办法加载它的。因为 Resources 在打包的时候会根据目标平台来构建具体的资源文件，而且它会生成一个资源依赖的树，整个 Resources 目录不存在运行时下载的可能，所以资源不会出现冗余。

而游戏本身是有资源下载需求的，这就需要在编辑器模式下先将游戏资源打包到目标平台下的 AssetBundle（后面简称 AB）中，然后再下载到本地，加载它里面的资源文件。不同目标平台下的资源文件是不同的，所以 AB 文件会根据游戏资源打包，这样就会分别在每个平台单独产生一份。AB 本身是二进制文件，可以放在任意位置，上传到 CDN 中再下载到本地就可以使用了。

15.3.1 设置 AB

如图 15-12 所示，首先选择需要构建的 AB 的资源，其中右下角需要写入资源名以及资源的扩展名。接下来在代码中调用 BuildPipeline.BuildAssetBundles() 方法，只需提供一个输出的目录就可以构建 AB 了，最终结果将输出在 StreamingAssets 目录下。具体代码如代码清单 15-4 所示。

图 15-12　设置 AB

代码清单 15-4　Script_15_04.cs 文件

```
public class Script_15_04
{
    [MenuItem("Tool/BuildAssetbundle")]
    static void BuildAssetbundle()
    {
        // 构建 AB
        BuildPipeline.BuildAssetBundles(Application.streamingAssetsPath, BuildAssetBundleOptions.
            ChunkBasedCompression, BuildTarget.StandaloneOSX);
        // 刷新
        AssetDatabase.Refresh();
    }
}
```

在上述代码中，我们只需要指定输出的目录和 AB 构建的平台。由于每个平台下的 AB 文件是不一样的，因此需要指定 BuildTarget 的构建平台。例如，在编辑模式下运行游戏，加载 iOS 或者 Android 的 AB，尤其是 Shader，都会显示错误，只有在真机上才能看到正确的效果。执行"Tool/BuildAssetbundle"即可开始构建 AB，如图 15-13 所示，此时 AB 文件已经构建出来了。

❏ cube.unity3d：二进制文件，加载需要使用的 AB 文件。

❏ cube.unity3d.manifest：AB 文件的描述信息，以文本的形式记录每个 AB 文件需要加载的具体资源，因为可以将多个文件打包在同一个 AB 文件中。

❏ StreamingAssets：二进制文件，加载需要的文件，记录所有 AB 文件的信息以及所依赖的信息。

❏ StreamingAssets.manifest：StreamingAssets 文件的描述信息，以文本的形式记录所有 AB 文件的信息以及所依赖的信息。

图 15-13 AB 文件

总结一下，可以看到.manifest 只是用于展示，主要是查看里面具体有哪些资源，实际加载并不需要。

15.3.2 设置依赖

如图 15-14 所示，我们又添加了一个 Cube2 资源，此时如果分别构建资源文件就会产生两个 AB 文件。但是它们公共依赖的材质被分别打包在了两个不同的 AB 文件中，这样就造成了资源的冗余。

如图 15-15 所示，可以单独给公共的材质设置一个 AB 名称，这样在打包后就会产生 3 个 AB 文件，即 cube.unity3d、cube2.unity3d 和 share.unity3d。代码中只需要先加载公共的材质 AB，然后再加载 cube 就可以了。

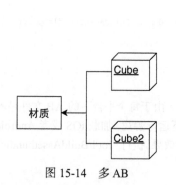

图 15-14 多 AB

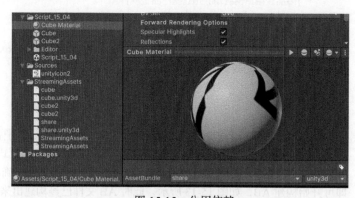

图 15-15 公用依赖

当然，还有一种办法，就是将 Cube 和 Cube2 这两个 Prefab 都打包在同一个 AB 文件中，此时公共的材质取消设置名称。由于材质被 Prefab 依赖使用，因此它们会被打包在同一个 AB 文件中，这样也就不会产生冗余了。

如图 15-16 所示，AB 文件可分为序列化文件和具体资源文件两部分。左边是序列化文件，它记录的是 AB 的头文件和每个 Object 参与序列化的信息。这里的材质中依赖了一张贴图文件。材质属于

Object 类型，所以保存在左边，而贴图文件属于具体文件，因此保存在右边。这样一来 Object 中就可以引用相同的具体资源，偏移寻址的时候速度还会更快。

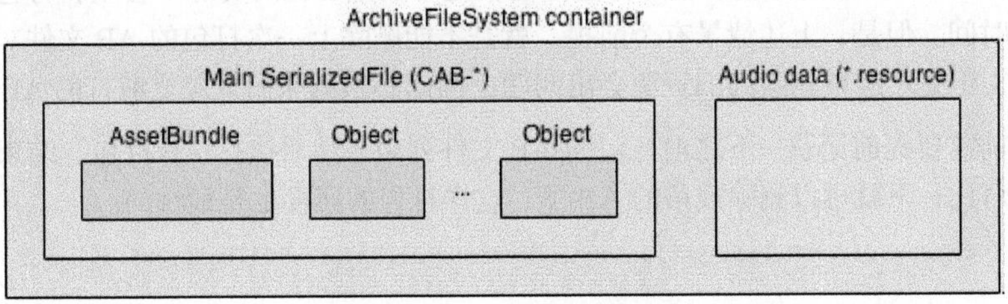

图 15-16 AB 文件结构

15.3.3 纯脚本打包

游戏中的资源非常丰富，手动设置每一个 AB 的名称和依赖并不现实，因此需要在脚本中指定它们的依赖关系。如代码清单 15-5 所示，将需要构建的 AB 添加至 List<AssetBundleBuild>列表中，再使用 BuildPipeline.BuildAssetBundles()方法构建它们即可。

代码清单 15-5 Script_15_05.cs 文件

```
public class Script_15_05
{
    [MenuItem("Tool/BuildAssetbundle2")]
    static void BuildAssetbundle()
    {
        List<AssetBundleBuild> builds = new List<AssetBundleBuild>();
        // 打包资源 Cube.prefab 和 Cube2.prefab 到 ALL.unity3d 中
        builds.Add(new AssetBundleBuild()
        {
            assetBundleName = "ALL.unity3d",
            assetNames = new string[] { "Assets/Script_15_05/Cube.prefab", "Assets/Script_15_05/
                Cube2.prefab" }
        });
        // 构建 Cube3.prefab 到 Single.unity3d 中
        builds.Add(new AssetBundleBuild()
        {
            assetBundleName = "Single.unity3d",
            assetNames = new string[] { "Assets/Script_15_05/Cube3.prefab"}
        });
        // 构建公共依赖材质到 Share.unity3d 中
        builds.Add(new AssetBundleBuild()
        {
            assetBundleName = "Share.unity3d",
            assetNames = new string[] { "Assets/Script_15_05/Cube Material.mat" }
        });
        // 构建 AB
        BuildPipeline.BuildAssetBundles(Application.streamingAssetsPath, builds.ToArray(),
            BuildAssetBundleOptions.ChunkBasedCompression, BuildTarget.StandaloneOSX);
        // 刷新
        AssetDatabase.Refresh();
    }
}
```

15

15.3.4　差异打包

Unity 目前已经支持增量打包和差异打包，也就是未发生变化的资源不会重新打包，这样就可以大量缩短打包时间。但是，上述情景有个前提，就是不能删除上一次打包的 AB 文件。这样新增的资源是没问题的，但是已经被删除的旧资源会出问题，因此必须删除旧资源之前打的 AB 包。

每次打包前需要提前记录一下之前打包的 AB 文件列表，然后执行 AB 打包，结束后，和之前保存的文件列表对比一下就可以删除残留的 AB 了，这样打包的速度也是最快的。

```
var files = Directory.GetFiles(Application.streamingAssetsPath, "*.unity3d");

// 开始构建 AB

File.Delete(somePath);
```

15.3.5　AB 压缩格式

AB 打包方法中可以指定 AB 的压缩格式，参数为 `BuildAssetBundleOptions`。目前它一共包含 12 种压缩格式。

- `None`：不做任何设置。
- `UncompressedAssetBundle`：不进行压缩 AB，加载速度快，但是文件较大。
- `DisableWriteTypeTree`：不包含 AB 类型信息，可能会出现旧版 Unity 构建的 AB 无法在新版中使用的情况。
- `ForceRebuildAssetBundle`：即使游戏资源没有变化也强制构建 AB 包。
- `IgnoreTypeTreeChanges`：增量构建忽略类型信息的变化。
- `AppendHashToAssetBundleName`：生成 AB 包的同时再添加一个 Hash 值可标记其唯一性。
- `ChunkBasedCompressionAssetBundle`：使用基于块的 LZ4 格式进行压缩，它比默认 AB 压缩效率低，但是解压与加载速度更快，推荐使用。
- `StrictMode`：如果打包过程中出现错误则会停止构建。
- `DryRunBuild`：进行一次空构建，它并不会构建出 AB 包具体文件，但是会生成 AB 包的所有参数。
- `DisableLoadAssetByFileName`：禁止使用文件名加载构建 AB 包。
- `DisableLoadAssetByFileNameWithExtension`：禁止使用文件名和文件扩展名加载构建 AB 包。
- `AssetBundleStripUnityVersion`：删除构建 AB 时 Unity 的版本号。

以上参数都可以通过“或”的方式设置在一起，根据经验使用最多的是 LZ4 压缩格式。如果觉得 LZ4 加载的比较慢，那么可以考虑通过自己的方式来压缩 AB，这样可以将更小的 AB 文件提交到 CDN 上。下载 AB 文件到本地后，再通过自己的方式将它还原回来写到本地文件中，这样一来本地硬盘中保存的就是未压缩的 AB 文件，所以加载速度也是最快的。另外，如果能确认不会发生新版本打出的游戏程序去加载旧版本生成的 AB 包，那么可以考虑设置 `DisableWriteTypeTree`，这样 AB 能更小一些。

15.3.6　加载 AB

AB 包的大小完全取决于参与打包的游戏资源的大小，理论上构建出一个好几百 MB 大小的 AB 包完全是可能的。如果加载文件时要把整个 AB 包完整载入内存，那么游戏就很容易出现内存溢出。所以 AB 包一定是流式加载的。

AB 包是一个被保存在硬盘中的二进制文件。如图 15-17 所示，在代码中加载 AB 包时只是在内存中保存了一份很小的 AB 头信息，只有在真正加载游戏资源时才需要用到它。AB 头信息中记录着每个资源在 AB 包中的字节偏移和长度，因为可能有很多资源会被打入这个 AB 包中，而游戏只需要加载其中某一个资源。最后在加载游戏资源的时候可以定位到它在 AB 文件中的具体位置，单独加载这部分资源。

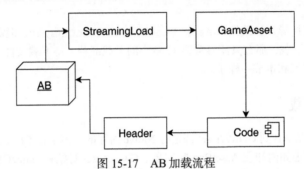

图 15-17　AB 加载流程

如代码清单 15-6 所示，因为每个 AB 文件都可能会有依赖，所以加载 AB 前必须优先加载依赖的 AB。`AssetBundle.LoadFromFile` 可以将一个 AB 文件加载到内存中，调用 `assetbundle.LoadAsset<T>` 就是将 AB 文件中的一段内存加载成游戏资源对象，最后 `Instantiate` 可以将游戏资源对象实例化到 Hierarchy 视图中。

代码清单 15-6　Script_15_06.cs 文件

```
public class Script_15_06 : MonoBehaviour
{
    void Start()
    {
        AssetBundle assetbundle = AssetBundle.LoadFromFile(Path.Combine(Application.
            streamingAssetsPath, "StreamingAssets"));
        AssetBundleManifest manifest = assetbundle.LoadAsset<AssetBundleManifest>
            ("AssetBundleManifest");

        // 加载AB前，需要加载依赖的 Bundle 所依赖的AB
        foreach (var item in manifest.GetAllDependencies("all.unity3d"))
        {
            AssetBundle.LoadFromFile(Path.Combine(Application.streamingAssetsPath,
                item));
        }
        // 读取 Bundle
        assetbundle = AssetBundle.LoadFromFile(Path.Combine(Application.
            streamingAssetsPath, "all.unity3d"));
        // 从 Bundle 中读取资源
        GameObject prefab = assetbundle.LoadAsset<GameObject>("Cube");
        // 实例化资源
        Instantiate<GameObject>(prefab);
```

15

```
        }
    }
```

除了 `AssetBundle.LoadFromFile`，如下代码还展示了从内存中加载 AB。这个操作非常占用内存，因为它要把整个 AB 文件的二进制字节数组全部加载到内存中。通常该操作被用于 AB 文件加密，但是代价非常高。还有一种方法是从流中加载，它可以由开发者在本地分配一段字节流来加载 AB 文件，这其实是把更底层的接口开放出来。该方法也可用于 AB 文件加密与解密，它比前一种方法内存要小很多。

```
// 从内存中加载 AB
AssetBundle.LoadFromMemory
// 从流中加载
AssetBundle.LoadFromStream
```

以上 3 种方法都支持异步加载接口 `AssetBundle.LoadXXXXXAsync`，但需要配合协程任务。如果需要对 AB 文件进行下载，那么只需参考第 11 章中的下载部分，将下载文件改成 AB 文件即可，下载到本地后加载的方式就和本节一样了。

15.3.7　内存与卸载

如图 15-18 所示，从 AB 到 Game Asset 都是有 Native 内存的，但是在 C#这边我们只能获取托管内存。因此，我们需要考虑如何卸载 AssetBundle 对象、GameAsset 对象和 GameObject 对象这 3 块内存。

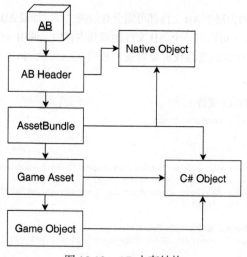

图 15-18　AB 内存结构

1. AB 内存

释放 AB 内存时，请注意参数 `false` 表示只卸载 AB 这部分内存。参数 `true` 则表示不仅卸载 AB 内存，还会将从该 AB 加载出来的 GameAsset 资源同时卸载。

```
assetbundle.Unload(false);
assetbundle.Unload(true);
```

2. GameAsset 内存

游戏资源内存包括材质、贴图、模型、声音等，游戏对象 Prefab 属于特殊的游戏资源内存，它的卸载方式是不同的。如果是从 AB 中加载的材质对象，那么可以使用 `Resources.UnloadAsset` 释放它。

```
Material material = assetbundle.LoadAsset<Material>("mat");
Resources.UnloadAsset(material);
```

如果是 Prefab，则不能这样卸载。Prefab 加载出来也是游戏资源，在没有被实例化的情况下只能通过卸载无用资源的方式释放内存。

```
GameObject prefab = assetbundle.LoadAsset<GameObject>("Cube");
// Resources.UnloadAsset(prefab);报错
prefab = null;
Resources.UnloadUnusedAssets();
```

3. GameObject 内存

通过 `Object.Destroy` 可以删除 Hierarchy 视图中的游戏对象。但此时只是在 C#托管堆中将变量标记成 `null`，它需要在下次垃圾收集的时候进行 GC，但该操作只会 GC C#托管堆中的对象，游戏资源实际的 Native 中的内存并不会被释放。

```
var go = Instantiate<GameObject>(prefab);
Object.Destroy(go);
go=null;
```

Unity 会在每次切换场景时在底层进行 Native 无用内存回收，也可以通过如下代码强制卸载无用资源。

```
Resources.UnloadUnusedAssets();
```

15.3.8　场景 AB

场景文件也可以打包到 AB 中。下载后的场景是不需要在 Scene In Build 中关联的，而且不能在这里关联，因为一旦关联，它就会被打在游戏包中。场景文件下载后会从读写目录中优先加载 AB 文件，然后再调用 LoadScene 方法。

```
void Start()
{
    string path = Path.Combine(Application.persistentDataPath, "scene-ab.unity3d");
    // 加载场景Bundle
    AssetBundle.LoadFromFile(path);
    SceneManager.LoadScene("scene-ab");
}
```

15.3.9　CDN 下载流程

对商业游戏来说，AB 文件的数量是非常多的，每个 AB 文件所依赖的 AB 文件也很多，可能还存在多层依赖的情况。通常在做 AB 包时还需要生成一份 AB 包的依赖关系表，这份表中需要记录游戏对象和 AB 包的关系，后文简称资源列表文件。

我们在代码中使用游戏资源路径或资源名进行加载，通过名称需要知道它对应的 AB 文件，根据对应的 AB 文件还需要知道它是否有需要依赖的 AB 文件。只有知道所有这些信息并且资源已经在本地目录中，才可以加载。

待下载的 AB 文件需要提交到 CDN 中，同名的 CDN 文件有可能不被刷新，所以主流的做法是先将 AB 文件名改成以 MD5 命名的文件，这样提交到 CDN 以后就不会出现任何同名文件了。

CDN 还需要保证至少有一个 URL 是可以立即刷新的，这个 URL 需要"写死"在客户端程序中。每次启动时会先请求该 URL 找到对应的下载列表，下载列表中记录着每个 AB 文件的具体下载路径以及每个资源和 AB 文件的关系。找到下载列表后对比一下，看看下载列表中的文件本地是否已经下载，是否存在已下载的文件被用户手动删除的情况，需要一直检查，直到所有 AB 文件都下载完毕。

每次发送热更新包都需要先将本地的资源构建成 AB 文件，并且生成一份全新的下载文件列表，然后将这份下载文件列表和所有的 AB 文件（以 AB 文件的 MD5 命名）都提交到 CDN 中，同名且同 MD5 的文件是不会重新提交的。客户端每次启动都会检查更新，下载文件中会记录文件 MD5 和文件大小。客户端下载完毕后还需要比对 MD5 和文件大小，如果不完整则需要重新下载，这样才能保证文件完整地下载到本地。

15.3.10　加载流程

所有 AB 文件都下载到本地后需要进行加载。前面我们介绍过，多个资源可能会在同一个 AB 文件中打包。如果业务逻辑程序员还需要考虑当前加载的资源在哪个 AB 包中，那么这样的客户端资源管理框架就是不太合理的。

一个理想的资源框架对外应该只暴露资源名或路径名的接口，比如 `Asset.Load<T>(path)` 进行资源加载，内部统一管理具体从哪些 AB 中加载，最后返回资源结果。对于不需要的资源，逻辑代码只需调用简单销毁接口（如 `Destroy(object)` 或 `material=null`）即可，资源框架内部需要考虑如何从内存中卸载不需要使用的 AB 文件。此外，对业务逻辑程序员来说，甚至可以完全不考虑 AB 文件的存在。

15.3.11　多进程 AB 构建

Unity 2023.1 中提供了 Multi-Process AssetBundle Building（多进程 AB 构建）的方法，可以有效地加快打包速度。如图 15-19 所示，在导航菜单栏中选择 Editor→Project Settings 后，选择 Editor 标签页，并且勾选 Multi-Process AssetBundle Building 即可。

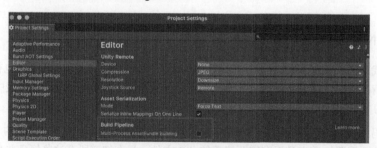

图 15-19　启动多进程 AB 构建

在代码中也可以动态开启或关闭，如下所示。

```
EditorBuildSettings.UseParallelAssetBundleBuilding = true;
```

15.4 代码编译

C#代码和脚本是特殊的资源，在编辑器模式下，只要是 Assets 任意目录和子目录下的 CS 代码都会被编译到同一个 DLL 中，文件在 ScriptAssemblies/Assembly-CSharp.dll 中。如果工程中代码量非常大，那么一次随意的改动就需要进行全部编译，这样一来编译的时间可能会很长。如图 15-20 所示，每次修改任意代码后 Unity 都会进行编译，在右下角出现转圈的动画。

图 15-20　编译代码中

15.4.1　Plugins

游戏中业务逻辑代码需要频繁修改，但是一些公共的框架类代码或者第三方类库代码例外，此时就可以将这部分代码放入 Plugins 目录（见❶）。如图 15-21 所示，Plugins 目录下的代码会编译到 Assembly-CSharp-firstpass.dll 中，以后我们再修改逻辑代码就不会同时编译这部分代码了，编译速度也会提升。

图 15-21　Plugins

Plugins 目录下的代码是优先编译的，Assembly-CSharp.dll 可以调用它们，但是它们不能反向调用 Assembly-CSharp.dll。

15.4.2　Assembly

虽然 Plugins 目录能起到一定的分离作用，但是如果代码量足够大则依然会出现编译很慢的情况。在 Project 视图中可以单独创建 Assembly 文件（见❶），它可以将某个文件夹下的代码单独编译到另一个 DLL 中（见❷），如图 15-22 所示。

图 15-22　创建 Assembly

　　Project 视图还支持创建 AssemblyReference 依赖，就是让一个 Assembly 文件依赖另一个 Assembly 文件。

15.4.3　Editor

　　Editor 是一个特殊的文件夹，它下面的代码会被单独编译到 Assembly-CSharp-Editor.dll 中，它可以访问运行时 DLL 中的代码，但是运行时 DLL 中的代码无法访问它。这是因为编辑模式下的代码本来就不能在运行期间使用，自然也就不能访问了。

15.4.4　IL2CPP

　　除了上面介绍的几个 DLL，Package Manager 中添加的包也会单独生成各自的 DLL 文件。总之，在真正打包以前，代码都通过 DLL 的方式保存和加载。如图 15-23 所示，可以配置代码编译的方式。

图 15-23　打包编译方式

　　IL2CPP 的诞生有两个原因：一是很多平台需要支持 64 位系统，二是 C++代码可以很好地支持跨平台以及接入第三方类库。这部分内容在第 3 章中详细介绍过。

　　目前 CPU 的架构是 X86 和 ARM，这样可以提前将代码编译成对应的机器码。如图 15-24 所示，以 Android 平台为例，在 Project Settings 中可以勾选支持的 CPU 目标平台，还可以设置 64 位。如果勾选 ARMv7 和 ARM64，则表示同时支持 32 位和 64 位。

图 15-24　目标架构

接下来构建 Android APK 包，构建完毕后可以将扩展名改成.zip 并解包。如图 15-25 所示，libil2cpp.so 就是我们自己写的 C#代码，它分别被编译成了 32 位和 64 位。libil2cpp.so 在打包前先被编译成 C++代码，然后 Android 平台会将 C++代码编译成.so 文件来运行。如果 C#代码量非常多，那么.so 文件就会非常大，如果再同时支持 32 位和 64 位就会更大（两份 libil2cpp.so）。目前普遍的做法是放弃 32 位直接支持 64 位。

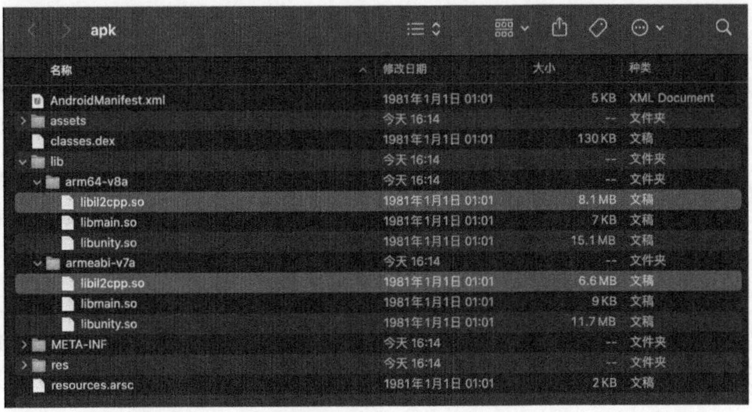

图 15-25　解包

除了 Android 平台，iOS 平台会将 IL2CPP 后的 C++代码编译成扩展名为.a 的文件，而 PC 平台和 Mac 平台则会将 C++代码编译到本地可执行文件中。

15.4.5　AB 中的脚本

Unity 在构建 AB 的时候可以指定 Prefab 文件。Prefab 自身是可以绑定游戏脚本的，如此说来，脚本是不是也可以热更新了？答案是否定的。前面讲过，资源之间的依赖关系是通过 guid 来关联的，其实脚本也一样。如图 15-26 所示，打开脚本对应的 META 文件后，可以看到每个脚本都对应一个 guid 数值。

图 15-26　脚本的 GUID

接下来，将此脚本绑定在某个 Prefab 上。Prefab 中会记录这个 GUID 的脚本，运行时会通过这个 GUID 找到对应的脚本代码来执行。如果给 AB 构建了一个新脚本，那么当这个 AB 文件被加载到旧的工程中时，是找不到对应 GUID 的脚本的，这样就无法执行相应代码了。所以，AB 无法热更新脚本。

15.4.6   热更新代码

热更新代码的意思是在不更新完整客户端的情况下更新代码逻辑。前面介绍过,代码会在打包前编译成 CPU 认识的机器码来执行,通常这种行为是 AOT(全称是 Ahead of Time,意思是"提前编译")。如果需要热更新代码,那么就必须运行时编译,这种行为是 JIT (全称是 Just In Time,意思是"即时编译")。

AOT 的优点显而易见,提前编译出机器码以后,运行期间只需要执行,并不需要额外的耗时来编译代码,但缺点是提前并不知道用户运行的 CPU 的种类,只有尽可能编译出更全的机器码(至少编译出 ARM、ARM64、X86 和 X8664 共 4 种机器码),才能在所有机器上执行,这样游戏包体就会增大。

JIT 的优点是可以根据目标 CPU 的种类单独编译适合它的 CPU 指令,而且 JIT 只编译当前需要执行的代码,不执行的代码则不会进行编译,编译完成以后下次无须重复编译,但缺点是首次编译时需要额外的一些耗时。

如图 15-27 所示,我们写的 C#代码只是文本文件,首先需要离线将它们编译成 DLL 文件,然后再通过 CDN 下载的方法将它们下载到客户端本地。由于 IL2CPP 环境下本地并没有 Mono 虚拟机,因此 DLL 文件是无法执行的,而 IL2CPP 并没有提供 JIT 的办法,所以运行时无法将 DLL 编译成机器码。

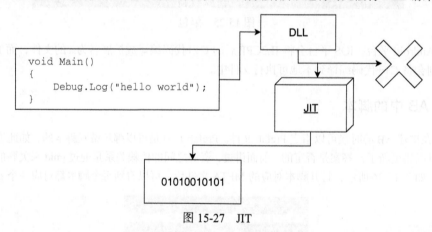

图 15-27   JIT

前面我们看到了 JIT 会将代码编译成机器码,即一串 01 的二进制数据。我们既可以说这段数据是机器指令,也可以说它是普通的文件数据。那么,它是如何执行的呢? 如果是机器指令,就需要加载到内存中,让 CPU 把这段内存当程序来执行,但前提是硬件必须具有执行内存的权限。IL2CPP 不支持 JIT 的原因是它没有提供这样的方法,并非其硬件不支持。而在 iOS 平台下苹果系统直接从硬件这里禁止了执行 JIT 的可能,它将禁止提供 CPU 执行内存的权限封得更彻底。

未来 Unity 可能会支持 C#的 JIT 行为,目前来说官方提供的热更新必须是在 Mono 环境下,打包时必须以 Mono 的环境出包。我们需要提前将热更的代码编译成 DLL 文件。如下终端指令展示了先通过 cd 命令进入工程 Assets 目录,然后通过 csc 指令开始编译 C#文件,将 Script_15_07/HotUpdate 目录下的所有 C#文件编译成 HotUpdate.dll 并放在 StreamingAssets 目录下。

```
cd Project/Assets
csc /r:/Applications/Unity/Hub/Editor/2023.1.0a21/Unity.app/Contents/Managed/UnityEngine.dll
/target:library /out:StreamingAssets/HotUpdate.dll /recurse:Script_15_07/HotUpdate/*.cs
```

在热更的 DLL 中我们编译了静态类并返回了一个方法。

```
public class HotUpdate
{
    static public string GetName()
    {
        return "HotUpdate";
    }
}
```

如代码清单 15-7 所示，读取 DLL 文件后，通过反射类对象和方法来执行它内部的方法。最终构建游戏包后，将返回值 HotUpdate 显示在屏幕中，如图 15-28 所示。

代码清单 15-7　Script_15_07.cs 文件

```
public class Script_15_07 : MonoBehaviour
{
    public Text text;
    void Start()
    {
        // 加载DLL 文件
        Assembly assembly = Assembly.LoadFrom(Application.streamingAssetsPath +
            "/HotUpdate.dll");
        // 获取某个类
        Type type = assembly.GetType("HotUpdate");
        // 获取类中的某个方法
        MethodInfo mi = type.GetMethod("GetName");
        // 反射调用 GetName 方法并获取返回值
        text.text = mi.Invoke(null, new object[] { }).ToString();
    }
}
```

注意：由于苹果系统禁止了 JIT，因此 iOS 平台不支持热更新 DLL 文件，而 Android 平台和 PC 平台则支持，但是也仅限于使用 Mono 进行构建打包。

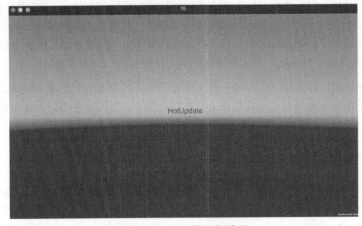

图 15-28　JIT 热更新代码

15.5   Shader（着色器）编译

Shader 是一段需要在 GPU 中执行的程序。GPU 与 CPU 一个很大的区别是 GPU 的种类很多而且不太固定，这就导致无法提前编译出 GPU 程序。Shader 的编译原理是，运行时首次渲染时，在没有编译过的情况下会进行编译，它需要根据当前运行的 GPU 的环境，通过底层渲染驱动动态编译出能执行的机器代码。

15.5.1   打包与运行

Unity 提供的 Shader 代码语言是 HLSL，我们首先需要将它转成目标平台支持的 Shader 语言（PC 平台支持 DX、iOS 平台支持 Metal、Android 平台支持 GLSL）。HLSL 首次执行时会通过底层的渲染器驱动将 DX 代码、Metal 代码和 GLSL 代码编译成对应的 GPU 机器码来进行渲染，如图 15-29 所示。

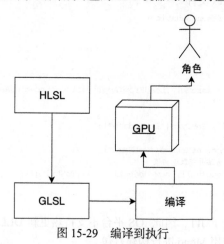

图 15-29   编译到执行

打包或者构建 AB 包时需要将 HLSL 的文本代码转成对应的文本代码（PC 平台是 DX、iOS 平台是 Metal、Android 平台是 GLSL）。HLSL 会编译出顶点着色器和片元着色器两个文件，如果有很多宏定义，那么它们就需要以指数的形式组合在一起，这样编译出来的着色器代码就更多了。打包时经常能看到 CPU 满负荷在编译 Shader，其实它正在生成对应平台的 Shader 代码。

如果是构建 AB 包，那么可以看到每个平台中最后生成的 Shader 代码是不同的，所以说在 PC 平台的编辑器环境下加载 iOS 平台的 AB 包将大规模显示粉片。原因就是当前 AB 包里是基于 Metal 的着色器代码，而当前计算机并不是苹果系统，编译执行不了它们，所以就显示异常了。

15.5.2   Shader 重复打包

如果 Shader 文件不被做成依赖包，那么就很容易出现重复打包的情况。如图 15-30 所示，我们有 3 个角色并且每个角色单独构建 AB 包，由于他们使用的是同一个 Shader 文件，导致每个 AB 包都关联了一份相同的 Shader 文件。

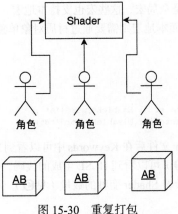

图 15-30　重复打包

引擎目前并不会处理不同 AB 包中重复的 Shader 文件，这就导致加载任意角色时都需要编译一次相同的 Shader 文件，而且大量的 Shader 文件会占用内存。为了避免出现这种情况，在构建 AB 包的时候一定要将 Shader 文件做成依赖包。

15.5.3　Shader 宏

HLSL 是支持宏定义的，这样就可以在一段代码中实现多种着色效果。如下列 Shader 代码所示，可以通过 `pragma multi_compile` 来添加特殊宏，其中_表示一种宏状态，A 表示另一种宏状态，多个宏可以组合在一起。可以通过#if...else 来判断宏在执行特定的 Shader。

```
Pass
{
    CGPROGRAM
    #pragma vertex vert
    #pragma fragment frag

    #pragma multi_compile _ A
    #pragma multi_compile _ B

    fixed4 frag (v2f i) : SV_Target
    {
        #if A
            return 0;
        #elif B
            return 1;
        #else
            return fixed4(1,0,0,1);
        #endif
    }
    ENDCG
}
```

前面介绍过,打包时需要将 HLSL 代码编译成对应的代码。如果代码中有很多这样的宏，那么就需要把每一种结果单独编译成一份代码，宏的数量每增加一个，代码量就会呈指数级增长。这会导致打包的时间增加，而且内存占用也会增多。

15

默认情况下，我们写的宏都是全局宏，这些宏也支持本地宏。全局宏的意思是当打开某个宏后所有 Shader 中定义的宏都会启动，而本地宏则需要通过材质对象单独打开某一个宏。

```
// 全局宏
Shader.EnableKeyword("A");
Shader.DisableKeyword("B");

// 本地宏
GetComponent<MeshRenderer>().material.EnableKeyword("A");
GetComponent<MeshRenderer>().material.DisableKeyword("B");
```

如图 15-31 所示，选择 Shader 文件后在 Keywords 中可以看到当前 Shader 中含有哪些宏（见❶），点击 Compile and show code（见❷）可以看到 HLSL 生成的代码，点击右侧箭头可以看到当前支持的平台。下面的 variants total 中记录着 Shader 变种的数量（见❸），每个变种就是 Shader 中各种宏的一个特殊组合。

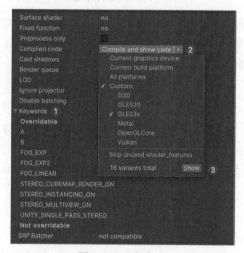

图 15-31　宏定义

通过如下代码可知，当前 Shader 一共包含 16 个变种。这就意味着它有 16 种组合状态，需要编译出 16 个 GPU 程序。由于我们写的 A 和 B 这两个新宏标记的是 `multi_compile`，因此它需要和其他宏进行两两组合，这样每多写一个宏，组合的数量就会翻一倍。

```
16 keyword variants:

<no keywords defined>
FOG_LINEAR
FOG_EXP
FOG_EXP2
B
B FOG_LINEAR
B FOG_EXP
B FOG_EXP2
A
A FOG_LINEAR
A FOG_EXP
A FOG_EXP2
```

```
A B
A B FOG_LINEAR
A B FOG_EXP
A B FOG_EXP2
```

`multi_compile` 有个非常大的问题，那就是它需要将所有宏的组合都记录下来，这就导致 A B FOG_EXP2 这种组合运行时可能根本不会触发，但我们又不得不保留它，很容易造成浪费。所以，在项目中应该使用 `shader_feature` 来代替 `multi_compile`。

```
#pragma shader_feature _ A
#pragma shader_feature _ B
#pragma shader_feature _ C
```

`shader_feature` 的好处是不会将所有组合都保留下来，只会保留将要用到的变种，它会在打包的时候遍历每种材质中记录的变种组合，如图 15-32 所示。

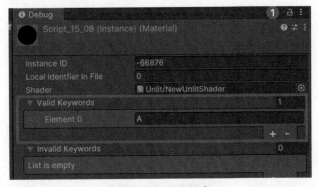

图 15-32　变种组合

此处还有一点要注意，就是千万不要将 Shader 放到 Always Included Shaders 中，这里面的 Shader 会强制将 `shader_feature` 以 `multi_compile` 的方式进行打包，造成包体与内存增大，如图 15-33 所示。

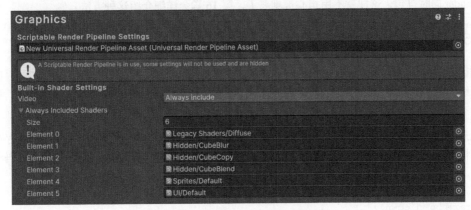

图 15-33　Always Included Shaders

15

15.5.4   Shader 与 AB 包

Shader 是可以打在 AB 包里进行热更新的，但这样非常容易出现冗余的问题。如果包体和 AB 包里都有一份 Shader 引擎，那么该如何使用呢？引擎其实并没有那么智能，只有在 Resources 目录或者被打包场景关联使用的资源中才会用到包体里的 Shader，而通过 AB 包加载的资源，即使它和包体里的 Shader 完全一样，也不会使用包体里的 Shader。因为 AB 包里也有一份 Shader，所以运行时它会加载这份 Shader，这样内存中一定会出现冗余，首次渲染时就会编译出多份 GPU 代码，从而影响性能。

为了避免这种性能上的浪费，应该尽可能地将 Shader 放入 AB 包里，让所有资源都依赖它。如图 15-34 所示，将所有 Shader 打在一个 AB 包里，每个角色单独打一个 AB 包，再依赖 Shader 的 AB 包即可。

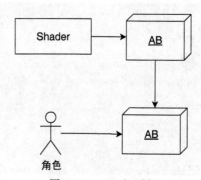

图 15-34   AB 包剥离

现在又出现了一个新问题：在构建 Shader 公共 AB 包时，如何知道角色使用了哪些宏呢？引擎自然是不知道的，这就导致 shader_feature 的宏被剥离了，而写 multi_compile 又会浪费内存。有一种好方法是提前遍历所有 Prefab 和场景，将每种变种组合提取出来并生成到 Shader Variants 中与公共 Shader 同时打包，这样就不用担心被剥离了，第 16 章会详细介绍这种方法。

15.5.5   Shader 打包剥离

前面介绍过，应该尽量使用 shader_feature，但是有些宏必须使用 multi_compile，比如溶解和边缘光效果都需要叠加在当前的效果之上。所以这种变种组合没办法提前离线计算出来，只能运行时动态开关。

从逻辑上看，它们并不需要和其他所有的宏两两组合在一起，比如溶解和边缘光不可能存在同时开启的情况，但 multi_compile 依然会生成这种结果。下面来举个详细的例子。在如下代码中，我们拥有 3 个 multi_compile 的宏。

```
#pragma multi_compile _ A
#pragma multi_compile _ B
#pragma multi_compile _ C
```

这样就必须产生 8 种结果。

```
Keywords always included into build: A B C

8 keyword variants used in scene:

<no keywords defined>
C
B
B C
A
A C
A B
A B C
```

如果逻辑上 A 不会和 B 进行组合，但是可以和 C 进行组合，而且 A、B 和 C 都是可以动态开关的，那么这种情况下真正有效的组合只有 5 种。

```
<no keywords defined>
C
B
B C
A
A C
```

通过 IPreprocessShaders 接口就可以对 Shader 进行宏的剥离，代码清单 15-8 展示了当组合中同时包含 A 和 B 的时候剥离这些 Shader 变种。

代码清单 15-8　Script_15_08.cs 文件

```csharp
public class Script_15_08 : IPreprocessShaders
{
    ShaderKeyword A = new ShaderKeyword("A");
    ShaderKeyword B = new ShaderKeyword("B");

    public int callbackOrder { get { return 0; } }

    public void OnProcessShader(Shader shader, ShaderSnippetData snippet, IList<ShaderCompilerData>
        data)
    {
        if ("Unlit/Script_15_08" != shader.name)
        {
            return;
        }

        for (int i = data.Count - 1; i >= 0; --i)
        {
            // 当组合中同时包含A和B的时候剥离这个Shader
            if (data[i].shaderKeywordSet.IsEnabled(A) && data[i].shaderKeywordSet.IsEnabled(B))
            {
                data.RemoveAt(i);
            }
        }
    }
}
```

15

15.6　美术资源管理

商业游戏中美术资源的量非常大，对程序而言，只要资源的格式命名符合规则，在代码中就可以使用它。美术资源大多是由美术人员手动制作的，对这些人而言，效果是他们最在乎的，命名规则（规范）则不那么重要。所以他们很容易提交错误格式的资源，导致程序在更新美术资源后不能运行的尴尬局面。

15.6.1　版本管理

多人同时开发游戏时，需要对项目的版本进行管理，我们通常会将整个工程上传至 SVN 或 GIT。然而，资源在被导入 Unity 的时候，会自动生成很多中间资源，这些资源是不需要上传的。如图 15-35 所示，只需将 Assets 文件夹、Packages 文件夹和 ProjectSettings 文件夹下的所有文件以及 META 文件上传即可。

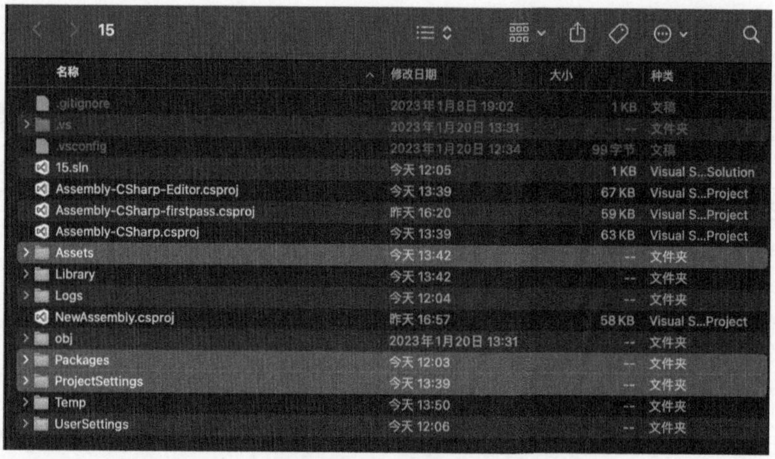

图 15-35　版本管理

META 文件是 Unity 自动生成的。每个游戏资源都有一个对应的 META 文件，它会标记资源在引擎中的一些设置信息，我们可以在资源视图面板中重新设置这些资源的参数。此时 META 文件中会保留这些参数，在将资源拖入工程时，它会利用这些参数重新压缩资源。换句话说，资源在用户无感知的情况下被 Unity 优化了。

推荐使用 Cache Server，新版本中改名为加速器，如图 15-36 所示。加速器支持 Windows 平台、macOS 平台和 Linux 平台，通常可以将它部署在公司的打包机上。

图 15-36　加速器

如图 15-37 所示，部署完毕后可以直接在每台客户端中配置 IP，这里的 IP 指向配置过加速器的公司内网打包机即可。

图 15-37　Cache Server

加速器部署完毕后，Library 文件夹中生成的资源就不需要每台客户端都单独生成一遍了。如果加速器服务器上有这个资源就会下载，内网的下载速度通常很快，所以它能起到加速作用。

15.6.2　材质丢失

META 文件中最重要的是 GUID，整个引擎都通过它来唯一标识资源。平常开发中，美术人员经常抱怨材质丢失的问题，而程序员则很难遇到这种问题。原因是美术人员不喜欢更新工程，或者只更新他们需要的某个文件夹。GUID 是在本地生成的，美术人员不更新其他文件夹就会导致某些文件的 GUID 本地和远端发生冲突，这样程序员（或打包机）在更新的时候一定会出现材质丢失的问题。想解决这个问题很简单，那就是一定要养成更新整个工程的习惯，及时解决冲突。

15.6.3　协作开发与多工程

一个游戏项目会有多个角色（比如程序员、策划人员、美术人员等）参与其中，如果不希望一部分代码被美术人员和策划人员看到，那么项目就需要分成两个工程。划分工程还有一个好处，就是美术人员可以提交一些他们的临时资源到美术工程中。例如，美术人员做的资源可能是临时的，并不需要在项目中使用，但是也不适合删掉，因为未来的某一天策划人员可能想要使用。在这种情况下，就可以将这些资源提交到单独的美术工程中。

15

因为是两个客户端工程，所以还需要考虑合并的问题。那就是添加 SVN 的外链。客户端的 SVN 仓库在 Assets 文件夹下外链一个美术人员的 SVN 仓库文件夹，当美术人员在自己的 SVN 仓库中提交资源时，客户端只需要更新就可以，不需要考虑资源的合并。这样是最方便的，但是也存在一个问题：将来如果打 SVN 版本分支，那么外链也必须打分支，不然当美术人员更新资源时，旧的客户端 SVN 仓库就会把新的资源外链下来。所以外链最好使用相对路径，这样在打分支的时候就不需要单独配置外链了。游戏就是使用这种方法来管理客户端和美术资源的，确实很方便。

15.6.4　美术资源生成

美术人员需要将 Prefab 和场景提交到指定的文件夹中供程序使用，而且资源还需要保持命名规范以及正确的格式。如果美术人员提交了一个错误的资源，那么程序就一定会报错或出问题，所以商业游戏中应该尽可能不直接使用美术人员手动制作的文件。

(1) 模型动画文件

动画文件容易出现的问题是命名和节点。程序加载模型后会统一播放动画名，如果有一个动画名和其他的名字不一样，或者美术人员写错了名字，那么一定会出错。

(2) 场景文件

场景文件一般需要正确的子节点，比如场景角色的出生位置点，如果某个场景写错了，那么运行游戏一定会出错。

模型动画文件都是由 Prefab 组成的，场景文件就是 Scene 文件。我们可以给美术人员制作一个工具，根据他们提交的资源来动态生成 Prefab 文件和 Scene 文件。与此同时，再对资源进行一次检查。如果能生成文件，那么就表示资源的格式肯定没问题；如果不能生成文件，则可以做一些提示告诉美术人员问题出在哪里。这样打包机在更新打包时就不会对错误的资源进行打包，进而减少人为出错的可能性。

15.7　小结

本章首先详细介绍了资源管理，将外部资源拖入 Unity 中会生成一份新的资源放在 Library 文件中使用。资源还可以设置一些参数，这样就可以在不修改原始文件的情况下生成新文件供项目使用，这也是最灵活的方式。资源导入的每个步骤都提供了回调接口，代码可以进行监听。接下来我们学习了通过 Resources 对本地游戏资源进行加载。如果需要下载资源，那么可以提前将资源打入 AB 包中，通过 AB 文件就可以加载内部的游戏资源。最后，我们还学习了代码和着色器的编译原理以及多工种在项目中如何协作开发。

第 *16* 章

自动化与打包

通过第 15 章的学习，我们已经对资源管理有了深刻的认识。游戏中的资源是海量的，这就带来了新的问题：有大量的资源格式需要设置，比如贴图格式、模型格式、音频格式、文件格式等。如果手动设置，那么效率将非常低，而且容易出错，所以我们需要结合自动化来管理资源。另外，游戏打包这一步也需要自动化，例如，每次打包前都需要对包体做一些修改，如果全都手动操作，则非常麻烦。本章将介绍 Unity 的自动化接口，希望可以帮助你解放双手。

16.1 自动化设置资源

第 15 章介绍过如何监听资源导入前与导入后事件，通过这一类接口可以自动化设置资源。例如，对于贴图、模型、动画等资源都可以手动设置参数，参数设置得合理就可以进一步优化性能。但是美术人员往往对性能不太敏感，容易造成性能浪费，因此可以配合自动化脚本工具自动设置资源参数。举个实际的案例，贴图资源使用 ASTC5X5 压缩格式就可以达到非常好的效果，但如果美术人员将其大规模设置成 RGBA32 则会白白浪费性能。如果在游戏发布的前几天修改这些资源，那么在这么短的时间内又容易出现新问题。所以美术人员最好将资源拖入引擎，自动设置它的默认格式。这样可以将问题提前暴露出来，而不是等到最后才发现。

16.1.1 设置贴图格式

如图 16-1 所示，默认贴图格式是 Automatic，它在 PC 平台上的格式是 DXT1/5，在 Android 平台和 iOS 平台上的格式是 ASTC6X6（旧版本 Unity 可能支持 PVRTC 格式和 ETC2 格式，目前我们以 Unity 2023 最新版为主进行讲解）。尽量不要让美术人员修改 Default 标签页下的贴图格式，如果他们将其修改成 RGBA32，那么就表示其他平台的格式也变成了这个格式。

图 16-1　默认贴图格式

如图 16-2 所示，还可以单独选择某一个平台，这里选择 Android 平台后点击 Override For Android 单独修改这个平台下的贴图格式。显然，这种设置非常糟糕，因为美术人员可能会忘记对 iOS 平台和 PC 平台进行设置，这样就容易造成多个平台下的贴图格式不统一。

图 16-2   对应平台的贴图格式

通过自动化脚本，我们可以监听默认平台，当美术人员选择除 Automatic 以外的格式时需要对其进行还原。其他平台下也需要监听 Format 的格式，当发现设置了 RGBA32 格式时需要将其还原为 Automatic 格式。因为存在单独修改 ASTC4X4 或 ASTC5X5 的可能，所以我们只监听完全不能设置的格式，然后再进行还原。对应的 iOS 平台则完全监听 Android 平台的设置，永远和其保持一致，这样美术人员就可以不关心 iOS 平台的设置，甚至可以不安装 iOS 平台的 Target 环境。相关代码如代码清单 16-1 所示。

代码清单 16-1   Script_16_01.cs 文件

```
public class Script_16_01 : AssetPostprocessor
{
    void OnPreprocessTexture()
    {
        TextureImporter textureImporter = assetImporter as TextureImporter;
        string path = textureImporter.assetPath;
        bool isProAssets = path.StartsWith("Assets/");
        if (isProAssets)
        {
            bool isUI = path.StartsWith("Assets/UI");
            // 根据贴图的路径可以区分是不是 UI 贴图
            if (isUI)
            {
                // UI 贴图需要设置 Sprite 并且关闭 mipmap
                textureImporter.textureType = TextureImporterType.Sprite;
                textureImporter.spriteImportMode = SpriteImportMode.Single;
                textureImporter.mipmapEnabled = false;
            }
            else
            {
                textureImporter.textureType = TextureImporterType.Default;
                textureImporter.mipmapEnabled = true;
            }
            textureImporter.isReadable = false;

            // 设置默认平台，禁止设置除 Automatic 以外的贴图格式
            TextureImporterPlatformSettings settings = textureImporter.GetDefaultPlatformTextureSettings();
```

```
            if (settings.format != TextureImporterFormat.Automatic)
            {
                settings.format = TextureImporterFormat.Automatic;
                textureImporter.SetPlatformTextureSettings(settings);
            }
            else
            {
                // 获取 iOS 平台用户和 Android 平台用户对贴图的设置参数
                TextureImporterPlatformSettings androidSettings = textureImporter.
                    GetPlatformTextureSettings("android");
                TextureImporterPlatformSettings iosSettings = textureImporter.
                    GetPlatformTextureSettings("ios");

                // 如果在 Android 平台上贴图格式被设置成 RGBA32，那么要还原成默认格式
                if (androidSettings.format == TextureImporterFormat.RGBA32)
                {
                    textureImporter.ClearPlatformTextureSettings("android");
                    textureImporter.ClearPlatformTextureSettings("ios");
                }
                else
                {
                    // iOS 平台上的参数和 Android 平台上的参数需保持一致
                    iosSettings.overridden = androidSettings.overridden;
                    iosSettings.format = androidSettings.format;
                    textureImporter.SetPlatformTextureSettings(iosSettings);
                }
            }
        }
    }
}
```

对项目中的一些资源来说，可能美术人员就希望使用 RGBA32，针对这种情况，可以给这些资源准备一些特殊的文件夹或者文件名，通过程序来检测，然后再单独设置。以我的经验，尽量不要提供这种功能，因为美术人员可能会按照这种规则放入多张图片，这样最后依然会有很多 RGBA32 的贴图。我的做法是提供一个白名单，如果需要 RGBA32 贴图，会请美术人员将资源名告诉我，我再手动加进去。这样做的好处是程序员在设置贴图的时候就可以检查一下这个资源是否真正需要设置 RGBA32，因为一旦未来出现性能内存问题，再想优化就难了。

在 Android 平台和 iOS 平台下使用的 ASTC 压缩格式对贴图的尺寸没有任何要求，但是在 PC 平台上需要使用宽高能被 4 整除的贴图，才能进行 DXT1/5 格式的压缩。如下列代码所示，我们可以监听贴图导入事件，当发现贴图的宽高不能被 4 整除时提示美术人员及时进行修改。

```
public class MyPost : AssetPostprocessor
{
    void OnPostprocessTexture(Texture2D texture)
    {
        if(texture.width%4!=0 || texture.height % 4 != 0)
        {
            Debug.LogError($"{texture}贴图宽高不能被 4 整除，请调整");
        }
    }
}
```

16

16.1.2　动画控制器

前面介绍过，应该禁止使用 Animation Controller 文件。美术人员在做动效的时候通常会使用快捷键，因此很容易自动创建 Animation Controller 文件，最好的办法是在创建 Animation Controller 文件时就自动将其删除，这样就可以避免美术人员使用了。相关代码如代码清单 16-2 所示。

代码清单 16-2　Script_16_02.cs 文件

```
public class Script_16_02 : AssetPostprocessor
{
    static void OnPostprocessAllAssets(string[] importedAssets, string[] deletedAssets, string[]
        movedAssets, string[] movedFromAssetPaths, bool didDomainReload)
    {
        foreach (string str in importedAssets)
        {
            if (Path.GetExtension(str) == ".controller")
            {
                AssetDatabase.DeleteAsset(str);
                Debug.LogError($"项目中禁止使用Animation Controller 文件");
            }
        }
    }
}
```

由于前面已经介绍过如何使用老版动画来制作动画，这里就不再赘述了。禁止使用 Animation Controller 文件后还需要处理 Timeline 的问题，因为目前 Timeline 中不支持老版动画，但是我们可以在不创建 Animation Controller 文件的情况下播放它。

如图 16-3 所示，只需要单独绑定 Animator 组件，不需要创建 Animation Controller 文件，Controller 这一栏可以空着。

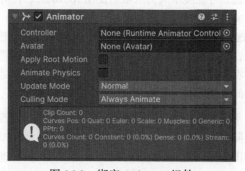

图 16-3　绑定 Animator 组件

如图 16-4 所示，由于动画是老版动画，因此只需在动画文件中将 m_Legacy 改成 0 即可。然后将 Animator 组件对象（见❶）和 Animation 对象拖入 Timeline（见❷）就可以播放动画了，整个过程中不需要 Animation Controller 文件。

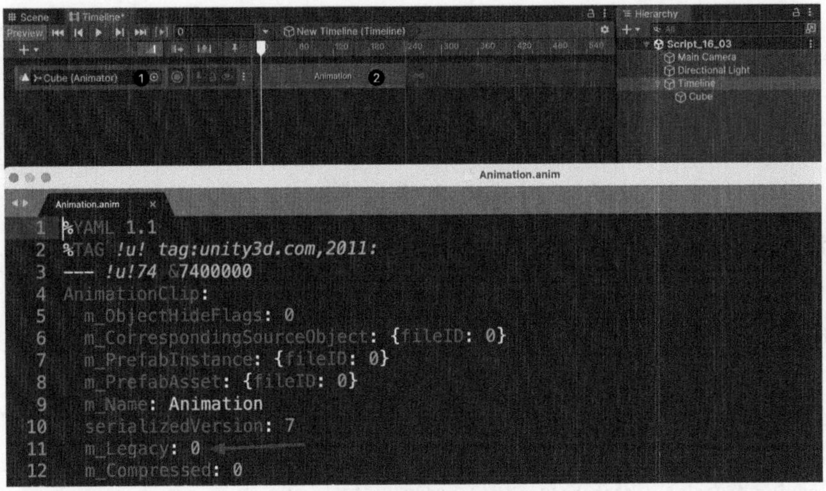

图 16-4　绑定 Timeline

16.1.3　设置模型格式

如果美术人员在 3ds Max 中指定了模型的材质，那么在导入模型的时候就会自动生成这种材质。为了避免这种情况的发生，可以监听模型导入事件，导入时直接关闭它。相关代码如代码清单 16-3 所示。

代码清单 16-3　Script_16_03.cs 文件

```
public class Script_16_03 : AssetPostprocessor
{
    void OnPreprocessMode()
    {
        if(assetImporter is ModelImporter importer)
        {
            string path = importer.assetPath;
            if (path.StartsWith("Assets/Model"))
            {
                importer.materialImportMode = ModelImporterMaterialImportMode.None;
                importer.isReadable = false;
                importer.meshCompression = ModelImporterMeshCompression.Off;
                importer.meshOptimizationFlags = MeshOptimizationFlags.Everything;
            }
        }
    }
}
```

16.1.4　导出动画文件

蒙皮动画文件由美术人员在 3ds Max 中创建，导入 Unity 后动画是只读的，无法修改。如图 16-5 所示，我们可以通过脚本工具将 FBX 中的动画（见❶）提取出来（见❷），这样就可以对这些文件单独进行优化了。

图 16-5 提取动画

如代码清单 16-4 所示，先读取 FBX 中的动画，然后再将它写到另一个动画文件中，这样就可以进行优化了。注意，这里还可以设置写入的动画为老版动画。

代码清单 16-4　Script_16_04.cs 文件

```
public class Script_16_04
{
    [MenuItem("Tools/Script_16_04")]
    static void ExportAnim()
    {
        string fbxAnima = "Assets/Script_16_04/Mage@Idle.fbx";
        var anim = AssetDatabase.LoadAssetAtPath<AnimationClip>(fbxAnima);
        // 设置老版动画
        var animClip = Object.Instantiate<AnimationClip>(anim);
        animClip.legacy = true;

        // 写入动画文件
        AssetDatabase.CreateAsset(animClip, "Assets/Script_16_04/Idle.Anim");
        AssetDatabase.Refresh();
    }
}
```

如图 16-6 所示，在模型对象上绑定 Animation 组件，然后再拖入刚刚生成的动画文件即可播放动画。

图 16-6 播放动画

16.1.5　生成角色 Prefab

美术人员提交的是 FBX 原始文件。通过脚本，我们可以将动画文件和材质文件与原始文件一起生成一份新的 Prefab 文件供程序使用。如代码清单 16-5 所示，通过脚本生成 Prefab 的原理就是将手动拖动绑定动画和材质的过程全部脚本自动化，生成过程中还可以检查资源的合理性，以及挂点等命名是否合理。最终生成的 Prefab 文件如图 16-7 所示。

代码清单 16-5　Script_16_05.cs 文件

```
public class Script_16_05
{
    [MenuItem("Tools/Script_16_05")]
    static void ExportPrefab()
    {
        string animPath = "Assets/Script_16_05/Idle.anim";
        string matPath = "Assets/Script_16_05/Mat.mat";
        string fbxPath = "Assets/Script_16_05/Mage.fbx";
        string prefabPath = "Assets/Script_16_05/Model.prefab";

        var asset = AssetDatabase.LoadAssetAtPath<GameObject>(fbxPath);
        var matAsset = AssetDatabase.LoadAssetAtPath<Material>(matPath);
        var clipAsset= AssetDatabase.LoadAssetAtPath<AnimationClip>(animPath);

        // 实例化对象到Hierarchy 并对它赋值
        var go = Object.Instantiate<GameObject>(asset);
        foreach (var smr in go.GetComponentsInChildren<SkinnedMeshRenderer>(true))
        {
            smr.sharedMaterial = matAsset;
        }
        var animation = go.AddComponent<Animation>();
        animation.AddClip(clipAsset,"Idle");
        animation.clip = clipAsset;

        // 生成 Prefab
        PrefabUtility.SaveAsPrefabAsset(go, prefabPath);
        // 删除Hierarchy 残留游戏对象
        Object.DestroyImmediate(go);
    }
}
```

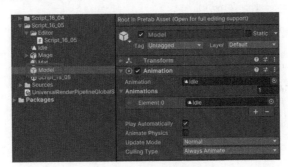

图 16-7　生成 Prefab

16.1.6　生成场景

　　当美术人员做好场景以后，可能需要放入一台摄像机以及一些模型作为参照物，以检查场景做得是否正确。如果一不小心把这些参照物的游戏对象也保存在场景中，那么程序运行后再打开这个场景时，参照物就会显示出来。如图 16-8 所示，可以将这些参照物对象标记成 EditorOnly，这样游戏最终打包后就看不见它们了，但是编辑模式下还是可以看到的。

这种做法虽然能解决最终打包后场景的有效剥离问题，但是在编辑器模式下运行游戏时，这些对象并没有被剥离。更好的办法是和美术人员约定一个场景的节点，比如图 16-9 所示的 Map 节点。通过工具将当前场景生成一份新的场景，只保留 Map 节点下的内容，其余删除。如果场景中需要包含出生点等一些关键节点，也可以在导出时进行一次检查，这样就可以确保导出后的场景不会存在任何问题。

图 16-8 EditorOnly 标签

图 16-9 导出场景

如代码清单 16-6 所示，首先复制出一份新的场景，接下来根据导出的规则动态修改这个场景，从而达到定制性需求。

代码清单 16-6 Script_16_06.cs 文件

```
public class Script_16_06
{
    [MenuItem("Tools/Script_16_06")]
    static void ExportScene()
    {
        string scenePath = "Assets/Script_16_06/Script_16_06.unity";
        string cloneScenePath = "Assets/Script_16_06/Script_16_06_clone.unity";

        // 复制到新场景中
        if (AssetDatabase.CopyAsset(scenePath, cloneScenePath))
        {
            EditorSceneManager.SaveOpenScenes();
            // 打开新场景
            UnityEngine.SceneManagement.Scene scene = EditorSceneManager.OpenScene(cloneScenePath,
                OpenSceneMode.Single);

            if (GameObject.Find("Map") == null)
            {
                Debug.LogError("场景缺失 Map 节点，不予导出");
                return;
            }
            // 删除不是 Map 节点下的游戏对象
            foreach (var gameObject in scene.GetRootGameObjects())
            {
                if (gameObject.name != "Map")
                {
                    GameObject.DestroyImmediate(gameObject);
                }
            }
            // 保存场景
            EditorSceneManager.SaveScene(scene);
            EditorSceneManager.OpenScene(scenePath);
        }
    }
}
```

生成场景的过程中还可以做一些其他的自动化，比如自动设置 static 等信息。如图 16-10 所示，Script_16_06_clone 已经被自动生成。

图 16-10 导出新场景

16.1.7 场景无法保存

只有对象变成 dirty 状态后，才可以进行保存。如图 16-11 所示，如果主动修改场景中的任意对象，那么它就会变成 dirty 状态，此时场景旁边会出现一个*符号，按 Command+S 快捷键即可保存。但是有时通过代码来设置游戏对象或者对象身上的序列化信息时，很可能不会造成 dirty 状态。这样数据是无法保存的，重新打开 Unity 数据依然是旧的，所以必要的时候可以再通过代码强制设置 dirty 状态。

图 16-11 dirty 状态

如代码清单 16-7 所示，`EditorSceneManager.MarkSceneDirty()`用于强制设置某个场景为 dirty 状态，`EditorUtility.SetDirty()`可以把某个资源设置成 dirty 状态。

代码清单 16-7　Script_16_07.cs 文件

```
public class Script_16_07
{
    [MenuItem("Tools/Script_16_07")]
    static void SetSceneDirty()
    {
        // 设置场景的 dirty 状态
        EditorSceneManager.MarkSceneDirty(EditorSceneManager.GetActiveScene());
        // 设置 Prefab dirty
        EditorUtility.SetDirty(AssetDatabase.LoadAssetAtPath<GameObject>
            ("Assets/Cube.prefab"));
    }
}
```

16.1.8 自动生成 UI 图集

UI 图集需要关联具体的 Sprite 文件，一般直接关联整个文件就可以，但如果每次都手动设置则比较麻烦。如图 16-12 所示，可以遍历子文件夹，将文件夹的名字用作图集名，通过脚本自动生成它。相关代码如代码清单 16-8 所示。

图 16-12 生成图集

16

代码清单 16-8   Script_16_08.cs 文件

```
public class Script_16_08
{
    [MenuItem("Tools/Script_16_08")]
    static void SetAtlas()
    {
        string atlasPath = "Assets/Script_16_08/Atlas";
        foreach (var dir in Directory.GetDirectories(atlasPath))
        {
            SpriteAtlas spriteAtlas = new SpriteAtlas();
            spriteAtlas.name = Path.GetFileName(dir);
            spriteAtlas.Add(new Object[] { AssetDatabase.LoadAssetAtPath<Object>(dir) });
            AssetDatabase.CreateAsset(spriteAtlas, $"{dir}/{spriteAtlas.name}.spriteatlas");
            AssetDatabase.Refresh();
        }
    }
}
```

16.1.9   更换 Shader 残留宏

Unity 在材质上可以直接更换 Shader，这样很容易造成上一个 Shader 里的宏、贴图和属性残留被保存下来，未来在构建工程或者打 AB（AssetBundle）包时就会造成冗余浪费。Unity 的这种设计也有一定优势，比如编辑模式下用两种 Shader 分别设置了属性，运行时只需直接切换 Shader 即可，不需要单独设置其他参数。但是造成冗余和浪费的问题更严重，我们可以通过自动化的方式来解决。如图 16-13 所示，先在材质上设置 Lit.shader，然后再切换成 Unlit.shader，接下来切换到 debug 窗口中即可看到之前 Lit.shader 中的属性也被保留了下来。

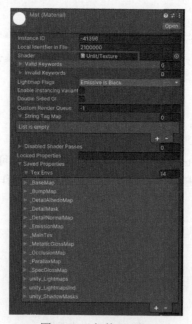

图 16-13   切换 Shader

首先使用 `ShaderUtil.GetShaderGlobalKeywords` 和 `GetShaderLocalKeywords` 获取当前 Shader 中所有的宏（因为是内部方法，所以需要用到反射），然后与当前材质中保存的宏进行比较，最终删除残留的宏 `Material.shaderKeywords`。接下来是残留属性（如残留贴图）的删除。使用 `shader.GetPropertyName` 获取当前 Shader 中的属性，然后和当前材质中保留的属性进行比较，删除残留的属性即可。相关代码如代码清单 16-9 所示。

代码清单 16-9　Script_16_09.cs 文件

```
public class Script_16_09
{
    // 获取 Shader 中所有的宏
    public static bool GetShaderKeywords(Shader target, out string[] global, out string[] local)
    {
        try
        {
            MethodInfo globalKeywords = typeof(ShaderUtil).GetMethod("GetShaderGlobalKeywords",
                BindingFlags.Static | BindingFlags.Public | BindingFlags.NonPublic);
            global = (string[])globalKeywords.Invoke(null, new object[] { target });
            MethodInfo localKeywords = typeof(ShaderUtil).GetMethod("GetShaderLocalKeywords",
                BindingFlags.Static | BindingFlags.Public | BindingFlags.NonPublic);
            local = (string[])localKeywords.Invoke(null, new object[] { target });
            return true;
        }
        catch
        {
            global = local = null;
            return false;
        }
    }

    [MenuItem("Tools/Script_16_09")]
    static void FormatShader()
    {
        string matPath = "Assets/Script_16_09/Mat.mat";
        var m = AssetDatabase.LoadAssetAtPath<Material>(matPath);
        if (GetShaderKeywords(m.shader, out var global, out var local))
        {
            HashSet<string> keywords = new HashSet<string>();
            foreach (var g in global)
            {
                keywords.Add(g);
            }
            foreach (var l in local)
            {
                keywords.Add(l);
            }
            // 重置 Keywords
            List<string> resetKeywords = new List<string>(m.shaderKeywords);
            foreach (var item in m.shaderKeywords)
            {
                if (!keywords.Contains(item))
                    resetKeywords.Remove(item);
            }
            m.shaderKeywords = resetKeywords.ToArray();
        }
        HashSet<string> property = new HashSet<string>();
        int count = m.shader.GetPropertyCount();
        for (int i = 0; i < count; i++)
        {
            property.Add(m.shader.GetPropertyName(i));
        }
```

```
SerializedObject o = new SerializedObject(m);
SerializedProperty disabledShaderPasses = o.FindProperty("disabledShaderPasses");
SerializedProperty SavedProperties = o.FindProperty("m_SavedProperties");
SerializedProperty TexEnvs = SavedProperties.FindPropertyRelative("m_TexEnvs");
SerializedProperty Floats = SavedProperties.FindPropertyRelative("m_Floats");
SerializedProperty Colors = SavedProperties.FindPropertyRelative("m_Colors");
// 对比属性, 删除残留的属性
for (int i = disabledShaderPasses.arraySize - 1; i >= 0; i--)
{
    if (!property.Contains(disabledShaderPasses.GetArrayElementAtIndex(i).displayName))
    {
        disabledShaderPasses.DeleteArrayElementAtIndex(i);
    }
}
for (int i = TexEnvs.arraySize - 1; i >= 0; i--)
{
    if (!property.Contains(TexEnvs.GetArrayElementAtIndex(i).displayName))
    {
        TexEnvs.DeleteArrayElementAtIndex(i);
    }
}
for (int i = Floats.arraySize - 1; i >= 0; i--)
{
    if (!property.Contains(Floats.GetArrayElementAtIndex(i).displayName))
    {
        Floats.DeleteArrayElementAtIndex(i);
    }
}
for (int i = Colors.arraySize - 1; i >= 0; i--)
{
    if (!property.Contains(Colors.GetArrayElementAtIndex(i).displayName))
    {
        Colors.DeleteArrayElementAtIndex(i);
    }
}
o.ApplyModifiedProperties();

Debug.Log("Done!");
    }
}
```

自动化脚本执行完毕后，如图 16-14 所示，此时将删除残留的属性，只保留当前材质所需要的属性。

图 16-14　剔除属性

16.1.10 自动生成变种收集器

　　Unity 虽然自带变种收集器，但是存在一个非常大的问题，那就是它只收集当前已经被使用的变种，对于离线生成的变种则需要遍历所有 Prefab 和场景中引用的材质文件，然后提取材质使用的宏，从而确定具体的变种组合，如图 16-15 所示。

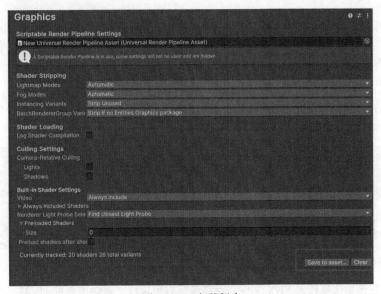

图 16-15　变种保存

　　如代码清单 16-10 所示，脚本生成的核心原理是创建 ShaderVariantCollection 对象，然后传入每个 Shader 需要的变种组合，最后再生成文件。

代码清单 16-10　Script_16_10.cs 文件

```
public class Script_16_10
{
    [MenuItem("Tools/Script_16_10")]
    static void FormatShader()
    {
        string matPath = "Assets/Script_16_10/Mat.mat";
        string collectionPath = "Assets/Script_16_10/collection.shadervariants";
        Material material = AssetDatabase.LoadAssetAtPath<Material>(matPath);
        Shader shader = Shader.Find("Universal Render Pipeline/Lit");
        ShaderVariantCollection shaderVariantCollection = new ShaderVariantCollection();

        foreach (var keyword in material.shaderKeywords)
        {
            shaderVariantCollection.Add(new ShaderVariantCollection.ShaderVariant(shader,
                UnityEngine.Rendering.PassType.ScriptableRenderPipeline, keyword));
        }
        AssetDatabase.CreateAsset(shaderVariantCollection, collectionPath);
        AssetDatabase.Refresh();
    }
}
```

16

离线就可以生成所有的变种组合。在构建 AB 包的时候需要将它和公用的 Shader 打在一个包中，其他的 AB 包都依赖这个公共的 AB 包。这样 Shader 就可以使用#pragma shader_feature 而不必担心被剥离的问题了。

16.1.11　剔除顶点色

FBX 模型在导入时会连同其模型信息一同导入，如图 16-16 所示。通常来说，顶点、法线、切线和 UV0 这些信息是必需的，它们的内存占用量取决于顶点的数量，每个顶点都需要包含这些信息。游戏中几乎不需要顶点色、UV3 和 UV4 这些信息，不过，由于美术人员可能会额外导入它们，因此我们需要通过工具进行剔除。

我们操作的是 FBX 文件，因此需要引入 Autodesk FBX SDK for Unity。因为 Unity 的 FBX Exporter 已经接入了，所以直接安装即可，如图 16-17 所示。

图 16-16　FBX 模型信息

图 16-17　FBX Exporter

在 Project 视图中选择任意 FBX 文件，点击鼠标右键执行"剔除顶点色 UV23"即可重新生成一个 FBX 并移除顶点色、UV2 和 UV3。图 16-18 是剔除后的效果。

```
[MenuItem("Assets/剔除顶点色UV23", false, 0)]
static void Clear()
{
    var go = Selection.activeGameObject;
    ExportModelOptions exportModel = new ExportModelOptions();
    exportModel.UseMayaCompatibleNames = false;
    foreach (var mf in go.GetComponentsInChildren<MeshFilter>(true))
    {
        mf.sharedMesh.colors = null;
        mf.sharedMesh.uv2 = null;
        mf.sharedMesh.uv3 = null;
    }
    ModelExporter.ExportObject($"Assets/{go.name}_copy.fbx", go, exportModel);
    AssetDatabase.ImportAsset(AssetDatabase.GetAssetPath(Selection.activeGameObject));
}
```

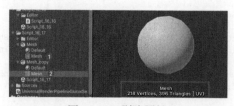

图 16-18　剔除属性

为了提前将问题暴露出来，我们可以通过自动化脚本监听模型导入事件，及时发现 FBX 模型中包含顶点色、UV2 和 UV3，并且提醒美术人员。

```
public class MyPost : AssetPostprocessor
{
    void OnPostprocessModel(GameObject go)
    {
        foreach (var mf in go.GetComponentsInChildren<MeshFilter>(true))
        {
            CheckColorAndUV34(mf.sharedMesh);
        }
        foreach (var smr in go.GetComponentsInChildren<SkinnedMeshRenderer>(true))
        {
            CheckColorAndUV34(smr.sharedMesh);
        }
    }
    void CheckColorAndUV34(Mesh mesh)
    {
        if((mesh.colors != null && mesh.colors.Length > 0)||
            (mesh.uv3 != null && mesh.uv3.Length > 0)||
            (mesh.uv4 != null && mesh.uv4.Length > 0))
        {
            EditorUtility.DisplayDialog("美术人员请注意！", $"{mesh}拥有 color、uv3 和 uv4", "确认");
        }
    }
}
```

如图 16-19 所示，美术人员一般不太关注 Debug.LogError，建议使用 EditorUtility.DisplayDialog 做一个醒目的提示，甚至可以帮忙把错误的文件删除。如果没有东西提交到 SVN，那么美术人员自然就会提交符合规则的文件了。

图 16-19　提示信息

16.2　自动化打包

Unity 编辑器虽然提供了手动打包的功能，但操作起来非常麻烦。每次策划人员需要游戏包时，都要找程序员进行打包。为了彻底解放程序员的双手，可以考虑让策划人员来打包，或者每天凌晨自动打包。但打包也不是那么容易的，打包前后通常需要自动执行一些特殊的代码，比如 logo、图标、编译选项、复制和第三方库的依赖等。而且 Unity 还不一定能直接出包（比如 iOS 平台需要先生成 Xcode 工程，然后才能继续构建 ipa 包），各个平台可能还需要接入一些第三方 SDK，如果每次都要手动操作，那就太浪费时间了。

16

16.2.1　打包过程中的事件

打包时需要监听一些事件，比如打包前设置版本号、游戏名、图标等，打包后可能需要复制或压缩游戏包。如图 16-20 所示，打开 Build Settings 面板，在左边选择一个需要打包的平台，在右边点击 Build 按钮或 Build And Run 按钮即可进行监听。

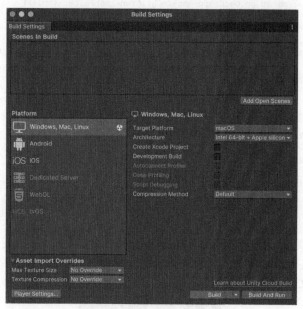

图 16-20　打包面板

如代码清单 16-11 所示，我们可以监听打包前和打包后的事件以及切换平台、编译脚本和打包时处理场景的事件。要特别注意 callbackOrder，它表示执行的优先级。如果项目中有多个地方监听了这些事件，那么打包时就会根据优先级的顺序来执行，即 callbackOrder 的值越小越先执行。

代码清单 16-11　Script_16_11.cs 文件

```
public class Script_16_11 : IPreprocessBuildWithReport,
    IPostprocessBuildWithReport,
    IProcessSceneWithReport,
    IActiveBuildTargetChanged,
    IPostBuildPlayerScriptDLLs
{
    public int callbackOrder => 0;

    // 游戏平台切换事件
    public void OnActiveBuildTargetChanged(BuildTarget previousTarget, BuildTarget newTarget) { }

    // 脚本编译完成事件
    public void OnPostBuildPlayerScriptDLLs(BuildReport report) { }

    public void OnPreprocessBuild(BuildReport report)
    {
        // 打包前事件，设置版本号和游戏名
```

```
        PlayerSettings.bundleVersion = "2.0.0";
        PlayerSettings.productName = "雨松momo";

    }
    public void OnPostprocessBuild(BuildReport report)
    {
        // 打包后事件
        Debug.Log($"游戏包生成路径:{report.summary.outputPath}");
    }
    // 打包时处理场景事件
    public void OnProcessScene(Scene scene, BuildReport report) { }
}
```

16.2.2 打包机的选择

目前关于打包机的选择说法不一，理论上，使用 macOS 平台进行打包是最好的。原因是，只有 macOS 平台才可以同时构建 Windows、macOS、Android 和 iOS 这 4 个平台的程序包。但使用 macOS 平台进行打包也存在一定的问题，因为通常大部分人还在使用 Windows 平台进行开发，如果要调试一些特殊问题，就需要反复打包，这种情况下还依赖打包机就不合适了。所以打包脚本也需要支持在 Windows 平台上单独执行，打包机的选择也存在一种可能，即使用 Windows 平台进行打包。

Windows 平台也可以构建 Windows 和 Android 这两个平台的程序包，iOS 平台可以在 Windows 平台上构建 Xcode 工程，然后将结果压缩成文件提交到指定位置，最后再使用 macOS 平台进行打包。打包机也可以在 Windows 平台和 macOS 平台上同时工作，这样当同时构建多平台时，两台机器也可以缩短打包时间。总之，这个问题"仁者见仁，智者见智"。我个人倾向于选择用 Windows 打包机构建 Windows 包和 Android 包，用 macOS 打包机构建 iOS 包或 macOS 包，使用 Jenkins 来统一管理，分配在不同的节点下，将不同的任务连到不同的打包机即可。由于篇幅所限，后续章节将主要讲解 macOS 平台下的做法（Windows 平台下的做法类似）。

16.2.3 打包后自动压缩

在 macOS 中，最常用来操作文件的是 shell 脚本，Unity 也免不了有调用 shell 脚本的需求。在 macOS 平台上是可以打 Windows 游戏包的，但是它只支持 Mono 环境构建，不支持 IL2CPP。打包后会多生成一个文件夹，这样管理起来就很混乱了，所以我们希望打包后自动压缩成一个 ZIP 文件。本例中，打包后会自动打开终端，执行 shell 脚本，将它压缩成一个 ZIP 文件。如图 16-21 所示，打包后会自动将 MyPro_Data 和 MyPro.exe 压缩成 Project.zip。相关代码如代码清单 16-12 所示。

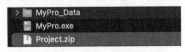

图 16-21 压缩

代码清单 16-12 Script_16_12.cs 文件

```
public class Script_16_12 : IPostprocessBuildWithReport
{
    public int callbackOrder => 1;
```

```
public void OnPostprocessBuild(BuildReport report)
{
    // 打包后事件
    var path = report.summary.outputPath;
    string data = Path.Combine(Path.GetDirectoryName(path),
        Path.GetFileNameWithoutExtension(path) + "_Data");
    string zip = Path.Combine(Path.GetDirectoryName(path), "Project.zip");

    // 清空上次打包的 ZIP 文件
    if (File.Exists(zip))
        File.Delete(zip);
    // 压缩资源包
    System.Diagnostics.Process process = new System.Diagnostics.Process();
    process.StartInfo.FileName = "osascript";
    process.StartInfo.Arguments = string.Format("-e 'tell application \"Terminal\" to do script
        \"zip -r {0} {1} {2}\"'",zip,path,data);
    process.Start();
    process.WaitForExit();
    process.Close();
    }
}
```

在上述代码中，当 EXE 包构建出来后，会自动将它压缩成 ZIP 格式。代码的原理就是启动了 macOS 的终端，执行 `zip -r` 参数 1 参数 2 参数 3。对于 Windows 平台，也有对应的方法。

16.2.4　调用 shell 脚本

macOS 平台上的 shell 脚本对应着 Windows 平台上的批处理，它们的工作方式几乎一样，但是语法不同。shell 脚本中可以灵活地调用所有第三方库或可执行程序，Unity 中由于使用的是 C#语言，我们得想办法调用 shell 脚本。首先，写如下 shell 脚本，它实现的功能很简单，就是复制文件，将参数 1 复制到参数 2 中。

```
copy.sh
#!/bin/sh

from=$1
to=$2

#复制文件
cp -vf "${from}" "${to}"
```

如代码清单 16-13 所示，在 C#中调用这个 shell 脚本并将参数传递给它，其调用原理就是 `Process.Start()`方法。shell 脚本中可能会执行其他方法，如果需要在 C#这边等待执行结果，则需要调用 `process.WaitForExit();`。

代码清单 16-13　Script_16_13.cs 文件

```
public class Script_16_13
{
    [MenuItem("Tools/Script_16_13")]
    static void CallShell()
    {
        string shell = $"{Application.dataPath}/Script_16_13/copy.sh";
        string arg1 = $"{Application.dataPath}/Script_16_13/Cube.prefab";
```

```
        string arg2 = $"{Application.dataPath}/Script_16_13/Cube1.prefab";
        string argss = shell + " " + arg1 + " " + arg2;
        var process = System.Diagnostics.Process.Start("/bin/bash", argss);
        // 在主线程中等待执行结果
        process.WaitForExit();
    }
}
```

16.2.5 命令行打开工程

如果是纯脚本化构建工程，那么就必须通过命令行来打开。使用如下终端代码就可以直接打开工程。

```
Unity -projectPath <工程路径>
```

纯脚本化构建工程既不需要使用渲染，也不需要真正打开工程，只需在进程中启动 Unity 并执行一个方法，执行完毕后关闭即可。如下列代码所示，-quit 表示执行完毕后关闭 Unity，-batchmode 表示只在后台启动，-nographics 表示不使用渲染。

```
Unity -quit -batchmode -nographics -logFile <日志路径> -buildTarget <构建平台> -executeMethod
    <执行某个类方法> -projectPath <工程路径>
```

接下来将命令行写入 shell 脚本中。下面这段代码会自动打开 Unity 工程并执行 Script_16_14. Build 方法。如果构建过程失败，那么可以删除-quit、-batchmode 和-nographics 这 3 条指令，这样打包过程就会模拟正常打开 Unity 工程，出现报错就能及时发现。

```
build.sh
#!/bin/sh

#Unity 在本机的安装目录
BUILD_UNITY="/Applications/Unity/Hub/Editor/2023.1.0a26/Unity.app/Contents/MacOS/Unity"

#项目在本地的目录
BUILD_UNITY_PROJECT="/Users/momo/Documents/GitHub/game/16"

#日志路径
BUILD_LOG="${BUILD_UNITY_PROJECT}/build.log"
#打包平台
BUILD_PLATFORM="Win64"
#最终 EXE 文件生成的位置
BUILD_OUT="${BUILD_UNITY_PROJECT}/Out/pc.exe"

#打开 Unity 并执行 Script_16_14.Build 方法
${BUILD_UNITY} -quit -batchmode -nographics -projectPath ${BUILD_UNITY_PROJECT} -logFile
"${BUILD_LOG}" -buildTarget "${BUILD_PLATFORM}" -executeMethod Script_16_14.Build --version="2.0.0"
--name="雨松momo" --out="${BUILD_OUT}"
```

在终端中执行如下代码。

```
sh build.sh
```

如代码清单 16-14 所示，我们需要在 C#中接收 shell 中调用的方法。由于外部传递了参数，因此可以使用 System.Environment.GetCommandLineArgs()来提取。

16

代码清单 16-14　Script_16_14.cs 文件

```
public class Script_16_14
{
    [MenuItem("Tools/Script_16_14")]
    static void Build()
    {
        // 提取参数
        Dictionary<string, string> args = GetArgs("Script_16_14.Build");
        PlayerSettings.bundleVersion = args["version"];
        PlayerSettings.productName = args["name"];
        // 执行打包，最终输出在args["out"]路径下
        BuildPipeline.BuildPlayer(GetBuildScenes(), args["out"], BuildTarget.
            StandaloneWindows64, BuildOptions.Development);
    }


    // /<summary>
    // /获取打包场景
    // /</summary>
    static string[] GetBuildScenes()
    {
        List<string> names = new List<string>();

        foreach (EditorBuildSettingsScene e in EditorBuildSettings.scenes)
        {
            if (e == null)
                continue;

            if (e.enabled)
                names.Add(e.path);
        }
        return names.ToArray();
    }


    // /<summary>
    // /提取参数
    // /</summary>
    static Dictionary<string, string> GetArgs(string methodName)
    {
        Dictionary<string, string> args = new Dictionary<string, string>();
        bool isArg = false;
        foreach (string arg in System.Environment.GetCommandLineArgs())
        {
            if (isArg)
            {
                if (arg.StartsWith("--"))
                {
                    int splitIndex = arg.IndexOf("=");
                    if (splitIndex > 0)
                    {
                        args.Add(arg.Substring(2, splitIndex - 2), arg.Substring
                            (splitIndex + 1));
                    }
                    else
                    {
                        args.Add(arg.Substring(2), "true");
```

```
                }
            }
        }
        else if (arg == methodName)
        {
            isArg = true;
        }
    }
    return args;
}
}
```

如图 16-22 所示，最终的 PC 包已经在指定目录下了。这里我们只演示了在 macOS 平台上自动打 Windows 包的例子，其实别的平台也可以自动打包。只要你掌握了本章内容，就可以自行扩展打包脚本。

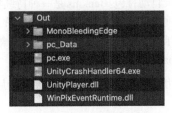

图 16-22　自动打包

16.2.6　脚本化打包参数

在上一节中，我们已经完成了脚本化打包，所有参数都是通过脚本传递进来的，但这样会带来另一个问题：当游戏中出现一些 bug 需要反复打包时，通过 shell 脚本来操作反而更麻烦。最好的办法是游戏能够同时兼容 shell 脚本和手动打包，这样即使将来脚本已经部署在 Jenkins 上，客户端的每个组员也可以在自己的本地通过手动打包来调试 bug。如代码清单 16-15 所示，每个参数都应该提供一个默认值，这样就可以不打包脚本，直接在客户端中手动打包。

代码清单 16-15　Script_16_15.cs 文件

```
public class Script_16_15
{
    [MenuItem("Tools/Script_16_15")]
    static void Build()
    {
        // 提取参数
        Dictionary<string, string> args = GetArgs("Script_16_15.Build");
        PlayerSettings.bundleVersion = GetArgs(args, "version", "1.0.0");
        PlayerSettings.productName = GetArgs(args, "name", "myPro");
        // 执行打包，最终输出在 args["out"] 路径下
        BuildPipeline.BuildPlayer(GetBuildScenes(), GetArgs(args, "out", $"{Application.dataPath}
            /../Out/pc.exe"), BuildTarget.
            StandaloneWindows64, BuildOptions.Development);
    }
```

16

```
static string GetArgs(Dictionary<string, string> args,string key,string defaultvalue)
{
    if(args.TryGetValue(key,out var value))
    {
        return value;
    }
    return defaultvalue;
}
...
}
```

16.2.7 Jenkins

虽然前面已经简化了打包的流程，但是我们还可以接入 Jenkins 来进一步解放程序员的双手，将打包这件事交给策划人员，或者每天自动打包。Jenkins 是一种持续集成工具，将它配置在打包机上后，可以通过网页的形式访问，其打包原理其实就是执行上面我们写的 shell 脚本。Jenkins 提供了丰富的接口，比如打包前 SVN 自动更新、自动 revert、每天定时构建任务等。可以通过官方网站下载 Jenkins，然后将其部署在 Windows 平台或 macOS 平台上。

如图 16-23 所示，需要在打包机上安装 Jenkins，安装完毕后局域网内其他机器通过打包机 IP 和端口 8080 就能打开网页。

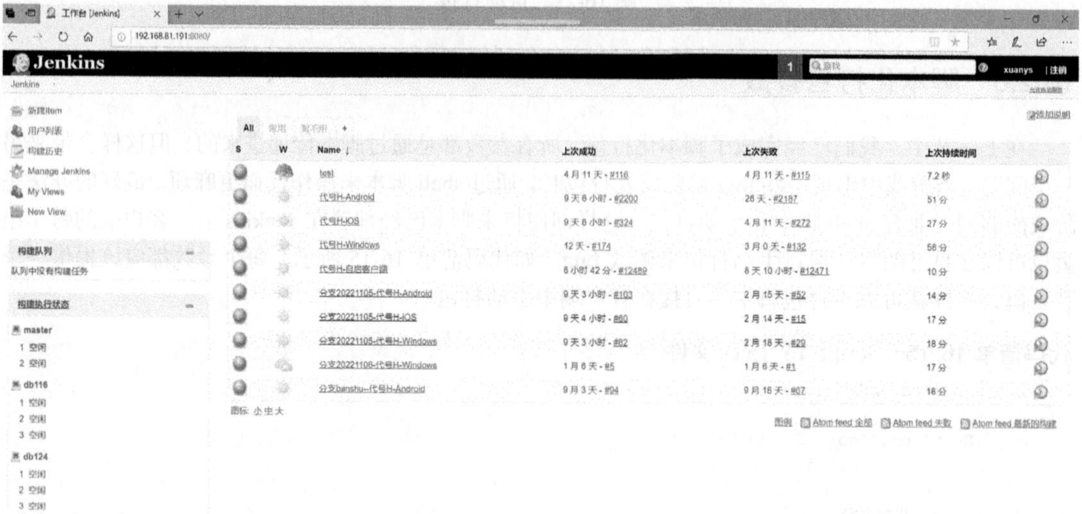

图 16-23　安装 Jenkins

如图 16-24 所示，在网页上既可以添加项目，也可以配置打包的一些参数。这些参数要想影响打包结果，都需要在脚本中传入并在 C#中接收。

图 16-24　Jenkins 任务

如图 16-25 所示，点击构建按钮其实就是执行本地的一个批处理脚本。在批处理脚本中需要执行 SVN 的更新还原操作，然后就是调用打包方法。

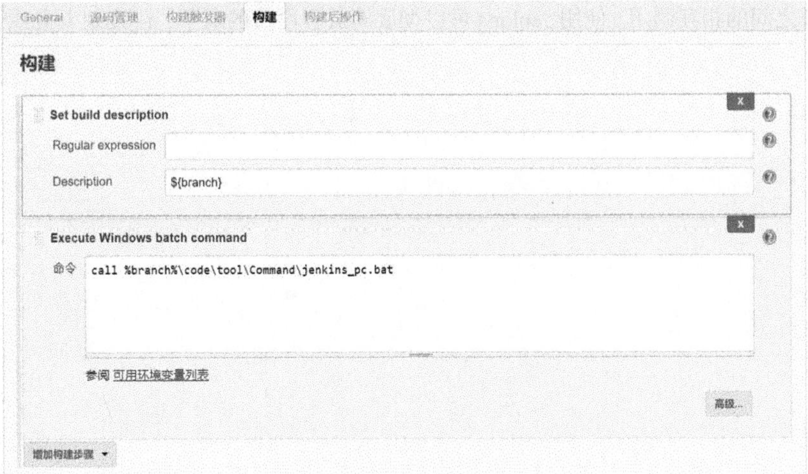

图 16-25　执行脚本

如代码清单 16-16 所示，代码中是可以直接获取 Jenkins 设置的参数的，这样同一段打包脚本就可以同时支持 Jenkins 和本地打包。所以说尽量不要传递参数，采用在 C#中主动获取参数的方法，如果获取不到则提供默认值以保证流程一致。

代码清单 16-16   Script_16_16.cs 文件

```
public class Script_16_16
{
    [MenuItem("Tools/Script_16_16")]
    static void Build()
    {
        var brunch = GetEnvironmentVariable("brunch", "0");
        var build = GetEnvironmentVariable("BUILD_NUMBER", "0");
    }


    static string GetEnvironmentVariable(string key,string defaultvalue)
    {
        string value = Environment.GetEnvironmentVariable(key);
        if (!string.IsNullOrEmpty(value))
        {
            return value;
        }
        return defaultvalue;
    }
}
```

16.3   小结

本章中，我们学习了 Unity 的自动化，自动化有利于自动修改资源，降低手动犯错的成本。例如，可以和美术人员约定好目录的含义，程序自动设置资源的格式。策划人员和美术人员很容易犯错，因此可以通过自动化的方式避免他们犯错。程序员不直接使用美术人员提交的资源，而是通过工具来自动生成，同时可以做检查操作，避免资源格式不正确带来的隐患。最后，我们学习了自动化打包以及 C# 与 shell 之间的相互调用。使用 Jenkins 可以彻底解放程序员的双手，让策划人员或者美术人员来打包。

第 *17* 章

代码优化

从本章开始，我们将进入商业级游戏实战代码优化案例的讲解。优秀的代码不仅没有 bug，还必须达到一定的性能要求。C#是一门非常好的语言，语法糖很人性化，而 Unity 目前已经支持 C# 9 的语法。一门程序语言设计得再好，如果没有好的程序员来编写，也不能体现其价值，所以以代码优化就显得非常重要，但是也要结合实际的游戏来优化。极致的代码优化一定是让编码变得非常困难，而普遍易于编写的代码则特别容易造成性能问题，所以我们需要在二者中间找到一个平衡点。同样，编写 Shader 代码也需要具备良好的编码习惯，只有了解它的内部原理，才可以进一步优化其性能。

17.1 Unity 代码优化

Unity 提供的 API 都是用 C#代码写成的。代码本身非常灵活，程序员有很多种编码的方式，但是大部分方法只有善加使用才能达到好的性能。结合 Unity 脚本的内部特殊事件，本节将详细介绍具体的优化技巧。

17.1.1 缓存对象

不要在 Update()方法中每帧获取组件对象,好的做法应该是在 Awake()方法或 Start()方法中获取并缓存下来，这样在 Update()方法中就可以直接使用了。

```
SkinnedMeshRenderer m_SkinnedMeshRenderer;
void Start()
{
    m_SkinnedMeshRenderer = GetComponent<SkinnedMeshRenderer>();
}

void Update()
{
    // DoSomething(GetComponent<SkinnedMeshRenderer>());
    DoSomething(m_SkinnedMeshRenderer);
}
```

不过，也存在一种可能，即 Update()方法中有条件判断，导致可能一段时间内无法达成，这样在 Start()方法中获取的 SkinnedMeshRenderer 对象就会毫无用处。这种情况下可以使用 get 方法，只在第一次使用 SkinnedMeshRenderer 对象时才会进行读取。

```
SkinnedMeshRenderer _SkinnedMeshRenderer;
SkinnedMeshRenderer SkinnedMeshRenderer
```

```
{
    get
    {
        if (_SkinnedMeshRenderer == null)
            _SkinnedMeshRenderer=GetComponent<SkinnedMeshRenderer>();
        return _SkinnedMeshRenderer;
    }
}
```

17.1.2 减少脚本

Unity 的脚本用起来非常方便，但也比较消耗性能。脚本主要用于生命周期的方法，比如 OnEnable()、Update()、OnDisable()等方法。如果我们创建了 100 个游戏对象，那么就可以同时给它们绑定一个脚本，单独执行 Update()方法，但这样做效率非常低。好的做法是通过一个管理类，在一个 Update()方法中执行所有的对象。如代码清单 17-1 所示，可以将 Update()封装成一个事件，这样在非 MonoBehaviour 类中也可以任意添加 Update()方法。

代码清单 17-1 Script_17_01.cs 文件

```
public class Script_17_01
{
    static public event Action onUpdate;
    static Internal s_Internal;
    static Script_17_01()
    {
        s_Internal = new GameObject("_Event_").AddComponent<Internal>();
        GameObject.DontDestroyOnLoad(s_Internal.gameObject);
    }
    class Internal : MonoBehaviour
    {
        private void Update()
        {
            onUpdate?.Invoke();
        }
    }
}
```

在任意位置都可以添加事件，如下列代码所示。

```
Script_17_01.onUpdate += () =>
{
    Debug.Log("update");
};
```

17.1.3 减少 Update()执行

可以将核心方法通过 Time.frameCount 取余，这样就可以每 3 帧执行一次里面的方法。

```
private void Update()
{
    if (Time.frameCount % 3 == 0) { }
}
```

更有效的手段是通过 Application.targetFrameRate 来强制设置当前帧率。只要鼠标点击或

手指触摸屏幕后即设置 60 帧, 当发现 10 秒没有继续点击或触摸屏幕时设置 30 帧, 帧率即决定一秒内
Update() 执行的次数。

```
private float m_LastInputTime;
private void Update()
{
    if(Time.time- m_LastInputTime > 10f)
    {
        Application.targetFrameRate = 30;
    }
    if (Input.GetMouseButton(0))
    {
        m_LastInputTime = Time.time;
        Application.targetFrameRate = 60;
    }
}
```

17.1.4　缓存池

游戏对象的频繁创建与卸载会影响加载时间和效率, 对于频繁出现和频繁移除的对象, 推荐使用
缓存池。如图 17-1 所示, 从缓存池中移除只是暂时隐藏游戏对象, 当下次使用的时候再启动它。缓存
池还需要设置默认大小和最大容量。

图 17-1　缓存池

如代码清单 17-2 所示, Unity 目前已经提供了缓存池的 API, 使用 ObjectPool<T> 就可以创建缓
存池, 同时还需要提供创建、获取、释放和销毁的回调方法, 这样在对应方法里就可以操作对象了。
本例通过按下 A 键来创建游戏对象, 通过按下 D 键来删除游戏对象。

代码清单 17-2　Script_17_02.cs 文件

```
public class Script_17_02 :MonoBehaviour
{
    ObjectPool<GameObject> m_ObjectPool;
    private void Start()
    {
        // 创建缓存池, 创建、获取、释放、销毁事件, 以及设置默认最大缓存池数量
        m_ObjectPool = new ObjectPool<GameObject>(Create, Get, Release, Destroy, true, 10, 20);
    }
```

17

```
GameObject Create()
{
    return new GameObject();
}
void Get(GameObject go)
{
    go.SetActive(true);
}
void Release(GameObject go)
{
    go.SetActive(false);
}

void Destroy(GameObject go)
{
    go.SetActive(false);
}

List<GameObject> list = new List<GameObject>();
private void Update()
{
    if (Input.GetKeyUp(KeyCode.A))
    {
        list.Add(m_ObjectPool.Get());
    }
    if (Input.GetKeyUp(KeyCode.D))
    {
        // 清除最后一个
        if (list.Count > 0)
        {
            int index = list.Count - 1;
            m_ObjectPool.Release(list[index]);
            list.RemoveAt(index);
        }
    }
}
```

17.1.5　日志优化

通过 Debug.unityLogger.logEnabled 可以运行时动态开关日志，但是输出日志前字符串的拼接(Time.frameCount+" " + gameObject)这部分代码依然会产生堆内存。

```
private void Start()
{
    Debug.unityLogger.logEnabled = false;
}
void Update()
{
    Debug.Log(Time.frameCount+" " + gameObject);
}
```

我们可以利用 C#的条件编译特性对整个方法进行剥离，它同时会将方法传递的参数剥离。如代码清单 17-3 所示，我们可以自己封装一个类并提供静态方法来输出日志，通过[System.Diagnostics.Conditional("ENABLE_DEBUG")]来设置方法的宏，只有满足当前宏时该方法以及传入的参数才会执行。如图 17-2 所示，目前并没有启动 ENABLE_DEBUG 宏，所以整个 Update 中并不会产生堆内存和任何开销。

代码清单 17-3　Script_17_03.cs 文件

```csharp
public class Script_17_03 :MonoBehaviour
{
    void Update()
    {
        Log.Print(Time.frameCount + " " + gameObject);
        // Debug.Log(Time.frameCount+" " + gameObject);
    }
}

public static class Log
{
    [System.Diagnostics.Conditional("ENABLE_DEBUG")]
    static public void Print(object message)
    {
        Debug.Log(message);
    }
}
```

Hierarchy	▼ Live Main Thread	▼ CPU:10.89ms GPU:--ms 🔍				No Details	▼ ⋮
Overview		Total	Self	Calls	GC Alloc	Time ms	Self ms ▲
▼ Update.ScriptRunBehaviourUpdate		0.0%	0.0%	1	0 B	0.00	0.00
▼ BehaviourUpdate		0.0%	0.0%	1	0 B	0.00	0.00
Script_17_03.Update() [Invoke]		0.0%	0.0%	1	0 B	0.00	0.00

图 17-2　条件宏

如图 17-3 所示，在 Project Settings 中可以添加 ENABLE_DEBUG 宏。接下来的代码展示了打包的时候也可以动态添加 ENABLE_DEBUG 宏，比如在 Release 包中删除它，在 Debug 包中再启动它。

```csharp
UnityEditor.PlayerSettings.SetScriptingDefineSymbols(UnityEditor.Build.NamedBuildTarget.Android,
    "ENABLE_DEBUG");
```

图 17-3　添加宏

17.2　C#代码优化

Unity 的脚本是用 C#语言编写的，因此必须考虑 C#代码优化。C#中分配的对象都是托管对象，程序员无法彻底释放它们，必须依靠垃圾收集器进行 GC。我们能做的就是将无用的对象与它们的引用及时断开，让垃圾收集器更好地工作。同时，代码要尽量减少垃圾的产生，也可以在合理的时间点执行 GC 操作。如图 17-4 所示，我们先来回忆一下堆和栈的内存结构。程序代码、堆和栈都是一块连续的内存，栈是从上向下增长的，而堆是从下向上增长的。

17

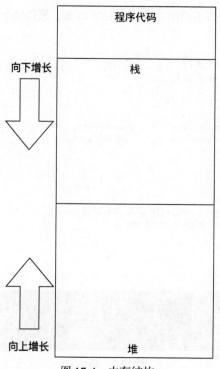

图 17-4   内存结构

　　如图 17-5 所示，无论栈还是堆，都有一个内存地址，以用于保存一段数据。值类型数据和引用类型数据都指向栈。但是值类型数据可以直接在栈上保存具体的数值，而引用类型数据则在栈上保存了一块指向堆的地址，具体的数据内容保存在堆内存中。

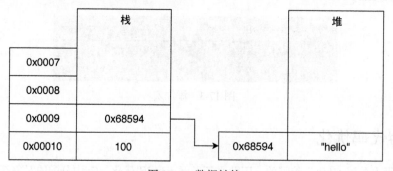

图 17-5   数据结构

17.2.1   入栈和出栈

　　如下列代码所示，我们在 Start() 方法中调用 Test() 方法并传入两个参数，其中 Start() 方法是调用它的栈，而 Test() 方法内则是自身使用的栈。Test() 方法执行完毕后还需要返回原本调用它的地方继续执行。

```
private void Start()
{
    Test(1, 2);
}

void Test(int a, int b)
{
    int c = 100;
    object o = new object();
}
```

如图 17-6 所示，依次将 Test() 方法、返回地址信息和局部变量入栈。然后通过 Base 指针就可以继续执行 Test() 方法内使用的栈了。Test() 方法执行完毕后程序需要知道回到哪里继续执行，通过前面入栈的保存地址信息就可以继续执行了。

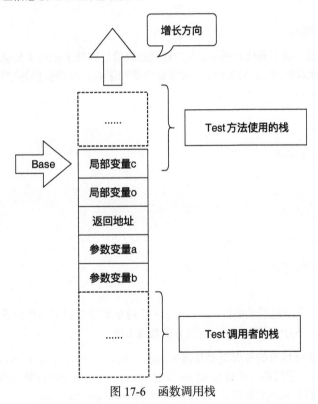

图 17-6　函数调用栈

17.2.2　值类型和引用类型

变量是分配在栈上的，每个变量在栈上都有一个地址。如图 17-7 所示，a 是值类型，它在栈上地址中保存的就是 100 这个数据，而 b 是字符串引用类型，它在栈上地址中保存的是堆中的一个地址，最终字符串 s 被分配在堆上。

17

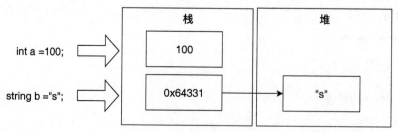

图 17-7   值类型和引用类型

由于值类型在栈上保存的直接是值本身，因此在复制变量或者调用方法传递参数时它只能对栈上的值进行复制。如下列代码所示，在对 a2 赋值以后再去修改 a1 并不会影响 a2 的结果。

```
int a1 = 1;
int a2 = a1;
a1 = 2;
Debug.Log(a2);// out:1
```

再来看看引用类型。如下列代码所示，b2 被赋值以后它在栈上进行了复制，但它只是复制了指向堆的地址，所以后面在修改 b1 对象时 b2 对象也会受到影响，最终输出的结果是 2 而不是 1。

```
private void Start()
{
    B b1 = new B() { b=1 };
    B b2 = b1;
    b1.b = 2;
    Debug.Log(b2);// out:2

}

class B
{
    public int b;
    public override string ToString()
    {
        return b.ToString();
    }
}
```

引用对象复制的例子不适用于字符串，string 字符串底层进行了运算符重载，它会模拟值类型的行为，但是 string 作为引用类内存一定是分配在堆上的。

C#的值类型数据包括所有的基础类型数据（bool、byte、char、decimal、double、enum、float、int 和 long），它们都继承自 System.ValueType。值类型数据并不需要使用 new 关键字，引用类型数据则需要使用 new 关键字并且它们都继承自 System.Object。

17.2.3   装箱和拆箱

值类型数据和引用类型数据是可以相互转换的，这会导致原本在栈上的数据在堆上又生成了一份，编写代码时应该避免出现这种情况。

```
int a = 100 ;
object o = a;   // 装箱
int b = (int)o; // 拆箱
```

在 C#中应该避免使用 ArrayList 对象，因为它是以引用类型来保存数据的，如果强制 Add(value)添加一个值类型数据，就一定会出现装箱。推荐的做法是使用像 List<T>这样的带泛型约束的对象，这样就不会产生装箱的问题了。

```
ArrayList arraylist = new ArrayList();
arraylist.Add(100); // 装箱

List<int> list = new List<int>();
list.Add(100); // 不产生装箱
```

在 Unity 中使用协程任务时一定不要使用 yield return 0;，因为这样做会将值类型转成引用类型进行装箱。使用 yield return null;就不会产生这个问题。

```
IEnumerator Start()
{
    yield return 0; // 装箱
    yield return null; // 不产生装箱
}
```

17.2.4　字符串

字符串是标准的引用类型数据，如下代码展示了声明字符串后再修改字符串的内容。如图 17-8 所示，每次修改字符串就是在堆上重新创建一个新的对象，如果字符串需要反复修改，那么性能就会非常低。

```
string a = "a";
a = "hello";
```

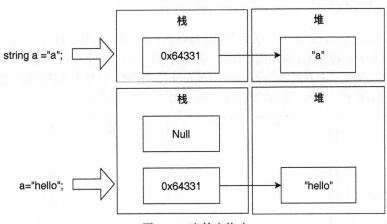

图 17-8　字符串修改

对于大量修改字符串的需求，我们应该使用 StringBuilder，它可以在内存中分配一块较大的内存，代码中也可以主动设置容量和长度。当字符串长度超过最大容量时，它才会整体扩容一倍，未发生扩容前不会再产生任何堆内存开销。

```
StringBuilder sb = new StringBuilder(100);
sb.Append("aa");// 添加
sb.Remove(0, 1);// 删除
```

游戏中有大量的 UI 需要显示角色的属性，这些属性一般是值类型数据，如果显示就意味着它们一定要进行一次装箱。为了减少这部分开销，应该避免在 Update 中每帧调用 toString()之类的方法。

17.2.5   struct

struct 是值类型数据，虽然它和 class 看起来很像，但其实有很大区别。在使用上，struct 的构造函数必须传入参数，而且不能继承其他结构体和类，成员对象也不能设置抽象方法虚函数。结构体内是支持引用类型数据的，如下列代码所示，好像结构体对象和普通的类差不多。

```
struct S1
{
    public A a;
    public int value;
    public void Test() { }
}

class S2
{
    public A a;
    public int value;
    public void Test() { }
}

void Start()
{
    S1 s1 = new S1();
    S2 s2 = new S2();
}
```

如图 17-9 所示，struct 和 class 的内存结构完全不同。作为值类型数据，struct 会在栈上保存所有的数据，如果内部包含了引用类型数据，那么这部分内存在栈上保存的是指向堆中的地址，而 class 则是将所有数据都放在堆中。struct 对象在复制赋值时会将栈上所有的数据进行赋值，原本的值类型数据会直接被复制成一份新的数据，而指向堆中的则正是复制地址。

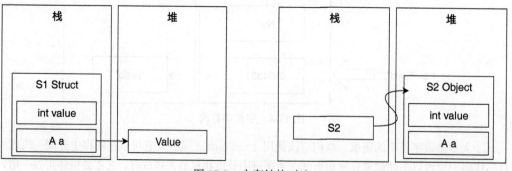

图 17-9   内存结构对比

如果数据量非常大，那么 struct 对象还需要频繁赋值和传递参数，代价会非常高，因为每次复制都需要完整地复制一份，而 class 对象则只是复制一份内存地址，相对来说代价要低很多。

17.2.6　GC

目前我们已经完全搞懂值类型与引用类型的关系了，大家可以看到栈中分配的内存，它自身并不会和堆产生联系。但是因为栈中可能有多个对象指向堆内存，所以堆内存的释放以及何时释放就是个问题。由于程序员不能主动释放 C# 提供的托管堆而必须依赖垃圾收集器进行释放，因此对象必须满足是"垃圾"的条件才行。

自身的引用被断开即可满足是"垃圾"的条件。Unity 在 IL2CPP 打包后使用的是贝姆垃圾收集器，它是 C/C++语言中的一个保守垃圾收集器，工作原理就是分配内存时使用 GC_malloc 代替原生的 malloc，此时一个对象既可能是一个指针也可能是一个数值。保守垃圾收集器并不会精确地区分值对象与引用对象，因为存在一种可能，即值和引用的地址在内存中是同一个值。如图 17-10 所示，此时即使引用类型已经在代码中被标记成 null，由于值类型可能还在使用，贝姆垃圾收集器也无法释放这块堆内存。

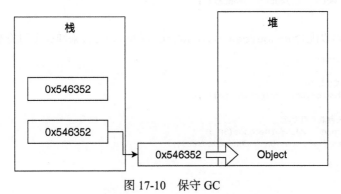

图 17-10　保守 GC

贝姆垃圾收集器支持渐进式 GC 和平行 GC，如图 17-11 所示，在 Unity 中勾选 Use incremental GC 即可启动渐进式 GC。

图 17-11　启动渐进式 GC

启动渐进式 GC 后，垃圾收集的行为会异步执行，这样就不会在一帧内卡住。垃圾收集系统会在内存不足时自动触发，堆内存中保存的都是程序代码产生的引用对象，它和游戏资源内存比起来就是"小巫见大巫"。如果堆内存没有被及时回收，导致它还在引用 C++中的资源内存，那么贴图一类的内存可能就很难释放干净了。

17

虽然无法决定托管对象何时真正被卸载，但是我们可以设置 GC 的时机，比如在一段时间内关闭 GC 或启动 GC。设置 GC 不会被系统自动执行而采用纯手动方式执行的方法如下。

```
// 设置纯手动调用 GC
GarbageCollector.GCMode = GarbageCollector.Mode.Manual;
// 关闭 GC
GarbageCollector.GCMode = GarbageCollector.Mode.Disabled;
// 启动 GC
GarbageCollector.GCMode = GarbageCollector.Mode.Enabled;
```

当设置手动 GC 后，还可以通过代码决定执行立即 GC 或者渐进式 GC。借助如下代码，我们可以获取当前堆内存大小，当达到一个阈值的时候可以决定触发 GC。

```
void Update()
{
    // 获取当前堆内存大小
    long mem = Profiler.GetMonoUsedSizeLong();

    // 触发立即 GC
    System.GC.Collect(0);

    // 触发渐进式 GC
    GarbageCollector.CollectIncremental();
}
```

触发 GC 后也可以配合 `Resources.UnloadUnusedAssets()` 来卸载无用美术资源。

```
IEnumerator Start()
{
    // 触发渐进式 GC
    GarbageCollector.CollectIncremental();

    // 3 秒后触发卸载无用资源
    yield return new WaitForSeconds(3F);
    yield return Resources.UnloadUnusedAssets();

    // 内存卸载完毕
}
```

17.3　Profiler 内存管理

Unity 的内存由 3 部分组成，分别是托管堆内存、非托管内存和原生内存。托管堆内存前面介绍过很多；非托管内存是无法被 GC 的内存，相当于在 C# 中启动不安全代码由 C++ 分配的内存，它需要程序手动释放；最后是原生内存，Unity 中的所有资源，比如贴图、模型、AB 等都属于原生内存。

17.3.1　内存泄漏

托管堆内存、非托管内存和原生内存都存在内存泄漏的可能，这通常是因为没有及时释放无用的对象，或者它们被某个静态对象所引用。

如下列代码所示，材质对象保存在托管堆内存中。脚本对象会随着游戏对象被卸载而失去引用，但是如果有 `static` 强引用了资源对象，那么这部分内存就被泄漏了，因为无法被 GC。

```
static Material s_Material;
private Material m_Material;
void Start()
{
    s_Material = GetComponent<MeshRenderer>().sharedMaterial;
    m_Material = s_Material;
}
```

而非托管内存必须主动释放对象，如下列代码所示，Native*XXX* 系列 API 都是 Unity 提供的非托管对象，它们并不会产生堆内存，但是需要手动释放。还可以通过 `UnsafeUtility` 来分配和释放非托管内存。

```
unsafe void Test()
{
    float[] arr = new float[5];

    NativeArray<float> array = new NativeArray<float>(5, Allocator.Temp);
    array.Dispose();

    // 分配内存
    void* allocs = UnsafeUtility.Malloc(4, 4, Allocator.Temp);
    // 释放内存
    UnsafeUtility.Free(allocs, Allocator.Temp);
}
```

原生内存就更好理解了。Unity 的原生内存一般只能通过 C#托管对象关联，只要保证 C#对象能被 GC，Unity 原生内存就一定不会产生泄漏的问题。

17.3.2　耗时函数统计

Unity 提供了强大的 Profiler 性能内存分析工具。如图 17-12 所示，点击 Window→Analysis → Profiler 即可打开 Profiler，但由于它是在编辑器模式下提供的工具，因此如果在编辑模式下运行，那么将产生很多编辑器中独有的性能开销，统计结果也会不准确。新版 Unity 中提供了 Profiler (Standalone Process) 独立程序，这样在编辑器模式下统计结果就能更准确了。

图 17-12　Profiler 窗口

如图 17-13 所示，在 CPU 使用中可以看到每个热点函数，包括 Total（耗时占比）、Self（自身耗时占比）、Calls（调用次数）、GC Alloc（堆内存分配）、Time ms（耗时毫秒数，自身并且包含调用的所有子方法）和 Self ms（自身耗时毫秒数）。

Overview	Total	Self	Calls	GC Alloc	Time ms	Self ms ▲
▼ PlayerLoop	0.2%	0.0%	3	52 B	0.36	0.04
▼ Update.ScriptRunBehaviourUpdate	0.0%	0.0%	1	52 B	0.01	0.00
▼ BehaviourUpdate	0.0%	0.0%	1	52 B	0.01	0.00
▼ Script_17_04.Update() [Invoke]	0.0%	0.0%	1	52 B	0.00	0.00
GC.Alloc	0.0%	0.0%	1	52 B	0.00	0.00

图 17-13　热点函数

17

这里需要重点关注 GC Alloc、Time ms 和 Self ms。GC Alloc 就是托管堆内存分配，我们能看到在 Script_17_04.Update() 方法中一共分配了 52 字节。如下列代码所示，在 Update() 方法中可能会调用其他方法，这里我们无法分清它里面调用的 Test1() 和 Test2() 这两个方法具体的堆内存分配情况。

```
void Test1()
{
    NativeArray<float> array = new NativeArray<float>(5, Allocator.Temp);
    array.Dispose();
}
void Test2()
{
    int[] array = new int[5];
}

void Update()
{
    Test1();
    Test2();
}
```

最简单的办法是开启 Deep Profiler，如图 17-14 所示，此时堆内存分配对每个函数的调用以及耗时都看得非常清晰。但是 Deep Profiler 会让 Profiler 产生额外的开销，导致其性能变得更差，而且对方法的调用可能会非常深，也不一定容易定位。

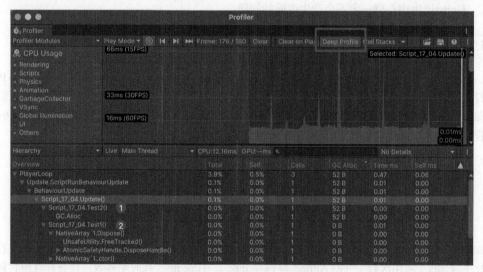

图 17-14　开启 Deep Profiler

如下代码展示了关闭 Deep Profiler 后可以使用 Profiler.BeginSample/Profiler.EndSample 将重点函数代码段包起来。如图 17-15 所示，在 Profiler 中可以看到这段自定义代码段的耗时情况。

```
void Update()
{
    Profiler.BeginSample("Test1");
    Test1();
```

```
        Profiler.EndSample();

        Profiler.BeginSample("Test2");
        Test2();
        Profiler.EndSample();
    }
```

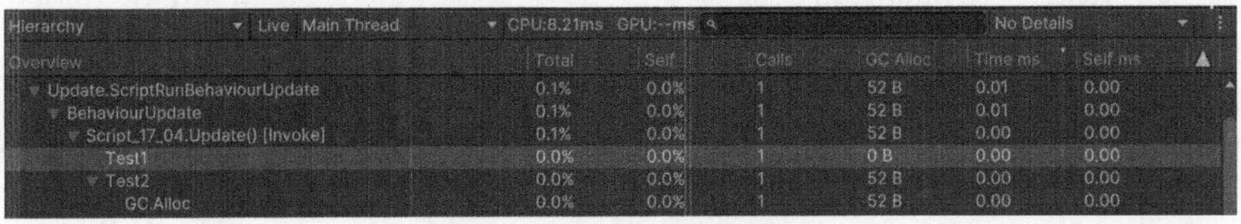

图 17-15　自定义代码段

17.3.3　自定义采样

使用 Profiler.BeginSample 的过程中需要传入采样名，但采样名在字符串拼接时可能会产生额外的开销，而且 Profiler.BeginSample 并没有初始化的行为，每次启动都会产生额外的开销，所以推荐使用自定义采样。

```
void Update()
{
    Profiler.BeginSample("Test1" + value);
}
```

通过 CustomSampler 可以创建一个自定义采样器，该采样器会在 Start()方法中提前准备好，这样它的 Begin/End 的开销就会非常小。

```
CustomSampler sampler;
void Start()
{
    sampler = CustomSampler.Create("Sampler");
}

void Update()
{
    sampler.Begin();
    Test1();
    sampler.End();
}
```

Profiler 中统计的耗时也可以通过名称来统计，Sampler.GetNames(names);用于获取当前有哪些字段可以统计，相关代码如代码清单 17-4 所示。

代码清单 17-4　Script_17_04.cs 文件

```
public class Script_17_04 :MonoBehaviour
{
    Recorder m_Recorder;
    void Start()
    {
        // 遍历所有的 SamplerName
        List<string> names = new List<string>();
```

17

```
        Sampler.GetNames(names);
        foreach (var name in names)
        {
            Debug.Log(name);
        }
        // 记录 Sampler 的耗时
        var sampler = Sampler.Get("Sampler");
        m_Recorder = sampler.GetRecorder();
        if (m_Recorder.isValid)
        {
            m_Recorder.enabled = true;
        }
    }

    private void Update()
    {
        Debug.Log(" time: " + m_Recorder.elapsedNanoseconds);
    }
}
```

17.3.4 堆内存分配

随着程序分配慢慢扩容，堆内存并不会删除之前产生的内存。如图 17-16 所示，虽然 string 已经被释放，但是它在堆内存中依然占着容量。此时我们需要分配一块 float[] 数组，但由于它的容量比 string 这里内存的容量大，因此只能继续给堆内存最后扩容。此时 string 这里的内存就会产生内存碎片，直到下次再分配一块容量小于它的内存时才可以分配在这里。

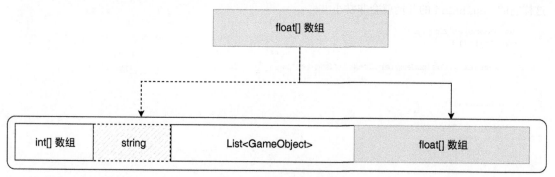

图 17-16 堆内存分配

Unity 在启动时会预先分配一块堆内存，运行时会慢慢填充它而不会删除已经被 GC 的内存，这部分内存就是保留内存（Reserved，见❷）。由于内存碎片和不删除的原因，目前使用的内存（Used，见❶）会比保留内存小一些。如图 17-17 所示，这两部分内存都可以在 Profiler 中查到。

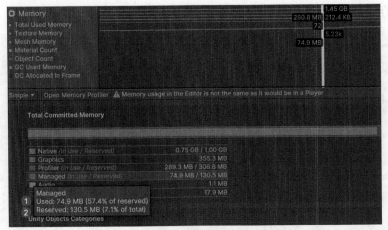

图 17-17　堆内存结构

运行时通过 API 可以获取托管堆内存的总大小以及托管堆当前使用的内存大小和内存碎片的具体信息。

```
// 获取托管堆内存总大小
Profiler.GetMonoHeapSizeLong();

// 获取托管堆当前使用的内存大小
Profiler.GetMonoUsedSizeLong();

// 获取托管堆内存碎片的具体信息
Profiler.GetTotalFragmentationInfo();
```

17.3.5　原生内存分配

前面介绍过，贴图、音频、模型、动画这些资源属于原生内存，它们在堆内存中都有引用。如图 17-18 所示，堆内存中记录了 Unity 的一个 Texture 对象，而贴图的完整内存则保留在 Native 内存中。

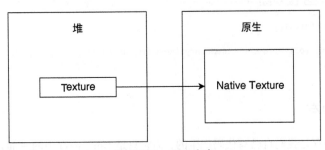

图 17-18　原生内存

堆内存中的对象是很小的，通过 Memory Profiler 就可以查询它们的引用关系。如图 17-19 所示，在脚本中关联 Texture 对象后，通过 Memory Profiler 就可以看到产生的 Unity Object 对象，以及它在

Native 中的内存占用和具体被哪里引用的情况（见❶）。

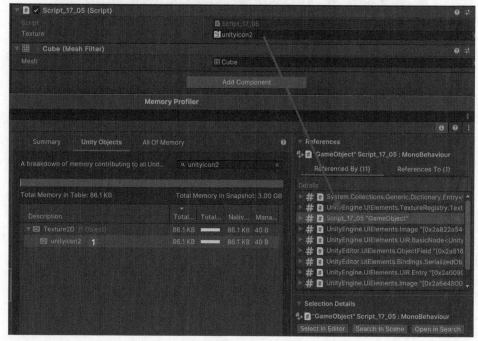

图 17-19 查找引用

从图 17-19 可以看出，资源 unityicon2 在托管堆中占用 40 B 内存，而在对应的 Native 中占用 86.1 KB 内存。所有资源具体的内存都在 Native 中，托管堆中只有它们的一个简单引用而已。如代码清单 17-5 所示，通过 `Profiler.GetRuntimeMemorySizeLong` 可以运行时动态获取某个对象的 Native 内存。

代码清单 17-5 Script_17_05.cs 文件

```
public class Script_17_05 :MonoBehaviour
{
    public Texture2D texture;

    private void Start()
    {
        Debug.Log(Profiler.GetRuntimeMemorySizeLong(texture)); // out 86.1KB
    }
}
```

17.3.6 Unity 内存

前面介绍的堆内存是我们自己写代码产生的，而它只是 Unity 内存中的一部分。如图 17-20 所示，Unity 内存还包括 Native（原生内存）、Managed（托管堆内存）、Graphics（图形驱动程序占用内存）、Profiler（自身占用内存）、Audio（音频相关内存）和 Unknown（未知内存）。下面的 Unity Objects Categories 是对 Native 的进一步区分，其中展示了更具体的资源对象的内存占用。

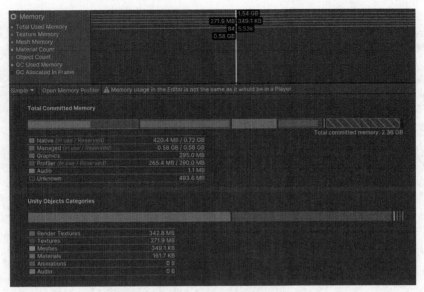

图 17-20　Unity 堆内存

运行时也可以动态获取它们的内存占用。

```
// 获取总内存
Profiler.GetTotalAllocatedMemoryLong();
// 获取保留的内存
Profiler.GetTotalReservedMemoryLong();
// 获取未使用保留的内存
Profiler.GetTotalUnusedReservedMemoryLong();
```

17.3.7　Memory Profiler

新版 Unity 推荐安装 Memory Profiler 工具，如图 17-21 所示，在 Package Manager 中安装即可。

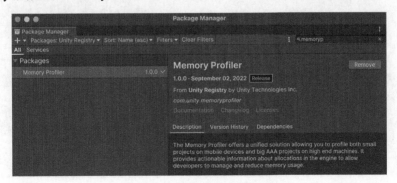

图 17-21　安装 Memory Profiler

如图 17-22 所示，Memory Profiler 提供了快照截取功能和快照对比功能，借此我们可以看到内存的具体占用信息。Memory Profiler 还拥有排序搜索功能，该功能可以很快定位内存的占用情况。

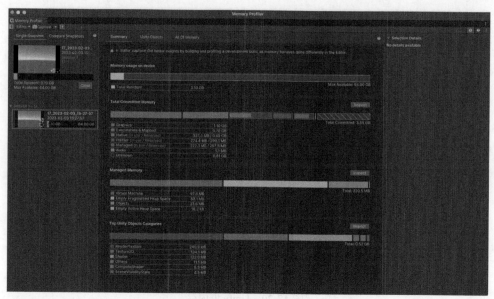

图 17-22 截取快照

如图 17-23 所示，Unity Objects 标签页下列出了当前内存中占用的所有 Unity 对象，包括堆内存以及原生内存占用情况。

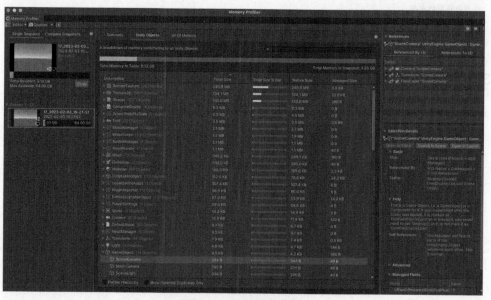

图 17-23 快照资源对象

如图 17-24 所示，All of Memory 标签页下列出了所有内存对象的占用情况，通过标签页归类可以展开查看具体信息。

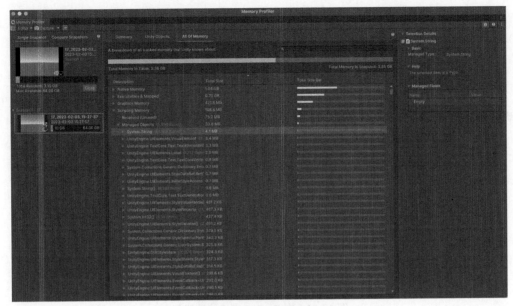

图 17-24　快照内存对象

17.3.8　真机 Profiler

真机 Profiler 需要在打包前启动，如图 17-25 所示，手动勾选 Development Build 和 Autoconnect Profiler。如果需要 Deep Profiling Support，直接勾选即可。

图 17-25　启动 Profiler

17

如果自动化打包，那么也可以单独设置是否启动 Profiler 或 Deep Profiler。

```
BuildPipeline.BuildPlayer(scenes, path, BuildTarget.StandaloneWindows64,
    BuildOptions.Development|
    BuildOptions.ConnectWithProfiler| // 启动 Profiler
    BuildOptions.EnableDeepProfilingSupport);// 启动 Deep Profiler
```

如图 17-26 所示，运行游戏包后在 Profiler 中就可以连接它了。在 Direct Connection 中可以输入 IP，移动端 iOS 平台和 Android 平台支持远程 Profiler，但需要保证 54998 和 55511 之间的端口打开。

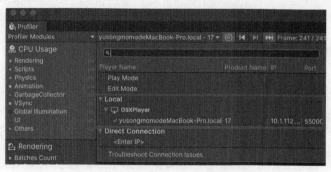

图 17-26　在 Profiler 中连接游戏包

如果是移动端，那么推荐使用数据线连接，因为速度能快一点儿。Android 平台相对有些特殊，需要在手机中打开开发者模式和 USB 调试，先在命令行中输入 TCP 连接的端口和游戏包名。

```
adb forward tcp:34999 localabstract:Unity-{insert bundle identifier here}
adb shell am start -n {insert bundle identifier here}/com.unity3d.player.UnityPlayerActivity -e 'unity'
    '-deepprofiling'
```

启动 Deep Profiler 的例子如下所示。

```
adb forward tcp:34999 localabstract:Unity-com.yusongmomo.com
adb shell am start -n com.yusongmomo.com/com.unity3d.player.UnityPlayerActivity -e 'unity' '-deepprofiling'
```

17.3.9　Profiler 写入和读取

真机中可以对 Profiler 进行写入和读取，在移动端也可以写入，然后导出到计算机中可以在 Profiler 中读取。如代码清单 17-6 所示，在程序运行中可以在某个时间点进行记录和停止，将 Profiler 保存在可读写目录中，结果如图 17-27 所示。

代码清单 17-6　Script_17_06.cs 文件

```
public class Script_17_06 :MonoBehaviour
{
    private void OnGUI()
    {
        if (GUILayout.Button("<size=100>Start</size>"))
        {
            Profiler.logFile = $"{Application.persistentDataPath}/Script_17_06_log";
            Profiler.enableBinaryLog = true;
            Profiler.enabled = true;
            Profiler.maxUsedMemory = 256 * 1024 * 1024;
```

```
    }

    if (GUILayout.Button("<size=100>Stop</size>"))
    {
        Profiler.enabled = false;
        Profiler.logFile = "";
    }

    GUILayout.Label($"<size=30>{Profiler.logFile}</size>");
    }
}
```

图 17-27　保存 Profiler

Profiler 的文件被保存在上述目录中，文件名是 Script_17_06_log.raw。如图 17-28 所示，加载刚刚保存的文件就可以查看 Profiler 性能了。

图 17-28　读取 Profiler

17.3.10　渲染性能调试

第 12 章介绍过 CPU 如何与 GPU 交互，通过 Profiler 可以看到 CPU 是比较好调试的，Profiler 中已经列出了所有函数的耗时。而 GPU 比较特殊，它只能定位某个特定行为的耗时。

如图 17-29 所示，切换到 Timeline 模式下可以看到 Main Thread（主线程）、Render Thread（渲染线程）、Job（工作线程）等执行的任务。这些行为都发生在 CPU 中，流程是先在主线程中准备渲染数据，然后在渲染线程中给 GPU 提交渲染数据。

这样，理论上 CPU 和 GPU 都存在卡顿的情况，此时就不得不等待另外一边完成后才能继续。GPU 是个黑盒，我们不容易分析它，但 CPU 这边已经统计出主线程和渲染线程，通过 Profiler 内置的统计就可以进一步定位到底是哪里卡住了。如图 17-30 所示，这一帧开始主线程在正常执行代码，而下面的渲染线程被分成了 3 部分。

17

❶：渲染线程正在执行上一帧的数据提交。

❷：渲染线程正在等待主线程给它传递渲染数据。

❸：渲染线程给 GPU 提交数据。

第❸部分的耗时明显很短，这说明性能的卡顿问题出在主线程准备渲染数据上，因此需要检查一下为什么渲染数据传递得这么慢。

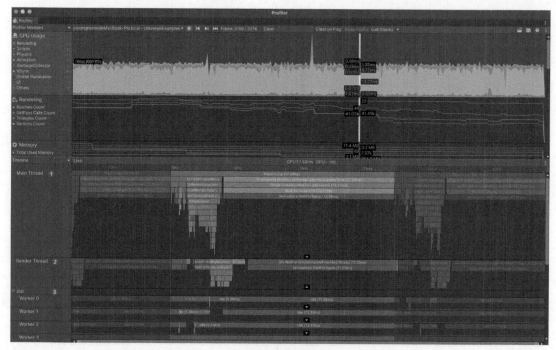

图 17-29　渲染性能

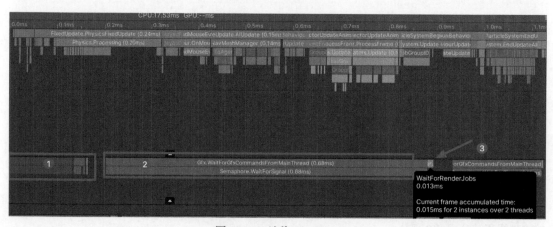

图 17-30　渲染 Timeline

在 Profiler 中还能看到如下常见字段。

❏ `WaitForTargetFPS`：代码中设置了限制帧率，这样主线程会强制等待到目标帧率后再将渲染数据传递给渲染线程使用。

❏ `Gfx.PresentFrame`：CPU 等待 GPU 进行这一帧的渲染，说明此时性能问题出在 GPU 中，应该检查参与渲染的物体数量、着色器渲染的复杂程度等。

❏ `Gfx.ProcessCommands`：渲染线程正在处理渲染指令导致主线程空闲，主线程必须进行等待才能做渲染数据的准备，此时渲染线程卡住。

❏ `Gfx.WaitForCommands`：渲染线程已经空闲，正在等待主线程传递渲染数据，此时主线程卡住。

❏ `GFX.WaitForLastPresent`：在主线程中等待显示完毕，Unity 2020 通过它解决了 Time.deltaTime 不稳定的问题，而且还可以进一步利用渲染线程。如图 17-31 所示，旧版 Profiler 是在渲染线程中进行 Wait for frame to be displayed，这样就意味着如果当前帧没有显示完毕，那么渲染线程就无法进行下一帧的数据提交。Time.deltaTime 的采样时间在 Update 之前，并不是这一帧渲染之前。

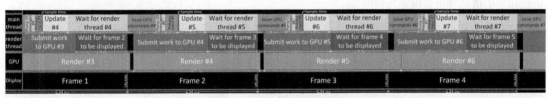

图 17-31　旧版采样等待

如图 17-32 所示，新版 Profiler 将 Wait for frame to be displayed 放在了主线程中，这样渲染线程提交完渲染数据后无须再进行等待。而且 Time.deltaTime 也可以在主线程等待显示完毕后进行采样，这样它也就相对稳定了。

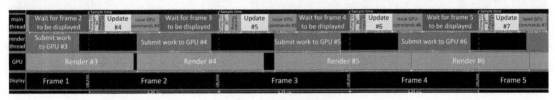

图 17-32　新版采样等待

❏ `Gfx.WaitForPresentOnGfxThread`：主线程空闲，渲染线程在等待 GPU 渲染无法接收主线程传递的渲染数据。

❏ `Gfx.WaitForRenderThread`：主线程空闲，等待渲染线程执行渲染命令。

17.4　着色器优化

着色器是运行在 GPU 上的程序。Unity 提供的着色器语言是 HLSL，虽然它也支持 GLSL，但是在 iOS 平台上无法支持，还是推荐在开发时使用 HLSL 语言。Unity 会在打包或者构建 AssetBundle 时将 HLSL 语言转换成目标平台支持的 Shader 语言。既然会生成代码，那么数学计算中就应该尽量使用 Unity 内置的方法，这样才能让驱动程序生成更优化的代码。

从模型资源的角度来说，减少模型的顶点数可以优化顶点着色器的性能。将模型拉远以后，由于对屏幕像素的贡献减少，因此可以优化片元着色器的性能。降低屏幕整体分辨率后可以减少片元着色器的执行数量，从而优化性能。从浮点数精度的角度来说，float 是 32 位，half 则是 16 位。世界空间和纹理坐标对精度要求较高，因此推荐使用 float 类型，其他对精度要求不高的建议使用 half 类型。在计算机 GPU 中的 half 也会按照 float 的方式运算，在移动 GPU 中 half 则更具性能优势。

17.4.1 顶点着色器

如图 17-33 所示，模型的信息包括 Vertices（顶点信息）（见❶）、Indices（索引信息）（见❷）和 Triangles（三角面）（见❸）。顶点信息记录模型每个顶点相对模型自身参考点的 3D 位置信息、法线信息、切线信息、UV 信息、顶点色信息等。索引信息记录每个三角面按怎样的顺序组合。通过顶点信息和索引信息就可以确定几何模型。

立方体一共有 8 个顶点，但是为什么这里会有 24 个顶点信息呢？如图 17-34 所示，虽然顶点的 3D 坐标是一致的，但是一个顶点会有多个三角面拼接，而每个面的法线、切线和 UV 可能是不同的，所以立方体每个顶点应该由 3 个顶点组成，即一共有 24 个顶点。

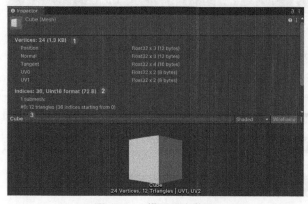

图 17-33 模型顶点信息

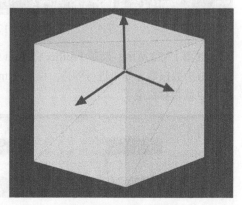

图 17-34 共点三角面

立方体由 36 个索引组成也很好理解。因为每 3 个索引确定一个三角面，一共有 12 个三角面，所以共 36 个索引。每个顶点信息都是 FBX 模型文件提供的，美术人员可以在 3ds Max 中进行设置，它们的数据如下。

- POSITION：位置信息，数据类型是 float3 或 float4。
- NORMAL：法线信息，数据类型是 float3。
- TEXCOORD0 ~ TEXCOORD3：纹理 UV 支持 4 套 UV，数据类型是 float2、float3 或 float4。
- TANGENT：切线信息，数据类型是 float4。
- COLOR：顶点色，数据类型是 float4。

以上信息都可以在 Shader 中接收。如下列代码所示，#pragma vertex 指定了顶点着色器的方法，在 vert() 方法中就可以接收模型每个顶点的数据，GPU 会自动填充顶点的 Attributes 数据，我们只需在顶点着色器中编写代码即可。

```
#pragma vertex vert
struct Attributes
{
    float4 positionOS   : POSITION;
    float3 normal       : NORMAL;
    float2 uv0          : TEXCOORD0;
    float2 uv1          : TEXCOORD1;
    float2 uv2          : TEXCOORD2;
    float2 uv3          : TEXCOORD3;
    float4 tangent      : TANGENT;
    float4 color        : COLOR;
};
```

POSITION 中记录的是模型空间的顶点坐标，它需要进行 **MVP** 矩阵转换。如下列代码所示，Unity 提供了 TransformObjectToHClip() 方法进行坐标转化，顶点着色器会将结果返回给 Varyings 对象。

```
Varyings vert(Attributes IN)
{
    Varyings OUT;
    OUT.positionHCS = TransformObjectToHClip(IN.positionOS.xyz);
    OUT.uv = IN.uv;
    return OUT;
}
```

17.4.2 片元着色器

每个顶点着色器执行完毕后对应的结果都会返回到 Varyings 对象中。如下列代码所示，Varyings 对象的数据是我们在代码中定义的，SV_POSITION 表示裁剪空间坐标，也就是顶点着色器返回的 OUT.positionHCS；TEXCOORD0 表示纹理坐标，也就是顶点着色器返回的 OUT.uv，支持 TEXCOORD1、TEXCOORD2、TEXCOORD3 等。

```
struct Varyings
{
    float2 uv           : TEXCOORD0;
    float4 positionHCS  : SV_POSITION;
};
```

接下来就是片元着色器了，每个片元像素都会执行下面这段代码。GPU 会对顶点着色器返回的 Varyings 对象进行插值，这样才能保证每个片元 Varyings 对象都是正确的。比如上面的 UV 信息，在顶点着色器中只是对每个顶点计算了 UV，而 GPU 会根据每个顶点的 UV 插值出每个像素的 UV 数值，这样 SAMPLE_TEXTURE2D 才可以正确地采样出结果。

```
half4 frag(Varyings IN) : SV_Target
{
    return SAMPLE_TEXTURE2D(_BaseMap, sampler_BaseMap, IN.uv) * _BaseColor;
}
```

17

17.4.3 条件分支

Shader 推荐使用静态分支，就是前面我们介绍过的宏，它会在打包时进行编译。与静态分支对应的是动态分支，动态分支可以有效地减少宏定义，但是会影响 GPU 的性能。和 CPU 不同，GPU 并不提供分支预测的功能，因为它不能被条件分支所打断。两个分支的操作都会执行，最终会丢弃一个分支的结果来保证不会被打断和并行性。

如下代码在 HLSL 中提供了 branch 和 flatten 的标签。在这段代码中，我们判断了 x 等于 0 时设置它等于 2，在另一个隐藏分支中表示 x 不等于 0 并且设置 x 等于 x。[branch]标签用于告诉 GPU 只执行其中一个分支，而[flatten]标签则告诉 GPU 两个分支都执行，最终取一个正确的结果。

```
[branch]
if(x==0)
{
    x = 2;
}

[flatten]
if(x==0)
{
    x = 2;
}
```

根据我在移动端的性能测试，非常不建议大家写分支预测，即使标记了[branch]性能，它也不如静态分支的宏。

17.5 小结

本章中，我们首先学习了 Unity 代码优化，包括缓存游戏对象、减少脚本的数量以及使用缓存池来优化性能。在 C#代码优化部分我们学习了入栈和出栈的原理以及堆内存分配的原理，减少装箱与拆箱的操作，良好的编码方法让垃圾收集器更容易工作。接下来我们学习了 Profiler 内存管理，善用 Profiler 工具可以进一步调试内存，配合 Memory Profiler 可以进行内存快照的保存与对比。最后我们学习了着色器的优化、顶点着色器和片元着色器的执行原理以及分支预测的优势和劣势。

第 *18* 章

通用案例与优化

商业游戏客户端最重要的是做到两点：一是性能优化，二是代码简单。如果想将这两点做好，那么就必定要做出很多妥协。极致的性能优化一定会让代码写起来困难，而容易写的代码一定会丧失性能。通常，新手程序员最容易犯的错误就是代码质量不高，虽然功能实现了，但是代码具有性能隐患。不过，客户端也不能追求极致的性能优化，因为这样会导致编码困难。因此，我们需要找到一个平衡点，既满足性能的要求，也让程序员编码相对容易一些。

18.1 客户端框架

商业游戏一般需要 6 ~ 15 名客户端程序员。客户端主程需要提供一套好用的客户端框架。整台客户端由战斗部分和非战斗部分组成。战斗部分通常无法框架化，因为每个游戏的战斗部分是不同的，大部分战斗逻辑需要重写。但是在非战斗部分中，即使不同类型的项目也可以公用，比如 UI 框架、TCP/HTTP 网络通信、SQLite 数据表格、技能编辑器、打包框架流程、热更新流程，等等。

18.1.1 UI 框架

目前互联网行业中比较流行的是 MVC 框架和 MVVM 框架，我在游戏领域对这两个框架也做过一些尝试。MVVM 核心思路是双向绑定，它将 UI 和数据绑定在一起，这样当数据发生改变时，会自动刷新 UI。但实际游戏中服务端发来的数据可能非常多，而且 UI 界面中并非立即刷新，可能还需要进行 UI 动画的播放，这些都给 ViewModel 和 Model 之间的双向绑定带来了很大挑战。对 MVC 来说，它需要将 View 中的操作行为告诉 Controller，接着 Controller 会处理逻辑的行为，然后修改 Model 中的状态，最后 Model 会通知 View 进行 UI 界面刷新。

无论哪种模式，我认为客户端框架最重要的目的是实现逻辑与 UI 解耦：在 UI 中不要处理逻辑，在逻辑中则要控制 UI。这句话听起来可能很绕，其实可以这样理解：MVC 或 MVVM 任意删除 UI 类，整个程序不会报错。因为逻辑中并没有控制 UI 的代码，所以再换一个新项目时，这样的客户端框架的整个 Model 模块类是可以共用的，而假设在模块类中耦合了 UI 的代码，那么再换一个新项目时这样的模块类将很难使用。

如图 18-1 所示，游戏中的界面是由多个子界面组成的，所以 View 可能是多个类。View 类中可以获取 ViewModel 和 Model 的对象，但是 ViewModel 和 Model 禁止获取 View 类对象，这样在删除任意 View 类后，整个程序是不会报错的。

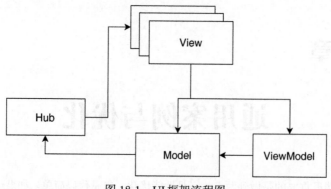

图 18-1   UI框架流程图

Model 是用来处理数据的，它需要监听服务器的网络消息，服务器发送到客户端的数据都记录在 Model 中。但是对于服务器发来的数据，客户端需要加工以后才能展示给 View，这时候就需要将加工的代码写在 ViewModel 中。此外，ViewModel 中还可能会保留加工后的结果数据。

Model 处理完数据后需要刷新 UI，但是 Model 禁止获取 UI 对象，它不能直接调用 UI 方法或者访问数据，这时候就该 Hub 登场了。Hub 的含义是集线器，它负责提供 UI 事件，在 Model 中抛出事件，在 View 中监听事件，然后就可以刷新了。

在 View 中点击按钮后需要刷新 UI，一种方法是向服务器发送消息等返回后刷新，另一种方法是使用本地的数据直接刷新。下面的代码是一个背包的模块类，无论是监听网络消息还是主动触发逻辑，都在模块类中将数据处理完毕后抛出事件。

```
class BagModel
{
    static public BagModel M;

    // 监听网络消息
    public void SCInitBag(object o)
    {
        BagHub.Refresh?.Invoke(o);
    }
    // UI 主动触发
    public void UIClick(object o)
    {
        BagHub.Refresh?.Invoke(o);
    }
}
```

在 Hub 中只需要声明 UI 的各种事件类型。可以在 View 类中对 Hub 中的事件进行监听，通过 BagModel.M 静态对象可以访问模块中的所有数据。

```
class BagHub
{
    static public Action<object> Refresh;
}
class BagView
{
    void Start()
    {
```

```
        BagHub.Refresh = Refresh;
    }
    // 通过参数或者 BagModel.M 主动获取模块中的数据
    void Refresh(object o) { }
}
```

18.1.2　UI 代码生成

游戏界面上有很多 Text 对象、Image 对象和 Button 对象，这些对象中有一部分需要程序运行时控制，还有一部分（如背景框）则不需要控制，单纯用于显示。如下列代码所示，程序员需要写很多这样的代码来获取对象和监听逻辑，但真正需要他们关心的是按钮点击后的处理。

```
public Button m_Button;
void Start()
{
    m_Button = gameObject.transform.Find("Button").GetComponent<Button>();
    m_Button.onClick.AddListener(OnButtonClick);
}
// 这里才是程序员需要关注的地方
void OnButtonClick() { }
```

获取对象和注册监听的代码完全可以自动生成，如图 18-2 所示，我们可以和 UI 策划人员制定一个规则，比如添加以"e_"开头的命名程序来自动生成代码。

图 18-2　生成规则

如代码清单 18-1 所示，程序可以遍历所有子节点，找到以"e_"开头的对象，然后获取它身上的组件，再提取对象名称、对象类型和读取路径就可以生成代码了。

代码清单 18-1　Script_18_01.cs 文件

```
public class Script_18_01
{
    [MenuItem("Tools/Script_18_01")]
    static void Run()
    {
        GameObject bag_view = GameObject.Find("BagView");

        foreach (Transform trans in bag_view.GetComponentsInChildren<Transform>(true))
        {
            var name = trans.name;
            var split = name.Split("e_");
            if (split.Length>1)
            {
                var defineName = split[1];
                var defineType = GetType(trans);
                var definePath = AnimationUtility.CalculateTransformPath(trans, bag_view.transform);
                Debug.Log(defineName); // out: Button
                Debug.Log(defineType); // out: UnityEngine.UI.Button
                Debug.Log(definePath); // out: root/e_Button
            }
        }
```

18

```
    }

    static string GetType(Transform trans)
    {
        if(trans.TryGetComponent<Button>(out Button button))
        {
            return button.GetType().ToString();
        }else if (trans.TryGetComponent<Image>(out Image image))
        {
            return image.GetType().ToString();
        }else if (trans.TryGetComponent<Text>(out Text text))
        {
            return text.GetType().ToString();
        }
        else
        {
            return trans.GetType().ToString();
        }
    }
}
```

生成代码的方式有很多种，第 9 章详细介绍过，我们只需按照自己的需求来生成代码即可。其实，大量代码可以自动生成，程序员只需要关注按钮点击后的逻辑。

```
// 自动生成的父类代码
public class BaseBagView
{
    protected Transform transform;
    protected UnityEngine.UI.Button Button;
    public BaseBagView(Transform trans)
    {
        transform = trans;
        Button = transform.Find("root/e_Button").GetComponent<UnityEngine.UI.Button>();
        Button.onClick.AddListener(() =>
        {
            OnButtonClick(Button);
        });
    }
    protected virtual void OnButtonClick(Component component) { }
}

// 需要手写的子类代码
public class BagView : BaseBagView
{
    public BagView(Transform trans) : base(trans){}

    protected override void OnButtonClick(Component component)
    {
        if(component== this.Button)
        {
            // 处理逻辑
        }
    }
}
```

18.1.3   协议代码生成

对模块类来说，它需要提供接受网络消息的方法以及主动发送消息的方法，网络消息都会使用 PB

的方案。对逻辑程序员来说，只需要两个方法：一个是接受方法，另一个是发送方法。

```csharp
// 自动生成的父类代码
public class BaseBagModel
{
    // 生成协议监听逻辑
    private void SCInitBag(object datas)
    {
        SCInitBag(Person.Parser.ParseFrom((byte[])datas));
    }
    protected virtual void SCInitBag(Person person) { }


    // 生成协议发送逻辑
    public void SendInitBag(string name, int id,string email)
    {
        Person person = new Person();
        person.Name = name;
        person.Id = id;
        person.Email = email;
    }

}

// 需要手写的子类代码
public class BagModel: BaseBagModel
{
    // 手写监听代码
    protected override void SCInitBag(Person person)
    {
        // 处理收到的逻辑
        Debug.Log(person.Name);
        Debug.Log(person.Id);
        Debug.Log(person.Email);
        Debug.Log(person.Chile[1].Id);
    }

    // 手写发送消息代码
    public void Send()
    {
        SendInitBag("雨松momo", 2, "xxxx@gmail.com");
    }
}
```

18.1.4　其他代码生成

除了网络协议代码生成外，还有数据表格 SQLite 代码生成。可以发现，生成代码的主要目的是减少程序员的编码。代码生成可以保证代码的正确性，只要逻辑规则统一，任何代码都可以生成。对一款好的商业游戏来说，框架 UI 代码、表格代码和网络协议代码通常是必须生成的。此外，可能还有技能编辑器代码生成、行为树代码生成等，这些都是根据需求产生的。

18.1.5　数据监听

MVVM 的核心是数据绑定，所以需要监听数据类型的变化事件，C#并没有提供这样的功能，但

18

是它提供了运算符重载和隐式转换。拿 int 类型来说，我们可以单独写一个类来代替 int，只要它在使用上和 int 一样就可以，如图 18-3 所示。

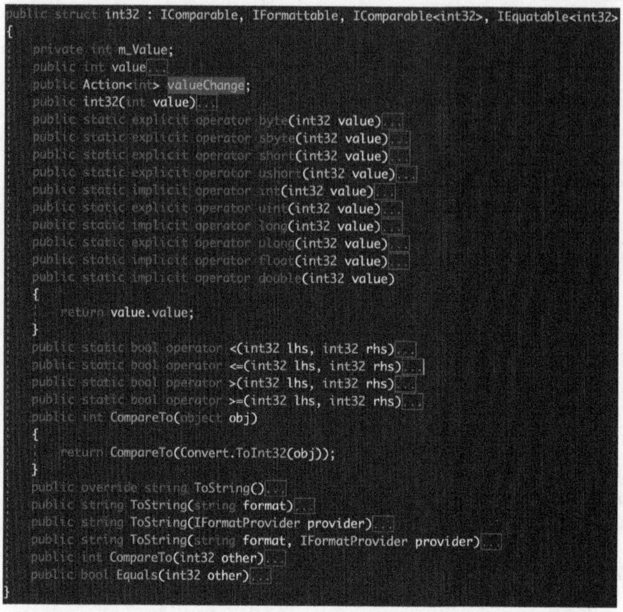

```
public struct int32 : IComparable, IFormattable, IComparable<int32>, IEquatable<int32>
{
    private int m_Value;
    public int value...
    public Action<int> valueChange;
    public int32(int value)...
    public static explicit operator byte(int32 value)...
    public static explicit operator sbyte(int32 value)...
    public static explicit operator short(int32 value)...
    public static explicit operator ushort(int32 value)...
    public static implicit operator int(int32 value)...
    public static explicit operator uint(int32 value)...
    public static implicit operator long(int32 value)...
    public static explicit operator ulong(int32 value)...
    public static implicit operator float(int32 value)...
    public static implicit operator double(int32 value)
    {
        return value.value;
    }
    public static bool operator <(int32 lhs, int32 rhs)...
    public static bool operator <=(int32 lhs, int32 rhs)...
    public static bool operator >(int32 lhs, int32 rhs)...
    public static bool operator >=(int32 lhs, int32 rhs)...
    public int CompareTo(object obj)
    {
        return CompareTo(Convert.ToInt32(obj));
    }
    public override string ToString()...
    public string ToString(string format)...
    public string ToString(IFormatProvider provider)...
    public string ToString(string format, IFormatProvider provider)...
    public int CompareTo(int32 other)...
    public bool Equals(int32 other)...
}
```

图 18-3　int32

如代码清单 18-2 所示，我们写的 int32 对象和 int 使用起来几乎完全一样，它提供的 valueChange 事件可以监听数值的变化。

代码清单 18-2　Script_18_02.cs 文件

```
public class Script_18_02 : MonoBehaviour
{
    void Start()
    {
        int32 i32 = new int32(100);

        // 与各类型进行隐式转换
        int ii = i32 + 100 * 2000;
        float ff = i32;
        double dd = i32;

        // 数据判断
        if (i32 == 10) { }
        if (i32 <= 10) { }

        // 监听数据变化
        i32.valueChange += (change) => {
            Debug.Log(change);
        };

        // 最终设置数值
        i32.value = 200;
```

```
            Debug.Log(i32);// out: 200
        }
    }
```

但是，这么做还有一个问题，就是 int32 并非 int，而服务器返回的数据只可能是 int 类型，因此代码中还需要进行一次转换。还有一种办法就是通过别名的方式来实现。通过 nameof 关键字给基础类型数据起一个别名，如下列代码所示，只需在数据变化的地方将事件抛出即可。

```
public class ViewMod
{
    static ViewMod mod;
    public static ViewMod Get()
    {
        if (mod == null)
            mod = new ViewMod();
        return mod;

    }

    public int m_Field;
    public int field
    {
        get { return m_Field; }
        set {
            // 修改数据抛出事件
            m_Field = value;
            Event.Dispatch(nameof(field), value);
        }
    }
}


// 监听数据变化
var mod = ViewMod.Get();

// 在 UI 中监听变化
Event.AddListener(nameof(mod.field), (i) =>
{
    Debug.Log("change: " + i);
});
// 模块修改
mod.field = 200;
```

18.1.6　事件管理器

我们先来学习一下事件和委托的区别。如下列代码所示，Action 就是一种委托，它可以通过 Action<T,T2> 来传递参数。在 Action 前面声明 event 表示事件委托，事件委托是不能使用=赋值的。这样设计是为了保护代码内部的事件，比如我们的框架有一个委托事件，框架内已经监听了，结果被外部代码通过=修改，这就破坏了原本框架代码的结构。

```
void Start()
{
    Hub.Action = Fun;
    Hub.Action += Fun;
    Hub.Action = null;
```

18

```
        Hub.Action2 = Fun; // 报错
        Hub.Action2 += Fun;
        Hub.Action2 = null; // 报错
    }

    class Hub
    {
        static public Action Action;
        static public event Action Action2;
    }
```

通常，我们在项目中使用的是 Action 事件，因为它可以使用=和+赋值。如果确定只需要在一个地方监听，那么=相对安全一些。在如下代码中，Action 是可以访问成员变量的，如果 gameObject 游戏对象已经被删掉，那么因为此时事件进行了回调，所以必然会报错。

```
    Hub.Action = () =>
    {
        Debug.Log(gameObject.name);
    };
```

商业游戏框架如果处理不好这个，就一定会出问题。比如，程序员在打开界面中使用+=监听了某个事件，由于关闭界面时没有-=操作，当这个事件发生回调时，这个界面就可能会报错。因此，框架如果只提供监听事件，那么当关闭界面时，系统就会自动移除所有事件，这样的代码才更安全。如下列代码所示，我们可以提供一个 ActionManager 类，并用 RegAction 来监听事件，然后再将所有事件都缓存在 Dictionary 字典中，当界面关闭时调用父类清空它即可。

```
public class ActionManager
{
    Dictionary<object, object> m_Actions = new Dictionary<object, object>();

    public NewAction RegAction(NewAction newAction, Action action)
    {
        newAction += action;
        m_Actions[newAction] = action;
        return newAction;
    }
    ...
    public void Clear()
    {
        foreach (var act in m_Actions)
        {
            ((IAction)act.Key).Dispose(act.Value);
        }
    }
}

public class NewAction : IAction
{
    Action action;
    public void Dispose(object obj)
    {
        if (obj is Action act)
            action -= act;
    }
    public void Invoke()
    {
        action?.Invoke();
```

```
    }
    public static NewAction operator +(NewAction a, Action b)
    {
        a.action -= b;
        a.action += b;
        return a;
    }
    public static NewAction operator -(NewAction a, Action b)
    {
        a.action -= b;
        return a;
    }
}
...
```

如代码清单 18-3 所示，自动生成的父类中将 ActionManager 生成出来了，在子类中通过 RegAction 就可以监听事件，当界面关闭时只需统一调用父类的 Close() 方法即可清空所有事件。

代码清单 18-3　Script_18_03.cs 文件

```
public class Script_18_03 : MonoBehaviour
{
    public class BaseBagView
    {
        ...
        protected ActionManager m_ActionManager = new ActionManager();

        protected virtual void Open() { }
        protected virtual void Close()
        {
            // 界面关闭时，调用父类清空所有事件
            m_ActionManager.Clear();
        }
    }

    // 手写代码
    public class BagView : BaseBagView
    {
        NewAction<string> MyAction = new NewAction<string>();
        NewFunc<string, int> MyFunc = new NewFunc<string, int>();

        public void MyFunction(string str)
        {
            Debug.Log(" MyFunction   " + str);
        }
        public int MyFunction1(string str)
        {
            Debug.Log(" MyFunction1   " + str);
            return 1;
        }

        protected override void Open()
        {
            base.Open();
            // 监听事件
            m_ActionManager.RegAction(MyAction, MyFunction);
            m_ActionManager.RegAction(MyFunc, MyFunction1);

            // 抛出参数
            MyAction.Invoke("参数 1");
```

18

```
            MyFunc.Invoke("参数 2");
        }
    }
}
```

18.2   客户端优化与案例

前面详细介绍了客户端框架的相关知识，但即使掌握这些知识也不一定能制作出好的游戏框架，因为客户端还需要解决性能优化的问题。性能优化涉及的知识面非常广，不一定是程序员能决定的。通常，很多优化需要美术人员的配合，本节将列举一些常见的优化方法以及案例。

18.2.1   懒加载

懒加载的意思是游戏对象加载结束后再懒加载身上的其他东西。如图 18-4 所示，当资源绑定游戏对象上时，如果当前游戏对象加载后，自动加载身上的所有资源，那么即使逻辑上可能不一定会使用，也需要加载。

图 18-4   序列化资源

如代码清单 18-4 所示，可以使用 LazyLoadReference<T> 来进行资源懒加载，这样只有它调用 .asset 时才会真正发生加载行为。

代码清单 18-4   Script_18_04.cs 文件

```
public class Script_18_04 : MonoBehaviour
{
    public Material material;
    public LazyLoadReference<Material> material2;

    private void Start()
    {
        // 真正开始加载
        Material mat2 = material2.asset;

        Debug.Log(mat2.name);
    }
}
```

但是 Unity 提供的懒加载类有一定的局限性，如果依赖的资源在其他 AB（AssetBundle）中，就必须先加载 AB 文件才能继续，整个流程看起来不太灵活。

18.2.2   懒加载 UI

UI 界面中会保存大量的 Sprite 贴图，如果它们的图集分配不合理，就很容易出现打开界面非常慢的情况。我们可以将 UI 界面中的资源与 Prefab 剥离，界面中只保存空的游戏对象节点，所有资源都异步慢慢加载进来。

我们可以自动生成界面 Prefab，生成的时候将 Image 的贴图名称复制出来。如下列代码所示，单独写个类继承 Image 对象，并且记录需要加载的贴图名，如果有自定义材质，也需要记录材质名。这段代码写得并非十分严谨，不仅需要考虑资源异步加载的过程中界面出现了瞬间关闭再打开的情况，还需要考虑首次打开界面后修改贴图和材质名，此时应该避免加载 Prefab 上保存的资源。

```
public class LazyLoadImage : Image
{
    public string spriteName;
    public string materialName;
    protected override void OnEnable()
    {
        // 根据精灵名和材质名异步加载
    }
}
```

如代码清单 18-5 所示，编辑模式下可以加载 Prefab 以将 Image 组件剔除，更换成 LazyLoadImage 对象，需要保存资源名和材质名，其他参数直接设置即可。

代码清单 18-5　Script_18_05.cs 文件

```
public class Script_18_05 : MonoBehaviour
{
    [MenuItem("Tools/Script_18_05")]
    static void Run()
    {
        string bag_View = "Assets/Script_18_05/BagView.prefab";
        string bag_View_copy = "Assets/Script_18_05/BagView_Copy.prefab";

        var bag_view_asset = AssetDatabase.LoadAssetAtPath<GameObject>(bag_View);
        var bag_view_go = GameObject.Instantiate<GameObject>(bag_view_asset);

        foreach (var image in bag_view_go.GetComponentsInChildren<Image>(true))
        {
            // 记录属性
            var spritename = (image.sprite!=null)? image.sprite.name : "";
            var go = image.gameObject;
            // 删除组件
            GameObject.DestroyImmediate(image);
            // 还原组件
            var lazy= go.AddComponent<LazyLoadImage>();
            lazy.spriteName = spritename;
        }

        PrefabUtility.SaveAsPrefabAsset(bag_view_go, bag_View_copy);
        GameObject.DestroyImmediate(bag_view_go);
        AssetDatabase.Refresh();
    }
}
```

除了 Image 组件，RawImage、Text Mesh Pro、Text、Button 等常用 UI 组件，也需要编写对应的 LazyLoad 类。

18

18.2.3 懒加载 UI 特效

UI 界面中也尽量不要绑定特效，它和 UI 贴图的情况一样，首次打开时，即使不需要展示，也会进行加载。特效 Prefab 可能还很大，导致依赖的资源过多，这样对构建 AssetBundle 也不友好，容易产生大量冗余资源的问题。在代码中直接加载是最好的，但是为了预览方便，可以使用模板嵌套的方式。如图 18-5 所示，可以将资源拖入 Lazy Load Prefab 脚本中来序列化加载路径，运行时自动加载。为了预览方便，拖入后需要在 OnEnable() 方法中自动加载。

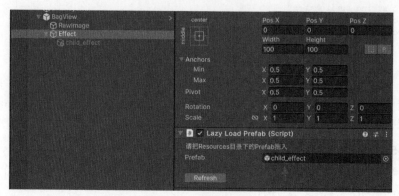

图 18-5　懒加载特效

如代码清单 18-6 所示，核心代码是当 Prefab 被拖入面板时将资源的名称记录下来并序列化在脚本中。编辑模式下支持预览加载，运行时打开父节点时才进行加载。

代码清单 18-6　LazyLoadPrefab.cs 文件

```
public class LazyLoadPrefab : MonoBehaviour
{
    // /--------序列化信息面板--------
    [SerializeField]
    private string m_LoadPath = string.Empty;
    // /--------序列化信息面板--------

    void Awake()
    {
        Load();
    }

    // /<summary>
    // /加载资源
    // /</summary>
    public void Load()
    {
        // 清空节点
        if (transform != null)
        {
            while (transform.childCount > 0)
            {
                DestroyImmediate(transform.GetChild(0).gameObject);
            }
        }
```

```
            GameObject prefab = Resources.Load<GameObject>(m_LoadPath);
            if (prefab)
            {
                GameObject go = Instantiate<GameObject>(prefab);
                go.transform.SetParent(transform, false);
                go.name = prefab.name;
                go.SetActive(true);
#if UNITY_EDITOR
                foreach (Transform t in go.GetComponentsInChildren<Transform>()) {
                    t.gameObject.hideFlags = HideFlags.NotEditable | HideFlags.DontSave;
                }
#endif
            }
        }
    }

#if UNITY_EDITOR
[CustomEditor(typeof(LazyLoadPrefab))]
public class LazyLoadPrefabEditor : Editor
{
    void OnEnable()
    {
        if (target != null)
        {
            if (!Application.isPlaying)
            {
                (target as LazyLoadPrefab).Load();
            }
        }
    }

    public override void OnInspectorGUI()
    {
        serializedObject.Update();
        GUILayout.Label("请把Resources 目录下的Prefab 拖入");
        string loadPath = serializedObject.FindProperty("m_LoadPath").stringValue;
        EditorGUI.BeginChangeCheck();
        GameObject prefab = Resources.Load<GameObject>(loadPath);
        GameObject newPrefab = EditorGUILayout.ObjectField("Prefab", prefab,
            typeof(GameObject)) as GameObject;
        if (EditorGUI.EndChangeCheck())
        {

            serializedObject.FindProperty("m_LoadPath").stringValue = newPrefab.name;

            serializedObject.ApplyModifiedProperties();
            if (!Application.isPlaying)
            {
                (target as LazyLoadPrefab).Load();
            }
        }
        GUILayout.Space(18f);
        GUILayout.BeginHorizontal();
        if (GUILayout.Button("Refresh", GUILayout.Width(80)))
        {
            (target as LazyLoadPrefab).Load();
        }
```

18

```
        GUILayout.EndHorizontal();
        serializedObject.ApplyModifiedProperties();
    }
}
#endif
```

除了 UI 特效，所有资源都可以用类似的方法加载。懒加载的优势非常明显，一方面可以避免 AB
产生额外的依赖，另一方面也可以在真正使用时进行加载，优化用户体验。

18.2.4   编辑与运行时加载资源

目前来看，资源加载有个很大的问题。我们在编辑模式下需要进行开发，这部分代码是不能影响
运行模式的，而运行时会使用 AB 进行资源加载，开发时将资源放在 Resources 目录下不太好，这样
打包的时候还需要考虑怎么剥离它。开发时使用 AB 也不太好，因为每修改一下资源就需要构建新的
AB，否则无法运行，这样将大大耽误开发时间。所以最佳的思路是编辑模式下使用 AssetDatabase
加载资源，运行时无缝切换到 AB 加载。

可以使用 Assets 类来同时加载编辑模式下的资源和运行模式下的资源。如下这段代码做了一些
简化，主要是为了说明加载的具体含义。编辑模式下可以通过资源路径来加载，但是运行模式下资源
在 AB 中，需要先加载 AB 再加载资源，而且 AB 还需要在合适的时机卸载。在构建 AB 的时候需要记
录资源名与 AB 的关系，这样代码只需要加载资源，不需要关心 AB 文件如何构建。

```
public class Assets
{
    // 根据资源名保存 AB 文件
    static public Dictionary<string, string> s_NameForAB = new Dictionary<string, string>();
    // 根据 AB 文件名缓存 AB 对象
    static public Dictionary<string, AssetBundle> s_CacheAB = new Dictionary<string, AssetBundle>();
    // 记录资源名和弱引用的关系
    static public Dictionary<string, WeakReference> s_CacheAsset = new Dictionary<string, WeakReference>();

    static public T Load<T>(string name) where T : UnityEngine.Object
    {
        T o = null;
#if UNITY_EDITOR
        o= AssetDatabase.LoadAssetAtPath<T>(name);
#else
        if (s_NameForAB.TryGetValue(name,out var abName))
        {
            AssetBundle ab;
            if (!s_CacheAB.TryGetValue(abName,out ab))
            {
                ab = AssetBundle.LoadFromFile(abName);
                s_CacheAB[abName] = ab;
            }
            o= ab.LoadAsset<T>(name);
        }
#endif
        if (o != null)
        {

            if (!s_CacheAsset.ContainsKey(name))
            {
```

```
                s_CacheAsset[name] = new WeakReference(o,false);
            }
        }

        return o;
    }

    static public void GC()
    {
        List<string> removals = new List<string>();
        foreach (var item in s_CacheAsset)
        {
            WeakReference weak = item.Value;
            if (!weak.IsAlive)
            {
                // 引用已经断开，可以清理资源
                removals.Add(item.Key);
            }
        }
        for (int i = removals.Count-1; i >= 0; i--)
        {
            string assetName = removals[i];
            if (s_NameForAB.TryGetValue(assetName, out var abName))
            {
                if (s_CacheAB.TryGetValue(abName, out AssetBundle ab))
                {
                    // 释放AB对象，清空缓存
                    ab.Unload(true);
                    s_CacheAB.Remove(abName);
                }
            }
            s_CacheAsset.Remove(assetName);
        }
    }
}
```

卸载 AB 时，需要知道哪些资源已经不再使用，此时可以使用引用计数的方式来实现，上述代码是使用 C#弱引用实现的。弱引用不影响 GC，这样就可以知道某个资源是否已经断开了引用。如代码清单 18-7 所示，当资源不再使用时，只需要直接为其赋值 null。当这个托管堆上的对象被 GC 后，弱引用关系就会断开，我们只需要主动遍历一下所有的弱引用就知道哪些资源已经不再使用，最后根据资源找到当初加载的 AB 文件进行卸载。

代码清单 18-7　Script_18_07.cs 文件

```
public class Script_18_07 : MonoBehaviour
{
    GameObject m_Asset;
    private void Awake()
    {
        m_Asset = Assets.Load<GameObject>("Assets/Script_18_07/Cube.prefab");
    }
    private void OnGUI()
    {
        if (GUILayout.Button("<size=100>GC</size>"))
        {
            m_Asset = null;
            System.GC.Collect(0);
```

```
        Resources.UnloadUnusedAssets();
        Assets.GC();
    }

    GUILayout.Label($"<size=100>Count:{Assets.s_CacheAsset.Count}</size>");
    }
}
```

使用引用计数也可以达到同样的目的，但是所有资源在不再使用的时候需要手动减少引用计数，才能在统一的时间点释放未使用的 AB 文件。

上述代码仅仅是为了说明案例，因此比较简单，比如这里资源加载使用的是同步加载（商业游戏中应该尽量避免使用同步加载），并且实例化游戏对象是根据一个资源来加载的。如果资源加载出来以后，通过 Instantiate 方法来继续实例化游戏对象，那么弱引用关系就会很快断开。所以资源加载模块还需要提供这种实例化对象的接口，禁止在逻辑代码中使用 Unity 原生资源 API 接口。

```
var asset = Assets.Load<GameObject>("Assets/Script_18_07/Cube.prefab");
var go   = Instantiate<GameObject>( asset);
```

18.2.5 资源名与路径

目前来看，加载资源需要提供完整的路径，因为在不同的目录下资源可能会重名。但是细想一下，如果资源带了路径，就会给编码带来一些额外的问题。例如，美术人员将资源换了个目录，策划人员的数据表或者程序员的代码就需要跟着修改。UI 界面中如果所有贴图资源都不重名，那么代码中完全可以忽略图集的概念，程序只需要设置 spriteName 就可以切换图片，非常便捷。我个人倾向于资源名不重复。加载资源是可以带文件扩展名的，这样大部分资源名其实也不太容易重复。

对于加载的文件，肯定需要移除 Resources 目录，我们确实可以写一个文件夹来代替 Resources 目录，但是 Package 包中的资源无法复制出来。如图 18-6 所示，比如我们想把所有的 Shader 文件都打在一个 AB 包中，URP 的 Shader 肯定是无法复制出来的。

因此，可以通过配置文件来关联打包目录，这样资源无论放到哪里，都可以参与打包和编辑器模式下的加载。如图 18-7 所示，配置文件中可以设置包名、文件夹、参与打包扩展名、打包规则等。

图 18-6　Package 包资源

图 18-7　打包资源

如代码清单 18-8 所示，项目中可以配置多个打包资源配置，只需设置正确的文件夹以及打包参数即可。

代码清单 18-8　Script_18_08.cs 文件

```
[CreateAssetMenu(fileName ="Pack",menuName ="资源/打包配置")]
public class Script_18_08 : ScriptableObject
{
    public enum Type
    {
        [InspectorName("目录打包")]
        EVERY_DIR=0,
        [InspectorName("文件打包")]
        EVENT_FILE
    }

    public string PackName;
    public DefaultAsset DefaultAsset;
    public string Extension;
    public Type PackType = Type.EVERY_DIR;
}
```

无论是加载还是打包，都需要遍历这个打包配置文件，如代码清单 18-9 所示。编辑模式下运行时按需加载配置文件的路径和扩展名，将文件名与文件路径关联起来，这样逻辑层只需要通过文件名就可以加载资源。如果是构建 AB，那么原理也类似，读取配置文件参数后，调用打包脚本进行打包即可。

代码清单 18-9　Script_18_09.cs 文件

```
public class Script_18_09 : MonoBehaviour
{
    Dictionary<string, string> m_NameHash = new Dictionary<string, string>();
    void Start()
    {
        foreach (var guid in AssetDatabase.FindAssets("t:Script_18_08"))
        {
            var path = AssetDatabase.GUIDToAssetPath(guid);
            var pack = AssetDatabase.LoadAssetAtPath<Script_18_08>(path);
            var dir = AssetDatabase.GetAssetPath(pack.DefaultAsset);
            var ext = pack.Extension;
            foreach (var item in Directory.GetFiles(dir, $"*{ext}"))
            {
                var name = Path.GetFileName(item);
                m_NameHash[name] = item;
            }
        }
        Debug.Log(m_NameHash["Cube.prefab"]); // out:Assets/Script_18_08/Cube.prefab
    }
}
```

18.2.6　异步加载

在 Unity 开发中，尽量不要使用同步加载接口，因为在异步加载的过程中只要有一次同步加载，就会出现一个非常大的卡顿，尤其是 UI 界面特别容易卡住。但异步加载 UI 界面会出现一个麻烦问题。

18

界面通常有关闭旧界面再打开新界面的需求，关闭界面可以在当前帧内完成，但由于新界面是异步加载的，无法在当前帧加载出来，需要等几帧才行，这段时间界面就会产生镂空的问题。UI 框架需要调整一下，要等新界面加载完成后再关闭旧界面，加载的过程中还需要锁屏（为了避免用户在加载过程中操作界面）。从资源的角度看，最好等待新界面加载完成后再关闭旧界面，但是在逻辑上，回调事件需要先执行旧界面的关闭，再执行新界面的打开，这样代码流程不容易出问题。

18.2.7   界面返回

游戏中会有很多界面的跳转逻辑，比如商城界面可能会从很多其他界面跳转过来，但是商城界面并不知道自己是从哪里打开的，因此就无法正确返回。除了商城，还有很多系统需要正确返回，这些逻辑显然不能在各个系统中解决，需要 UI 框架统一解决。

界面可以分为两大类：一类是支持返回的界面，另一类是不需要返回的界面（比如确认取消的弹框、道具 Tips 等）。如图 18-8 所示，界面的打开顺序需要保存在列表中，关闭界面时返回上一个界面。极端情况下，任何界面都可以相互跳转，比如 A→B→A→B 两个界面相互打开并返回。

A 返回	B 无须返回	C 返回	A 返回	B 无须返回	A 返回

图 18-8   打开队列

每个界面在打开时，需要设置正确的 UIData，其中 isReturn 用来标记它是否需要返回。这里使用 List<T> 来保存数据是有意义的，因为可以很方便地将其中的一段进行保存，后面可以还原队列，或者在返回队列中某两个界面之间插入一个新界面。

```
public class UIData
{
    public string name;
    public bool isReturn;
}

List<UIData> m_Queue = new List<UIData>();
```

整个界面链条上同一时刻应该只有一个支持返回的界面处于打开状态，当打开某个带返回的界面时，需要关闭其他正在打开的带返回的界面，而当关闭一个带返回的界面时，需要打开链条前面第一个带返回的界面。

理论上界面存在 A→B→A→B 这种无限循环的打开情况，从资源的角度来说不会打开多个界面 GameObject，A 和 B 无论反复打开多少次，在 Hierarchy 视图中都只有两个界面游戏对象。但是前面记录的 List<UIData> 会保存多份，在这里还可以记录每个界面的一些临时数据用于还原界面，常见的有选中标签页的索引等。

18.2.8   过度绘制

URP 中并没有提供过度绘制的查看方法，如图 18-9 所示，我们需要自己来实现。

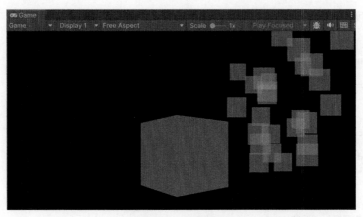

图 18-9　过度绘制

如图 18-10 和图 18-11 所示，需要单独创建一个渲染器，并且覆盖不透明物体和半透明物体的着色器。

图 18-10　不参与渲染

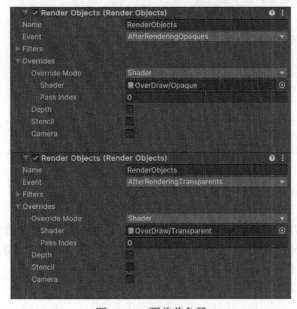

图 18-11　覆盖着色器

在渲染器中需要覆盖着色器，这样就可以将参与渲染的物体以这个着色器来渲染，半透明物体覆盖的像素部分的颜色会越渲染越深。如代码清单 18-10 所示，不透明物体需要打开深度写入，半透明物体需要关闭深度写入，其他部分代码一样。

代码清单 18-10   OverDraw.shader 文件

```
Shader "OverDraw/Transparent"
{
    SubShader
    {
        Tags { "RenderType" = "Transparent" "Queue" = "Transparent" }
        Fog { Mode Off }
        ZTest Always
        ZTest LEqual
        Blend One One
        ZWrite Off // 不透明物体需要打开深度写入
        Pass
        {
            CGPROGRAM
            #pragma vertex vert
            #pragma fragment frag

            #include "UnityCG.cginc"

            struct appdata
            {
                float4 vertex : POSITION;
            };

            struct v2f
            {
                float4 vertex : SV_POSITION;
            };

            v2f vert(appdata v)
            {
                v2f o;
                o.vertex = UnityObjectToClipPos(v.vertex);
                return o;
            }

            fixed4 frag(v2f i) : SV_Target
            {
                return fixed4(0.1, 0.04, 0.02, 0);
            }
            ENDCG
        }
    }
}
```

如图 18-12 所示，左边是不透明物体，右边是半透明物体。不透明物体因为受到 Early-Z 的影响，遮挡部分的像素是不会产生过度绘制的，所以需要制作两个着色器，这样预览出的结果才正确。半透明物体效率非常低，重叠部分的像素会被渲染多次，一般特效会大面积出现 OverDraw，颜色很深的地方需要美术人员进行优化。

重叠的层数和整体的面积都会直接影响性能，图 18-13 展示了特效的渲染器区域，最终影响性能的是有多少个像素和重叠像素参与着色计算。

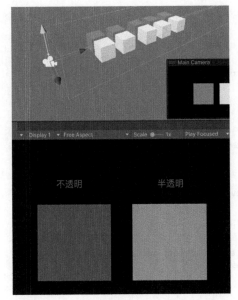

图 18-12 不透明物体和半透明物体

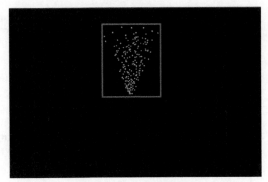

图 18-13 粒子渲染面积

通常，美术人员在制作特效的时候习惯将摄像机拉得很近来观察，但实际运行游戏时摄像机可能离特效很远，完全没必要使用更多的粒子数和发射器。我们应该给美术人员提供一个实际游戏的镜头参数，这样就可以在制作的过程中配合 OverDraw 来优化特效。

18.2.9　UGUI 网格重建

第 4 章和第 5 章已经详细介绍过 UGUI 的原理，在 Profiler 中可以看到 UGUI 的标志性函数 `Canvas.SendWillRenderCanvas` 有比较长的耗时，但是我们不知道是哪个 Canvas 的哪个 UI 引起了网格重建，比如修改 RectTransform 的属性、修改 Text 文本内容，以及更换 Sprite 和颜色都会引起网格重建。

如代码清单 18-11 所示，通过反射每帧将队列中的数据 `m_LayoutRebuildQueue` 和 `m_Graphic-RebuildQueue` 取出来，然后再输出它们，就知道哪里引起了网格重建。

代码清单 18-11　Script_18_11.cs 文件

```
public class Script_18_11 : MonoBehaviour
{
    IList<ICanvasElement> m_LayoutRebuildQueue;
    IList<ICanvasElement> m_GraphicRebuildQueue;

    private void Awake()
    {
        System.Type type = typeof(CanvasUpdateRegistry);
        FieldInfo field = type.GetField("m_LayoutRebuildQueue", BindingFlags.NonPublic | BindingFlags.
            Instance);
        m_LayoutRebuildQueue = (IList<ICanvasElement>)field.GetValue(CanvasUpdateRegistry.instance);
        field = type.GetField("m_GraphicRebuildQueue", BindingFlags.NonPublic | BindingFlags.Instance);
```

18

```
        m_GraphicRebuildQueue = (IList<ICanvasElement>)field.GetValue(CanvasUpdateRegistry.instance);
    }

    private void Update()
    {
        for (int j = 0; j < m_LayoutRebuildQueue.Count; j++)
        {
            var rebuild = m_LayoutRebuildQueue[j];
            if (ObjectValidForUpdate(rebuild))
            {
                Debug.LogFormat("{0}引起{1}网格重建", rebuild.transform.name, rebuild.transform.
                    GetComponent<Graphic>().canvas.name);
            }
        }

        for (int j = 0; j < m_GraphicRebuildQueue.Count; j++)
        {
            var element = m_GraphicRebuildQueue[j];
            if (ObjectValidForUpdate(element))
            {
                Debug.LogFormat("{0}引起{1}网格重建", element.transform.name, element.transform.
                    GetComponent<Graphic>().canvas.name);
            }
        }
    }
    private bool ObjectValidForUpdate(ICanvasElement element)
    {
        var valid = element != null;

        var isUnityObject = element is Object;
        if (isUnityObject)
            valid = (element as Object) != null;

        return valid;
    }
}
```

如图 18-14 所示，简单修改一下 UI 的大小就可以马上输出它引起的网格重建，运行期间应该尽量减少每帧参与网格重建的 UI，有效进行动静分离。

图 18-14　网格重建输出

18.2.10 RaycastTarget 优化

UGUI 的点击事件也基于射线，这在前面章节中提到过。如果不需要响应事件，那么千万不要在 Image 组件和 Text 组件上勾选 RaycastTarget。UI 事件会在 EventSystem 的 Update()方法中调用 Process 时触发。UGUI 会遍历屏幕中所有 RaycastTarget 是 true 的 UI，然后会发射线，并且排序找到玩家最先触发的那个 UI，再抛出事件让逻辑层响应，这样无形中会带来很多开销。

如图 18-15 所示，可以扩展一下 Scene 视图，将所有勾选过 RaycastTarget 的 UI 组件用线框显示出来，这样就可以及时把不需要响应点击事件的 UI 全部取消勾选。

图 18-15　点击事件框

如代码清单 18-12 所示，工作原理就是重写 OnDrawGizmos()方法，同时把场景中的所有 UI 组件找出来。如果组件勾选了 RaycastTarget，那么就计算出元素的 4 个顶点，最终用 Gizmos.DrawLine() 绘制出来即可。

代码清单 18-12　Script_18_12.cs 文件

```
public class Script_18_12 : MonoBehaviour
{
#if UNITY_EDITOR
    static Vector3[] fourCorners = new Vector3[4];
    void OnDrawGizmos()
    {
        foreach(MaskableGraphic g in GameObject.FindObjectsOfType<MaskableGraphic>())
        {
            if(g.raycastTarget)
            {
                RectTransform rectTransform = g.transform as RectTransform;
                rectTransform.GetWorldCorners(fourCorners);
                Gizmos.color = Color.blue;
                for(int i = 0; i < 4; i++)
                    Gizmos.DrawLine(fourCorners[i], fourCorners[(i + 1) % 4]);
            }
        }
    }
#endif
}
```

18

18.2.11　小地图优化

小地图优化一般指由美术人员提供一张比较大的完整的地图图片，程序使用 Mask 裁切并将其显示在屏幕的左上角或右上角。虽然显示上裁掉了，但是还会造成额外的渲染开销。其实，修改图片的 UV Rect 同样可以达到裁切的效果。如图 18-16 所示，当角色移动时，动态修改 UV 的区域，这样就可以保证屏幕上只渲染一块很小的地图空间了。

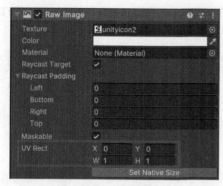

图 18-16　小地图优化

18.2.12　覆盖材质

如图 18-17 所示，在 Render Objects 中可以覆盖材质，让某个层下面的所有物体使用拖入的覆盖材质进行渲染，但这样存在一个问题：每个物体需要单独设置不同的参数。

图 18-17　覆盖材质

如代码清单 18-13 所示，只需给不同对象绑定该脚本，再使用 `MaterialPropertyBlock` 设置不同的参数即可，结果如图 18-18 所示。

代码清单 18-13　Script_18_13.cs 文件

```
public class Script_18_13 : MonoBehaviour
{
    public Color color = Color.white;
```

```
void Awake()
{
    Renderer renderer = GetComponent<Renderer>();
    MaterialPropertyBlock block = new MaterialPropertyBlock();

    renderer.GetPropertyBlock(block);
    block.SetColor("_Color", color);
    renderer.SetPropertyBlock(block);
}
}
```

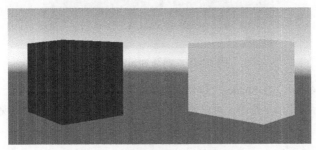

图 18-18　设置参数（另见彩插）

18.2.13　通用 Shader 面板

美术人员在调 Shader 的时候可能不太擅长使用编辑面板的 C#代码，我们可以封装通用面板，以便他们将注意力集中在 Shader 本身上面。如下代码展示了通过 if 关键字来判断面板是否展开，结果如图 18-19 所示。

```
Properties
{
    [Foldout]    _MytestName("溶解面板",Range (0,1)) = 0
    [if(_MytestName)] [Toggle] _Mytest ("启动溶解宏", Float) = 0
    [if(_MytestName)] _Value("溶解参数1",Range (0,1)) = 0
    [if(_MytestName)] [SingleLine] _MainTex2 ("溶解图", 2D) = "white" {}
    [if(_MytestName)] [SingleLine] [Normal] _MainTex3 ("溶解图2", 2D) = "white" {}
    [if(_MytestName)] [PowerSlider(3.0)] _Shininess ("溶解参数3", Range (0.01, 1)) = 0.08
    [if(_MytestName)] [IntRange] _Alpha ("溶解参数4", Range (0, 255)) = 100

    [Foldout] _Mytest1Name("扰动面板",Range (0,1)) = 0
    [if(_Mytest1Name)] [Toggle] _Mytest1 ("启动扰动宏", Float) = 0
    [if(_Mytest1Name)] _Value1("扰动参数1",Range (0,1)) = 0
    [if(_Mytest1Name)] [SingleLine] _MainTex4 ("扰动图", 2D) = "white" {}
    [if(_Mytest1Name)] [SingleLine] [Normal] _MainTex5 ("扰动图2", 2D) = "white" {}
    [if(_Mytest1Name)] [Header(A group of things)][Space(10)] _Prop1 ("扰动参数2", Float) = 0
    [if(_Mytest1Name)] [KeywordEnum(Red, Green, Blue)] _ColorMode ("扰动颜色枚举", Float) = 0

    [Foldout] _Mytest2Name("特殊面板",Range (0,1)) = 0
    [if(_Mytest2Name)] [Toggle] _Mytest2 ("启动特殊宏", Float) = 0
    [if(_Mytest2Name)] _FirstColor("特殊颜色", Color) = (1, 1, 1, 1)
}
CustomEditor "CustomShaderGUI"
```

18

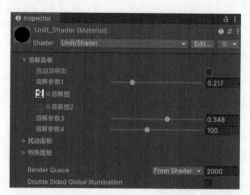

图 18-19　展开 Shader 面板

　　如代码清单 18-14 所示，在 Shader 文件结尾处需要引入 CustomShaderGUI 面板，通用面板代码则负责解析上述 if 标签里的字符串。可以使用 foldout 标签和 if 标签来实现分组，与原生标签进行混合排版。

代码清单 18-14　CustomShaderGUI.cs 文件

```
// 自定义效果——单行显示图片
internal class SingleLineDrawer : MaterialPropertyDrawer
{
    public override void OnGUI(Rect position, MaterialProperty prop, GUIContent label, MaterialEditor
        editor)
    {
        editor.TexturePropertySingleLine(label, prop);
    }
    public override float GetPropertyHeight(MaterialProperty prop, string label, MaterialEditor editor)
    {
        return 0;
    }
}
// 自定义效果——折行显示图片
internal class FoldoutDrawer : MaterialPropertyDrawer
{
    bool showPosition;
    public override void OnGUI(Rect position, MaterialProperty prop, string label, MaterialEditor editor)
    {
        showPosition = EditorGUILayout.Foldout(showPosition, label);
        prop.floatValue = Convert.ToSingle(showPosition);
    }
    public override float GetPropertyHeight(MaterialProperty prop, string label, MaterialEditor editor)
    {
        return 0;
    }
}

public class CustomShaderGUI : ShaderGUI
{

    public class MaterialData
    {
        public MaterialProperty prop;
        public bool indentLevel = false;
```

```
    }
static Dictionary<string, MaterialProperty> s_MaterialProperty = new Dictionary<string,
    MaterialProperty>();
static List<MaterialData> s_List = new List<MaterialData>();
public override void OnGUI(MaterialEditor materialEditor, MaterialProperty[] properties)
{
    Shader shader = (materialEditor.target as Material).shader;
    s_List.Clear();
    s_MaterialProperty.Clear();
    for (int i = 0; i < properties.Length; i++)
    {
        var propertie = properties[i];
        s_MaterialProperty[propertie.name] = propertie;
        s_List.Add(new MaterialData() { prop = propertie, indentLevel = false });
        var attributes = shader.GetPropertyAttributes(i);
        foreach (var item in attributes)
        {
            if (item.StartsWith("if"))
            {
                Match match = Regex.Match(item, @"(\w+)\s*\((.*)\)");
                if (match.Success)
                {
                    var name = match.Groups[2].Value.Trim();
                    if (s_MaterialProperty.TryGetValue(name, out var a))
                    {
                        if (a.floatValue == 0f)
                        {
                            // 如果有 if 标签并且 Foldout 没有展开，就不进行绘制
                            s_List.RemoveAt(s_List.Count - 1);
                            break;
                        }
                        else
                            s_List[s_List.Count - 1].indentLevel = true;
                    }
                }
            }
        }
    }


    /*如果不需要展开子节点向右缩进，那么可以直接调用 base 方法
        base.OnGUI(materialEditor, s_List.ToArray());*/

    PropertiesDefaultGUI(materialEditor, s_List);
}
private static int s_ControlHash = "EditorTextField".GetHashCode();
public void PropertiesDefaultGUI(MaterialEditor materialEditor, List<MaterialData> props)
{
    var f = materialEditor.GetType().GetField("m_InfoMessage", System.Reflection.BindingFlags.
        Instance | System.Reflection.BindingFlags.NonPublic);
    if (f != null)
    {
        string m_InfoMessage = (string)f.GetValue(materialEditor);
        materialEditor.SetDefaultGUIWidths();
        if (m_InfoMessage != null)
        {
            EditorGUILayout.HelpBox(m_InfoMessage, MessageType.Info);
        }
        else
        {
```

18

```
                            GUIUtility.GetControlID(s_ControlHash, FocusType.Passive, new Rect(0f, 0f, 0f, 0f));
                }
            }
            for (int i = 0; i < props.Count; i++)
            {
                MaterialProperty prop = props[i].prop;
                bool indentLevel = props[i].indentLevel;
                if ((prop.flags & (MaterialProperty.PropFlags.HideInInspector | MaterialProperty.PropFlags.
                    PerRendererData)) == MaterialProperty.PropFlags.None)
                {
                    float propertyHeight = materialEditor.GetPropertyHeight(prop, prop.displayName);
                    Rect controlRect = EditorGUILayout.GetControlRect(true, propertyHeight,
                        EditorStyles.layerMaskField);
                    if (indentLevel) EditorGUI.indentLevel++;
                    materialEditor.ShaderProperty(controlRect, prop, prop.displayName);
                    if (indentLevel) EditorGUI.indentLevel--;
                }
            }
            EditorGUILayout.Space();
            EditorGUILayout.Space();
            if (SupportedRenderingFeatures.active.editableMaterialRenderQueue)
            {
                materialEditor.RenderQueueField();
            }
            materialEditor.EnableInstancingField();
            materialEditor.DoubleSidedGIField();
        }

    }
```

18.2.14 离线合并贴图

编辑模式下制作工具时可能需要将贴图进行合并，如图 18-20 所示，可以将 512 尺寸的贴图和 256 尺寸的贴图合并在一张 1024 尺寸的大贴图中。既然是编辑模式下合并，我们肯定不希望每张小贴图都要标记 Read Enable/Write Enable，因为这样会非常麻烦。

图 18-20 合并贴图

如代码清单 18-15 所示，提供需要合并的小图以及小图所在大图的偏移即可进行合并。原理就是将图先渲染到 RT 中，然后在 RT 中获取颜色，最终写到大图中。

代码清单 18-15 Script_18_15.cs 文件

```
public class Script_18_15
{

    [MenuItem("Tools/Script_18_15")]
    static void Combine()
    {
        Texture2D tex512 = AssetDatabase.LoadAssetAtPath<Texture2D>("Assets/Script_18_15/512.jpg");
        Texture2D tex256 = AssetDatabase.LoadAssetAtPath<Texture2D>("Assets/Script_18_15/256.jpg");
```

```
        Texture2D @out = Combine(
            new[] { tex512, tex256 }, // 贴图
            new[] { (0, 0), (512, 512) } // 偏移
            , 1024);// 最终贴图大小

        File.WriteAllBytes("Assets/Script_18_15/1024.jpg", @out.EncodeToJPG());
        AssetDatabase.Refresh();
    }

    static Texture2D Combine(Texture2D[] texs, ValueTuple<int, int>[] offests, int size)
    {
        Texture2D @out = new Texture2D(size, size, TextureFormat.RGBA32, true);
        for (int i = 0; i < texs.Length; i++)
        {
            var tex = texs[i];
            var offest = offests[i];
            var width = tex.width;
            var height = tex.height;
            RenderTexture tmp = RenderTexture.GetTemporary(width, height, 0, RenderTextureFormat.Default,
                RenderTextureReadWrite.Linear);
            Graphics.Blit(tex, tmp);
            RenderTexture previous = RenderTexture.active;
            RenderTexture.active = tmp;
            Texture2D @new = new Texture2D(width, height);
            @new.ReadPixels(new Rect(0, 0, width, height), 0, 0);
            @new.Apply();
            @out.SetPixels(offest.Item1, offest.Item2, width, height, @new.GetPixels());
            RenderTexture.active = previous;
            RenderTexture.ReleaseTemporary(tmp);
        }
        return @out;
    }
}
```

18.2.15 运行时合并 ASTC 贴图

目前 PC 上主流的压缩格式是 DXT5，移动端的压缩格式是 ASTC 4×4 贴图格式，它们按照 4×4（每 16 个）为一个单位进行排列，总的排列顺序依然是从左到右、从下到上的，如图 18-21 所示。

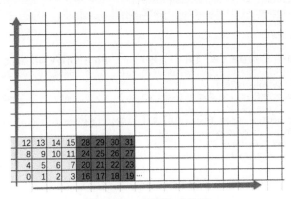

图 18-21　像素格式排列

18

如图 18-22 所示，我们将 256 尺寸的贴图合并到 1024 尺寸的贴图中，出现粉色面片是因为没有填充颜色，不用担心。

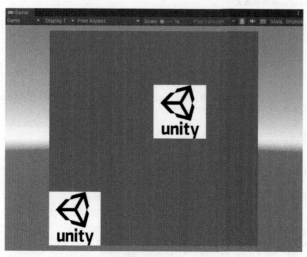

图 18-22 运行时合并（另见彩插）

如代码清单 18-16 所示，由于这几个压缩格式中每个像素由 8 位组成（也就是 1 字节表示 1 像素），因此 1024 尺寸的贴图就由 1024×1024 个像素组成。由于它们都是由 4×4 个 block 组成的，因此每 16 个像素表示一个 block，依次复制它们即可。

代码清单 18-16　Script_18_16.cs 文件

```
public class Script_18_16 : MonoBehaviour
{
    public Texture2D texture;

    private void Awake()
    {
        if (texture.format == TextureFormat.DXT5||
            texture.format == TextureFormat.ASTC_4x4)
        {
            byte[] data = new byte[1024 * 1024];
            int blcokBytes = 16;
            // 从小图的(0, 0)位置开始，复制至大图的(0, 0)，并保持图片的宽和高分别是256和256
            CombineBlocks(texture.GetRawTextureData(), 0, 0, data, 0, 0, 256, 256, 4,
                blcokBytes, 1024);
            CombineBlocks(texture.GetRawTextureData(), 0, 0, data, 512, 512, 256, 256, 4,
                blcokBytes, 1024);
            var combinedTex = new Texture2D(1024, 1024, texture.format, false);
            combinedTex.LoadRawTextureData(data);
            combinedTex.Apply();
            GetComponent<RawImage>().texture = combinedTex;
        }
    }

    void CombineBlocks(byte[] src, int srcx, int srcy, byte[] dst, int dstx, int dsty,
        int width, int height, int block, int bytes, int maxWidth)
    {
```

```
        var srcbx = srcx / block;
        var srcby = srcy / block;

        var dstbx = dstx / block;
        var dstby = dsty / block;

        for (int i = 0; i < height / block; i++)
        {
            int dstindex = (dstbx + (dstby + i) * (maxWidth / block)) * bytes;
            int srcindex = (srcbx + (srcby + i) * (width / block)) * bytes;
            Buffer.BlockCopy(src, srcindex, dst, dstindex, width / block * bytes);
        }
    }
}
```

在上述代码中，我们首先通过 `GetRawTextureData()` 获取到贴图的压缩原始数据，然后创建一个 1024 像素 × 1024 像素的贴图，将之前贴图的原始数据复制进去。

注意：运行时合并贴图需要读取图片的原始数据，所以必须开启贴图的 Read Enable/Write Enable 属性，但这样做会占用双倍内存。因此，在平常开发中，如果没有大量换装的需求，那么最好不要开启它，或者可以考虑打包时将贴图的原始数据写在本地，不再使用贴图资源。运行时根据原始数据再合并成一个新的贴图，这样就可以不设置 Read Enable/Write Enable 属性了。

18.2.16　运行时合并图集

Unity 的 Texture 提供的 `PackTextures` 方法也支持动态合并图集，但是它无法设置将小图合并到大图的哪个区域中，如图 18-23 所示，

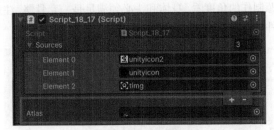

图 18-23　贴图合并结果

如代码清单 18-17 所示，图集合并后，会返回每张图在图集中的 Rect 区域。如图 18-24 所示，在第一张贴图的矩形区域传入 `mainTextureOffset` 和 `mainTextureScale` 即可显示图集中的某张贴图。

代码清单 18-17　Script_18_17.cs 文件

```
public class Script_18_17 : MonoBehaviour
{
    public Texture2D[] sources;
    public Texture2D atlas;
    private void Start()
    {
        atlas = new Texture2D(1024, 1024,TextureFormat.ASTC_4x4,false);
        Rect[] rects = atlas.PackTextures(sources, 2, 1024);
```

18

```
        var mat = GetComponent<Renderer>().material;
        mat.SetTexture("_MainTex", atlas);

        Rect first = rects[0];
        mat.mainTextureOffset = new Vector2(first.x, first.y);
        mat.mainTextureScale = new Vector2(first.width, first.height);
    }
}
```

图 18-24   显示图片

18.2.17   运行时合并网格

运行时合并静态网格非常简单，但如果需要支持蒙皮动画，则比较麻烦，因为要保证合并以后的 Mesh 骨骼能控制蒙皮。如图 18-25 所示，我们不仅需要将身体和头这两个部件合并在一起，还需要保证动画能正常播放。从资源制作的角度看，身体和头必须满足是一套骨骼，注意看图 18-25 中的 Bip001 Head（见❶❷），身体部件中包含完整的骨骼节点。

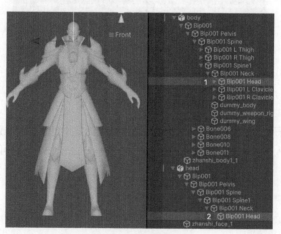

图 18-25   骨骼节点

如图 18-26 所示，运行时隐藏 head 节点（见❶），将 body 和 head 合并在一个网格中，重新赋值给 body 的 SkinnedMeshRenderer 组件进行渲染。

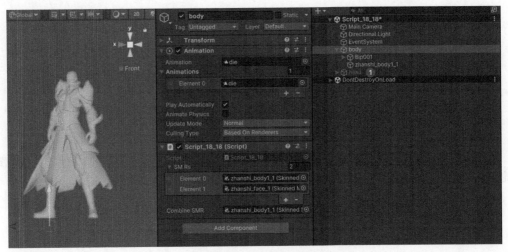

图 18-26   合并骨骼结果

如代码清单 18-18 所示，body 上的骨骼节点是最全的。为了避免重复添加 head，需要通过骨骼名来过滤，最终将 sharedMesh 和 bones 重新赋值即可直接播放动画。

代码清单 18-18   Script_18_18.cs 文件

```
public class Script_18_18 : MonoBehaviour
{
    public SkinnedMeshRenderer[] SMRs;
    public SkinnedMeshRenderer CombineSMR;
    private void Awake()
    {
        // 遍历 body 上的所有骨骼节点
        Dictionary<string, Transform> BoneHash = new Dictionary<string, Transform>();
        foreach (var trans in GetComponentsInChildren<Transform>(true))
        {
            BoneHash[trans.name] = trans;
        }

        List<CombineInstance> combineInstancesList = new List<CombineInstance>();
        List<Transform> bones = new List<Transform>();
        foreach (var smr in SMRs)
        {
            CombineInstance combine = new CombineInstance();
            combine.mesh = smr.sharedMesh;
            combine.transform = smr.localToWorldMatrix;
            combineInstancesList.Add(combine);

            foreach (var item in smr.bones)
            {
                string name = item.name;
                if(BoneHash.TryGetValue(name,out var trans))
                {
                    // 合并 body 和 head，避免重复添加节点
                    bones.Add(trans);
                }
            }
        }
```

18

```
        }
    // 合并网格
    Mesh mesh = new Mesh();
    mesh.CombineMeshes(combineInstancesList.ToArray(), true, true);

    // 设置网格
    CombineSMR.sharedMesh = mesh;
    // 设置骨骼节点
    CombineSMR.bones = bones.ToArray();
    }
}
```

除了以上设置，还可以合并 uv、bindposes、boneWeights 等信息。结合上一节介绍的合并贴图，理论上我们可以支持一个模型换装的情况，也可以用一次 Draw Call 完成所有绘制。

```
sharedMesh.uv
sharedMesh.bindposes
sharedMesh.boneWeights
```

18.2.18　Prefab 嵌套与只读

如图 18-27 所示，PrefabChild 嵌套在另一个 Prefab 中，如果直接在 Hierarchy 中修改 PrefabChild 的子对象，那么这个修改其实并没有保存在子 Prefab 中，而是保存在了父 Prefab 中。尤其是在 UI 界面中，如果有很多这样的修改，那么根本无法修改子 Prefab 以实现批量替换全部。

图 18-27　Prefab 嵌套

这种情况下应该设置子 Prefab 为只读状态，如代码清单 18-19 所示，当用户点击子 Prefab 或者任意子对象时，将强制设置它的状态为不可编辑，这样就不会误改了。

代码清单 18-19　Script_18_19.cs 文件

```
public class Script_18_19 : MonoBehaviour
{
#if UNITY_EDITOR
    [InitializeOnLoadMethod]
    static void InitializeOnLoadMethodFun()
    {
        Selection.selectionChanged += Change;
        EditorApplication.hierarchyChanged += Change;
    }

    static void Change()
    {
        var active = Selection.activeGameObject;
        if (active && !IsInPrefabStage())
        {
            Script_18_19 parent = active.GetComponentInParent<Script_18_19>();
            if (parent)
            {
```

```
            foreach (var trans in parent.GetComponentsInChildren<Transform>(true))
            {
                trans.gameObject.hideFlags = HideFlags.NotEditable | HideFlags.DontSave;
            }
        }
    }
}

    static bool IsInPrefabStage()
    {
        return UnityEditor.SceneManagement.PrefabStageUtility.GetCurrentPrefabStage() != null; ;
    }
#endif
}
```

18.2.19 AB 文件合并

AB 文件如果数量较多而且过小，会影响下载速度，因为每个文件都需要单独建立 HTTP 链接，但如果能将它们合并成一个较大的文件，则情况会好一些。另外，AB 文件由于格式比较透明，很容易被第三方工具（如 AssetStudio）解包。合并文件后，每个文件的偏移是不确定的，这样第三方工具就无法轻易解包了。

如代码清单 18-20 所示，构建 AB 文件后，将两个 AB 文件合并成一个大文件。我们需要记录合并前文件的大小。此时第一个文件大小为 19 835 字节。

代码清单 18-20　ScriptBuild_18_20.cs 文件

```
public class ScriptBuild_18_20
{
    [MenuItem("Tools/Script_18_20")]
    static void BuildAB()
    {

        AssetBundleBuild[] build = new AssetBundleBuild[2];

        for (int i = 0; i < 2; i++)
        {
            build[i] = new AssetBundleBuild();
            build[i].assetNames = new string[] { $"Assets/Script_18_20/Cube{i}.prefab" };
            build[i].assetBundleName = $"Cube{i}.ab";
        }
        // 打包AB文件
        BuildPipeline.BuildAssetBundles(Application.streamingAssetsPath, build,
            BuildAssetBundleOptions.None, BuildTarget.StandaloneOSX);

        // 将两个AB文件合并成一个
        var srcArray1 = File.ReadAllBytes($"{Application.streamingAssetsPath}/Cube0.ab");
        Debug.Log(srcArray1.Length);// out: 19835
        var srcArray2 = File.ReadAllBytes($"{Application.streamingAssetsPath}/Cube1.ab");
        byte[] newArray = new byte[srcArray1.Length + srcArray2.Length];
        Array.Copy(srcArray1, 0, newArray, 0, srcArray1.Length);
        Array.Copy(srcArray2, 0, newArray, srcArray1.Length, srcArray2.Length);

        File.WriteAllBytes($"{Application.streamingAssetsPath}/Combine.ab", newArray);

    }
}
```

18

如下列代码所示，运行时如果需要加载第二个文件，那么只需将第一个文件大小（19 835 字节）传入 `AssetBundle.LoadFromFile()` 的参数 3 即可，后续是正常的加载流程。

```
var ab = AssetBundle.LoadFromFile($"{Application.streamingAssetsPath}/Combine.ab", 0, 19835);
Instantiate(ab.LoadAsset<GameObject>("Cube1.prefab"));
```

18.3　小结

本章中，我们学习了客户端框架和通用案例，通过代码生成不仅可以将大量重复的劳动自动化，还能避免人为出现错误。资源的加载应尽量使用懒加载，这样只有当资源真正使用时才会加载。懒加载还可以将界面与图集精灵的依赖断开，更适合构建 AB 文件。Unity 中应尽量使用异步加载接口，因为异步加载的过程中只要出现一次同步加载，就会卡住主线程。最后，我们学习了运行时合并网格和合并贴图，这样角色渲染即使支持换装，也可以用一次 Draw Call 完成所有绘制。

本书到此结束，祝大家学习愉快！